Verständliche Forschung

Schrift und Sprache

Mit einer Einführung
von Berthold Riese

Spektrum
AKADEMISCHER VERLAG

Schrift und Sprache

Inhaltsverzeichnis

Einführung

Von Berthold Riese

Was trennt den Menschen vom Tier? So vielfältig die Antworten der Wissenschaft waren und so oft die vermeintliche Grenze neu gezogen werden mußte, weil sich die Erkenntnis durchsetzte, daß Tiere eben doch über Eigenschaften verfügen, die man bisher nur dem Menschen zugebilligt hatte, wie den Gebrauch von Werkzeugen oder komplexes Sozialleben, ist die Fähigkeit zu sprechen und durch Sprache miteinander zu kommunizieren bis heute als wesentliches Kennzeichen menschlicher Existenz anerkannt geblieben.

Ohne Sprache also keine menschliche Existenz! Und wir könnten fortsetzen: Ohne Schrift keine komplexe Zivilisation und keine Staaten! Denn in der Tat geht auf der ganzen Welt die Herausbildung seßhafter und in Städten konzentrierter Kulturen mit dem Ausbau vorhandener oder der Erfindung neuer Symbolsysteme einher. Unter solchen Symbolsystemen, zu denen auch bildende Kunst, Musik, Mathematik und viele andere gehören, ist Schrift, weil sie sich weitgehend nach der Sprache modelliert, das universellste.

In unserer jüngsten technischen Entwicklung spielen Maschinen und Verfahren zur Verarbeitung, Speicherung und Vervielfältigung von Sprache und Schrift eine herausragende Rolle. Telephon, Funkverkehr, das Morsealphabet, die mechanische Schreibmaschine, das Tonbandgerät, der textverarbeitende Computer, sie alle dienen in erster Linie dazu, die Leistungsfähigkeit und Reichweite von Schrift und Sprache zu vergrößern. Sprache und Schrift treten uns daher heute in vielfältigen technischen Verpakkungen und Transformationen entgegen, und es ist kaum angemessen, von einem Rückgang der Schriftlichkeit oder des Lesevermögens in zivilisierten und mit einem funktionierenden Schulwesen ausgestatteten Ländern in dem Sinne zu sprechen, daß hier kommunikatorische Defizite entstünden. Im Gegenteil: Schrift und Sprache breiten sich weiter aus und gewinnen, zum Beispiel durch die globale Anwendung des Englischen, an Durchschlagskraft, wenn auch, wie gesagt, in vielfältiger Verkleidung.

Was haben wir mit der Erfindung und Anwendung von Schrift erreicht und wozu befähigt uns unsere Sprachlichkeit? Das im Lichte neuester Forschung herauszuarbeiten, bezweckt diese Zusammenstellung von Artikeln aus der Zeitschrift *Spektrum der Wissenschaft.* Alle Beiträge sind von Wissenschaftlern verfaßt, die die Fragestellungen und Ergebnisse aus eigener Arbeit kennen, und so ist sichergestellt, daß der Leser einen aktuellen und fachlich angemessenen Einblick in den Stand der Forschung, in ungelöste Probleme und in Aufgabenfelder der Zukunft erhält.

Von der biologisch-psychologischen Perspektive ...

Der Aufbau des Buches soll es dem Leser erleichtern, gedanklich einer Entwicklungslinie von der Natur zur Kultur zu folgen: Wir beginnen mit den natürlichen Grundlagen für das Sprechen. Da in der physiologischen Erforschung der Sprech- und Hörorgane wenig kontrovers zu sein scheint und insbesondere die grundlegenden Mechanismen geklärt sind, begnügen wir uns im ersten Abschnitt mit einem Beitrag des nordamerikanischen Forschers Sataloff. Er führt uns in die Feinheiten der überaus komplexen Tonerzeugung im Kehlkopf, in der Mundhöhle und in anderen Organen ein und betont die große Leistung seitens des menschlichen Hirns und der Nervenbahnen, die es uns erlaubt, feinste Nuancen und Unterschiede zu erzeugen und unsere Stimme an das klangliche Umfeld anzupassen. Für weitere interessante Ergebnisse, vor allem auch aus der Hirnforschung, der Neurologie und der Molekularbiologie, verweise ich auf die im Literaturverzeichnis aufgeführten Bücher „Gehirn und Bewußtsein" und „Physiologie der Sinne" des *Spektrum-Verlages.*

Der Forschung weniger direkt zugänglich ist die Frage danach, wo und wie in unserem Hirn und, vor allem, wann in der Ontogenese des Menschen und wodurch gesteuert Spracherwerb vor sich geht. Daß in der Psychologie das Studium von Kleinkindern eine hervorragende Rolle spielt, war schon den Alten bekannt. So wollte der ägyptischer Pharao Psammetichos II um 490 v. Chr. erforschen, welches das älteste Volk sei, und er wollte diese Frage mittels eines Sprachexperimentes klären. Daher ließ er ein neugeborenes Kind in sprachliche Isolation überführen, um dann zu erfahren, welche Sprache es von sich aus als erste zu sprechen begänne, wenn es aus der Stammelphase herausgewachsen sei. Diese wäre dann, gemäß einer stillschweigenden Annahme, die älteste und ursprüngliche menschliche Sprache. Überflüssig zu sagen, daß die Deutung der ersten lautlichen Identifizierung des Säuglings, die dem Pharao als „bekos" berichtet wurde, als „der phrygischen Sprache (einer inzwischen längst ausgestorbenen vorderasiatischen Sprache) zugehörig" und die daraus gezogenen Schlußfolgerung wissenschaftlich nach heutigen Standards nicht überzeugen. Doch die Grundbeobachtung, auf der schon dieses vorwissenschaftliche, vom griechischen Reisenden Herodot berichtete Experiment beruht, daß nämlich die Sprechfähigkeit angeboren ist und der individuelle Spracherwerb in der frühen Kindheit stattfindet, trifft zu, und sie spiegelt sich auch in den Aufsätzen von Eimas, Miller und Gildea wider.

Im vierten und fünften Artikel wollen uns die Autoren Vellutino und Frith bewußt machen, daß der scheinbare Widerspruch zwischen dem alltäglich meist reibungslosen Funktionieren des Systems Sprache und den körperlichen und geistigen Gebrechen, die fast jedem Menschen eigen sind, ein bleibendes Thema der Forschung ist. Aber nicht nur zur Erkenntnis von Prozessen der Sprachverarbeitung im menschlichen Hirn dient das Studium der Legasthenie, des Autismus und anderer weniger hemmender Sprachstörungen, wie Stottern und Versprecher (darunter auch die „Freudschen Fehlleistungen"). Die Fehlertoleranz unseres Sprechvermögens und des darauf basierenden Sprachgebrauchs im Vergleich zur Fehlerempfindlichkeit von Systemen und Maschinen, die der Mensch konstruiert, ist so beeindruckend, daß Sprachpsychologen hoffen, an den (seltenen) Fehlleistungen des angeborenen menschlichen Sprechvermögens zu erkennen, was die normale hohe Fehlertoleranz verursacht, um dann vielleicht technische Systeme entwerfen zu können, die ebenso fehlertolerant sind.

Hiernach verlassen wir den Bereich der natürlichen Grundlagen der Sprache und verfolgen in den folgenden Abschnitten in drei Etappen die kulturelle Ausarbeitung und Überformung der natürlichen sprachlichen Grundausstattung des Menschen. Die erste Stufe der Kulturierung ist durch das Entstehen verschiedener Sprachen gekennzeichnet. Für die Gegenwart beziehungsweise die jüngste Vergangenheit schätzt man auf der ganzen Erde 5 000 lebende Einzelsprachen, mit heute allerdings rapide fallender Tendenz. Jede einzelne zeugt von der alle Menschen kennzeichnenden Fähigkeit des Sprechens und durch ihre Verschiedenheit davon, daß jede Menschengruppe diese Fähigkeit in eigenen Strukturen, Regelsystemen und Lautgestalten verwirklicht, die wir in ihrer jeweils einmaligen Konstellation als Einzelsprachen bezeichnen. Hier setzen von den Methoden her Verfahren der Sprachwissenschaft ein, die wir als deskriptive Linguistik, als Universalienforschung, als Sprachtypologie und als Sprachgeschichte bezeichnen.

... zum sprachgeschichtlichen Ansatz

Der Zweig der Sprachforschung, den wir mit den Beiträgen im zweiten Abschnitt thematisieren, ist die Sprachgeschichte. Sie bemüht sich darum – wie es scheint mit zunehmendem Erfolg – die allmähliche Ausdifferenzierung menschlicher Sprachen zur heutigen Sprachenvielfalt historisch nachzuvollziehen und in Rekonstruktionen frühere Stadien zu beschreiben. Daß dabei immer wieder die parallel dazu verlaufende technisch-zivilisatorische Entwicklung der Menschheit ins Blickfeld gerät, ist methodologisch sinnvoll, da sich unanbhängige humanwissenschaftliche Forschungsbereiche in ihren Ergebnissen durch Konvergenz oder Divergenz gegenseitig kontrollieren können; denn Sprechergemeinschaften sind auch immer Kultur- und Wirtschaftsgemeinschaften, Traditionsverbände und Fortpflanzungsgruppen. Die unterschiedliche Gewichtung nicht-linguistischer Forschungsergebnisse für solche Rekonstruktionen wird deutlich im Vergleich der beiden Beiträge über die Herkunft und Ausbreitung der indoeuropäischen Sprachen: Renfrew, von Haus aus Archäologe, läßt sich bei seiner Rekonstruktion stark von der Ausbreitung der Landwirtschaft leiten, während die (ehemals) sowjetischen Forscher Gamkrelidse und Iwanow als Linguisten internen Phänomenen der Sprachenvielfalt und Sprachgeographie mehr Raum geben. Heute ist der Stand erreicht, daß nicht nur für Eurasien, sondern global in groben Umrissen die Sprachverwandtschaften geklärt sind, auch wenn Forscher noch nicht immer über die Binnengliederung innerhalb der Familien und die Wanderungen, die zur Ausbreitung von Sprachgruppen führten, einer Meinung sind.

Ob und wie diese kontinentalen Sprachblöcke der Erde sich noch weiter bis auf „Evas" Sprache, also auf die menschliche Grundsprache, zurückführen lassen, ist aus zwei Gründen kontrovers. Zunächst müssen die direkt erhobene Sprachdaten mittels Diagnose von Lehnwörtern und ihrem Ausscheiden aus dem Grundwortschatz aufbereitet werden. Schon diese Diagnose ist, vor allem in Situationen mit ständigem Sprach- und Kulturkontakt nicht einfach. Dieser aufbereitete Grundwortschatz wäre dann Ausgangspunkt für die Rekonstruktion früherer Sprachstufen (der sogenannten Proto- oder Ursprachen) mit statistischen Verfahren wie Glottochronologie und Massenvergleich. Aber gerade die beiden letztgenannten Verfahren gelten als stark fehlerbehaftet und subjektiv. Um die unter der „Eva"-Hypothese notwendig zu postulierende afrikanische Ursprache zu rekonstruieren, müßte man außerdem die ohnehin schon fehleranfälligen Verfahren und die bisher nur partiell vorliegenden gesicherten Rekonstruktionen zu sehr strapazieren, als daß seriöse Versuche, in diese Tiefen der Geschichte vorzustoßen, heute schon möglich wären. Es ist aber auch zweifelhaft, ob es überhaupt eine menschliche Ursprache gegeben hat. Denn die physische Anthropologie der Hominiden spielt durchaus mit dem Gedanken, daß verschiedene Vormenschenvarietäten ihre genetischen Spuren in der heutigen Menschheit hinterlassen haben. Wenn es also *den* Urmenschen („Eva") nicht gab, muß es auch nicht *eine* Ursprache gegeben haben.

Ich habe dieses Problem etwas ausführlicher angesprochen, weil der einleitende Überblicksbeitrag von Ross hier nicht nur gesicherte oder allgemein anerkannte Forschungsergebnisse referiert, sondern auch die extreme Position des früh verstorbenen russischen Forschers Illitsch-Switysch darstellt, der das Nostratische als Vorform aller in Asien und Europa vorkommenden Sprachen zu erkennen glaubt und zu rekonstruieren versucht. Ähnlich kontrovers wird eine entsprechende Zusammenfassung der meisten amerikanischen Sprachen zum Amerindischen diskutiert. Die Verbindung dieser großen und der beiden nichtkontroversen kleineren Sprachfamilien des amerikanischen Kontinents, des Na-Dene und des Eskimo-Aleutischen, mit eurasiatischen Sprachfamilien, darunter auch Mitgliedssprachen des erwähnten Nostratischen, wie sie die Nordamerikaner Greenberg und Ruhlen in ihrem Beitrag vorstellen, ist zwar ebenfalls noch als ungesicherte Hypothese zu bezeichnen, doch scheinen konvergente Forschungen der physischen Anthropologie Greenbergs Rekonstruktion dieser drei amerikanischen Sprachfamilien zu stützen.

Für Südostasien und Ozeanien, die im Beitrag von Bellwood dargestellt werden, ist die Rekonstruktion der Kultur- und Sprachgeschichte der letzten Jahrtausende wesentlich gesicherter. Wir verdanken das den großen Räumen und der starken Zerklüftung des südostasiatischen Festlandes, wo diese Sprachen ihren Ursprung nahmen, sowie der Isolierung der Inseln des pazifischen Ozeans. Diese Umstände halfen, einmal entstandene Unterschiede zu bewahren, wenn durch Abwanderung Kontakte zur Herkunftsgruppe abgebrochen waren. Hilfreich kommt die recht junge Ausbreitung des Menschen über die Inselwelt des Pazifik hinzu. Die letzten Inseln des Stillen Ozeans (Osterinsel, Marquesas-Inseln und Neuseeland) sind erst vor rund 1 000 Jahren von Menschen besiedelt worden. Freilich bleibt bei Bellwoods Beitrag die früheste faßbare Schicht menschlicher Sprachen und Kulturen, die durch die papuanische Bevölkerung Neuguineas und Melanesiens, die australischen Aborigines und die früh ausgerotteten Tasmanier repräsentiert werden, ausgeschlossen. Bellwood bestätigt für die spätere, austroasiatisch genannte Schicht Forschungsergebnisse, die mit weniger Detail und mehr Spekulation schon in den ersten Jahrzehnten unseres Jahrhunderts der österreichische Ethnologe Robert

Freiherr von Heine-Geldern ausgearbeitet hat. Frühe Pflanzervölker haben von Südchina/Nordthailand aus ihre austronesische Sprache und die landwirtschaftlichen Techniken über ganz Südostasien und dann auch Ozeanien verbreitet. Der Wissenszuwachs heute ist, daß wir die Phasen der Ausbreitung und die Ausdifferenzierung der Populationen sowie die Zeitschätzungen für diese Vorgänge detaillierter und präziser angeben können, als das dem Pionierforscher Heine-Geldern möglich war. Als Abschluß dieses Abschnitts faßt Binder die Methodenkritik an der historischen Sprachforschung zusammen. Wesentlich an ihrer Kritik ist, daß man sich immer wieder bewußt machen sollte, daß historische Rekonstruktionen nur modellhaft die vergangene Wirklichkeit abbilden und daher stets revisionsbedürftig bleiben.

Wirtschaftliche, religiöse und politische Funktionen des Schriftgebrauchs

Sprachen sind konkret vorliegende Systeme und zugleich kulturelle Schöpfungen. Bis vor etwa 5 000 Jahren waren sie das vornehmliche und zugleich für uns über die skizzierten historischen Forschungen einzig greifbare Metasystem, das die Menschheit herausgebildet hatte; denn handwerkliche und landwirtschaftliche Techniken treten der modernen Forschung im archäologischen Befund erst spät und zunächst nur in einfachsten Formen entgegen. Einmal erfunden haben sich einzelne Schriftsysteme recht schnell zu einem stabilen Vollkommenheitsgrad entwickelt. Meist reichten etwa 500 Jahre von den Anfängen bis zu ihrer Endausformung. Dabei sehen wir von Phasen der funktionalen Stagnation ab, wie sie im sumerischen Mesopotamien belegt sind, und von der Devolution, also der Aufgabe wichtiger Systemteile, wie sie im spätindianischen Zentralmexiko zweifelsfrei zu beobachten ist, und stellen fest, daß hier global durchschnittlich ein zweiter qualitativer Sprung in der Menschheitsgeschichte stattgefunden hat. Vor etwa 5 000 Jahren gelang dieser Sprung den Bewohnern im Zweistromland (dem heutigen Irak) wohl zuerst. Damerow, Englund und Nissen, drei Berliner Forscher, die sich seit zehn Jahren gemeinsam um die Erforschung der frühmesopotamischen sumerischen Schrift bemühen, schildern das und geben auch ihre Vermutungen über den Auslöser preis: wirtschaftliche Notwendigkeit im Rahmen zentralisierter Verwaltungen. Die Erfindung der Schrift in Uruk hat vermutlich Nachbarvölker, aber vielleicht auch die Ägypter und später über Zwischenglieder Völker am Indus angeregt, sich in ähnlicher Richtung zu versuchen. Auf der Entstehung von Schrift und der damit eng verbundenen Erfindung von Zahlennotationen im Zweistromland liegt deshalb ein Schwerpunkt des dritten Abschnitts.

Die Schrift der Indus-Kultur (nach einem wichtigen Fundort auch Harappa-Kultur genannt) hat der Entzifferung bisher am meisten Widerstand geleistet. In der Sache liegende Gründe sind die historische und geographische Isolation der Harappa-Kultur, das mit dieser Isolation erklärliche Fehlen zweisprachiger Texte und vor allem die Kürze der Texte, die wohl nur knappe Besitzetiketten von Gütern waren. Dennoch scheint, will man Fairservis, dem Verfasser des dritten Beitrags, folgen, ein Durchbruch gelungen zu sein. So umstritten seine Ergebnisse in der Fachwelt auch sein mögen, gibt er dem Leser doch einen vorzüglichen Einblick in das konmplexe Zusammenspiel archäologischer, linguistischer und schrifttheoretischer Überlegungen, die ihn zur drawidischen Hypothese geführt haben und für die er erste inhaltliche Entzifferungen vorschlägt: Namen von Verwandtschaftsverbänden beziehungsweise deren Totemtiere und die von ihnen gesammelten, gehorteten und gehandelten Güter sind in den Texten in einer Vorform der drawidischer Sprache verzeichnet.

Über der Diskussion möglicher historischer Zusammenhänge aller altorientalischen Schriften einschließlich der ägyptischen Hieroglyphenschrift darf man jedoch nicht vergessen, daß in China und in Amerika offenbar unabhängige Zentren ähnlicher Schrifterfindungen bestanden. Das chinesische Beispiel der Orakelknochenbeschriftung auf den Schulterblättern von Rindern und auf Schildkrötenpanzern während der Schang-Zeit (etwa 1450 bis 1050 vor Christus) zeigt sehr schön, wie in dieser Schriftkultur religiös-rituelle Anwendungen in der Frühzeit der damals aber schon voll ausgebildeten Schrift im Vordergrund stehen. Auch in China gehen die Ursprünge der Schrift aber noch weiter zurück und haben ihre Wurzeln in Zahlennotationen und der Bezeichnung sozialer und politischer Verbände.

Ganz ähnliche primär religiöse Funktionen wie bei den schangzeitlichen Orakelknochen Chinas hat man bis vor kurzem auch für den mesoamerikanischen Schriftkreis als ausschlaggebend vermutet, da in diesem Kulturareal Kalender, Astronomie und Wahrsagerei eine herausragende Rolle spielen. Doch jüngst wird politik- und herrschaftsbezogene Verankerung der frühesten Entwicklung der mesoamerikanischen Schrift für wichtiger erachtet. Das wird deutlich an den vermuteten Inhalten der erst in den letzten Jahren entzifferten epiolmekischen Schrift an der mexikanischen Golfküste. Da hierüber noch keine umfassende Darstellung veröffentlicht ist, muß ein von mir verfaßter knapper Einblick in die vorläufigen Forschungsergebnisse der nordamerikanischen Linguisten John S. Justeson und Lyle Campbell genügen. Erst etwa um die Zeitenwende wird diese Schrift für uns in der Steinstele von La Mojarra und in einigen kürzeren Inschriften faßbar, und sie wird auch nicht viel früher entstanden sein. Im Vergleich zur Alten Welt ist sie, selbst wenn wir ihre Ursprünge in die vorangegangene olmekische Kulturphase verlegen, mit einem geschätzten Beginn nicht vor etwa 1000 vor Christus eine recht späte Erfindung und spiegelt hierin das zeitliche Hinterherhinken amerikanischer Zivilsationen gegenüber ihren altweltlichen Pendants wider.

Mit den Beiträgen von Marcus über die Zapoteken und von Stuart und Houston über die Maya beleuchten wir die anschließende Ausdifferenzierung zu selbständigen Schriftsystemen, denen jeweils auch verschiedene Sprachen zugrunde liegen. Gemeinsam bleibt allen diesen mesoamerikanischen Systemen aber der Kalender und die schon erwähnte politische Funktion des Schriftgebrauchs.

In allen drei vorgestellten Schriftkreisen, dem des Vorderen Orients und Indiens, dem Chinas und dem Mesoamerikas hat die Entwicklung und vor allem der Gebrauch von Schrift recht unterschiedliche Formen angenommen, wiewohl das zugrundeliegende System in allen, wie auch in den zahlreichen hier nicht dargestellten weiteren Systemen anderer Schriftkreise der Erde, ähnlich ist – ausgewählte Arbeiten über diese nicht behandelten Schriftkreise finden sich im Literaturverzeichnis. Die Systemähnlichkeiten sind leicht erklärt durch Rückgriff auf die Struktur der Sprachen und die darin enthaltenen Universalien: Die Zweiteilung des Lautsystems in Konsonanten und Vokale, die größere Stabilität der Konsonanten in synchronen und in diachronen Prozessen, in letzterem Fall also beim Sprachwandel, die Silbenstruktur als Ausdruck des als diskret wahrgenommene Charakters von sprachlichen Äußerungen und einige mehr. Nach ihnen sind alle Schriftsysteme modelliert, wie es der schon erwähnte nordamerikanische Linguist Justeson in einer ebenfalls im Literaturverzeichnis genannten Studie nachgewiesen hat. Zugleich heißt das, daß Sprechen und Hören weltweit offensichtlich mit ähnlichen Kognitionsverfahren operieren gemäß ihrer biologisch gleichen Grundausstattung. Warum die Anwendungen und konkreten Ausformungen – in Mesoamerika hat sich zum Beispiel nie eine Kursivschrift herausgebildet – aber so sehr divergieren, obwohl überall der Zusammenhang mit Sprache evident ist und die Medien, auf denen geschrieben wird (Papierbücher, Steine, Wände, Kultgeräte), sowie der allgemeine Zweck, nämlich Kommunikation zu erleichtern, dieselben waren, hat die Forschung noch nicht geklärt. Vielleicht wird man in Zukunft Denkansätze zu verfolgen und auf breiter vergleichender Ebene weiterzuentwickeln haben, wie sie der Heidelberger Ägyptologe Jan Assman in seinem jüngst veröffentlichten Buch *Das kulturelle Gedächtnis* vorschlägt. Denn es ist durchaus vorstellbar, daß die politische Verfassung, die wirtschaftlichen Bedingungen, der religiöse Hintergrund und andere kulturelle und gesellschaftliche Institutionen steuernd auf die Schriftentwicklung, die Schriftgestaltung und vor allem den Schriftgebrauch einwirken, daß Schrift also letztlich nicht so autonom ist, wie es bei unserer Themenstellung den Anschein haben mag.

Drastisch möchte ich an die zweckgebundene und daher dienende Funktion von Schrift mit dem letzten Beitrag dieses Abschnitts erinnern, in dem Mentrup offizielle Vorschläge für die Reform der deutschen Orthographie vorträgt und zugleich die Schwierigkeiten ihrer Durchsetzung anspricht – Schwierigkeiten, die nichts mit der Systematik des lateinischen Alphabets oder der deutschen Sprache an sich zu tun haben, sondern mit nationalem Prestige (Schweiz contra Deutschland), liebgewordenen Gewohnheiten, historischen Informationen, die in unserer Schrift durch Beibehaltung altertümlicher Formen auch enthalten sind, und vielen kollektiven Vorurteilen. Auf individueller Ebene sind solche schriftreformerischen Bemühungen leicht durchzuführen. Das beweisen Werke einzelner Dichter und die des Germanisten Ernst Förstemann, die solche Neuerungen in ihren Schriften schon im 19. Jahrhundert, allerdings ohne Resonanz, praktisch vorgeführt haben. Ein Blick nach China, wo die Reform des Schriftsystems wegen der unzähligen verschiedenen Zeichen und Zeichenkombinationen unter modernen Anwendungsbedingungen sehr viel dringlicher erscheint als bei uns, ist lehrreich, denn dort scheint eine behutsam und kontinuierliche Reform zu greifen; aber selbst ein Blick in die ferne Zeit der Entwicklung der Keilschrift im Zweistromland führt uns vor Augen, daß es jenseits politischer und ideologischer Fragen durchaus objektive Anlässe für Reformen gab (zum Beispiel Vereinfachung und damit Beschleunigung des Schreibens, Systematisierung von Schreibregeln und andere mehr).

Exkurse in die Frühzeit der Datentechnik und ins Zeitalter der Elektronik

Die Stufe der Schriftlichkeit haben wir heute zwar nicht verlassen, doch hat mit der technischen Implementierung sowohl der Schrift wie auch der Sprache die Kommunikation eine wiederum neue Qualität erreicht. So beschließen wir das Buch mit aktuellen Anwendungen aus unserer Welt. Um aber einer allzu ahistorischen Perspektive vorzubeugen, enthält der Abschnitt „Technik und EDV in Sprach- und Schriftverarbeitung“ eine technikgeschichtliche Studie über optische Signalsysteme, die von einem niederländischen und einem schwedischen Forscher recherchiert wurde. Ihnen ist es gelungen, diese zu Beginn des 19. Jahrhunderts in Frankreich ersonnenen und auch praktisch eingerichteten Datenfernübertragungssysteme aus der Vergessenheit hervorzuholen und in ihrer beeindruckenden Leistungsfähigkeit darzustellen.

Mit der Verfügbarkeit leistungsfähiger Computer in den sechziger Jahren unseres Jahrhunderts machten sich Linguisten und Psychologen Gedanken, ob diese Maschinen und die dafür entwickelten Programme nicht in der Lage seien, den immer noch undurchschaubar komplexen Prozeß des Umsetzens von Denken in Sprache durch Modellbau, Modellanlaysen und Simulation nachzubilden. Die Euphorie war anfangs groß, und es entstand eine Forschungsrichtung, die sich den programmatischen Namen *Künstliche Intelligenz* gab. Zur Dokumentation dieses wichtigen Ansatzes haben wir den Beitrag von Waltz in unsere Auswahl aufgenommen. Die übrigen Beiträge zeigen deutlich, daß Technik und EDV einen hervorragenden, wenn auch nur einen dienenden Platz in allen Bereichen einnehmen, wo Sprache und Schrift eine Rolle spielen. Wenngleich die vorgestellten Anwendungen allesamt nur bescheidene Teillösungen von meist praktischer Relevanz sind und sich darin vielleicht Skepsis und Enttäuschung gegenüber globalen Problemlösungserwartungen und hochgesteckten theoretischen Zielen der sechziger und siebziger Jahre widerspiegeln, ist das gemeinsame Ziel dieser Erfindungen und Entwicklungen von nicht geringer Tragweite. Dem Menschen soll die mühsame Arbeit des Schreibens, des Übermittelns und auch des Übersetzens abgenommen werden, um seine Energien für anderes (wofür?) freizumachen. Gemeinsames Ziel ist also, das zu erreichen, was wir Rationalisierung nennen. Wie alle technischen Entwicklungen ist auch diese, menschlich gesehen, ambivalent. Den unbestreitbaren Vorzügen der Entlastung von Routinearbeit, der unmittelbaren Verfügbarkeit von Information und der ununterbrochenen Einbindung des Menschen in Kommunikationsnetze steht die Konsequenz gegenüber, daß der Mensch sich mit Anwendung mancher dieser Techniken sozial isoliert und durch die kommunikative Einbindung Gefahr läuft, fremdbestimmt und manipulierbar zu werden. Wie wir mit der daraus resultierenden Vereinsamung und den sozial-ethischen Problemen fertig werden, ist eine gesellschaftliche Aufgabe unserer Gegenwart und unmittelbaren Zukunft, die freilich über das Thema dieses Buches hinausweist.

Die menschliche Stimme

Wie unsere Lautäußerungen entstehen und wie sie klanglich ausgeformt werden, ist erst in jüngster Zeit im einzelnen erforscht worden. Darauf beruhen neue Vorsorge-, Pflege- und Therapiemaßnahmen.

Von Robert T. Sataloff

Noch vor zwanzig Jahren war die menschliche Stimme in vieler Hinsicht rätselhaft. Wie Laute und Töne eigentlich entstehen und der Stimmapparat am besten zu pflegen sei, wußte man nur ansatzweise, obwohl Sprache – unser wichtigstes Kommunikationsmedium – mit dem ersten Schrei des Neugeborenen beginnt (Spektrum der Wissenschaft, Dezember 1992, Seite 115) und obwohl Redner und Prediger, Schauspieler und Sänger seit eh und je ihr Publikum fesseln und verzaubern.

Einschlägige medizinische Abhandlungen erschienen selten und beschäftigten sich kaum mit der normalen Funktionsweise des Stimmbildungssystems. Wie gutartige Erkrankungen der Stimmbänder, die keinen operativen Eingriff erfordern, am besten zu behandeln seien, war umstritten; und zu den chirurgischen Verfahren gehörte es, die äußeren Schichten der Stimmfalten abzuschälen – in der Erwartung, daß gesundes Gewebe nachwachsen würde (die Stimmfalte oder Stimmlippe, anatomisch *Plica vocalis*, umhüllt das Stimmband, *Ligamentum vocale*, und den Stimmlippenmuskel). Aber viele Patienten blieben für immer heiser.

Inzwischen hat sich die Stimmkunde als neues medizinisches Fach etabliert. So gründete der New Yorker Arzt Wilbur James Gould die Voice Foundation, eine Stiftung, die seit einem ersten Symposium im Jahre 1972 Stimmforscher, Kehlkopfspezialisten, Logopäden, Gesang- und Schauspiellehrer sowie darstellende Künstler zusammenbrachte. Die seitherige Entwicklung von Vorsorgemaßnahmen und Therapien für jene, die beim beruflichen Sprechen und Singen Probleme haben, kommt mittlerweile jedermann mit Störungen der Stimmbildung und Erkrankungen des Stimmapparats zugute.

Der Stimmapparat

Verschiedenste Strukturen in Bauch, Brust, Hals und Kopf müssen koordiniert werden, wenn wir einen Laut von uns geben: Zwerchfell, Lungen, Luftröhre und Brustkorb dienen als Windkessel und Stimmstütze, Kehlkopf und Stimmritze als Vibrato- und Tonerzeuger, Rachen, Mund- und Nasenhöhle als Resonator. Praktisch beeinflußt der gesamte Körper den Klang der Stimme.

Das wesentliche Organ ist freilich – wie bekannt – der Kehlkopf (medizinisch Larynx). Er besteht aus vier Grundkomponenten: dem Skelett aus gelenkig verbundenen Knorpeln, der inneren und der äußeren Muskulatur sowie der ihn auskleidenden Schleimhaut (siehe Kästen auf Seite 75 und Seite 76). Die wichtigsten Teile des Skeletts sind der große Schildknorpel (der als Adamsapfel äußerlich sichtbar ist; auf den Bildern jeweils blau), der tieferliegende Ringknorpel (grünlich) und die beiden innen gelegenen kleinen Stellknorpel (ebenfalls bläulich gezeichnet). Während die außen ansetzenden Muskeln den Kehlkopf im Hals verankern, verbinden die inneren die Knorpel miteinander; beide Gruppen wirken entscheidend bei der Stimmbildung mit.

Die paarigen Muskeln, die den Körper der Stimmfalten bilden, ziehen innen von den Stellknorpeln zu einem Punkt unten am Schildknorpel. Der Stimmlippenmuskel ist davon der innere Part. Diese beiden Stränge – die eigentliche Quelle der Stimme – umschließen die Stimmritze (Glottis).

Indem die inneren Muskeln die Knorpel gegeneinander verschieben, verändern sie nicht nur deren Konstellation, sondern auch Form, Position und Spannung der Stimmfalten. So kontrolliert beispielsweise ein Muskel, der vom Schild- zum Ringknorpel reicht, die Höhe der Stimme dadurch, daß er durch Zug am Schildknorpel die Stimmfalten streckt.

Die äußeren Muskeln bewegen den Kehlkopf auf- und abwärts. Dabei wird er ähnlich wie der Balg einer Ziehharmonika gedehnt und gestaucht, so daß sich die Winkel zwischen den Knorpeln jeweils ändern. Auch dies beeinflußt die Streckung der inneren Muskeln in entspanntem Zustand.

Den Kehlkopf bewegt man gewöhnlich unbewußt auf und ab, wenn man die Stimme hebt und senkt. Solche erheblichen Positionsverschiebungen wirken sich allerdings auf die Feinkontrolle der Stimmfalten störend aus, die für eine geschmeidige Tonbildung und einen angenehmen Klang unerläßlich ist. Deshalb lernen Sänger gewöhnlich, mit den äußeren Muskeln den Kehlkopf möglichst auf einer Höhe zu halten; so vermögen sie

Bild 1: Der Pop-Sänger Elton John verdankt einem chirurgischen Eingriff an den Stimmfalten, daß er weiter singen kann. Im Jahr 1986 bekam er während einer Tournee Stimmprobleme. Wie sich herausstellte, hatte er eine gutartige Geschwulst, die Anfang 1987 entfernt wurde. Ein Jahr später konnte der Star wieder auftreten.

über ihre gesamte Stimmlage Töne einheitlicher Qualität zu erzeugen.

Die weichen Gewebe, die den Kehlkopf auskleiden, sind wesentlich komplexer aufgebaut, als man früher dachte. Wo sich die Stimmfalten beim Schließen der Stimmritze berühren, hat diese dünne, feuchte Schleimhaut eine andere Struktur als im restlichen Kehlkopf und sonst in den Atemwegen: Sie ist hier ein mehrschichtiges Plattenepithel; schließlich muß sie die Beanspruchung durch Kontakt und Vibrationen aushalten.

Auch die Stimmfalten darf man sich nicht einfach nur als einen mit Schleimhaut überzogenen Muskel vorstellen. Vielmehr identifizierte der japanische Mediziner Minoru Hirano aus Kurume zwischen dem äußeren Epithel und dem Muskel selbst noch drei Schichten Bindegewebe, deren jede andere mechanische Eigenschaften hat; diese fünflagige Struktur sorgt für die gleichmäßigen Scherbewegungen beim Schwingen gesunder Stimmfalten.

Die Stimmbildung

Die Stimmfalten selbst erzeugen beim Vibrieren nur einen Summton, der erst in den Resonanzräumen oberhalb des Kehlkopfes seine Klangfarbe und sein Timbre gewinnt, wobei unter anderem auch die Stellung von Zunge und Gaumen mitwirkt. Ihre Kraft vermittelt der Stimme der Atemtrakt unterhalb des Kehlkopfes, der einen kontrollierten Luftstrom zwischen den Stimmfalten hindurchpreßt.

Durch das Schließen, Öffnen und Umstellen der Stimmritze verändert sich ihr Luftwiderstand unablässig. Dem müssen sich, damit der Ton gleichmäßig klingt, die unteren Atmungsorgane rasch und präzise anpassen. Sänger und Schauspieler nennen den tontragenden Komplex gewöhnlich Atemstütze oder Appoggio beziehungsweise Appoggiamento. Allerdings sind die anatomischen Zusammenhänge recht kompliziert und auch noch nicht völlig verständlich. Verschiedene Künstler meinen, wenn sie über diese Techniken sprechen, nicht immer das gleiche.

Die wichtigsten Muskeln beim Einatmen sind das Zwerchfell, das sich unter dem Brustkorb kuppelförmig nach oben wölbt, und die äußeren Zwischenrippenmuskeln (insgesamt sind anderthalb Dutzend Muskeln und Muskelgruppen beteiligt). Wird das Zwerchfell kontrahiert, vergrößert sich die Lunge, und den entstehenden Unterdruck gleicht die einströmende Luft aus. In Ruhe atmet man weitgehend passiv durch Entspannen der Muskulatur aus, indem sich Lunge und

Brustkorb aufgrund ihrer Elastizität zusammenziehen.

Wenn man jedoch absichtlich ausatmet, benutzt man viele Muskeln, die auch an der Lauterzeugung beteiligt sind. Dabei kann erhöhter Druck im Bauchraum das Zwerchfell nach oben wölben, oder aber Rippen und Brustbein werden eingezogen und so die Ausmaße des Brustkorbs verkleinert. Zum aktiven Ausatmen dienen vor allem die Bauchmuskeln, teilweise auch die inneren Zwischenrippenmuskeln sowie weitere Brust- und Rückenmuskeln – insgesamt neun Gruppen.

Die Stimmkraft kann durch Verletzungen oder operative Eingriffe an diesem Muskelapparat beeinträchtigt werden, so wie sie auch bei Asthma und anderen Krankheiten, die das Ausatmen erschweren, leidet. Betroffene kompensieren das oft durch übermäßige Beanspruchung der Kehlkopfmuskulatur, obgleich sie nicht dafür ausgelegt ist, als Kraftquelle der Stimme zu dienen. Die Folge sind dann eventuell Funktionsstörungen, schnelle Erschöpfung, Schmerzen und sogar anatomische Veränderungen, zum Beispiel Knötchen an den Stimmfalten.

Die neuronale Steuerung

Die Codierung für eine Lautäußerung – sozusagen die Idee dafür – entsteht in der Hirnrinde. Entsprechende Befehle gelangen von dort zu motorischen Kernen (Ansammlungen von muskelinnervierenden Nervenzellen) in Hirnstamm und Rückenmark, die ihrerseits komplexe, äußerst fein koordinierte Signalmuster zur Kehlkopf-, Brust- und Bauchmuskulatur sowie an alle Muskeln im Stimmtrakt schicken, die an der Artikulation beteiligt sind. Auch bestimmte motorische Nervenbahnen – das sogenannte extrapyramidale System – und das vegetative Nervensystem spielen dabei mit.

Eine Quelle für Stimmprobleme sind die Nerven, welche die Muskeln des Stimmapparats kontrollieren. Die inneren Kehlkopfmuskeln werden hauptsächlich von einem Ast des größten Eingeweidenerven (Vagus) gesteuert, der durch den Hals in den Brustkorb zieht und von dort zurück zum Kehlkopf (die linke Schleife der beidseits angelegten Stränge reicht besonders tief). Bei Verletzungen und Operationen im Hals- und oberen Brustbereich ist die Gefahr von Schädigungen deshalb groß.

Über Nervenbahnen erhält das Gehirn auch Rückmeldungen über die Lautbildung. Das Ohr vermittelt über den Hirnstamm der Hirnrinde Informationen, ob der erzeugte Klang der Intention entspricht. Dieses Feedback dient der Feinregulation der Stimme. Taktile Rückmeldungen von Kehle und Muskulatur können dabei helfen – man weiß allerdings noch nicht genau, wie. Professionelle Sänger und Redner schulen jedenfalls diese Fähigkeit, weil sie damit rechnen müssen, daß sie bei schlechter Raumakustik, Orchesterbegleitung oder lärmendem Publikum ihre eigene Stimme nicht mehr richtig hören.

Bei der Stimmbildung müssen all diese anatomischen Systeme und Strukturen exakt zusammenwirken. Nur die eigentliche Lautentstehung ist mit der instrumentellen Tonerzeugung etwa beim Trompetenspielen zu vergleichen, wobei der vom Atemtrakt erzeugte Luftstrom hohen Drucks die Lippen des Musikers im Kessel des Mundstücks vibrieren läßt und die Resonanzen des Rohres dem Ton dann seine Klangfarbe geben. Die Prozesse beim Sprechen und Singen sind sehr viel komplexer.

Erzeugung von Ton und Klangfarbe

Besonders darüber, wie menschliche Laute entstehen und abgewandelt werden, hat man in den letzten 20 Jahren zahlreiche Einzelheiten herausgefunden, unter anderem mit Modellen von den Bewegungen der Stimmfalten. Deren fünf anatomisch unterscheidbare Schichten verhalten sich mechanisch eher wie ein dreischichtiges Gebilde: Das Epithel und das obere Bindegewebe bilden eine Decke, die mittlere und die untere Lage von Bindegewebe eine Übergangsschicht und der Stimmlippenmuskel den Körper dieser Struktur.

Bevor ein Ton einsetzt, berühren sich die Stimmfalten auf ganzer Breite; die Stimmritze ist geschlossen (Bild 2). Die von den Lungen ausgestoßene Luft baut nun einen Druck auf, der beim normalen Sprechen typischerweise dem einer etwa sieben Zentimeter hohen Wassersäule entspricht. Dadurch werden die Stimmfalten nach und nach auseinandergedrückt, und zwar zuerst an den Unterkanten des Verschlusses. Zunächst verhindern elastische und andere Kräfte, daß auch die Oberkanten auseinanderweichen; doch schließlich überwindet der einsetzende Luftstrom diesen Widerstand, so daß die Stimmritze sich öffnet.

Sogleich wird ein von dem Schweizer Mathematiker Daniel Bernoulli (1700 bis 1782) beschriebener und nach ihm benannter Effekt wirksam: Mit zunehmender Luftgeschwindigkeit sinkt der seitliche Druck in der engen Spalte, so daß die Stimmfalten gleichsam angesaugt werden. Diesen Vorgang unterstützt die Eigenelastizität des Gewebes.

Infolgedessen und weil nun auch der Druck der Luft unterhalb des Kehlkopfes nachläßt, beginnen die Stimmfalten sich fast sofort wieder zu schließen – an den unteren Kanten treffen sie bereits aufeinander, während sie an den oberen noch auseinanderweichen. Diese Verengung vermindert den Durchstrom, bis schließlich auch die Oberkanten in die Kontaktposition zurückspringen und die Stimmritze geschlossen ist.

Alsbald baut sich in den Atemwegen unter dem Kehlkopf der Druck abermals auf, und der Vorgang beginnt von neuem. Bei diesem Wechselspiel bleibt allerdings im Bereich unterhalb des Kehlkopfes stets ein Überdruck erhalten; trotz der Schwankungen sinkt er kaum jemals völlig ab.

Bei dem ganzen Vorgang ist entscheidend, daß der untere Bereich der Stimmfalten sich immer etwas früher als der obere zu öffnen und zu schließen beginnt. So wird die Schleimhaut auf den Kanten in eine Wellenbewegung versetzt. Wie man sich leicht vorstellen kann, beeinträchtigen Störungen dieses komplexen Schwingungsvorgangs die Stimmqualität – die Sprache klingt zum Beispiel heiser.

Die Stimmfalten bringen die Luft freilich nicht selbst zum Schwingen etwa wie eine angestrichene Geigensaite. Vielmehr entsteht die tonbildende Vibration durch das stoßweise Austreten und Abreißen des Luftstroms.

Das aus dem Kehlkopf kommende Geräusch ist dennoch ein komplexer Ton mit einer bestimmten Grund- oder Fundamentalfrequenz (deren Wert in Hertz sich danach bemißt, wie oft die Stimmritze sich pro Sekunde öffnet und schließt) und einer Reihe von höheren Teiltönen oder Harmonischen. Da letztlich die Teiltöne die Klangfarbe bedingen, mag es viele überraschen, daß eine Laienstimme bei den Stimmfalten noch so ziemlich das gleiche Teiltonspektrum hat wie die ausgebildete von Schauspielern und Sängern.

Erst Rachen, Mund- und Nasenraum geben als Resonatoren nach- und miteinander der Stimme ihren Klang. Dieser Prozeß ist komplizierter als bei Instrumenten wie der Trompete, weil die Form dieser Resonanzräume veränderbar ist. In jedem von ihnen werden einige der Frequenzen gedämpft und andere verstärkt, das heißt mit größerer Amplitude abgestrahlt, so daß manche der Harmonischen schwächer, andere prägnanter werden. Solche den Klang prägenden Frequenzen nennt man Formanten. (Die Vokale zum Beispiel sind allein wegen

Die Anatomie des Stimmapparates

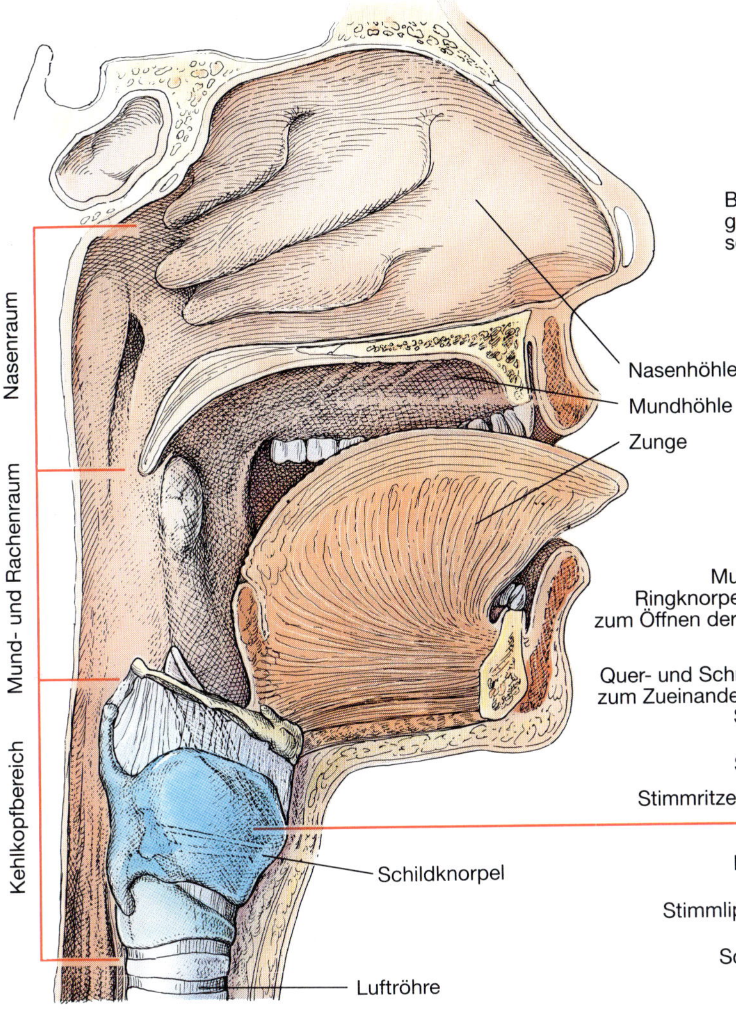

Stimmfalte im Querschnitt

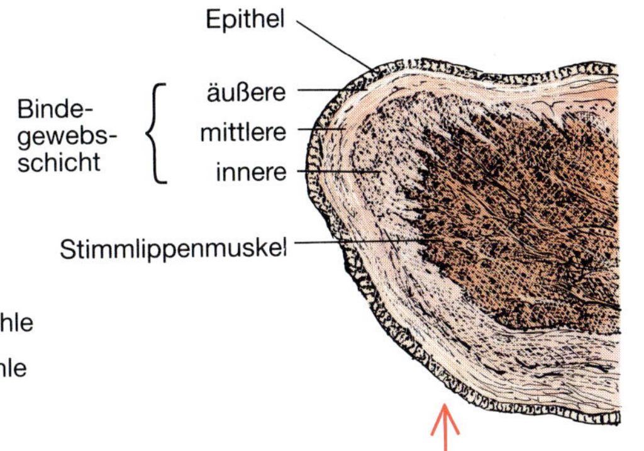

Kehlkopf von oben

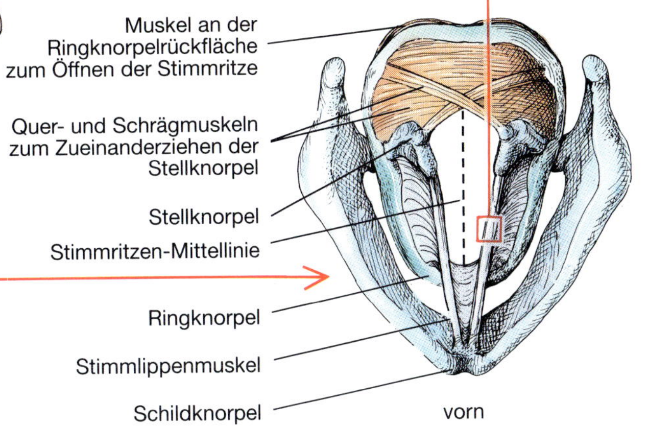

Kehlkopf von hinten

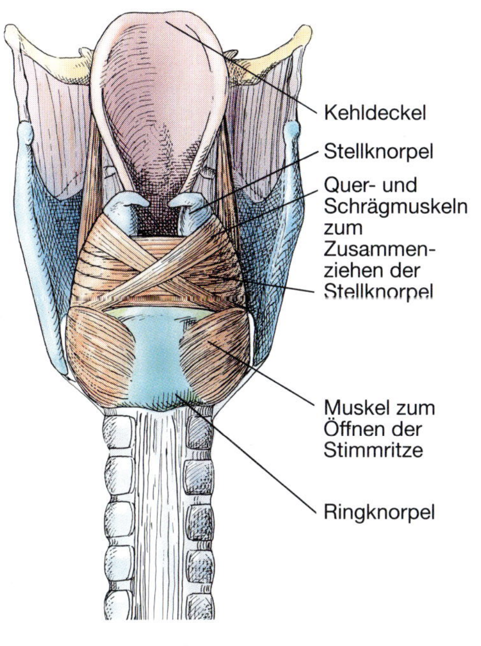

Kehlkopf von vorn

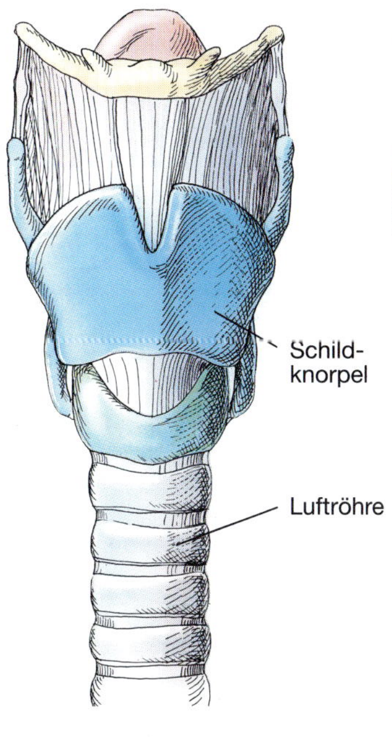

Kehlkopf von rechts

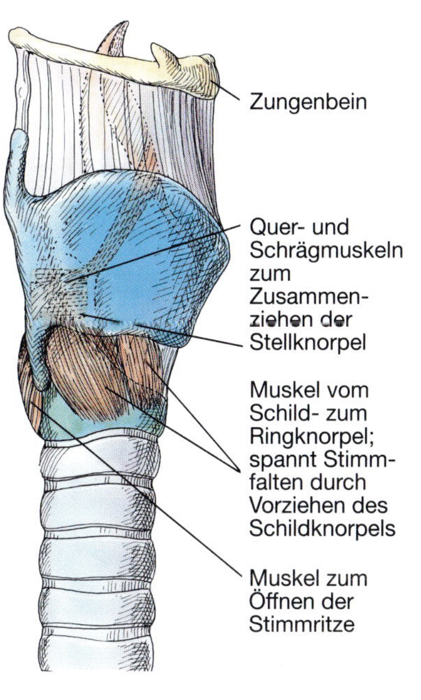

ihrer jeweils charakteristischen Formanten unterscheidbar.) Wie Johan Sundberg vom Königlichen Institut für Technologie in Stockholm an Sängern und sein Kollege Gunnar Fant an Rednern ermittelten, hat der Vokaltrakt bei jeder Stellung vier oder fünf wichtige Resonanzfrequenzen. Während die Intensität der Stimme sonst gleichmäßig über das Frequenzspektrum abnimmt, hat sie hier ihre Maxima.

Diese Frequenzen sind durch die Form des Vokaltraktes bedingt, und die wiederum wird von den umliegenden Muskelpartien mitgebildet. Dabei sind Form und auch Länge des Traktes individuell verschieden. Er ist freilich bei Kindern und Frauen im allgemeinen kürzer als bei Männern; mithin sind auch ihre Resonanzfrequenzen höher. Allerdings lassen sich die Ausmaße des Vokaltraktes in Grenzen aktiv verändern; das zu lernen ist ein wesentlicher Teil der Stimmausbildung.

In diesem Zusammenhang ist der sogenannte Sängerformant (auch Gesangsformant genannt) interessant. Er ist offenbar dafür verantwortlich, daß eine ausgebildete Sing- oder Sprechstimme trägt, das heißt durchdringt. Um etwa gegen ein Orchester ansingen zu können, verstärkt der Sänger den Ton in einem bestimmten Frequenzbereich, bei dem der Orchesterklang wenig Energie hat. An sich hat eine geschulte Stimme nämlich keine nennenswert stärkere Schallintensität als die nicht ausgebildete.

Der Sängerformant für Vokale liegt generell zwischen 2300 und 3200 Hertz: Bei Bässen hat er etwa 2400, bei Baritonen 2600 und bei Tenören 2800 Hertz; für einen Mezzosopran beträgt er ungefähr 2900 und für einen hohen Sopran 3200 Hertz – wobei er bei Sopranen oft bedeutend schwächer ausgeprägt ist. Außer daß dieser Sängerformant der Stimme Klarheit und Tragfähigkeit verleiht, trägt er auch zum Timbre bei (ob die Stimme etwa brillant hell oder aber metallisch schrill klingt).

Die neuronale Steuerung der Stimme

Sprache, Gesang und selbst einfachste Lautäußerungen erfordern das komplexe Zusammenspiel geistiger und körperlicher Prozesse. Das Konzept dafür entsteht in der Hirnrinde; daran beteiligt ist das Sprachzentrum. Wie dieses Programm in Kehlkopfbewegungen umzusetzen ist, kontrolliert eine motorische Region. Über den Hirnstamm und den Vagus-Nerven, der sich vielfach aufgabelt, gelangen die Impulse zur Kehlkopfmuskulatur. Dort entsteht, wenn die Stimmfalten vibrieren, nur ein Summton. Erst im Stimmtrakt wird daraus durch Resonanzverstärkung der klangliche Laut, den man nun durch Feedback über das Ohr und auch über Vibrationsempfindungen fein abstimmen kann.

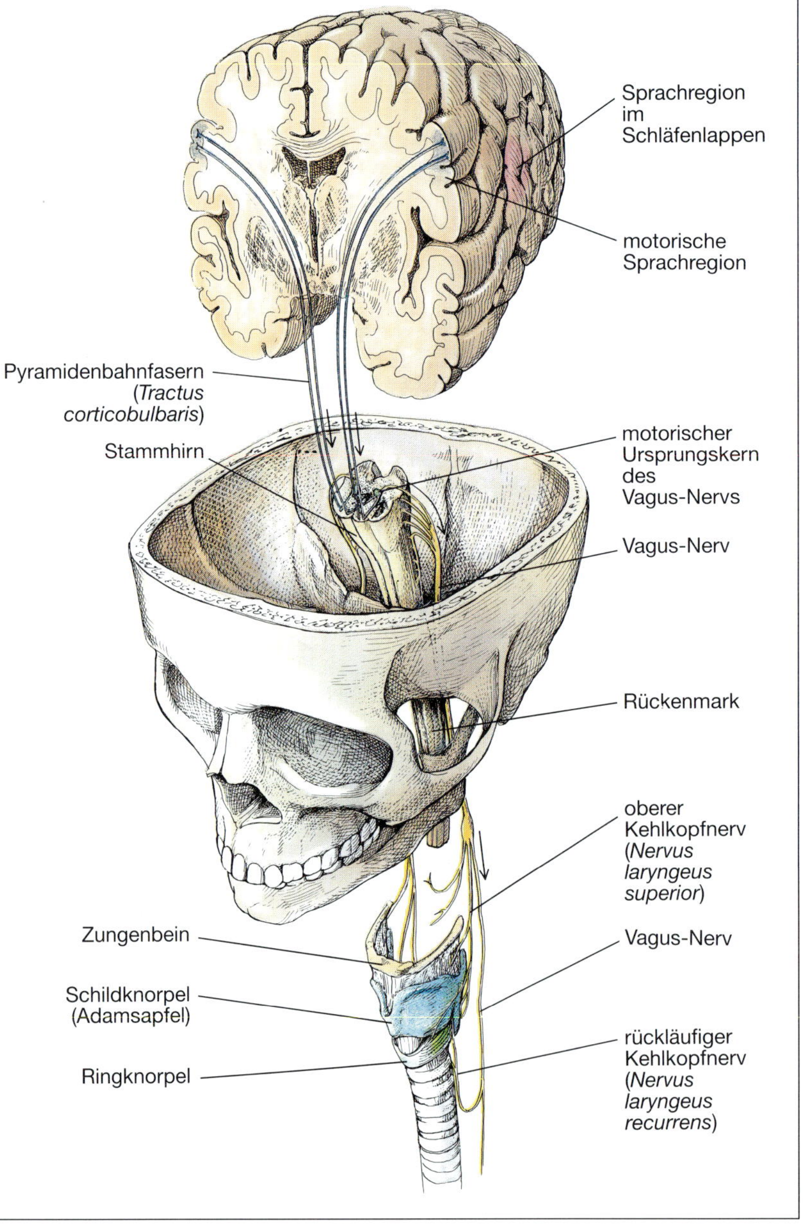

Stimmtechnik

Ein Sänger oder Sprecher muß sowohl die Stimmhöhe, die gleich der Grundfrequenz der jeweiligen Sprechlage oder des gesungenen Tones ist, wie die Lautstärke beherrschen. Zwar läßt sich die Grundfrequenz auch dadurch anheben, daß man den Druck der durch den Kehlkopf strömenden Luft steigert; denn aus mechanischen Gründen schlagen die Stimmlippen dann schneller auseinander und zusammen. Aber die Stimme wird dabei zugleich lauter, und die Kunst ist eben, Lautstärke und Stimmhöhe unabhängig voneinander zu kontrollieren. Ein Sänger darf nun einmal nicht automatisch höhere Töne durchdringender hervorpressen oder bei lauteren Passagen höher werden und muß den Effekt darum kompensieren.

Am wirkungsvollsten läßt die Tonhöhe sich ändern, indem man die mechanischen Eigenschaften der Stimmlippen modifiziert. Wenn der Muskel zwischen Schild- und Ringknorpel kontrahiert, dreht er beide, und dabei werden die Stimmfalten gedehnt. Die elastischen

Fasern der Stimmbänder schwingen deshalb wie eine straffer gespannte Saite schneller. Der Ton wird also höher, weil die Stimmritze sich nun rascher öffnet und schließt (fachlich sagt man, der Phonationszyklus ist kürzer geworden).

Die Lautstärke hängt indes davon ab, wie stark die Luft im Vokaltrakt in Schwingung gerät. Bei stärkerem Atemdruck schlagen die Stimmlippen weiter aus, und mit zunehmender Differenz zwischen maximaler und beim scharfen Abreißen der Strömung minimaler austretender Luftmenge wächst die Intensität des Tones.

Wie effektiv die Stimme kontrolliert wird, kann man an den Flußmustern während eines Phonationszyklus erkennen. Versucht jemand mehr Lautstärke zu erzwingen, indem er sowohl den Atemdruck als auch den Widerstand dagegen im Kehlkopf übermäßig verstärkt (wobei er einerseits die Muskeln des Stimmtraktes unterhalb des Kehlkopfes anspannt, andererseits die Verschlußmuskeln der Stimmlippen) klingt der Ton gepreßt; man sagt, der Sänger oder Sprecher drücke auf die Stimme. Trotz aller Anstrengung bleibt dabei die Amplitude der Grundfrequenz schwach.

Sie wird allerdings auch dann gering sein, wenn die Verschlußmuskeln so wenig Kraft aufweisen, daß die Stimmfalten keinen Kontakt bekommen. Die Stimme klingt dann stark behaucht, weil viel überflüssige Luft durch die Stimmritze dringt. Erwünscht ist, daß die Stimme locker und leicht klingt. Das wird durch geringen Druck des Atemstroms erreicht, wenn auch die Stimmlippenmuskeln nicht stark angespannt sind. Die Grundfrequenz erhält dabei viel Energie, so daß die Schallintensität hoch ist.

Der Stimmspezialist vermag diese verschiedenen Arten der Stimmbildung zu erkennen. Dafür wird ein sogenanntes Fluß-Glottogramm aufgezeichnet, das die Änderungen im Luftstrom durch die Stimmritze wiedergibt. Wie Sundberg nachwies, können Sänger die Amplitude der Grundfrequenz um 15 Dezibel oder mehr verstärken, nur durch den Wechsel von gepreßter zu freier, unangestrengter Stimmerzeugung. Das Fazit: Wenn man absichtlich auf die Stimme drückt, um laut zu sprechen, wendet man unnötig viel Kraft auf und kann damit dem Kehlkopf schaden.

Medizinische Diagnostik

Das Wissen, wie der Mensch seine Stimme optimal kontrolliert, nutzt man in der medizinischen Praxis, um Probleme zu erkennen und zu beheben wie auch ihnen vorzubeugen. Entscheidend war dafür, geeignete Instrumente zu entwickeln, mit denen man den Stimmapparat in Aktion beobachten kann. Noch vor gut zehn Jahren wurden die Qualität einer Stimme und ihre Funktionsweise sowie Störungen meist nur anhand des Höreindrucks ermittelt.

Zwar hatte schon 1855 der spanische Sänger und Gesangspädagoge Manuel García (1805 bis 1906) die Kehlkopfspiegelung erfunden. Mit einem Zahnarztspiegel und der Sonne als Lichtquelle betrachtete er die Stimmfalten bei einem Schüler. Aber obgleich diese Methode sich rasch in der ärztlichen Praxis etablierte und bis heute Standard ist (außer daß man künstliches Licht nutzt), hat sie doch ihre Grenzen. Die Stimmfalten in Vergrößerung darzustellen und photographisch zu dokumentieren ist schwierig. Außerdem erkennt man bei normalem Licht nicht die schnellen, komplexen Schwingungen.

Abhilfe schuf die Laryngoskopie mit Hilfe eines Stroboskops, das in schneller Folge kurze Lichtblitze erzeugt. Dabei steuert ein unterhalb des Kehlkopfes befestigtes Mikrophon die Frequenz der Stroboskoplampe, die etwa zwei Hertz von der Vibrationsfrequenz der Stimmfalten abweichen muß; dann sieht man deren Bewegung sozusagen in Zeitlupe. In sehr einfacher Version gab es eine solche Vorrichtung schon im vorigen Jahrhundert, doch erst in den letzten zehn Jahren entstanden Stroboskope, die für die ärztliche Routine hell genug sind, und hinreichend empfindliche Videokameras.

Mit dem Stroboskop sind die Ränder der Stimmfalten gut zu erkennen und damit auch viele anomale Strukturen und Funktionen, die einem bei einfacher Beleuchtung entgingen, zum Beispiel kleine Verdickungen, ungleiche Vibrationen der beiden Stimmfalten, Narben oder Frühstadien bösartiger Wucherungen. Digitale Bildanalysen bringen zusätzlichen Aufschluß; noch mehr ließe sich bei wesentlich besserer Bildauflösung erreichen.

Die Schwingungen der Stimmfalten lassen sich auch aufzeichnen, indem man

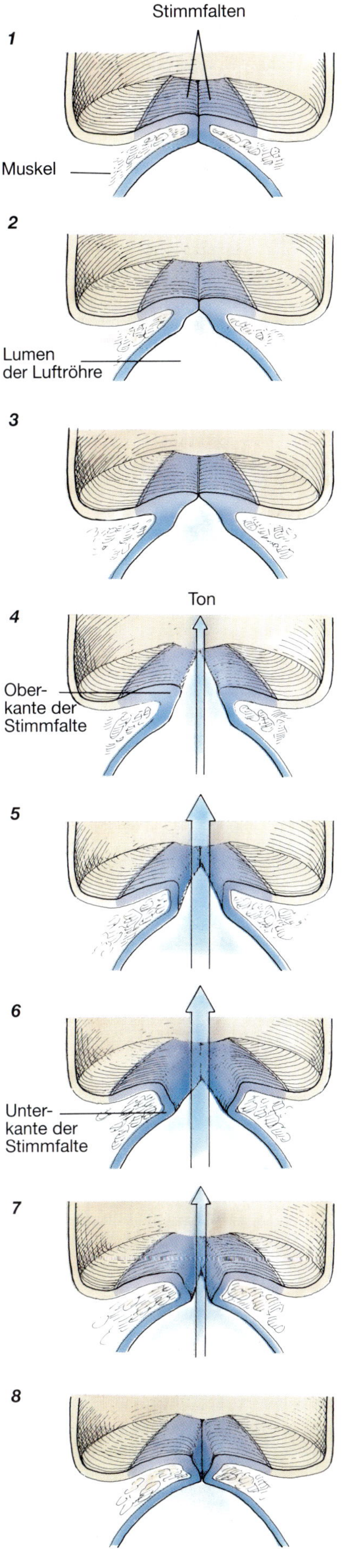

Bild 2: Schema eines Phonationszyklus. Das Öffnen und Schließen der Stimmritze ist aus der Perspektive von vorn auf den Kehlkopf dargestellt; die Stimmfalten sind zudem in der Mitte quer angeschnitten. In Ruhe berühren sie sich (*1*). Drückt die Atemluft von unten dagegen, trennen sich zuerst die unteren Ränder (*2* und *3*), später auch die oberen (*4*), während sich die unteren durch den von der Strömung erzeugten seitlichen Unterdruck sogleich wieder zu schließen beginnen (*5* bis *8*).

zwei Elektroden außen am Hals dicht beim Adamsapfel befestigt und eine schwache Hochfrequenzspannung anlegt. Der Kehlkopf hat bei geschlossener Stimmritze einen geringeren Widerstand als bei offener. In der graphischen Aufzeichnung, dem sogenannten Elektroglottogramm, sind Unregelmäßigkeiten im Spannungsverlauf erkennbar.

Der Zustand der offenen Stimmritze läßt sich schließlich auch mittels Photoglottographie kontrollieren. Dabei photographiert man sie von oben, während Licht von unten hindurchscheint.

Des weiteren sind Untersuchungen der aerodynamischen Funktionen des Stimmsystems aufschlußreich, also Messungen von Luftreservoir und Kraft der Lunge sowie von Druck- und Strömungsverhältnissen im Kehlkopf, die auch die Effizienz der Stimmfalten bei der Kontrolle des Luftstroms widerspiegeln. Die Fähigkeit zur Stimmbildung, die sich ziemlich leicht prüfen läßt, nutzt man wiederum, um Funktionsstörungen und den Erfolg einer Behandlung zu erkennen. Erfaßt werden unter anderem der Ton- und der Lautstärkeumfang der Stimme und die Dauer, die ein Ton gehalten werden kann.

In speziellen Fällen wird man den Zustand der Muskeln im Kehlkopf direkt durch Ableitung der elektrischen Aktivität mit feinen Elektroden messen. Beispielsweise kann einem Patienten mit einer Stimmbandlähmung eine Operation erspart werden, wenn erkennbar ist, daß der funktionsuntüchtige Muskel sich wohl bald von allein erholen wird.

Ein Fachmann wird schon am Klang der Stimme viele Störungen erkennen. Zusätzlich braucht man aber Meßvorrichtungen, um sie wie auch die individuellen Stimmcharakteristika des Patienten zu quantifizieren. So nützlich das verfügbare Instrumentarium auch bereits ist, reicht es doch lange noch nicht aus.

Beispielsweise kann man mit dem Sonographen das Frequenzspektrum eines Lautes optisch darstellen; alle Harmonischen und auch die Geräuschanteile sind erkennbar (Bild 3). Daraus lassen sich die Stimmqualität, die Tonhöhe und die Lautstärke ablesen wie auch spezielle Merkmale separat bestimmen, so die Formantenstruktur, die Stimmstärke, die Grundfrequenz, die Verhauchtheit, die Klarheit (das Verhältnis von Harmonischen zu Geräuschen) sowie Unregelmäßigkeiten der Schwingungsamplituden und Frequenzen aufeinander folgender Phonationszyklen (die Stimme klingt heiser, belegt oder schwebend, oder sie wackelt, flattert oder zittert).

Dennoch sind manche Feinheiten, die das Ohr durchaus erfaßt, bislang auf solchen Bildern nicht zu erkennen. Man merkt einer geschulten Stimme gewöhnlich an, ob sie müde oder ausgeruht ist; aber was dafür charakteristische Unterschiede in der Bewegung des Stimmapparats sein mögen, hat man selbst mit den besten Geräten noch nicht aufzeigen können.

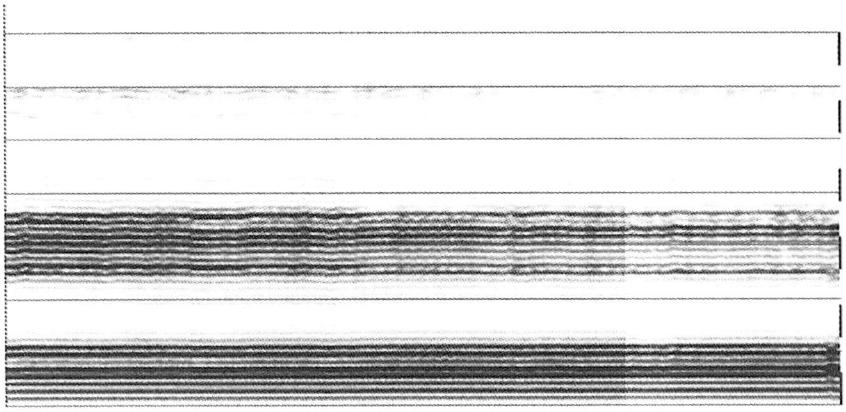

Bild 3: Sonagraphische Aufzeichnungen von einer gesunden Stimme (links) und einer infolge von Wucherungen auf den Stimmfalten veränderten (rechts). Beide Personen sprechen ein langes offenes „*a*“ wie in „Vater“. Die Zeitachse verläuft jeweils von links nach rechts. In der Höhe sind die Frequenzen bis 7000 Hertz aufge-

Bekanntlich wirkt auch die Psyche auf die Stimme. Verfahren, die das erfassen sollen, sind ebenfalls erst ungenügend standardisiert. Immerhin weiß man schon wesentlich mehr darüber, worauf bei solchen Untersuchungen geachtet werden muß, seit man in der Stimmkunde mit ausgeklügelten Fragebögen, Tonbandaufnahmen und der Beurteilung einer Stimme durch verschiedene Personen arbeitet.

Therapeutische Maßnahmen

Mit der verbesserten Diagnostik und Therapie von Stimmerkrankungen läßt sich auf Kehlkopfoperationen mehr und mehr verzichten. Manchmal genügt bereits eine medikamentöse Behandlung.

Indes können Arzneien, die aus anderen Gründen genommen werden (darunter nicht verschreibungspflichtige), die Stimmfunktion beeinträchtigen. So ist eine Nebenwirkung von Antihistaminika (die gegen allergische Erkrankungen wie Heuschnupfen verordnet werden), daß die Schleimhaut im Kehlkopf trockener wird – unter Umständen sind Heiserkeit und Hustenanfälle die Folge; und Acetylsalicylsäure, der Wirkstoff von Aspirin, kann durch Hemmen der Blutgerinnung auch zu Stimmfaltenblutungen beitragen.

Zu den Möglichkeiten, einen durch Überbeanspruchung bedingten Stimmschaden zu beheben, gehört eine gezielte Schulung. Der Betroffene kann lernen, besser zu atmen und die Stimme zu stützen und dadurch die Hals- und Kehlkopfmuskulatur zu entlasten. Sogar manche Veränderungen an den Stimmfalten gehen dann zurück – insbesondere Knötchen, wie sie sich bei vielem Sprechen manchmal bilden.

Entsprechendes gilt für die Vorbeugung. Bei richtigem Einsatz des Stimmapparates treten Schäden durch Ermüdung erst gar nicht auf. Zur Stimmhygiene gehört auch, den Vokaltrakt angemessen feucht und schleimig zu halten und Reizungen durch Rauch und sonstige Luftschadstoffe zu meiden.

In bestimmten Fällen ist jedoch eine Operation nicht zu umgehen: wenn etwa Knötchen sich trotz Stimmtherapie nicht zurückbilden, sowie bei Polypen (Wucherungen des weichen Gewebes), Zysten (flüssigkeitsgefüllten Kapseln) und anderen Wucherungen. Glücklicherweise liegen die meisten gutartigen Veränderungen oberflächlich. Um ein Gewächs an der Schleimhaut oder in der äußeren Bindegewebsschicht zu entfernen, sind sehr sensible mikrochirurgische Verfahren entwickelt worden; wenn man dabei die tieferen Schichten nicht verletzt, gibt es später keine Narben.

Solche phonochirurgischen Eingriffe (ursprünglich verstand man darunter nur Korrekturen von Stimmhöhe oder -qualität) nimmt man meistens durch den Mund vor. Der Arzt blickt durch ein Laryngoskop (ein starres Metallrohr) auf den Kehlkopf, der in einem Operationsmikroskop vergrößert erscheint. So lassen sich je nachdem winzige chirurgische Geräte oder auch Laser präzise einsetzen.

Bei Knötchen, Polypen und Zysten am äußeren Rand der Stimmfalten ist ein konventioneller Eingriff am sichersten.

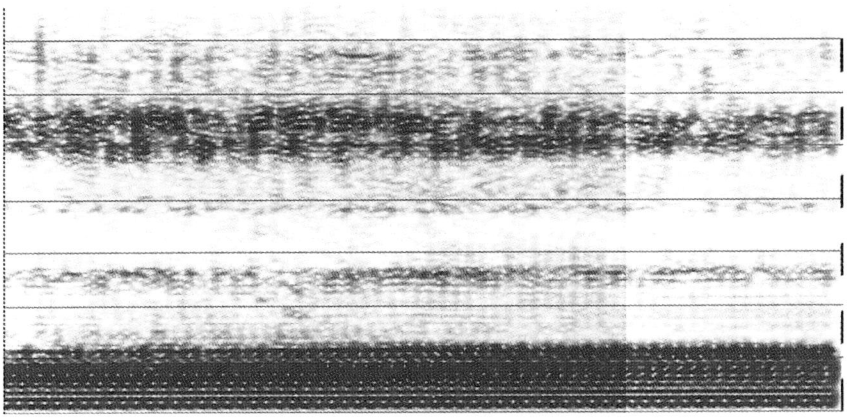

tragen; deren Intensität ist am Grad der Schwärzung zu erkennen. Während die gesunde Stimme charakteristische Banden zwischen 2000 und 4000 Hertz aufweist, ist die krankhaft veränderte gerade in diesem Bereich schwach und zittrig, dafür aber oberhalb von 5000 Hertz ausgeprägt. Sie klingt darum rauh und heiser und belegt.

Er gelingt oft bemerkenswert exakt: So vermag man manchmal die Schleimhaut anzuheben, die Zyste oder Wucherung darunter zu entfernen und dann die Schleimhaut wieder anzulegen. Die minimale Verletzung erfordert nicht einmal, die Stimme anschließend zu schonen, und heilt gewöhnlich schnell ohne Beeinträchtigung der Stimmqualität ab.

Auch wenn Laser oft als revolutionierende Hochtechnologie-Instrumente für die Chirurgie gepriesen werden, sind sie für Kehlkopfoperationen nicht immer am besten geeignet. Bei den zum Abtragen von Geweben benötigten Intensitäten hat der auftreffende Strahl eines gewöhnlichen Kohlendioxid-Lasers einen bis zu 0,5 Millimeter weiten Hitzehof; am Rand der Stimmfalte kann dadurch eine Vernarbung in den tieferen Schichten des Bindegewebes ausgelöst werden. Weil dann dieser Bereich nicht mehr mitschwingt, ist Heiserkeit die Folge.

Dennoch ist der Kohlendioxid-Laser bei manchen krankhaften Veränderungen von großem Nutzen. Mit ihm lassen sich erweiterte Blutgefäße versiegeln, die sonst vielleicht zu bluten anfingen, und Blutgefäße veröden, die Polypen, Papillome und bestimmte Krebsgeschwüre versorgen. Aber auch für Eingriffe an den Stimmfalten selbst dürften Fortschritte in der Laser-Technologie schon bald ein geeignetes Instrumentarium bereitstellen.

Ein Pionier neuer Operationsmethoden zur Korrektur des Kehlkopfskeletts ist der japanische Mediziner Nabuhiko Issiki aus Kyoto. Sie sind äußerst hilfreich bei der Behandlung von Stimmfaltenlähmungen, die nach Virusinfektionen und Operationen im Halsbereich oder bei Krebsleiden auftreten.

Früher hat man kleine Mengen Teflon in die gelähmte Stimmfalte injiziert, um das Gewebe zu unterfüttern, so daß die Stimmritze sich wieder schließen konnte. Teflon ist an sich ziemlich reaktionsträge; dennoch treten mitunter Gewebereaktionen dagegen auf. Auch wurde damit die Kante der Stimmfalte lediglich versteift, und das Ergebnis konnte enttäuschend sein. Dann war es schwierig, den Stoff wieder zu entfernen.

Deshalb formt man bei solchen Erkrankungen inzwischen meistens den Kehlkopf um. Der Chirurg schneidet ein kleines Fenster in das Skelett und drückt den Schildknorpel und anderes Gewebe nach innen. Ein eingesetzter Silastikblock hält die Strukturen in der neuen Position fest. Auf diese Weise läßt sich die gelähmte Stimmfalte an die Mittellinie der Stimmritze zwingen, ohne daß in ihr empfindliches Gewebe Fremdmaterial eingebracht werden müßte. Treten Komplikationen auf, ist die Veränderung auch leichter rückgängig zu machen.

Neuerdings injizieren wir versuchsweise statt des Teflons körpereigenes Fett in die Stimmfalte. Der Eingriff ist an sich einfach, muß aber noch weiter erprobt werden.

Auch Verschiebungen der Stimmlage lassen sich mit Operationen am Kehlkopfskelett erreichen. Sie wird höher, wenn man Ring- und Schildknorpel dreht und verlagert und den Raum zwischen ihnen schließt, weil die Stimmfalten sich dadurch verlängern und mehr spannen. Um sie zu verkürzen, also ihre Spannung herabzusetzen und die Stimmlage zu senken, schneidet man senkrecht schmale Scheiben aus dem Schildknorpel heraus. Der Ausgang eines solchen Eingriffs läßt sich allerdings nicht so genau voraussagen, daß Sänger oder Schauspieler sich ihm zur Verbesserung ihrer Stimmqualität unterziehen sollten; er eignet sich aber, um Anomalien zu beheben, und auch, um die Stimmlage nach einer operativen Geschlechtsumwandlung dem neuen Persönlichkeitsbild anzugleichen.

Die meisten Errungenschaften bei der Behandlung der menschlichen Stimme haben sich erstaunlich schnell weithin durchgesetzt, sicherlich weil dabei Mediziner in Forschung und Praxis sowie Sprechkundler, Lehrer, Schauspieler und Sänger zusammengewirkt haben. Viel Erfolg zeitigt auch die Schulung von Patienten, Gesangs- und Schauspielstudenten und Sprecherziehern sowie die Aufklärung der Öffentlichkeit über die Funktionsweise der Stimme und mögliche Erkrankungen. Information ist häufig die beste Vorsorge; vermeidbare Stimmprobleme sind infolgedessen bereits seltener geworden.

Sprachwahrnehmung beim Säugling

Der Mensch wird mit Mechanismen geboren, die ihn früh befähigen, in einem Lautstrom bedeutungsunterscheidende Einheiten wahrzunehmen. Dieses Vermögen reduziert sich im Laufe der Sprachentwicklung, ist aber reaktivierbar.

Von Peter D. Eimas

Wie kommt es, daß ein Kind so schnell und scheinbar fast mühelos sprechen und verstehen lernt? Der Spracherwerb setzt bereits einige Zeit vor dem ersten Geburtstag ein. Und es ist bemerkenswert, wie geschickt die meisten Kinder mit Sprache umgehen können, wenn sie das dritte Lebensjahr erreicht haben. Anders als beim Lesen oder Rechnen kann ein Kind allmählich die Sprache beherrschen, ohne sie formell lernen zu müssen; ein großer Teil des Lernprozesses vollzieht sich sogar in einem ziemlich beschränkten sprachlichen Umfeld, das nicht ausreicht, die Regeln einer kompetenten Sprachverwendung präzise zu bestimmen.

Daß ein Kind so rasch immer geschickter mit Sprache umgehen kann, ließe sich möglicherweise mit der Annahme erklären, daß Sprache nicht so komplex ist wie allgemein vermutet; und es ließe sich folgern, daß so einfache psychologische Prinzipien wie die Konditionierung und Generalisierung für die Geschwindigkeit beim Lernen verantwortlich sind. Die Untersuchungen der letzten Jahrzehnte über die Natur der Sprache und die Vorgänge bei ihrer Produktion und Wahrnehmung haben jedoch erbracht, daß ihr nicht etwa Einfachheit zugrundeliegt, sondern vielmehr zunehmende Komplexität.

Eine andere Erklärung ergibt sich jedoch aus einigen Experimenten, die meine Kollegen und ich an der Brown-University in Providence sowie weitere Forscher an anderen Institutionen durchführten. Sie leitet sich aus einer Ansicht ab, die vor allem der Linguist Noam Chomsky propagiert hat: Die Sprachverwendung fuße auf angeborenen Kenntnissen und Fähigkeiten. Als wir die Sprachwahrnehmung von Kleinkindern untersuchten, konnten wir dies bestätigen. Sie kommen mit zahlreichen Wahrnehmungsmechanismen zur Welt, die der menschlichen Sprache gut angepaßt sind und Neugeborene auf die Begegnung mit der sprachlichen Realität vorbereiten.

Die Suche nach den angeborenen Mechanismen der Sprachwahrnehmung entwickelte sich aus Studien zur Beziehung zwischen dem akustischen Sprachsignal und den Phonemen, den Wahrnehmungseinheiten, welche den Konsonanten und Vokalen einer Sprache entsprechen. Phoneme sind die kleinsten Einheiten der Sprache, welche die Bedeutung beeinflussen können: Nur ein einziger phonemischer Unterschied trennt beispielsweise die Wörter *Latte* und *Matte*, in ihrer Bedeutung aber sind sie völlig verschieden.

Mitarbeiter der Haskins-Laboratorien in New Haven (Connecticut), des Massachusetts Institute of Technology, des schwedischen Königlichen Instituts für Technologie und weiterer Forschungsstätten haben gezeigt, daß sich das Sprachsignal aus akustischen Einheiten zusammensetzt: kurzen Abschnitten, die durch momentane Pausen oder Intensitätsspitzen begrenzt sind (Bild 2). Diese Abschnitte unterscheiden sich in ihrer Dauer und in der Frequenz, den zeitlichen Verhältnissen und der Intensität ihrer „Formanten" (das sind bandförmige Bereiche im Schallspektrum von hoher akustischer Energie), ferner durch geräuschähnliche akustische Komponenten, die man „Aspiration" (Behauchung) und „Frikation" (Reibung) nennt. Die Variation dieser akustischen Parameter liefert die Information, die für die Phonemwahrnehmung entscheidend ist.

Der Lautstrom

Die einzelnen akustischen Abschnitte und die Phoneme, die wir wahrnehmen, entsprechen einander allerdings nicht eindeutig. Ein einziger akustischer Abschnitt kann einen Konsonanten und einen Vokal umfassen, und umgekehrt können zwei verschiedene akustische Segmente an einem einzigen Konsonanten teilhaben. Ferner gibt es keine direkte Beziehung zwischen der Frequenz und den zeitlichen Eigenschaften eines Abschnitts einerseits und den wahrgenommenen Phonemen andererseits. Ein Hörer kann eine ganze Spannweite von Reizen (Stimuli), die sich in einer Anzahl von akustischen Zügen wesentlich unterscheiden, als individuelle oder zufällige Realisierungen ein und desselben Phonems wahrnehmen. Und verändert sich umgekehrt eine akustische Eigenschaft geringfügig, kann es manchmal vorkommen, daß man ein anderes Phonem wahrnimmt.

Betrachten Sie die akustische Information, die ausreicht, um den Unterschied zwischen dem stimmhaften Verschlußlaut am Anfang des Wortes *Bier* und dem stimmlosen Verschlußlaut am Anfang des Wortes *Pier* zu signalisieren. Bei beiden Konsonanten unterbricht der Sprechende den Luftstrom durch das Ansatzrohr (mit diesem aus dem Instrumentenbau entnommenen Begriff bezeichnet man den anatomischen Bereich der Lautbildung, vom Kehlkopf bis zur Mund- und Nasenöffnung). Bei *Bier* beginnen die Stimmlippen jedoch fast gleichzeitig mit der Freigabe des Luftstromes zu vibrieren, während die Vibration bei *Pier* etwas verzögert wird. Den Zeitraum zwischen der Freigabe des

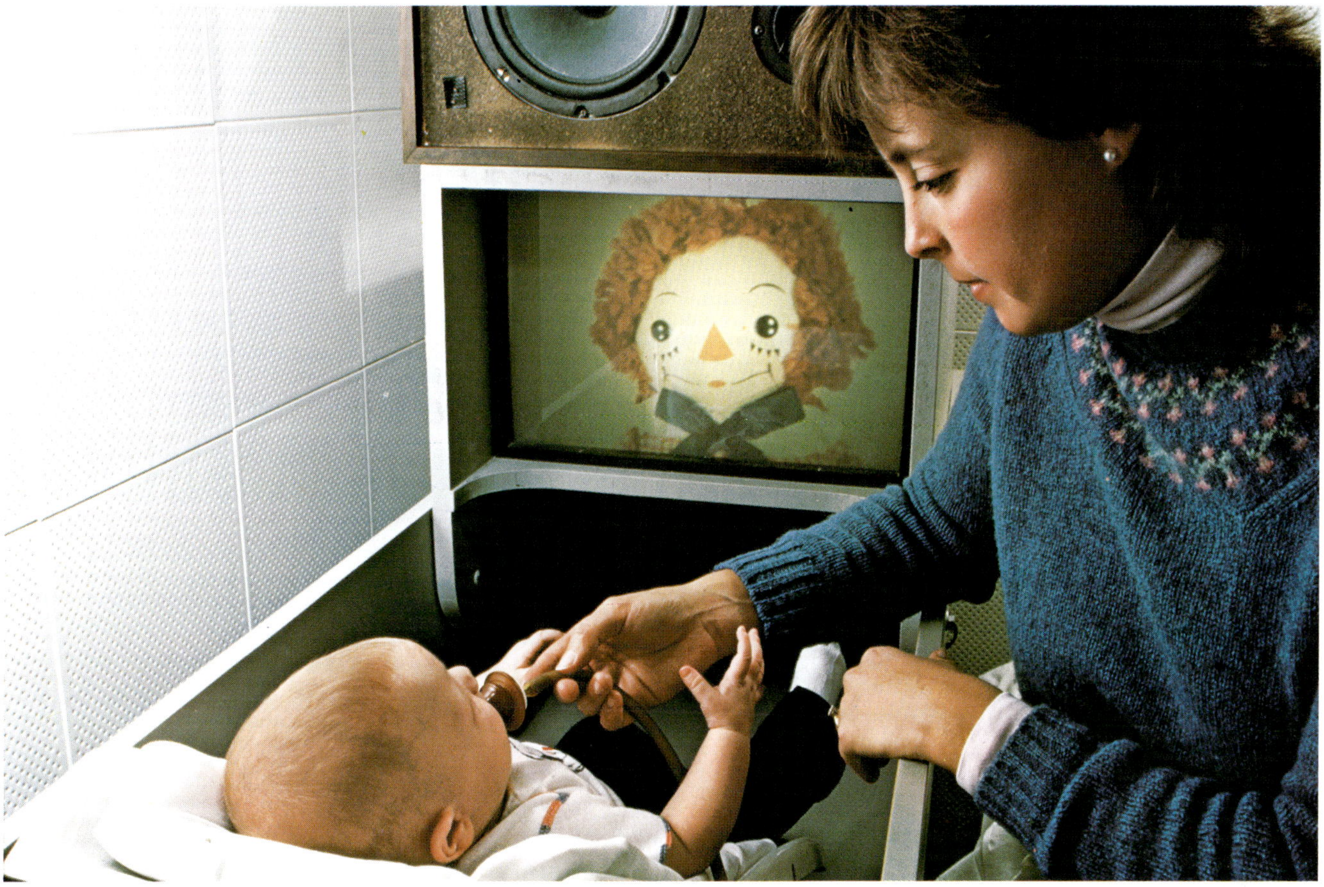

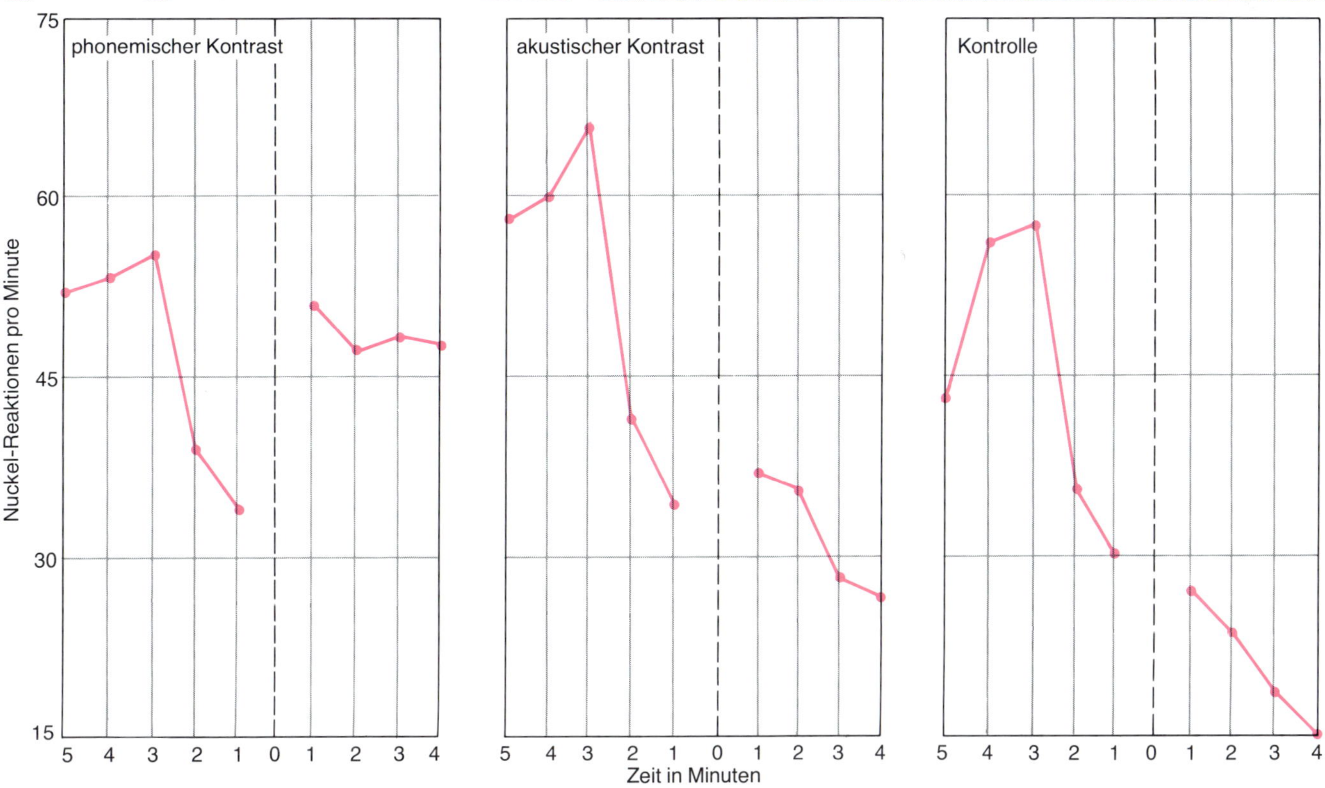

Bild 1: Wie Säuglinge auf eine Reihe von Sprachlauten reagieren, ist an einer „Nuckelrate" abzulesen, die sich aus der sogenannten Nuckel-Amplituden-Messung ergab. In der oben gezeigten Versuchsanlage des Autors wurden einer auf dem Bildschirm zu sehenden Stoffpuppe Silben einer künstlichen Sprache in den Mund gelegt. Sie wurden über Lautsprecher abgespielt, wobei ein viermonatiges Baby an einem Schnuller nuckelte, der an Aufzeichnungsgeräte angeschlossen war. Die graphischen Aufzeichnungen der mittleren Nuckelrate (unten) sind unter verschiedenen experimentellen Bedingungen mit einer Reihe von Kindern aufgenommen. Wurde eine Silbe mit einem bestimmten Anfangskonsonanten wiederholt, nuckelte der Säugling heftiger – wie die Darstellung zeigt; das Nuckeln ließ jedoch nach, wenn sich das Baby an den Reiz gewöhnt hatte. In einigen Fällen veränderte sich der Laut zu einem Zeitpunkt, den die gestrichelte Linie anzeigt. In einer Gruppe (unten links) war der neue Laut ein anderer Konsonant; die Nuckelrate stieg nun steil an; die Kinder hatten also den Unterschied bemerkt. In einer zweiten Gruppe (unten Mitte) unterschied sich der Stimulus zwar akustisch von dem vorhergehenden Laut, war jedoch lediglich eine Variante desselben Konsonanten; hier veränderte sich die Nuckelrate kaum. Bei einer Kontrollgruppe von Babys blieb der Reiz gleich (unten rechts); dabei sank die Nuckelrate weiter ab.

Luftstroms und dem Einsatz der Stimmlippen-Vibration, der Stimmgebung, nennt man Stimmeinsatz-Zeit (*voice-onset time*). Sie birgt die nötige Information, mit der ein Hörer *Bier* von *Pier* unterscheiden kann. Jedoch sind den beiden Phonemen keine festen Stimmeinsatz-Zeiten zugeordnet. Vielmehr nimmt der Hörer typischerweise einen ganzen Bereich von Werten als Formen ein und desselben Phonems wahr, die vom jeweiligen Sprecher, der Sprechweise oder der lautlichen Umgebung abhängen, in der das Phonem auftritt.

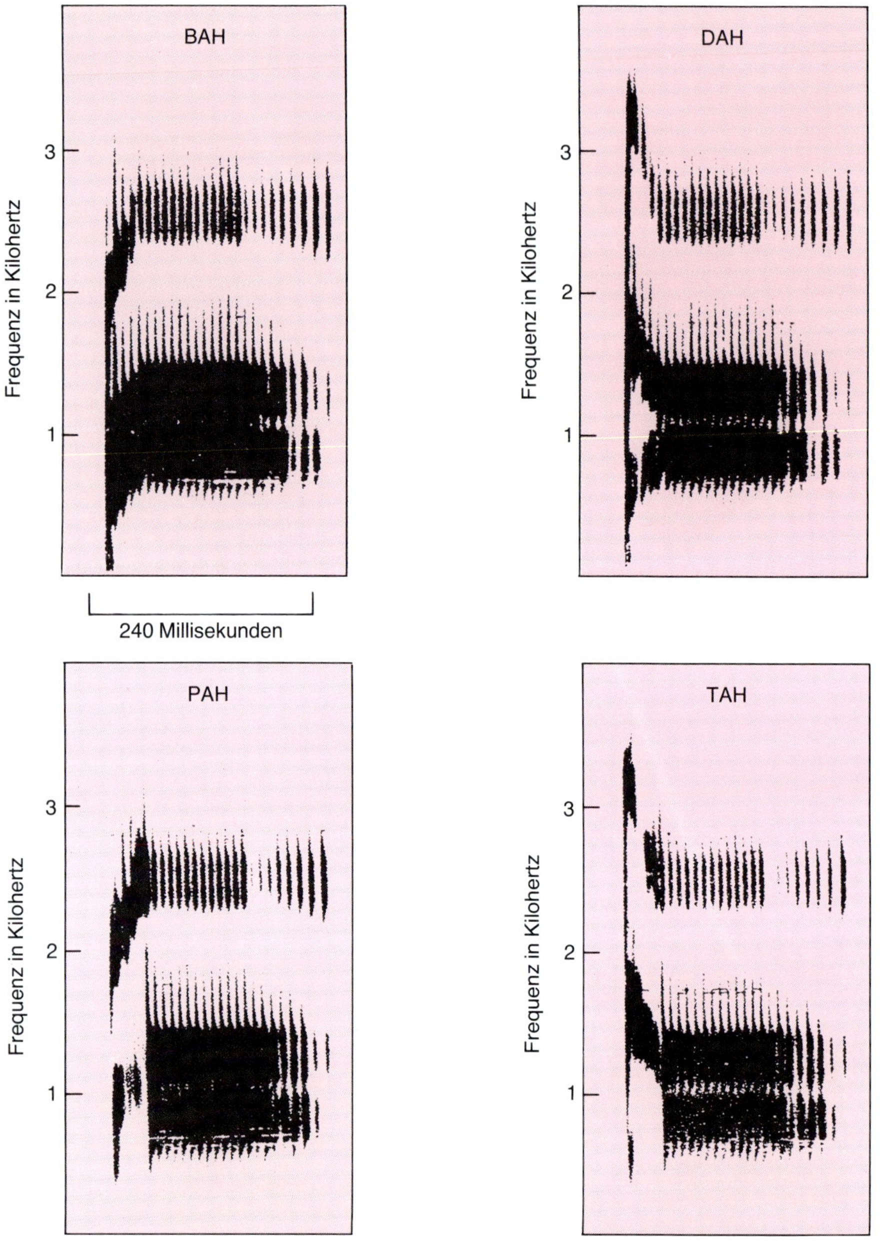

Bild 2: Spektrogramme von Silben mit verschiedenen Verschlußkonsonanten am Anfang zeigen die Unterschiede, die den akustischen Eigenschaften zugrundeliegen. Die vier akustischen Signale unterscheiden sich in der Frequenz und im zeitlichen Verlauf der sogenannten Formanten, das sind die bandförmigen Bereiche von hoher akustischer Energie. Die Konsonanten, die sich waagerecht paarweise gegenüberstehen, weichen in der Einsatzfrequenz voneinander ab, der Frequenz also, mit der die Formanten beginnen; diese deutet auf die Stelle im Ansatzrohr hin, an der die Engebildung (der Verschluß) auftritt. Die Frequenz des höchsten Formanten im Laut BAH beginnt bei etwa zwei Kilohertz und steigt dann an, während diejenige des dritten Formanten von DAH bei etwa drei Kilohertz beginnt und dann abfällt. Die übereinanderstehenden Konsonanten-Paare unterscheiden sich in der Stimmeinsatz-Zeit (*voice-onset time*), einem Maß für die Verzögerung, die zwischen der Freigabe der Luft und dem Beginn der Stimmlippen-Vibration auftritt. In den Spektrogrammen für BAH und DAH zeigt sich eine Stimmeinsatz-Zeit von Null, da Periodizität gleich zu Beginn aller drei Formanten vorhanden ist; dies ist eine senkrechte Riefelung, welche sich auf die Vibration der Stimmlippen zurückführen läßt. Bei den Spektrogrammen von PAH und TAH tritt hingegen eine Lücke auf, bevor der niedrigste Formant erscheint und die Periodizität in den zwei höheren Formanten beginnt; dies weist darauf hin, daß sich der Stimmeinsatz länger verzögert.

Die akustischen Bestimmungsgrößen der anderen Phoneme sind ähnlich veränderlich. Zum Beispiel unterscheiden sich viele Phoneme durch ihren Artikulationsort, das heißt durch die Stelle, an der das Ansatzrohr bei der Lautbildung verengt wird – wie die Anfangslaute *Pier* und *Tier* belegen. Zu den akustischen Merkmalen, die dem Artikulationsort entsprechen und durch die der Hörer solche Phoneme unterscheiden kann, gehören die Einsatzfrequenzen des zweiten und dritten Formanten, das heißt die Frequenzen, mit denen die zweit- beziehungsweise dritt-tiefsten Formanten beginnen. Wiederum entspricht einem Phonem kein einzelner Wert dieser akustischen Bestimmungsgrößen: Ein ganzer Bereich von Einsatzfrequenzen kann ein und denselben Artikulationsort signalisieren. Doch trotz der Unterschiede in den akustischen Signalen, die jedem Phonem entsprechen, können wir leicht entscheiden, ob ein Sprecher *Pier* oder *Tier* gesagt hat. Wir können tatsächlich von der Variation im akustischen Signal absehen und die Phonemqualität in ihrer bedeutungsunterscheidenden Funktion (kategorial) beurteilen.

Die kategoriale Sprachwahrnehmung

Experimente konnten bestätigen, daß wir uns bei der Sprachwahrnehmung normalerweise eher dieser diskreten phonemischen Kategorien bewußt sind als der kontinuierlichen Variation akustischer Parameter. Wir nehmen Sprache kategorial wahr (Bild 3). Leigh Lisker und Arthur S. Abramson von den Haskins-Laboratorien unternahmen Versuche mit Erwachsenen, denen computererzeugte Sprachlaute vorgespielt wurden, die einem Bereich von verschiedenen Stimmeinsatz-Zeiten entsprachen. Trotz der zahlreichen Varianten der Stimmeinsatz-Zeit hörten die Versuchspersonen fast alle Stimuli entweder als stimmhafte Phoneme, wie den Anfangskonsonanten in BAH, oder als stimmlose Phoneme, wie den Konsonanten am Anfang von PAH. Die Grenze – die Stimmeinsatz-Zeit, bei der die Versuchspersonen PAH statt BAH zu hören begannen – lag bei etwa 30 Millisekunden nach der Freigabe des Luftstromes.

Um den kategorialen Charakter der Sprachwahrnehmung zu bestätigen, wurden die Versuchspersonen gebeten, Paare von Stimuli zu unterscheiden, die in der Stimmeinsatz-Zeit voneinander abwichen. Verzögerte sich bei beiden Lauten der Stimmeinsatz um weniger als 30 Millisekunden, wurden sie im allgemeinen als zwei gleiche Artikulationsmöglichkeiten von BAH wahrgenommen;

betrug die Verzögerung für beide mehr als 30 Millisekunden, hörten die Versuchspersonen eher zwei PAHs, die trotz ihrer akustischen Differenzen voneinander nicht zu unterscheiden waren. Nur wenn die Reize auf beiden Seiten der 30-Millisekunden-Grenze lagen, konnten die Versuchspersonen sie sicher unterscheiden. Catherine G. Wolf kam seinerzeit an der Brown-University zu ähnlichen Resultaten für die kategoriale Wahrnehmung bei schulpflichtigen Kindern.

Wieviel ist angeboren bei diesem Mechanismus der kategorialen Wahrnehmung, der uns Sprache trotz mangelnder Präzision im Sprachsignal so zuverlässig wahrnehmen läßt? Da Menschen, die unterschiedliche Sprachen sprechen, oft auf leicht abweichende phonemische Distinktionen eingestellt sind, muß die sprachliche Umwelt die Sprachwahrnehmung erheblich beeinflussen. Muttersprachler des Japanischen nehmen den Unterschied zwischen den Phonemen /r/ und /l/ nicht wahr, der im Deutschen zu den Standardkategorien zählt. Wer als Muttersprache Deutsch spricht, bemerkt umgekehrt einen fundamentalen Kontrast in der Stimmgebung nicht, der besondere Phoneme im Thai unterscheidet. Jedoch findet man bestimmte phonemische Distinktionen weltweit in allen Sprachen.

Meine Kollegen und ich hielten es für möglich, daß die kategoriale Wahrnehmung von Sprache wesentlich auf biologische Faktoren zurückgeht, die später durch sprachliche Entwicklungen modifiziert werden. Um herauszufinden, ob dies tatsächlich zutraf, experimentierten wir mit Kleinkindern, die noch nicht sprechen und zugleich nur minimal von der Sprache der Eltern beeinflußt sein konnten.

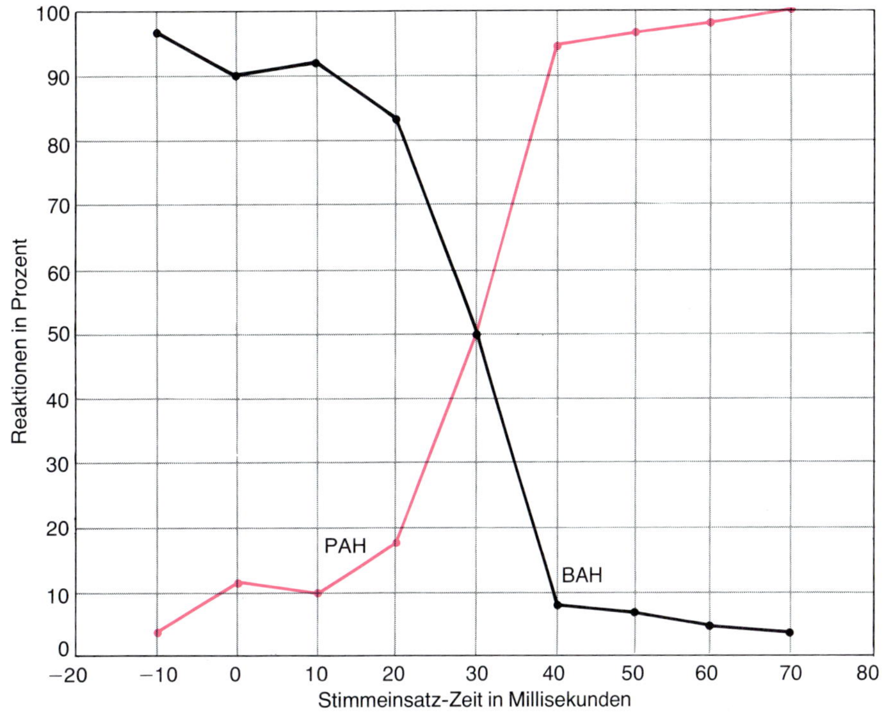

Bild 3: Die kategoriale Wahrnehmung läßt sich aus den Kurven ablesen, die zeigen, in welchem Verhältnis die Reaktionen von Kindern zueinander stehen; sie sollten einen künstlich erzeugten Sprachlaut mit einer bestimmten Stimmeinsatz-Zeit als einen stimmhaften (BAH) oder stimmlosen (PAH) Konsonanten identifizieren. Statt einer linearen Veränderung in den Prozentanteilen zeigen die Kurven, daß die Kinder bei einer Stimmeinsatz-Zeit von weniger als 30 Millisekunden den Stimulus fast immer als BAH identifizieren; überstieg die Stimmeinsatz-Zeit 30 Millisekunden, so hörten sie den Laut eher als PAH. Die Tendenz veränderte sich bei 30 Millisekunden abrupt. Diese Untersuchung von Catherine G. Wolf läßt vermuten, daß Sprachwahrnehmung eher durch Wahrnehmungs-Kategorien als durch kontinuierliche Abstufungen in den akustischen Eigenschaften des Sprachsignals bestimmt ist.

Der nuckelnde Säugling

Im Jahre 1971 untersuchten Einar R. Siqueland, Peter W. Jusczyk, James Vigorito und ich, wie Kinder im Alter von einem und vier Monaten die Stimmeinsatz-Zeit wahrnehmen. Wir setzten sie drei verschiedenen Lautpaaren aus. Die Stimmeinsatz-Zeiten des einen Paares betrugen 20 und 40 Millisekunden; sie fielen somit auf die entgegengesetzten Seiten der kategorialen Grenze, wie sie von erwachsenen Sprechern des Englischen und anderer Sprachen empfunden wird. Für die Erwachsenen hörten sich die Stimuli wie die Silben BAH und PAH an. Bei den beiden anderen Paaren mit den Stimmeinsatz-Zeiten von 0 und 20 Millisekunden beziehungsweise 60 und 80 Millisekunden fielen beide Reize jeweils auf dieselbe Seite der Stimmgebungs-Grenze; sie klangen ebenfalls wie BAH beziehungsweise wie PAH.

Nur wenige Monate alte Kinder können ihre Wahrnehmungen nicht unmittelbar mitteilen. Um ihre Reiz-Reaktionen zu ermitteln, bedienten wir uns eines Verfahrens, das man als Nuckel-Amplituden-Messung bezeichnen kann. Jedes Kind nuckelte an einem Schnuller, der an einen Drucküberträger angeschlossen war. Wir justierten die Empfindlichkeit der Anlage für jedes Kind separat, so daß in jedem Fall eine Grundrate von 20 bis 40 Nuckel-Einheiten pro Minute aufgenommen wurde (Bild 1).

Während des Experiments wurde jedesmal, wenn der Apparat ein Nuckeln registrierte, ein Laut eines Stimuluspaares vorgespielt. Wenn ein Kind einen neuen Reiz wahrnimmt, steigt seine Nuckelrate immer für einige Minuten und sinkt dann wieder auf die Grundrate ab, wohl weil das Baby zunehmend damit vertraut wird. Kaum hatten sich unsere Versuchspersonen an den ersten Laut gewöhnt, kaum war die Nuckelrate auf eine vorher festgelegte Frequenz herabgesunken, gingen wir zu dem anderen Laut des Stimuluspaares über. Wenn ein Kind, das mit einem Reiz vertraut ist, auf einen anderen trifft, den es nicht mit dem ersten identifiziert, steigt seine Nuckelrate normalerweise an.

Die Ergebnisse zeigten, daß Kleinkinder wie Erwachsene, die eine Sprache beherrschen, Unterschiede in der Stimmeinsatz-Zeit kategorial wahrnehmen. Lagen beide Laute, denen ein Kind im Experiment ausgesetzt war, auf derselben Seite der 30-Millisekunden-Grenze, so stieg die Nuckelrate nicht an, wenn von einem Laut auf einen anderen gewechselt wurde. Die Kinder schienen nicht zu bemerken, daß sich die Stimmeinsatz-Zeit veränderte. Fielen die Stimuli hingegen auf verschiedene Seiten der Grenzen, stieg die Nuckelrate bei dem Wechsel stark an; die Säuglinge hatten somit eine Veränderung wahrgenommen.

Weitere Wissenschaftler außer mir haben noch andere Wahrnehmungsgrenzen in den Reaktionen von Kleinkindern auf die akustische Information in Sprachlauten entdeckt. Wie Erwachsene, so reagieren auch Kleinkinder kategorial auf Veränderungen in der Anfangsfrequenz des zweiten und dritten Formanten, das akustische Merkmal für den Artikulationsort eines Konsonanten. Das gleiche Bild ergibt sich aus den Reaktionen auf die akustischen Eigenschaften, welche die Distinktion zwischen nasalen Konsonanten und Verschlußlauten signalisieren (zum Beispiel zwischen den Anfangskonsonanten von MAH und PAH), und zwischen Verschlußlauten und Halbvokalen (wie dem Anfangslaut von WAH, in englischer Aussprache etwa UAH).

Die bei Kleinkindern nachgewiesene Form der Wahrnehmung ist kaum auf einen Lernprozeß zurückzuführen. Welche Ereignisse während der ersten paar Lebenswochen könnten ein Kind so trainieren, daß es Abstufungen von akustischen Eigenschaften Phonemen zuordnet? Eine plausiblere Ansicht besteht darin, daß die Kategorisierung sich auf angeborene Mechanismen stützt, die auf die Eigenschaften der Sprache abgestimmt sind. Diese Mechanismen stellen die Vorläufer der phonemischen Kategorien bereit, die später das Kind dazu befähigen werden, ohne nachzudenken das veränderliche Sprachsignal in eine Reihe von Phonemen und weiter in Wörter und Bedeutungen zu überführen.

Sprachwahrnehmung universal?

Wenn diese Wahrnehmungsmechanismen tatsächlich zu den biologischen Gegebenheiten des Menschen gehören, sollten sie universal sein. Dieselben Wahrnehmungsmuster sollten bei Kindern mit beliebigem sprachlichen Hintergrund auftreten.

Im Jahre 1975 berichteten Robert E. Lasky, Ann Syrdal-Lasky und Robert E. Klein, seinerzeit am Institut für Ernährung in Panama, von ihren Untersuchungen zur Wahrnehmung der Stimmeinsatz-Zeit bei guatemaltekischen Kindern, die in eine spanischsprechende Umwelt geboren wurden. Diese Gruppe wandte andere experimentelle Methoden an als wir bei unserer Studie von 1971: Als Maßstab diente ihr nicht die Veränderung der Nuckelrate, sondern die Herzschlagfrequenz bei den Kindern, wenn sie auf Sprachsignale reagierten. Die Wissenschaftler testeten ferner, wie empfindlich die Kinder gegenüber einer Stimmqualität waren, die wir nicht berücksichtigt hatten; sie tritt nämlich bei Verschlußlauten am Silbenanfang im Thai wie in mehreren weiteren Sprachen auf, nicht aber im Englischen oder Deutschen. Bei diesen Verschlußlauten mit vorgezogener Stimmgebung beginnen die Stimmlippen bereits bis zu 100 Millisekunden vor der Freigabe des Luftstromes in einer Art einleitendem Summen zu vibrieren. (Die Terminologie ist hier übrigens nicht einheitlich; häufig bezeichnet man nur die Laute mit vorgezogener Stimmgebung als stimmhaft, die Laute mit einem zur Verschlußöffnung etwa simultanen Stimmtoneinsatz als „stimmlos unaspiriert" und die Laute mit stärker verzögertem Stimmtoneinsatz als „stimmlos aspiriert".)

Lasky und seine Mitarbeiter setzten die Kinder drei Stimulus-Paaren aus. Bei dem ersten Paar fielen die Stimmeinsatz-Zeiten auf 20 und 60 Millisekunden nach der Öffnung des Konsonanten-Verschlusses; die beiden Laute lagen also auf entgegengesetzten Seiten der Stimmgebungs-Grenze, wie sie von Sprechern des Englischen, Deutschen und anderer Sprachen, nicht aber von Spanisch-Sprechenden empfunden wird. Die Stimuli des zweiten Paares besaßen Stimmeinsatz-Zeiten von 60 und 20 Millisekunden vor der Verschlußöffnung und fielen auf entgegengesetzte Seiten der Grenze zwischen Konsonanten mit vorgezogener Stimmgebung und einfachen stimmhaften Konsonanten im Thai. Bei den Lauten des letzten Paares setzte der eine Stimmton 20 Millisekunden vor und der andere 20 Millisekunden nach der Verschlußöffnung ein. Für Spanisch-Sprechende liegt die Grenze zwischen stimmhaften und stimmlosen Konsonanten zwischen diesen beiden Werten, anders als bei Sprechern vieler anderer Sprachen.

Die Aufzeichnungen der Herzfrequenz hielten fest, daß jedesmal, wenn ein Baby sich an den ersten Laut eines Stimuluspaares gewöhnt hatte, sich die Frequenz erhöhte, wenn es den zweiten Laut hörte. Es zeigte sich, daß die Kleinkinder auf den Kontrast zwischen Konsonanten mit vorgezogener Stimmgebung und normal stimmhaften Konsonanten bei einer Grenze zwischen 60 und 20 Millisekunden vor der Verschlußöffnung reagierten; dasselbe gilt für den Gegensatz zwischen normal stimmhaften und stimmlosen Konsonanten mit der Grenze zwischen 20 und 60 Millisekunden nach der Öffnung. Bei den typischen Stimmgebungs-Kontrasten des Spanischen hingegen veränderte sich die Herzfrequenz nicht.

Im Jahre 1976 wies Lynn A. Streeter, seinerzeit an den Bell-Laboratorien, darauf hin, daß Kinder in einer Kikuyu-sprechenden Kultur in Kenia weitgehend dasselbe Wahrnehmungsmuster besitzen wie die guatemaltekischen Babys. Kürzlich lieferten Richard N. Aslin, David B. Pisoni, Beth L. Hennessy und Alan J. Percey von der Indiana-University dazu weitere Ergebnisse. Ihr Beitrag beschäftigt sich mit der Frage, wie sensitiv Kinder in englischsprachigen Gemeinschaften für Stimmeinsatz-Zeiten sind. Sie zeigten, daß diese Kinder auf den Kontrast zwischen Konsonanten mit vorgezogenem Stimmton und normal stimmhaften Konsonanten ebenso reagieren wie auf den Gegensatz zwischen normal stimmhaften und stimmlosen Konsonanten. Anscheinend ist Kindern weltweit eine Sensitivität für diese drei Stimmgebungs-Kategorien angeboren – ob diese nun in der Sprache ihrer Eltern eine Rolle spielen oder nicht.

Weitere Forschungen

Die Wahrnehmung von Sprache ist ein überaus komplexer Vorgang, den die bisher beschriebenen Studien zur kategorialen Wahrnehmung nur in den Grundzügen freigelegt haben. Dies veranschaulicht die akustische Information, die dem Hörer hilft, Unterschiede in der Stimmgebung auszumachen.

Bislang haben wir die wesentliche Information als ein einziges Zeitkontinuum zwischen der Öffnung des Konsonantenverschlusses und dem Beginn der Stimmgebung dargestellt. In der alltäglichen Sprache hängt die Wahrnehmung der Stimmgebungs-Distinktionen jedoch davon ab, wie zeitliche Faktoren und Schallfrequenz zusammenspielen. Diese akustischen Eigenschaften beeinflussen einander in einer Art von perzeptueller Tauschbeziehung: Verändert sich ein Wert einer Eigenschaft, wandelt sich auch der Wert einer anderen, die für eine Wahrnehmungsgrenze relevant ist (Bild 4).

Dies mag ein Beispiel veranschaulichen. Wegen der funktionalen Eigenschaften der Artikulationsmechanismen steigt die Frequenz des ersten (tiefsten) Formanten an, wenn die Stimmeinsatz-Zeit zunimmt. Unser Wahrnehmungssystem scheint auf diese Beziehung abgestimmt zu sein: Ein Frequenzwandel kann eine Veränderung der Stimmeinsatz-Zeit ersetzen. Wenn der erste Formant bei einer höheren Frequenz beginnt, hat dies denselben Effekt, als ob die Stimmeinsatz-Zeit gelängt worden wäre. Es wurde für Erwachsene nachgewiesen, daß bei höheren Einsatzfrequenzen die Grenze zwischen stimmhaften und stimmlosen Konsonanten im Kontinuum der Stimmeinsatz-Zeiten vorverlegt wird.

Dieselben differenzierten Eigenschaften weisen auch die Wahrnehmungssysteme von Kleinkindern auf. Im Jahre 1983 zeigten Joanne L. Miller von der Northeastern University in Boston und ich, daß eine bei Erwachsenen festgestellte bestimmte perzeptuelle Tauschbeziehung auch bei den Reaktionen von Kleinkindern vorkommt. Wir fanden heraus, daß die Stimmeinsatz-Zeit, zu der drei oder vier Monate alte Babys einen Wechsel von dem stimmhaften Anfangskonsonanten der Silbe DAH zu dem stimmlosen der Silbe TAH registrieren, mit der Einsatzfrequenz des ersten Formanten variiert.

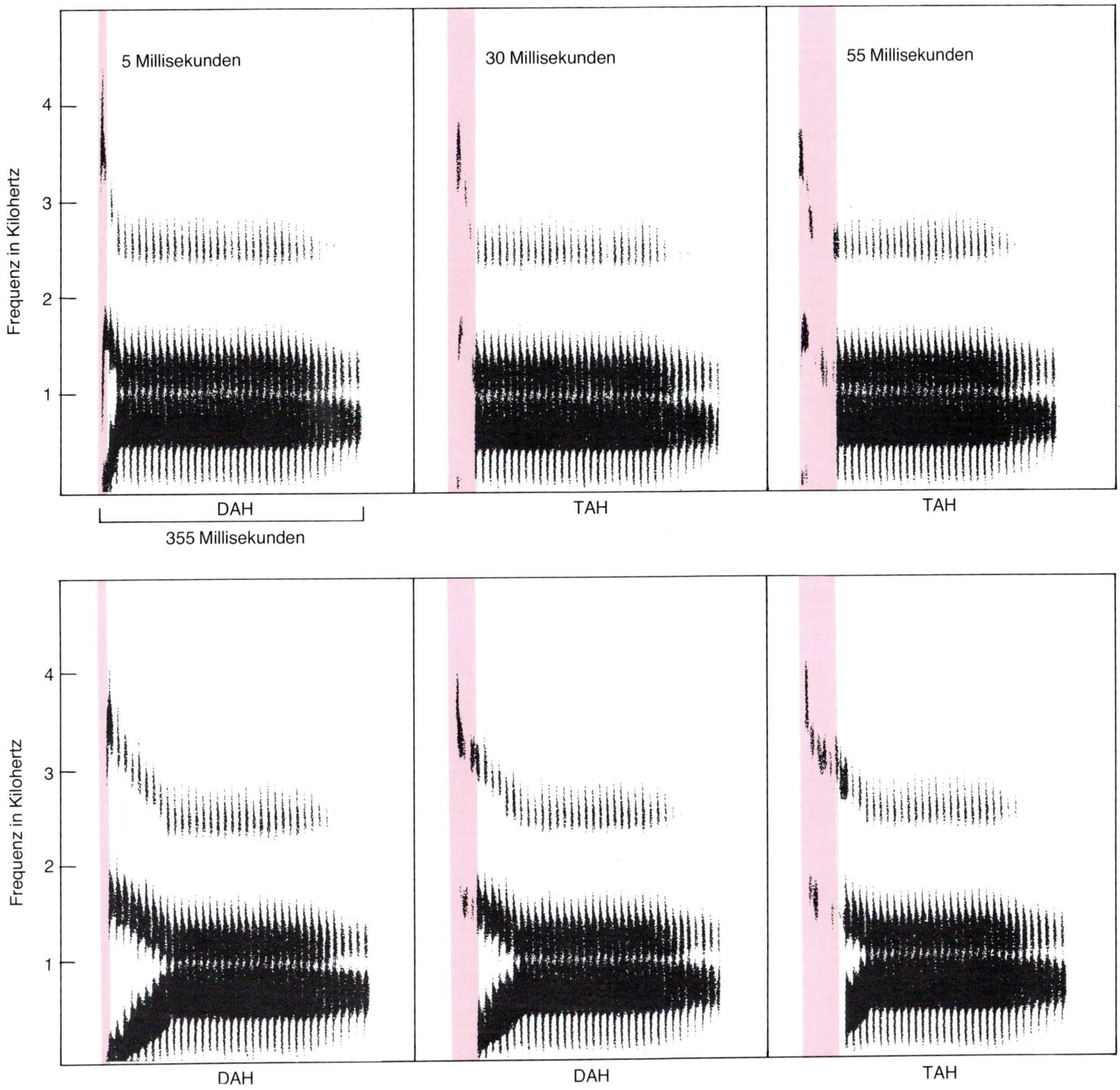

Bild 4: Eine Wahrnehmungsgrenze kann sich verlagern, wenn zwei akustische Eigenschaften unabhängig voneinander verändert werden. Die Anfangskonsonanten der sechs spektrographisch gezeigten Silben unterscheiden sich in der Stimmeinsatz-Zeit und in der Einsatzfrequenz des tiefsten Formanten; für einen Erwachsenen hören sie sich wie DAH und TAH an. Bei einer hohen Einsatzfrequenz (obere Reihe, sichtbar im zweiten und dritten Spektrogramm) bemerkten Kinder den Unterschied von DAH und TAH mit der Stimmeinsatz-Zeit von 5 und 30 Millisekunden; war die Einsatzfrequenz tief (zweites und drittes Spektrogramm in der unteren Reihe), so war eine Stimmeinsatz-Zeit zwischen 30 und 55 Millisekunden erforderlich. Solche Wechselbeziehungen zwischen zwei akustischen Variablen nennt der Autor „perzeptuelle Tauschbeziehungen".

Einfluß des Kontextes

Weiterhin wird der Wahrnehmungsvorgang durch die folgende Tatsache komplizierter: Die kategorialen Grenzen, die Erwachsene identifizieren, verschieben sich nicht nur, weil verschiedene akustische Merkmale zusammenspielen, sondern auch, weil sich der akustische Kontext verändert. In dieser Hinsicht verfügen Kleinkinder ebenfalls bereits über die ersten Ansätze zu reiferen Wahrnehmungsmustern. Joanne Miller und ich haben gezeigt, daß Kinder wie Erwachsene den Verschlußkonsonanten von BAH und den Halbvokal von WAH, je nach Dauer des folgenden Vokals, unterschiedlich wahrnehmen. Die akustische Grundlage dieser Unterscheidung liegt in der Länge der Formantenübergänge; das ist die notwendige Zeit, in der die Hauptfrequenzen der Formanten die für den folgenden Vokal charakteristischen Werte erreichen. Im Falle von BAH sind die Formantenübergänge schnell; bei WAH sind sie langsamer. Je größer die Vokaldauer, desto langsamer müssen jedoch die Formantenübergänge sein, damit die Kinder eine Veränderung des Stimulus von BAH zu WAH registrieren.

Es wurden noch weitere, recht komplexe Einflüsse des Kontextes auf die kindliche Sprachkategorisierung nachgewiesen. Jusczyk und seine Kollegen von der Universität von Oregon stießen auf eine Verschiebung der Formanten-Einsatzfrequenzen, zu denen Kinder einen Unterschied zwischen Phonemen mit voneinander abweichendem Artikulationsort wahrnehmen. Der Grenzwert veränderte sich abhängig davon, ob ein zusätzlicher Bereich von geräuschähnlicher akustischer Energie vorlag, der einen Reibelaut oder Frikativ wie /s/ statt eines Verschlußlauts andeutet.

Der komplexe Mechanismus der kategorialen Wahrnehmung befähigt ein Individuum, die Phoneme, trotz großer Variationen in wesentlichen akustischen Parametern, sicher zu erkennen. Es gibt andere Arten von Variabilität, die das Sprachsignal noch unbestimmter machen. Die Länge der Silben verändert sich, zusammen mit anderen zeitlichen Eigenschaften der Sprache, mit der Sprechgeschwindigkeit und mit bestimmten Betonungsmustern; auch treten, abhängig von Geschlecht, Alter und Gefühlslage des Redners, große Variationen in der Grundfrequenz der Stimme und in den Zwischenräumen der Resonanzfrequenzen auf. Es muß Mechanismen geben, die uns dazu befähigen, durch diese Variationen hindurch dasselbe Phonem zu hören, wann immer es vorkommt.

Dieses Phänomen der Wahrnehmungskonstanz läßt sich nicht unmittelbar bei Säuglingen erforschen. Aber die Studien zu der Fähigkeit von Kleinkindern, Äquivalenzklassen zu bilden – Gruppen von Stimuli, die dieselben Reaktionen hervorrufen, obwohl sie offensichtlich objektiv verschieden sind –, legen es nahe, daß Kleinkinder zumindest eine Vorform der Wahrnehmungskonstanz besitzen.

/A/. . . /A/. . . /A/. . . /A/. . . /A/. . . /A/. . . /A/. . . /A/. . . /A/. . . /A/. . . /A/. . . /A/. . . /A/. . . /A/

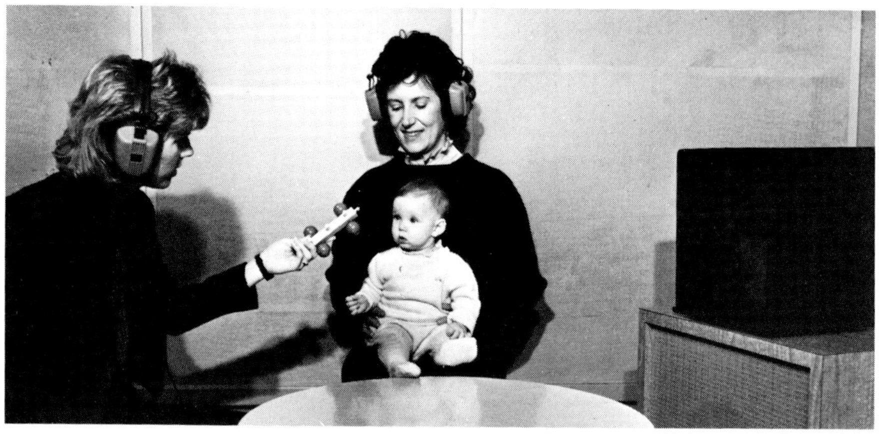

/I/. . . /I/. . . /I/. . . /I/. . . /I/. . . /I/. . . /I/. . . /I/. . . /I/. . . /I/. . . /I/. . . /I/. . . /I/. . . /I/

Bild 5: Patricia K. Kuhl und ihre Kollegen von der University of Washington entwickelten ein Experiment, in dem untersucht werden sollte, inwieweit das Kind fähig ist, verschiedene Phoneme und akustische Realisierungen ein und desselben Phonems voneinander zu unterscheiden. Hier überhörte das Baby, das gerade vom Anblick eines Spielzeugs gefesselt war, die Variationen beim Sprechen und Betonen des wiederholten Vokales /a/, wie in PAP (oben). Wurde stattdessen in dieser Folge der Vokal /i/ gebracht, wie in PIEP, wandte sich das Kind von dem Spielzeug ab und zum Lautsprecher hin, vermutlich, weil es den linguistisch wichtigen Kontrast bemerkt hatte. Reagierte das Kind richtig, durfte es zur Belohnung einen beweglichen Stoffhasen ansehen, der bei diesem Versuch über dem Lautsprecher aufleuchtete.

PAP und PIEP

Patricia K. Kuhl und ihre Kollegen von der University of Washington haben die Bildung von Äquivalenzklassen für die Sprachlaute bei sechs Monate alten Kindern untersucht. In der Anfangsphase jedes Experiments wurde mit den Kindern geübt, den Kopf immer dann um 90 Grad zu einem Lautsprecher zu drehen, wenn ein Hintergrundgeräusch durch mehrere gegensätzliche Reize unterbrochen wurde. Das Bild eines farbigen, sich bewegenden Spielzeugs, das gleichzeitig mit der kontrastierenden Reihe über dem Lautsprecher auftauchte, belohnte dann die erfolgreichen Reaktionen (Bild 5).

In einem Experiment dienten identische Vorkommnisse des Vokals /a/, wie in PAP, als Hintergrund-Stimulus; identische Versionen von /i/, wie in PIEP, stellten den Kontrast dar. Sobald das Training erfolgreich durchgeführt war, variierte Kuhl die Reize. Die Vokale selbst, /a/ und /i/, blieben dieselben, aber die Kinder hörten nun beide Vokale von verschiedenen Stimmen und unterschiedlich intoniert. Als Kontrolle dienten Reihen ohne kontrastierende Lautreize, in denen jeder Laut eine Variante von /a/ darstellte.

Uns beeindruckte, wie es den Kindern gelang, unterschiedliche Phoneme zu identifizieren und bei den Kontrollversuchen akustische Variationen innerhalb einer Kategorie zu überhören. Bezieht man die unangebrachten Kopfbewegungen und überhörten Kontraste mit ein, reagierten die Kinder in etwa 80 Prozent aller Fälle richtig: Sieben von acht Kindern erzielten bessere Ergebnisse, als wenn sich ihre Reaktionen nach dem Zufall gerichtet hätten.

Als Patricia Kuhl und ihre Kollegen die Versuche mit den akustisch ähnlicheren Vokalen /a/ und /o/ (offenes o wie in *offen*) wiederholten, konnten die Kinder noch immer äquivalente Laute kategorial wahrnehmen, wenn auch weniger zuverlässig: Richtige Antworten machten 67 Prozent aus, und nur vier von acht Kindern erzielten bessere Werte, als wenn diese sich zufällig ergeben hätten.

Wenn der Hintergrund wie auch die kontrastierenden Reihen zufällig ausgewählte Varianten von /a/ und /i/ enthielten, konnten die Kinder, obwohl sie für richtige Reaktionen belohnt wurden, die Elemente der beiden Reihen nicht voneinander unterscheiden. Es war ihnen nicht beizubringen, eine zufällige Gruppierung von Lauten zu erkennen, die keine gemeinsame sprachliche Eigenschaft aufwiesen. Sie konnten nur dann korrekt reagieren und zeigen, daß sie verschiedene Stimuli in Äquivalenzklassen einteilten, wenn die Hintergrund- und die Kontrastreihen verschiedenen sprachlichen Kategorien angehörten.

Dieses Ergebnis bekräftigt, daß ein Kind besonders aufnahmefähig für die akustischen, für das Sprachverständnis wichtigen lautsprachlichen Unterschiede ist – und dies lange, bevor es Sprechen und Gesprochenes verstehen kann. Es liefert zugleich ein weiteres Argument für die Annahme, daß es angeborene Mechanismen speziell für die Sprachwahrnehmung gibt.

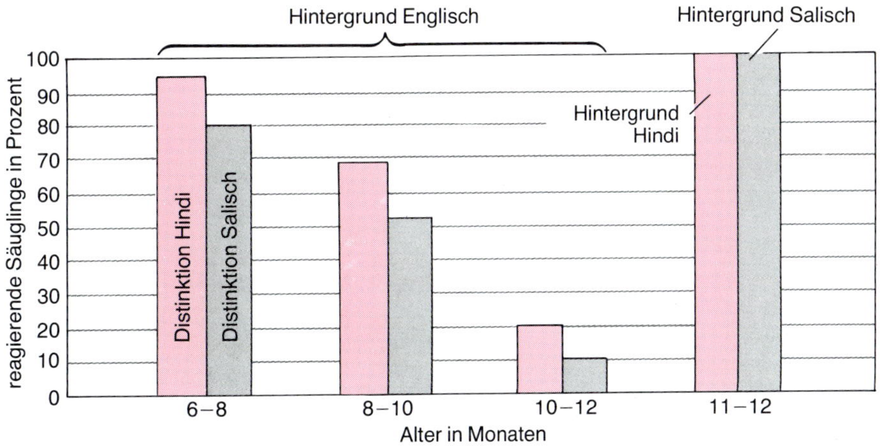

Bild 6: Die Fähigkeit, sprachliche Distinktionen wahrzunehmen, die dem Englischen fremd sind, bildet sich zurück, wenn sie nicht genutzt wird; dies zeigen die Reaktionen von Kindern mit englischsprachigem Hintergrund. Janet F. Werker von der Dalhousie-University und Richard C. Tees von der University of British Columbia testeten Kinder verschiedener Altersgruppen; sie stellten fest, daß der Anteil derjenigen, die auf konsonantische Unterschiede in Hindi und Salisch (einer nordamerikanischen Indianersprache) reagierten, mit dem Alter schnell absank. Einjährige Hindi- und Salisch-Kinder hingegen bleiben weiterhin fähig, die bedeutungsunterscheidenden sprachlichen Einheiten ihrer jeweiligen Muttersprachen zu erkennen.

Einengung der Wahrnehmung

Die großen Unterschiede in den Lautsystemen der menschlichen Sprachen machen deutlich, daß diese Veranlagung des Kindes durch Umweltfaktoren beeinflußt wird. Was geschieht, wenn die von den Eltern und Spielgefährten des Kindes geschaffene sprachliche Umwelt mit den angeborenen Wahrnehmungsmechanismen zusammenwirkt?

Es scheint, daß der Wahrnehmungshorizont eines Kindes sich immer mehr einschränkt, wenn es seine Muttersprache lernt. Das Kind bewahrt zwar die Fähigkeiten zum Spracherwerb, die auf das muttersprachliche Phoneminventar ausgerichtet sind und schärft sie sogar noch. Es verliert aber das Vermögen, bedeutungsunterscheidende Einheiten zu bemerken, die in der Muttersprache nicht auftreten.

Untersuchungen zur Wahrnehmung der Stimmeinsatz-Zeit bestätigen, daß die Fähigkeit, fremdsprachliche Phoneme zu identifizieren, teilweise nachläßt, wenn das Kind sich entwickelt. Während Kinder mit unterschiedlichem sprachlichen Hintergrund auf die Kontraste zwischen Anfangskonsonanten mit vorzeitiger Stimmgebung, simultaner Stimmgebung und verzögerter Stimmgebung reagieren, bemerken die erwachsenen Sprecher mancher Sprachen (darunter des Englischen und des Deutschen) nur die Unterschiede zwischen stimmhaften Lauten (mit vorzeitiger oder simultaner Stimmgebung) und stimmlosen Lauten (mit verzögerter Stimmgebung).

Erwachsene Muttersprachler des Japanischen sind praktisch unfähig, ohne spezielles Training den Unterschied zwischen den Lauten /r/ und /l/ wahrzunehmen; ich fand jedoch heraus, daß dieser Unterschied zu denen gehört, für die amerikanische Kleinkinder – dies gilt vermutlich auch für die japanischen – von Natur aus sensitiv sind.

In ähnlicher Weise haben Forschungen von Janet F. Werker von der Dalhousie-University in Neuschottland und Richard C. Tees von der University of British Columbia gezeigt, daß sechs bis acht Monate alte Kinder mit einem englischsprachigen Hintergrund ohne weiteres phonemische Unterschiede des Hindi und des Salisch, einer nordamerikanischen Indianersprache, wahrnehmen können (Bild 6). Als die Forscher diese Kinder im Alter von zwölf Monaten wieder testeten, konnten die Babys nicht mehr die Unterschiede fassen, für die sie vorher sensitiv waren – genau wie englischsprachige Erwachsene.

Uns ist wohlbekannt, daß die Fähigkeit wahrzunehmen in einer eingeschränkten Umgebung nachläßt. Zieht man Katzen mit Augengläsern auf, durch die das eine Auge nur noch eine Reihe von horizontalen und das andere eine Reihe von senkrechten Streifen sehen kann, sind entsprechende Bereiche des Sehfeldes der Großhirnrinde nicht mehr sensitiv für anders verlaufende Streifen. Solche Verluste scheinen irreparabel zu sein, wie vielgestaltig auch immer die spätere Umwelt der Tiere sein mag.

Dagegen können Menschen zumindest einen Teil ihrer ursprünglichen Fähigkeiten zur lautsprachlichen Identifikation wiedererlangen. Wenn beispielsweise die für phonemische Distinktionen des Hindi oder Salisch wesentliche akustische Information in Geräusche eingebettet wird, die normalerweise nicht als Sprache wahrgenommen werden, können Englisch-Sprechende Unterschiede bemerken, für die sie normalerweise nicht sensitiv sind.

Offenbar werden auch in dem beschränkten muttersprachlichen Umfeld die nicht benötigten Wahrnehmungsmechanismen nicht vollständig lahmgelegt. Wir lernen zwar, vornehmlich auf diejenigen akustischen Unterschiede zu hören, die eine bedeutungsunterscheidende Funktion in unserer eigenen Sprache besitzen. Bei geeigneten Aufgaben oder Anweisungen können wir jedoch auch nicht-vertraute akustische Unterschiede bemerken, auch wenn uns bewußt ist, daß sie nicht zu unserem Phoneminventar gehören.

Überdies kann man bei ausreichender Erfahrung fremdsprachliche Distinktionen auf der phonemischen Ebene allmählich wahrnehmen. Sind Muttersprachler des Japanischen hinreichend mit gesprochenem Englisch vertraut, können sie fast ebenso genau wie englische Muttersprachler zwischen dem Phonem /l/ und /r/ kategorial unterscheiden. Die Tatsache, daß kindliche Wahrnehmungsmechanismen auch noch nach langem Brachliegen beim Erwachsenen funktionieren, widerspricht den Hypothesen, daß die frühe sprachliche Erfahrung einige der Sprachwahrnehmungsmechanismen für immer verändere.

Die von anderen Wissenschaftlern und mir untersuchten angeborenen Wahrnehmungsmechanismen zeigen sich am eindrucksvollsten, wenn ein Kind anfängt, die Sprache seiner Eltern zu erlernen. Heute weiß man, daß ein Säugling viele Voraussetzungen für sein späteres Vermögen, Sprache wahrzunehmen und zu verstehen, mit auf die Welt gebracht hat. Man kann vermuten, daß diese angeborene Wahrnehmungsfähigkeit, ähnlich der spezifischen Anatomie des Stimmapparats und der Sprachzentren im Gehirn, sich eigens für die Wahrnehmung und das Verstehen von Sprache entwickelt hat. Sie ist die Antwort der Evolution auf die Notwendigkeit, daß jedes Kind die Sprache und Kultur seiner Eltern so früh wie möglich annehmen muß. Daß diese Mechanismen wirksam sind, zeigt sich an der Geschwindigkeit, mit der ein Kind sich seiner Sprachgemeinschaft anschließt.

Wie Kinder Wörter lernen

Kinder lernen neue Wörter leichter in Zusammenhängen als aus lexikalischen Listen. Für die Pädagogik ergibt sich die Konsequenz, mehr zum Lesen anzuregen und jeweils die Bedeutung neuer Wörter zu erläutern. Computer-Lernprogramme können diese Arbeit optimieren.

Von George A. Miller und Patricia M. Gildea

Wenn man einem Kind zuhört, das gerade sprechen lernt, achtet man besonders darauf, wie wenig es die Sprache beherrscht. Was man dabei leicht übersieht, ist die schon rein quantitativ enorme Leistung. Allein das Erlernen der Wörter ist bereits eine gewaltige Aufgabe.

Es steht fest, daß Kinder von Sprachbeginn an für viele Jahre durchschnittlich mehr als zehn neue Wörter täglich lernen – doch wissen wir kaum, wie sie dies fertigbringen. Sicherlich schaffen sie es nicht, indem sie lexikalische Wortlisten auswendig lernen.

Wir wie auch andere Wissenschaftler schließen aus den Forschungsergebnissen, daß schematische Ansätze, beim Kind einen Wortschatz mit Hilfe des Wörterbuches aufzubauen, weniger tauglich sind, als die meisten Eltern und Lehrer glauben. Wir versuchen derzeit herauszufinden, ob ein Computer-Lernprogramm, welches lexikalische Informationen über neue Wörter im Zusammenhang von Geschichten liefert, eventuell effektiver ist.

Wenn Erwachsene eine fremde Sprache erlernen wollen, dann wissen sie, was auf sie zukommt: eine neue Aussprache, eine neue Grammatik, ein neues Vokabular und neue Regeln des Sprachgebrauchs. Es ist ihnen klar, daß sie jahrelang jeden Tag viele Stunden aufwenden müssen, bis sie die Fremdsprache fließend beherrschen. Ihnen ist allerdings auch bewußt, daß sie sich auf Lehrer stützen können, die ihnen in ihrer Muttersprache all das erklären, was sie zum Erlernen der Zweitsprache benötigen.

Wie anders ist die Situation bei Kleinkindern. Da sie über keine Sprache verfügen, kann man ihnen nicht sagen, was sie lernen müssen. Trotzdem werden sie spätestens mit drei Jahren die Grundzüge ihrer Muttersprache kennen und schon recht weit in der Entwicklung ihrer Fähigkeit zu sprachlichem Austausch (Fachjargon: zu kommunikativer Kompetenz) sein. Für viele Menschen ist der Erwerb der Erstsprache überhaupt die eindrucksvollste geistige Leistung ihres Lebens.

Spracherwerbsforscher sind sich im allgemeinen darin einig, daß der bemerkenswerteste Aspekt an dieser Leistung das schnelle Aneignen der Grammatik sei. Allerdings ist die Fähigkeit von Kindern, Grammatikregeln einzuhalten, kaum mehr zu bewundern als diejenige zum Worterwerb.

Der Aufbau eines Wortschatzes

Wieviele Wörter muß man kennen, um angemessen Englisch oder Deutsch oder irgendeine andere Sprache sprechen zu können? Die Antwort hängt von verschiedenen Variablen ab, einschließlich der Definition des Begriffes Wort.

Ein Wort läßt sich etwa für sprachstatistische Zwecke als die Art lexikalischer Einheit definieren, die man wirklich zu lernen hat. Alle abgeleiteten und zusammengesetzten Formen, die bloß morphologische Abwandlungen der begrifflichen Grundform sind, werden dann nicht als selbständige Wörter gezählt. Beispielsweise ist „schreiben" ein Wort, und seine morphologischen Varianten (schreibt, schrieb, geschrieben, schreibend, Schreiber, Schrift und dergleichen mehr) sind Verwandte derselben Wortfamilie. Zählt man eine solche Familie als genau ein Wort und bestimmt seine Kenntnis als Fähigkeit zu erkennen, welche von vier vorgegebenen Definitionen der Bedeutung am nächsten kommt, dann sollte der Lesewortschatz eines durchschnittlichen Absolventen der amerikanischen höheren Schule aus ungefähr 40000 Wörtern bestehen. Wenn zusätzlich alle Namen von Personen und Orten sowie alle idiomatischen – also die einer kleineren Gruppe oder sozialen Schicht eigentümlichen, etwa mundartlichen – Ausdrücke ebenfalls dazu gerechnet werden, würde sich dieser Schätzwert verdoppeln.

Diese Zahl sagt etwas aus über die Fähigkeit von Kindern, neue Wörter aufzunehmen. Unter der Voraussetzung, daß der durchschnittliche Absolvent der amerikanischen High School 17 Jahre alt ist, müssen die 80000 Wörter innerhalb von 16 Jahren erworben worden sein. Folglich lernt das Kind durchschnittlich 5000 Wörter pro Jahr oder ungefähr 13 pro Tag. Kinder mit umfangreichem Wortschatz eignen sich Wörter wahrscheinlich zweimal so schnell an. Mithin ist klar, daß sich bei jedem normalen Kind rasch ein sehr komplexer Lernprozeß vollzieht.

Niemand freilich bringt Kindern 13 oder mehr Wörter am Tag bei; sie müssen vielmehr für diese Art des Lernens speziell begabt sein. Einige wichtige Hinweise auf dieses Vermögen ergaben sich vor einem Jahrzehnt aus der Arbeit über Farbnamen von Susan Carey und Elsa J. Bartlett, die damals an der Rockefeller-Universität in New York tätig waren.

Zunächst stellten sie eine Gruppe von Dreijährigen zusammen, von denen keiner die Bezeichnung Oliv kannte, sondern die meisten diese Farbe Grün und einige Braun nannten (Bild 2). Die beiden Wissenschaftlerinnen brachten den Kindern einen erfundenen Namen für Oliv bei. Sie nahmen zwei Cafeteria-Tabletts und malten das eine oliv, das andere blau an. Jedem Kind wurde dann beiläufig gesagt: „Gib mir das kupferne Tablett; nicht das blaue, sondern das kupferne." Die Kinder zögerten dann meist kurz, zeigten aber bisweilen auf das olivfarbene Tablett: „Dies hier?" „Ja, dieses. Danke."

Ohne weitere Instruktionen wurden die Kinder nach einer Woche erneut gebeten, die Farben zu benennen. Als Oliv gezeigt wurde, stutzten sie. Sie erinnerten sich zwar nicht an das unvertraute Wort „kupfern", wußten jedoch jetzt, daß diese Farbe weder Grün noch Braun genannt wurde. Ein einziger Lernvorgang hatte also bewirkt, daß sozusagen das Farblexikon im Sprachspeicher neu organisiert wurde.

Dieses einfache Experiment zeigt in einigen wichtigen Aspekten, wie Kinder einen Wortschatz aufbauen. Zunächst muß ein Kind beim Erlernen eines Wortes imstande sein, die Lautfolge mit einer Bedeutung zu verknüpfen. Die Fähigkeiten, ein Wort auszusprechen und zu erkennen und zugleich seine Bedeutung zu beherrschen, beruhen auf separaten Lernvorgängen. Die Kinder wußten nach ihrer Erfahrung mit den Tabletts zwar, daß der Farbton Oliv eine besondere Bezeichnung hat und nicht etwa Grün oder Braun heißt. Sie konnten sich jedoch nicht an die spezifische gesprochene Lautfolge erinnern, die mit der wahrgenommenen Farbe verknüpft war. Vielleicht muß man ein neues Wort häufig aussprechen, bevor einem der Lautkörper vertraut wird.

Des weiteren scheint das Kind sich die Bedeutung in zwei Phasen anzueignen, von denen die eine schnell, die andere wesentlich langsamer verläuft. Kinder erkennen neue Wörter sofort als solche und ordnen sie weiten Bedeutungsfeldern zu. Die Dreijährigen wiesen das Wort „kupfern" der übergeordneten Kategorie der Farbnamen zu, nachdem sie es nur einmal gehört hatten. Kinder können solche semantischen Felder auseinanderhalten, noch bevor sie die jeweilige Bedeutung der einzelnen Wörter kennen. Wenn man sie nach der Farbe eines Gegenstandes fragt, nennen sie möglicherweise irgendeinen Farbausdruck, doch niemals Begriffe wie rund, fünf oder auch Mittagessen.

In der langsamen Phase werden die Bedeutungsunterschiede von Wörtern

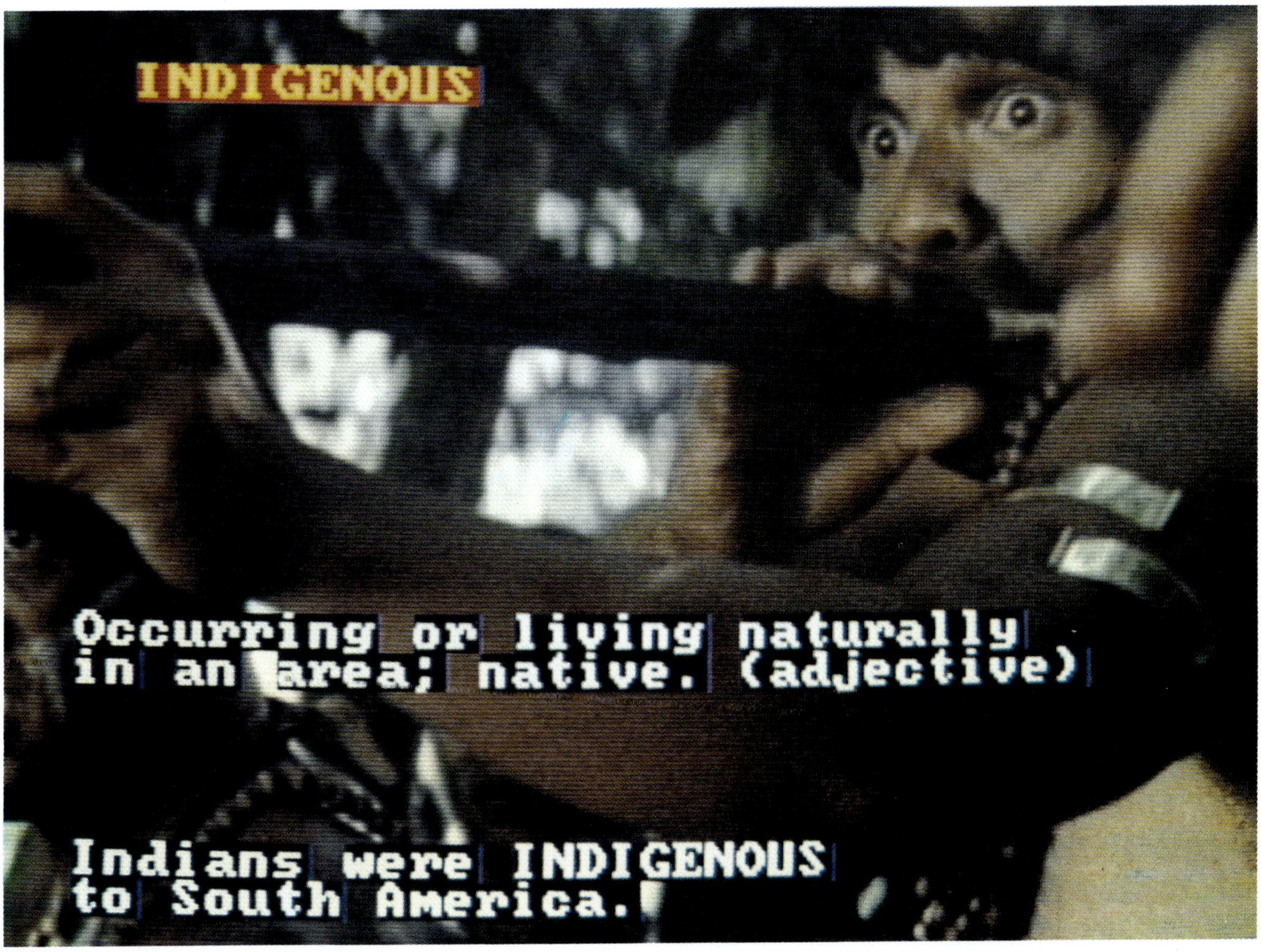

Bild 1: Computerunterstützter Unterricht wird von den Autoren getestet, weil er Kindern besser als Wörterbücher dabei helfen kann, die Bedeutung eines unbekannten Wortes zu erfassen. Die Schüler lesen einen Text, der die Handlung eines gerade gesehenen Films beschreibt, in diesem Fall den Film „Räuber der verlorenen Arche". Der Text enthält besonders herausgehobene Wörter, wie zum Beispiel „indigenous" („einheimisch"), welche die Kinder lernen sollen. Die Kinder arbeiten interaktiv am Videobildschirm und können Information über das Wort in dreierlei Formen erhalten: Definitionen, Beispielsätze und Bilder. Die abgebildete Definition von „indigenous" heißt hier: „Ursprünglich in einem Gebiet vorkommend oder lebend, heimisch. (Adjektiv)." Der Beispielsatz lautet: „Indianer waren die Ureinwohner Südamerikas". Ziel ist es, Information über ein Wort dann zu vermitteln, wenn das Kind das Wort lernen will. Das Kind kann sich viel leichter daran erinnern.

dann innerhalb einer semantischen Kategorie ausdifferenziert. Ein Kind, das die Wörter rot, grün, gelb und blau bereits richtig dem semantischen Feld der Farbnamen zugeordnet hat, muß nun die Unterschiede und Beziehungen zwischen ihnen lernen. Dieses Stadium dauert normalerweise viel länger als das erste und ist möglicherweise nie vollständig abgeschlossen. Einige Erwachsene ordnen beispielsweise *Delphinium* (Rittersporn) und *Calceolaria* (Pantoffelblume) richtig dem Begriffsfeld der Blütenpflanzen zu, wissen aber nicht, welche Art von Pflanzen die Wörter bezeichnen und können die Blumen auch nicht auf Anhieb identifizieren. Jederzeit im Laufe des Lebens werden viele Wörter in diesem Zwischenbereich sein, in dem sie zwar bekannt und klassifiziert, aber noch nicht klar unterschieden sind.

Einem verwandten Aspekt des Worterwerbs bei Vorschülern hat man sich sehr aufmerksam zugewandt, der Übergeneralisierung (Bild 3). Diese Form, irrtümlich den Anwendungsbereich eines Wortes fehlerhaft auszuweiten, wendet beispielsweise ein kleines Kind an, das gerade den Begriff Apfel lernt und ihn auch auf Tomaten überträgt. Es verknüpft mit „Apfel" offenbar Eigenschaften wie rund, rot und eine bestimmte Größe, die genauso auf reife Tomaten zutreffen, wenn weitere Merkmale fehlen. Das Phänomen kann auftreten, wenn ein Kind ein Wort nur unvollständig versteht.

Auch im entgegengesetzten Fall, der Untergeneralisierung, unterlaufen spezifische Fehler, doch zeigen sie sich nur bei bestimmter Fragestellung (Bild 4). Ein Kind, das beispielsweise die Eigenschaften rund, rot und bestimmte Größe als charakteristisch für „Äpfel" ansieht, wendet den Ausdruck nicht auch auf grüne oder gelbe Äpfel an. Man kann diesem Phänomen lediglich auf die Spur kommen, indem man dem Kind grüne oder gelbe Äpfel zeigt und es nach der Bezeichnung fragt.

Die Fähigkeit von Vorschulkindern, neue Wörter aufzunehmen, wird in den letzten Jahren immer aufmerksamer verfolgt. Heute weiß man darüber viel mehr als zu der Zeit, als Susan Carey und Elsa Bartlett ihre bahnbrechende Untersuchung zu Farbnamen unternahmen. Das Erlernen von Wörtern vollzieht sich jedoch später noch vielschichtiger, wenn die Kinder in der Schule sind.

Worterwerb im Unterricht

In den ersten Klassen sollen Schulkinder lesen und schreiben lernen. Zuerst üben sie mit Wörtern, die sie bereits aus Gesprächen kennen. In ungefähr der vierten Klasse werden sie – jedenfalls in den USA – erstmals mit dem Schriftbild von Wörtern konfrontiert, die ihnen noch nicht vertraut sind. Hier nun nimmt man im allgemeinen an, daß den Kindern nur durch spezielle Maßnahmen die unbekannten Wörter beizubringen seien.

Diese pädagogische Überlegung ist äußerst problematisch, da Kinder zwar sehr wohl erkennen können, ob sie ein Wort bereits einmal gesehen haben, jedoch lange benötigen, bis sie es richtig gebrauchen und automatisch erkennen. Tatsächlich erfordert das Erlernen eines neuen Wortes ein so hohes Maß an inhaltlicher Klärung und lautlicher Übung, daß im Unterricht einfach nicht mehr als 100 oder 200 Wörter pro Jahr auf diesem Wege erlernt werden können. Da das Lernen von Wörtern dem Lehren so weit voraus ist (jährlich 200 in der Schule beigebrachte Wörter gegenüber 5000 im Alltag gelernten) ist die Frage fast unumgänglich: Wie kommt es, daß Schulkinder so viel mehr lernen, als im Klassenpensum zu vermitteln ist?

Viele Wörter bekommen sie beim Lesen mit. Kinder erlernen Wörter in der Schule genauso wie zu Hause, nämlich am Gebrauch in verständlichen Zusammenhängen. Allerdings ist das Kind in der Schule mehr auf das geschriebene Wort angewiesen. Nach allgemeiner

Bild 2: Ein Experiment mit verschiedenfarbigen Tabletts und einem Phantasie-Farbnamen zeigte, wie schnell Vorschulkinder neue Wörter Bedeutungskategorien zuordnen können. Vor zehn Jahren stellten Susan Carey und Elsa J. Bartlett, die damals an der Rockefeller-Universität in New York arbeiteten, eine Gruppe dreijähriger Kinder zusammen, welche die Bezeichnung für die Farbe Oliv noch nicht kannten und sie Grün oder Braun nannten. Die Experimentatoren malten ein Tablett blau, das andere oliv an und forderten jedes Kind auf, ihnen „das kupferne Tablett, nicht das blaue, herüberzureichen". Eine Woche später wurden die Kinder nach dem Namen der Farben gefragt. Sie konnten sich nicht an „kupfern" erinnern, wußten allerdings, daß es weder Grün noch Braun war. Eine einzige Lernsituation reichte also aus, daß sie ihr semantisches Feld der Farbbegriffe neu organisierten. Die Photographie zeigt eine Wiederholung des ursprünglichen Experiments.

Einschätzung wie auch Forschungsergebnissen zufolge läßt man Schulkinder zum Aufbau eines Wortschatzes am besten soviel wie möglich lesen.

Wörter durch Lesen von Texten zu lernen ist zwar wirksam, jedoch nicht rationell. Einige Zusammenhänge sind nicht informativ, andere wiederum irreführend. Wenn das fragliche Wort einen unbekannten Begriff bezeichnet, so kann eine einzelne Textstelle kaum mehr als eine Ahnung von der Bedeutung des Wortes vermitteln. Ein Kind im Schulalter muß sehr viel lesen, wenn dadurch sein Wortschatz erweitert werden soll.

Wieviel tatsächlich? Bleiben wir bei Bedingungen, wie sie für die USA typisch sind. Ein Kind, das an jedem Schultag 50 Minuten lang schätzungsweise 200 Wörter pro Minute liest, käme innerhalb eines hunderttägigen Schuljahres auf eine Million Wörter. Ein englischer Prosatext mit einer Million Wörtern enthält normalerweise nicht mehr als 50000 verschiedene Wortformen, die sich rund 10000 Wortfamilien zuordnen lassen. Schulbücher enthalten wahrscheinlich weniger unterschiedliche Wörter. Selbst bei 10000 verschiedenen Wörtern ist es unwahrscheinlich, daß mehr als 1000 davon völlig neue Begriffe sind.

Da man einem neuen Wort vielfach begegnen muß, um es zu erlernen, reicht das Lesen von einer Million Wörtern im Jahr offenbar nicht aus. Will man erklären, warum ein Schulkind im Jahr 5000 Wörter dazulernt, dann muß man wohl annehmen, daß fortgesetztes Lernen aus Gesprächen und das Lesen von mehreren Millionen Wörtern pro Jahr zusammenkommen. Tatsächlich schneiden Kinder, die außerhalb der Schule wenig lesen, im allgemeinen bei Wortschatztests auch schlecht ab.

Die Tatsache, daß Kinder viel mehr Wörter lernen, als ihnen in der Unterrichtszeit beigebracht werden könnten, sollte sich auch auf die Rolle des Lehrers in diesem Prozeß auswirken. Es ist schwieriger, unbekannte Wörter aus rein schriftlichen Quellen zu erlernen als im Gespräch. Unterhält man sich, so kann man normalerweise nach der Bedeutung eines unbekannten Wortes fragen. Überdies kommen in den meisten Gesprächen zu den sprachlichen Informationen noch Hinweise aus Beobachtungen hinzu. Eine solche Hilfe fehlt bei einer gedruckten Seite.

Daher scheint es sinnvoll, die Lehrer anzuhalten, ihren Schülern zu intensivem Umgang mit unbekannten Wörtern in Sinnzusammenhängen zu verhelfen. Und wenn sie ihnen schon nicht alle benötigten Wörter beibringen können, dann sollten sie ihre Schüler dabei unterstützen, das Aneignen von Wörtern selbst zu lernen.

Bild 3: Übergeneralisierung tritt unter Vorschulkindern dann auf, wenn sie ein Wort nur unvollständig verstehen. Ein Kind, das vom Begriff Apfel nicht mehr weiß, als daß er rund, rot und von einer bestimmten Größe ist, bezeichnet möglicherweise eine Tomate genauso, weil ohne zusätzliche Bestimmungen diese Eigenschaften auch auf eine reife Tomate zutreffen.

Bild 4: Untergeneralisierung tritt auch auf, aber sie zeigt sich nur, wenn man Fragen stellt. Ein Kind, das glaubt, daß die Eigenschaften rund, rot sowie bestimmte Größe einen Apfel ausmachen, wendet das Wort möglicherweise nicht auf grüne oder gelbe Äpfel an. Man kann dies lediglich herausbekommen, indem man fragt, wie denn solche Äpfel genannt werden.

Die Arbeit mit Wörterbüchern

Ein Weg dazu ist, die Bedeutung eines unüblichen oder unvertrauten Wortes mit Hilfe eines Wörterbuchs herauszubekommen zu suchen. Ungefähr im vierten Schuljahr beginnen deshalb die meisten amerikanischen Schulen damit, den Gebrauch von Nachschlagewerken einzuüben: Rechtschreibung, Buchstabieren, Aussprache, Redewendungen, ein wenig Formenlehre und Wortableitung sind die Themen. Dem liegt die vollkommen vernünftige Vorstellung zugrunde, daß Kinder lernen sollten, unbekannte Wörter in einem Wörterbuch aufzufinden und die Erläuterungen zu verstehen.

Gegen dieses Vorgehen läßt sich einwenden, daß die meisten gesunden und geradezu handelnden Kinder Wörterbücher überhaupt nicht mögen – vielleicht aus gutem Grunde. Wir haben uns einmal einige Aufgaben angesehen, mit denen Schüler den Umgang mit Nachschlagewerken lernen sollen. Unserer Meinung nach leisten sie keineswegs das, was Lehrer und Eltern sich davon versprechen. Zwei Aufgaben werden oft gestellt: die Auflösung von Mehrdeutigkeit und das eigenständige Einführen eines neuen Begriffs.

Bei der ersten Aufgabe gibt man dem Kind zunächst einen Satz, der ein Wort mit zwei oder mehr Bedeutungen enthält. Der Schüler soll dann das Wort im Wörterbuch finden und entscheiden, welche Bedeutung der Verfasser des Satzes gemeint hat.

Bei der anderen Aufgabe soll das Kind selber etwas produzieren. Es soll ein bestimmtes Wort im Wörterbuch nachschlagen und entsprechend der Definition einen Satz damit bilden.

Zunächst erscheinen beide Aufgaben als lehrreich; man ist daher überrascht, wenn man entdeckt, wie unnütz sie eigentlich sind. Aus Nachschlagewerken zu lernen, setzt einen sehr differenzierten Verstand voraus. So muß man seine Lektüre unterbrechen, um ein unbekanntes Wort im alphabetisch geordneten Vokabular zu finden; man muß sich dabei ständig den ursprünglichen Zusammenhang merken, um ihn mit den verschiedenen angegebenen Bedeutungen zu vergleichen, und dann diejenige herauszugreifen, die in den ursprünglichen Kontext am besten paßt.

Es dürfte nicht überraschen, daß Kinder hierbei schlecht abschneiden, selbst dann noch, wenn die meisten anfänglichen Schwierigkeiten beseitigt sind. Bei einer vereinfachten Aufgabe zur Auflösung von Mehrdeutigkeiten gab man Viertkläßlern nur zwei Bedeutungen zur sinngerechten Auswahl vor – die Ergebnisse fielen kaum besser aus, als wenn die Kinder lediglich geraten hätten.

Bei der zweiten Aufgabe, bei der ein Satz mit einem neuen Wort gebildet werden soll, hofft man, daß der Schüler auch über seine Bedeutung nachdenkt. Wir haben dieses Vorgehen ausgiebig untersucht und sind nach der Überprüfung von einigen tausend Sätzen von Kindern der fünften und sechsten Klasse zu dem Schluß gekommen, daß auch diese Aufgabenstellung Zeitvergeudung bedeutet.

Wir fanden merkwürdige Sätze, für die der folgende typisch ist: „Frau Meier stimulierte die Suppe". Das Beispiel zeigt die häufigste Fehlerart bei Kindern dieser Altersgruppe. Wenn sie das Wort schon kennen, sind ihre Sätze normalerweise richtig; kennen sie es hingegen nicht, sind ihre Konstruktionen oft verwirrend (Bild 5). Um zu verstehen, wie das Kind überhaupt darauf kommt, muß man schon die verwendeten Wörterbuchdefinitionen sorgfältig nachlesen. Im genannten Falle stand unter „stimulieren" auch die Erklärung „aufrühren".

Analyse der Fehler

Das Beispiel ist aufschlußreich für das, was passiert, wenn Kinder in einem Wörterbuch nachschlagen. Sie finden zunächst das unbekannte Wort und suchen dann ein bekanntes Wort beziehungsweise eine ihnen unmittelbar verständliche Redewendung unter den Begriffserklärungen. Dann bilden sie einen Satz mit dem bekannten Wort (oder der Wendung) und ersetzen es durch das neue Wort. Wenn etwa eine Fünftkläßlerin unter „erodieren" außer den erklärenden Ausdrücken „auswaschen" und „zerstören" die Grundbedeutung des aus dem Lateinischen stammenden Wortes mit „aus-, wegnagen" findet, dann nimmt es nicht wunder, wenn sie formuliert: „Unser Waldi erodiert gerne Kalbsknochen."

Wenn aber Kinder doch so leicht neue Wörter lernen, die sie im Kontext hören oder lesen, warum haben sie dann damit Schwierigkeiten beim Wörterbuch? Wir wollten genauer untersuchen, was passiert, wenn man in einem üblichen Satz auf ein unbekanntes Wort stößt.

Eine erste Untersuchung zeigte, daß Kinder bessere Sätze bilden können, wenn ihnen ein Beispielsatz mit dem betreffenden Wort als Muster gegeben wird und nicht eine Definition des Wortes. Da viele ihrer Sätze dem Beispiel nachgebildet waren, konnte dieses Ergebnis freilich nicht heißen, daß die Kinder mehr über die Bedeutung eines Wortes anhand von Beispielsätzen als aus Definitionen lernten. Trotzdem war die Beobachtung ermutigend.

Im nächsten Schritt folgten wir einfach dem Grundsatz, wenn ein Beispiel gut ist, dann müßten drei Beispiele besser sein. Dabei fanden wir allerdings heraus, daß es auf die Zahl der Beispiele kaum ankam. Unterschiedslos schrieben unsere Probanden bei drei wie bei einem Beispielsatz gleich viele akzeptable Sätze.

Diese Beobachtung ließ uns noch einmal über die Vorgänge nachdenken. Offenbar fällt es Kindern schwer, drei unzusammenhängende Sätze gleichzeitig zu verarbeiten, und so konzentrieren sie sich einfach auf einen der drei Beispielsätze, ohne die anderen zu beachten. Dies ähnelt dem Verhalten von Kindern, die Definitionen im Wörterbuch lesen.

Uns überraschte indes ein Ergebnis, obwohl wir es vielleicht hätten erwarten sollen. Fehler, die einfachen Ersetzungen ähneln, kamen selbst dann vor, wenn Beispielsätze und nicht Wörterbuchdefinitionen gegeben wurden. Beispielsweise sollte der Satz „Der Bruder des Königs versuchte, den Thron zu usurpieren" das unbekannte Wort „usurpieren" bestimmen. Die Schüler schrieben Sätze wie „Der Lehnstuhl wurde aus dem Zimmer usurpiert", „Der Dieb versuchte, die Handtasche der Frau zu usurpieren" und ähnlich mehr. Sie hatten dem Beispielsatz entnommen, daß „usurpieren" die Bedeutung von „nehmen" und „an sich reißen" hat, mit der sie zunächst die Sätze bildeten und dann „usurpieren" statt dessen einsetzten.

Kinder können zumindest zum Teil die Bedeutung eines unbekannten Wortes aus dem Kontext ableiten, die sich – um beim Beispiel zu bleiben – beim Begriff „usurpieren" mit der von „nehmen" oder der von „an sich reißen" überlappt.

So wie kleinere Kinder manchmal den Anwendungsbereich des Wortes „Apfel" fälschlich ausweiten, weil sie es nur unvollständig kennen, entstand aus der Teildefinition von „usurpieren" die Übergeneralisierung. So gesehen zeigt sich im Verhalten der Fünft- und Sechstkläßler lediglich ein späteres Stadium des Wortlernprozesses, den Vorschulkinder durchlaufen.

Es scheint deshalb, daß das Prinzip des Ersetzens ganz allgemein verbreitet ist. Bei der Arbeit mit einem Beispielsatz tritt allerdings mehr als ein einfacher Ersetzungsfehler auf. Die Kinder können in einem Beispielsatz nicht nach einem bekannten Wort suchen wie bei einer Wörterbuchdefinition. Zunächst müssen sie einen bekannten Begriff aus dem Kontext des unbekannten Wortes abstrahieren. Erst dann können sie die Ersetzungsregeln anwenden.

Könnte es eine bessere Methode geben, den Aufbau des Wortschatzes bei Kindern zu fördern? Was wir und andere über den Prozeß des Wörterlernens herausgefunden haben, läßt tatsächlich einige plausible Vermutungen zu. Man mache sich klar, daß die Motivation des Schülers, Bedeutung in sprachlichen Botschaften zu entdecken, die größte Hilfe für den Lehrer ist. Dann ergibt sich auch für die Probleme der traditionellen Unterrichtsmethoden eine Erklärung: Übungen mit willkürlich zusammengestellten Wortlisten finden selten dann statt, wenn der Schüler gerade diese Wörter kennenlernen will. Das Lernen durch Lektüre birgt wiederum die Schwierigkeit, daß der Schüler eben dann nicht genügend Information über das Wort findet, wenn er dessen Bedeutung erfahren will.

Was man also braucht, ist Lektüre, die Schüler neugierig auf unbekannte Wörter macht, unterstützt durch sofortige Information über die Bedeutung und den Gebrauch dieser Wörter. Wichtig ist dabei, daß der Lesende die Information dann bekommt, wenn er sie noch will. Bei Wörterbüchern dauert

Definition	ausgewählter bekannter Begriff	gebildeter Satz
Relation Beziehung, Verhältnis: „Dieser Preis steht in keiner Relation zur Qualität der Ware“. Substantiv.	Beziehung	Hans und Karl haben eine gute Relation, weil sie Freunde sind.
penibel kleinlich, genau: „Bei ihm herrscht eine penible Ordnung.“ Adjektiv.	genau	Meine Uhr geht sehr penibel.
rekonstruieren 1. den ursprünglichen Zustand von etwas wiederherstellen oder nachbilden: „Der antike Tempel ist rekonstruiert worden.“ 2. etwas Vergangenes in seinen Einzelheiten erschließen: „Der Polizist rekonstruierte die Vorgänge am Tatort.“ Verb.	wiederherstellen	Nach zwei Wochen Grippe bin ich jetzt rekonstruiert.
delegieren 1. jemanden zu etwas beauftragen, abordnen: „Ein Schüler aus unserer Klasse wurde ins Schülerparlament delegiert.“ 2. Rechte oder Aufgaben auf einen anderen übertragen: „Der Abteilungsleiter delegierte viele Aufgaben an seine Mitarbeiter.“ Verb	beauftragen	Mein Klassenlehrer delegierte mich, aus dem Lehrerzimmer, seine Mappe zu holen.
Dogma feste Lehrmeinung, starrer Lehrsatz: „Es widersteht mir, eine Art Dogma daraus zu machen.“ Substantiv.	Meinung	Meinem Dogma nach sollte ich mehr Taschengeld bekommen.

Bild 5: Beispielsätze mit neuen Wörtern, die Schulkinder mit Hilfe eines Wörterbuches zu bilden haben, offenbaren die Fehlerquellen, die bei dieser Art von Worterwerb auftreten. In diesem Fall haben die Schüler mit den unbekannten Wörtern Relation, penibel, rekonstruieren, delegieren und Dogma Sätze zu bilden. Sie schlagen sie nach (links), suchen einen bekannten Begriff unter den Definitionen heraus (Mitte), bilden mit ihm einen Satz und ersetzen den bekannten Begriff durch den unbekannten (rechts). Die Autoren plädieren für weitere sofortige Informationen durch den Lehrer oder den Einsatz eines Computers.

dies zu lange. Nachschlagewerke helfen vielleicht einem erfahrenen und gut motivierten Schüler; beim durchschnittlichen Kind in den ersten Schuljahren aber werden mit der Leseunterbrechung auch eher Mißverständnisse auftreten. Günstiger wäre es, wenn ein Tutor sofort falsche Deutungen herausfinden und aufklären würde.

Lernen mit dem Computer

Nun können sich nur wenige Lehrer aufmerksam um jedes einzelne Kind kümmern, das lesen lernt. Mithin fragt man sich natürlich, wieviel von dieser Aufgabe ein entsprechend programmierter Computer übernehmen könnte (Bild 1).

Nehmen wir beispielsweise an, das Gerät präsentiere einem Schüler Lesestoff und sei darauf programmiert, Fragen über die Bedeutung aller vorkommenden Wörter zu beantworten. Kein alphabetisches Suchen wäre mehr notwendig: Der Schüler würde einfach auf ein Wort deuten und die entsprechende Information erhalten.

Auch eine ausgeklügelte Auflösung von Mehrdeutigkeiten wäre überflüssig: Der Computer würde im voraus wissen, auf welche spezifische Bedeutung eines Wortes es in dem Zusammenhang ankäme. Dasselbe gälte sogar auch für Definitionen: Der Ausdruck oder Satz mit dem entsprechenden Wort könnte so umformuliert werden, daß die Bedeutung des Wortes im Kontext klar würde.

Als typischen Fall stelle man sich vor, wie ein Computer bei Wörtern wie „usurpieren“ oder „konzentrieren“ verfahren würde. Vielleicht präsentiert er einen Text mit dem Satz: „Die Truppen konzentrieren sich an der westlichen Grenze“. Wenn der Schüler sich über „konzentrieren“ informieren will, bekommt er möglicherweise die folgende Antwort: „Etwas verstärkt auf etwas oder jemanden ausrichten; sich geistig ansammeln, anspannen; in der Chemie: anreichern, gehaltreich machen; aber auch: wirtschaftliche und militärische Kräfte zusammenziehen.“

Angenommen, im Fall von „usurpieren“ enthält der Text den Satz „Dem Bruder des Königs gelang es nicht, den Thron zu usurpieren“. Auf Anfrage antwortet der Computer vielleicht: „Wenn man einen Titel, eine Aufgabe oder eine Position von jemandem usurpiert, dann bemächtigt man sich dessen widerrechtlich. In dem Satz über den Bruder des Königs bedeutet Thron nicht nur das Sitzmöbel für den König, sondern auch Symbol für die königliche Autorität.“

Mittels Computertechnologie lassen sich heute ohne weiteres fast unverzüglich solche Erklärungen liefern. Es gibt sogar die Möglichkeit, das Gerät das gewünschte Wort aussprechen und erklären oder anhand von Bildern die Wortbedeutung veranschaulichen zu lassen.

Wir untersuchen einige dieser Möglichkeiten, wobei Kinder der fünften und sechsten Klasse mit dem Videobildschirm interaktiv arbeiten. Sie werden aufgefordert, einen Text zu lesen, der die Handlung einer gerade gesehenen Filmepisode erzählt. Im Text sind bestimmte Wörter hervorgehoben, die der Leser lernen soll. Wenn es auf eines davon stößt, kann das Kind entweder Definitionen, Beispielsätze oder Bilder oder alle drei Formen der Erläuterung anfordern.

Für einige Kinder sind Beispielsätze informativer als Definitionen oder Bilder. Wenn man ihnen nur eine Definition gibt, lesen sie sie und wenden sich wieder rasch der Geschichte zu. Gibt man ihnen einen Satz, der sich auf die Geschichte bezieht und das Wort in demselben Kontext verwendet, dann betrachten sie ihn als zu lösendes Rätsel. Sie denken länger über die Wortbedeutung nach und erinnern sich eine Woche später besser daran.

Wir fanden heraus, daß Kinder unbekannte Wörter wesentlich besser begreifen, wenn man sie in dem Moment informiert, in dem sie es wünschen. Dies zeigt sich an ihrer Fähigkeit, die entsprechenden Wortbedeutungen zu erkennen und akzeptable Sätze mit ihnen zu bilden. Die Ergebnisse bestärken uns in der Meinung, daß sich mit Computern viel machen läßt, um das Wörterlernen zu erleichtern.

Legasthenie

Die Lese- und Rechtschreibschwäche ist nicht, wie man bisher dachte, auf Störungen der visuell-räumlichen Wahrnehmung zurückzuführen, sondern auf eine beschränkte Fähigkeit, Sprache zum Verschlüsseln nichtsprachlicher Information zu verwenden.

Von Frank R. Vellutino

Der Begriff Legasthenie bezeichnet allgemein eine eigentümliche, wohl konstitutionell bedingte Schwäche sonst völlig normaler Kinder, wenn sie lernen, Wörter in Druckbuchstaben zu identifizieren. Allgemein vermutet man ihren Ursprung im visuell-räumlichen System. Sie manifestiert sich dieser Ansicht nach an seitenverkehrt geschriebenen Wörtern und Buchstaben (Bild 1).

Legastheniker, so glaubt man, neigten zur Beidhändigkeit, seien also über das Bevorzugen einer Hand unentschieden. Kinder, deren Muttersprache alphabetisch und nicht piktographisch (bildlich) oder ideographisch (graphisch oder geometrisch) geschrieben wird, sind angeblich besonders betroffen. Ferner nimmt man weithin an, die Legasthenie könnten Therapieformen beheben, welche das visuell-räumliche System sozusagen stärken. Alle diese Auffassungen sind, wie die neueste Forschung zeigt, grundfalsch.

Nach den Arbeiten des amerikanischen Neuropsychiaters Samuel Torrey Orton von 1925 ordnete man die Schwäche erstmals dem visuellen System zu. Orton führte Legasthenie auf eine offensichtliche Funktionsstörung von visueller Wahrnehmung und visuellem Gedächtnis zurück, gekennzeichnet durch die Neigung, Buchstaben und Wörter seitenverkehrt wahrzunehmen: *b* für *d* beispielsweise oder *ein* für *nie*. Sie würde auch die Spiegelschrift erklären. Orton behauptete weiter, die Störung trete auf, wenn sich der Reifeprozeß verzögere, weil keine der beiden Hemisphären des Gehirns in der Sprachentwicklung dominiere – eine wenigstens nach wie vor brauchbare Annahme.

Verwandte spätere Hypothesen besagen, daß Legasthenie entweder durch motorische und visuelle Störungen bedingt sei oder durch Defekte bei der Koordination der Augenbewegung: dem Folgen eines Objektes mit dem Blick und dem gerichteten Abtasten. Viele therapeutische Ansätze gehen noch immer von Legasthenie als visuellem Problem aus oder einer vermuteten Beziehung zu einer unbestimmten Dominanz der Gehirnhälften (Hemisphärendominanz).

Legasthenie als Sprachfehler

Am Pädagogischen Forschungszentrum der State University of New York in Albany haben meine Kollegen und ich damit begonnen, die üblichen Auffassungen von Legasthenie zu untersuchen und in Frage zu stellen; dazu gehört auch die Erklärung, daß sie auf visuelle Störungen zurückgehe. Zusammen mit weiteren Wissenschaftlern in den USA und in anderen Ländern kamen wir zu dem Ergebnis, daß Legasthenie ein unterschwelliger Sprachfehler ist.

Er wurzelt in anderen Bereichen als bisher angenommen: in phonetischen Codierungsstörungen (der Unfähigkeit, die Lautgestalt eines Wortes wieder verfügbar zu repräsentieren, um es sich besser merken zu können), in fehlerhafter phonemischer Segmentierung (der Unfähigkeit, Wörter in Sprachlaute zu zerlegen), in unterentwickeltem Wortschatz und Schwierigkeiten, Wörter und Sätze grammatisch zu unterscheiden. Legasthenie resultiert offenbar keineswegs aus einer visuellen Störung, sondern aus einer beschränkten Fähigkeit, Sprache zum Codieren nichtsprachlicher Informationen zu verwenden (Bild 3).

Um diese Definition zu verstehen, kann man sich das Gedächtnis als eine äußerst raffinierte Handbibliothek vorstellen (Bild 2). Dies ist angemessen, weil neuere Studien darauf hinweisen, daß Legasthenie ebensoviel mit Querverweisen und Wiederfinden von verschlüsselter und bereits gespeicherter Information zu tun hat wie mit dem Speichern und Codieren neuer Nachrichten.

Das Bibliotheks-Modell geht davon aus, daß zu speichernde Information in mehreren Stufen verarbeitet wird. Auf der ersten wird in einem sensorischen Speichersystem ein Abbild des Reizes kurz festgehalten. Die zweite Stufe vollzieht sich im Kurzzeitgedächtnis, dem Arbeitsspeicher, einem System mit beschränkter Kapazität, in dem eine codierte (transformierte) Version des Reizes für höchstens 30 Sekunden verfügbar bleibt. In diesem Speicher wird die Information in eine abstraktere symbolische Repräsentation umgeformt, damit sie für das Langzeitgedächtnis brauchbar wird, das unbegrenzte Kapazität haben soll. Auf der letzten Stufe wird die codierte Form des Reizes entweder kategorisiert und im Langzeitgedächtnis gespeichert oder ausgemustert, oder sie geht unabsichtlich verloren.

Unsere Untersuchungen aufgrund dieses Modells ergaben, daß Legasthenie eher Symptom einer Funktionsstörung beim Speichern oder Wiederfinden sprachlicher Information ist als Folge eines gestörten visuellen Systems. In einem Experiment ließen wir leseschwache Schüler der zweiten bis sechsten Klasse, die häufig Umkehrfehler machten, Muster, Wörter, vermischte Buchstaben und Zahlen abschreiben, die wir ihnen kurz vorgelegt hatten. Danach sollten sie die Reize benennen, die tatsächliche Wörter waren. Es ergab sich, daß die Probanden die Buchstaben eines vorher gezeigten Wortes in der korrekten Richtung und Abfolge auch dann reproduzieren konnten, wenn sie

Bild 1: Anzeichen von Legasthenie wie zum Beispiel Spiegelschrift sieht man oft auf einer frühen Stufe der normalen Entwicklung zur Schreibfähigkeit. Mit drei Jahren schreibt Amanda ihren Namen seitenverkehrt (oben). Diese Angewohnheit hat sie noch mit vier Jahren, als sie schreibt: „my blanket I love the best“ (meine Decke mag ich am liebsten; Mitte). Mit fünf schreibt sie darüber, wie sie mit ihren Freunden Tracy, Daniel und Alex spielt. Die Spiegelschrift – eine normale Entwicklung – ist fast völlig verschwunden: Man sieht deutlich die Fähigkeit, einen gewünschten Sprachlaut mit phonologisch passenden Buchstaben zu codieren – wenn auch nicht immer mit den richtigen (unten).

das Wort nicht richtig zu benennen vermochten. Sie schrieben zum Beispiel *ein* richtig ab, nannten es aber dann *nie*. (*Anmerkung der Redaktion*: Die originalen englischen Beispielwörter waren *was* und *saw*; durchweg sind in der Übersetzung sinngenaue deutsche Beispiele verwendet worden.) Wenn die Kinder dann unmittelbar nach der vollen Nennung des Wortes gebeten wurden zu buchstabieren, konnten sie in den meisten Fällen die Buchstaben in der richtigen Reihenfolge hersagen, sogar dann, wenn sie die ganzen Wörter falsch benannt hatten.

Die Schlußfolgerung aus diesem Experiment war klar: Fehler wie die Benennung von *ein* als *nie* ergeben sich aus Schwierigkeiten beim Speichern und Wiederfinden der Namen gedruckter Wörter und nicht aus einer Funktionsstörung der visuell-räumlichen Informationsverarbeitung.

Versuche zum visuellen Gedächtnis

Dies bestätigte eine Reihe von Untersuchungen über die Fähigkeit von Kindern, aus dem visuellen Gedächtnis Wörter eines ungewohnten Schriftsystems zu reproduzieren. Gruppen von Legasthenikern und normalen Lesern sollten Wörter und Buchstaben in der linksläufigen hebräischen Schrift in der korrekten Abfolge und Richtung abschreiben, nachdem sie ihnen kurz vorgelegt worden waren (Bild 4). Einige Kinder, die bereits Hebräisch lesen und schreiben konnten, wurden zur Gegenkontrolle mitgetestet.

Bemerkenswerterweise schnitten Legastheniker und normallesende Kinder gleich gut ab, wenn sie auch verständlicherweise den Kindern mit Hebräisch-Kenntnissen nicht ebenbürtig waren. Dies schien zu bekräftigen, daß für durchschnittliche Leser die visuelle Erinnerung an komplexe wortähnliche Symbole ohne sprachliche Komponente – also für sie weder mit Bedeutung noch mit Lautgestalt verbunden – nicht einfacher ist als für leseschwache Kinder. Daraus folgt, daß die Erinnerung an visuelle Symbole, die Wörter repräsentieren, durch ihre sprachlichen Eigenschaften vermittelt ist, insbesondere durch ihre Bedeutung und Lautgestalt.

Es ergab sich auch, daß beide Gruppen von nicht Hebräisch-Sprechenden die hebräischen Buchstaben mit derselben Tendenz von links nach rechts verarbeiteten; dies legt nahe, daß Legastheniker nicht von sich aus Schwierigkeiten mit der Reihung von links nach rechts haben. Wenn sie also nur schwer eine Richtung beibehalten können, ist das ein Symptom und nicht die Ursache von Leseschwäche.

Eine zweite Schlußfolgerung – dokumentiert durch andere Studien, die unmittelbar das sensorische Gedächtnis von legasthenischen und durchschnittlichen Lesern verglichen – besagt, daß gestörte und normale Leser eine Gedächtnisspur gleich lange halten können. Das heißt, visuelle Spuren verschwinden nicht schneller aus dem sensorischen Gedächtnis eines Legasthenikers. Visuelle Formwahrnehmung scheint in beiden Gruppen vergleichbar ausgeprägt zu sein.

Wenn Legastheniker wenigstens ungefähr gleichwertig exakt Buchstaben wahrnehmen und reproduzieren können wie Normallesende, dann wird das Problem wiederum im sprachlichen Codierungssystem und nicht im visuellen liegen. Gedruckte Wörter werden entweder nach der Ganzheitsmethode erkannt aufgrund ihrer herausragenden visuellen Merkmale, ihrer Bedeutungen und des Kontextes, in dem sie erscheinen, oder nach Verarbeitung, die ein Verhältnis von Teil zu Ganzem voraussetzt – durch Buchstabieren.

Da das Lesenlernen selbst schon schwierig ist, muß der Anfänger imstande sein, beide Strategien zu verwenden, um Wörter zu identifizieren. Wenn sich das Kind zu sehr auf die Ganzheitsmethode stützt und die den Buchstaben zugeordneten Sprachlaute zum Entziffern neuer Wörter nicht nutzt, dann ist das visuelle Gedächtnis übermäßig belastet. Daraus ergeben sich Fehler wie *ein/nie* und *Karte/Kater*. Kinder wiederum, die sich ausschließlich auf die analytisch-synthetische Methode stützen und nicht die hervorstechenden visuellen Merkmale, die Wortbedeutungen und den Zusammenhang zur leichteren Identifikation nutzen, können nur schwer flüssig lesen und gleichzeitig den Text verstehen.

Daraus folgt, daß Legasthenie einerseits durch sehr spezifische sprachliche Defekte bedingt sein kann (wie unterentwickelten Wortschatz oder gestörte lautliche Segmentierung), die nur gewisse Teilleistungen der eigentlichen Lesefähigkeit betreffen. Andererseits ist es ebenso plausibel, daß allgemeinere Sprachstörungen vorliegen können, die sämtliche Teilfähigkeiten betreffen.

Die erste Auffassung wird durch eine Hypothese von Isabelle Y. Liberman und Donald P. Shankweiler von den Haskins-Laboratorien in New Haven (Connecticut) gestützt. Diesen Wissenschaftlern zufolge ist schwachen Lesern nicht klar bewußt, daß gesprochene und gedruckte Wörter in einzelne Phoneme zerlegt werden können. Dadurch lernen sie schwerer, wie man Wörter durch Buchstabieren und Verbinden der Sprachlaute – phonetische Decodierung genannt – identifiziert. Fehlerhaft in Phoneme zu zerlegen gilt als Anzeichen einer allgemeineren Schwäche der phonetischen Codierung, bei der Repräsentation von Sprachlauten und Wortnamen nur unvollständig im Gedächtnis gespeichert werden.

Eine solche Funktionsstörung könnte es theoretisch nicht nur erschweren, die Sprachlaute zu erlernen, die den Buchstaben oder Buchstabenkombinationen entsprechen, sondern auch den vollen Namen gedruckter Wörter. Sie werden daher ohne den vollständigen phonetischen Code gespeichert – es wären gleichsam lückenhafte Karteikarten in unserem Bibliotheks-Modell. Wenn sich dann ein Kind an das richtige Wort

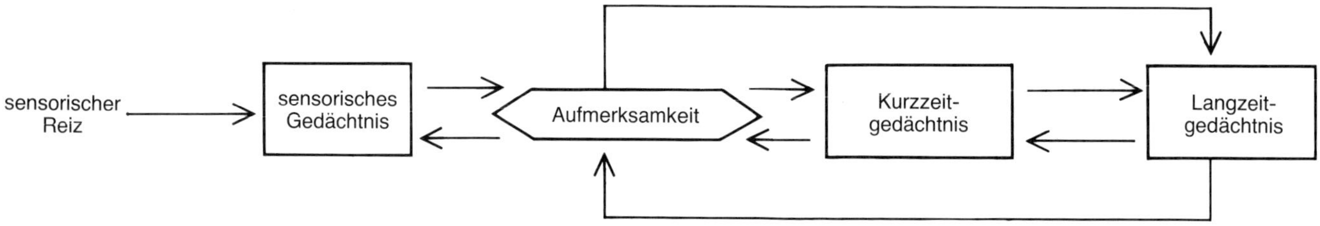

Bild 2: Dieses Modell (auch Bibliotheks-Modell genannt) zeigt, in welchen Stufen des Gedächtnisses Information verarbeitet wird und wie sie zueinander in Beziehung stehen. Ein direktes Abbild eines Seh- oder Hörreizes wird für kurze Zeit im sensorischen Gedächtnis gespeichert. Wenn die Person dem Reiz Aufmerksamkeit schenkt, kommt er in das Kurzzeitgedächtnis, wo er in eine Repräsentation verschlüsselt (codiert) wird, die für die Abspeicherung im Langzeitgedächtnis geeignet ist. Ein nicht anhaltender Reiz wird nicht codiert und verschwindet aus dem Gedächtnis. Die langen Pfeile sollen einige Beziehungen zwischen den einzelnen Gedächtnissystemen andeuten. Eine Person wird zum Beispiel eher auf einen vertrauten Reiz ihre Aufmerksamkeit richten, weil eine Repräsentation von ihm schon im Langzeitgedächtnis abgespeichert ist.

Wörter		
drei Buchstaben **nie**	vier Buchstaben **lief**	fünf Buchstaben **Karte**
Buchstabenfolgen		
drei Buchstaben **dnv**	vier Buchstaben **lpmk**	fünf Buchstaben **ztbrk**
Zahlen		
drei Ziffern **382**	vier Ziffern **4328**	fünf Ziffern **96842**

Bild 3: Dieses Diagramm zeigt einige Beispiele für verbale und nichtverbale Reize, die für eine halbe Sekunde schwachen und normal guten Lesern der zweiten und sechsten Klasse vorgelegt wurden. Im ersten Teil des Experiments sollten die Kinder die Wörter, vermischte Buchstaben oder Zahlen aus dem Gedächtnis hinschreiben. Im zweiten Teil sollten sie statt dessen jedes Zeichen eines Reizes in der richtigen Reihenfolge benennen – Wörter waren zuerst auszusprechen. Schwache Leser waren bei den Abschreibaufgaben etwa so gut wie durchschnittliche, aber nicht bei den Benennungsaufgaben. Ihre Schwierigkeiten rühren vermutlich von den Störungen der verbalen, nicht jedoch der visuellen Verarbeitung her.

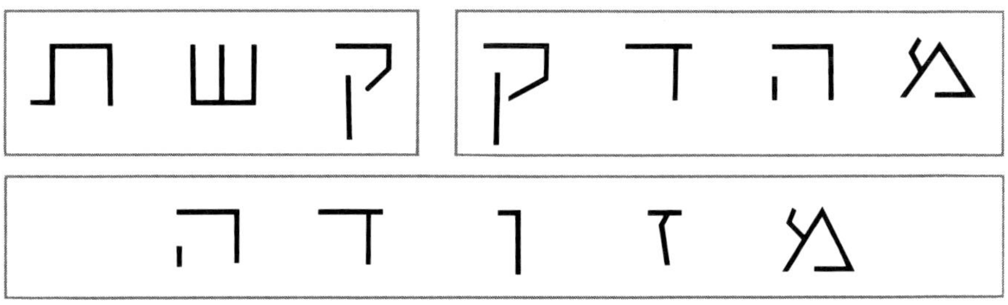

Bild 4: Hebräische Wörter in vereinfachter Blockform wurden der Reihe nach drei Gruppen von Schülern der zweiten bis sechsten Klasse vorgelegt: schwachen und normalen Lesern, die mit dem Hebräischen nicht vertraut waren, und Kindern, die es gerade lernten. Wörter mit drei, vier oder fünf Buchstaben wurden ihnen jeweils drei, vier beziehungsweise fünf Sekunden lang gezeigt. Die Kinder sollten die Wörter aus dem Gedächtnis abschreiben. Von denjenigen ohne Hebräisch-Kenntnisse schnitten die schwachen Leser so gut ab wie die besseren – natürlich war keine Gruppe so gut wie die Kinder mit Vorkenntnissen.

erinnern soll, stellt es fest, daß es nicht genügend Anhaltspunkte für den Namen des Wortes behalten hat.

Weitere Studien in unserem und in anderen Laboratorien stützen die Auffassung, daß Schwächen beim Buchstabieren und phonetischen Decodieren wesentlich an den Leseschwierigkeiten beteiligt sind. Sie zeigen, daß schwer Lesegestörte viel schlechter als durchschnittliche Leser erlernen, wie man Sprachlaute zum Decodieren von Pseudowörtern (das sind bedeutungslose wortähnliche Buchstabenverbindungen für Tests) und von noch nie gesehenen Wörtern nutzt. Solche Schwächen scheinen sich aus einer schlechten Erfassung von Phonemwerten zu ergeben.

Man hat auch herausgefunden, daß Vorschulkinder und Schulanfänger, die eine gewisse Fähigkeit zum Segmentieren gesprochener Wörter in Silben und Sprachlaute haben, besser lesen lernen als Kinder, denen diese Fähigkeiten fast oder gänzlich abgehen.

Wenn relativ schlechtes Erfassen der Phoneme und eine Schwäche bei ihrer Decodierung auf grundlegendere Schwierigkeiten der phonetischen Codierung zurückzuführen sind, so könnte man erwarten, daß leseschwache Kinder gehörte Wörter sich schlecht merken können. Das trifft tatsächlich zu, wie zahlreiche Studien in unseren Labors und unter anderem auch in den Haskins-Laboratorien zeigen.

Komplexe Störung

Eine Anzahl von Wissenschaftlern – insbesondere Martha B. Denckla und die verstorbene Rita G. Rudel vom College für Ärzte und Chirurgen an der Columbia-Universität in New York – haben entdeckt, daß Legastheniker langsamer und weniger genau sind als normalgute Leser, nicht nur wenn Buchstaben und Wörter, sondern auch wenn allgemeine Objekte, Farben und Zahlen benannt werden sollen. Die Leistungen vieler Leseschwacher in diesen Untersuchungen waren oft völlig blockiert: Sie gebrauchten Umschreibungen, zögerten lange oder unterlagen Verwechslungen, antworteten etwa „Hund“, wenn ihnen das Bild einer Katze vorgelegt wurde.

Ein mangelhafter Wortschatz und unterentwickelte semantische Fähigkeiten im allgemeinen scheinen das Identifizieren von Wörtern zu erschweren, wie verschiedene Studien nahelegen. Fehlende syntaktische Kompetenz kann noch ein weiterer Faktor sein. Eigene und anderweitige Laboruntersuchungen zeigen, daß schwache Leser weniger als durchschnittliche imstande sind, vor allem syntaktisch komplexe Sätze zu verstehen, von Flexionsendungen Gebrauch zu machen, um zum Beispiel Tempus und Numerus zu kennzeichnen (*sage/sagte*, *Hund/Hunde*), grammatische von ungrammatischen Sätzen zu unterscheiden, komplexe Sätze grammatisch richtig zu gebrauchen und differenziert zwischen abstrakten Wörtern zu unterscheiden, vor allem bei Funktionswörtern wie *wenn*, *aber* oder *ihr*.

Tatsächlich weist vieles darauf hin, daß leseschwache Kinder – verglichen mit normal entwickelten – schlechter Funktionswörter identifizieren können als Inhaltswörter wie *Hund* und *Katze*. Es fällt ihnen auch offenkundig schwer, den Satzkontext beim Identifizieren gedruckter Wörter einzubeziehen. Es muß jedoch darauf hingewiesen werden, daß ein kausaler Zusammenhang zwischen Leseschwächen und Mängeln beim Verarbeiten syntaktischer und semantischer Eigenschaften gedruckter Wörter noch nicht erwiesen ist.

Wenn Legastheniker sprachbehindert sind, kann man sich fragen, ob sie im Grunde nicht in ihrer auditiven Informationsverarbeitung gehemmt sind, ihnen also akustische Wahrnehmungsfehler unterlaufen. So könnte ihr auditiv-sensorisches oder Echo-Gedächtnis gestört sein, weshalb sich bei Leseschwächen der Gehöreindruck schneller verflüchtigen würde. Diese Lösung haben jedoch Randall W. Engle und seine Mitarbeiter an der Universität von South Carolina in Columbia geprüft und verworfen, ähnlich auch wir.

Des weiteren könnten Leseschwache allgemein weniger imstande sein, akustische Information im Langzeitgedächtnis abzuspeichern. Susan Brady von den Haskins-Laboratorien untersuchte diese Frage, indem sie die Fähigkeit, sich verbale und nichtverbale Information (Wörter und Begleitgeräusche) zu merken, bei legasthenischen und normalen Lesern miteinander verglich. Sie fand heraus, daß schwache Leser den durchschnittlichen nur bei den verbalen Aufgaben unterlegen waren. Das heißt nach unserem Gedächtnismodell, daß Leser beider Gruppen auf der ersten Stufe auditiver Informationsverarbeitung einander ebenbürtig und Legastheniker nicht allgemein gestört sind, gehörte Informationen zu behalten. Allerdings können sie offenbar im Langzeitgedächtnis gespeicherte sprachliche Repräsentationen schlechter wiederfinden. Diese Ergebnisse stimmen gut mit den Sprachcodierungstheorien der Legasthenie überein.

Einige weitere Hypothesen besagen, daß die Ursache von Legasthenie in nichtsprachlichen Funktionen liege; doch keine ist besonders überzeugend. Eine davon führt die Leseschwäche auf eine allgemeine Unfähigkeit zurück, konzentriert und aufmerksam zu sein. Einige Forscher können zwar die Verbindung dieses Musters mit abnormen physiologischen Eigenschaften belegen. Kinder, die es aufweisen, haben jedoch auch in anderen Bereichen Schwierigkeiten und müssen nicht unbedingt repräsentativ für diejenigen sein, die lediglich leseschwach sind.

Eine andere Theorie bezieht Legasthenie auf eine Störung im sogenannten intermodalen Transfer – eine Unfähigkeit, Wahrnehmungsreize unterschiedlicher Sinnesorgane aufeinander zu beziehen. Diese Theorie ist jedoch weder experimentell gestützt noch logisch schlüssig. Es ist wohl unwahrscheinlich, daß ein Kind mit durchschnittlicher oder überdurchschnittlicher Intelligenz – die bei Legasthenikern vorliegt – an solchen Transferstörungen leidet, wenn man berücksichtigt, wieviel intermodale Lernfähigkeit für ein durchschnittliches Abschneiden bei einem beliebigen Intelligenztest erforderlich ist.

Einige weitere Theorien sollten erwähnt werden. Eine geht von Störungen beim assoziativen Lernen aus. Eine andere setzt Probleme beim Erkennen von Mustern und beim Erlernen konstanter Beziehungen voraus, wie beispielsweise von Regeln für das Buchstabieren oder für Zahlbegriffe. Diese beiden Theorien scheitern ebenfalls daran, daß ein guter Teilnehmer an einem Intelligenztest kaum mit so umfassenden Defekten zu kämpfen haben wird.

Versuche mit Transfer-Aufgaben

Unsere eigenen Untersuchungen zeigen, daß Leseschwache, die bei einem entsprechenden Test schlecht abschneiden, auch schlechter Sprache zu verschlüsseln vermögen. Wenn die Tests von der Sprachcodierung unabhängig waren, konnten die Legastheniker auch ihre Leistungen bei Aufgaben zum Assoziieren und zum Erlernen von Regeln verbessern.

Wir leiteten zum Beispiel in einer solchen Untersuchung eine Gruppe schwacher und normaler Leser an, Paare neuartiger visueller Symbole mit zweisilbigen sinnlosen Wortbildungen zu assoziieren. Jedes Symbol stand immer für dieselbe Nonsens-Silbe (Bild 5). Das Kind sollte nun das richtige zweisilbige Phantasie-Wort sagen, wenn ihm das entsprechende Symbolpaar vorgelegt wurde, und dann versuchen, sich die einzelnen Symbole für die Silben zu merken, um sich das ganze Wort besser merken zu können (Bild 6). Nachdem wir diese Aufgabe geübt hatten, wurden die Symbole neu geordnet und dann dem Kind vorgestellt, um zu sehen, ob es die vorher gelernten Zuordnungen von Symbol zu Silbe auf die neu arrangierten Paare übertragen oder eine Regel ableiten konnte. Dieser Transfer entspricht der Leistung, die Sprachlaute etwa in *Hand*, *Hund* und *Maus* zu erlernen und auf ihrer Basis neue Wörter wie *Land*, *Mund* und *rund*, *Laus* und *Haus* zu entschlüsseln.

Einer zweiten Gruppe schwacher und normaler Leser stellten wir eine ähnliche Transfer-Aufgabe, aber statt visuell-verbaler Zuordnungen lernten sie, visuelle Paare zu assoziieren und zu übertragen. Wieder stand immer ein Symbol in einem Reiz-Paar für ein Symbol in einem Reaktions-Paar. Ein bedeutsames Ergebnis dieser Untersuchung war, daß Leseschwache bei den visuell-verbalen Lernaufgaben schlechter abschnitten als normale Leser.

Das bedeutete zugleich, daß sie Schwierigkeiten sowohl bei der ersten assoziativen Zuordnung als auch bei der Übertragung hatten. Dies geschah, weil sie sich nicht an die Unsinns-Silben erinnern konnten, und nicht etwa, weil sie unfähig waren zu assoziieren oder zu verallgemeinern. Dies bestätigte das zweite Ergebnis, daß nämlich Leseschwache bei visuell-visuellen Assoziations- und Transfer-Aufgaben den normalen Lesern nicht unterlegen waren. Leseschwache scheinen nur dann Schwierigkeiten bei Assoziations- und Generalisierungsaufgaben zu haben, wenn von ihnen verlangt wird, auditive Repräsentationen von Wörtern und Silben zu speichern und wiederzufinden.

Schließlich komme ich noch zu dem, was man die Theorie des Serialisierungs-Defizits (der Reihungsschwierigkeiten) nennen könnte. Sie besagt, daß Legasthenie sich aus der Unfähigkeit ergibt, sich die Reihenfolge von Objekten oder Ereignissen zu merken, und setzt voraus, daß das Gehirn mit einer überall wirksamen Fähigkeit zu ordnen ausgestattet sei.

Dies erscheint mir allerdings als äußerst unplausibel. Ich vermute vielmehr, daß die einzelnen kognitiven Systeme ihre eigenen Regeln und Algorithmen haben, um Ordnung und Reihenfolge herzustellen. Wenn dies zutrifft, sind solche Theorien ausgeschlossen.

Eine Reihe von Forschern verfolgt einen ganz anderen Ansatz. Sie behaupten, daß Leseschwäche mit vielen unterschiedlichen neurologischen Störungen zusammenhänge, die jeweils einen der grundlegenden, für das Lesenlernen relevanten Prozesse beeinträchtigen sollen. Dies besagt zugleich, daß es eine Reihe neurologischer Störungen gibt, die entsprechend durch visuelle oder sprachliche oder intermodale Transfer-Störungen oder anderes gekennzeichnet sind. Zwar kann Leseschwäche vielerlei Ursachen haben; die jeweilige Ursache ist jedoch bei einem ansonst normalen Kind wohl stärker eingeschränkt. Wie bereits gesagt, suche ich den Fehler im sprachlichen Bereich. Die Frage bleibt jedoch offen.

Eingrenzung der Symptome

Die Resultate verschiedener Wissenschaftler und von mir lassen andere Legasthenie-Konzepte bezweifeln. Zunächst ist darauf hinzuweisen, daß es kein exakt definiertes Leseverhalten gibt und man einen Legastheniker kaum von anderen mäßigen Lesern deutlich abgrenzen kann, denen zum Beispiel einfache Erfahrungen fehlen. Ebensowenig gibt es charakteristische klinische Muster. Alle schlechten Leser können nur mühsam erlernen, gedruckte Wörter zu identifizieren und zu buchstabieren; nicht alle sind jedoch Legastheniker, wenn man darunter eine sehr spezifische Leseschwäche bei einem sonst normal begabten Kind versteht. Überdies machen die für Leseschwache typischen Umkehrfehler angeblich nicht mehr als 20 bis 25 Prozent ihrer Lesefehler aus, von denen die meisten Übergeneralisierungen (nicht legitime Übertragung von Regeln) sind, die durch ungenaues Erfassen sprachlicher Assoziationspaare (*Katze* für *Tatze*, *Katze* für *Kätzchen*, *bomben* für *bombardieren*) verschlimmert werden.

Des weiteren können Umkehrfehler auch plausibel erklärt werden, ohne daß man von einer Raumlageunsicherheit (Umstellen von Buchstabenfolgen und Verwechseln von gestaltgleichen, richtungsverschiedenen Buchstaben) ausgeht. Wenn zum Beispiel ein Kind versucht, sich die Wörter *lief* und *fiel* nur als ganze Einheiten zu merken, ohne die entsprechenden Sprachlaute zu den Buchstaben zu kennen, wird es sie wesentlich leichter vertauschen.

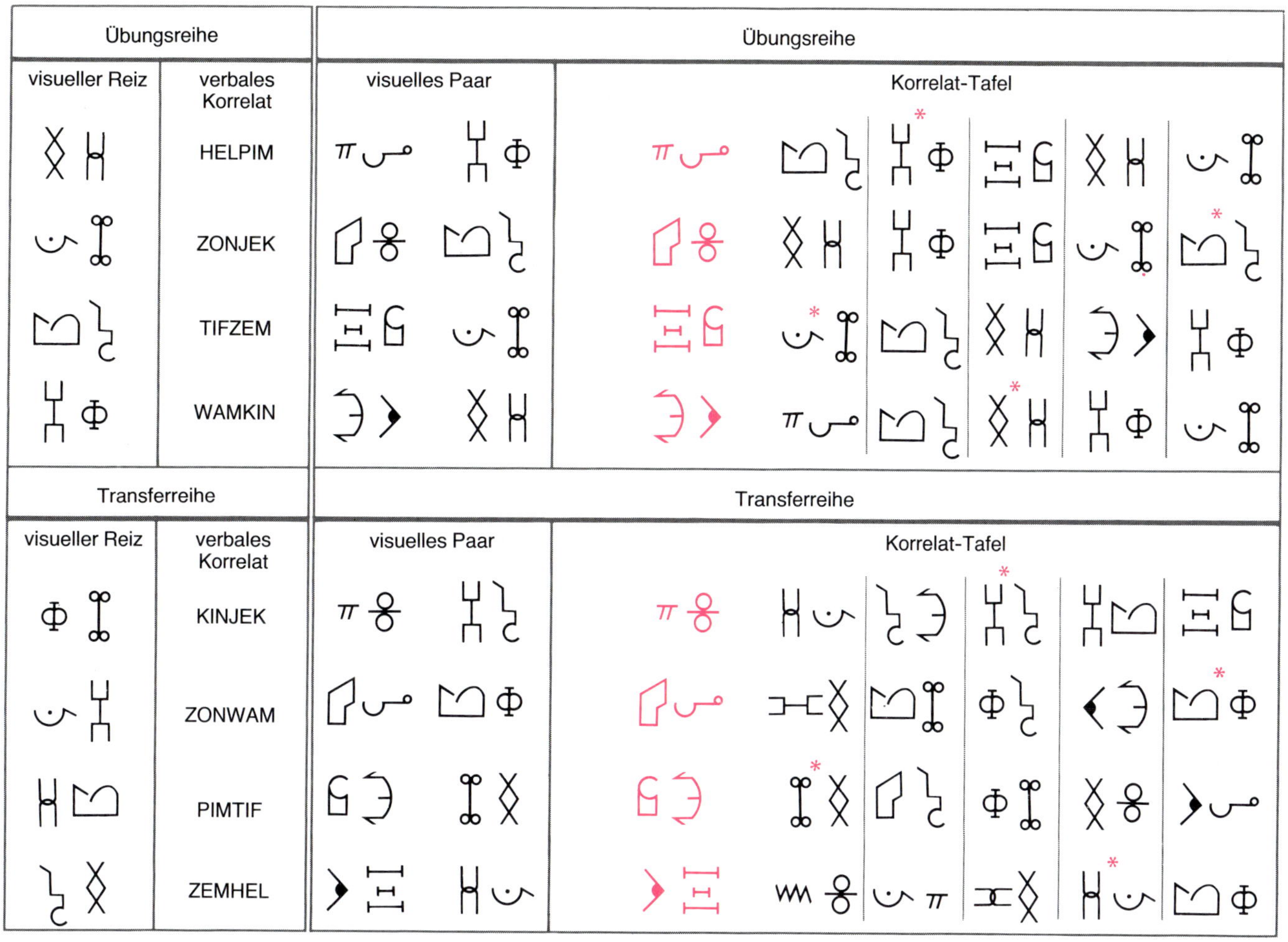

Bild 5: Regel-Lern-Aufgaben, wie sie leseschwachen und durchschnittlichen Schülern der vierten, fünften und sechsten Klasse gestellt wurden. Die visuell-verbalen Aufgaben (links) bezogen sich auf neuartige visuelle Symbole, von denen jedes für eine Silbe stand. Die Kinder übten (oben) jedes Symbolpaar (als Reiz) mit dem richtigen Korrelat, einem zweisilbigen Phantasie-Wort, zu verbinden. Dann wurde ihnen eine Transfer-Reihe gezeigt (unten), in der die Symbole und Wörter umgestellt waren, und sie sollten die neuen Wörter aussprechen. In der visuell-visuellen Aufgabe (rechts) wurden die verbalen Korrelate durch visuelle ersetzt. Damit war jedes Reiz-Reaktions-Paar ein Paar von Wörtern aus zwei Symbolen. Die Reaktions-Tafel zeigte den Reiz (farbig). Das Kind übte, das richtige Korrelat aus einer Reihe von fünf Paaren auszuwählen. Die farbigen Sternchen markieren die richtigen Reaktionen. Wieder wurden die Symbole in der Transfer-Reihe umgestellt, aber die Entsprechung der einzelnen Reiz- und Reaktions-Symbole wurde beibehalten. Die schwachen Leser standen den normalen nur in den visuell-verbalen Aufgaben nach, was zeigt, daß sie nur dann Schwierigkeiten beim Erlernen von Regeln hatten, wenn das Experiment eine verbale Reaktion verlangte.

Wir haben das durch Experimente überprüft, in denen zwei Gruppen legasthenischer und normallesender Schüler (der zweiten und sechsten Klasse) Pseudowörter zu identifizieren lernten, die aus einem neuartigen Alphabet konstruiert waren und Umkehrfehler wie *fiel/lief* provozieren sollten. Kinder, denen diese Wörter nach der Ganzheitsmethode beigebracht wurden, machten wesentlich mehr Umkehrfehler als Kinder, die sie nach der synthetischen Methode gelernt hatten. Leseschwachen unterliefen jedoch nicht mehr Umkehrfehler als normalen. Derartige Schwächen mit einer Raumlageunsicherheit zu erklären, ist mithin offensichtlich falsch.

Die klinische Bedeutung von Spiegelschrift wird ebenfalls allgemein mißverstanden. Bis zu einem gewissen Grade kann sie auch bei normal entwickelten Lesern beobachtet werden. Die Neigung dazu ist sehr wahrscheinlich das Relikt einer früheren Entwicklungsstufe, die einige schwache Leser nur langsamer durchlaufen.

Sie besteht vermutlich bei diesen Kindern fort, weil sie sich schwertun, sich sowohl die visuell-sprachlichen als auch die kontextbedingten Anhaltspunkte zu merken, welche es erleichtern, die relative Anordnung und Abfolge der Wörter und Buchstaben richtig zu bewerten. Die Spiegelschrift besteht weiter, weil ein Mangel an richtiger Übung im Schreiben und Buchstabieren existiert, der eigentlich von den Leseproblemen des Kindes herrührt. Wenn also Spiegelschrift bei Leseschwachen beobachtet werden kann, ist das eher ein Zeichen für ihre Leseschwäche und nicht für visuell-räumliche Labilität.

Weit verbreitet ist ebenfalls der Irrtum, daß Leseprobleme durch Wahrnehmungsfehler bedingt seien, die mit motorischen und visuomotorischen Fehlern und Defekten des Auges zu tun haben, soweit sie nicht mit mangelnder Sehschärfe zusammenhängen. Wenn Störungen in der motorischen und visuomotorischen Entwicklung oder der Augenbewegungen Wahrnehmungsschäden und Leseschwäche verursachen würden, so könnte man nur schwierig erklären, wie so viele Kinder mit Gehirnlähmungen oder den verschiedensten Augenbewegungsstörungen lesen lernen.

Irrtümlich nimmt man auch an, daß Legasthenie in Ländern mit alphabetischer Schrift weiter verbreitet sei als in Ländern mit einer piktographischen oder phonetisch weniger komplexen Schrift. Harold W. Stevenson und seine Mitarbeiter an der Universität von Michigan in Ann Arbor belegten das Gegenteil an Schulkindern aus vergleichbaren Städten in den Vereinigten Staaten, in Japan und in Taiwan. Die drei Gruppen wurden durch eine lange Reihe von Tests verglichen, die ihre Schulleistungen wie ihre sprachlichen und kognitiven Fähigkeiten bewerteten. Die Untersuchungen ergaben keinen Hinweis, daß die Schriftsysteme Japans und Chinas Legasthenie ausschließen. Daß die japanischen und die chinesischen Schriftzeichen Silben beziehungsweise ganze Wörter repräsentieren, schien sich nicht auszuwirken.

Diagnostische Möglichkeiten

Da man Legasthenie offenbar allgemein mit Funktionsstörungen des Gehirns und mit der Unfähigkeit, Information zu speichern und wiederzufinden verbindet, muß man auch der Frage nachgehen, ob konstitutionelle Faktoren – seien es nun genetische, neurologische oder beide – zu der Störung beitragen. Es gibt eigentlich keine diagnostischen Kriterien, um klar konstitutionelle und erworbene Ursachen für Leseschwäche voneinander abzugrenzen. Einen deutlichen Hinweis gibt es jedoch: Lesebehinderte Jungen und Mädchen stehen in einem Verhältnis zwischen 4 : 1 und 10 : 1 zueinander.

Diese Zahlen zusammen mit den entwicklungsphysiologischen Resultaten zur allgemeinen sprachlichen Unterlegenheit von Jungen gegenüber Mädchen sind ein Beleg für Theorien, welche Legasthenie sowohl als konstitutionell als auch als sprachstörungsbedingt darstellen. Jungen könnten entweder mit schlechteren Sprachfähigkeiten geboren sein als Mädchen oder anfälliger für neurologische Defekte sein, welche die Sprachentwicklung beeinträchtigten. Wenn es denn zutrifft, daß Leseschwäche durch eingeschränkte Sprachfertigkeit verursacht wird, so würden konstitutionell bedingte Sprachfehler die Störung bei Jungen weiter streuen als bei Mädchen.

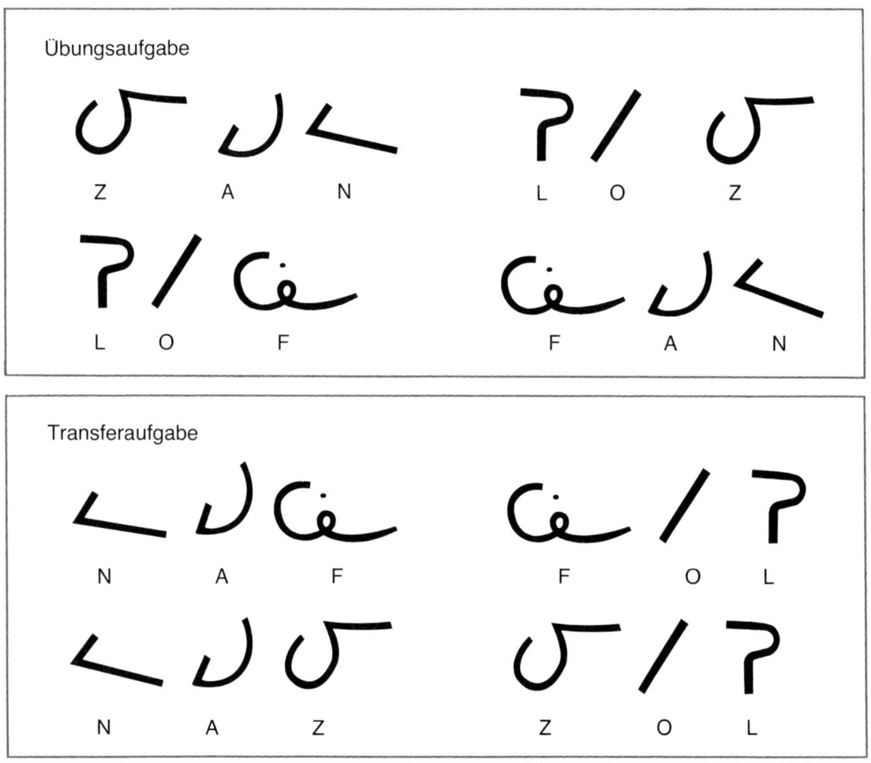

Bild 6: Pseudowörter wurden zwei Gruppen von schlecht und normal lesenden Schülern der zweiten und sechsten Klasse vorgelegt, denen jeweils ein zweiwöchiger intensiver Leseunterricht in einer von zwei Methoden erteilt worden war: mit der synthetischen Lautiermethode, die sie für die Laute der einzelnen Buchstaben sensibilisieren soll, oder mit der Ganzheitsmethode, in der Bilder von Phantasietieren unsinnigen Silben wie *zan* zugeordnet wurden. In dem Experiment wurden beim Ganzheitsunterricht beiden Gruppen zusammengesetzte Phantasiewörter aus neuartigen alphabetischen Zeichen gezeigt (oben), die für die unsinnigen Silben standen. Die Kinder lernten, das richtige Nonsens-Wort zu sagen, wenn ihnen das entsprechende Pseudowort vorgelegt wurde – genau das, was ein Kind tun muß, wenn es neue Wörter lesen lernt. Das bedeutet, bei der synthetischen Methode mußten die Kinder die Pseudowörter ohne die helfende Bedeutung lesen lernen, bei der Ganzheitsmethode ohne Lautzuordnung. Nach einigen Lernversuchen wurden dieselben Zeichen in umgekehrter Folge gezeigt (unten) und sollten neu erlernt werden. Sowohl die schwachen als auch die normalen Leser, die nach der synthetischen Methode unterrichtet wurden, machten sehr wenige Umkehrfehler – im Gegensatz zu den nach der Ganzheitsmethode unterrichteten Kindern.

Den genetischen Ursprung der Legasthenie erklärt eine kleine Anzahl von Familien- und Zwillingsstudien, die über Jahre durchgeführt wurden. Die frühen veröffentlichten Untersuchungen waren zwar schlecht kontrolliert, zeigen aber übereinstimmend, daß Leseschwäche bei nahen Verwandten häufiger vorkommt als relativ zur Gesamtbevölkerung, häufiger bei Zwillingen als bei Geschwistern und häufiger bei eineiigen Zwillingen als bei zweieiigen. Diese Ergebnisse wurden unlängst durch eine besser kontrollierte Untersuchung von John C. DeFries und seinen Mitarbeitern am Institut für Verhaltensgenetik der Universität von Colorado in Boulder bestätigt.

Noch aufregender ist vielleicht das Forschungsergebnis der Gruppe aus Boulder und von Shelly D. Smith. Sie vermuten, daß ein besonderes Gen auf Chromosom 15 bei Mitgliedern von Familien zu lokalisieren sei, bei denen Legasthenie bereits in mehreren Generationen vorkam. Sobald ein solches merkmalspezifisches Gen einmal auf einem bestimmten Chromosom tatsächlich lokalisiert wird, können die Genetiker auch die Mechanismen herausfinden, mit denen das Gen dieses Merkmal hervorbringt. Dadurch könnte ein entscheidender Durchbruch in der Legasthenie-Forschung erzielt werden. Das Ergebnis ließ sich bisher aber nicht bestätigen.

Wissenschaftler, welche die Hirnfunktionen erforschen, haben ebenfalls mit vielversprechenden Ergebnissen begonnen, die Ursachen der Legasthenie zu untersuchen. Ein von David W. Shucard geleitetes Team aus Boulder verglich schlechte und normale Leser nach ihren elektrophysiologischen Reaktionen auf Hör- und Sehreize. Das wichtigste Ergebnis war, daß die elektrische Aktivität beim Lesen bei Legasthenikern in der linken Hemisphäre eine größere Amplitude aufweist, bei durchschnittlichen Lesern in der rechten.

Eine neuartige Technik, die in letzter Zeit auf diesem Gebiet angewandt wird, ist das kartographische Erfassen der elektrischen Hirnaktivität (BEAM, nach englisch *brain electrical activity mapping*), die Frank H. Duffy und seine Mitarbeiter am Kinderkrankenhaus in Boston (Massachusetts) entwickelt haben. Die BEAM-Technik erzeugt topographische Karten, die auf den Funktionen und nicht auf den Strukturen des Hirns basieren. Duffy und seine Mitarbeiter haben jetzt belegen können, daß sich die Funktionen der linken Hemisphäre bei Legasthenikern qualitativ von denen normaler Leser unterscheiden. Besonders ausgeprägt zeigte sich dies in der Umgebung der linken Scheitel- und Schläfenlappen, also in Hirnarealen, die nach unserem Wissen die Sprechtätigkeit, die Sprachfähigkeit und verwandte sprachliche Aktivitäten stützen.

Anatomische Anomalien

Schließlich sollte ich noch die neuroanatomischen Untersuchungen erwähnen, die Albert M. Galaburda und seine Kollegen von der Medizinischen Fakultät der Harvard-Universität unternommen haben. Bei der Obduktion der Gehirne einiger männlicher Legastheniker entdeckten sie zwei Typen anatomischer Anomalien. Zunächst fehlten durchweg die üblichen Asymmetrien in den Sprachregionen: Diese Regionen der linken Hemisphäre waren nicht höher entwickelt als die der rechten, was ganz untypisch ist. Zweitens fand man auf den für Sprache zuständigen Gebieten der Hirnrinde viele Stellen, bei denen die Feinverschaltung und die Position von Neuronen (Nervenzellen) verzerrt waren, vor allem in der linken Hemisphäre.

Da die übliche Asymmetrie wegen der übermäßigen Entwicklung der entsprechenden Gebiete auf der rechten Hälfte fehlte, behauptete Galaburda, daß sowohl die anatomische Anomalie als auch die anomale neuronale Verschaltung von der Beeinträchtigung eines normalen Entwicklungsprozesses herrühren, bei dem sonst unerwünschte Neuronen und ihre Verbindungen ausgeschaltet würden. Vielleicht könnte die eigenartige mikroarchitektonische Organisation der Sprachregion im Gehirn einige Störungen erklären, die man in der Leseschwäche sieht.

Der inzwischen verstorbene Norman Geschwind stellte dann die Hypothese auf, daß die von Galaburda beobachteten Abweichungen von der normalen unterschiedlichen Entwicklung der Gehirnhälften in bezeichnender Weise mit Störungen zusammenhängen, die auch das Immunsystem betreffen. Er vermutete, daß allgemeine Mechanismen während der Entwicklung im Mutterleib sowohl eine abnorme Entwicklung von Teilen des Immunsystems wie eine anomale Entwicklung der Hirnasymmetrie zur Folge haben könne. Eine wichtige Rolle dabei schrieb er dem männlichen Sexualhormon Testosteron zu. Andere Forscher haben schon angenommen, daß sich der Botenstoff auf die normale Entwicklung der Sprachregionen auswirke; Geschwind vermutete nun auch, daß er eine höhere Entwicklung der Regionen fördern könnte, die mit der räumlichen Visualisierung und der visuomotorischen Koordination zu tun haben. Wenn sich diese Vermutung bestätigt, würde zumindest zum Teil erklärt, weshalb man vergeblich nach Belegen für die Theorien sucht, die Legasthenie mit visuellen Störungen begründen.

Therapie

Auf den hier diskutierten nichtsprachlichen Theorien der Legasthenie fußen jeweils Therapietechniken, welche die entsprechenden kognitiven Störungen korrigieren sollen. Zum Beispiel ergaben sich aus den Konzepten visueller Störungen Therapieansätze zur Verbesserung der visuellen Wahrnehmung, so das optometrische Training, das die Koordination der beiden Augen, die Augenfolgebewegungen und ähnliche Leistungen erleichtern soll. Ähnlich entwickelte man aufgrund der Annahme von Störungen des intermodalen Transfers oder des Reihenfolgegedächtnisses die verschiedensten Therapieübungen zur Verbesserung dieser Funktionen – in der Hoffnung, gewisse Hirnzentren direkt stimulieren zu können.

Wenn die logischen und empirischen Argumente gegen diese Theorien gültig sind, dann müssen auch die entsprechenden Therapieansätze selbst ernsthaft in Frage gestellt werden. Tatsächlich hat die wissenschaftliche Kontrolle ihrer Wirksamkeit keinen überwältigenden Erfolg bei Lesestörungen ergeben. Auf jeden Fall weiß man noch zu wenig über die Funktionsweise des Gehirns, um irgendwelche Maßnahmen mit einem direkten und positiven Effekt auf neurologische Funktionen entwikkeln zu können, welche derart grundlegende Prozesse steuern wie visuelle Wahrnehmung, intermodalen Transfer oder Reihenfolgegedächtnis.

Konventionellere Ansätze des therapeutischen Unterrichts waren bisher erfolgreicher, vor allem in einem pädagogischen Umfeld, das für die Unterstützung von Legasthenikern quantitativ wie qualitativ gut ausgestattet ist. Es hat sich gezeigt, daß bei Lesestörungen eine Therapie früh einsetzen und auf intensivem Einzelunterricht und einem ausgewogenen Leselehrplan beruhen soll, der sowohl ganzheitlich semantische als auch analytisch phonetische Methoden intensiv nutzt. Das Lesetraining sollte durch Aufbaumaßnahmen für die Sprachentwicklung ergänzt werden.

Dadurch kann ein Kind eine funktionelle und unabhängige Lesefähigkeit entwickeln und sich von der Behinderung befreien. Unter den Fachleuten entsteht ein Konsens, daß es keinen Ersatz für direkten therapeutischen Leseunterricht gibt.

Autismus

Kinder, die an dieser Entwicklungsstörung leiden, sind in ihren Fähigkeiten, zwischenmenschliche Beziehungen aufzunehmen und zu kommunizieren, schwer beeinträchtigt; sie wirken oft wie von der Außenwelt abgekapselt. Der zugrundeliegende biologische Defekt ist zwar unheilbar, doch läßt sich vieles tun, damit sich autistische Menschen leichter im Leben zurechtfinden.

Von Uta Frith

Wie Schneewittchen im gläsernen Sarg – das Motiv drängt sich manchmal auf, wenn von Autismus die Rede ist. Das wunderhübsche, aber unnahbare Kind ist so weit weg und doch greifbar nah. Kann der böse Zauber, wie im Märchen, doch einmal gebrochen werden? Schon immer haben sich Eltern an diese Vorstellung geklammert und gehofft, eines Tages würden geeignete Mittel und Wege gefunden. Heilmethoden werden angepriesen und erprobt, doch keine läßt sich empirisch stützen. Vielleicht ist es an der Zeit, das Märchenbild durch ein realistischeres zu ersetzen, das auf wissenschaftlichen Methoden fußt. Aber ist es denn überhaupt möglich, sich ein Bild vom wahren inneren Wesen eines autistischen Menschen zu machen?

Psychologische und physiologische Forschungen haben jetzt gezeigt, daß die Betroffenen sich keineswegs in sich selbst zurückgezogen (griechisch *autos*) haben, wie ihr Verhalten es nahelegt (Bild 1); sie sind vielmehr Opfer eines biologischen Defekts, der ihre Psyche und ihren Intellekt, ihr Erleben und Handeln gänzlich verschieden von dem Gesunder macht. Trotz der tiefgreifenden Unterschiede sind sie aber emotional ansprechbar.

Es ist nicht abwegig, Autismus mit Blindheit zu vergleichen. Ähnlich wie der Blinde unfähig ist, die Welt leibhaftig zu sehen, so scheint der autistische Mensch nach neueren Erkenntnissen außerstande zu sein, das Innenleben von Personen wahrzunehmen. In gewissem Sinne könnte man von einer Blindheit für psychische Vorgänge sprechen – analog zu der für physische.

Autismus ist freilich keine Blockade von Sinneseingängen. Das macht ihn zu einem schwierigeren Problem – wissenschaftlich wie für das Allgemeinverständnis: Wer vermag sich schon ohne weiteres vorzustellen, was Blindheit für psychische Vorgänge bei einem Menschen eigentlich bedeutet.

Wie echte Blindheit bleibt Autismus lebenslang bestehen; doch helfen auch hier spezielle erzieherische und betreuerische Strategien den Betroffenen und ihren Familien, im praktischen Leben damit fertigzuwerden. Manche Autisten können zwar ihre Behinderung erstaunlich gut bewältigen, aber andere stürzt sie in Angst, Panik oder Depression. Vieles läßt sich tun, um solchen Problemen vorzubeugen. Wie auch immer die Bemühungen aussehen – der erste Schritt muß stets sein, das Wesen dieser Behinderung zu begreifen.

Beginn der Forschung vor fünfzig Jahren

Historischen Quellen zufolge ist Autismus kein neuartiges Krankheitsbild; erstmals als solches beschrieben hat es aber erst 1943 Leo Kanner von der Psychiatrischen Kinderklinik der Johns-Hopkins-Universität in Baltimore (Maryland). In seiner bahnbrechenden Abhandlung mit dem Titel „Autistische Störungen des affektiven Kontakts" stellte er Beobachtungen an elf Kindern vor, die eine erkennbar eigene Gruppe von Patienten bildeten. Alle hatten folgende Eigenheiten gemein: Sie sonderten sich von der Außenwelt ab, machten beharrlich immer dasselbe, wiederholten beispielsweise geradezu stereotyp einfache Laute, Sätze und Bewegungen, sie sträubten sich gegen Veränderungen alles Gewohnten, hatten seltsam eingeengte Interessen, zeigten Vorliebe für sogenannte komplexe ritualisierte Verhaltensweisen und zeichneten sich durch gewisse Fähigkeiten aus, die angesichts der Defizite bemerkenswert erschienen (Kanner sprach von Inselbegabungen).

Zur gleichen Zeit, wenn auch unabhängig von Kanner, schrieb Hans Asperger an der Universitätskinderklinik Wien seine Habilitationsarbeit über denselben Typus von Kindern. Auch er verwandte den Begriff autistisch bereits in der Überschrift, um auf die wesentlichen Merkmale der Störung zu verweisen. Beide Wissenschaftler hatten ihn der Erwachsenenpsychiatrie entlehnt, wo man damit insbesondere den bei Schizophrenen auftretenden progressiven Kontaktverlust zur Außenwelt charakterisiert. Autistische Kinder schienen jedoch bereits sehr früh unter einer solchen Kontaktarmut zu leiden, weshalb Kanner in seiner zweiten Veröffentlichung das Krankheitsbild als frühkindlichen Autismus bezeichnete.

Sein erster Fall, ein Junge namens Donald, diente lange als diagnostischer Prototyp des autistischen Kindes. Schon in ganz jungen Jahren war er auffällig anders als Gleichaltrige. Mit zwei Jahren konnte er Melodien fehlerfrei aus dem Gedächtnis nachsummen und nachsingen. Er lernte bald, bis hundert zu zählen sowie das Alphabet und die fünfundzwanzig Fragen und Antworten des presbyterianischen Katechismus aufzusagen. Donald war allerdings geradezu manisch darauf fixiert, Spielzeuge und andere Gegenstände wie Kreisel herumzudrehen. Anstatt so zu spielen wie andere Kleinkinder, nämlich mit Stofftieren oder Autos, ordnete er fast ausschließlich Perlen und andere Dinge säuberlich nach Farben oder warf sie immer wieder auf den Boden, offenbar entzückt über das Geräusch, das sie machten. Was man ihm sagte, nahm er stets wortwörtlich, ohne die zugrundeliegende Absicht des Sprechers zu verstehen (ein autistisches Kind antwortet beispielsweise auf die Frage, ob es das Salz reichen könne, mit ja, statt den Satz als Aufforderung zu verstehen).

Kanner bekam Donald erstmals mit fünf Jahren vorgestellt. Auffällig war, daß der Junge Menschen in seiner Umgebung keine Aufmerksamkeit schenkte. Wenn jemand in seine einsamen Beschäftigungen eingriff, wurde er niemals der Person gegenüber ärgerlich, schob aber ungeduldig die Hand beiseite, die ihm im Weg war. Einzig zu seiner Mutter hatte er einigermaßen sozialen Kontakt; aber auch das schien hauptsächlich daran zu liegen, daß sie sich ganz besondere Mühe gab, etwas mit ihm gemeinsam zu tun.

Als Donald etwa acht Jahre alt geworden war, bestand seine Konversation weitgehend aus sich wiederholenden Fragen. Seine Beziehungen zu anderen Menschen blieben auf seine unmittelbaren Wünsche und Bedürfnisse beschränkt, und er stellte den Kontakt ein, sobald man ihm seine Fragen beantwortet oder ihm gegeben hatte, was er wollte.

Einige der Kinder, die Kanner beschrieb, waren stumm. Doch auch die anderen, die sprachen, kommunizierten nicht wirklich, sondern gebrauchten Sprache in befremdlicher Weise. Der fünfjährige Paul etwa plapperte alles wie ein Papagei nach. So sagte er beispielsweise – analog der Frage der Mutter – „Willst du ein Bonbon", wenn er „Ich will ein Bonbon" meinte. Fast jeden Tag wiederholte er den Satz „Wirf den Hund nicht vom Balkon", eine Äußerung, die seine Mutter auf einen Vorfall mit einem Spielzeughund zurückführte.

Zwanzig Jahre nach der ersten Untersuchung sah sich Kanner die mittlerweile

Bild 1: Die charakteristische Isolation autistischer Kinder beschwört gelegentlich das Bild von Schneewittchen im Glassarg herauf. Es verführt allerdings zu der irrigen Annahme, ein normales Kind käme heraus, wenn man den Panzer knacken könnte. Das Verhalten des Jungen ist typisch für die autistische Isolation. Photographiert wurde es bei der Manhattaner Gesellschaft für autistische Kinder in New York.

Autistisches Verhalten

Die charakteristischen Merkmale autistischer Menschen sind ihre Isolation, ihr beharrliches Bestehen auf dem einmal Gewohnten und ihre Neigung zu komplexen ritualisierten Routinen. Zugleich zeigen manche Autisten ganz spezielle Begabungen; auch können sie komplizierte Aufgaben lösen, solange dabei nicht zu beurteilen ist, was ein anderer denken oder fühlen könnte. Einige daraus resultierende Verhaltensweisen sind hier skizziert.

verhält sich indifferent

ist einseitig in seinen Interaktionen

zeigt seine Bedürfnisse, indem es die Hand eines Erwachsenen führt

redet fortwährend über ein Thema

gesellt sich nur zu anderen Kindern, wenn ein Erwachsener darauf besteht und dabei hilft

plappert wie ein Papagei nach

verhält sich bizarr

spielt nur für sich

dreht Gegenstände wie Kreisel oder handhabt sie in anderer stereotyper Weise

lacht und kichert unangemessen

stellt keinen Augenkontakt her

entwickelt keine Phantasie beim Spiel

bevorzugt stets dasselbe

kann gewisse Dinge durchaus sehr gut, sofern die Aufgabe kein soziales Verständnis erfordert

erwachsenen Mitglieder der Gruppe noch einmal an. Einige schienen sich sozial viel besser angepaßt zu haben als andere – obwohl sie nach wie vor außerstande waren, wirkliche Gespräche zu führen und persönliche Beziehungen aufzubauen, und obwohl ihre Pedanterie und eingeengten Interessen fortbestanden. Voraussetzung, aber keine Garantie für das Erlernen gewisser sozialer Verhaltensweisen waren offenbar Spracherwerb vor dem fünften Lebensjahr und relativ hohe intellektuelle Fähigkeiten. Typischerweise begannen die intelligentesten Autisten sich als Heranwachsende unbehaglich zu fühlen; es schien, als ob sie dunkel ahnten, daß sie anders waren. Oft bemühten sie sich gezielt um Anpassung. Oft brachte dies neue Probleme. Aber selbst jene, die sich sozial gut anpaßten, vermochten selten Selbstvertrauen zu entwickeln oder freundschaftliche Beziehungen aufzubauen. Generell hilfreich – unabhängig von Spracherwerb und Intellekt – schien nur eines zu sein: ein extrem geregeltes Umfeld.

Bald nach Bekanntwerden der bahnbrechenden Arbeiten über Autismus als eigenständiges Krankheitsbild bei Kindern fand jede größere Klinik Beispiele unter ihren Patienten. Dabei stellte sich heraus, daß außer den sozialen meist auch andere intellektuelle Fähigkeiten erheblich beeinträchtigt sind – ohne freilich Inselbegabungen auszuschließen (siehe Kasten auf Seite 98). So können viele dieser Kinder beispielsweise ohne weiteres ein vorgegebenes Mosaikmuster mit Spielsteinen nachbilden. Wenn es allerdings um Fragen geht, die sich nur mit Hilfe des gesunden Menschenverstands lösen lassen, dann versagen auch die Fähigsten.

Suche nach biologischen Ursachen

Autismus ist selten. Nach den von Kanner angewandten strengen Kriterien sind etwa vier von 10 000 Kindern betroffen. Nach der gegenwärtig üblichen, etwas weiter gefaßten Definition der Symptomatik liegt dieser Anteil allerdings weit höher: bei ein oder zwei Fällen auf 1000 Geburten. Damit ist Autismus etwa so häufig wie das Down-Syndrom – ein auch als Mongolismus bekannter angeborener Defekt, der mit geistiger Behinderung einhergeht. Jungen sind zwei- bis viermal so häufig von Autismus betroffen wie Mädchen.

Viele Jahre lang hielt man Autismus für eine rein psychogene Störung ohne jede organische Ursache. Dies kam daher, weil sich mit den damals beschränkten Mitteln der Hirnforschung bei den Betroffenen oft keine neurologischen Probleme nachweisen ließen. So wurden immer wieder Theorien über mutmaßliche seelische Ursachen und ihre Abhilfe vorgeschlagen und ernstgenommen. Die zentrale Vorstellung war, daß ein kleines Kind aufgrund einer für es existentiell bedrohlichen Erfahrung – nämlich Ablehnung durch die Mutter – dazu getrieben werden könnte, sich so von sozialen Beziehungen zurückzuziehen, daß letztlich andere keinen Zugang zu seiner abgekapselten Innenwelt mehr fänden.

Dem liegen keinerlei wissenschaftliche Befunde zugrunde – und sie werden sich auch schwerlich finden lassen, weil es zahlreiche Fälle von extremer Ablehnung und Liebesentzug in der Kindheit gibt, die alle nicht zu Autismus geführt haben. Zudem sind die Eltern autistischer Kinder nicht weniger liebevoll als andere. Leider gibt es aber immer noch Therapien, die sich mehr oder weniger auf solche Vorstellungen stützen und die betroffenen Eltern dem Schuldgefühl aussetzen, daß sie für den vermeintlich vermeidbaren und angeblich durch eine entsprechende Behandlung korrigierbaren Zusammenbruch der zwischenmenschlichen Interaktion verantwortlich seien. Dagegen haben durchstrukturierte Programme zur Verhaltensmodifikation oftmals den Familien geholfen, mit einem autistischen Kind vor allem auch dann umgehen zu können, wenn sein Verhalten schwer gestört ist. Solche Programme erheben allerdings nicht den Anspruch, ihm zu einer normalen Entwicklung zu verhelfen.

Weil sich der Erklärungsansatz, die Wurzel des Übels sei eine psychische Schädigung, empirisch nicht stützen ließ, begannen verschiedene Wissenschaftler nach biologischen Ursachen der Krankheit zu suchen – mit noch immer wachsendem Erfolg. Wie später erläutert, geht die Annahme dahin, daß ein Defekt im Gehirn es autistischen Menschen unmöglich macht, sich ihrer eigenen Vorstellung bewußt zu werden, beziehungsweise die Innenwelt anderer Menschen zu begreifen.

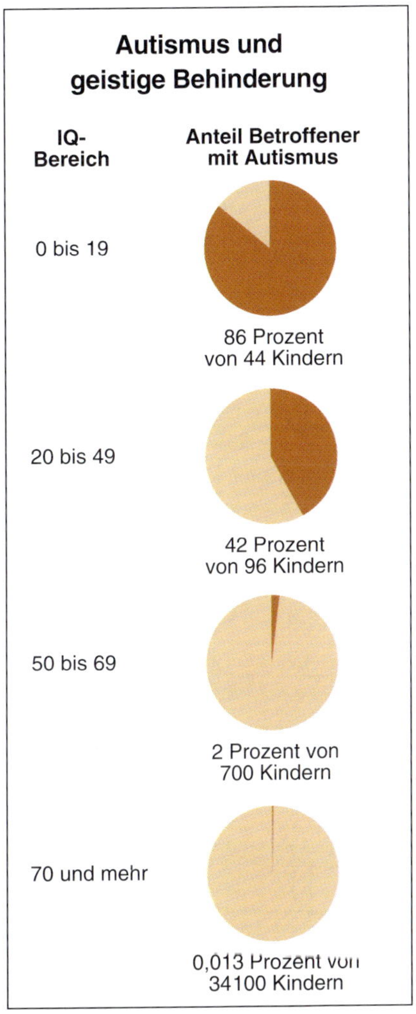

Bild 2: Autismus geht oft mit geistiger Retardierung einher, was auf einen Hirndefekt als Ursache hinweist. Mit niedriger werdendem Intelligenzniveau – gemessen mit Tests, bei denen Intelligenzquotienten (IQ) unter 70 als subnormal gelten – wächst der Anteil Kinder, welche die für Autismus typischen sozialen Beeinträchtigungen aufweisen; im untersten IQ-Bereich sind es immerhin 86 Prozent. Die Daten hat Lorna Wing vom britischen Medizinischen Forschungsrat in London an 35 000 Kindern unter 15 Jahren erhoben.

Autismus scheint zudem in engem Zusammenhang mit mehreren anderen medizinischen Auffälligkeiten zu stehen. Dazu gehören eine Rötelerkrankung der Mutter während der Schwangerschaft, Chromosomen-Anomalien, frühe Hirnschädigungen und Anfälle. Wohl am beeindruckendsten sind Untersuchungsergebnisse, wonach in den meisten Fällen Autismus eine genetische Grundlage hat. So sind bei eineiigen Zwillingen, im Vergleich zu zweieiigen, sehr viel öfter beide betroffen als nur einer allein; und die Wahrscheinlichkeit, daß Autismus zweimal in derselben Familie auftritt, ist 50 bis 100mal so hoch wie nach dem Zufall zu erwarten.

Mittlerweile hat man mittels anatomischer Untersuchungen und moderner bildgebender Verfahren im Gehirn autistischer Menschen tatsächlich strukturelle Anomalien aufgedeckt. Ferner geht Autismus – wie epidemiologische und neuropsychologische Untersuchungen gezeigt haben – sehr oft mit geistiger Retardierung einher, die ihrerseits eindeutig mit neuralen Störungen zusammenhängt (Bild 2). Dieser Umstand fügt sich gut in die Vorstellung, daß Autismus aus der Beeinträchtigung einer bestimmten Hirnfunktion resultiere, die oft Teil einer ausgedehnteren Schädigung ist: Bei einer umfassenderen Anomalie wird die geistige Behinderung schwerer und zugleich die Wahrscheinlichkeit höher sein, daß das bei Autismus entscheidende System mitbetroffen ist. Umgekehrt ist es auch möglich, daß einzig das kritische System geschädigt ist; das wären die Fälle, in denen Autismus sozusagen in Reinform, nicht mit der Begleiterscheinung deutlicher geistiger Retardierung auftritt.

Neuropsychologische Tests haben ebenfalls Indizien dafür geliefert, daß bei Autismus eine ziemlich umschriebene Hirnanomalie vorliegt. So versagen ansonsten durchaus leistungsfähige autistische Menschen speziell bei Testaufgaben, die Planung, Eigeninitiative und spontane Entwicklung neuer Gedankengänge erfordern. Dieselben Defizite haben auch Patienten, bei denen der Stirnlappen geschädigt ist. Somit scheint es plausibel, daß – welche Struktur auch immer bei Autismus defekt sein mag – diese Region der Großhirnrinde mitbetroffen ist.

Eine Triade von Beeinträchtigungen

Lorna Wing und ihre Kollegen an der Sozialpsychiatrischen Forschungsstelle des britischen Medizinischen Forschungsrats in London haben bei Populationsstudien festgestellt, daß die verschiedenen Symptome des Autismus nicht einfach zufällig zusammen auftreten. Vor allem die Beeinträchtigungen von Kommunikation, Phantasie und sozialer Beziehungsfähigkeit sind Schlüsselmerkmale – sie bilden eine charakteristische Triade.

Die mangelhafte Kommunikationsfähigkeit zeigt sich an so unterschiedlichen Phänomenen wie Stummheit oder zumindest verzögertem Spracherwerb und der Schwierigkeit, Körpersprache zu verstehen oder selbst zu gebrauchen. Eine weitere, schon erwähnte Besonderheit ist, daß manche autistischen Personen zwar fließend sprechen, aber Gesprochenes nur wortwörtlich verstehen.

Die Einschränkung der Phantasie äußert sich bei autistischen Kleinkindern im stets monoton wiederholten Spiel mit den immer gleichen Gegenständen. Bei einigen Erwachsenen ist dafür das zwanghafte Interesse an bestimmten Fakten typisch; beispielsweise photographiert ein Patient, wo immer er hinkommt, alle Nummern von Laternenmasten, um sie zu sammeln.

Die Störung der sozialen Beziehungsfähigkeit erkennt man unter anderem daran, daß sich Autisten bei vielerlei zwischenmenschlichen Beziehungen – beispielsweise wenn es darum geht, Freundschaften zu schließen und zu pflegen – unangemessen verhalten. Dennoch sind viele von ihnen gern in Gesellschaft und darum bemüht, anderen gefällig zu sein.

Die Frage zu beantworten, warum diese Triade der Beeinträchtigungen – und gerade sie – auftritt, ist eine theoretische Herausforderung. Die von uns vorgeschlagene Theorie dreht sich um einen bestimmten kognitiven Mechanismus, der angeboren und nicht erkennbar ist. Man kann ihn nur sehr abstrakt definieren. Am besten läßt er sich noch durch eine seiner Hauptfunktionen beschreiben: psychische Gegebenheiten zu erfassen, die dem Handeln und Kommunizieren zugrunde liegen.

Unserer Theorie zufolge ist eben dieser Mechanismus bei autistischen Menschen geschädigt, und zwar – wie wir ferner annehmen – von Geburt an und infolge eines Defekts in einem einzigen zerebralen Substrat, sei es nun eine anatomische Struktur, ein physiologisches System oder eine chemische Übertragungsstrecke. Gelänge es, das betroffene Hirnsubstrat zu ermitteln, ließe sich wohl die biologische Ursache des Autismus identifizieren.

Die Bedeutung dieser kritischen kognitiven Komponente für die normale Entwicklung ist bereits in einem sehr frühen Alter zu erkennen. So beginnen Kinder normalerweise gegen Ende des ersten Lebensjahres ein Verhalten zu zeigen, das als gemeinsames Interesse bezeichnet wird. Beispielsweise können sie einzig deshalb auf etwas deuten, weil sie ihr Interesse daran mit jemand anderem teilen wollen. Wenn autistische Kinder auf einen Gegenstand zeigen, dann nur, weil sie ihn haben möchten. Suchen Kinder kein gemeinsames Interesse auf diese Weise, kann das durchaus eines der frühesten Anzeichen für eine autistische Störung sein.

Im zweiten Lebensjahr beobachtet man bei normalen Kindern einen Entwicklungsschritt, in dem sich die kritische kognitive Komponente geradezu dramatisch äußert: Sie beginnen, etwas vorzutäuschen, entwickeln also die Fähigkeit zu Phantasie- und Als-ob-Spielen. Autistische Kinder können solche Betätigungen nicht verstehen und geben auch in ihren eigenen Spielen nichts vor. Ihr Anderssein zeigt sich beispielsweise im typischen Mutter-und-Kind-Spiel, wenn ein Teddybär oder eine Puppe mit einem leeren Löffel gefüttert wird. Das normale Kind macht alle nötigen Bewegungen und begleitet sie mit den passenden Schlürfgeräuschen. Das autistische

Bild 3: Die Antwort autistischer Kinder nach einer solchen etwa mit Puppen vorgestellten Szene lautet: „In der Schachtel." Sie können nicht begreifen, das jemand etwas Falsches glaubt, weil er nicht weiß, was sie selber wissen. Diese Darstellung wurde wie die nebenstehende nach einer Zeichnung von Axel Scheffler angefertigt.

Bild 4: In dieser experimentellen Spielsituation schneiden autistische Kinder nicht schlechter ab als normale, wenn sie zu einem physischen Mittel (Schlüssel und Schloß) greifen können, um den Diebstahl von Gegenständen aus der Schatztruhe zu sabotieren (links). Ist dagegen ein psychisches Mittel, nämlich Täuschung, nötig, versagen sie meist; statt wie normale oder selbst geistig behinderte Kinder zu behaupten, die Schatztruhe sei verschlossen (rechts), antworten sie meist, sie sei offen (nicht dargestellt).

Kind dagegen findet solches Verhalten unerklärlich. Statt dessen neigt es zu einer anderen Art von Spiel, dreht etwa den Löffel um und um oder klopft mit ihm immer wieder auf den Tisch.

Gerade das Fehlen früher einfacher kommunikativer Verhaltensweisen wie gemeinsames Interesse und Als-ob-Spiele weckt in Eltern oft die ersten nagenden Zweifel daran, ob ihr Kind sich auch richtig entwickle. Sie haben das durchaus zutreffende Gefühl, daß sie es nicht in das übliche emotionale und soziale Wechselspiel einbeziehen können.

Unfähigkeit zur Meta-Repräsentation

Mein Kollege Alan M. Leslie hat ein theoretisches Modell jener Komponente der Kognition entwickelt, die den elementaren Fähigkeiten des gemeinsamen Interesses und des Als-ob-Spielens zugrunde liegt. Er postuliert einen angeborenen Mechanismus dafür, das herauszubilden und einzusetzen, was man als sekundäre oder Meta-Repräsentation bezeichnen könnte. Unsere Umwelt besteht nicht nur aus sichtbaren körperlichen Dingen und realen Ereignissen, die sich durch primäre Repräsentationen begreifen lassen, sondern auch aus unsichtbaren Gegebenheiten wie der Psyche eines Menschen und aus mentalen Ereignissen, die sekundäre Repräsentationen erfordern. Beide Arten von Repräsentationen müssen im Gedächtnis behalten und auseinander gehalten werden.

Diese Fähigkeit, wirkliche Objekte, Situationen und Ereignisse geistig zu repräsentieren und – davon entkoppelt – Gedanken, Pläne und Zielvorstellungen über reale Gegebenheiten, ermöglicht es, scheinbare Widersprüche zu lösen, wie sie bei der Informationsverarbeitung fortwährend auftreten. Angenommen, ein normales Kind sieht seine Mutter eine Banane so handhaben, als wäre diese ein Telephonhörer. In seinem Kopf existieren zwar Fakten über beide Objekte, also primäre Repräsentationen; dennoch ist das Kind nicht im geringsten verwirrt und wird nun nicht etwa anfangen, Telephonhörer zu essen oder in Bananen hineinzusprechen (es sei denn als Spiel). Vermieden wird dies, weil das Kind aus dem Konzept der Vortäuschung (einer sekundären Repräsentation) ableitet, daß seine Mutter gleichzeitig etwas Reales und etwas Imaginäres tut.

So wie Leslie diesen mentalen Prozeß beschreibt, sollte er als Herstellen eines dreiseitigen Informationszusammenhangs verstanden werden – zwischen einer tatsächlichen Situation, einer imaginären und einem etwas vorgebenden Handlungsträger. Die imaginäre Situation wird dann nicht wie die reale behandelt.

Auf dieselbe Weise wie Vortäuschung vermag ein Mensch normalerweise auch Glauben, Wissen und Fühlen zu verstehen – er repräsentiert die jeweiligen geistig-psychischen, also mentalen Zustände. Wenn es wahr ist, daß autistischen Kindern die Fähigkeit zur Meta-Repräsentation abgeht, dann sollten sie auch nicht begreifen können, daß jemand etwas Falsches glaubt, weil er nicht weiß, was sie selber wissen. Hier war es also möglich, eine theoretisch fundierte Vorhersage experimentell zu überprüfen. Wir konnten dazu auf die innovative Forschung von Heinz Wimmer und Josef Perner vom psychologischen Institut der Universität Salzburg zurückgreifen, die das Verständnis von solch falschem

Glauben bei Kindern untersucht hatten. Gemeinsam mit unserem Kollegen Simon Baron-Cohen benutzten wir einen leicht abgewandelten Test der beiden österreichischen Entwicklungspsychologen, der als Sally-Anne-Experiment bekannt geworden ist: Sally und Anne spielen miteinander. Sally hat einen Ball, den sie in einen Korb legt, bevor sie den Raum verläßt. Während ihrer Abwesenheit holt Anne den Ball aus dem Korb und legt ihn in eine Schachtel. Als Sally zurückkehrt und ihren Ball wiederhaben will, sieht sie natürlich im Korb nach.

Wie Wimmer und Perner nachgewiesen haben, ist normal entwickelten Vierjährigen oder älteren Kindern, denen man die Szene beispielsweise als Puppenspiel präsentiert, vollkommen klar, daß Sally bei ihrer Rückkehr im Korb nachsehen wird, auch wenn sie selbst wissen, daß sich der Ball nicht mehr dort befindet. Sie können also sowohl Sallys falsche Erwartung als auch die wahren Verhältnisse kognitiv repräsentieren. In unserem Test dagegen gelang es 16 der 20 untersuchten autistischen Kinder mit einem mittleren Intelligenzalter von immerhin neun Jahren nicht, situationsgerecht anzugeben, wo Sally nachsehen würde – und dies, obwohl sie viele andere Fragen zu den einzelnen Umständen der Episode korrekt beantworteten (Bild 3). Sie vermochten sich nicht vorzustellen, daß Sally etwas glauben könnte, das nicht zutraf.

Verblüffend einfach, aber nicht minder aufschlußreich ist ein weiteres Experiment, das ebenfalls im Salzburger psychologischen Institut entwickelt wurde. Für diesen Test wurde ein röhrenförmiger Pappbehälter für Süßigkeiten benutzt, der allen Kindern wohlbekannt ist. Sie alle erwarteten natürlich, daß in dieser Schachtel Smarties seien, und alle waren enttäuscht, als bloß ein kleiner Bleistift herausfiel. Als nun die autistischen Kinder gefragt wurden, was ein anderes Kind, das zum ersten Mal zum Test kam, sagen würde, antworteten sie fast alle falsch mit „ein Bleistift". Auch hier zeigte sich, daß autistische Kinder nicht etwa ein schlechtes Gedächtnis haben: Sie erinnern sich, wenn man nach ihrer ersten Antwort fragt, gut daran, daß sie selbst „Smarties" gesagt hatten, vermögen aber nicht nachzuvollziehen, daß ein anderer denselben Fehler machen würde. Sie wissen eben nicht, warum sie „Smarties" antworteten.

Viele vergleichbare Experimente in anderen Laboratorien haben unsere Theorie weitgehend bestätigt: Autistischen Kindern fehlt der naive Mentalismus, mit dem wir uns selbst und anderen ein reiches Innenleben – Denken, Fühlen, Wollen, Zweifeln – zuschreiben und mit dem wir uns das eigene Verhalten und das anderer Personen erklären. All diese inneren Zustände operieren mit von der Wirklichkeit entkoppelten – sekundären – Repräsentationen.

Das normale Funktionieren dieses angeborenen Mechanismus, der dem naiven Mentalismus zugrunde liegt, hat weitreichende Konsequenzen für Bewußtseinsprozesse höherer Ordnung: Es unterstützt die spezifische Fähigkeit des menschlichen Geistes, über sich selbst zu reflektieren. Somit läßt sich die Dreiheit autistischer Störungen – Beeinträchtigung von Kommunikation, Phantasie und sozialer Beziehungsfähigkeit – mit dem Versagen eines einzigen kognitiven Mechanismus erklären.

Die Schwierigkeit, Gedanken zu lesen

Weil gesunde Menschen intuitiv die mentalen Zustände anderer zu bewerten vermögen, verstehen sie in gewissem Sinne Gedanken zu lesen. Mit entsprechender Erfahrung können sie eine Art intuitive Psychologie entwickeln und anwenden, die es ermöglicht, über Motive des Verhaltens zu spekulieren und die Meinungen, Überzeugungen und Einstellungen anderer Menschen zu beeinflussen.

Autistischen Menschen fehlt der Mechanismus, das, was andere glauben könnten, zu repräsentieren; sie verfügen über keine „Theorie" der psychischen Welt. Deshalb können sie nicht mitvollziehen, wie Verhalten aus bestimmten mentalen Zuständen resultiert, und nicht begreifen, wie sich Überzeugungen und Einstellungen manipulieren lassen; deshalb fällt es ihnen auch schwer zu verstehen, was Täuschung und Betrug ist.

Daß autistische Kinder nicht deshalb Täuschung schwer verstehen, weil der Sachverhalt etwa kompliziert ist, sondern deshalb, weil Täuschung eben die Repräsentation des geistigen Zustands einer anderen Person voraussetzt, hat Beate Sodian, Entwicklungspsychologin an der Maximilians-Universität in München, in einem Experiment belegt (Bild 4). Sie leitete ein Spiel ein, bei dem das Kind, um Punkte zu gewinnen, einen „Feind" nicht an den Schatz in einer Truhe lassen darf. Liegen Schlüssel und Schloß bereit, läßt sich also die Plünderung mit einem physischen Mittel (Sabotage) verhindern, lösen autistische Kinder das Problem sehr gut. Ist aber ein psychisches Mittel (Täuschung) nötig – etwa die Lüge, die Truhe sei abgeschlossen –, dann versagen die meisten. Dagegen bewältigen selbst geistig behinderte Kinder diese Aufgabe spielend leicht.

Weder im direkten noch im übertragenen Sinne verstehen autistische Menschen bei der Kommunikation zwischen den Zeilen zu lesen. Die nur fein angedeuteten Unterströmungen, ob im wirklichen Leben oder in Fiktionen, bleiben ihnen gänzlich unzugänglich – also alles, was zwischenmenschlichen Beziehungen besonderen Reiz gibt.

„Die Leute sprechen mit ihren Augen zueinander", konstatierte einmal ein aufmerksamer autistischer Jugendlicher. „Was sagen sie sich damit?"

In Ermangelung einer solchen Meta-Repräsentation entwickeln sich autistische Kinder ganz anders als gesunde. Normalerweise bilden sich im Zuge der kognitiven Entwicklung auch immer komplexere soziale und kommunikative Fertigkeiten aus: Kindern wird beispielsweise zunehmend bewußt, daß es falsche und echte Gefühlsbekundungen gibt, und sie lernen, dies zu berücksichtigen. Entsprechend werden sie im Lesen zwischen den Zeilen als einem grundlegenden Aspekt menschlicher Kommunikation erfahren und werden selber bald etwas durch die Blume sagen können; Humor und Ironie erschließen sich ihnen. Kurzum, sich mit imaginären Vorstellungen zu beschäftigen, Emotionen zu interpretieren und bloß intendierte Absichten zu erkennen – all das sind Leistungen, die letztlich auf einem angeborenen kognitiven Mechanismus beruhen und deshalb gemeinhin als selbstverständlich gelten. Für autistische Kinder aber sind gerade sie schwierig oder sogar unmöglich. Und das liegt unseres Erachtens an einem Defekt in eben diesem Mechanismus.

Diese kognitionspsychologische Erklärung des Autismus ist so spezifisch, daß sich ganz bestimmte Arten von Situationen angeben lassen, in denen autistische Personen Schwierigkeiten haben werden oder nicht. Ein gutes Beispiel ist, daß sie Sabotage, nicht aber Täuschung verstehen. Unsere Erklärung schließt nicht aus, daß autistische Menschen über spezielle Eigenschaften und Fähigkeiten verfügen, die von dem kritischen Mechanismus unabhängig sind. Sie können durchaus jene sozialen Verhaltensweisen erlernen, die kein wechselseitiges reflektives Verständnis erfordern; sie sind imstande, sich viele hilfreiche soziale Routinen anzueignen und sie manchmal sogar derart zu vervollkommnen, daß es ihnen gelingt, ihre Probleme zu überspielen. Die von uns postulierte kognitive Störung ist überdies so spezifisch, daß sie außerordentliche Fertigkeiten in solch unterschiedlichen Betätigungen wie Zeichnen oder Malen, Musizieren,

Bild 5: Auch Autisten gelingt es manchmal, soziale Kontakte zu knüpfen – am ehesten in einem vertrauten und gut strukturierten Umfeld. Der autistische Jugendliche hier (Mitte) genießt Musik und reagiert in der vertrauten Familiensituation auf sie.

mathematischem Kombinieren und dem Memorieren von Fakten nicht ausschließt.

Allerdings ist das Nebeneinander von einerseits herausragenden und andererseits extrem geringen Leistungen noch wenig erforscht. Ob weitere – emotionale – Störungen die Ursache dafür sind, daß einige autistische Kinder sich nicht für soziale Anregungen interessieren, ist gleichfalls offen. Ebensowenig können wir erklären, warum es so oft stereotype eingeengte Interessen gibt. Es ist, als ob autistischen Menschen eine große integrative Kraft fehle – der innere Drang, Sinn und Kohärenz in allen Erscheinungen zu suchen.

Hilfe und Verständnis

Das Märchenbild des Autismus war in mehr als einer Hinsicht irreführend. Falsch ist die Vorstellung, daß sich innerhalb des gläsernen Sarges ein normaler Mensch befinde, der darauf warte, befreit zu werden; ebensowenig ist Autismus eine Störung, die sich auf das Kindesalter beschränkt.

Der Film „Rain Man" kam eben recht, um einem interessierten Publikum eine neue Vorstellung zu vermitteln. Dustin Hoffman spielt Raymond, einen Mann mittleren Alters, der extrem weltabgewandt und selbstbezogen ist und sich deshalb allzu leicht von anderen manipulieren läßt. Er ist unfähig, die doppelbödigen Absichten seines Bruders zu durchschauen, die für die Zuschauer offensichtlich sind. Doch in gemeinsamen Erfahrungen gelingt es – wohlgemerkt – dem Bruder, von Raymond zu lernen und eine emotionale Beziehung zu ihm aufzubauen. Diese Geschichte ist keineswegs weit hergeholt; wir können durch das Phänomen des Autismus tatsächlich eine ganze Menge über uns selbst erfahren.

Freilich sollte man die Krankheit nicht romantisieren. Autismus ist eine gravierende und – wie Blindheit – lebenslängliche Behinderung. Das autistische Kind vermag mit der ihm eigenen und uns total fremden Psyche kaum Selbstbewußtsein zu entwickeln.

Wir können nun jedoch aufgrund besserer Einsicht beginnen, die spezifischen Typen sozialer Verhaltensweisen und emotionaler Ansprechbarkeit zu identifizieren, zu denen Autisten imstande sind. Betroffene können lernen, ihre Bedürfnisse zu äußern und das Verhalten anderer Menschen vorherzusehen, wenn es durch externe, beobachtbare Faktoren und nicht durch bestimmte mentale Zustände gesteuert ist. Sie können emotionale Bindungen zu anderen entwickeln. Oft sind sie ernsthaft bestrebt, anderen Menschen gefällig zu sein und sich die Regeln des zwischenmenschlichen Kontakts anzueignen (Bild 5). Unzweifelhaft läßt sich innerhalb der starren Beschränkungen ein befriedigendes Maß an Soziabilität erreichen.

Autistische Isolation muß nicht gleichbedeutend sein mit Einsamkeit. Die kühle Zurückhaltung, die viele Eltern an ihrem Kind so befremdet, ist kein Dauermerkmal; oft wird sie von zunehmender Geselligkeit abgelöst. Und so, wie man die Bedürfnisse eines Blinden oder eines anderen Behinderten berücksichtigen kann, läßt sich auch der Lebenskreis eines Autisten auf die seinen einrichten.

Andererseits muß man realistisch erkennen, welches Maß an Anpassung die jeweiligen persönlichen Beschränkungen zulassen. Man darf hoffen, daß ein autistischer Mensch bis zu einem gewissen Grade seine Behinderung kompensiert und in bescheidenem Maße auch mit schwierigen Situationen fertig wird. Unrealistisch dagegen wäre zu erwarten, daß er aus der ihm angeborenen nicht reflektierenden Persönlichkeit herauswächst, für die er sich nicht selbst entschieden hat. Die Betroffenen können ihrerseits beanspruchen, daß wir mehr einfühlsames Verständnis für ihre Misere aufbringen, wenn wir besser begreifen, wie sich ihre Psyche von der unseren unterscheidet.

Streit um Wörter

Wie weit kann man die lautlich artikulierte bewußte Geistigkeit, das Kennzeichen des Menschen, in die Vergangenheit zurückverfolgen? Radikale Linguisten versuchen, die Sprache der Steinzeit zu rekonstruieren. Die Vertreter der traditionellen Richtung halten nichts davon.

Von Philip E. Ross

Im Anfang war das Wort. Aber – wenn man nicht dem Johannes-Evangelium folgen will – welches? Merrit Ruhlen weiß eine Antwort: *tik*. Mit dieser Silbe könnte nach seiner Auffassung der prähistorische Mensch seine Finger bezeichnet haben – mit einem Wort, aus dem sowohl das lateinische *digitus* (Finger) und das deutsche *Zeh* als auch *zeigen* und *Zeichen* hervorgegangen wären. Ruhlen will sich nicht auf eine Zeitangabe für diese Wurzel festlegen; andere datieren sie mittels genetischer Indizien auf etwa 100000 Jahre vor der Gegenwart.

Ruhlen, ein freischaffender Sprachwissenschaftler, und einige wenige Mitstreiter sind überzeugt davon, daß man den Widerhall längst verklungener Laute noch vernehmen könne. Er hält es für möglich, alle Sprachen der Welt bis auf eine einzige Ursprache zurückzuverfolgen, die schon nicht mehr gesprochen wurde, als Menschen erstmals ein Pferd zähmten und einen Hund an den Anblick ihres Lagerfeuers gewöhnten. Andere begnügen sich mit der Suche nach Vorgängerformen der lebenden Sprachen, die immerhin noch vor der Entwicklung des Ackerbaus vor etwa 12000 bis 15000 Jahren gesprochen wurden.

Daß die mehreren tausend Sprachen, mit denen sich die vier Milliarden Bewohner der Erde verständigen, aus einer einzigen Wurzel entstanden sein sollen, ist eine wahrhaft kühne und weitreichende Idee. Sie ist das linguistische Gegenstück zur sogenannten Eva-Hypothese: Allan C. Wilson, Mark Stoneking und Rebecca L. Cann von der Universität von Kalifornien in Berkeley ziehen aus dem Vergleich von Proben der Erbsubstanz DNA zahlreicher lebender Menschen den Schluß, die gesamte Menschheit stamme von einer einzigen Frau ab, die vor etwa 150000 Jahren in Afrika gelebt habe (vergleiche „Die Herkunft des anatomisch modernen Menschen" von Christopher B. Stringer, Spektrum der Wissenschaft, Februar 1991). Wie gut ist diese Idee von der Monogenese der Sprache fundiert?

Seit fast zwei Jahrhunderten pflegen die Wissenschaftler die Sprachen in insgesamt etwa 200 Familien einzuteilen. Einige bestehen nur aus einem Mitglied; das bekannteste Beispiel ist das Baskische, das noch in den spanischen und französischen Pyrenäen gesprochen wird. Aber in den meisten Familien sind mehrere Sprachen zusammengefaßt, deren Ähnlichkeiten auf die Abstammung von einer gemeinsamen Vorgängerin – der Protosprache der Familie – schließen lassen. Die ältesten allgemein akzeptierten Protosprachen werden auf die Zeit vor etwa 7000 Jahren datiert.

Die Suche nach der Urgroßmutter

Einem vergleichenden Sprachwissenschaftler, der sich völlig dem gewissenhaften und sorgfältigen Studium einer einzelnen Sprachfamilie verschrieben hat, muß das Vorhaben, ganze Familien miteinander zu vergleichen und ihre weit älteren Wurzeln zu erfassen, als schiere Hochstapelei erscheinen. Wenn nämlich dieses Unterfangen gelingen sollte, dann wären die Stämme, denen bisher die meisten Fachleute ihre Mühe gewidmet haben, zu Ästen oder gar Zweigen an einem viel gewaltigeren Baum degradiert (Bild 1).

Aber genau das haben sich zwei Gruppen von Forschern vorgenommen. Vor fast 30 Jahren unternahmen die sowjetischen Linguisten Wladislaw M. Illitsch-Switytsch und Aaron B. Dolgopolsky (Bild 3 Mitte) – zunächst unabhängig voneinander – den ersten ernsthaften Versuch, die Zweige der menschlichen

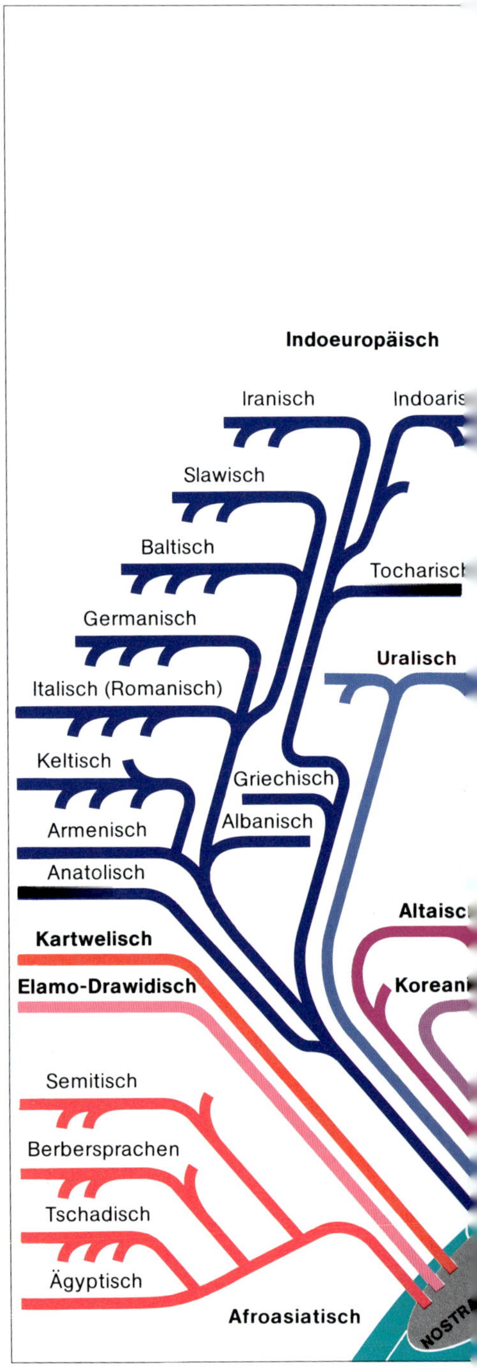

Bild 1: In diesem Stammbaum sind ganze Sprachfamilien zu hypothetischen Superfamilien verbunden. Die indoeuropäische Familie zum Beispiel (blauviolett; oben links)

Sprache bis auf einen 12 000 Jahre alten jungsteinzeitlichen Stamm zurückzuverfolgen. Sie führten schließlich sechs Sprachfamilien auf eine hypothetische Vorgängerin zurück, die sie nach dem lateinischen *noster* das Nostratische („unsere Sprache") nannten.

Eine imposante Vereinigung: Immerhin dienen die Sprachen dieser Großfamilie drei Vierteln der Weltbevölkerung zur Verständigung.

In den Vereinigten Staaten begann Joseph H. Greenberg (Bild 3 rechts) von der Universität Stanford in Kalifornien in den fünfziger Jahren, Sprachfamilien zu vergleichen. In seinem 1987 veröffentlichten umfassenden Werk *„Languages in the Americas"* teilte er die schwer zu überschauenden schätzungsweise 1000 Sprachen, die vor der Ankunft des Christoph Columbus in Amerika existierten, in drei Gruppen mit je einer eigenen Stammsprache ein (siehe „Die Sprachfamilien Amerikas und die Ursprache der Menschheit" von Manfred Krifka, Monatsspektrum, Spektrum der Wissenschaft, Januar 1988).

Schon vor ihrer Veröffentlichung wurde Greenbergs Analyse heftig angegriffen. Auf eine Vorbesprechung seines Buches, die 1986 in der Zeitschrift „Current Anthropology" erschien, schrieb Lyle Campbell, der an der Uni-

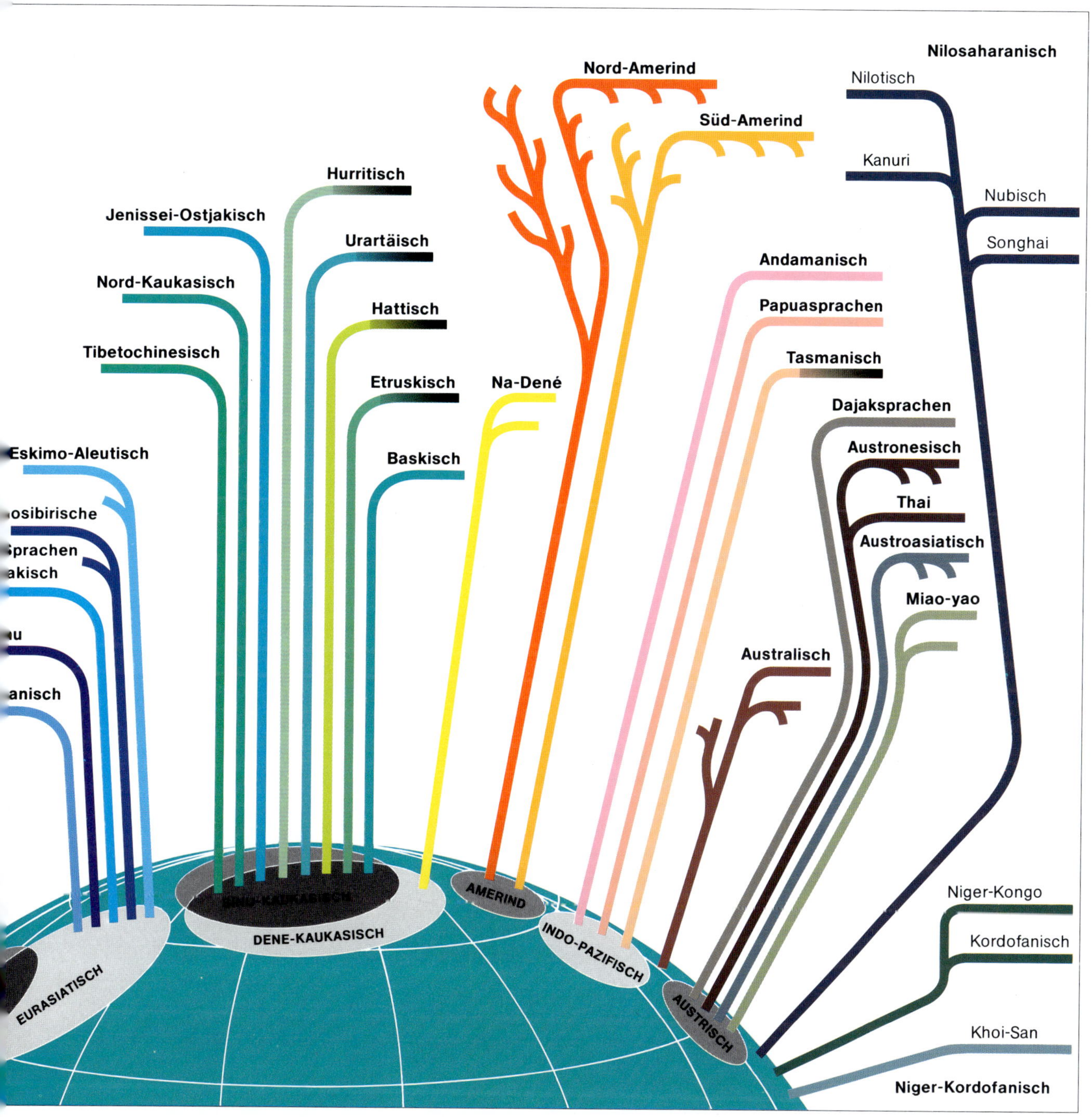

enthält das Deutsche im germanischen Zweig. Einige sowjetische Linguisten ordnen diese Familie zusammen mit sechs weiteren der noch umstrittenen nostratischen Superfamilie zu (unten links). Als alternative Superfamilie wird ferner die eurasiatische vorgeschlagen. Keine der Superfamilien – und nicht einmal jede der Familien – wird schon von einer Mehrheit der Linguisten als bewiesen akzeptiert. Ausgestorbene Zweige wie der anatolische oder der etruskische sind schwarz markiert.

versität von Louisiana Indianersprachen lehrt, Greenbergs Klassifikation sollte „niedergemacht" werden, damit nicht die Anthropologen ihre Zeit mit dem ohnehin fruchtlosen Versuch verschwendeten, sie zu bestätigen.

Der stärkste Widerspruch gegen die Nostratiker sowie Greenberg und seine Anhänger kommt jedoch von den traditionellen vergleichenden Sprachwissenschaftlern, deren Arbeitsgebiet die indoeuropäische Sprachfamilie ist. Es wird angenommen, daß diese Familie aus einer einzigen Sprache entstanden ist, die eine wohl schon bäuerliche Population zuletzt im vierten oder fünften vorchristlichen Jahrtausend gesprochen hat.

Alle Fachleute sind sich einig, daß beim Beginn der historischen Überlieferung vor etwa 4000 Jahren das Ur-Indoeuropäische bereits in etwa ein Dutzend Sprachgruppen zerfallen war, wobei zwei – das Anatolische und das Tocharische – keine Nachkommen hinterließen. Bis zum Mittelalter teilten sich Germanisch, Italisch, Keltisch, Baltisch, Slawisch, Albanisch, Griechisch, Armenisch, Iranisch und Indisch in eine Unzahl von modernen Einzelsprachen. Mehrere wanderten von Westeuropa aus mit Eroberern, Siedlern, Kaufleuten und Missionaren durch die Welt und wurden so zu den Muttersprachen der halben Menschheit (Bild 2).

Dieser Zweig der vergleichenden Sprachforschung begann mit den systematischen, wenn auch bisweilen phantastischen Klassifikationsversuchen des 16. und 17. Jahrhunderts: Theologen wollten erstmals den biblischen Bericht über die Sprachenverwirrung zu Babel bestätigen, indem sie alle Sprachen auf das biblische Hebräisch zurückzuführen versuchten. Weltliche Wissenschaftler begannen im 17. Jahrhundert, Stammbäume einzelner Wörter aufzustellen, darunter bemerkenswerterweise Gottfried Wilhelm Leibniz, besser bekannt als einer der Schöpfer der Differentialrechnung.

Die Linguisten selbst lassen die Geschichte ihres Fachs gern mit dem ersten großen Erfolg beginnen, den 1786 Sir William Jones, ein englischer Gelehrter und Jurist, erzielte. Er äußerte über die alten Sprachen Sanskrit, Griechisch und Lateinisch, daß „kein Philologe alle drei prüfen könnte, ohne zu der Überzeugung zu gelangen, daß sie aus einer gemeinsamen Quelle entsprungen sind, die vielleicht nicht mehr existiert".

Seine unmittelbaren Nachfolger waren der Däne Rasmus Rask und die Deutschen Franz Bopp und Jacob Grimm, welch letzterer zusammen mit seinem Bruder Wilhelm die bekannte Sammlung deutscher Volksmärchen herausgegeben hat. Grimm lenkte als erster die Aufmerksamkeit auf systematische Lautunterschiede in einander entsprechenden Wörtern verschiedener indoeuropäischer Sprachgruppen. Er bemerkte, daß moderne Vertreter der germanischen Gruppe wie Englisch und Deutsch ein *f* oder *v* aufweisen, wo die anderen Gruppen ein *p* haben: Dem englischen *father* und dem deutschen *Vater* entsprechen *pater* im Lateinischen und *pitar-* im Sanskrit. Später fand man, daß vielfältige Lautverschiebungen ähnlicher Art in vielen anderen Sprachen ihre Spuren hinterlassen haben.

Bild 2: Die heutige Verbreitung der lebenden größten und zumeist allgemein akzeptierten Sprachfamilien der Welt. Einige sind allerdings umstritten; insbesondere trifft die von Joseph H. Greenberg postulierte Amerind-Familie, die den größten Teil der amerikanischen Ursprachen umfaßt, auf den heftigen Widerspruch der Fachkollegen. Wo in geschichtlicher Zeit im Gefolge des europäischen Imperialismus indoeuropäische Sprachen wie Englisch, Französisch, Spanisch oder Portugiesisch heimische Sprachfamilien in eine Minderheitenrolle gedrängt haben, ist statt der dominanten die ursprüngliche Sprachfamilie dargestellt. An einzelnen Stellen der Weltkarte läßt sich aus dem Bild der Verbreitung eine Wanderungsbewegung erschließen, etwa die der Sprecher des Paläosibirischen von Sibirien nach Alaska.

Die indoeuropäische Sprachfamilie

Der deutsche Philologe August Schleicher (1821 bis 1868) trieb Mitte des vorigen Jahrhunderts die vergleichende Sprachforschung bis fast auf den heutigen Stand. Er stellte – gleichfalls als erster – die indoeuropäische Sprachfamilie in Form eines Baumes graphisch dar und versuchte, einzelne Wörter hypothetischer Sprachen aus ihren späteren Formen zu rekonstruieren – eine mühsame Kleinarbeit. Darüber hinaus stellte er sogar Vermutungen darüber an, wie unsere Vorfahren aus diesen Wortstämmen in Verbindung mit Endungen oder anderen grammatischen Kennzeichen, die er ebenfalls rekonstruierte, Sätze gebildet haben könnten.

Ein Sprachhistoriker pflegt zunächst nach Paaren bedeutungsgleicher Wörter in verschiedenen Sprachen zu suchen. Nach verschiedenen Kriterien versucht er sodann zu bestimmen, ob beide Wör-

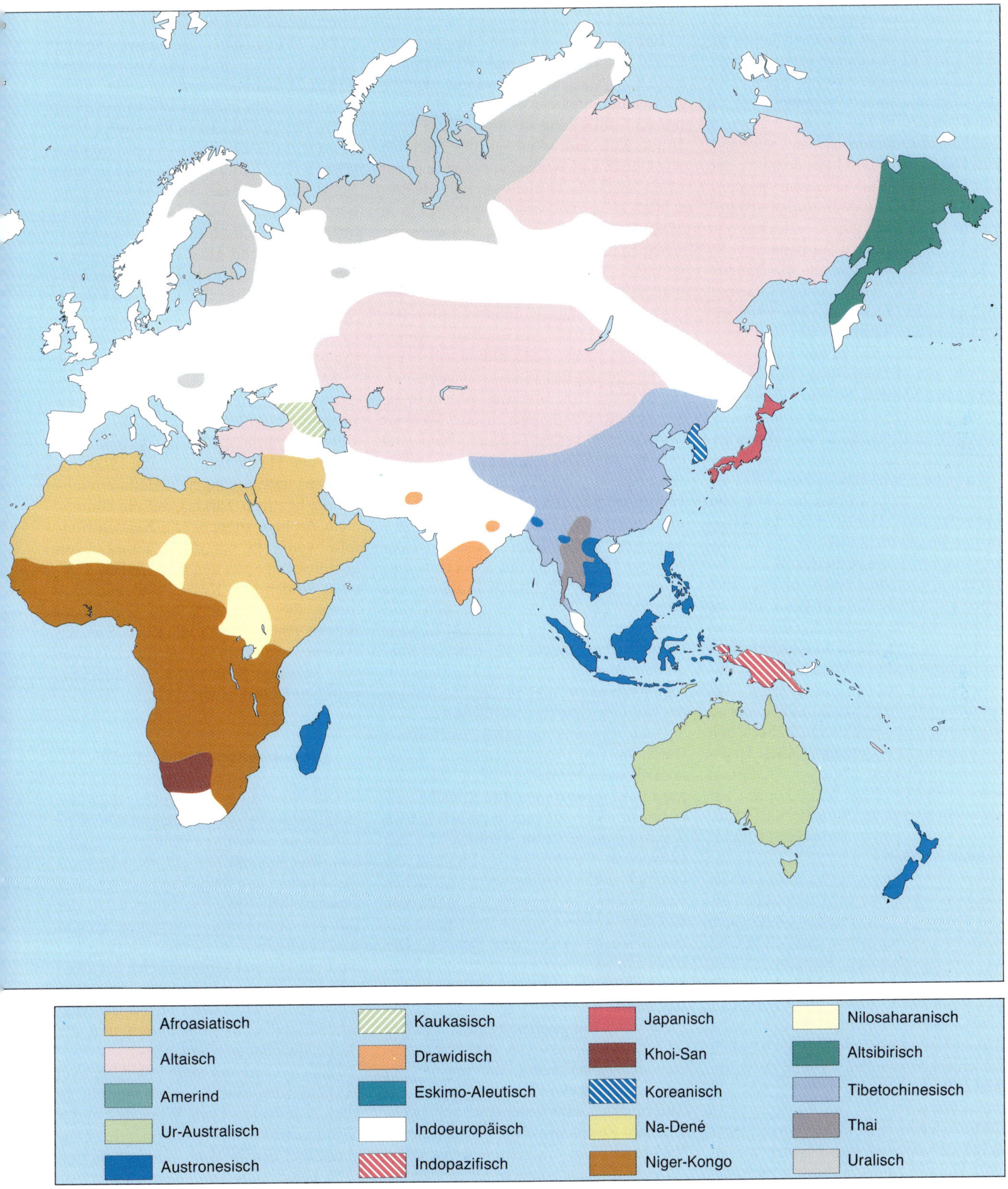

ter direkt von einem Wort im letzten gemeinsamen Vorläufer beider Sprachen abstammen; solche Formen werden als Kognaten (genetische Entsprechungen) bezeichnet. Aber in der Sprachgeschichte ist Veränderung die Regel; Wörter werden übernommen, ausgetauscht, verändert und auch vergessen. Daher ist das Rekonstruieren einer mutmaßlich wahren oder ursprünglichen Bedeutung ein schwieriges Unterfangen.

Auch wenn zwei Sprachen keine gemeinsamen Kognaten aufweisen, können sie verwandt sein. Wenn Sprache *A* Kognaten mit Sprache *B* gemeinsam hat und *B* wiederum Kognaten mit Sprache *C* teilt, dann müssen alle drei verwandt sein. Dabei ist es durchaus denkbar, daß *A* und *C* kein Wort erkennbar gemeinsam haben. Der Verwandtschaftsbegriff bezieht sich auf die Geschichte der Sprache, nicht auf ihre Substanz.

Traditionell vergleichen die Linguisten jeweils nur einige wenige Sprachen. Im Laufe der Zeit kam aber doch ein umfangreiches Lexikon des Indoeuropäischen zusammen, dessen Wörter lange vor der Entwicklung der Schrift gesprochen wurden. Solche Rekonstruktionen sagen oft mehr über frühere Kulturen aus als deren materielle Hinterlassenschaft.

Betrachten wir zum Beispiel des rekonstruierte indoeuropäische Wort für Vater: **pə$_2$tér-*. (Der Stern ist das Kennzeichen für ein nicht direkt nachgewiesenes, sondern rekonstruiertes Wort. Das Zeichen ə bezeichnet einen kurzen, unbetonten *e*-Laut wie das *e* in *Vater*. Für das Indoeuropäische werden drei dieser Laute vermutet und durch tiefgestellte Ziffern unterschieden.) Vergleichende Untersuchungen haben nun gezeigt, daß die mutmaßlichen Nachkommen dieser Wortwurzel in verschiedenen Sprachen das männliche Oberhaupt eines Hausstandes (im Lateinischen *pater familias*) bezeichnen. Auf diese Weise können wir erschließen, daß die Sprecher des Indoeuropäischen patriarchalische Gemeinschaften bildeten.

Das indoeuropäische Wort für Gott ist **dei̯u̯o-s*, was später im Lateinischen als *deus* erscheint. In Verbindung mit *pə$_2$tér-* bezeichnet es den patriarchalischen Gott der indoeuropäischen Religion: **Di̯eu̯ pə$_2$tér-*. Dieses Wort lebt fort als *Jupiter* im Lateinischen, *Zeùs patèr* im Griechischen und *Dyaus pitar* im Sanskrit. (Die kleinen Halbkreise unter *i* und *u* bezeichnen eine konsonantenähnliche Aussprache: *i̯* klingt fast wie *j* und *u̯* wie ein englisches *w*.)

Mit solchen Mitteln kann man sogar einige der überlieferten Mythen klassischer Kulturen auf Urformen zurückführen, die ihrerseits in indirekter Form darüber Auskunft geben, wie die Indoeuropäer lebten. „Die rekonstruierten Wörter *dei̯u̯o-s* und *Di̯eu̯ pə$_2$tér* allein erzählen uns mehr über die Begriffswelt der Indoeuropäer als ein Raum voller Götzenbilder", schrieb Calvert Watkins von der Harvard-Universität in Cambridge (Massachusetts) in seiner Einleitung zu einem Wörterbuch indoeuropäischer Wurzeln.

Entsprechend erklären die sowjetischen Linguisten Thomas W. Gamkrelidse und Wjatscheslaw Iwanow, daß die zahlreichen indoeuropäischen Bezeichnungen für domestizierte Tiere wie Hund, Kuh und Schaf und für Getreide wie Gerste und Weizen auf eine in erster Linie landwirtschaftlich geprägte Kultur schließen lassen (vergleiche den Beitrag „Die Frühgeschichte der indoeuropäischen Sprachen" von Thomas W. Gamkrelidse und Wjatscheslaw W. Iwanow in diesem Band.

Aus einer neuen Interpretation des linguistischen Beweismaterials ergeben sich auch neue Aufschlüsse über die Region, in der das Indoeuropäische entstand. Diese Urheimat war vordem in die Steppen Rußlands wie in die Wälder Nordeuropas verlegt worden. Nun sind jedoch, so Gamkrelidse und Iwanow, anscheinend etliche indoeuropäische Wörter aus anderen Sprachen der Region südlich des Kaukasus, speziell Ostanatoliens (jetzt ein Teil der Türkei) und der heutigen Sowjetrepublik Georgien entlehnt worden. Demnach müßten die Sprecher der Ursprache mit den dort ansässigen Menschen zumindest Kontakt gehabt haben, bevor sie sich in einer großen Wanderungsbewegung über Europa verbreitete und in die Vorformen der heutigen Sprachen auffächerte.

Nach der traditionellen Auffassung waren die Träger dieser Kulturexpansion nomadisierende Reitervölker, die den jeweils Unterworfenen ihre Sprache aufzwangen. Vor kurzem entwarf jedoch der Archäologe Colin Renfrew von der Universität Cambridge in England ein gänzlich anderes Bild einer allmählichen Ausbreitung der Sprache, die nicht von Kriegern, sondern von Ackerbauern getragen wurde (siehe den Beitrag „Der Ursprung der indoeuropäischen Sprachenfamilie" von Colin Renfrew in diesem Band.

Aus archäologischen Funden und Befunden schloß Renfrew, daß Nachkommen der Ackerbauern, die jeweils nur eine kurze Strecke von ihrem Geburtsort entfernt ihren Hof gründeten, sehr wohl in einem Zeitraum von 1500 Jahren von Nahost aus die europäischen Sprachen verbreitet haben könnten. Über Generationen entwickelten sich die Idiome von Gruppen, die keinen Kontakt mehr miteinander hatten, über verschiedene Dialekte bis hin zu eigenständigen, füreinander unverständlichen Sprachen.

Nun kommt der Ausbreitung der Landwirtschaft in Renfrews Theorie eine entscheidende Rolle zu; sie scheint deshalb für die Zeit davor wenig herzugeben. Für diese Periode neigt Renfrew der nostratischen Hypothese zu.

Die Linguisten der alten Schule schreiben ihren Rekonstruktionen denselben Erkenntniswert zu wie einer Theorie in den exakten Wissenschaften: Sie treffen gemäß einem Regelwerk Voraussagen, die empirisch geprüft werden können. Ein berühmtes Beispiel ist eine Behauptung, die der Schweizer Linguist Ferdinand de Saussure im vorigen Jahrhundert aufstellte: In der indoeuropäischen Ursprache habe eine Klasse von Konsonanten existiert, die in keiner heute bekannten Sprache mehr vorkämen. Spätere Gelehrte bezeichneten diese Laute als Laryngale, da sie im Kehlkopf (medizinisch Larynx) gebildet werden.

Saussures Theorie galt als wohldurchdachte, aber ziemlich künstliche Konstruktion, bis Archäologen in den zwanziger Jahren dieses Jahrhunderts in Hattusa, der Hauptstadt des um 1200 vor Christus untergegangenen Hethiterreichs (in der heutigen Türkei), auf die königlichen Archive stießen. Die Keilschrifttafeln waren in bis dahin unbekannten anatolischen Sprachen geschrieben. Darunter fanden sich Kopien althethitischer Texte, die sich als älteste schriftliche Belege einer indoeuropäischen Sprache erwiesen – und als Belege für einige der von Saussure postulierten ur-indoeuropäischen Konsonanten.

Die nostratische Sprachfamilie

Die Nostratiker behaupten, daß ihre Vergleiche ebenso wohlbegründete Einsichten in weit ältere Kulturen vermitteln. Das Nostratische gilt als gemeinsame Mutter des Indoeuropäischen, der drawidischen Sprachen Südindiens, der Kartwel-Sprachen des südlichen Kaukasus, der uralischen Familie (dazu gehören Finnisch und Samojedisch), der altaischen Sprachen (mit Türkisch und Mongolisch) sowie der afro-asiatischen Sprachfamilie, wozu Arabisch und die Berbersprachen gehören.

Illitsch-Switytsch starb im Alter von 31 Jahren bei einem Verkehrsunfall; so blieb sein Projekt eines Wörterbuchs der nostratischen Wurzeln unvollendet. Dolgopolsky, der in den siebziger Jahren nach Israel emigrierte, setzte diese Ar-

Bild 3: Unter den Sprachforschern wird darüber diskutiert, wie weit man überhaupt den Stammbaum der Sprache zurückverfolgen kann. Eric P. Hamp von der Universität Chicago (links) vertritt den traditionellen Standpunkt der Forscher, die sich mit der besterforschten Familie, dem Indoeuropäischen, befassen. Er läßt keine Etymologie gelten, die nicht für jede Veränderung in Form und Bedeutung, die ein Wort im Verlauf seiner Geschichte erfährt, eine saubere Begründung liefert. Aaron B. Dolgopolsky von der Universität Haifa (Mitte) hat vor 30 Jahren, als er noch in der Sowjetunion arbeitete, die Hypothese von der nostratischen Superfamilie und die Forschung darüber mit ins Leben gerufen. Nach seiner Überzeugung halten die 1600 nostratischen Wurzeln, die er und seine Kollegen rekonstruiert haben, den hohen Anforderungen Hamps stand, wenn auch seine Arbeiten da einsetzen, wo die Indoeuropäisten aufhören. Joseph H. Greenberg von der Universität Stanford (rechts) vertritt die radikalste Denkweise. Er ordnet ganze Sprachfamilien – wie erst vor wenigen Jahren die mehr als 150 der Neuen Welt – in einige wenige Superfamilien ein, ohne sich um die Rekonstruktion ihrer Entwicklung im einzelnen zu bemühen. Seine Methode des Vergleichs vieler Sprachen, so argumentiert er, erlaube ihm, Verwandtschaftsbeziehungen zu erkennen, die enger spezialisierten Linguisten entgehen.

beit an der Universität Haifa fort. Mittlerweile hat er etwa 1600 Wurzeln zusammengestellt, von denen viele, vergleichbar mit dem rekonstruierten Wortschatz des Indoeuropäischen, kulturelle Information übermitteln.

Dabei sind Unterschiede interessanter als Parallelen: Das Nostratische hat viele Bezeichnungen für Pflanzen, aber keine für kultivierte Arten oder für irgendwelche Anbauverfahren. Desgleichen hat es Bezeichnungen für Tiere, unterscheidet jedoch nicht zwischen wilden und domestizierten. Aus dem Fehlen solcher Wörter ziehen die Gelehrten den vorläufigen Schluß, daß die Sprache vor der Entwicklung von Ackerbau und Viehzucht gesprochen wurde.

Demnach wären die Sprecher des Nostratischen Jäger und Sammler gewesen. Witalij Scheworoschkin, der früher zur Gruppe der sowjetischen Nostratiker zählte und jetzt an der Universität von Michigan in Ann Arbor lehrt, findet eine Bestätigung dafür in einem Wort wie *haya*, welches das Hetzen von Großwild über einen Zeitraum von mehreren Tagen bedeutet. Andererseits, so stellt er fest, gibt es Wörter für relativ dauerhafte Unterkünfte; daraus wäre zu schließen, daß die Nostraten (wie er sie nennt) in Siedlungen lebten – dafür gibt es auch gewisse archäologische Indizien.

Dagegen werfen die Vertreter der klassischen Schule den Nostratikern vor, sie gründeten ihre Thesen auf unzulässigen Vereinfachungen. Zwar räumen sie ein, daß auch die sowjetischen Linguisten das erforderliche System von Lautverschiebungen erstellt hätten und bei der Rekonstruktion hypothetischer Urwörter anerkannten Regeln folgten. Aber, so der Vorwurf, sie arbeiteten mit mangelhaft geprüftem Material und faßten auch Wortpaare aus verschiedenen Sprachen als Kognaten auf, deren Ähnlichkeit rein zufällig sei oder auf Entlehnung beruhe.

Die Nostratiker entgegnen, daß sie nach komplexen Lautentsprechungen suchen, deren zufälliges Zustandekommen sehr unwahrscheinlich sei, und sich auf Wörter konzentrieren, die im allgemeinen nicht entlehnt werden. Diese sogenannten stabilen Wörter bezeichnen Begriffe, die nach allgemeiner Auffassung in jeder Sprache von Anfang an einen Namen haben – Körperteile etwa oder natürliche Gegenstände wie Sonne und Mond. „Das Wort für Haus ist sicherlich viel weniger stabil als das Wort für Hand, weil das gesamte System der Architektur und des Hausbaus ersetzbar ist – und damit sind es die Bezeichnungen", meint der sowjetische Linguist Sergej Starostin. „Es ist bekannt, daß Völker Dinge und mit ihnen die Wörter, die sie bezeichnen, entlehnen – aber nicht einen Begriff wie *Hand*. Das kommt nicht vor."

Das überzeugt jedoch die klassischen Linguisten nicht. „Ich sage nicht, daß die Nostratiker sich irren. Sie haben nur nicht bewiesen, daß sie recht haben", erklärt der Sprachhistoriker Eric P. Hamp (Bild 3 links) von der Universität Chicago. Er und andere konservative Linguisten geben zu bedenken, daß die Information über längst ausgestorbene Sprachen, die über so lange Zeiträume und so indirekte Wege auf uns komme, im Rauschen eines zufälligen Sprachwandels unterzugehen drohe wie das Signal eines weit entfernten Rundfunksenders.

Als Beispiel nimmt er sich die nostratische Wurzel für *Hund* und *Wolf* vor: *küjna / qüjna*. „Der Austausch von *k* und *q* ist bereits nicht akzeptabel", sagt er. „Wir verfahren so in manchen Sonderfällen, aber nur, wenn wir das phonologische System zu kennen glauben." (Im Deutschen wird vor hellen Vokalen ein anderer *k*-Laut gesprochen als vor dunklen; man vergleiche die Aussprache von *Kind* und *Kunde*. In arabischen Sprachen ist die Aussprache des *k*-Lautes nicht an den Folgevokal gebunden. Die Linguisten schreiben den ersten Laut als *k*, den

Eine Disziplin, die mit Vorsicht zu Werke gehen muß

Linguisten neigen zum Konservatismus, und dies nicht ohne gute Gründe. Mehr als in den meisten anderen Fächern tummeln sich hier hartnäckige Amateure, deren Ideen zuweilen peinliche Blüten treiben. Die meisten richten in ihrer Verbohrtheit keinen großen Schaden an. Aber da gab es auch Adolf Hitler, der mit einer seltsamen Kombination von Lesefrüchten aus sozialdarwinistischen Vorstellungen und indogermanischer Sprachwissenschaft seine Ideologie von einer arischen Herrenrasse zu stützen suchte.

Es ist daher verständlich, daß viele historische Linguisten jeden Versuch, Verbindungen zwischen genetischen und sprachlichen Entwicklungen zu finden, von vornherein und damit voreilig ablehnen, weil sie das Stigma des Rassenwahns fürchten. Auch solche, die sich nicht mit Sprachklassifizierung beschäftigen, mißtrauen jeder Idee, die rassistische Schlußfolgerungen begünstigen könnte.

Nehmen wir die Theorie der Kreolensprachen, die Derek Bickerton von der Universität von Hawaii vor fast zehn Jahren vorgelegt hat (vergleiche „Kreolensprachen" von Derek Bickerton, Spektrum der Wissenschaft, September 1983). Er studierte die Sprachen, die in einer zusammengewürfelten Gruppe untereinander sich nicht verstehender Sprecher wie den Sklaven auf den karibischen Inseln entstanden sind, und fand, daß sie sich von der ersten zur zweiten Sprechergeneration stark veränderten. Die Sprecher der ersten Generation verständigten sich, indem sie einzelne Brocken unbeholfen zusammenstückelten („Pidgin"), während ihre Kinder voll ausgebildete Idiome – Kreolensprachen genannt – schufen. Bickerton behauptete, alle Kreolensprachen hätten strukturelle Gemeinsamkeiten, die auf angeborenene Denkstrukturen zurückzuführen seien.

Diese Theorie sei gar nicht so egalitär, wie sie auf den ersten Blick aussehe, behauptet Mark R. Hale von der Harvard-Universität in Cambridge (Massachusetts). „Schon wenn man Bickertons Erkenntnis so formuliert, daß die erwachsenen Kreolen eine Sprachstruktur beibehalten, die Kindern unter zwei Jahren eigen ist, hat das einen rassistischen Beigeschmack oder kann für diesen Zweck mißbraucht werden", sagt er. Aber könnte nicht vielmehr die einheitliche Syntax der Kreolsprachen einen Beleg für die Gleichheit aller Menschen liefern? „Das hatte Bickerton sich wohl so gedacht", antwortete Hale, „aber es besteht die Gefahr der Diskriminierung, weil die Kreolensprachen eben von Farbigen, den Kindern von Sklaven und gedungenen Arbeitern, gesprochen werden."

Schon das Studium der Wörter für Farben kann einen Linguisten auf gesellschaftlich und politisch schwieriges Terrain bringen. So wollten Paul Kay und Brent Berlin von der Universität von Kalifornien in Berkeley 1968 die gängige Überzeugung überprüfen, die Menschen nähmen die Welt ausschließlich durch das Raster der Sprache wahr. In einer extremen Form besagt diese These, daß beispielsweise ein Russe aufgrund seiner Muttersprache konditioniert wäre, eine Farbe unmittelbar als Hellblau oder Dunkelblau zu sehen, während ein Amerikaner zunächst nur Blau erkennt, weil nur ein englisches Wort für eine ganze Farbskala existiert.

Kay und Berlin mußten lernen, daß es mit der Erforschung eines so umgrenzten Sachverhalts nicht sein Bewenden hat. „Unsere bedeutendste Erkenntnis bestand darin, daß Sprachen, die viele Farben unter einem Namen zusammenfassen, grundsätzlich dazu neigen, auch sonst weniger Unterschiede machen", erläutert Kay: „Einige Leute haben mir das bis heute nicht verziehen, denn sie sahen sogar rassistische Züge in der Theorie – nicht in dem universellen Ansatz, sondern in der besonderen Konzentration auf die Anzahl der Farbwörter. Die Sprachen der kolonialen Unterdrücker haben nämlich tendenziell mehr Wörter für Farben als die der Unterdrückten."

Der Genetiker Luigi L. Cavalli-Sforza von der Universität Stanford (Kalifornien) wurde von Linguisten angegriffen, weil er die Häufigkeit, mit der bestimmte Gene in gewissen Bevölkerungsgruppen auftreten, mit deren Sprachen in Beziehung setzte. Er glaubt, daß Gene und Sprache sich zur gleichen Zeit auseinanderentwickeln – nämlich wenn die Populationen ihrer Träger sich trennen – und daß einige derartige Aufspaltungen bereits in die Zeit der Erstbesiedlung der Erde durch den modernen *Homo sapiens* zu datieren sind.

Dabei war es Charles Dawin, der als erster die Evolution der Sprachen mit der Biologie verband. In seinem Buch „Die Abstammung des Menschen" (1871) schrieb er: „Die Herausbildung verschiedener Sprachen und unterschiedlicher Spezies – und die Belege dafür, daß sich beides in einem stetigen Prozeß entwikkelte – verlaufen erstaunlich parallel." Aber die Linguisten sind mehr als skeptisch bei dem Gedanken, daß die Evolution einfache Sprachen in komplexe umwandeln könnte.

Heute wird allgemein akzeptiert, daß keine Sprache in irgendeinem Sinne einer anderen – lebenden oder toten – überlegen ist: Mit jedem Satz, den wir aussprechen, verändert sich unsere Sprache – aber sie wird weder besser noch schlechter. Das heutige Deutsch mag für eine Diskussion über Kernphysik besser geeignet sein als das Deutsch Martin Luthers, aber das sagt nichts über die potentiellen Ausdrucksmöglichkeiten beider Sprachformen aus.

Frühere Sprachwissenschaftler waren mit Rangordnungen weniger zimperlich. Der zuletzt an der Universität Jena lehrende August Schleicher, einer der bedeutendsten Linguisten des 19. Jahrhunderts, auf den die gesamte Stammbaumtheorie zurückgeht, nahm die Struktur einer Sprache als Kriterium: Eine „isolierende" Sprache wie Chinesisch verwende nur einfache, unflektierte Elemente und sei somit primitiver als „agglutinierende" Sprachen wie Türkisch, deren Wörter aus elementaren Formen zusammengesetzt werden. „Flektierende" Sprachen wie Deutsch bewertete er noch höher, da deren Wörter abhängig von ihrer Funktion verschiedene Formen annehmen, und Sanskrit am höchsten wegen seines komplizierten Flexionssystems. Diese Hierarchie scheiterte jedoch an ihren inneren Widersprüchen: Schleicher hätte die Sprachen zahlreicher Jäger- und Sammler-Völker höher einstufen müssen als seine eigene.

---

zweiten als *q*.) Daß die Nostratiker der Wurzel die Doppelbedeutung *Wolf* und *Hund* zuweisen, macht für den streitbaren Wissenschaftler die ganze Übung wertlos. „Nach meiner Meinung gehen diese Leute sehr leichtfertig mit dem semantischen Inhalt um. Nach allem, was wir über das Ur-Indoeuropäische wissen, wurde das Wort für Hund für das domestizierte Lebewesen verwendet und hat damit nicht nur eine zoologische, sondern auch eine soziale Bedeutung. Wer einfach die Wörter für *Hund* und *Wolf* ineinander überführt, hat eine vollkommen naive Ansicht von der Welt."

Auch von der steinzeitlichen Welt des Nostratischen? „Wenn das Nostratische zu einer Zeit gesprochen wurde, als die Domestizierung des Hundes begann, dann wäre es vollkommen berechtigt, beide Begriffe zu verbinden", argumentiert Alexis Manaster Ramer von der Wayne State University in Detroit (Michigan).

Massenvergleich von Sprachfamilien

Während die Nostratiker die Spielregeln frei interpretieren, handeln Greenberg und seine Gruppe ihnen bewußt zuwider. Statt sich mit der Rekonstruktion von Wurzeln abzugeben, arbeitet Greenberg mit vielen Sprachen gleichzeitig – ein Verfahren, das er als multilateralen Prozeß bezeichnet.

Man vergleiche, sagt er etwa, die 25 bedeutendsten Sprachen des modernen

Europa in bezug auf die Laute, die sie für die folgenden neun elementaren Begriffe verwenden: eins, zwei, drei, Kopf, Auge, Ohr, Nase, Mund und Zahn.

Bereits bei *eins* wird man feststellen, daß die meisten Wörter sich zwanglos in diese oder jene Klasse gruppieren lassen. Die Ähnlichkeit zwischen *vienas* im Litauischen und *viens* im Lettischen ist offensichtlich. Bei *zwei* treten einige der bislang unklaren Gruppen deutlicher hervor; zum Beispiel gehören das bretonische *dau*, das irische *dau* und das walisische *do* zusammen. „Wenn man alle neun Begriffe durchgegangen ist, haben sich drei Hauptgruppen herauskristallisiert: Indoeuropäisch, Finno-Ugrisch und Baskisch", meint Greenberg. „Das Indoeuropäische kann weiter eingeteilt werden in Romanisch, Baltisch, Slawisch, Germanisch und Albanisch."

Greenberg hält sein multilaterales Vergleichsverfahren für leistungsfähig genug, auch bei sehr magerem Datenmaterial noch Verwandtschaften zwischen Sprachen zu finden. Erstmals wendete er diese Methode vor fast 30 Jahren an, um die afrikanischen Sprachen – darunter viele nur schlecht dokumentierte – neu zu klassifizieren. Das Ergebnis seiner Arbeit fand große Anerkennung, auch unter seinen mittlerweile schärfsten Kritikern. Sein Erfolg mag ihn ermutigt haben, die Sprachen der Neuen Welt anzugehen, die extrem aufgefächert sind, obgleich der Kontinent wohl erst vor 30000 Jahren besiedelt worden ist.

Die ersten beiden Familien amerikanischer Ursprachen, die Greenberg definierte, sind Eskimo-Aleutisch im arktischen und subarktischen Bereich sowie Na-Dené im Nordwesten Nordamerikas und – mit den Navaho-Sprachen – im Südwesten der heutigen USA. Beide Klassifizierungen werden allgemein akzeptiert. Aber die Generalisierung, mit der Greenberg die zahlreichen anderen Sprachen der Hemisphäre bis hinunter nach Feuerland in einer einzigen dritten Familie namens Amerind zusammenwirft, wird von den Spezialisten auf das schärfste kritisiert.

Besonders aufreizend scheint die augenfällige Eleganz, mit der sein System eines der dornigsten Probleme der gegenwärtigen Anthropologie zu lösen verspricht. Es existieren mehr als 150 Sprachfamilien der Urbevölkerung Amerikas, die nach dem Urteil der Spezialisten untereinander so verschieden sind wie das Indoeuropäische und das Tibetochinesische. Die Alte Welt hat nur etwas mehr als 40 Familien, und dies trotz der viel längeren Besiedlungsgeschichte, die entsprechend größere sprachliche Unterschiede hervorgebracht haben müßte.

Überdies verschwinden entscheidende Informationen immer dann, wenn der Tod eines Sprechers zugleich das Ende einer Sprachfamilie bedeutet; es gibt nicht einmal genügend Sprachwissenschaftler und Forschungsmittel, um sterbende Sprachen aufzuzeichnen. Man schätzt, daß von den 6000 Sprachen der Welt im nächsten Jahrhundert die Hälfte dahinschwinden werde.

Greenberg besteht gleichwohl darauf, daß seine Methode auch ohne die Rekon-

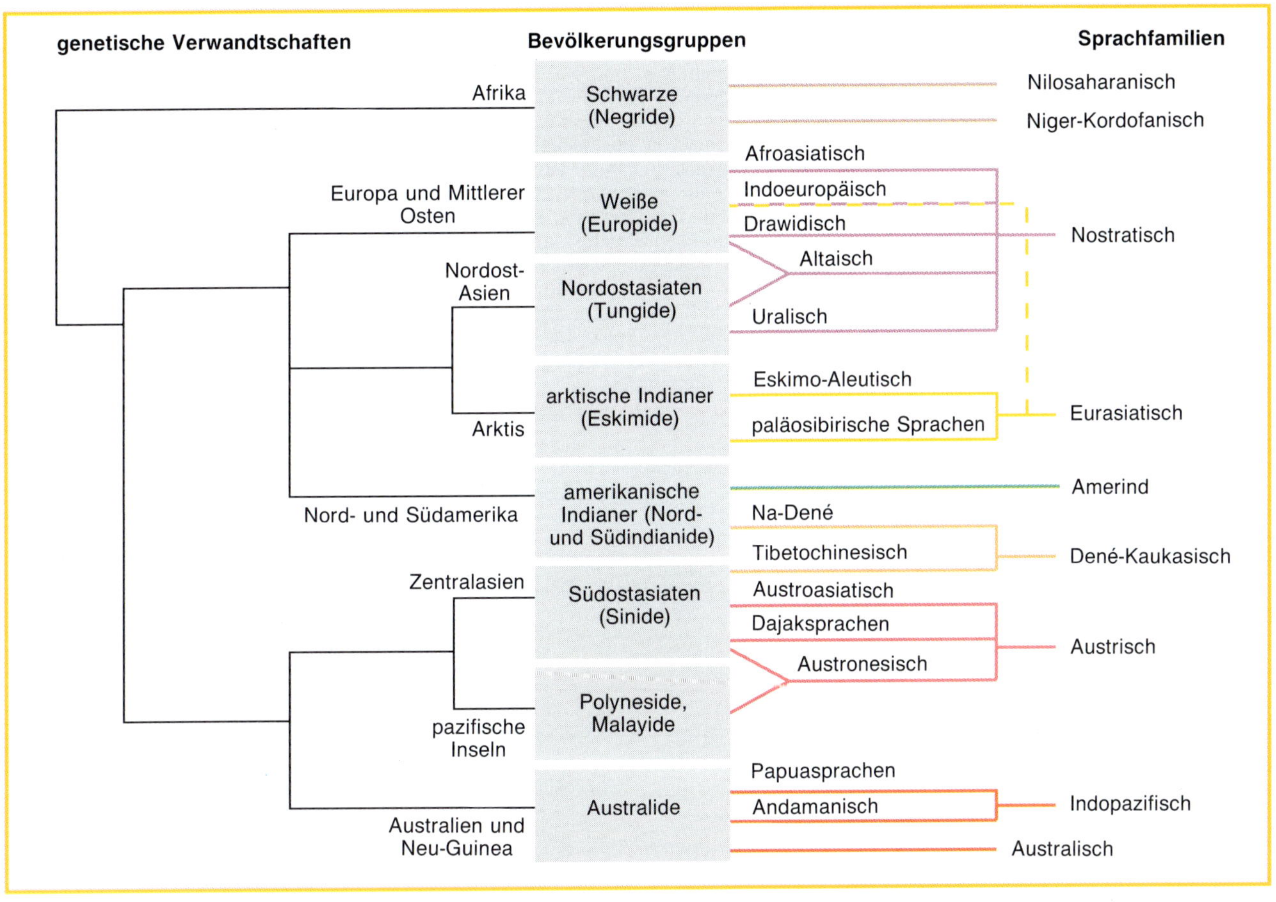

Bild 4: Der genetische und der linguistische Stammbaum der Menschen stimmen in groben Zügen überein, da Erbgut wie Sprache eine Eigenentwicklung zu dem Zeitpunkt beginnen, wenn ihre Trägerpopulationen sich trennen. Abweichungen entstehen, wenn eine Population ihre eigene Sprache zugunsten einer anderen (etwa der von Eroberern) aufgibt oder die eigene Sprache mit einer fremden verschmilzt. Die genetische Verwandtschaft zweier Populationen ist um so größer, je kürzer der Abstand vom gemeinsamen Verzweigungspunkt ist (links); die linguistischen Verwandtschaften sind in einer entsprechenden Baumstruktur (rechts) dargestellt. Die Zeichnung basiert auf einer Arbeit von Luigi L. Cavalli-Sforza, Humangenetker an der Universität Stanford (Kalifornien).

Ist der Mensch zum Sprechen geboren?

Die Sprache ist die größte menschliche Erfindung – wenn sie überhaupt eine ist. Der Linguist Noam Chomsky vom Massachusetts Institute of Technology in Cambridge (Massachusetts) vertritt die gegenteilige Meinung: Sprache sei ebenso im Säugling angelegt wie das Fliegen im Adlerküken, und Kinder würden eine Sprache weniger erlernen als vielmehr spontan als Reaktion auf äußere Reize entwickeln. „Sehr wenige Menschen beschäftigen sich mit dem Ursprung der Sprache, weil sie die Lösung dieses Problems für hoffnungslos halten", behauptet Chomsky.

In der Tat hatte diese Frage so viel substanzloses Gerede provoziert, daß die Pariser Linguistische Gesellschaft 1866 die Diskussion darüber untersagte. Lange vor Chomsky aber wurde das Verbot mißachtet, und viele Theorien wurden seither aufgestellt:

– die Wau-wau- oder Nachahmungstheorie, derzufolge frühe Wörter durch Lautnachahmung geformt worden sein können wie *Wau-wau* für „Hund" oder *Kuckuck* für „Kuckuck";

– die Pfui-pfui- oder Interjektionstheorie, daß auch aus emotionalen Ausrufen wie *Ah*! oder *Oh*! Wörter entstanden sein können;

– die Hau-ruck- oder synergistische Theorie, nach der Menschen, wenn sie ihre Aktionen zu koordinieren hatten, um beispielsweise einen Stein zu wälzen, sich ritualisierter Sprechchöre bedient haben könnten, die schließlich eine Bedeutung annahmen;

– die La-la-Theorie, daß einige Wörter aus spielerischen Lautäußerungen wie dem Singsang eines Kindes oder dem zärtlichen Stammeln Verliebter entstanden sein könnten;

– Gebärden des Mundes. Wenn früheste Sprecher mit ihren Lippen auf etwas hingewiesen hätten, könnten sich durch unterschiedliche Mundstellungen verschiedene Vokale für Wörter eingestellt haben, die etwa „nah" und „fern" bezeichnen: *hier – da, this – that, voici – voilà*.

Damit stellt sich jedoch die Frage, warum Sprache überhaupt entstanden ist. Derek Bickerton von der Universität von Hawaii stellt in seinem jüngsten Buch „*Language and Species*" die Vermutung auf, daß die Sprache ein Nebenprodukt der Entwicklung des Gehirns sei. Die neurologischen Strukturen, welche die frühen Hominiden befähigten, aus ihren Wahrnehmungen eine interne („sekundäre") Darstellung der Welt aufzubauen, erhöhten deren Fähigkeiten zur Anpassung an die Umwelt. Die gleichen Strukturen könnten ihnen ermöglicht haben, gewissen Gebärden und Lauten eine Bedeutung zuzuordnen und so eine primitive Sprache zu entwickeln – bestehend im wesentlichen aus bedeutungstragenden Wörtern ohne die Andeutung einer Grammatik, das heißt irgendwelcher Regeln für die Verknüpfung von Wörtern miteinander. Spuren einer solchen grammatiklosen Sprache wären vielleicht in den Gesten von Affen zu finden, denen man die Grundlagen der Taubstummensprache beigebracht hat.

Bickerton spekuliert, daß uns unkultiviert aufwachsende Kinder eine Ahnung von dieser Primitivsprache vermitteln könnten, weil sie in den Jahren, in denen sich das syntaktische Sprechen normalerweise herausbildet, isoliert waren. Angebliche „Wolfskinder", wie sie zu Beginn dieses Jahrhunderts aus der Wildnis Indiens gerettet wurden, lernten vieles, aber ihre verbalen Fähigkeiten gingen niemals erheblich über die eines normal entwickelten Zweijährigen hinaus.

Der Sprung von einer primitiven zu einer syntaktischen Sprache ist am schwierigsten zu erklären. Bickerton kommt mit einem vorläufigen Gedankengang zu dem Schluß, „ein einziges genetisches Ereignis hätte wohl ausgereicht, um die Ursprache in eine syntaktische Sprache zu verwandeln". Er schließt mit der Bemerkung, daß die Entwicklung aller Voraussetzungen für die Herausbildung der Sprache – ein größeres Gehirn, neue Nervenverbindungen und ein verbesserter Stimmapparat – Veränderungen in der Anatomie des Kopfes erfordern.

Auch Chomsky ist der Auffassung, daß dieses Ereignis – im Maßstab der Evolution – sehr plötzlich eingetreten sein müsse, weil die Existenz einer Syntax auf eine angeborene Struktur von großer Komplexität schließen lasse. Nur so ist nach seiner Meinung zu erklären, daß jedes Kind jede Sprache lernen kann, ohne die grammatischen Fehler zu begehen, die man ohne eine vorprogrammierte Struktur erwarten müßte.

Die menschliche Sprachfähigkeit könnte ganz plötzlich entstanden sein, indem irgendein genetisches Ereignis eine ganze Reihe von Merkmalen, die sich ursprünglich zu anderen Zwecken entwikkelt hatten, miteinander verknüpfte, so meinen Chomsky und andere. Eines dieser Merkmale sei die bewußte Kontrolle über die Formung von Lauten gewesen. Hunde bellen, wenn ihnen danach zumute ist; Schimpansen bemühen sich bereits, unzweckmäßige Laute zu unterdrücken, wenngleich mit mittelmäßigem Erfolg – Menschen hingegen vermögen zu lügen.

Eine andere Anpassung bestand wohl in der Fähigkeit, Lautungen zu dekodieren. Die besten Telegraphisten konnten niemals einen gemorsten Text mit der Geschwindigkeit und Direktheit verstehen, mit der bereits ein mäßig aufmerksames Kind die Bedeutung eines Dialoges zu erfassen vermag. Unser Gehirn scheint besonders befähigt, lautliche Modulationen zu verarbeiten.

Diese Modulationen sind ihrerseits von bemerkenswerter Vielfalt, zum Teil infolge der besonderen Form unseres Stimmapparates. Philip Lieberman von der Brown-Universität in Providence (Rhode Island) bemerkt, daß deswegen der Mensch das einzige Säugetier ist, das nicht gleichzeitig trinken und atmen, vielmehr sich verschlucken und daran ersticken kann.

Anscheinend wird dieser Nachteil aufgewogen durch die verbesserte Artikulationsfähigkeit, die unser Stimmapparat ermöglicht. Der Stimmapparat der Neandertaler ähnelte dagegen – jedenfalls nach Liebermans Rekonstruktion aufgrund des fossilen Materials – dem der Affen. Der *Homo sapiens neanderthalensis* wäre demnach sprachlos geblieben, was erklären könnte, weshalb er ausstarb und der *Homo sapiens sapiens* überlebte.

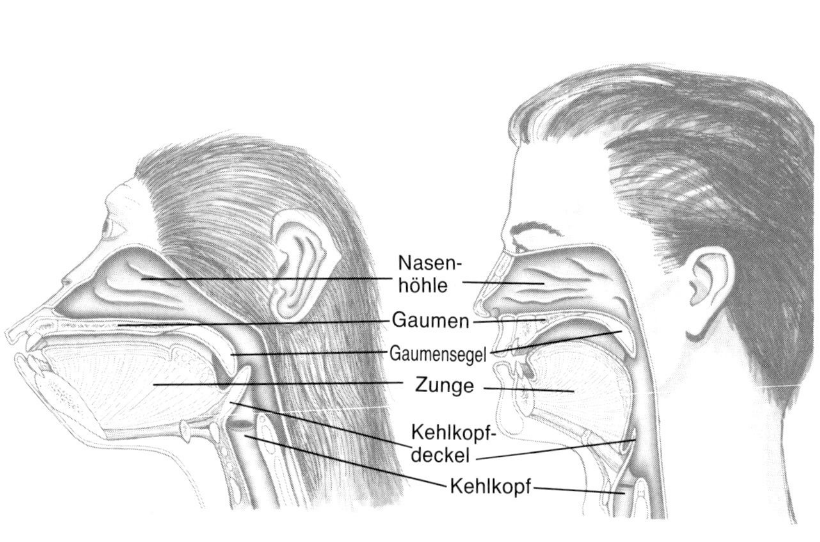

Primaten wie der Schimpanse (links) können gleichzeitig atmen und schlukken, da Kehlkopfdeckel und Gaumensegel einen dichten Verschluß bilden. Beim Menschen (rechts) ist dies durch die Position des Kehlkopfes unmöglich.

struktionen früherer Wörter und Idiome Einblick in die ferne Vergangenheit liefere – und findet wachsende Zustimmung aus anderen Zweigen der Wissenschaft. So haben Stephen L. Zegura und Christy G. Turner II von der Universität von Arizona in Tempe unabhängig von Greenberg Variationen der Zahnform und des Erbguts unter den Nachkommen der Ureinwohner Amerikas untersucht (vergleiche „Zähne als Zeugnisse für die Besiedlung des pazifischen Raums" von Christy G. Turner II, Spektrum der Wissenschaft, April 1989). Nachdem sie in einem Vortrag Greenbergs von seinen vorläufigen Ergebnissen zur Sprache der amerikanischen Ureinwohner erfahren hatten, teilten sie ihm mit, daß seine Ergebnisse mit ihren weitgehend übereinstimmten (Bild 4). Wesentliche Unterschiede ergaben sich lediglich für die Urbevölkerung der nördlichen Pazifikküste, deren Geschichte anscheinend verwickelt ist.

Die ersten Amerikaner

Nach Greenbergs Vorstellung müßten die Vorfahren der amerikanischen Urbevölkerung in mindestens drei getrennten Wellen über die Landbrücke, die einstmals Sibirien mit Alaska verband, eingewandert sein. Er beschränkt sich deshalb nicht auf drei (entsprechend den drei von ihm postulierten Sprachfamilien), weil die Träger weiterer Sprachen und Gene ausgestorben sein könnten. Von welchen asiatischen Volksstämmen diese Einwanderungswellen ausgingen, ist schwer zu sagen; immerhin haben sowjetische Linguisten unabhängig von Greenberg eine Verbindung zwischen der Na-Dené-Familie und den nordkaukasischen Sprachen postuliert.

Douglas C. Wallace von der Emory-Universität in Atlanta (Georgia) lieferte weiteres genetisches Datenmaterial, das nach seiner Überzeugung Greenbergs Hypothese bestätigt, insbesondere seine Zusammenfassung vieler Sprachgruppen zur Amerind-Familie.

Die Kombination von genetischer und linguistischer Analyse funktionierte für Amerika besonders gut, erläutert Wallace, weil es eine *tabula rasa* war: „Die ersten Einwanderer, die über die Landbrücke kamen, trafen nicht auf eine andere Kultur. Ich bin nicht überrascht, daß es in der Alten Welt Mehrdeutigkeiten gibt, weil dort viele Vermischungen stattfanden."

Dem ging ein anderer Vertreter der Greenbergschen Hypothese, der Genetiker Luigi L. Cavalli-Sforza von der Universität Stanford (Kalifornien), weiter nach. „Gene haben keinen direkten Einfluß auf die Sprache", merkt er an, „sondern die Sprache, die man lernt, hängt davon ab, wo und von wem, in welcher Familie, in welchem sozialen Milieu man geboren wird. Aber wenn sich eine Gemeinschaft aufspaltet, werden sich sowohl der Gen-Pool als auch die Sprache auffächern, und daher verläuft die Geschichte der Gene und der Sprache im wesentlichen parallel." Zu belegen suchte Cavalli-Sforza dies mit einer vor drei Jahren veröffentlichen Arbeit über Korrelationen zwischen der Häufigkeit bestimmter Gene in gewissen Bevölkerungsgruppen und der Zugehörigkeit ihrer Sprachen zu Sprachfamilien. Seine linguistischen Daten entnahm er der Greenbergschen Klassifizierung aller Sprachen der Welt.

In einigen bemerkenswerten Fällen fand Cavalli-Sforza zwar Abweichungen im Detail zwischen dem linguistischen und dem genetischen Stammbaum. Jeder dieser Fälle könne jedoch als das Ergebnis der Ersetzung einer Sprache durch eine andere oder des Austauschs von Genen erklärt werden. Ungarn bietet ein gutes Beispiel für Sprachersetzung: Obwohl die Ungarn genetisch ihren europäischen Nachbarn ähnlich sind, sprechen sie eine nicht-indoeuropäische Sprache, die sie im Mittelalter von den magyarischen Eroberern übernommen hatten. Die Nachkommen der als Sklaven nach Amerika verschleppten Afrikaner haben in ähnlicher Weise sowohl die Ersetzung ihrer Sprache als auch – zumindest teilweise – eine Ersetzung ihres Genmaterials durchgemacht.

Nicht jeder akzeptiert diese Erklärungen. „Die Sprachwissenschaftler können Wortähnlichkeiten untersuchen und auf diese Weise feststellen, ob sie auf einem gemeinsamen Ursprung oder auf Entlehnung beruhen", sagt Manaster Ramer, „aber ich sehe keine Möglichkeit, wie Cavalli-Sforza das gleiche mit seinen genetischen Sequenzen tun kann."

Um ein getreues Bild vergangener Bevölkerungszusammensetzungen zu gewinnen, konzentrierte Cavalli-Sforza sich freilich besonders auf Bevölkerungsgruppen, die aller Wahrscheinlichkeit nach nur in geringem Umfang Sprache und Gene mit anderen ausgetauscht haben. „Bei den Urbevölkerungen ist das Bild nicht gänzlich verwischt", sagt er. „Spuren der Geschichte bleiben. Sie reichen – soweit ich sehe – bis zur ursprünglichen Besiedlung der Erde durch den Menschen zurück, also vielleicht 100 000 Jahre."

Im Zusammenhang mit der Tatsache, daß unter den Lebewesen nur eine Art lautlich auf konsistente und komplexe Weise logisch mit vielfältigen Ausdrucksmöglichkeiten kommuniziert, und mit den anthropologischen Befunden über die Entstehungs- und Entwicklungsgeschichte des Menschen scheint die Hypothese von der Monogenese (dem einheitlichen Ursprung) der Sprache den meisten Sprachwissenschaftlern glaubhaft. Viele halten sogar dafür, daß das Sprachvermögen noch innerhalb der Gattung *Homo* als abgrenzendes Kriterium für den modernen *Homo sapiens sapiens* dienen und vielleicht mit erklären könne, weshalb unsere Spezies sich nicht mit dem Neandertaler gekreuzt hat – falls dies tatsächlich so war. Dann muß man sich wohl vorstellen, daß unsere Vorfahren ihren sprachlosen Zeitgenossen im Kampf überlegen waren, sie als Untermenschen angesehen haben und entsprechend übel mit ihnen umgesprungen sind: Die Ursprache hätte der allein überlebenden Menschenart geholfen, ihre Dominanz über die Erde zu begründen.

Wörter aus der Steinzeit – Völker aus dem Nichts

Neuerliche Versuche, durch Rekonstruktion von Sprachstammbäumen auf Herkunft und Kulturgeschichte von Völkern rückzuschließen, unterschätzen die Komplexität der Entwicklung von Sprachen.

Von Vera E. Binder

Die vergleichende Sprachwissenschaft und besonders einer ihrer Teilbereiche, nämlich die Indogermanistik, scheinen sich nach einer längeren Phase praktisch gänzlichen öffentlichen Desinteresses auf einmal neuer Popularität zu erfreuen; so wurden in Spektrum der Wissenschaft in den letzten vier Jahren nicht weniger als fünf Artikel veröffentlicht, in denen die Autoren Sprachwissenschaft und Vor- und Frühgeschichte zu verbinden suchen: „Der Ursprung der indoeuropäischen Sprachfamilie" von Colin Renfrew (Seite 56 bis 64 dieser Zusammenstellung), „Die Frühgeschichte der indoeuropäischen Sprachen" von Thomas W. Gramkrelidse und Wjatscheslaw W. Iwanow (Seite 66 bis 73), „Streit um Wörter" von Philip E. Ross (Seite 40 bis 49), „Frühe Landwirtschaft und die Ausbreitung des Austronesischen" von Peter Bellwood (Seite 82 bis 88) und „Stammbäume von Völkern und Sprachen" von Luigi L. Cavalli-Sforza (Spektrum der Wissenschaft, Januar 1992, Seite 90).

Dabei wird wieder einmal versucht, die Indogermanen historisch faßbar werden zu lassen, sie womöglich archäologisch zu identifizieren und eine eindeutige Zuordnung zwischen Sprache, Kultur und Population (in biologischem Sinne) zu schaffen. Urheimat und Wanderbewegungen werden rekonstruiert, und zwar nicht nur der Indogermanen, sondern sogar – wenn man das Nostratische und andere Megafamilien einbezieht – der ganzen Menschheit.

Das sind große und lohnende Aufgaben. Käme man zu allgemein akzeptierten Ergebnissen, hätten sie gute Chancen, zu Schulbuchwissen zu avancieren. Freilich entsteht der Eindruck, in der allgemeinen Euphorie kämen die Sprachwissenschaftler, die Philip E. Ross etwas abfällig „Traditionalisten" nennt, wenig zu Wort; und tatsächlich haben sie keine solch sensationellen Resultate zu bieten, sondern nur einige Bedenken, Warnungen und methodischen Vorbehalte. Diese sollten aber trotzdem nicht verschwiegen werden.

Fragwürdiger Schluß vom Wortschatz auf die Lebensverhältnisse

Der erste Vorbehalt betrifft den Rückschluß vom Wortschatz auf die materielle Kultur einer Sprachgemeinschaft. Der Schluß „Es gibt ein gemeinindogermanisches, das heißt in allen oder den meisten indogermanischen Sprachen auf eine Grundform rückführbares Wort für *X*, also kannten die Indogermanen dieses *X*, und wenn wir sie archäologisch dingfest machen wollen, müssen wir nach einer Kultur Ausschau halten, die über dieses *X* verfügte" scheint von zwingender Logik. Und wirklich wurde versucht, die Urheimat der Indogermanen mit Hilfe des indogermanischen Wortschatzes zu bestimmen.

Berühmt geworden ist das Buchen-Argument: Da das Wort für Buche (botanischer, aus dem Latein genommener Gattungsname *Fagus*) in vielen indogermanischen Sprachen etymologisch identisch ist, die lautlichen Unterschiede also regulär sind, lebten die Urindogermanen demnach offenbar in einer Gegend, wo Buchen wuchsen – und wo das ist, darüber können die Paläobotaniker Auskunft gegeben. Ähnlich wurde mit dem Wort für Lachs (zoologischer Artname *Salmo salar*) argumentiert.

Allerdings liegen die Dinge nicht ganz so einfach. Bereits das Griechische verursacht im Falle von „Buche" Probleme, da das etymologisch passende Wort *phegós* „Eiche" bedeutet. Welche Bedeutung ist nun die ursprüngliche? Ist die Frage überhaupt sinnvoll? Wäre es nicht sogar möglich, daß das indogermanische Wort ganz unspezifisch „Laubbaum mit dieser oder jener Eigenschaft" bedeutet, also gleichermaßen auf Eiche und Buche angewendet werden konnte? Die botanischen Systematiker haben mittlerweile sieben Gattungen zweikeimblättriger Holzgewächse zur Familie der Buchengewächse (Fagaceae) zusammengefaßt; die Buchen gehören selbstverständlich dazu, desgleichen die rund 500 Arten von Eichen (Gattungsname *Quercus*), des weiteren aber beispielsweise auch die Edelkastanie (*Castanea sativa*).

Es ist eine altbekannte Tatsache, daß die Sprache oft die für einen Naturwissenschaftler wünschenswerte Differenziertheit vermissen läßt und darum nicht ohne weiteres mit der wissenschaftlichen Nomenklatur verrechenbar ist. Häufig werden unterschiedliche Tier- oder Pflanzenarten mit demselben Wort bezeichnet, oder die Namen sind irreführend. So ist mit „Butterpilz" zwar immer ein eßbarer Röhrling gemeint, aber keineswegs in sämtlichen Gegenden Deutschlands der gleiche; der Buchweizen ist überhaupt kein Weizen, sondern ein Knöterichgewächs, und der Beutelwolf ist kein Wolf. Wollten wir also über Tier- und Pflanzenhabitate die Frage nach der Urheimat beantworten, so müßten wir sicher sein können, daß zum Beispiel im Falle des Lachs-Arguments das zugrundeliegende indogermanische Wort tatsächlich „*Salmo salar*" bedeutete und nicht etwa „Lachsforelle", „eßbarer Fisch", „Flußfisch", „Fisch mit rosa Fleisch" oder dergleichen. Ich sehe nicht, woher wir diese Sicherheit nehmen sollten.

Wie sieht es nun mit dem kulturellen Wortschatz aus? Können wir wenigstens zum Beispiel aus der Tatsache, daß es gemeinsame indogermanische Wörter für „Joch" und „Pferd" gibt, herleiten, daß die Indogermanen über Pferde als Zugtiere verfügten?

Betrachten wir dazu die romanischen Sprachen, die in derselben Weise vom Lateinischen abstammen wie die indogermanischen von dem, was wir „indogermanisch" nennen. Sie geben also ein ausgezeichnetes Modell ab, an dem sich die Zuverlässigkeit der Rekonstruktionsmethoden überprüfen läßt, weil das Lateinische in üppiger Bezeugung vorliegt. Wollte man nun aus dem gemeinromanischen Wortschatz auf die römische Kultur schließen, so ergäbe sich, daß Rom von Königen beherrscht wurde, daß es Bischöfe gab, daß Kaffee und Tabak in Bars konsumiert wurden und das Wort für Feuer *focus* lautete (statt in Wahrheit *ignis*).

Noch skurriler wird es schließlich, wenn man aus dem Fehlen eines Wortes für *Y* ableitet, daß die entsprechende Kultur kein *Y* kannte. Zum Beispiel gibt es kein gemeinromanisches Wort für „Kopf" (italienisch *testa*, aber spanisch *cabeza*). Sollten wir dieser Tatsache entnehmen, daß die Römer kein Wort für Kopf (wie wir wissen, lautet es *caput*), ja vielleicht überhaupt keine Köpfe hatten?

Und doch werden etwa aus dem Vorhanden- oder Nichtvorhandensein von gemeinsamen Bezeichnungen für bestimmte Metalle genau diese Schlüsse gezogen. Ernst Pulgram, Professor für Romanische Sprachwissenschaft an der Universität von Michigan in Ann Arbor, hat kritische Überlegungen dazu bereits im Jahre 1958 vorgebracht. Er sieht den Kardinalfehler darin, daß unzulässigerweise „gemeinindogermanische Wörter mit urindogermanischen Wörtern gleichgesetzt" werden.

Probleme bei der Rekonstruktion von Ursprachen

Der Erkenntnisweg vom Wortschatz zur Kultur ist also voller Fallen. Um den Grund zu verstehen, muß man sich darüber klar werden, welche Art von Realität den rekonstruierten Formen zuzusprechen ist.

Die Meinungen darüber gehen auseinander. Der Optimismus des in Prag und Jena lehrenden Stammbaumtheoretikers August Schleicher (1821 bis 1868), der gleich eine ganze Fabel auf Indogermanisch verfaßte, ist heute zwar nicht mehr konsensfähig. Aber ebenso übertrieben mag umgekehrt auch die Zurückhaltung des französischen Indogermanisten Antoine Meillet (1866 bis 1936) gewesen sein, der meinte, nicht eine „Wiederherstellung des Indogermanischen als gesprochene Sprache", sondern nur ein „Entsprechungssystem" sei zu erreichen. Wenn wir das Indogermanische als Sprache ernst nehmen wollen, müssen wir ihm jedenfalls zugestehen, was alle Sprachen haben: Lehnwörter aus anderen Sprachen, Unregelmäßigkeiten als fossile Überreste längst nicht mehr wirksamer Regeln, lokale Varianten und Archaismen neben Innovationen. Was wir nicht erwarten sollten, ist Homogenität – die könnte eine Rekonstruktion auch gar nicht leisten.

Calvert Watkins von der Harvard-Universität in Cambridge (Massachusetts) hat das so ausgedrückt: „Die Grammatik einer rekonstruierten Sprache kann nie synchron sein. Sie kann nicht den *état de langue*" – den Zustand – „an einem bestimmten Punkt in Zeit und Raum beschreiben. Wir können zwar für einzelne Erscheinungen eine relative Chronologie aufstellen, aber das Bild eines kompletten Sprachsystems zusammenzufügen liegt außerhalb unserer Möglichkeiten." Das heißt: Ob die Erscheinung *Q*, die wir durch vergleichende Rekonstruktion gewonnen haben, im Rahmen des Indogermanischen ein Archaismus oder eine Innovation war, ist schwierig zu bestimmen, ob eine lokale Variante oder ein Lehnwort, oft unmöglich herauszufinden.

Ursprünglich aus anderen Sprachen übernommen (oft, aber durchaus nicht immer zusammen mit dem Gegenstand, den sie bezeichnen), gliedern sich Lehnwörter im Laufe der Zeit immer besser in die Nehmersprache ein, nehmen an Lautveränderungen teil und sind schließlich vielfach nicht mehr als Fremdwörter kenntlich. So ist zum Beispiel jedem klar, daß „Rhythmus" kein genuin deutsches Wort ist; daß aber „Bauer" ein germanisches Erbwort, „Mauer" hingegen eine Entlehnung aus dem Lateinischen ist, läßt sich aus dem Sprachgefühl heraus nicht mehr erkennen.

Die Konsequenzen für das Indogermanische formulierte der in Wien und Würzburg lehrende Indogermanist und Hethitologe Heinz Kronasser (1913 bis 1968) so: „Für die Zeitspanne, die zwischen Beginn der Grundsprache und den belegten Einzelsprachen liegt, sind wir nicht in der Lage, zwischen Erb- und Lehnwörtern zu unterscheiden; zwischen Erb- und Lehnwort liegt nur ein chronologischer Unterschied." Das heißt etwa im Falle von „Joch" (althochdeutsch *joh*, gotisch *juk*, englisch *yoke*, schwedisch *ok*, altindisch *yugám*, griechisch *zygón*, lateinisch *iugum*): Wir enden zwar bei einem gemeinindogermanischen Wort (**yugom* – das Sternchen weist darauf hin, daß es erschlossen, also nicht belegt ist); ob dieses aber wiederum ererbt oder aus einem anderen Idiom übernommen worden ist, können wir nicht sagen – und erst recht nicht, wann. Und ebensowenig wie wir bei einer archäologisch bezeugten Kultur mit Joch völlig sicher sein können, hier nun endlich die Indogermanen vor uns zu haben, vermögen wir bei einer jochlosen Kultur Indogermanen auszuschließen: Es könnte sich ja um Indogermanen vor Übernahme des Wortes und der Sache „Joch" aus einer verschollenen Sprache und Kultur handeln. In Anbetracht dieser Überlegungen scheint es problematisch, aus rekonstruiertem Vokubular weitreichende Schlüsse auf seine eventuellen Benutzer zu ziehen.

Fallen beim Aufstellen von Sprachbäumen

Ein zweiter Vorbehalt betrifft das Erstellen von Sprachbäumen und die versuchte Parallelisierung mit der Stammesgeschichte des Menschen. Wenn wir sagen, daß die indogermanischen Sprachen vom Indogermanischen „abstammen", dann deshalb, weil diese Sprachen nicht nur im Wortschatz, sondern vor allem in den Ausdrucksmitteln der Grammatik, der Form- und Stammbildung (die wir in Anlehnung an den Sprachgebrauch der Biologie „Morphologie" nennen) systematische Übereinstimmungen aufweisen, die nicht auf Zufall beruhen können. Grammatikalische Übereinstimmungen sind dabei besonders wichtig, weil Formbildungselemente wesentlich schwerer von einer Sprache in eine andere wandern können als ganze Wörter – sie haben keine eigene Bedeutung und sind fest im Kategoriensystem der jeweiligen Sprache verankert, wogegen Wörter geradezu von einer Sprache zur anderen springen und bisweilen auch wieder zurück.

Darum sind auch die angeblich 1600 nostratischen Wurzeln des Indogermanischen zwar geeignet, Sprachkontakte plausibel zu machen, nicht aber, Urverwandtschaft zu beweisen – es sei denn, es ließe sich zeigen, daß bestimmte Teile des Wortschatzes grundsätzlich nicht entlehnt werden. Der russische Linguist Sergej Starostin allerdings behauptet das tatsächlich, wie im Artikel von Philip E. Ross zitiert: „Es ist bekannt, daß Völker Dinge und mit ihnen die Wörter, die sie bezeichnen, entlehnen – aber nicht einen Begriff wie *Hand*. Das kommt nicht vor."

Doch diese Grundannahme ist unhaltbar: Unser deutsches Wort „Kopf" beispielsweise geht auf das lateinische *cuppa* zurück, dessen ursprüngliche Bedeutung noch im englischen *cup* durchschimmert, das eine Vielzahl schalen-, becher- oder kelchförmiger Gegenstände bezeichnet. Ob *cuppa* zum Zeitpunkt seiner Entlehnung bereits umgangssprachlich für „Kopf" gebraucht werden konnte (so wie *testa*, das ja auch eigentlich „Schüssel" hieß) oder ob dieser Bedeutungswechsel erst im Deutschen stattfand, ist dabei unerheblich – es bleibt eine Tatsache, daß „Kopf" ein Lehnwort ist und das echte Erbwort „Haupt" praktisch ersetzt hat. Starostin unterschätzt die vielfältigen Möglichkeiten semantischen Wandels. Wortgleichungen sind und bleiben schlechte Argumente, die nicht dadurch besser werden, daß es viele sind. Die Frage „Nachbarn oder Verwandte?" läßt sich so nicht entscheiden.

Als Schleicher es als erster unternahm, über bloße Sprachvergleiche hinaus die Protosprache zu rekonstruieren und einen Stammbaum der indogermanischen Sprachen zu erstellen (Bild 1), war dies eine Frucht seiner Auseinandersetzung mit den Werken Charles Darwins (1809 bis 1882): Schon 1863, vier Jahre nach der Erstpublikation von „Origin of Species", erschien in Weimar seine Abhandlung „Die Darwinsche Theorie und die Sprachwissenschaft". Was liegt also näher, als die Stammbäume, die Sprachwissenschaft und Paläoanthropologie liefern, zu vergleichen und den einen zur Ergänzung des anderen heranzuziehen?

Bei aller Analogie zur Biologie darf jedoch nicht übersehen werden, daß das Stammbaummodell die Ausdifferenzierung von Sprachen in mancher Hinsicht keineswegs so adäquat zu beschreiben vermag wie die von Lebewesen. Das liegt unter anderem daran, daß es sich bei biologischen Arten um abgeschlossene, wohldefiniert diskrete Einheiten handelt, zwischen denen in der Regel keine gemeinsamen fortpflanzungsfähigen Nachkommen gezeugt werden können; Gene der Art *A* können also nicht mehr in den Genpool der Art *B* gelangen. Die Sprachwissenschaftler müssen hingegen ohne so klar differenzierte Untersuchungsobjekte auskommen: Sprache und Dialekt lassen sich kaum sauber abgrenzen; und es ist ohne weiteres möglich, daß Sprache *A* selbst dann, wenn sie nur sehr entfernt oder gar nicht mit Sprache *B* verwandt ist, diese dennoch beeinflußt. Man denke nur an die französischen Wörter im Deutschen oder die Sanskrit-Wörter im Englischen.

Aber auch im morphologischen Bereich gibt es Beispiele: So läßt sich zeigen, daß manche slawischen Sprachen unter dem Einfluß des Griechischen den

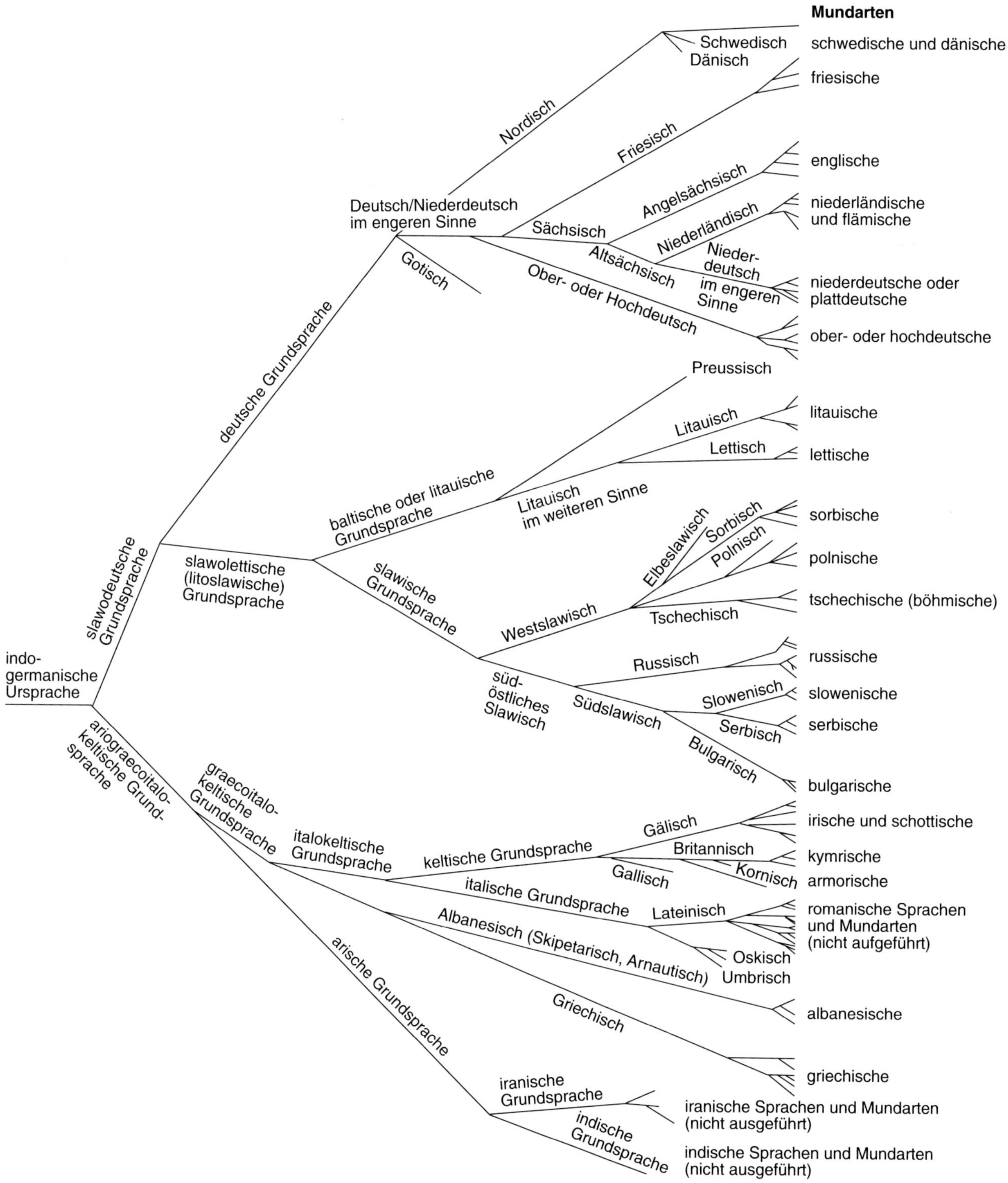

Bild 1: Sprachen-Stammbaum von August Schleicher (1821 bis 1868).

Infinitiv aufgegeben haben. (Auf Neugriechisch sagt man, anders als auf Altgriechisch, nicht „ich will kaufen" mit Infinitiv, sondern etwa „ich will, daß ich kaufe".) Wörter wie „Elektroenzephalogramm" oder „Omnibus" sind sogar längst nach dem Aussterben des Altgriechischen und Lateinischen ins Deutsche gelangt – man versuche einmal, sich einen analogen Vorgang in der Biologie vorzustellen!

Wenn Cavalli-Sforza durchaus zu Recht ein „plausibles Konzept von einem Stammbaum" in der Grundannahme findet, die genetische Distanz zweier Populationen verhalte sich proportional zur Dauer ihrer Trennung, so ist dies also auf Sprachen nicht ohne weiteres übertragbar. Die These, Sprachen seien um so unterschiedlicher, je länger der Zeitpunkt der Abspaltung vom gemeinsamen Vorfahren zurückliege, trifft zum Beispiel im Falle des Englischen und Französischen nicht zu: Altfranzösisch und Altenglisch weisen gewiß weniger Gemeinsamkeiten auf als ihre heutigen Nachkommen; der Grund dieser Umkehr einer für natürlich gehaltenen Entwicklung ist historischer Art und exakt zu datieren – auf das Jahr 1066, als der normannische Bastard Wilhelm der Eroberer die Schlacht von Hastings gewann.

Ferner sind beim Etablieren von Untergruppen in einem Stammbaum gemeinsame Neuerungen maßgeblich und nicht gemeinsame Archaismen, da diese in verschiedenen Sprachen unabhängig voneinander bewahrt werden können. Dabei muß es sich um signifikante Neuerungen handeln, die nicht unabhängig voneinander auftreten können. (In der Biologie werden die signifikanten gemeinsamen Neuerungen homolog, die unabhängigen konvergent genannt.) Wenn wir also Subeinheiten im Stammbaum ansetzen, zum Beispiel ein hypothetisches Italokeltisch als gemeinsamen Vorfahren der italienischen und keltischen Sprachen, so wäre zu fragen, welche Innovationen vom Indogermanischen aus gesehen diese Sprachen teilen.

Die erste Schwierigkeit dabei ist, Neuerungen als solche zu identifizieren. Da wir das Indogermanische auf der Basis der indogermanischen Sprachen rekonstruieren, andererseits aber wieder Phänomene aus den Einzelsprachen als Archaismen oder Neuerungen vom Indogermanischen aus klassifizieren, besteht stets die Gefahr eines Zirkelschlusses. So hat sich denn auch die Beurteilung manch einer sprachlichen Erscheinung ins Gegenteil verkehrt – besonders nach der Entschlüsselung des Hethitischen durch den Prager Orientalisten Friedrich Hrozny (1879 bis 1915) im Jahre 1915.

Bis dahin diente beispielsweise in der Verbalkonjugation das Medium auf -r als ein Beleg für die italokeltische Hypothese. (Man vergleiche lateinisch *fertur* mit altirisch *berair*; beide bedeuten „er wird getragen".) Was sollte man mit der Tatsache anfangen, daß es im Hethitischen gleichfalls auftaucht – ein r-Medium nun doch bereits für die Protosprache ansetzen und unterstellen, daß alle anderen Sprachen es aufgegeben hätten, oder lieber eine Untergruppe „Italokeltoanatolisch" annehmen? Selbst wenn wir sicher sein könnten, daß es sich um eine Neubildung handelt, woher sollen wir wissen, daß sie nicht vielleicht auch in anderen Sprachen eingeführt, dann aber wieder aufgegeben wurde? Wie können wir „*X* war nie da" von „*X* war da, ging aber vor den ersten überlieferten schriftlichen Zeugnissen dieser Sprache verloren" unterscheiden?

Für die Vorgeschichte des Indogermanischen vermutet man ein 2-Genus-System als Vorläufer des historisch bezeugten 3-Genus-Systems, bestehend aus Maskulinum, Femininum und Neutrum, das sich im Deutschen wie in vielen indogermanischen Sprachen erhalten hat. Nun geht die Debatte darum, ob das 2-Genus-System des Hethitischen ursprünglich ist, was implizieren würde, daß dieses sich deutlich früher als alle anderen indogermanischen Sprachen von der Ursprache abgespalten hätte, oder ob es ein ererbtes Femininum zwar einmal besaß, aber so gründlich verlor, daß keine Reste davon mehr zu finden sind. Je nach der Antwort ergeben sich sehr unterschiedliche Stammbäume.

Insgesamt ist das Stammbaummodell also nur innerhalb eines begrenzten Geltungsbereichs brauchbar. Übrigens ist seine Unzulänglichkeit schon früh erkannt worden; deshalb hatte bereits 1872 Johannes Schmidt (1843 bis 1901), ein Schüler August Schleichers, als Alternative die sogenannte Wellentheorie vorgeschlagen (Bild 2). Wenn man heutzutage wieder unreflektiert an neuen Stammbäumen bastelt und diese dann unkritisch in andere Wissenschaftszweige übernimmt, ist dies ein Rückfall ins letzte Jahrhundert.

Unzulässige Gleichsetzung von Sprach- und Genpool-Gemeinschaft

Ein dritter und letzter Vorbehalt betrifft die Gleichsetzung von Sprach- und Genpool-Gemeinschaft, gegen die sich unter anderem ein so bedeutender Sprachwissenschaftler wie Meillet gewehrt hat – und zwar nicht, wie Philip E. Ross unterstellt, um keinem irgendwie gearteten Rassismus Vorschub zu leisten,

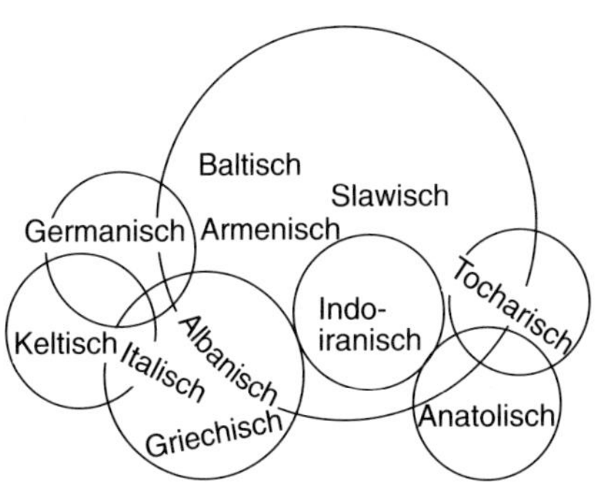

Bild 2: Zuordnung der indogermanischen Einzelsprachen nach einer Modellvorstellung von Johannes Schmidt (1843 bis 1901).

sondern weil er sie für nicht hinreichend erwiesen ansah. Es ist zwar interessant, daß ein Volk wie die Basken, deren Sprache bis heute isoliert dasteht, auch genetisch vom europäischen Durchschnitt abweicht – zum Beispiel in der relativen Häufigkeit des negativen Rhesusfaktors; hier scheinen sich also genetische und sprachliche Isolierung durch die Geschichte hindurch bewahrt zu haben. Sind aber die Basken, die in einem Rückzugsgebiet leben und von größeren Kolonisations- oder Expansionsbewegungen verschont blieben, ein typischer Fall?

Cavalli-Sforza räumt selbst ein, daß „eine Population eine andere Sprache übernehmen oder sich mit einer anderen vermischen kann", und verweist in diesem Zusammenhang auf die genetisch europäischen, sprachlich aber magyarischen Ungarn. Auch die Romanisierung Galliens ging keineswegs mit einer Ausrottung der Kelten einher. Ein Wechsel der Sprache kann in wenigen Generationen vonstatten gehen und braucht nicht einmal das Selbstverständnis der Bevölkerung zu beeinträchtigen. Die heutigen Deutschen in Kasachstan etwa sprechen oft gar nicht mehr Deutsch oder ein solches, das ein Bundesbürger nur mit Mühe versteht, würden es aber empört zurückweisen, als Russen apostrophiert zu werden.

Beim Aussterben von Sprachen brauchen nicht auch ihre Sprecher oder deren Gene zugrunde zu gehen, und Ausbreitungen müssen nicht immer durch große Wanderungen – sei es im Gefolge von Eroberungen oder anderer Ereignisse – verursacht worden sein. In welchem Ausmaß Sprachen in vorgeschichtlicher Zeit unblutig und ohne Überfremdung ersetzt wurden, ist schwer zu veranschlagen; doch sollten wir die menschliche Mobilität nicht unterschätzen.

All das ist nicht als Aufforderung gemeint, den interdisziplinären Diskurs zu beenden. Damit Interdisziplinarität jedoch fruchtbar werden kann, ist es unerläßlich, die Grenzen dessen, was eine bestimmte Wissenschaft zu einem bestimmten Zeitpunkt leisten kann, klar zu ziehen, den Anwendungsbereich von Modellen zu klären und zu verhindern, daß nur in einem gewissen Rahmen gültige Vorstellungen von Wissenschaftlern anderer Fachrichtungen gutgläubig übernommen und mit schwerwiegenden Schlußfolgerungen belastet werden. Mögen die Ergebnisse noch so geistreich und publikumswirksam ausfallen – sie müssen sich an den Kriterien der Wissenschaftlichkeit messen lassen.

Der Ursprung der indoeuropäischen Sprachfamilie

Fast alle europäischen Sprachen gehören zu einer einzigen Sprachfamilie. Sie haben sich wohl nicht, wie bislang angenommen, durch Eroberungen, sondern im Gefolge einer durchaus friedlichen Ausbreitung der Landwirtschaft durchgesetzt.

Von Colin Renfrew

Eines der umstrittensten Probleme der Archäologie und der Vorgeschichte ist die vor mehr als 200 Jahren erkannte Verwandtschaft unter den Sprachen, die heute unter dem Namen „indoeuropäisch" (früher „indogermanisch") zusammengefaßt werden: nahezu alle europäischen Sprachen, zahlreiche, die in Indien und Pakistan, sowie einige, die in den dazwischenliegenden Ländern gesprochen werden. Welcher prähistorische Prozeß liegt der Tatsache zugrunde, daß verwandte Sprachen in einem so großen Gebiet benutzt werden (Bild 4)? Welche Schlüsse kann man daraus für die europäische Vor- und Frühgeschichte ziehen? Immerhin bilden die indoeuropäischen Sprachen zumindest quantitativ die bedeutendste Familie: Bedingt durch die kolonialen Eroberungen des 16. bis 19. Jahrhunderts, werden sie von mehr Menschen gesprochen als die Sprachen irgendeiner anderen Familie.

Nach der traditionellen Auffassung entstanden die indoeuropäischen Sprachen aus einer Ursprache, die das Idiom nomadischer Reitervölker im heutigen Westrußland nördlich des Schwarzen Meeres zu Beginn der Bronzezeit war. Als diese berittenen Krieger immer größere Gebiete eroberten, sollen sie den Einheimischen ihr Proto-Indoeuropäisch aufgezwungen haben, aus dem sich im Laufe der folgenden Jahrhunderte die heutigen europäischen Sprachen entwickelten.

In den letzten Jahren wurde jedoch die traditionelle Erklärung insbesondere von vielen Archäologen als unbefriedigend empfunden. Ich selbst habe die Argumente dafür geprüft und war ebenfalls nicht überzeugt. Hier möchte ich daher eine neue Sichtweise vorstellen, die auf neuen Erkenntnissen über den Ablauf des kulturellen Wandels beruht.

Demnach muß man für die Ausbreitung der indoeuropäischen Sprachen keine Eroberung unterstellen. Es ist vielmehr wahrscheinlich, daß sie auf friedlichem Wege stattfand – mit der Verbreitung der Landwirtschaft aus deren Ursprungsgebieten in Anatolien und dem Nahen Osten. Diese alternative Erklärung zieht freilich weitreichende Konsequenzen für die Vorgeschichte und die Linguistik der Sprachen Europas nach sich.

Offensichtliche Verwandtschaften

Nicht die Archäologie stößt zuerst auf das Problem des Urspungs der indoeuropäischen Sprachen, sondern die Linguistik. Schon der Schüler, mehr noch der vergleichende Sprachwissenschaftler, bemerkt mühelos, daß Wortschatz, Grammatik und Aussprache der europäischen Sprachen deutliche Parallelen aufweisen.

Um die Verwandtschaft von Wörtern zu belegen, genügt es, die Zahlwörter von eins bis zehn in mehreren indoeuro-

Bild 1: Çatal Hüyük ist eine frühneolithische Siedlung in der zentralanatolischen Hochebene

päischen Sprachen zu vergleichen (Bild 2). Eine solche Tabelle verdeutlicht die Ähnlichkeiten vieler europäischer Sprachen untereinander und mit Sanskrit, der Sprache der frühesten literarischen Texte Indiens – ebenso allerdings, daß fernöstliche Sprachen wie Chinesisch oder Japanisch nicht zur gleichen Familie gehören.

Durch vertiefte Vergleiche dieser Art vermag die Sprachwissenschaft die europäischen Sprachen in weitere Familien zu untergliedern (Bild 4). Als erste wurde die der romanischen – vom Lateinischen abstammenden – Sprachen identifiziert, zu der Französisch, Italienisch, Spanisch, Portugiesisch und Rumänisch sowie einige regionale Sprachen gehören. Zur slawischen Sprachfamilie zählen unter anderem Russisch, Polnisch, Tschechisch, Slowakisch, Serbokroatisch und Bulgarisch, zur germanischen Deutsch, Englisch, Niederländisch, Isländisch, Norwegisch, Dänisch und Schwedisch. Nur wenige europäische Sprachen wie Ungarisch, Finnisch und Baskisch können diesem System nicht eingegliedert werden.

Wie entstand nun dieses komplexe Gesamtbild? Zunächst bildeten die romanischen Sprachen das Modell einer Antwort. Auch wenn jemand weder von der lateinischen Sprache noch von der Geschichte des römischen Reichs etwas wüßte, könnte er aufgrund der tiefgründigen Ähnlichkeiten zwischen den lebenden romanischen Sprachen nicht nur den naheliegenden Schluß ziehen, daß sie einer gemeinsamen Wurzel entstammen und ihre Unterschiede sich erst später mit der räumlichen Trennung entwickelten, sondern anhand ihrer Gemeinsamkeiten auch viele Eigenschaften des Lateinischen rekonstruieren. In analoger Weise konnte aus der Analyse verschiedener indoeuropäischer Sprachfamilien ein Stammbaum rekonstruiert werden, der bis zu einem hypothetischen gemeinsamen Urgrund zurückreicht: dem Früh-Indoeuropäischen.

Diese Stammbaumtheorie hat in den frühen sechziger Jahren des letzten Jahrhunderts der in Prag und Jena lehrende und in Litauen forschende Philologe August Schleicher (1821 bis 1868) entwickelt; sie liegt noch heute den Vorstellungen der meisten Sprachhistoriker über die Entwicklung der Sprachfamilien zugrunde (Bild 3). Der grundlegende Prozeß des Stammbaummodells ist die sprachliche Divergenz (Auffächerung): Aufgrund der gegenseitigen Isolierung wird in verschiedenen Regionen zunehmend unterschiedlich gesprochen, und die sich allmählich entwickelnden Dialekte werden zu deutlich verschiedenen Sprachen.

Dies ist jedoch nicht das einzige denkbare Erklärungsmodell für die Sprachentwicklung. Nur ein Jahrzehnt nach Schleicher führte Johannes Schmidt (1843 bis 1901), ein anderer deutscher Linguist, das Wellenmodell ein, wonach sich sprachliche Neuerungen wie Wellen ausbreiten, woraus letztendlich Konvergenz – eine Angleichung ursprünglich verschiedener Sprachen – resultiert. Der russische Spachwissenschaftler und Völkerkundler Nikolai Sergejewitsch Fürst Trubezkoi (1890 bis 1938) schlug sogar vor, die Ähnlichkeiten der indoeuropäischen Sprachen auf diese Weise zu erklären,

in der heutigen Türkei. Um 7000 vor Christus entstand hier und in den benachbarten Siedlungen die Landwirtschaft; wenig später begann sie sich in Richtung Norden nach Europa hin zu verbreiten – und mit ihr womöglich die Urform der indoeuropäischen Sprachen.

deutsch	gotisch	tschechisch	lateinisch	griechisch	sanskritisch	japanisch
einer, eine	ains, aina'	jeden, jedna	unus, una	heis, mia	ekas	hitotsu
zwei	twai, twôs	dva, dvě	duo, duae	dyo	dva	futatsu
drei	threis	tři	tres	treis	tryas	mittsu
vier	fidwôr	čtyři	quattuor	tettares	catvaras	yottsu
fünf	fimf	pět	quinque	pente	panca	itsutsu
sechs	saihs	šest	sex	hex	sat	muttsu
sieben	sibun	sedm	septem	hepta	sapta	nanatsu
acht	ahtau	osm	octo	okto	asta	yattsu
neun	niun	devět	novem	ennea	nava	kokonotsu
zehn	taíhun	deset	decem	deka	dasa	tô

Bild 2: Die Verwandtschaft unter den indoeuropäischen Sprachen sowie der vollkommen andersartige Charakter von Japanisch, das nicht zu dieser Sprachfamilie gehört, werden anhand der Wörter für die Zahlen von eins bis zehn deutlich. Solche Ähnlichkeiten sind es, die das Interesse für die Ursprünge der indoeuropäischen Sprachen geweckt haben.

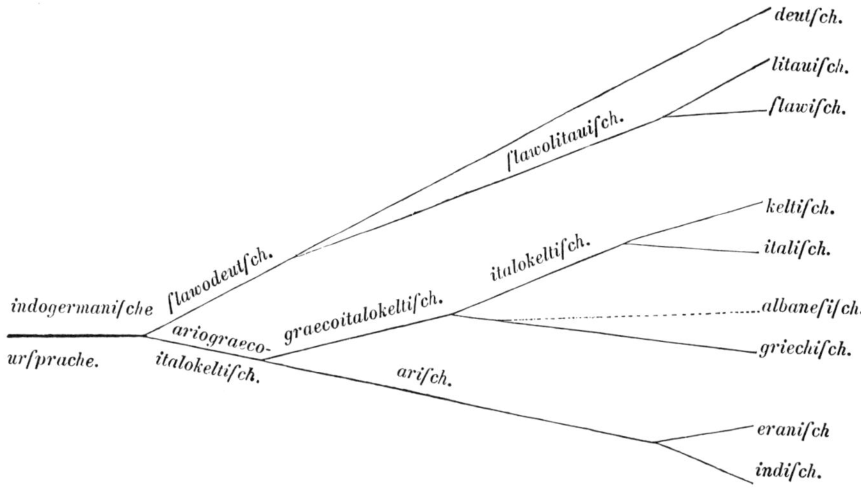

Bild 3: Das Stammbaum-Modell für die Entstehung der indoeuropäischen Sprachen beruht auf der Auffächerung (Divergenz) von einer gemeinsamen Wurzel: der früh-indoeuropäischen Sprache. Dieser Sprachenstammbaum ist dem „Compendium der vergleichenden Grammatik der indogermanischen Sprachen" des deutschen Linguisten August Schleicher entnommen.

was allerdings heute von den meisten Linguisten zugunsten des Stammbaummodells verworfen wird.

Archäologische Belege

Wengleich das Problem der indoeuropäischen Sprachen aus ihren Ähnlichkeiten und Verschiedenheiten selbst erwächst, so ist an dessen Lösung sicherlich auch die Archäologie beteiligt: An ihren Befunden lassen sich linguistische Hypothesen testen.

Zu Anfang dieses Jahrhunderts, als die Archäologen sich des Problems annahmen, konnte die Geschichte der Römer, Griechen und Kelten bereits bis zu den ersten schriftlichen Zeugnissen vom Anfang des ersten vorchristlichen Jahrtausends zurückverfolgt werden. Ferner eröffneten archäologische Funde die Aussicht, Erkenntnisse dieser Art auch über prähistorische Epochen, womöglich sogar über das Paläolithikum (die Altsteinzeit) vieler Regionen Europas zu gewinnen. Anhand der materiellen Relikte sollten sich nach den damaligen Vorstellungen die Kulturen der Sprecher europäischer Sprachen bis zu ihren Ursprüngen zurückverfolgen lassen.

In jener Phase der Archäologie nahm man an, daß der Kulturwandel im wesentlichen durch Wanderung ganzer Stämme oder gar Völker ausgelöst werde; deren Wege seien mittels unterwegs zurückgelassener charakteristischer Artefakte wie Waffen, Werkzeuge und Keramik rekonstruierbar. Des weiteren könne man davon ausgehen, daß zu einem bestimmten Artefaktspektrum – einer „Kultur" im Sprachgebrauch der Archäologen – immer ein und derselbe Volksstamm mit einer eigenen Sprache gehöre. So könne aus dem archäologischen Fundmaterial auf die Bewegung der Volksstämme und daraus auf die Verbreitung der frühen indoeuropäischen Sprachen geschlossen werden. Es war demnach nur noch das hypothetische Heimatland der Indoeuropäer zu finden und ihre Ausbreitung mit Hilfe der archäologischen Zeugnisse zu verfolgen.

Die Suche nach diesem Ursprungsland wurde jedoch zum Gegenstand eines nicht nur akademischen Streits. Deutsche Wissenschaftler verlegten es bis vor wenigen Jahrzehnten vorzugsweise nach Nordeuropa. Manche ihrer Arbeiten wurden von den Nationalsozialisten aufgegriffen, um zu beweisen, daß Indoeuropäisch die Sprache der „arischen Herrenrasse" im nachmaligen Deutschland gewesen sei. Eine andere Sprachfamilie, die semitische, wurde einer als minderwertig abqualifizierten Rasse zugeordnet. Dieser Mißbrauch von Philologie und Anthropologie wurde zur Rechtfertigung der schmutzigen Grundideologie des „Dritten Reichs" und damit der Massenvernichtung der Juden herangezogen. So wundert es nicht, daß die Wissenschaftler sich in den letzten Jahren – wenn überhaupt – nur sehr vorsichtig an dieses Thema heranwagten.

Traditionelle Verknüpfung von Archäologie und Linguistik

Die Vorstellung eines nordeuropäischen Heimatlandes für das Indoeuropäische war jedoch nicht die einflußreichste Theorie in wissenschaftlichen Kreisen. Im Jahre 1926 stellte der australische Historiker V. Gordon Childe (1892 bis 1957), nachmals Professor in Edinburgh und dann Direktor des Archäologischen Instituts der Universität London, in seinem Buch „The Aryans" die These auf, das Indoeuropäische habe seinen Ursprung in den Steppen nördlich des Schwarzen Meeres im heutigen Rußland und sei in die Phase des Übergangs zwischen der späten Jungsteinzeit und der Bronzezeit zu datieren, der in manchen Teilen Europas schon um 3000 vor Christus stattgefunden hatte.

Childes Text enthält sowohl archäologische wie auch besonders scharfsinnige linguistische Argumente. Es war nämlich den Sprachforschern gelungen, einen Bestand an sogenannten Wortwurzeln zu erstellen, Wortbestandteilen wie Stammsilben und Suffixen, die man in vielen indoeuropäischen Sprachen wiederfinden kann, wenngleich jede Sprache diese Bestandteile auf ihre eigene Art zu Wörtern zusammensetzt. Diese Wurzeln, so die Folgerung, seien bereits Bestandteile der Ursprache gewesen und hätten die mannigfachen Wandlungen ihrer jeweiligen Sprache überlebt.

Aus der Existenz gewisser Wortwurzeln wurden weitreichende Schlüsse gezogen. Wenn etwa der Name einer Pflanze oder eines Tiers als Wortwurzel auftauchte, dann mußten diese Lebewesen in der Umwelt der frühen Indoeuropäer schon eine Rolle gespielt haben. Andere Wurzeln lieferten Datierungshilfen. So gibt es keine Wurzelwörter für Eisen oder Bronze, wohl aber welche für Pferd und Rad. Demnach müßte die erste Ausbreitung der Indoeuropäer vor dem Beginn der Bronzezeit stattgefunden haben, jedoch erst nachdem das Pferd domestiziert und der Wagen erfunden worden war.

Childe verknüpfte diese linguistischen Ideen mit archäologischen Nachweisen. Er konzentrierte sich dabei auf die Schnurkeramik, die für Fundstellen aus dem Beginn der Bronzezeit typisch ist (die Töpfer jener Zeit verzierten ihre Gefäße, indem sie Schnüre in den feuchten Ton drückten). In Nord- und Osteuropa wird diese Keramik häufig – zusammen mit steinernen Streitäxten – in aufgeschütteten Erdhügeln (russisch *Kurgan*) gefunden, den Gräbern der Vornehmen. Childe interpretierte diese Artefakte als materielle Hinterlassenschaft von Gruppen berittener und bewaffneter nomadischer Hirten, die zu Beginn der Bronzezeit aus ihrer Heimat in den Steppen nördlich des Schwarzen Meeres abgewandert seien – mit einem Wort: der Indoeuropäer.

In den letzten Jahren hat Marija Gimbutas von der Universität von Kalifornien in Los Angeles diesen Gedanken mit beeindruckender Akribie fortgeführt. Unter Berücksichtigung neuerer Funde rekonstruierte sie eine ganze Reihe von „Kurgan-Einfällen", die aus den Gebieten nördlich des Schwarzen Meeres nach Westen führten (Bild 5). Diese Theorie hat sich bei den historischen Linguisten weitgehend durchgesetzt; viele Archäologen folgen ihr ebenfalls und versuchen, andere Argumente dieser anzupassen. Gleichwohl halte ich sie aus mehreren Gründen nicht für überzeugend.

Kritik des klassischen Erklärungsansatzes

Erstens sind die archäologischen Argumente nicht stichhaltig. Heutzutage sehen viele Archäologen die Schnurkeramik-Gräber als Monumente einer seßhaften Gesellschaft, in denen Mitglieder einer aufkommenden Aristokratie zusammen mit Prestigeobjekten beigesetzt wurden.

Das Argument der Wortwurzeln ist ebenfalls nicht überzeugend. Einzelne der sogenannten Wurzelwörter für Pflanzen und Tiere haben ihre Bedeutung im Laufe der Zeit durchaus ändern können; jedenfalls taugen sie nicht für

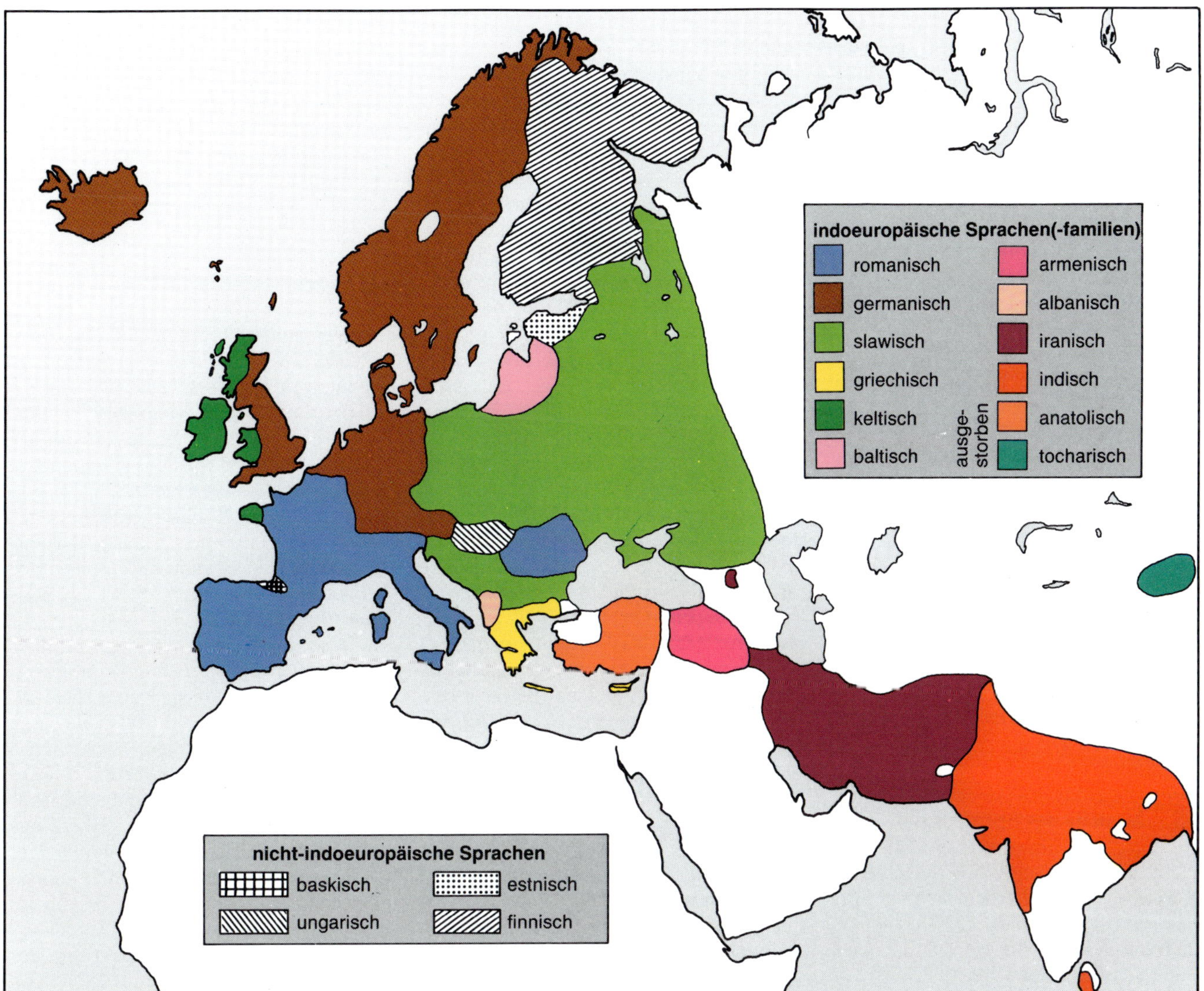

Bild 4: Die Verbreitung des Indoeuropäischen reicht von Irland bis Indien. Fast alle Sprachen Europas gehören zu dieser Familie. Zu den Ausnahmen, die heute noch isoliert bestehen, gehören Finnisch und Ungarisch, die beide zur finno-ugrischen Gruppe zählen, und Baskisch.

den Rückschluß auf ein bestimmtes geographisches Gebiet.

Wörter, die zur Datierung herangezogen wurden, sind gleichfalls suspekt. Robert Coleman von der Universität Cambridge bezweifelt etwa die Behauptung, daß die Wörter für Rad und Pferd zum gemeinsamen Wortbestand vor einer allgemeinen Ausbreitung gehörten.

Das stärkste Gegenargument ist jedoch, daß das Gesamtbild nicht überzeugend wirkt. Welche Bevölkerungsexplosion oder welches andere einschneidende Ereignis in den südosteuropäischen Steppen hätte riesige Horden berittener Krieger veranlassen sollen, am Ende des Neolithikums nach Westen zu ziehen, die Ureinwohner Europas zu unterdrücken und ihnen die früh-indoeuropäische Sprache aufzuzwingen? So gesehen, wirkt die ganze schöne Rekonstruktion unglaubwürdig.

Das eigentliche Problem ist nach meiner Auffassung, daß die Frage, wie sich ein Wandel der Sprache im materiellen Kulturgut widerspiegelt, zu wenig beachtet worden ist. Viele der erwähnten traditionellen Gedankengänge neigen dazu, ein Artefaktspektrum mit einer wohldefinierten Gruppe, etwa einem Stamm, zu identifizieren. Erst jetzt erkennen die Archäologen, daß das, was sie eine „Kultur“ nennen, zunächst ihr eigenes theoretisches Konstrukt und daß die Identifikation einer Kultur mit einer Menschengruppe problematisch ist. Noch fragwürdiger ist die weitergehende Identifizierung einer so definierten Gruppe mit einer bestimmten Sprache oder Sprachfamilie.

Meiner Meinung nach sollte man nicht von der gleichen Schnurkeramik auf das gleiche Volk oder die gleiche Sprache schließen. Statt dessen scheint mir eine Analyse der Prozesse des kulturellen Wandels geboten. Es wäre zu fragen, welche sozialen, wirtschaftlichen und demographischen Prozesse mit Änderungen in der Sprache einhergehen. Erst in einem zweiten Schritt kann gefragt werden, wie sich jene Änderungen im archäologischen Fundmaterial widerspiegeln. Zunächst ist jedoch die prozessuale Betrachtungsweise in einigen ausformulierten Modellen zu präzisieren.

Modelle des Sprachwandels

Es gibt vier wesentlich verschiedene Modelle für den Werdegang einer Sprache in einem Gebiet, die ich hier nur skizzieren kann. Das erste ist Landnahme in einem unbewohnten Gebiet; die Erstbesiedler bringen ihre Sprache mit. Das zweite Modell beschreibt die schon angesprochenen Auffächerungsprozesse wie etwa die sprachliche Differenzierung im Gefolge von Trennung oder Isolation. Das dritte Modell basiert auf Prozessen der Konvergenz; Johannes Schmidts Wellentheorie ist ein Beispiel dafür, jedoch haben Konvergenzmodelle bei den Linguisten ganz allgemein keinen besonderen Rückhalt gefunden.

Diesen langsamen, eher langfristig wirkenden Prozessen überlagert sich in komplizierter Weise ein weiterer Faktor: die Sprachersetzung, die Gegenstand des vierten Modells ist. In vielen Gegenden der Welt sind einheimische Sprachen vollständig oder teilweise durch die Sprachen zuwandernder Menschen ersetzt worden. Ohne diesen störenden Faktor wäre die Sprachgeschichte der ganzen Welt ein getreues Abbild der erstmaligen Ausbreitung des *Homo sapiens sapiens*, gefolgt von den langsamen Prozessen der sprachlichen Divergenz und Konvergenz.

Für den Ursprung der indoeuropäischen Sprachen ist nach meiner Auffassung die Sprachersetzung das entscheidende Erklärungsmodell. Das vorgeschichtliche Fundmaterial belegt eine ununterbrochene Besiedlung Europas seit der Altsteinzeit. Somit wird das Modell der erstmaligen Besiedlung nicht viel zur Erklärung beitragen können. Auch eine schlichte Divergenztheorie wird kaum das komplexe Verwandtschaftsmuster der europäischen Sprachen zu erklären vermögen. Trubezkois Konvergenztheorie wurde allgemein verworfen. Mithin bleibt durch Ausschluß der übrigen nur noch ein Modell der Sprachersetzung übrig.

Die Theorie der Kurgan-Invasion gehört zwar in diese Kategorie, ist aber – wie angemerkt – nicht völlig befriedigend. Welche Alternativen gibt es?

Unter den denkbaren Ursachen der Sprachersetzung gibt es zunächst demographische und wirtschaftliche Prozesse. Die Bevölkerung eines Gebietes wird im allgemeinen eine den Gegebenheiten gut angepaßte Subsistenzwirtschaft haben. Ob Jäger und Sammler oder Ackerbauern – die Bevölkerungsdichte wird sich dem auf Dauer tragfähigen Maximum dessen genähert haben, was die gegebene Umwelt bei gegebener Wirtschaftsweise ernähren kann. Eine Gruppe von Neuankömmlingen, die diese Region auf friedliche Weise mit bevölkern will, muß eine Technologie beherrschen, mit der sie eine bisher ungenutzte ökologische Nische besetzen oder erfolgreich um die bisherige konkurrieren kann. Nur dann werden sich die Fremden nicht assimilieren, sondern sich so stark vermehren und schließlich kulturell derart dominieren, daß ihre Sprache zur vorherrschenden wird.

Andere Formen der Ersetzung sind denkbar. Wenn die eindringende Gruppe gut organisiert und militärisch überlegen ist, kann sie das bestehende gesellschaftliche System übernehmen und mit Waffengewalt beherrschen. Auf diese Weise kann die neue Elite ihre Sprache den Unterworfenen aufzwingen. Das kann jedoch nur funktionieren, wenn beide Gesellschaften einen relativ hohen Organisationsgrad erreicht haben. Die erobernde Gesellschaft muß über eine überlegene Technologie verfügen und Macht auszuüben verstehen; die eroberte muß so hoch organisiert sein, daß sie überhaupt als Ganzes unterworfen werden kann.

Die Kurgan-Invasionen wären ein gutes Beispiel für dieses Modell der Eliteherrschaft, wenn die genannten Bedingungen nachzuweisen wären. Das ist jedoch unwahrscheinlich. Es ist nicht klar, ob es zu jener Zeit schon berittene Krieger gab; damit steht die militärische Überlegenheit der Kurgan-Krieger im Zweifel. Des weiteren muß noch bewiesen werden, daß die Angreifer oder die Bewohner Südost- und Mitteleuropas damals schon hinreichend hoch organisiert waren; es scheint im Gegenteil eine ausgeprägte soziale Gliederung in Europa erst in der Bronzezeit entstanden zu sein. Im vorangehenden Neolithikum waren die meisten Gesellschaften wahrscheinlich egalitär.

Pidgin und Barbarensprachen

Zwei andere Formen der Sprachersetzung sollen zumindest am Rande erwähnt werden. Bricht eine hochzentralisierte Gesellschaft zusammen, so können Menschen, die bislang jenseits der Grenzen gehalten wurden, in das entstehende Machtvakuum eindringen, so wie es am Ende des Römischen Reiches geschah. Im Falle eines solchen Systemzusammenbruchs kann die Sprache der erobernden „Barbaren“ jene des Reiches verdrängen.

Andererseits entwickelt sich in einer egalitären Gesellschaft mit weitreichendem Gütertausch oftmals eine Handelssprache (*lingua franca*). Beispiele dafür sind die unterschiedlichen Versionen des Pidgin-Englisch: vereinfachte Mischsprachen aus Englisch und einheimischen Idiomen Ostasiens, Ozeaniens und Schwarzafrikas. Wird Pidgin von einigen Bewohnern als Muttersprache übernommen, nennt man das Kreolisierung (vergleiche „Kreolensprachen“ von Derek Bickerton, Spektrum der Wissenschaft, September 1983), und die Ausbildung solch rudimentärer Hilfssprachen gilt mittlerweile als ein wichtiger Typ der Sprachersetzung.

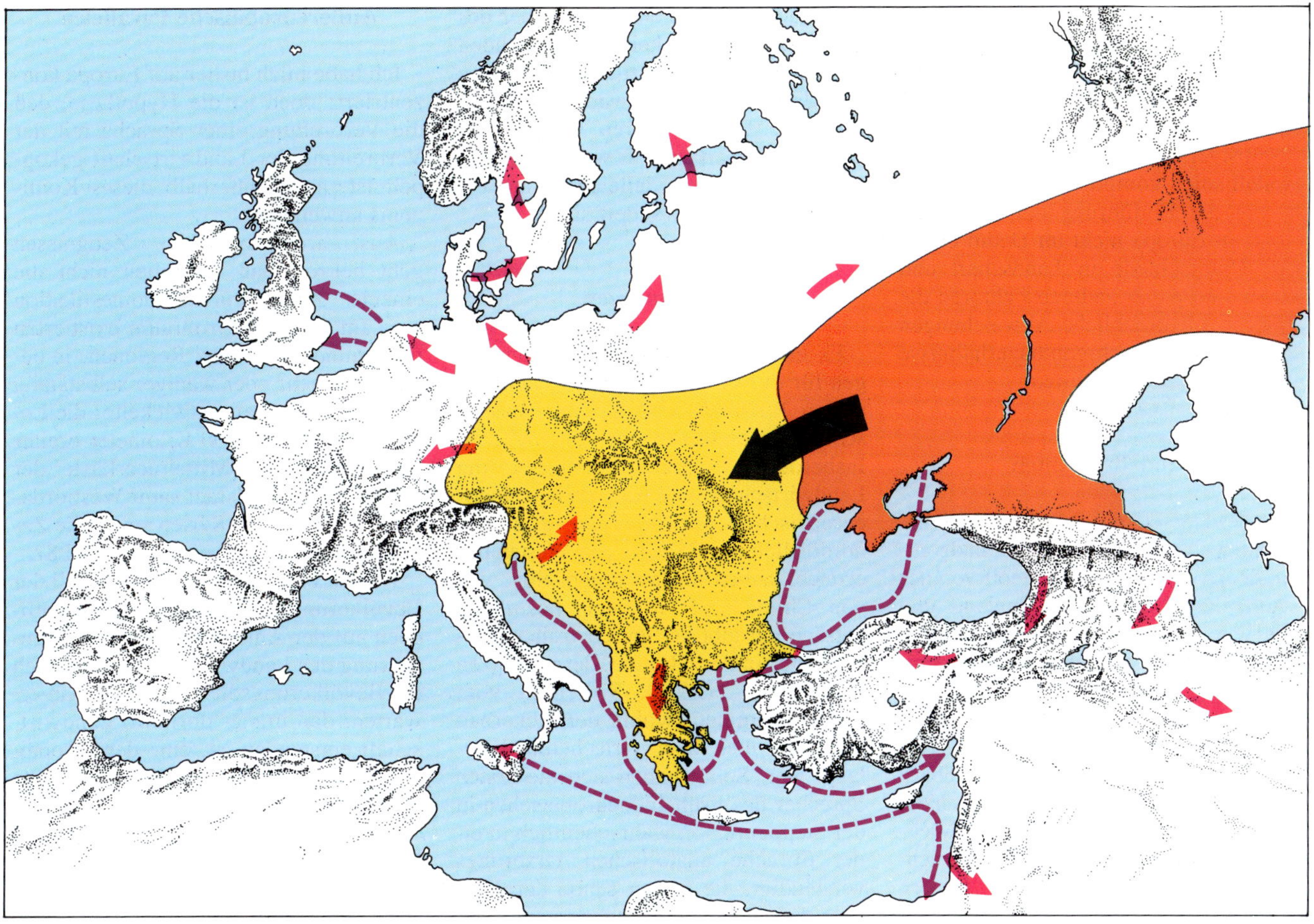

Bild 5: Die Hypothese der „Kurgan-Invasionen" stellt die ursprünglichen Indoeuropäer als berittene Krieger dar, die um 4000 vor Christus aus ihrem Heimatgebiet nördlich des Schwarzen Meeres (orange) aufbrachen. Die Abbildung stützt sich auf eine detaillierte Ausarbeitung von Marija Gimbutas von der Universität von Kalifornien in Los Angeles. Nach diesem Modell erreichte die erste, westwärts gerichtete, Invasionswelle (gelb) das heutige Griechenland um etwa 3500 vor Christus. Aus dem eroberten Gebiet verbreiteten sich in weiteren Wellen verschiedene Horden der Invasoren nach Norden und Süden; die farbigen Pfeile zeigen ihre vermuteten Wanderungen nach etwa 2500 vor Christus an.

Wir kommen unserem Ziel wesentlich näher, wenn wir diese Formen der Sprachersetzung – demographischer Wechsel, Eliteherrschaft, Systemzusammenbruch und *lingua franca* – auf die europäische (Vor-)Geschichte anwenden. Sowohl die Eliteherrschaft als auch ein Systemzusammenbruch erfordern einen Grad der sozialen Organisation, den es vor Beginn der Bronzezeit höchstwahrscheinlich nicht gab. Auch ist es unwahrscheinlich, daß damals bereits ein hinreichend intensiver Handel existierte, um die Entwicklung einer *lingua franca* auszulösen. Wieder bleibt durch Ausschluß der Alternativen im wesentlichen nur ein Modell übrig, in diesem Falle das zuerst genannte der friedlichen Überfremdung und des Subsistenzwandels.

In der europäischen Vorgeschichte gibt es nur ein Ereignis, das weitreichend und in den Folgen radikal genug war, um in Frage zu kommen, und das paßt genau zu der Bedingung, daß sich der Lebensunterhalt verbessert haben müßte: die Einführung der Landwirtschaft.

Die Landwirtschaft kam aus Anatolien

Im siebenten vorchristlichen Jahrtausend begann die Verbreitung dieser neuartigen Wirtschaftsweise, die sich auf den Anbau von Weizen und Gerste und die Schaf- und Ziegenhaltung stützte. Diese Tier- und Pflanzenarten waren in Europa nicht heimisch; sie mußten also eingeführt werden. Verfolgt man das Vorkommen der Zuchtvarietäten zurück zum nächstgelegenen Stammgebiet ihrer Wildformen, so gelangt man nach Zentralanatolien, einem Teil der heutigen Türkei (Bild 1). Diese Tiere und Pflanzen sind allem Anschein nach annähernd gleichzeitig in mehreren benachbarten Regionen des Nahen Osten domestiziert worden, doch ist Anatolien hier am wichtigsten, da die Kulturformen von dort aus Europa erreichten.

Wie sah diese Ausbreitung vom demographischen Standpunkt aus? Albert J. Ammermann und Luca L. Cavalli-Sforza von der Universität Stanford (Kalifornien) haben mit ihrem Modell der Fortschrittswellen im wörtlichen und im übertragenen Sinne eine elegante Antwort darauf gegeben. Sie setzen voraus, daß die Landwirtschaft von jeweils ortsansässigen Bauern und deren Nachkommen getragen wurde. Sobald diese Wirtschaftsweise eine bestimmte Gegend erreichte, erhöhte sich nach dieser Vorstellung deren Bevölkerungsdichte rapide – unter Umständen von einer Person pro zehn Quadratkilometer, wie es für die frühen Jäger- und Sammlergesellschaften als typisch anzunehmen ist, auf das Fünfzigfache.

Dieser Bevölkerungszuwachs ist für das Modell von großer Bedeutung. Ammermann und Cavalli-Sforza setzen einen Zeitabstand von 25 Jahren zwischen zwei Generationen voraus. Sie nehmen des weiteren an, daß jeder Bauernsohn im Durchschnitt 35 Kilometer (in irgendeine Richtung) vom Elternhaus weg wanderte, bevor er seinen eigenen Hof gründete. Unter diesen Voraussetzungen hätte die Landwirtschaft sich mit einer Durchschnittsgeschwindigkeit von einem Kilometer pro Jahr wie eine Welle über Europa verbreitet. Demnach hätte die neue Subsistenzform, nachdem sie in Anatolien etabliert war, Nordeuropa gut anderthalb Jahrtausende später erreicht, was mit den archäologischen Zeugnissen recht gut übereinstimmt.

Selbstverständlich kann ein einzelnes Modell solch komplexe soziale Prozesse wie die Einführung der Landwirtschaft in Europa nicht im Detail erklären. Unterschiede in Landschaft und Klima sind außer anderen Faktoren die Ursache für erhebliche Abweichungen von den auf Durchschnittsverhältnisse berechneten Modellwerten.

Modellvarianten

Außerdem ist das Modell der Fortschrittswellen keinesfalls das einzig anwendbare, wie Marek Zvelebil von der Universität Sheffield in England und sein Vater Kamil Zvelebil, ein heute in den Niederlanden lebender tschechischer Linguist, gezeigt haben: Die einheimische Jäger- und Sammlerbevölkerung könnte die Landwirtschaft sehr wohl von ihren jeweiligen Nachbarn übernommen haben; dann hätte sich die Seßhaftigkeit samt Ackerbau und Viehzucht etwas langsamer und ohne Sprachersetzung verbreitet, da die Bauern nicht Neuankömmlinge mit neuer Sprache, sondern Einheimische mit neuer Wirtschaftsweise gewesen wären.

Wahrscheinlich kommt eine Kombination beider Modelle der Wirklichkeit am nächsten. Die Landwirtschaft kann durchaus von Fremden nach Griechenland und dann auf den Balkan, nach Mitteleuropa und Süditalien gebracht worden sein. In anderen Gegenden jedoch dürfte sie von den Einheimischen übernommen worden sein, was die ungewöhnliche Dauerhaftigkeit einiger nicht-indoeuropäischer Sprachen erklären würde. Eine dieser Sprachen, die bis heute überlebt hat, ist Baskisch. Eine andere war die etruskische Sprache Mittelitaliens, die bis in römische Zeiten gesprochen wurde. Einige weitere nur noch rudimentär bekannte Sprachen wie Iberisch, die frühere Sprache Spaniens, oder Piktisch, eine vorkeltische Sprache Schottlands, können so erklärt werden.

Wie auch immer die Landwirtschaft ihren Weg in dieses oder jenes Gebiet gefunden hat – der Prozeß als Ganzes bietet eine in sich stimmige, deutlich abgesetzte Alternative zum herkömmlichen Bild der Verbreitung indoeuropäischer Sprachen nach Europa (Bilder 6 und 7): Die Einwanderer kamen nicht aus den Steppen, sondern aus Anatolien und um einige Jahrtausende früher (um 6500 vor Christus), als allgemein angenommen wurde. Aus meiner Hypothese folgt auch, daß die ersten Sprecher des Indoeuropäischen keine einfallenden Krieger mit einer zentral organisierten Gesellschaftsordnung waren, sondern friedliche Bauern, deren Gesellschaft im wesentlichen egalitär war und die im Laufe ihres Lebens vielleicht einige wenige Kilometer gewandert sind.

Konsequenzen

Es ergeben sich wichtige Folgerungen für die Vorgeschichte der Steppenregion Rußlands und für die europäische Vorgeschichte im allgemeinen. Insbesondere müssen demnach die Landwirtschaft und die frühen indoeuropäischen Sprachen die Regionen nordöstlich des Balkans von Westen her erreicht haben anstatt umgekehrt, wie von Childe und Gimbutas postuliert. Tatsächlich gibt es Spuren früher Bauerndörfer in der Ukraine, deren Weizen und Gerste fast mit Sicherheit vom Balkan stammen, wohin der Ackerbau von Anatolien über Griechenland gelangt war. Somit haben sich die ersten Sprecher des Früh-Indoeuropäischen in der Steppenregion wahrscheinlich in einer Sprache anatolischen Ursprungs verständigt, die vorher schon den Weg über Griechenland, Bulgarien und Rumänien genommen hatte.

Wenn man die Übernahme des Indoeuropäischen nach Europa bis 6500 vor Christus zurückverlegt, ergibt sich ganz allgemein eine größere Kontinuität in der europäischen Vorgeschichte, als bislang angenommen wurde. Demnach hat der heftige Bruch in der kulturellen Entwicklung zu Beginn der Bronzezeit, der in vielen Lehrbüchern unter dem Stichwort „Ankunft der Indoeuropäer" beschrieben wird, nicht stattgefunden. Es gab gleichfalls keine Diskontinuität in der Eisenzeit, die durch die Ankunft der Kelten in Nordeuropa ausgelöst worden wäre. Die Vorfahren des legendären Obelix, die Stonehenge, die Steinreihen im bretonischen Carnac und andere Megalithbauten in Europa schufen, waren demnach Indoeuropäer, aus deren Sprache sich die heutigen keltischen Sprachen entwickelt haben.

So gesehen erscheint die gesamte europäische Vorgeschichte als eine Abfolge stetiger Wandlungen und evolutionärer Anpassungen auf einer gemeinsamen früh-indoeuropäischen Grundlage, mit einigen wenigen nicht-indoeuropäischen Überbleibseln. Antrieb dieser Entwicklung war nicht eine Folge von Einwanderungen, sondern von komplexen Wechselwirkungen innerhalb eines Europa mit im wesentlichen landwirtschaftlich geprägter Ökonomie und indoeuropäischer Sprache.

Außereuropäische Parallelen

Ich habe mich bisher auf Europa konzentriert; doch ist die Hypothese, daß die Verbreitung einer Sprache mit der Verbreitung der Landwirtschaft gekoppelt ist, auch außerhalb dieses Kontinents anwendbar.

Aus archäologischen Zeugnissen geht hervor, daß Anatolien nicht die einzige Zone früher Domestikation war. Im gleichen Großraum existierten noch mindestens zwei Regionen, in denen sich mehr oder weniger selbständig die Landwirtschaft entwickelte: die Levante, ein 50 bis 100 Kilometer breiter Streifen an der Mittelmeerküste der heutigen Staaten Israel samt Westjordanien, Libanon und Syrien sowie die Zagros-Region in Irak und Iran (Bild 8).

Da das Fortschrittswellen-Modell der Bevölkerungsausbreitung im wesentlichen auf der Annahme beruht, mit Einführung der Landwirtschaft erhöhe sich die Bevölkerungsdichte, würde man erwarten, daß immer dort, wo Landwirtschaft entstanden ist, eine der europäischen vergleichbare Bevölkerungswelle sich ausgebreitet habe. Im Falle der Levante bestimmen die geographischen Verhältnisse, daß die Hauptausbreitungsrichtung südwärts auf die arabische Halbinsel und westwärts nach Nordafrika gewesen sein müßte. Die Welle aus der Zagros-Region hätte sich aus ähnlichen Gründen südöstlich und östlich nach Asien fortpflanzen müssen.

Mittlerweile häufen sich die Indizien, daß die Landwirtschaft in Afrika nördlich der Sahara nicht viel später einsetzte als in Europa. Dieser Prozeß war nach meiner Auffassung ein getreues Abbild des europäischen. Wie schlug sich dies in der Sprache nieder?

Im größten Teil Nordafrikas ist die vorherrschende Sprachgruppe die afroasiatische; diese umfaßt sowohl Altägyptisch und die Berbersprachen als auch die semitischen Sprachen, deren Ursprung man zuweilen in Arabien vermutet. Möglicherweise lassen sich all diese Sprachen zu einer früh-afroasiatischen Wurzel zurückverfolgen, die in dem Bereich erster Seßhaftigkeit in der Levante gesprochen wurde.

Aus der Zagros-Region würde man eine Verbreitung der Landwirtschaft nach Osten über den südlichen Iran bis nach Pakistan erwarten. In diesem Zusammenhang ist eine neuere Entdekkung des Sprachwissenschaftlers David McAlpin von der Universität London bemerkenswert: Elamitisch, eine Sprache des alten Reiches von Elam (heute ein Teil Chusestans im südwestlichen Iran), ist mit den drawidischen Sprachen Indiens verwandt. Möglicherweise hat die nach Südosten verlaufende

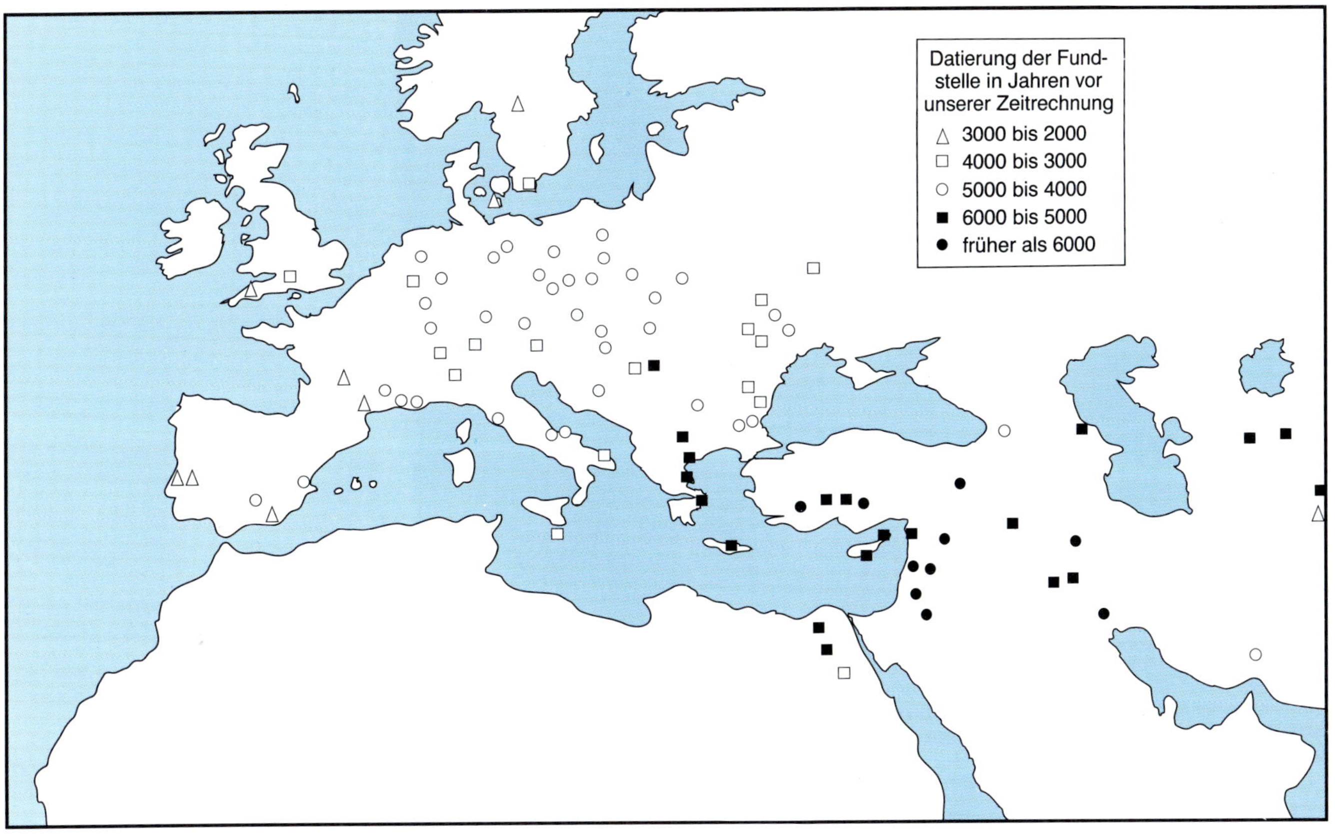

Bild 6: Die Ausbreitung der Landwirtschaft von ihrem Entstehungszentrum im Nahen Osten über ganz Europa dauerte etwas mehr als 2000 Jahre. Die Karte zeigt Fundstellen, an denen die für den frühen Ackerbau typischen Getreidesorten belegt sind. Der Anbau dieser Sorten erreichte Griechenland zwischen 6000 und 5000 vor Christus; 1000 Jahre später war er bereits bis ins heutige Deutschland und Polen verbreitet.

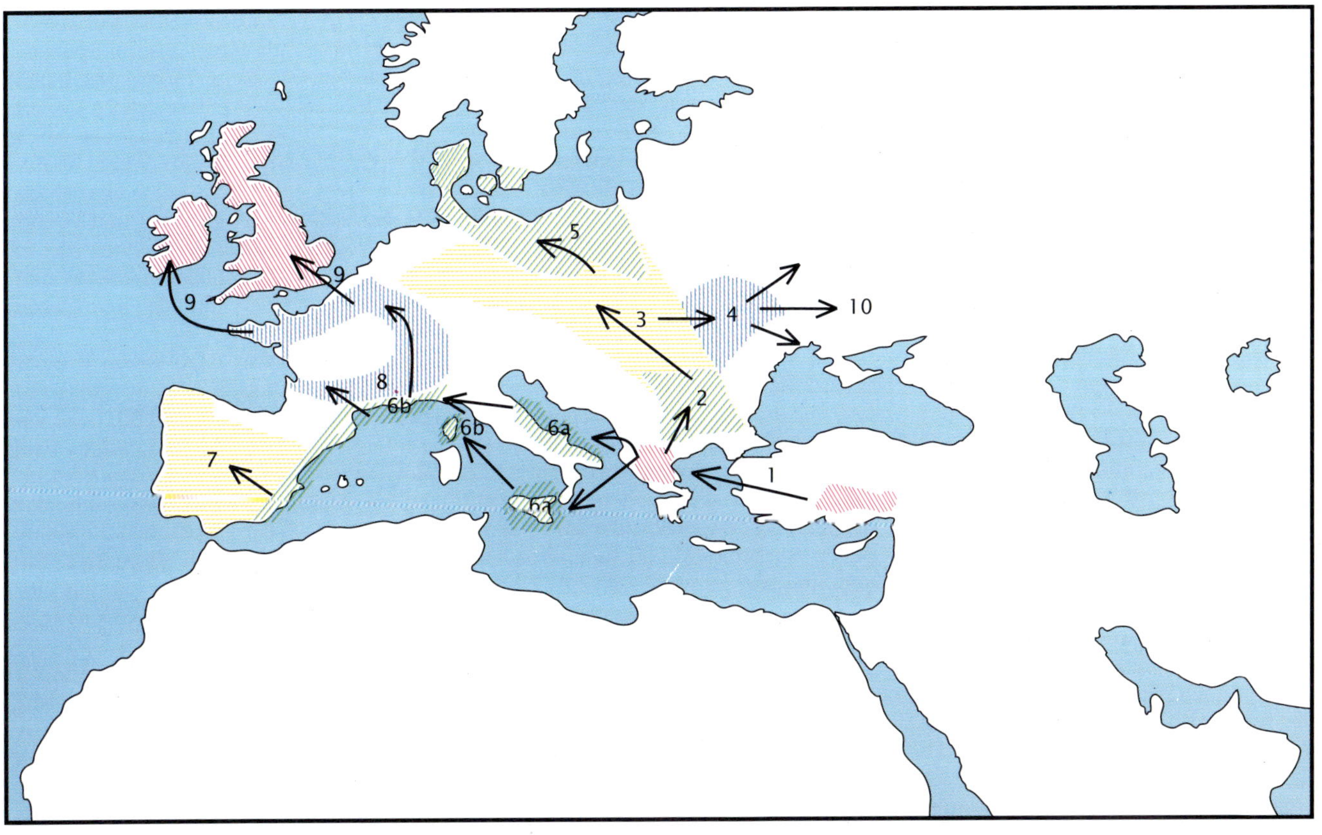

Bild 7: Im Gegensatz zur herkömmlichen Vorstellung läßt sich eine Aufeinanderfolge von Transformationen der Sprache parallel zur Ausbreitung der Landwirtschaft denken; sie sind hier numeriert. Die erste fand bei der Ausbreitung von den frühen landwirtschaftlichen Regionen Anatoliens, der Heimat der früh-indoeuropäischen Sprache, nach Zentralgriechenland statt, wo sich die Urform des späteren Griechisch entwickelte. Mit jeder weiteren Transformation zweigte jeweils eine neue Sprache oder Sprachengruppe vom bis dahin gebildeten Sprachenstammbaum ab.

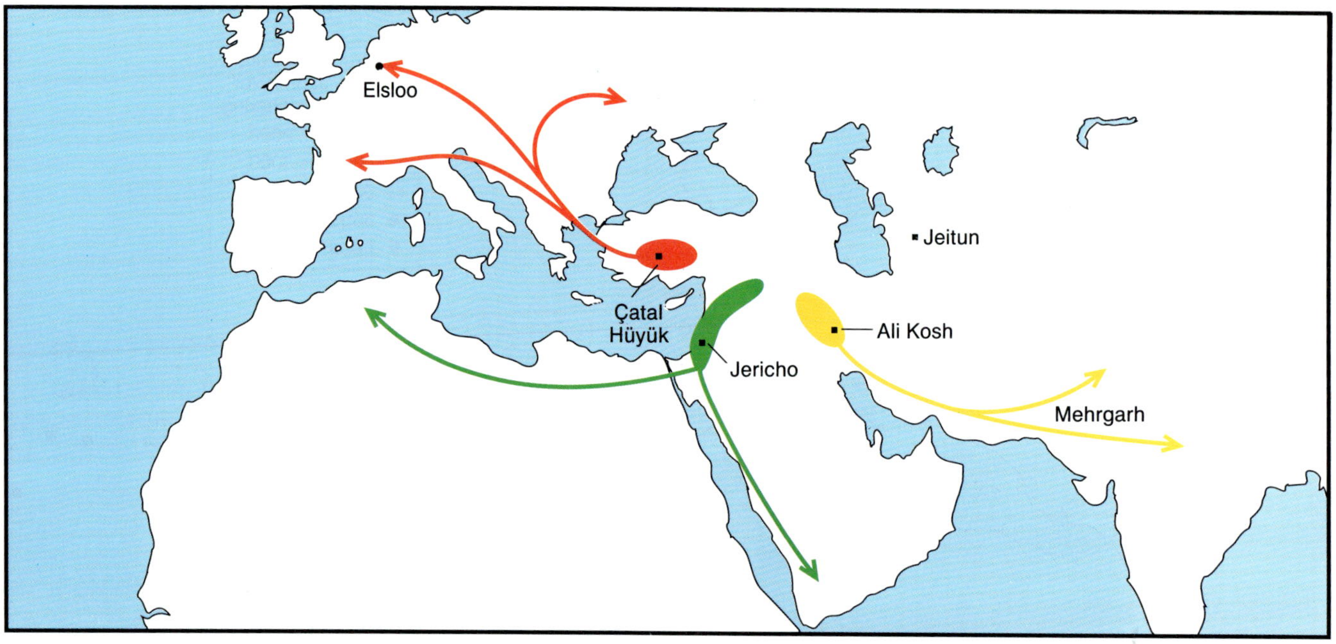

Bild 8: Es wird angenommen, daß die Landwirtschaft sich in drei Regionen des Nahen Ostens entwickelte, aus deren jeder sich eine große Sprachfamilie verbreitete. Der anatolische Bereich, in dem sich Çatal Hüyük befindet, kann die Wiege der indoeuropäischen Sprachen gewesen sein. Der zweite Bereich um Jericho war möglicherweise das Ursprungsland der Sprachen Ägyptens und Nordafrikas, das dritte Gebiet um Ali Kosh Quelle einer weiteren Sprachgruppe in Pakistan und Indien, die erst später durch Sprachen der indoeuropäischen Gruppe ersetzt wurde. Elsloo, Jeitun und Mehrgarh sind Fundplätze früher Agrarsiedlungen auf diesen drei großen Ausbreitungswegen. Die in der Karte gezeigten Ausbreitungswege sind zwar hypothetisch; einen gewissen Anhalt dafür bieten aber neue Erkenntnisse in Linguistik und Genetik.

Verbreitungswelle deren gemeinsame Vorläufersprache nach Indien und Pakistan gebracht. Erst später wäre dann das Früh-Drawidische von den heute in Indien gesprochenen indoeuropäischen Sprachen verdrängt worden.

Diese etwas erweiterte Fassung des Fortschrittswellen-Modells hat zur Folge, daß die Ursprachen der indoeuropäischen, der afroasiatischen und der drawidischen Sprachgruppe vor etwa 10000 Jahren recht nahe beieinander im Nahen Osten lokalisiert werden können. Diese Hypothese wird von neueren Erkenntnissen aus Linguistik und Genetik gestützt (vergleiche zur Genetik „Zähne als Zeugnisse für die Besiedlung des pazifischen Raums“ von C. G. Turner, Spektrum der Wissenschaft, April 1989).

Vor mehr als 20 Jahren schlugen die sowjetischen Sprachwissenschaftler Wladislaw M. Illitsch-Switytsch und Aron Dolgopolsky vor, eine Anzahl eurasischer Sprachfamilien – darunter die indoeuropäische, die afroasiatische und die drawidische – zu einer Großfamilie namens „Nostratisch“ zusammenzufassen. Die Rekonstruktion solcher Überfamilien, die einen Durchbruch in der Linguistik bedeuten würde, ist bislang noch umstritten (siehe auch „Die Sprachfamilien Amerikas und die Ursprache der Menschheit“ von Manfred Krifka, Monatsspektrum, Spektrum der Wissenschaft, Januar 1988). Die beiden sowjetischen Wissenschaftler haben ebenfalls Anatolien als das Ursprungsland der proto-indoeuropäischen Sprache vorgeschlagen. Da ich ihre Theorie nicht kannte, als ich meine Thesen aufstellte – sie wird jetzt erst allmählich im Westen bekannt –, ist die Übereinstimmung bemerkenswert.

Dies wird durch einige neue genetische Entdeckungen der Forschungsgruppen um Cavalli-Sforza und um Allan C. Wilson von der Universität von Kalifornien in Berkeley gestützt. Beide schlossen mit Hilfe statistischer Methoden von der Blutgruppenverteilung heute lebender Menschen auf deren genetische Verwandtschaft. Danach besteht eine vergleichsweise enge Verwandtschaft zwischen den Sprechern der afroasiatischen, der indoeuropäischen und der drawidischen Sprachen. Somit stimmen ihre Erkenntnisse mit der Hypothese von der nostratischen Sprachfamilie überein und vielleicht auch mit meiner Hypothese von der eng gekoppelten Ausbreitung von Landwirtschaft und Sprache.

Globale Entwirrung?

Betrachten wir zum Schluß die Dinge so global wie überhaupt möglich. Die Idee, Ursprachen und Sprachfamilien bis 10000 vor Christus zurückzuverfolgen, eröffnet letztlich den Weg zu einem besseren Verständnis des Gesamtphänomens der babylonischen Sprachenvielfalt.

Die meisten (wenn auch bei weitem nicht alle) Wissenschaftler glauben heute, daß die vollständige Sprachfähigkeit des heutigen Menschen erst mit dem *Homo sapiens sapiens* selbst, der anatomisch modernen Form unserer Spezies, entstanden ist. Neue Funde aus Israel und dem Süden Afrikas deuten darauf hin, daß dieser Übergang vor etwa 100000 Jahren stattfand. Wenig später verbreitete sich der bis heute überlebende Mensch von Afrika aus und bevölkerte weite Teile der Welt. Unter diesen biologischen Rahmenbedingungen sind die menschliche Sprache und deren Vielfalt zu erklären.

Das letzte Wort dazu ist noch nicht gesprochen. Obwohl ich mit umfassenden Betrachtungen abschließe, hatte ich zu Beginn ein recht beschränktes Ziel vor Augen: eine Kritik an den traditionellen Erklärungen des Ursprungs der indoeuropäischen Sprachen. Meine einstweilen vorläufige alternative Erklärung wird durch einige aktuelle linguistische und genetische Forschungen bestätigt.

Das endgültige Bild wird zweifellos viel komplexer sein als das von mir skizzierte, da es zahlreiche vorgeschichtliche und historische Epochen und eine Vielzahl theoretischer Modelle einbeziehen muß. Dennoch bin ich überzeugt, daß die Ausbreitung der Landwirtschaft von Anatolien nach Europa ein wesentlicher Bestandteil eines künftigen Gesamtbildes sein wird.

Die Frühgeschichte der indoeuropäischen Sprachen

Die Urmutter dieser Sprachenfamilie stammt nicht aus Europa, sondern aus Asien. Aus linguistischen Forschungen ergeben sich ein neuer Wanderungsweg und ein neuer Stammbaum für die verschiedenen Glieder der Familie. Damit verschwimmt die früher deutliche Trennung zwischen einem östlichen und einem westlichen Zweig.

Von Thomas W. Gamkrelidse und Wjatscheslaw W. Iwanow

Die Linguistik, die Wissenschaft von der Sprache, kann tiefer in die Vergangenheit des Menschen zurückgreifen als die ältesten schriftlichen Zeugnisse. Durch Vergleich verwandter Sprachen rekonstruiert sie zunächst deren unmittelbare Vorfahren und dringt schließlich bis zum gemeinsamen Urahn der ganzen Familie, der sogenannten Ursprache, vor. Diese wiederum gibt uns Aufschluß über die Umwelt und die Lebensweise ihrer Sprecher und erlaubt damit Rückschlüsse auf die Region und die Zeit, in der sie lebten.

Die heutige Linguistik ist aus dem Studium der indoeuropäischen Sprachfamilie entstanden, die mit Abstand die größte Anzahl an Sprachen und Sprechern hat (Bild 1). Fast die Hälfte der Weltbevölkerung spricht eine indoeuropäische Sprache als Muttersprache; nicht von ungefähr gehören sechs der zehn Sprachen, in denen diese Zeitschrift erscheint – Englisch, Französisch, Deutsch, Italienisch, Russisch und Spanisch –, zu dieser Großfamilie.

In den vergangenen 200 Jahren Rekonstruktionsarbeit hat die Linguistik ein immer vollständigeres, konsistenteres und damit auch gesicherteres Bild der hypothetischen indoeuropäischen Ursprache gewonnen. Sie versucht aufzudecken, auf welchen Wegen sich die Ursprache in Tochtersprachen verzweigte, die sich ihrerseits später über den eurasischen Kontinent ausbreiteten, und sucht im gemeinsamen Ausgangspunkt dieser Wege die Heimat der Ursprache selbst.

Die frühen Linguisten verlegten dieses Ursprungsland nach Europa und postulierten Wanderungswege, auf denen sich die Tochtersprachen in zwei wohlunterschiedene Zweige, einen östlichen und einen westlichen, entwickelten. Dagegen ergibt sich aus unseren eigenen Forschungen, daß die Ursprache vor mehr als 6000 Jahren in Ostanatolien entstanden ist und daß einige Tochtersprachen im Verlauf der Sprachdifferenzierung zuerst nach Osten und später nach Westen gewandert sind. Es ist bemerkenswert, daß Archäologen, deren Arbeit ja auf ganz anderem Material basiert, im wesentlichen zum gleichen Ergebnis gekommen sind (siehe den Beitrag „Der Ursprung der indoeuropäischen Sprachfamilie" von Colin Renfrew in diesem Band).

Die Rekonstruktion toter Sprachen ist dem Verfahren vergleichbar, mit dem die Molekularbiologen genetische Stammbäume aufstellen: Man sucht bei Lebewesen ganz verschiedener Arten nach Molekülen ähnlicher Funktion oder Bauweise und versucht daraus auf die Eigenschaften einer hypothetischen gemeinsamen Urahnen-Zelle zu schließen. Entsprechend sucht der Linguist Übereinstimmungen in Grammatik, Wortschatz und Aussprache unter den bekannten Sprachen, um ihre unmittelbaren Vorfahren und am Ende einer langen Kette die Ursprache zu rekonstruieren.

Die Aussprache lebender Sprachen zu vergleichen ist nicht schwer; auch gibt es in der Regel ausreichend viele linguistische Anhaltspunkte, um die Aussprache toter Sprachen, die schriftlich überliefert sind, zu rekonstruieren. Tote Sprachen ohne schriftliche Zeugnisse können jedoch nur rekonstruiert werden, indem man ihre Nachfahren vergleicht und die empirischen Gesetze der Lautveränderung in die Vergangenheit extrapoliert. Die Phonologie (Lautlehre) ist für die historische Sprachwissenschaft von überragender Bedeutung, weil sich Laute über die Jahrhunderte hinweg weniger verändern als Bedeutungen.

Gesetze der Lautveränderung

Die ersten Erforscher der indoeuropäischen Sprachen konzentrierten sich auf die Sprachfamilien, die ihnen als Europäern am geläufigsten waren: die romanische, die keltische, die germanische, die baltische und die slawische. Schon im 16. Jahrhundert allerdings hatten europäische Reisende Ähnlichkeiten zwischen diesen und den arischen Sprachen des weit entfernten Indien bemerkt. Der britische

Orientalist und Jurist Sir William Jones (1746 bis 1794), der mit seiner Kenntnis von 28 Sprachen über beispiellose Vergleichsmöglichkeiten verfügte, äußerte 1786 erstmalig die Vermutung, sie könnten alle einen gemeinsamen Vorfahren haben; damit begründete er die (später so genannte) indoeuropäische Hypothese, die für die Pioniere der historischen Sprachwissenschaft im 19. Jahrhundert Hauptmotiv ihrer Forschung wurde.

Die frühen Rekonstruktionen der Ursprache gründen wesentlich auf dem Grimmschen Gesetz der Lautverschiebung, nach welchem Konsonanten einer Gruppe im Verlauf der Zeit in regelmäßiger und voraussagbarer Weise durch Konsonanten einer anderen Gruppe ersetzt werden. Jacob Grimm (1785 bis 1863), der 1822 dieses Ge-

Bild 1: Der Stammbaum der indoeuropäischen Sprachen kann auf eine Ursprache zurückgeführt werden, die vor mehr als 6000 Jahren gesprochen wurde – und zwar, den Autoren zufolge, im Nahen Osten. Diese löste sich in Dialekte auf, aus denen sich verschiedene Sprachen entwickelten; diese spalteten sich ihrerseits in Generationen von Tochtersprachen. Tocharisch, eine tote Sprache Asiens, hat Verbindungen zum Keltischen, einer alten europäischen Sprache. Ähnlichkeiten zwischen der balto-slawischen und der indo-iranischen Sprachfamilie deuten darauf hin, daß sie sich gegenseitig beeinflußten, bevor ihre Sprecher sich trennten und nach Norden beziehungsweise Süden wanderten. Tote Sprachen sind kursiv, Sprachen, die keine schriftlichen Zeugnisse hinterließen, in eckigen Klammern angegeben.

setz formulierte, ist freilich besser bekannt durch die Märchen, die er zusammen mit seinem Bruder Wilhelm (1786 bis 1859) gesammelt hat.

Das Grimmsche Gesetz lieferte unter anderem eine Erklärung, warum einige Konsonanten in den germanischen Sprachen erhalten geblieben sind, obwohl der generelle Trend die Ersetzung harter Konsonanten durch weiche ist. Anscheinend waren an die Stelle der weichen, stimmhaften (mit einem kurzen Schwingen der Stimmbänder gesprochenen) Konsonanten *b*, *d* und *g* der Ursprache die jeweils entsprechenden stimmlosen Konsonanten *p*, *t* und *k* getreten – nach dem Grimmschen Gesetz hatte eine sogenannte Entstimmung dieser Konsonanten stattgefunden. (Ein Laut wie *p* wird ohne Schwingen der Stimmbänder gesprochen). Daher gilt das sanskritische *dhar* als archaische Form des englischen *draw*, und dieses wiederum hält man für archaischer als das deutsche *tragen* (alle drei Wörter sind bedeutungsverwandt).

Mit Hilfe solcher Prinzipien rekonstruierten die Linguisten einen indoeuropäischen Wortschatz, der seinerseits Auskunft über die Lebensumstände seiner Sprecher gibt. Die Wörter beschreiben eine Landschaft und eine Klimazone, die man ursprünglich nach Europa zwischen den Alpen im Süden und der Ost- und Nordsee im Norden lokalisierte.

Nach neueren Erkenntnissen hingegen ist die Heimat der indoeuropäischen Ursprache im westlichen Asien zu suchen. Drei Generationen von Archäologen und Sprachwissenschaftlern entdeckten und entzifferten Schriftzeugnisse nahezu eines Dutzends alter Sprachen; die Fundstellen reichen von der heutigen Türkei bis ins weit im Osten gelegene Chinesisch-Turkestan, wo die Sprecher des Tocharischen lebten. Ihre Funde und Befunde zusammen mit neuen Fortschritten in der theoretischen Linguistik erzwangen eine grundsätzliche Revision der Theorie der Sprachentwicklung.

Nach den neuen Erkenntnissen muß die Landschaft, von der die Ursprache geprägt worden ist, irgendwo im sogenannten Fruchtbaren Halbmond liegen, einem langen, gekrümmten Landstreifen, der sich vom Balkan südostwärts nach Anatolien (dem asiatischen Teil der heutigen Türkei) und entlang der Südküste des Schwarzen Meeres bis zum Kaukasus erstreckt (Bild 2). Hier muß der revolutionäre Übergang zur Seßhaftigkeit und zur Landwirtschaft stattgefunden haben. Der dadurch bereitgestellte Überfluß an Gütern veranlaßte die Indoeuropäer, Dörfer und Stadtstaaten zu gründen, von denen aus sie vor etwa 6000 Jahren den eurasischen Kontinent und damit die Bühne der geschichtlichen Überlieferung betraten.

Zeugnisse früher Sprachen

Einige von ihnen drangen um etwa 2000 vor Christus von Osten her nach Anatolien ein und gründeten das hethitische Reich, das spätestens um 1400 vor Christus ganz Anatolien beherrschte. Seine Amtssprache gehört zu den ersten verschrifteten indoeuropäischen Sprachen.

Zu Beginn dieses Jahrhunderts entzifferte Bedřich Hrozný, ein in Wien und später in Prag lehrender Linguist, hethitische Keilschrifttafeln, die in der Bibliothek der Hauptstadt Hattusa, 200 Kilometer östlich des heutigen Ankara, gefunden worden waren. Die Bibliothek enthielt auch Tafeln in zwei verwandten Sprachen: Luwisch und Palaisch. Die Entwicklung des Luwischen konnte in späteren hieroglyphischen Inschriften verfolgt werden, die um 1200 vor Christus nach dem Untergang des hethitischen Reiches verfaßt worden waren. In diesen Sprachen manifestierte sich die anatolische Sprachfamilie. Zur gleichen Familie zählen die Linguisten auch das (dem Hethitischen verwandte) Lydische und das (dem Luwischen verwandte) Lyki-

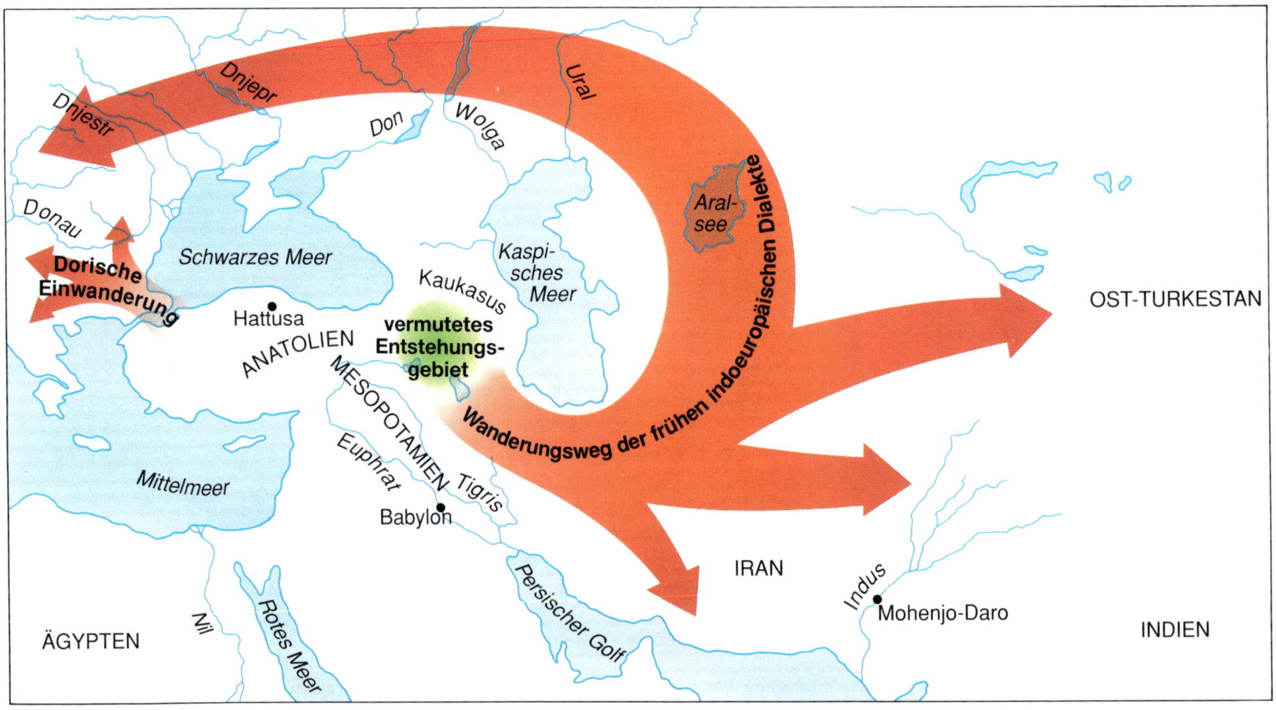

Bild 2: Wanderungen entfernten die indoeuropäische Ursprache von ihrer Heimat, die die Verfasser südlich des Kaukasus ansiedeln, und zersplitterte sie in Dialekte. Einige breiteten sich westlich nach Anatolien und Griechenland aus, andere südöstlich nach Iran und Indien. Die meisten westlichen Sprachen stammen von einem östlichen Zweig ab, der das Kaspische Meer umrundete. Beim Kontakt mit den semitischen Sprachen Mesopotamiens und mit den kartwelischen Sprachen im Kaukasus wurden viele Fremdwörter übernommen.

sche, die durch Inschriften aus dem letzten Jahrtausend vor Christus bekannt sind.

Das Auftreten des Hethitischen und anderer anatolischer Sprachen um die Wende vom dritten zum zweiten vorchristlichen Jahrtausend liefert den Forschern eine zeitliche Schranke für die Aufspaltung der indoeuropäischen Ursprache. Da bereits zu dieser Zeit Tochtersprachen der anatolischen Ursprache existierten, muß wiederum diese sich spätestens im vierten vorchristlichen Jahrtausend – und möglicherweise viel früher – von ihrer Mutter-Sprache getrennt haben.

Diese Folgerung wird durch das gestützt, was über die nach der Abspaltung der anatolischen Sprachen verbliebenen Mitglieder der indoeuropäischen Sprachen-Großfamilie bekannt ist. Von diesen stammen die Sprachen ab, die in die geschriebene Geschichte hinein weiterlebten.

Ihren frühesten Zweig bildete die griechisch-armenisch-indo-iranische Sprachgemeinschaft. Diese muß schon im vierten Jahrtausend vor Christus entstanden sein, denn in der Mitte des dritten Jahrtausends teilte sie sich bereits wieder in zwei Gruppen: die indo-iranische und die griechisch-armenische.

Aus den Keilschrifttafeln von Hattusa geht weiter hervor, daß spätestens in der Mitte des zweiten Jahrtausends aus der indo-iranischen Gruppe die churritische Sprache entstanden war, die im Reich Mitanni an der südöstlichen Grenze Anatoliens gesprochen wurde und sich schon vom Altindischen (häufig Sanskrit genannt) und dem Altiranischen unterschied. Die Sprache kretisch-mykenischer Texte aus derselben Zeit, die in den frühen fünfziger Jahren von den britischen Gelehrten Michael G.F. Ventris und John Chadwick entziffert wurden, entpuppte sich als ein bis dahin unbekannter Dialekt des Griechischen. All diese Sprachen waren vom Armenischen abgezweigt.

Eine weitere Sprachfamilie, die sich relativ früh von der indoeuropäischen Ursprache trennte, ist die tocharische. Das Tocharische wurde erst in den ersten Jahrzehnten dieses Jahrhunderts in Texten aus dem chinesischen Turkestan identifiziert. Diese Texte waren verhältnismäßig leicht zu entziffern, weil sie in einer Variante der aus Indien stammenden Brahmi-Schrift verfaßt wurden und hauptsächlich Übersetzungen bekannter buddhistischer Schriften waren.

Vor kurzer Zeit stellte der britische Gelehrte W.H. Henning die These auf, die Tocharer seien mit den Gutäern identisch. Dieser Name erscheint in babylonischen Keilschriften, die ihrerseits in Akkadisch, einer semitischen Sprache, geschrieben sind und aus der Zeit Ende des dritten Jahrtausends stammen, als der König Sargon das erste Großreich Mesopotamiens schuf. Wenn Hennings Ansichten zutreffen, dann sind die sogenannten Tocharer die ersten Indoeuropäer, die in der schriftlich niedergelegten Geschichte des Nahen Ostens erscheinen. Ähnlichkeiten im Wortschatz des Tocharischen und des Italo-Keltischen deuten darauf hin, daß die Sprecher beider Sprachfamilien in der indoeuropäischen Heimat engeren Kontakt miteinander hatten, bevor erstere nach Osten wanderten.

stimmhaft	stimmhaft, aspiriert	stimmlos
(b)	*bh*	*p*
d	*dh*	*t*
g	*gh*	*k*
glottalisiert	**stimmhaft/stimmhaft, aspiriert**	**stimmlos/stimmlos, aspiriert**
(p')	*b/bh*	*p/ph*
t'	*d/dh*	*t/th*
k'	*g/gh*	*k/kh*

Bild 3: Drei Gruppen von Verschlußlauten (Konsonanten, die durch Unterbrechung des Luftwegs gebildet werden) waren charakteristisch für die indoeuropäische Ursprache. Nach dem klassischen Modell (oben) war eine Gruppe stimmhaft (von einem kurzen Schwingen der Stimmbänder begleitet wie das *g* in „Tiger"), eine zweite war stimmhaft und aspiriert (gefolgt von einem *h*-Laut) und die dritte stimmlos (wie das *k* in „Kind"). In dem hier vorgestellten Modell (unten) besteht die erste Gruppe aus glottalisierten Lauten; der Luftweg wird in der Nähe der Stimmbänder unterbrochen, so wie ein Dortmunder das *t* in „Dortmund" auszusprechen pflegt. Die zweite Gruppe enthält stimmhafte und stimmhaft-aspirierte, die dritte stimmlose und stimmlos-aspirierte Formen. Glottalisierte Verschlußlaute sind mit Apostroph, in der Ursprache fehlende Verschlußlaute in Klammern angegeben.

Rekonstruktion des Sprachenstammbaums

Die vielfach verzweigten Wanderungswege der Menschen und ihrer Sprachen können jetzt bis zu einer gemeinsamen indoeuropäischen Ursprache und deren Heimat zurückverfolgt werden. Dies folgt aus der obengenannten Revision der phonologischen Regeln.

Zum Beispiel gibt es eine unumstrittene Besonderheit des Lautsystems der Ursprache: die fast völlige Abwesenheit eines der drei Labiale (der mit den Lippen gebildeten Konsonanten) *p*, *b* und *w*. Nach der bisherigen Vorstellung war *b* der fehlende Konsonant. Neuere phonologische Forschungen erbrachten genau das Gegenteil: Wenn einer der drei Labiale in einer Sprache fehlt, dann am ehesten nicht derjenige, der im Deutschen als *b* geschrieben wird.

Deshalb entschieden wir uns, das gesamte für die Ursprache postulierte Konsonantensystem zu überprüfen, und schlugen schon 1972 ein neues System vor. Es ist nach wie vor Gegenstand der wissenschaftlichen Diskussion. Diese konzentriert sich aber mittlerweile verstärkt auf die Frage, welche Eigenschaften die indoeuropäische Ursprache mit anderen Sprachfamilien gemein hat – Ziel der Suche ist die Ursprache der Menschheit schlechthin, von der man nun erste Ahnungen zu haben meint (vergleiche „Die Sprachfamilien Amerikas und die Ursprache der Menschheit" von Manfred Krifka, Monatsspektrum, Spektrum der Wissenschaft, Januar 1988).

Nach der klassischen Theorie werden die sogenannten Verschlußlaute – jene Konsonanten, die durch Unterbrechung des Luftstroms gebildet werden – in drei Kategorien eingeteilt (Bild 3 oben). Der labiale Verschlußlaut *b* erscheint in der ersten Spalte als stimmhafter Konsonant; er ist eingeklammert, weil sein Fehlen in der Ursprache vermutet wird. In die gleiche Gruppe gehören die zwei stimmhaften Verschlußlaute *d* (Verschluß zwischen der Zungenspitze und dem harten Gaumen) und *g* (Verschluß zwischen Zungenrücken und Gaumensegel).

Hingegen werden in dem von uns entwickelten Schema (Bild 3 unten)

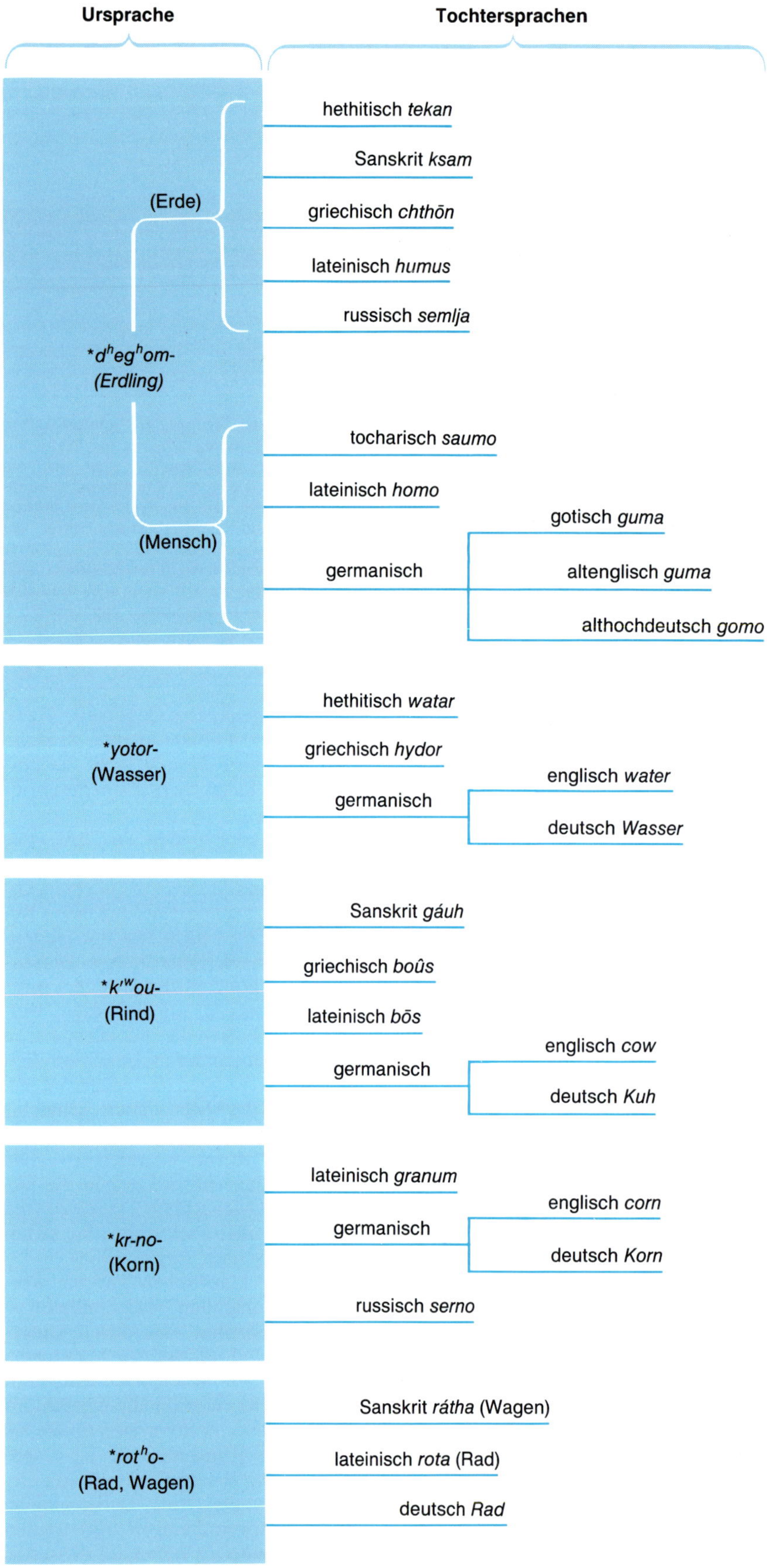

Bild 4: Die Stammbäume der Wörter können so weit zurückverfolgt werden, wie es schriftliche Zeugnisse gibt; für die Zeit davor werden sie durch die Anwendung von Lautentwicklungsregeln rekonstruiert. Rekonstruierte Wörter sind durch einen Stern gekennzeichnet. In vielen indoeuropäischen Sprachen lassen sich sowohl die Wörter für „Mensch" als auch die für „Erde" von der ursprachlichen Wortwurzel *$d^h eg^h om$- herleiten.

die entsprechenden Konsonanten mit einem Knacklaut (Glottisschlag) gebildet. Dieser entsteht durch Schließen des Kehlkopfes bei den Stimmbändern, was den nach außen gerichteten Luftstrom unterbricht. In unserem Schema ist der stimmlose, labiale Verschlußlaut (p') der fehlende Laut (der Strich bezeichnet den Glottisschlag); in derselben Gruppe folgen t' und k', die sich zu ihren stimmhaften Gegenstücken d beziehungsweise g verhalten wie (p') zu (b).

Glottisschläge kommen in vielen verschiedenen, vor allem kaukasischen Sprachfamilien vor. Der glottalisierte Verschlußlaut, eine sehr harte Form eines Konsonanten, neigt allerdings dazu, schwächer zu werden und in den meisten Sprachen der Welt gänzlich zu verschwinden. Deshalb vermuteten wir, daß unter den labialen Verschlußlauten eher das p' als das b dasjenige war, das aus der indoeuropäischen Ursprache verschwand.

Unser indoeuropäisches Glottalsystem, das durch den phonologischen Vergleich lebender und geschichtlich bezeugter indoeuropäischer Sprachen konstruiert wurde, scheint uns plausibler zu sein als das klassische System. Die fast völlige Abwesenheit des labialen Phonems (p') läßt sich auch im Rahmen der Entwicklung der zwei anderen glottalisierten Verschlußlaute und des ganzen in Bild 3 gezeigten Systems zwanglos erklären.

Rekonstruktion der Entwicklungswege

Bei unserer Revision des indoeuropäischen Konsonantensystems haben wir auch die Entwicklungswege der Ursprache zu den historisch belegten indoeuropäischen Sprachen in Frage gestellt. Nach unserer Rekonstruktion der Ursprachen-Konsonanten stehen diese denen der germanischen, der armenischen und der hethitischen Tochtersprache näher als denen des Sanskrit. Das stellt die klassische Vorstellung genau auf den Kopf, nach der die erstgenannten Sprachen eine systematische Lautverschiebung durchgemacht hätten, während das Sanskrit das ursprüngliche Lautsystem getreulich beibehalten hätte.

Die Verwandlung der Konsonanten beim Übergang von Mutter- zu Tochtersprache sei an dem Wort für „Rind" beispielhaft erläutert. Das entsprechende Wort in Sanskrit ist *gáuh* und im Griechischen *boûs;* es ist seit langem unbestritten, daß das deutsche *Kuh*, das englische *cow* sowie *boûs* und *gáuh* von einem gemeinsamen indoeuropäischen Urwort abstammen. Dieses Wort hat aber je nach Lautsystem verschiedene Formen: Im Glottalsystem heißt es *$k'^{w}ou$- mit dem stimmlosen Konsonanten (der Stern vor einem Wort kennzeichnet es als rekonstruiert, das hochgestellte ^{w} deutet eine Rundung der Lippen an), was es den entsprechenden Wörtern im Englischen und im Deutschen lautlich näher rückt als denen im Griechischen oder im Sanskrit. Im klassischen System heißt das Wort **gwou*, was fast die gleiche Form hat wie im Sanskrit.

Nach dem Grimmschen Gesetz würde die Verwandlung von **gwou* zum deutschen Wort *Kuh* die Entstimmung des ersten Konsonanten von *g* nach *k* erfordern. Hier zeigt sich die Stärke des glottalischen Systems: Es erübrigt die Annahme einer gegen den allgemeinen Trend verlaufenden Entstimmung und setzt die stimmlosen Verschlußlaute in den germanischen Sprachen mit stimmlosen glottalisierten Verschlußlauten der indoeuropäischen Ursprache in Beziehung. So gesehen, sind die germanischen Sprachen archaischer als Sanskrit und Griechisch, und das glottalische System ist konservativer als das klassische, indem es mit weniger Laut-Transformationen auskommt und insbesondere die schwierig zu begründende Entstimmung vermeidet.

Die Wörter und die Welt der frühen Indoeuropäer

Wir können mehr über die frühesten Indoeuropäer aus anderen Elementen ihres rekonstruierten Wortschatzes lernen: Einige Wörter beschreiben eine landwirtschaftliche Technik, die bereits um das Jahr 5000 vor Christus existiert hat.

Zu dieser Zeit hatte sich die landwirtschaftliche Revolution schon von ihren Ursprüngen im Fruchtbaren Halbmond, wo der erste archäologische Nachweis für Landwirtschaft bis 8000 vor Christus zurückreicht, nach Norden ausgebreitet. Von demselben Gebiet breitete sich die Landwirtschaft auch in Richtung Süden aus, wo sie für die Zivilisationen Mesopotamiens die materielle Basis lieferte, und westwärts nach Ägypten. Die indoeuropäischen Wörter für Gerste, Weizen und Flachs, für Äpfel, Kirschen, Maulbeeren und deren Bäume, für Trauben und Weinstöcke sowie für verschiedene Geräte, mit denen sie angebaut und geerntet wurden, lassen auf eine Lebensweise schließen, die in Nordeuropa bis zum dritten oder zweiten vorchristlichen Jahrtausend – der Zeit der ersten archäologischen Zeugnisse – unbekannt war.

Die Landschaft, die von der rekonstruierten Ursprache bezeichnet wird, ist gebirgig – wie aus den vielen Wörtern für hohe Berge, Bergseen und reißende, von Bergquellen gespeiste Flüsse bezeugt wird. Ein solches Bild paßt weder zum mitteleuropäischen Flachland noch zu den Steppen nördlich des Schwarzen Meeres, die ersatzweise als Heimat der Indoeuropäer favorisiert wurden, dagegen sehr gut zur Landschaft Ostanatoliens und Transkaukasiens, die durch den erhabenen Kaukasus begrenzt wird. Die Flora dieser Region findet sich in Wörtern für Bergeiche, Birke, Buche, Hainbuche, Esche, Weide, Eibe, Pinie oder Tanne, Heidekraut und Moos. Außerdem hat die Sprache Namen für Tiere, die nicht in Nordeuropa heimisch sind: Leopard, Schneeleopard, Löwe, Affe und Elefant.

Die Existenz eines Wortes für „Buche" wurde übrigens als Argument zugunsten des europäischen Flachlandes und gegen die untere Wolga als mutmaßliche indoeuropäische Heimat angeführt. In der Tat wächst die Buche nicht östlich einer Linie von Danzig an der Ostsee bis zur nordwestlichen Ecke des Schwarzen Meeres. Zwei Buchenarten (*Fagus orientalis* und *Fagus sylvatica*) gedeihen aber in der heutigen Türkei. Gegen das sogenannte Buchen-Argument steht das Eichen-Argument: Paläobotanische Beweise zeigen, daß die Eiche (die zum Wortschatz der rekonstruierten Sprache gehört) im nacheiszeitlichen Nordeuropa nicht heimisch war, sondern sich erst um die Wende vom vierten zum dritten Jahrtausend allmählich aus dem Süden dorthin ausbreitete.

Einen weiteren bedeutenden Hinweis liefern die Bezeichnungen für den beräderten Transport. Es gibt Wörter für „Rad" (**rot^{h}o-*), „Achse" (**hak^{h}s-*), „Joch" (**iuk'om*) und dazugehörige Geräte. (Das hochgestellte ^{h} bezeichnet den aspirierten Laut.) „Pferd" heißt **ek^{h}os* und „Fohlen" **p^{h}olo*. Namen für die bronzenen Beschläge eines Wagens und für die Bronzewerkzeuge, mit denen die Wagen aus dem Laubholz der Berge hergestellt wurden, enthalten Wortbestandteile, die das Schmelzen von Metall bezeichnen. Petroglyphen, in Stein gehauene Symbole, die im Gebiet vom Transkaukasus bis zum oberen Mesopotamien zwischen den Van- und Urmia-Seen gefunden wurden, sind die frühesten Bilder von Wagen, die von Pferden gezogen werden (Bild 5).

Die vermutete Heimat der Indoeuropäer ist zumindest eines der Gebiete, in denen im vierten Jahrtausend vor Christus das Pferd endgültig domestiziert und als Zugtier eingespannt wurde. Von hier aus breiteten sich im dritten und zweiten Jahrtausend Fahrzeuge auf Rädern zusammen mit der Wanderung der Indoeuropäer aus – in Richtung Osten nach Zentralasien, nach Westen in den Balkan und in einem großen Bogen um das Schwarze Meer herum nach Mitteleuropa.

Gemeinsame Sagen und religiöse Inhalte

Der Wagen ist ein bedeutender Beweis für den Austausch unter den Kulturen, da er sowohl bei den indoeuropäischen Völkern als auch bei den Mesopotamiern eine wesentliche Rolle in Bestattungs- und anderen religiösen Riten spielte. Der Kontakt zu anderen westasiatischen Kulturen wird aber auch durch gemeinsame mythologische Themen bezeugt – zum Beispiel den Diebstahl der Äpfel der Hesperiden durch Herakles und ähnliche altnordische und keltische Sagen.

Außerdem identifizieren sowohl die semitischen wie auch die indoeuropäischen Sprachen den Menschen mit der Erde. Im Hebräischen bedeutet *adam* „der Mensch" und *adamah* „die Erde"; beide stammen von einer Wurzel in der semitischen Vorgängersprache ab (vergleiche die biblische Schöpfungsgeschichte: „Und Gott der Herr machte den Menschen aus einem Erdenkloß..."). Die Fremdwörter „human" und „Humus" im Deutschen entstammen auf dem Weg über die lateinischen Wörter *homo* und *humus* dem urindoeuropäischen Word **d^{h}eg^{h}om-*, das zugleich „Erde" und „Mensch" („Erdling") bedeutet.

Auf den Ursprung der indoeuropäischen Sprachen in Ostanatolien lassen auch zahlreiche Wörter schließen, die aus damals dort heimischen Sprachen entlehnt wurden: Semitisch, Kartwelisch, Sumerisch und sogar Ägyptisch. Umgekehrt gab auch das Indoeuropäische Wörter an jede dieser Sprachen weiter. Der prominente sowjetische Pflanzengenetiker Nikolai I. Wawilow fand ein eindrucksvolles Beispiel für einen solchen Austausch: das russische *vinograd* („Traube"), das italische *vino* und das germanische *wein* („Wein"). Diese lassen sich alle bis zu dem indoeuropäischen **woi-no* (oder **wei-no*), dem früh-semitischen **wajnu*, dem ägyptischen **wns*, dem kartwelischen **wino* und dem hethitischen **wijana* zurückverfolgen.

Wir müssen einräumen, daß es in dem weiten Gebiet, in dem wir die

Heimat der Indoeuropäer angesiedelt haben, kein archäologisches Zeugnis einer Kultur gibt, die eindeutig als indoeuropäisch klassifiziert werden könnte. Immerhin haben die Archäologen an einer Anzahl von Stätten Relikte einer materiellen und spirituellen Kultur vorgefunden, die zumindest derjenigen ähnlich ist, die im indoeuropäischen Wortschatz ihren Niederschlag gefunden hat.

So schmückten die Menschen der Tall-Halaf-Kultur Nordmesopotamiens ihre Gefäße mit religiösen Symbolen – solchen der Männlichkeit wie Stierhörnern und manchmal Widderköpfen sowie stilisierten Leopardenfellen –, die auch in der etwas jüngeren Çatal-Hüyük-Kultur des siebten Jahrtausends vor Christus in Westanatolien zu finden sind. Beide Kulturen haben Ähnlichkeiten mit der späteren transkaukasischen Kultur eines Gebietes, das sich entlang der Flüsse Kura und Arax erstreckt und den Südteil Transkaukasiens, Ostanatolien und den nördlichen Iran umfaßt.

Bild 5: Petroglyphen aus der Usbekischen Sowjetrepublik (aus dem zweiten oder dritten vorchristlichen Jahrtausend) liefern eine archäologische Bestätigung für die linguistisch begründete Behauptung, daß die Indoeuropäer bespannte Wagen besaßen. Fuhrwerke wie die hier symbolhaft in Stein gezeichneten erleichterten die Landwirtschaft und die Wanderungen, die von wachsendem Bedarf an Weide- und Ackerland ausgelöst wurden.

Einzelheiten der Wanderung

In den 2000 Jahren, bevor die in der Heimat verbliebenen Indoeuropäer ihre Geschichte aufzuschreiben begannen, bescherte ihnen die landwirtschaftliche Revolution eine echte Bevölkerungsexplosion. Wir dürfen vermuten, daß der Bevölkerungsdruck die aufeinanderfolgenden Wanderungswellen der Indoeuropäer zu fruchtbaren, noch nicht kultivierten Gebieten ausgelöst hat.

Die linguistisch begründete Verlegung des Ursprungslands von Nordeuropa nach Kleinasien erzwingt eine tiefgreifende Revision der Theorien über die Wanderungswege, auf denen sich die indoeuropäischen Sprachen über den eurasischen Kontinent ausgebreitet haben. Insbesondere sind die hypothetischen Arier, die angeblich die sogenannte arische oder indo-iranische Sprache von Europa nach Indien trugen – und von den Nationalsozialisten als nordische Übermenschen zwangsverpflichtet wurden –, in Wirklichkeit echte Indo-Iraner, die den erheblich plausibleren Weg von Kleinasien am Westrand des Himalaja vorbei und hinab durch das heutige Afghanistan zurücklegten, um sich schließlich in Indien niederzulassen. Daher ist Europa nicht als der Ausgangs-, sondern vielmehr als ein Endpunkt der indoeuropäischen Wanderung anzusehen.

Die Sprecher des Hethitischen, des Luwischen und anderer anatolischer Sprachen wanderten über verhältnismäßig kurze Entfernungen innerhalb ihrer Heimat, und ihre Sprachen starben dort mit ihnen aus. Die ausgedehnteren Wanderungen der Sprecher der griechisch-armenisch-indo-iranischen Dialekte begannen hingegen mit Auflösung des Kerns der indoeuropäischen Sprachgemeinschaft im dritten vorchristlichen Jahrtausend.

Zwei Gruppen indo-iranisch sprechender Menschen gelangten während des zweiten Jahrtausends vor Christus nach Osten. Eine von ihnen, die Sprecher der Kafiri-Sprachen, lebt bis zum heutigen Tag in Nuristan auf den südlichen Hängen des Hindukusch im nordöstlichen Afghanistan. Wawilow stellt in seinem postum erschienenen Buch „Fünf Kontinente“, in dem er seine zahlreichen botanischen Expeditionen zwischen 1916 und 1933 eingehend beschreibt, die Theorie auf, die Kafiren könnten einige ursprüngliche Überreste des Indo-Iranischen bis heute bewahrt haben.

Das goldene Vlies, der Lack und der Lachs

Die zweite Gruppe von Indo-Iranern, die einen südlicher gelegenen Weg in das Tal des Indus nahmen, sprach einen Dialekt, von dem die historisch belegten Sprachen Indiens abstammen. Deren früheste ist die Sprache der Rig-Veda-Hymnen, die in einer altertümlichen Variante des Sanskrit verfaßt wurden. Die einheimischen Völker des Indus-Tales, die von archäologischen Funden in ihren Städten Mohenjo-Daro und Harappa bekannt sind, wurden offensichtlich von den Indo-Iranern verdrängt.

Nachdem diese nach Osten abgewandert waren, blieb die griechisch-armenische Sprachgemeinschaft noch einige Zeit in der Heimat. Nach der Anzahl der Lehnwörter zu urteilen, hatten sie dort Kontakt zu den Sprechern des Kartwelischen, des Tocharischen und der alten indoeuropäischen Sprachen, aus denen sich später die historisch belegten europäischen Sprachen entwickelten. Eine solche Entlehnung aus dem Kartwelischen wurde zum Wort *kōas*, „Vlies“ in den homerischen Epen.

Auf einer zweisprachigen Keilschrifttafel, die im Archiv von Hattusa gefunden wurde, ist eine Sage von einem Jäger in der damals schon ausgestorbenen churritischen Sprache zusammen mit einer Übersetzung ins Hethitische aufgezeichnet. Dieser bemerkenswerten Entdeckung verdanken wir das churritische Wort *aschi*, von dem *askós*, Homers Wort für „Fell", offensichtlich abstammt. Vor ihrer Wanderung zum Ägäischen Meer entlehnten die Griechen auch das hethitische Wort *kursa*, das durch eine häufig vorkommende lautliche Verschiebung zu *búrsa* wurde, einem weiteren Synonym für „Vlies". Diese Wörter scheinen die Vorstellung der alten Griechen zu bestätigen, ihre Vorfahren seien aus Westasien gekommen, so wie es die Sage von Jason und den Argonauten erzählt, die das goldene Vlies in Kolchis am östlichen Ufer des Schwarzen Meeres suchten.

Der Beweis dafür, daß die Griechen von dort in ihre historische Heimat eingewandert sind, läßt die griechischen „Kolonien" am nördlichen Ufer des Schwarzen Meeres in einem ganz neuen Licht erscheinen. Was bislang für Kolonien gehalten wurde, sind wahrscheinlich sehr frühe Siedlungen gewesen, Stützpunkte der Griechen auf der Wanderung zu ihrer historischen Heimat.

Die historischen – literarisch belegten – europäischen Sprachen liefern den Beweis dafür, daß die Dialekte, von denen sie abstammen, mit den Tocharern zusammen nach Zentralasien wanderten. Diese Sprachen haben viele Wörter gemeinsam. Ein Beispiel ist das Wort für „Lachs", das früher als gewichtiges Argument für eine Heimat in Nordeuropa galt, da die Zuflüsse der Ostsee von Lachsen wimmelten. Das Wort *lox* („Lachs") in den germanischen Sprachen findet sich möglicherweise in dem Wort *lak-* im Hindi wieder; dieses bezeichnet einen Lackfarbstoff, dessen Tönung – rosa – an die des Lachsfleisches erinnert. Eine Lachsart, *Salmo trutta*, kommt zudem in den Flüssen des Kaukasus vor; und die Wurzel *lak-s* bedeutet „Fisch" in früheren und späteren Formen des Tocharischen wie auch in den alten europäischen Sprachen.

Daß die Sprecher einiger früher indoeuropäischer Dialekte nach Zentralasien gewandert sind, wird durch Lehnwörter aus der dem nördlichen Ural entstammenden finno-ugrischen Sprachfamilie, der Mutter des modernen Finnisch und Ungarisch, bestätigt. Unter dem Einfluß des Finno-Ugrischen machte das Tocharische eine völlige Verwandlung seines Konsonantensystems durch. Wörter in den alten europäischen Sprachen, die eindeutig aus dem Altaischen und aus anderen Sprachen Zentralasiens entlehnt sind, liefern einen weiteren Beweis dafür, daß sich ihre Sprecher dort aufgehalten haben.

Auf ihrem weitgeschwungenen Weg zurück nach Westen (Bild 2) ließen sich die alten Europäer eine Zeitlang nördlich vom Schwarzen Meer in einer lose organisierten Gemeinschaft nieder. Es ist deshalb nicht völlig falsch, diese Region als zweite Heimat für diese Völker zu betrachten.

Vom Ende des dritten zum ersten Jahrtausend vor Christus breiteten sich die Sprecher der alten europäischen Sprachen dann allmählich nach Europa aus. Ihre Ankunft wird archäologisch durch das Auftauchen der halbnomadischen „Hünengrab"-Kultur belegt, in der die Toten in großen Steinsetzungen bestattet wurden.

Beiträge anderer Wissenschaften

Die Anthropometrie, die wissenschaftliche Vermessung des menschlichen Körpers, untersucht neuerdings, inwieweit sich die in hethitischen Reliefs dargestellte Physiognomie bei den Angehörigen europäischer Völker wiederfindet. Der blonde, blauäugige nordische Typ ist nach wie vor als das Ergebnis einer Vermischung indoeuropäischer Eindringlinge mit ihren Vorgängern in der Besiedlung Europas anzusehen. An die Kultur dieser Urbevölkerung Europas erinnern die megalithischen Bauwerke, wie etwa Stonehenge in England, die einst nahe der Peripherie des Kontinents errichtet worden sind.

Die Sprachen der ehemaligen Einwohner Europas wurden – mit Ausnahme des Baskischen, einer nichtindoeuropäischen Sprache mit möglichen entfernten Verwandten im Kaukasus -- von den indoeuropäischen Dialekten verdrängt. Dennoch leisteten jene Sprachen Beiträge zu den historischen europäischen Sprachfamilien, die gewisse Unterschiede zwischen ihnen erklären. Der britische Archäologe Colin Renfrew kam in Studien über die megalithischen Kulturen und deren Verschwinden wie auch über die Ausbreitung der Landwirtschaft vom Nahen Osten her zu Schlüssen über die Ankunft der Indoeuropäer, die mit unseren gut übereinstimmen.

Unsere Schlußfolgerungen, die überwiegend auf linguistischen Argumenten beruhen, müssen durch noch ausstehende archäologische Untersuchungen bestätigt werden. Nicht nur das erwähnte Arbeitsprinzip der Molekularbiologen, auch die Ergebnisse ihrer Arbeit könnten für eine solche Bestätigung hilfreich sein: Der Vergleich der DNA-Sequenzen von Angehörigen verschiedener Völker wird zweifellos den Stammbaum der Europäer und damit ihrer Sprachen und damit auch die Wanderungswege genauer zeichnen helfen. Die Anthropometrie und die Geschichtswissenschaft werden ebenfalls zum Gesamtbild beitragen.

Unter dem Vorbehalt einer Erweiterung und Korrektur unserer Ergebnisse im einzelnen können wir aber mit einem hohen Grad an Sicherheit behaupten, daß die Heimat der Indoeuropäer, die Wiege eines großen Teils der Weltzivilisation, im Nahen Osten steht: *Ex oriente lux!*

Der Sprachstammbaum der Ureinwohner Amerikas

Auf die alte Frage, wie Amerika besiedelt wurde, gibt es neuerdings eine linguistische Antwort. Die vielen Indianersprachen lassen sich zu nur drei Familien zusammenfassen; aus dieser Klassifizierung ist auf drei Einwanderungswellen aus Asien zu schließen.

Von Joseph H. Greenberg und Merritt Ruhlen

Vor etwas mehr als 200 Jahren bemerkte Sir William Jones, ein in Indien dienender englischer Jurist, erstaunliche Ähnlichkeiten zwischen Sanskrit, Altgriechisch und Latein. Er äußerte 1786 die Vermutung, diese Sprachen und wahrscheinlich auch das Gotische und das Keltische seien „einer gemeinsamen Wurzel entsprungen, die vielleicht nicht mehr existiert". Im folgenden Jahrhundert gaben die Linguisten dieser hypothetischen Ursprache den Namen „Ur-Indogermanisch" (im englischen Sprachraum „Proto-Indo-European") und bemühten sich um ihre Rekonstruktion (vergleiche „Der Ursprung der indoeuropäischen Sprachfamilie" von Colin Renfrew, „Die Frühgeschichte der indoeuropäischen Sprachen" von Thomas W. Gamkrelidse und Wjatscheslaw I. Iwanow und „Streit um Wörter" von Philip E. Ross).

Jones selbst hat nie eine Silbe rekonstruiert. Seine Theorie beruhte auf der Beobachtung „größerer Ähnlichkeit sowohl in den Wurzeln der Verben als auch in den grammatischen Formen, als durch den bloßen Zufall hätte zustande kommen können" (Bild 2).

Diese Hypothese von der Evolution der Sprachen blieb auch den Forschern nicht verborgen, die sich für die Sprachen der Neuen Welt interessierten. Nur drei Jahre nach Jones' vieldiskutierten Äußerungen schrieb Thomas Jefferson (1743 bis 1826), der dritte Präsident der USA, Verfasser der amerikanischen Unabhängigkeitserklärung und vielseitiger Gelehrter: „Ich bin bemüht, den Wortschatz aller amerikanischen Indianer wie auch den der Asiaten zu sammeln, in der Überzeugung, daß ihre gemeinsamen Vorfahren, wenn es sie je gab, in ihren Sprachen zu erkennen sein werden."

Doch obwohl die Wissenschaftler des 19. Jahrhunderts Hunderte von amerikanischen Sprachen identifizierten und sie in Familien einordneten, wagte keiner von ihnen eine alles umfassende Klassifikation, wie sie Jefferson vorschwebte. Vielmehr wuchs unter der traditionellen Beschreibungsweise die Anzahl der Familien bis auf 60 in Nord- und 100 in Südamerika, also auf weit mehr als in der Alten Welt; in Afrika beispielsweise gibt es nur vier Familien.

Das ist irritierend, denn normalerweise nimmt die taxonomische Vielfalt mit der Zeit zu. Demnach müßten die Sprachen Amerikas eine viel geringere Variation aufweisen, denn nach der weit überwiegenden Auffassung der Archäologen und anderer Wissenschaftler trat der anatomisch moderne Mensch vor mindestens 100 000 Jahren in Erscheinung, wahrscheinlich in Afrika, und erreichte den amerikanischen Kontinent erst vor 20 000 bis 12 000 Jahren.

Anfang dieses Jahrhunderts versuchten die amerikanischen Anthropologen Alfred L. Kroeber (1876 bis 1960) und Edward Sapir (1884 bis 1939) als erste, diesen Widerspruch aufzulösen, indem sie die vielen amerikanischen Sprachen zu einer Handvoll großer Familien zusammenfaßten. Ihr Ansatz stieß auf heftige Kritik von Fachkollegen wie Franz Boas (1858 bis 1942), der mehr als vierzig Jahre lang an der Columbia-Universität in New York lehrte. Diese bezweifelten nicht ernsthaft die Ähnlichkeiten zwischen den amerikanischen Sprachgruppen, führten sie jedoch – im Gegensatz zu Kroeber und Sapir – nicht auf ein gemeinsames Erbe, sondern auf Diffusion, die Übernahme von Wörtern aus fremden Sprachfamilien, zurück.

Unsere Forschungen stützen die erste, die sogenannte genetische Hypothese. Einer von uns (Greenberg) fand, daß Hunderte amerikanischer Sprachen sich in nur drei Familien gruppieren, indem er die konservativsten Elemente in deren Wortschatz verglich. Jede dieser drei Familien ist einer asiatischen Sprachgruppe näher als den beiden anderen amerikanischen; daraus folgt, daß es zumindest drei voneinander unabhängige Einwanderungswellen von Asien her gegeben hat. Diese Hypothese wird durch anthropologische Forschungen bestätigt.

Die Traditionalisten, die unserer Klassifikation ablehnend gegenüberstehen, können keine bessere anbieten. Statt dessen sind sie überzeugt, durch einen in die Tiefe gehenden Vergleich von jeweils zwei Sprachen irgendwann zum wirklichen System vordringen zu können. Wir halten dieses binäre Verfahren für einen Irrweg. Um eine verwirrende Vielfalt von Sprachen – oder auch von Gesteinen oder Tieren – systematisieren zu können, muß man sie nicht paarweise, sondern in ihrer Gesamtheit vergleichen.

Zudem hat unser multilateraler Zugang bereits Erfolge aufzuweisen. Als ich (Greenberg) vor etwa 40 Jahren auf

Bild 1: Die Klassifikation des Autors Joseph H. Greenberg teilt die vielen ursprünglichen Sprachen Amerikas in nur drei Großfamilien ein. Eskimo-Aleutisch (violett) und Na-Dené (orange) gehören zu Sprachfamilien der Alten Welt, dem Eurasiatischen beziehungsweise Dené-Kaukasischen (kleines Bild). Das Amerindische (gelb) ist etwas entfernter mit dem Eurasiatischen verwandt. Es war die erste Sprachfamilie, die sich in der Neuen Welt ausbreitete, Eskimo-Aleutisch die letzte.

diese Weise die afrikanischen Sprachen klassifizierte, begegnete ich ebenfalls der Opposition der Traditionalisten, die mittlerweile jedoch allgemeiner Zustimmung gewichen ist.

Wer Sprachen paarweise vergleicht, läßt dabei unvermeidlich relevante Fakten außer acht. Die Verwandtschaft zwischen Englisch und Albanisch ist nicht erwiesen worden, indem man – was eher unergiebig gewesen wäre – die Gemeinsamkeiten der beiden Sprachen systematisch untersuchte, sondern indem man sie in das große System der indoeuropäischen Sprachen einordnete. Die Erforscher dieser Sprachfamilie haben denn auch den binären Ansatz nie verwendet.

Massenvergleich von Sprachen

Unser System der multilateralen Analyse deckt gerade die Beziehungen auf, die bei einem Paarvergleich der Aufmerksamkeit zu entgehen pflegen. Es geht eher in die Breite als in die Tiefe. Für Hunderte von Sprachen untersuchen wir eine Liste von einigen hundert Allerweltswörtern: Personalpronomina, Körperteile und Begriffe aus der Natur wie Wasser und Feuer. Weil eine Sprachgemeinschaft derartige Begriffe – im Gegensatz etwa zu solchen für exotische Früchte oder Artefakte – in aller Regel nicht von anderen lernt, wird sie selten die zugehörigen Wörter entlehnen. Das

Die Abgrenzung einer Sprachfamilie

Befunde aus den Tochtersprachen des Amerindischen deuten darauf hin, daß das Proto-Amerindische eine Wurzel mit der Lautgestalt T'ANA und der Bedeutung „Kind" hatte, deren drei Vokalisierungsgrade das Geschlecht anzeigten. Weil diese Etymologie in allen elf Unterfamilien des Amerindischen, aber in keiner anderen Familie anzutreffen ist, dient sie als kennzeichnendes (und abgrenzendes) Merkmal dieser Familie. Die erste Spalte enthält die Namen der Unterfamilien, die jeweils erste Spalte der folgenden Kästen nennt einen Vertreter der jeweiligen Familie. Das Almosanisch-Keresanische und das Chibcha-Paezanische bestehen jeweils aus zwei wohlunterscheidbaren Zweigen; deshalb ist jedem von ihnen eine eigene Zeile zugeordnet. Mit Ausnahme des Proto-Uto-Aztekischen, das rekonstruiert ist, werden alle hier aufgeführten Tochtersprachen heute noch gesprochen.

Sprachfamilie	Sprache	Form	Bedeutung
Amerindisch	Proto-Amerindisch	**T'A'NA**	Kind, Geschwister
Almosan	Nootka	**t'an'a**	Kind
Keresiouan	Yuchi	**tane**	Bruder
Penuti	Totonac	**t'ána-t**	Enkelkind
Hoka	Coahuilteco	**t'an-pam**	Kind
Zentral-Amerind	Proto-Uto-Aztekisch	***tana**	Tochter, Sohn
Chibcha	Miskito	**tuk-tan**	Kind, Knabe
Paez	Warrau	**dani-**	Schwester der Mutte[r]
Andisch	Aymara	**tayna**	erstgeborenes Kind
Makro-Tucanisch	Masaca	**tani-mai**	jüngere Schwester
Äquatorial	Urubu-Kaapor	**ta'ïn**	Kind
Makro-Karibisch	Pavishana	**tane**	mein Sohn
Makro-Pano	Lengua	**tawin**	Enkelkind
Makro-Ge	Tibagi	**tog-tan**	Mädchen

Englische zum Beispiel bestätigt diese Regel. Obwohl es viele Wörter aus vielen Sprachen entlehnt hat, stammt der größte Teil seines Grundwortschatzes aus dem Urgermanischen. Die Ähnlichkeit von „*one, two, three, I, mine, father, water*" mit „eins, zwei, drei, ich, mein, Vater, Wasser" ist offensichtlich (siehe jedoch das Gegenbeispiel „*head*"/„Kopf" und weitere Einwände in dem Beitrag von Vera E. Binder, Seite 50 bis 54).

Das Ergebnis des Massenvergleichs veranlaßte mich dazu, die vielen amerikanischen Sprachfamilien zu nur dreien zusammenzufassen: Eskimo-Aleutisch, Na-Dené und Amerindisch (Spektrum der Wissenschaft, Januar 1988, Seite 40). Die beiden ersten – Eskimo-Aleutisch in der Arktis und Na-Dené in Kanada und im Südwesten der USA – waren vorher schon länger akzeptiert; neu war die Gruppierung aller anderen amerikanischen Sprachen unter der Bezeichnung „Amerindisch". Diese Familie enthält elf Unterfamilien, die über einen großen Teil Nordamerikas und ganz Südamerika verbreitet sind (Bild 1).

Zur Unterstützung meiner These konstruierte ich 300 Etymologien, Gruppen von Wörtern, die ich auf je ein Urwort zurückführte. Die Mitglieder einer solchen Gruppe heißen Kognate. Einer von uns (Ruhlen) hat inzwischen durch weitere Forschungen die Zahl der Etymologien auf rund 500 erhöht. Einige dieser Wurzelwörter haben so viele Spuren hinterlassen, daß heute schwer verständlich ist, warum sie so lange übersehen worden sind. Die Ursache ist zweifellos, daß die Spezialisten sich auf jeweils eine Sprachfamilie zu konzentrieren pflegten und über der sorgfältigen Untersuchung dieses einzelnen Baumes den Wald nicht gesehen haben.

Ein gutes Beispiel einer solchen Etymologie ist eine amerindische Wurzel, die ungefähr wie TANA, TINA oder TUNA geklungen haben muß (die Großbuchstaben deuten an, daß die Lautgestalt näherungsweise zu verstehen ist) und deren Bedeutung in den Umkreis von „Kind, Sohn, Tochter" fiel. Wer sorgfältig den Grundwortschatz dieser Sprachen vergleicht, kann nicht umhin, die außerordentlich hohe Häufigkeit zugehöriger Wörter zu bemerken.

Wie ist das zu erklären? Es könnte kulturunabhängige, biologische Gründe geben; beispielsweise sind Wörter wie „Mama" oder „Papa" – in dieser Bedeutung – auf der ganzen Welt zu hören, ohne daß daraus auf Sprachverwandtschaft zu schließen wäre. Aber diese Erklärung paßt hier nicht; denn Formen wie TANA und TUNA in der Bedeutung „Sohn" oder „Tochter" sind außerhalb des Amerindischen selten, innerhalb der Gruppe jedoch massenhaft zu finden. Diese Wurzel hält also gewissermaßen nicht nur das Amerindische zusammen, sondern grenzt es auch von anderen Sprachfamilien ab (Kasten auf dieser Doppelseite). Sie ist, wie Linguisten sich ausdrücken, eine exklusive Innovation des Amerindischen.

Neuere Forschungen von Ruhlen erklären, warum der erste Vokal der Wurzel variiert und warum man sie sowohl in geschlechtsspezifischen Wörtern (für Sohn/Bruder und Tochter/Schwester) als auch in neutralen (für Kind/Geschwister) so häufig wiederfindet: Im Ur-Amerindischen, dem gemeinsamen Vorfahren aller modernen amerindischen Sprachen, gab es drei Formen (sogenannte Grade) der Wurzel, wobei der erste Vokal das (natürliche) Geschlecht bezeichnete: T'ANA „Kind, Geschwister", T'INA „Sohn, Bruder, Knabe" und T'UNA „Tochter, Schwester, Mädchen". (Das Apostroph steht für einen glottalen Verschlußlaut nach dem *T*, wie er beispielsweise in der Dortmunder Aussprache von „Dortmund" zu hören ist.)

Während das Amerindische in den letzten 12 000 oder mehr Jahren in Unterfamilien zerfiel, ging – was naheliegen mag – die Korrelation zwischen erstem Vokal und Geschlecht häufig verloren. Im Endergebnis weisen darum viele Formen, die eindeutig Kognate sind, den falschen Vokal auf. Ein Beispiel ist **tāna* aus dem Proto-Algonkin; es bedeutet „Tochter", obgleich der erste Vokal nicht **ū*, sondern **ā* ist. (Der Stern zeigt an, daß die Form rekonstruiert wurde.) Wahrscheinlich entstand diese Abweichung, indem der erste Vokal dem zweiten angeglichen oder indem die Grundform auf *a* auf Kosten der *i*- und *u*-Formen durch Analogiebildung ausgeweitet wurde. Ausweitungen dieser Art sind sehr geläufig in der Sprachgeschichte: Das unregelmäßige Präteritum „frug" ist durch „fragte" (in Analogie zu „sagte") ersetzt worden. Kinder bilden häufig Formen regelmäßiger, als korrekt ist, in Analogie zu anderen: „am vielsten", „Älte" statt „Alter" in Analogie zu „Größe", „gezangt" analog zu „gehämmert".

urch eine einzige linguistische Innovation: T'ANA

rache	Form	Bedeutung	Sprache	Form	Bedeutung
roto-Amerindisch	**T'I'NA**	Sohn, Bruder, Knabe	Proto-Amerindisch	**T'U'NA**	Tochter, Schwester, Mädchen
urok	**t^{s}in**	junger Mann	Coeur d'Alene	**tune**	Nichte
lohawk	**-'tsin**	männlich, Knabe	Yuchi	**t^s'one**	Tochter, Sohn
olale	**pnē-t'in**	mein älterer Bruder	Central Sierra Miwok	**tūne-**	Tochter
ana	**t'inī-si**	Kind, Sohn, Tochter	Salinan	**a-t'on**	jüngere Schwester
uicatec	**'díínó**	Bruder	Taos	**-t'út'ina**	ältere Schwester
hanguena	**sin**	Bruder	Lenca	**tuntu-rusko**	jüngere Schwester
lillcayac	**tzhœng**	Sohn	Cayapa	**t^{s}uh-ki**	Schwester
ehuelche	**den**	Bruder	Tehuelche	**thaun**	Schwester
iquie	**ten**	Sohn	Tiquie	**ton**	Tochter
lococchi	**tin-gwa**	Sohn, Knabe	Morotoko	**a-tune-sas**	Mädchen
agua	**dēnu**	männliches Kind	Nonuya	**-tona**	Schwester
acana	**u-tse-kwa**	Enkelkind	Tacana	**-tóna**	jüngere Schwester
uato	**china**	älterer Bruder	Piokobyé	**a-ton-kä**	jüngere Schwester

Andererseits ist bemerkenswert, daß die Vokale *i* und *u*, die in diesem Beispiel das Maskulinum beziehungsweise Femininum bezeichnen, in zwei größeren amerindischen Unterfamilien Südamerikas und auch im Chinook, das im US-Bundesstaat Oregon beheimatet ist, generell diese Funktion haben. Diese Übereinstimmungen sind für einen Zufall zu zahlreich und für eine Entlehnung zu weit verbreitet. Insbesondere findet man viele von ihnen beiderseits schwer überwindbarer geographischer Hindernisse.

Ebenso wie Jones in der indoeuropäischen Familie finden wir im Amerindischen eine beeindruckend gut überlieferte Verbindung einer Wurzel mit verschiedenen grammatischen Affixen. Die pronominalen Präfixe *na-* („mein") und *ma-* („dein") zu der Wurzel T'ANA finden sich in allen elf amerindischen Unterfamilien. Im Proto-Algonkin heißt **ne-tāna* „meine Tochter", im Kiowa **nō-tō^n* „mein Bruder", im Paez *ne-tson* „mein Schwager" und im Manao *no-tany* „mein Sohn".

Pronominale Affixe dieser Art gehören zu den stabilsten Elementen der Sprache; sie werden fast nie entlehnt. Daß ganze Systeme von einer Sprache in die andere übertragen worden sein könnten, und das auch noch von British Columbia im Nordwesten Kanadas bis nach Feuerland an der Südspitze Chiles, ist abwegig.

Zu den amerindischen Suffixen gehören Verkleinerungsformen, die – was naheliegt – auch zur Bezeichnung von Kindern verwendet werden. Das proto-amerindische Diminutiv **-i'sa* findet sich wieder im Proto-Algonkin **ne-tān-ehsa* („meine Tochter"), im Mixtekischen *tá'nù i'sá* („die jüngere Schwester"), im Esmeralda *tini-usa* („Tochter") und im Suhin *tino-ice* („junge Frau"). Das proto-amerindische Diminutiv **-mai* ist erkennbar im Luiseño *tu'mai* („Tochterkind", von der Frau aus gesehen), im Masaca *tani-mai* („jüngere Schwester") und im Chapacura *tana-muy* („Tochter").

Das Proto-Amerindische hatte ein komplexes System von Suffixen. Eines, **-ki,* zeigte eine Verwandtschaftsbeziehung in beiden Richtungen an, so daß ein und dasselbe Wort sowohl „Sohn der Schwester" eines Mannes als auch „Bruder der Mutter" eines Knaben bedeuten konnte. Dieses Suffix wurde in Verbindung mit verschiedenen Wurzeln, an die es angehängt wird, für das Proto-Sioux rekonstruiert, wie in **-thã-ki* für „Schwester" eines Mannes, und findet sich in modernen Sprachen der Sioux-Gruppe wie im Pawnee *t'i-'i* für „Knabe, Sohn", im südlichen Zweig des Pomo *t'i-ki* für „jüngere Schwester" oder „jüngerer Bruder", im Maza-hua *t'i-'i* für „Knabe", im Amaguaje *-tsen-ke* für „Sohn" und im Aponegrikanischen *-thon-ghi* für „Schwester".

	Sanskrit	Altgriechisch	Lateinisch	Altirisch	Gotisch
ich trage	bhár-āmi	phér-ō	fer-ō	bir-u	baír-a
du trägst	bhar-asi	phér-eis	fer-s	bir-i	baír-is
er trägt	bhár-ati	phér-ei	fer-t	ber-id	baír-ith
wir tragen	bhár-āmas	phér-omen	fer-imus	ber-mi	baír-am
ihr tragt	bhár-atha	phér-ete	fer-tis	ber-the	baír-ith
sie tragen	bhár-anti	phér-ousi	fer-unt	ber-it	baír-and

Bild 2: Spuren früher Gemeinsamkeiten veranlaßten William Jones, einen Juristen des 18. Jahrhunderts, fünf alte Sprachen einer Familie zuzuordnen, die heute als Indoeuropäisch bezeichnet wird. Das Deutsche steht dem Gotischen am nächsten.

Historische Folgerungen

Aus der beschriebenen Dreiteilung folgt, daß höchstens drei asiatische Einwanderungswellen ihre sprachlichen Spuren hinterlassen haben können. Es wäre auch denkbar, daß eine Sprachgemeinschaft sich erst östlich der Landbrücke, die an der Stelle der heutigen

Beringstraße lag, aufspaltete und entsprechend weniger Einwanderungen stattgefunden haben. Um deren genaue Zahl zu ermitteln, muß man die Sprachfamilien Amerikas und Asiens vergleichen.

Neuere Forschungen russischer und amerikanischer Linguisten deuten auf genau drei Einwanderungswellen hin. Das Eskimo-Aleutische ist das östlichste Glied einer großen Familie, die wir Eurasiatisch und die russischen Wissenschaftler Nostratisch nennen. (Die beiden Klassifikationen unterscheiden sich geringfügig. Zum Eurasiatischen gehören Indoeuropäisch, Uralisch-Jukagirisch, Türkisch, Mongolisch, Tungusisch, Koreanisch, Japanisch, Ainu, Giljakisch, Tschuktscho-Kamtschatkisch und Eskimo-Aleutisch; das Nostratische umfaßt außerdem noch das Drawidische in Südindien, die kartwelische Familie einschließlich Georgisch im Kaukasus und die afro-asiatische Familie in Nordafrika und dem Mittleren Osten).

Die Verwandten des Na-Dené haben unlängst Sergej Starostin vom Institut für Orientalische Studien und Sergej Nikolajew vom Institut für Slawische Studien (beide in Moskau) sowie John Bengtson, ein freischaffender Linguist aus Minneapolis (Minnesota), identifiziert. Starostin brachte zunächst drei Sprachfamilien der Alten Welt zusammen, die man bisher für unabhängig voneinander gehalten hatte: Kaukasisch, Sino-Tibetisch und Jenisseisch (auch Ketisch genannt), eine Familie aus Zentralsibirien mit einer einzigen überlebenden Sprache. Nikolajew zeigte dann, daß das Na-Dené zweifelsfrei mit dem Kaukasischen (das er und Starostin zusammen rekonstruiert hatten) und auf diesem Wege mit dem Sino-Tibetischen und dem Jenisseischen verwandt ist.

In einem noch umfassenderen Vergleich aller relevanten Familien fügte Bengtson das Baskische (eine isolierte Sprache aus Nordspanien) und das Buruschaski (eine isolierte Sprache aus Nordpakistan) zu dieser Familie hinzu, die nun als Dené-Kaukasisch bezeichnet wird. Na-Dené selbst erweist sich als deren östlichster Zweig. Weil es sich deutlich vom Eurasiatischen unterscheidet, kann sich das Na-Dené nicht auf dem amerikanischen Kontinent vom Eskimo-Aleutischen abgespalten, sondern muß ihn in einer eigenen Einwanderungswelle erreicht haben.

Sprachfamilie		Sprache	Form	Bedeutung
afroasiatisch		Proto-Afroasiatisch	***mlg**	saugen, Brust, Euter
		Arabisch	**mlj**	an der Brust saugen
		Altägyptisch	**mnd^y**	Mutterbrust, Euter
indoeuropäisch		Proto-Indoeuropäisch	***melg-**	melken
		Englisch	**milk**	melken, Milch
		Lateinisch	**mulg-ēre**	melken
uralisch		Proto-Finno-Ugrisch	***mälke**	Brust
		Saami	**mielgâ**	Brust
		Ungarisch	**mell**	Brust
drawidisch		Tamil	**melku**	kauen
		Malayalam	**melluka**	kauen
		Kuruch	**melkhā**	Kehle
eskimo-aleutisch		Zentral-Yupik	**melug-**	saugen
amerindisch		Proto-Amerindisch	***maliq'a**	schlucken, Kehle
	Almosan	Halkomelem	**məlqw**	Kehle
		Kwakwala	**m'lXw-'id**	vorkauen
		Kutenai	**u'mqolh**	schlucken
	Penuti	Chinook	**mlqw-tan**	Wange
		Takelma	**mülk'**	schlucken
		Tfaltik	**milq**	schlucken
		Mixe	**amu'ul**	saugen
	Hoka	Mohave	**mal^yaqé**	Kehle
		Walapei	**malqi'**	Kehle, Hals
		Akwa'ala	**milqi**	Hals
	Chibcha	Cuna	**murki-**	schlucken
	Andisch	Quechua	**malq'a**	Kehle
		Aymara	**mal^yq'a**	schlucken, Kehle
	Makro-Tucanisch	Iranshe	**moke'i**	Hals
	Äquatorial	Guamo	**mirko**	trinken
	Makro-Karibisch	Surinam	**e'mōkï**	schlucken
		Faai	**mekeli**	Nacken
		Kaliana	**imukulali**	Kehle

Bild 3: Die Etymologie der Wurzel *MALIQ'A, deren Bedeutung mit „schlucken" oder „Kehle" anzugeben ist, zeigt Verbindungen zu den Sprachen der Alten Welt. Kognate Formen finden sich in acht amerindischen Unterfamilien und in mehr als einer Sprache aus jeder der aufgeführten Altweltfamilien. Daß solche Ähnlichkeiten auf Zufall beruhen könnten, ist praktisch ausgeschlossen.

In den letzten Jahren haben wir das Amerindische mit den anderen Sprachfamilien der Welt verglichen und herausgefunden, daß es dem Eurasiatischen am nächsten steht. Doch ist der taxonomische Abstand immer noch groß: Während das Eskimo-Aleutische als Mitglied der eurasiatischen Familie gelten kann, ist das Amerindische bestenfalls mit dem Eurasiatischen als Ganzem verwandt. Das bedeutet, daß die genetische Beziehung entsprechend weit in der Zeit zurückliegt.

Aus der ersten Einwanderungswelle, die aufgrund archäologischer Daten spätestens vor etwa 12 000 Jahren stattgefunden haben dürfte, ging die amerindische Sprachfamilie hervor, die den größten Teil der Neuen Welt einnahm, als Christoph Kolumbus 1492 dort ankam. Die zweite, etwas spätere Welle ließ die Na-Dené-Familie entstehen. Schließlich gelangten vor vielleicht 5000 oder 4000 Jahren bei der letzten Einwanderung die Ahnen der heutigen Eskimos und der Aleuten zuerst nach Alaska und später entlang des nördlichen Polarkreises nach Nordkanada und Grönland.

*MALIQ'A: ein Leitfossil der Linguistik

Ein einziges Beispiel möge sowohl die Einheit des Amerindischen als auch dessen Beziehungen zum Eurasiatischen/Nostratischen illustrieren.

Die proto-amerindische Wurzel *MALIQ'A mit der Bedeutung „schlucken, Kehle" hat ihre Spuren in nicht weniger als acht der elf amerindischen Unterfamilien hinterlassen, von Kanada bis zur Südspitze Südamerikas (Bild 3). Im Selischen, einer kanadischen Unterfamilie, finden wir im Halkomelem *məlqw* für „Kehle". Im Tfalati, einer ausgestorbenen Sprache aus der Unterfamilie Penuti, die in Oregon gesprochen wurde, bedeutet *milq* „schlucken". Im Yuma, einem Mitglied der Unterfamilie Hoka, wurde diese Wurzel zum Wort für „Kehle". Im Mohave in Arizona heißt *malʸaqe* „Kehle", während im Akwa'ala auf der Halbinsel Baja California *milqi* „Hals" bedeutet. Im Cuna in Panama heißt *murki* „schlucken"; die Lautverschiebung von *l* nach *r* kommt häufig vor und ist zum Beispiel im Portugiesischen gängig. In der andischen Unterfamilie gibt es im Quechua *malq'a* für „Kehle", in der äquatorialen Unterfamilie findet sich im Guamo *mirko* für „trinken".

Wie groß ist die Wahrscheinlichkeit, daß diese sich ähnelnden Formen unabhängig voneinander entstanden sind? Konkreter, wie wahrscheinlich ist es, daß die Ähnlichkeiten zwischen den Formen des Halkomelem und des Tfalati auf Zufall beruhen? Man kann eine grobe Abschätzung vornehmen, indem man sich auf das Bedeutungsfeld „schlucken/Kehle" beschränkt und eine Reihe von phonologischen Annahmen macht. Vernachlässigen wir die Vokale, weil sie ohnehin leichter veränderlich sind als Konsonanten, und unterstellen wir zugunsten der Zufallshypothese, daß es in beiden Sprachen nur die dreizehn Konsonanten *p, t, t', k, k', q, q', s, m, n, l, r, j* und *w* gebe. Wie groß ist unter diesen Voraussetzungen die Wahrscheinlichkeit, durch eine Zufallsauswahl ein Wort zu erwürfeln, das *m* als ersten Konsonanten hat, *l* oder *r* als zweiten und *k, k', q* oder *q'* als dritten?

Es ergibt sich $(1/13) \times (2/13) \times (4/13) = 0{,}003\ 641\ 329$, aufgerundet 0,004. Die Wahrscheinlichkeit, daß sich diese Kombination rein zufällig in sechs Familien wiederfindet, ist $0{,}004^5$ oder ungefähr 1 zu 10 Milliarden. Diese groben Schätzungen setzen voraus, daß alle Konsonanten gleich wahrscheinlich sind – was nicht der Fall ist. Die richtigen Werte liegen deshalb etwas höher, bleiben jedoch winzig klein. Soviel zu zufälligen Ähnlichkeiten.

Wenden wir uns nun der Frage zu, ob die Wurzel MALIQ'A auch in anderen Sprachfamilien anzutreffen sei. Das ist, wie wir am Beispiel T'ANA („Kind") gesehen haben, nicht unbedingt zu erwarten. In diesem Falle jedoch sind kognate Formen dieser Wurzel über die Alte Welt verstreut. Die ersten Vertreter der Hypothese von der nostratischen Familie, der Russe Wladislaw Illitsch-Switytsch und Aaron Dolgopolsky, der jetzt an der Universität Haifa (Israel) lehrt, haben eine nostratische Wurzel **mälgi* für „an der Brust saugen, stillen" rekonstruiert. Sie verbindet das protoafroasiatische **mlq* für „an der Brust saugen" (arabisch *mlj*), das proto-indoeuropäische **melg* für „Milch geben", das deutsche Wort „Milch" und das proto-finno-ugrische **mälke* für „Brust" (wie im Saamischen *mielgâ*). Wir haben kognate Formen im Eskimo-Aleutischen gefunden, so im Zentral-Yupic *melug-* für „saugen". Schließlich hat auch die drawidische Familie aus Indien offensichtlich kognate Formen, so im Kuruch *melchā-* für „Kehle" und im Tamil *melku* für „kauen".

Diese Variation an Bedeutungen legt es nahe, dieser Wurzel die ursprüngliche Bedeutung „Milch geben" oder „an der Brust saugen" zuzuschreiben, die sich im Afroasiatischen erhalten hat. Im Indoeuropäischen gab es eine leichte semantische Verschiebung vom Stillen zum Melken, im Uralischen eine andere zu „Brust", im Drawidischen die zu „kauen" – naheliegend für jeden, der ein Baby an der Mutterbrust beobachtet –, im Eskimo die zu „saugen" – nicht unbedingt an der weiblichen Brust – und im Amerindischen schließlich zu „schlukken" und „Kehle".

Unabhängige Bestätigungen

Unterstützung für die Hypothese von der amerindischen Sprachfamilie kam 1988, kurz nachdem sie zum ersten Mal vertreten worden war, von unerwarteter Seite. Eine Gruppe von Genetikern an der Universität Stanford (Kalifornien) unter der Leitung von Luigi L. Cavalli-Sforza entdeckte, daß die Ureinwohner Amerikas sich in drei sauber abgegrenzte genetische Gruppen gliedern, deren geographische Grenzen im wesentlichen mit denen ihrer Sprachfamilien zusammenfallen (siehe „Stammbäume von Völkern und Sprachen" von Luigi L. Cavalli-Sforza, Spektrum der Wissenschaft, Januar 1992, Seite 90). Es ist äußerst unwahrscheinlich, daß eine solche Koinzidenz zufällig wäre.

Der Anthropologe Christy G. Turner II von der Staatsuniversität von Arizona in Tempe fand in der Zahnstruktur der Bewohner Amerikas eine Aufgliederung in die gleichen drei Gruppen (siehe seinen Beitrag „Zähne als Zeugnisse für die Besiedlung des pazifischen Raums", Spektrum der Wissenschaft, April 1989, Seite 120). Schließlich veröffentlichte 1990 Douglas Wallace von der Medizinischen Fakultät der Emory-Universität in Atlanta (Georgia) vorläufige Ergebnisse über die mitochondriale DNA der Ureinwohner Amerikas; auch diese Analyse scheint unsere Hypothese zu stützen.

Die enge Korrespondenz von biologischen und linguistischen Klassifikationen – das sei zur Vermeidung von Mißverständnissen betont – bedeutet nicht, daß die Gene die Sprache eines Menschen bestimmen würden. Die hängt allein von der Gemeinschaft ab, in der man aufwächst. Es ist nicht eine Aufteilung Ursache der anderen, sondern beide haben eine gemeinsame Ursache. Wenn eine Gruppe von Menschen ihr Heimatland verläßt und zum Beispiel auf eine ferne Insel zieht, dann nimmt sie sowohl ihre Sprache als auch ihre Gene mit. Von dieser Zeit an werden beide Merkmale sich allmählich von denen der Daheimgebliebenen wegentwickeln.

Es bleiben noch zahlreiche ungelöste Probleme, etwa wie sich die amerindische Sprachfamilie am Anfang ihrer Verbreitung durch Nord- und Südamerika

Bild 4: Unter den Sprechern des Amerindischen waren die Maya; die mehr als 1000 Jahre alte Inschrift *ts'apah* (links) bedeutet „wurde errichtet". Zur Familie Na-Dené gehört die Sprache der Apatschen; Geronimo (Mitte) war im 19. Jahrhundert einer ihrer Anführer. Die Inuit aus den kanadischen Nordwest-Territorien (rechts) zählen zu den Sprechern des Eskimo-Aleutischen, die nördliche Breiten von Sibirien bis Grönland besiedeln. Die drei Gruppen sind sowohl genetisch als auch linguistisch abgrenzbar.

auffächerte. Aber die neueren Ergebnisse erfüllen, zumindest zum Teil, die Hoffnung Jeffersons, daß die Sprachen der Ureinwohner Amerikas eines Tages das Geheimnis ihrer Verwandtschaft und ihre asiatischen Wurzeln preisgeben würden.

Frühe Landwirtschaft und die Ausbreitung des Austronesischen

Die Sprachen des pazifischen Raums verbreiteten sich innerhalb von 1500 Jahren über 10000 Kilometer Küstenlinien und Meere. Dies war die schnellste und ausgedehnteste Expansion in prähistorischen Zeiten. Bauern waren die Schrittmacher.

Von Peter Bellwood

Lange vor den großen Völkerwanderungen geschichtlicher Zeit hatten sich bereits Urformen vieler heute existierender Sprachfamilien über große Teile der Erde verbreitet. Diese Familien – so genannt, weil ihre Mitglieder eine gemeinsame Herkunft erkennen lassen – tragen Bezeichnungen, die ihre ethnische und ursprüngliche geographische Verbreitung beschreiben: Indoeuropäisch, Afroasiatisch, Tibetochinesisch oder Austronesisch (wörtlich: von den südlichen Inseln); letztere ist für sich und als Musterfall, an dem sich allgemeine Fragen klären lassen, Gegenstand dieses Artikels.

Warum verbreiten sich Sprachfamilien über so weite Gebiete? Das ist insbesondere durch das Umherziehen ihrer Sprecher zu erklären. Wenn unsere frühen Vorfahren ihr Leben lang zu Hause hocken geblieben wären, hätte die Welt einem Flickenteppich aus Regionen mit untereinander nicht verwandten oder doch isoliert entwickelten Sprachen geglichen, bevor die ersten Eroberungen und Kolonisierungen der Geschichte das Bild verwischten.

Wie langwierig und komplex das Zusammenspiel aus Bevölkerungszuwachs und Völkerbewegungen wohl vor sich ging, können Beispiele aus historischer Zeit veranschaulichen. So ist es auf die wechselhafte Geschichte des Kolonialismus im 18. Jahrhundert zurückzuführen, daß im kanadischen Québec Französisch, im benachbarten US-Bundesstaat Maine dagegen Englisch gesprochen wird. Zwar kennt die Geschichtsschreibung Gesellschaften, die die Sprache eines Nachbarlands, nicht aber dessen Bevölkerung übernahmen; die Schotten etwa sprechen gemeinhin nicht das Gälische ihrer Vorfahren, sondern Englisch. Aber mit einer derartigen Diffusion ist nicht zu erklären, warum einige Sprachen wie Arabisch, Englisch, Spanisch oder Russisch sich trans- oder interkontinental etabliert haben. Wenn eine Sprache sich so weit von ihrem Ursprungsland entfernt wie die Brasiliens von Portugal, spielt – geplante oder ungeplante – Auswanderung stets eine entscheidende Rolle.

Man kann sich vorstellen, daß eine einzige Migrationswelle genügt, um eine Sprache über ein großes Gebiet zu verbreiten. In weiteren Phasen kann diese Sprache sich dann in eine Sprachfamilie auffächern. Dieser Prozeß der Ausbreitung und nachfolgenden Differenzierung ist mit der biologischen Evolution verglichen worden, bei der eine Population verschiedene Nischen besetzt; in diesen spaltet sie sich nach der gängigen Auffassung in Untergruppen auf, deren jede wiederum den Ausgangspunkt weiterer Expansionen bilden kann.

Die erste Auffächerung einer Sprachfamilie und zuweilen praktisch ihre gesamte Ausbreitung lassen sich mit den archäologischen Befunden in Beziehung setzen, wenn man eine wesentliche Hypothese akzeptiert: daß die Ursprache jeder Familie zunächst durch eine expandierende, Landwirtschaft betreibende Bevölkerung in Regionen getragen wurde, die entweder noch gar nicht oder erst dünn durch Gruppen von Jägern und Sammlern besiedelt waren.

Die landwirtschaftliche Revolution

Als sich nach Ende der jüngsten Eiszeit vor etwa 10000 Jahren in den äquatorialen und mittleren Breiten der Erde allmählich das heutige tropische beziehungsweise gemäßigte Klima eingestellt hatte, begannen aus noch nicht gänzlich geklärten Gründen die Menschen in etlichen dieser Regionen, die veränderten Umweltbedingungen intensiv zu nutzen: Insbesondere in Vorder- und Südwestasien, Zentral- und Südchina, im Hochland von Papua-Neuguinea sowie in Teilen Mittelamerikas und des westlichen Südamerika entwickelten sie systematische Formen der Nahrungsproduktion.

Dafür hat sich seit langem der Begriff neolithische Revolution eingebürgert. Doch unter einer modernen archäologischen Perspektive erweist sich die Vorstellung von einer raschen, tiefgreifenden Umwälzung nur für gewisse Regionen als zutreffend, von denen vielleicht Anatolien und China am besten doku-

Bild 1: Segler aus Hawaii vollziehen die wagemutigen Reisen ihrer polynesischen Vorfahren nach, der östlichsten Völker im austronesischen Sprachraum. Die äußersten westlichen Zweige der Sprachfamilie reichen immerhin bis nach Madagaskar.

mentiert sind (vergleiche den Beitrag „Der Ursprung der indoeuropäischen Sprachfamilie" von Colin Renfrew in diesem Band). In anderen Teilen der Erde wie Mexiko oder Zentralafrika scheint dieser Prozeß sich als allmählicher Wandel in Jahrtausenden vollzogen zu haben.

Wie auch immer die Vorgeschichtler den Übergang zu Viehwirtschaft und Feldbau interpretieren – sie alle sind sich über seine überragende Bedeutung einig. Sowie eine Gruppe von Menschen erlernt hatte, Nahrung vorausschauend zu produzieren statt sie nach Bedarf zu jagen oder zu sammeln, konnte sie dramatisch anwachsen und sich zu einer komplexeren Gesellschaft entwickeln. Zweifellos breiteten sich viele dieser Gesellschaften in fremde Gebiete aus und führten dabei ihre überlegene Form der Nahrungsgewinnung ein – vielleicht angepaßt an die neuen Bedingungen.

In der Welt von Jägern und Sammlern können Gruppen, die als erste die systematische Landwirtschaft entwickelten, über längere Zeiträume angewachsen sein und sich ausgebreitet haben, bis Gegebenheiten der Umwelt, Naturkatastrophen oder der Widerstand von ihresgleichen ihnen Grenzen setzten. Dagegen hatte die jeweilige Urbevölkerung ihnen wenig entgegenzusetzen, so daß sie zumindest in fruchtbaren Gebieten mit Leichtigkeit von den Bauern assimiliert oder verdrängt wurde.

Wenn statt dessen die meisten einheimischen Gruppen selbst zur Landwirtschaft übergegangen wären, diese Praxis des Nahrungserwerbs sich mithin vornehmlich durch Diffusion verbreitet hätte, müßte zu Beginn der geschichtlichen Zeit eine weit größere sprachliche Vielfalt in aller Welt geherrscht haben, als wir wissen. Die Jäger und Sammler hatten jedoch triftige sozioökonomische Gründe, sich gegen die freiwillige Übernahme der Landwirtschaft zu sperren: Die damit verbundene Arbeit muß ihnen unnötig schwer vorgekommen sein; das Erfordernis, bestimmte Tätigkeiten im Rhythmus der Jahreszeiten und ohne unmittelbaren Erfolg zu verrichten, war ihnen uneinsichtig und die dichtgedrängte, seßhafte Lebensweise sicherlich zuwider. Die wenigen Völker, die mit einer urtümlichen Lebensweise bis in unsere Zeit bestanden haben, waren nie gezwungen, derartige Zugeständnisse zu machen, und brauchten bis in die jüngste Vergangenheit nicht mit Neusiedlern um Land und Bodenschätze zu konkurrieren.

Archäologische Befunde

Mit den Bauern, soviel ist plausibel, verbreitete sich ihre Sprache. Man kann daher in einer Region, wo die Landwirtschaft erfunden wurde, das Zentrum einer Sprachfamilie erwarten. Dies findet sich in China und insbesondere im Hochland von Papua-Neuguinea bestätigt.

Archäologische Forschungen belegen, daß dort die Menschen bereits vor min-

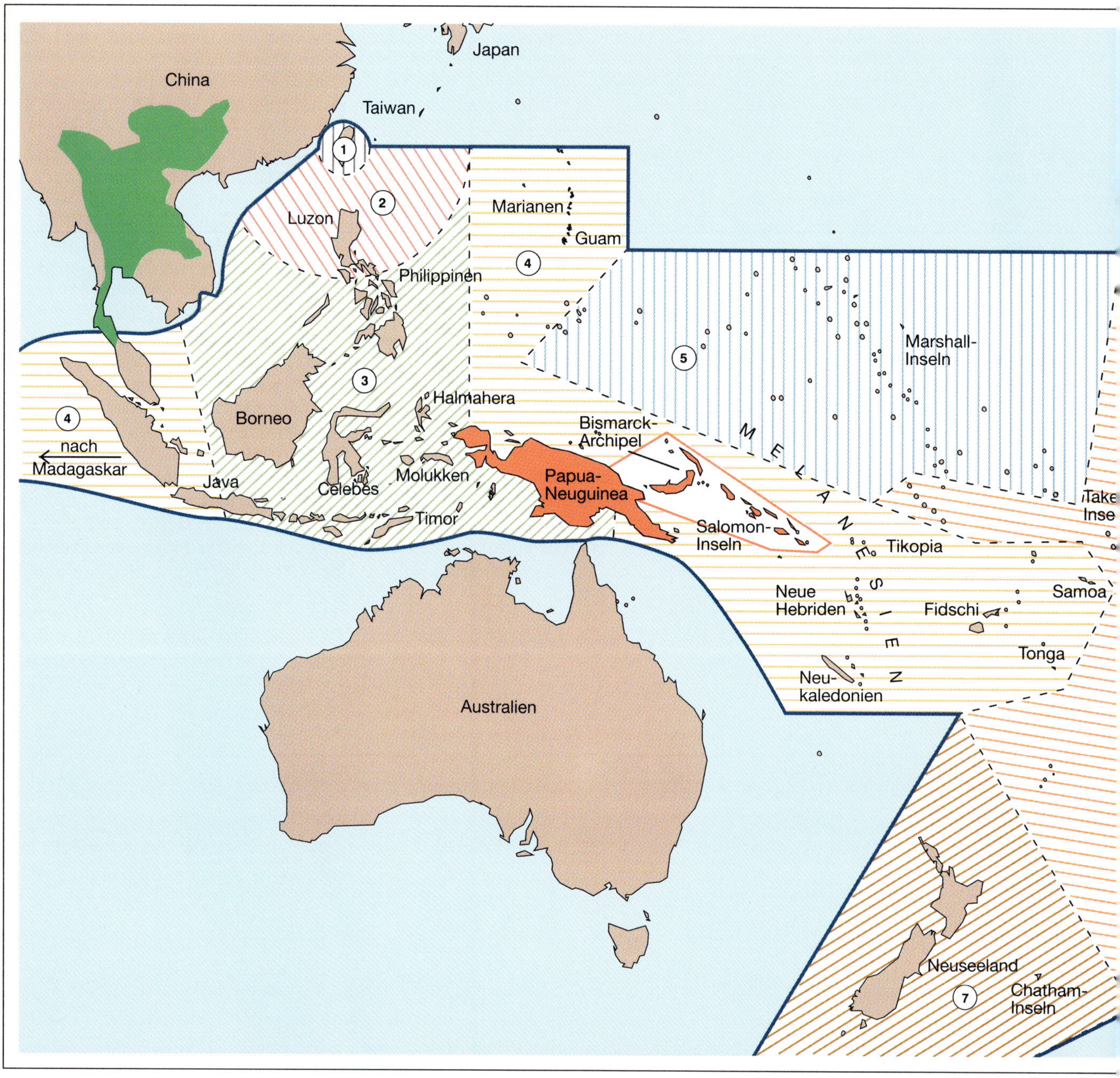

Bild 2: Die Expansion der austronesischen Sprachenfamilie. Als Urheimat der frühen Austronesier gilt das Kernland der Landwirtschaft in Südostasien, wo auch die verwandte Sprachfamilie Tai-Kadai ihren Ursprung hat. Die Verbreitung der Austronesier ging nach der hier vorgestellten Rekonstruktion in Phasen (1 bis 7) vonstatten: nach Taiwan (4000 vor Christus), den Philippinen (3000), Timor (2500), nach Sumatra westwärts sowie den Marianen-Inseln und Mikronesien ost-

destens 6000 Jahren mit Hilfe von Entwässerungsgräben Sümpfe trockenlegten – vielleicht um Taro-Stauden anzupflanzen, deren knollig verdickte Rhizome einen Stärkegehalt zwischen 15 und 25 Prozent haben (Taro wird mittlerweile überall in den Tropen angebaut). Diese offensichtlich eigenständige Entwicklung des Feldbaus vermochte durchaus ein derart machtvolles Bevölkerungswachstum zu begünstigen, daß ihre Träger, die Sprecher der Papua-Sprachen, weite Gebiete Neuguineas besiedelten sowie westwärts bis nach Timor und Halmahera und ostwärts bis zu den Salomon-Inseln gelangten.

Die landwirtschaftliche Revolution Chinas scheint hingegen an zwei voneinander entfernten, aber kulturell zusammenhängenden Zentren eingesetzt zu haben: Am Unterlauf des Gelben Flusses wurde vor etwa 8000 Jahren die Kolbenhirse in Kultur genommen und im Delta des Jangtsekiang ungefähr zur selben Zeit der Reis. Beide Getreidearten erforderten, ebenso wie zahlreiche weniger bedeutende Nutzpflanzen, aufwendige Vorbereitungen wie Roden, Bodenbearbeitung und Anlage von Bewässerungsgräben sowie Aussaat, Pflege und Ernte im Rhythmus der Jahreszeiten. Die großen Mengen an Überresten, die sich in Lagergruben und Wohnschichten bei archäologischen Grabungen finden, lassen vermuten, daß diese Getreidesorten rasch zu bedeutenden Nahrungsmitteln avanciert waren.

Vor 5000 Jahren hatten sich Reisbauern entlang der Ostküste Chinas, im heutigen Nordvietnam und Thailand und möglicherweise in Nordindien angesiedelt. Die Fülle an Artefakten, die in den

wärts (1000 vor Christus), nach Hawaii und auf die Osterinsel (300 bis 400 nach Christus) sowie Neuseeland (800). Östlich der Salomon-Inseln waren die austronesisch-sprechenden Bauern die ersten Bewohner überhaupt; in anderen Regionen hatten schon über Zehntausende von Jahren hinweg Jäger und Sammler gelebt.

Überresten ihrer Behausungen zu finden ist, dokumentiert überzeugend, wie grundlegend diese Wirtschaftsweise das Leben der Menschen änderte. Ein Beispiel ist das 7000 Jahre alte Pfahldorf bei Hemudu an der Südseite der Bucht von Hangtschou in der chinesischen Provinz Tschekiang. Hier fanden sich Töpferwaren, geflochtene Matten und Seile, Spinnwirtel, steinerne Äxte, hölzerne und knöcherne landwirtschaftliche Gerätschaften wie zum Beispiel Spaten, Relikte von gezimmerten Bauten und von Booten, dazu große Mengen Reis sowie Knochen von domestizierten Schweinen, Hunden, Hühnern, Rindern und Wasserbüffeln.

Das sind gewiß nicht Habseligkeiten einer Jäger- und Sammlerbevölkerung. Vielmehr waren die Besitzer an einem kulturellen Entwicklungsprozeß beteiligt, dessen Auswirkungen dann ganz Ostasien und die pazifische Inselwelt erfaßten. Mehr als 1000 Kilometer südlich von Hemudu könnten sich die ersten Wellen einer neuen, phänomenalen Expansion geregt haben: derjenigen der austronesischen Sprachfamilie.

Bis zum Jahre 1500, bevor also der europäische Kolonialismus einsetzte, war dies die verbreitetste der Welt. Noch heute wird sie von mehr als 200 Millionen Menschen auf Taiwan, im Inneren Südvietnams, auf Madagaskar, in Malaysia und auf den Philippinen, in Indonesien und auf den Archipelen des Pazifik samt Hawaii und der Osterinsel gesprochen. Nach dem gegenwärtigen Stand der archäologischen Forschung ist zu vermuten, daß sich diese Familie zunächst durch bereits bewohnte Gebiete von Taiwan bis ins westliche Melanesien ausgedehnt hatte; in einer späteren Phase besiedelten ihre Sprecher als erste ein Gebiet, das im Westen bis Madagaskar und im Osten bis über die Salomon-Inseln hinausreichte (Bild 2).

Daß in manchen dieser Siedlungsgebiete verschiedene Kulturen einander begegneten, zeigt sich am deutlichsten dort, wo andere Sprachfamilien der Ausbreitung des Austronesischen widerstanden haben: auf Taiwan und in Vietnam durch Ausbreitung des Chinesischen und des Vietnamesischen in historischer Zeit sowie im westlichen Melanesien. Dort beherrschen die Papuasprachen den größten Teil Neuguineas, Teile des Bismarck-Archipels und der Salomon-Inseln sowie einige wenige Inseln im östlichen Indonesien – ein Indiz für die erwähnte unabhängige Entwicklung der Landwirtschaft in Neuguinea, die allem Anschein nach auf den weiter westlich gelegenen tropischen Inseln keine Parallele gefunden hat. Im westlichen Melanesien, wo beide entwickelten Kulturen sich begegneten, entlehnten die Sprecher des Austronesischen eine Fülle von Wörtern und grammatischen Konstruktionen von ihren papuanischen Nachbarn und umgekehrt.

Linguistische Ergebnisse

Solche Entlehnungen sind Beweismittel der Sprachgeschichte. Vergleichende Sprachwissenschaftler können beispielsweise aus den Änderungen der Aussprache einzelner Wörter erschließen, in welcher Reihenfolge sie in eine Sprache übergegangen sind. Indem sie aus ihren Erkenntnissen über den zeitlichen Ablauf der Lautveränderungen ein konsistentes Modell konstruieren, vermögen sie zu bestimmen, ob Ähnlichkeiten zwischen den Wörtern zweier Sprachen auf Entlehnung oder gemeinsame Abstammung zurückzuführen sind (Bild 3). Wortpaare der zweiten Art sind die sogenannten Kognaten, das Rohmaterial, aus dem die Linguisten die gemeinsame Mutter einer Sprachfamilie – Protosprache genannt – rekonstruieren (vergleiche den Artikel „Streit um Wörter" von Philip E. Ross in diesem Band).

Die Rekonstruktion verspricht am ehesten Erfolg, wenn es viele lebende Sprachen zu vergleichen gibt und tote in Schriftzeugnissen gut dokumentiert sind. Für das Austronesische trifft leider nur der erste Fall zu; außer in der indisch beeinflußten westlichen Sphäre gibt es im gesamten übrigen Verbreitungsgebiet keine alten Texte. Gleichwohl kann man heute mit ausschließlich linguistischem Beweismaterial Fragen nach der Stammregion der Familie, der Richtung ihrer Ausbreitung und dem Kulturgut ihrer Sprecher schlüssig beantworten.

Für die früheste Zeitstufe stellte der als Privatgelehrter arbeitende amerikanische Linguist Paul K. Benedict die Hypothese auf, daß die Tai-Kadai-Sprachfamilie (zu ihr gehören das Thai und das Laotische) und die austronesischen Sprachen eine Austro-Tai genannte Superfamilie bildeten. Deren Mutter Proto-Austro-Tai (abgekürzt PAT), die ihrerseits möglicherweise mehrere Entwicklungsstufen durchgemacht habe, sei dereinst auf dem südlichen chinesischen Festland gesprochen worden. Benedict hat Rekonstruktionen für etliche bedeutende Wörter des PAT vorgeschlagen, zum Beispiel für *Feld*, *Naßfeld* (für Reis und Taro), *Garten*, *Pflug*, *Reis*, *Zuckerrohr*, *Vieh*, *Wasserbüffel*, *Axt* und *Boot*.

Wenn Benedict recht hat – und bisher gibt es keine überzeugende Widerlegung –, dann muß man ernsthaft die Möglichkeit in Erwägung ziehen, daß die Expansion der Sprachfamilie Austro-Tai von den reisanbauenden neolithischen Gesellschaften an der Südküste Chinas ihren Ausgang nahm. Die archäologischen Befunde liefern reichhaltige Beweise dafür, daß dort solche Gesellschaften im Zeitraum zwischen 8000 und 5000 Jahren vor der Gegenwart existierten.

Robert Blust von der Universität von Hawaii in Honolulu führte die Rekonstruktion des Sprachenstammbaums vom Austro-Tai über eine weitere Stufe namens Proto-Austronesisch (PAN) weiter bis zu den einzelnen Zweigen des Austronesischen (Bild 3). Er favorisiert eine geographische Expansion, die in Taiwan (wo er die ältesten austronesischen Sprachen einschließlich PAN lokalisiert) einsetzte, dann die Philippinen, Borneo und Celebes erfaßte und sich schließlich spaltete – in einen westlichen Zweig, der bis nach Java reicht, und einen östlichen über den Bismarck-Archipel nach Ozeanien.

Verzweigungen des Austronesischen

Dieses dürre Schema könnte durch eine Fülle von linguistischen Details ausgefüllt werden. Ich möchte mich hier jedoch auf einige allgemeinere Schlußfolgerungen beschränken.

Zu Zeiten des PAT gelang es allem Anschein nach einigen Siedlern mit landwirtschaftlichen Fertigkeiten, vom chinesischen Festland über die Formosastraße nach Taiwan überzusetzen. Dort entwickelten sich die archaischen austronesischen Sprachen; und einige Jahrhunderte später wagten sich von hier aus einige ihrer Sprecher zunächst nach Luzon und dann auf den Rest der Philippinen vor. Infolge dieser Wanderung teilte sich das Austronesische in seine zwei großen Untergruppen, die Formosa-Sprachen und das Malayo-Polynesische (MP). Der Wortschatz des PAN vor der Aufspaltung deutet auf eine Wirtschaftsweise hin, die einem Klima am Rande der Tropen angepaßt war: Anbau von Reis, Hirse und Zuckerrohr, Domestizierung von Hunden und Schweinen und Benutzung von Booten.

Das Proto-Malayo-Polynesische (PMP), das mutmaßlich auf den Inseln am Rande der Celebessee gesprochen wurde, ist von großem Interesse, da es – im Gegensatz zu dem älteren, nördlicher lokalisierten PAN – rekonstruierte Wörter für tropentypische Wirtschaftsweise enthält, zum Beispiel für *Taro*, *Brotfrucht*, *Banane*, *Yams*, *Sago* und *Kokosnuß*. Aus dem PAN haben sich im PMP Begriffe der Töpferei, des Segelns mit Booten und für einige Bauteile von größeren Holzhäusern erhalten.

Infolge weiterer Siedlungsbewegungen durch die Philippinen nach Borneo, Celebes und den Molukken teilte sich schließlich die malayo-polynesische Untergruppe in einen westlichen und einen zentral-östlichen Zweig, die ihrerseits weiter divergierten (Bild 4). Der zentral-östliche Zweig muß sich auf den Molukken oder den Kleinen Sunda-Inseln abgespalten haben; das östliche Malayo-Polynesische umfaßt alle austronesischen Sprachen des Pazifikraums mit Ausnahme einiger Sprachen im westlichen Teil Mikronesiens.

Der linguistische Befund als solcher sagt uns, daß die Austronesisch sprechenden Völker – Bauern und Seeleute mit hochseetüchtigen Segelbooten – letztlich alle Regionen kolonisierten, die heute von ihren sprachlichen Nachfahren bewohnt werden: von Madagaskar bis zur Osterinsel und von Taiwan bis nach Neuseeland. Archäologische Befunde, auf die ich nun noch einmal eingehe, gestatten diese Ausbreitung zeitlich genauer festzulegen.

Weitere archäologische Indizien

Es ist sicher, daß vor 30 000 (und möglicherweise schon vor 50 000) Jahren seefahrende Frühmenschen ihren Lebensbereich vom asiatischen Festland südostwärts nach Celebes, Neuguinea und Australien (die damals noch durch eine Landbrücke verbunden waren) sowie Neuirland am Ostrand des Bismarck-Archipels und den nördlichen Salomon-Inseln ausgedehnt hatten. Dazu waren Segeltörns über Entfernungen bis zu 65 Kilometer erforderlich, die frühesten Fahrten über offene See, die in der menschlichen Vorgeschichte nachweisbar sind. Diese Kolonisten waren wahrscheinlich die direkten Ahnen der heutigen australischen Aborigines und der Bewohner Neuguineas, besonders des inneren Hochlandes. Sie gehören auch zu den Vorfahren der Bewohner Melane-

	PAN	Rukai (Taiwan)	Tagalog (Philippinen)	Fidschi	Samoanisch	Rapanui (Osterinsel)
zwei	dusa	dosa	dalawa	rua	lua	rua
vier	sepat	sepate	āpat	vā	fā	hā
sechs	'enem	eneme	ānim	ono	ono	ono
Vogel	manuk	–	manok	manumanu	manu	manu
Auge	maca	maca	mata	mata	mata	mata
Ohr	calinga	calinga	tēnga	dalinga	talinga	taringa
Einbaum	awang	avange	bangka	waga	va'a	vaka
Zuckerrohr	tebus	cubusu	tubo	dovu	tolo	toa
Kopflaus	kucuh	koco	kūto	kutu	'utu	kutu

Bild 3: Wortähnlichkeiten unter den austronesischen Sprachen zeigen ihre Herkunft von einer gemeinsamen Ursprache an, die von Linguisten rekonstruiert und Proto-Austronesisch (PAN) genannt wurde. Nicht alle Wurzeln überleben in allen Tochtersprachen: Das Wort für *Vogel* im Rukai zum Beispiel ist ein Lehnwort.

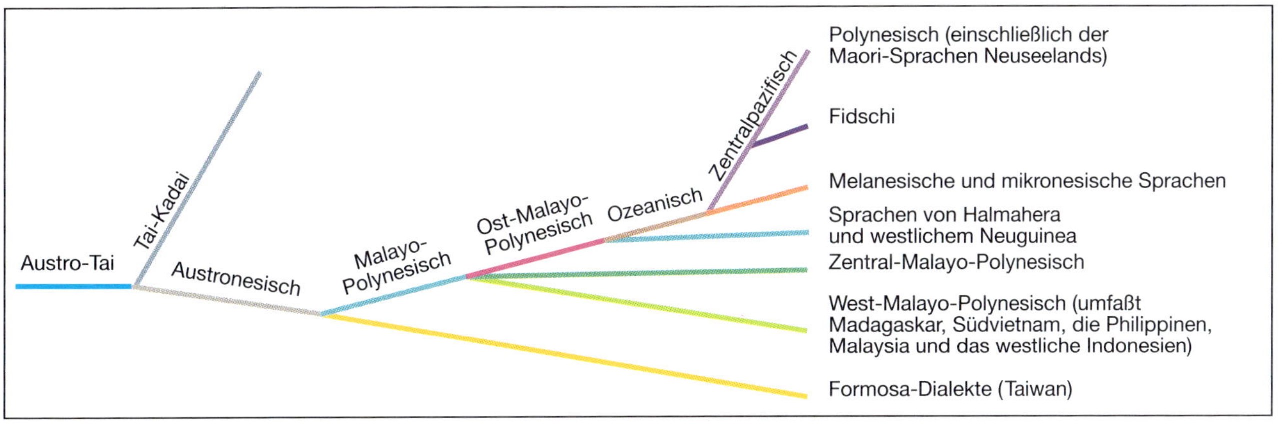

Bild 4: Der Stammbaum der austronesischen Sprachen.

siens von der Küste Neuguineas bis zu den Fidschi-Inseln – Gruppen, die sich später mit Sprechern des Austronesischen mischten. Die Sprachen einiger australischer und papuanischer Familien stammen wahrscheinlich auch von den Sprachen dieser ersten Siedler ab.

Man kann nicht zweifelsfrei beweisen, daß die Bewohner einer vorgeschichtlichen Stätte oder Mitglieder einer vorgeschichtlichen Kultur eine bestimmte Sprache benutzten. Hier jedoch legt das Gesamtbild eine solche Aussage zumindest nahe: Die Wörter der rekonstruierten Sprachen PAN und PMP beschreiben Landwirtschaft treibende Gesellschaften, die Reis anbauten, Keramik herstellten, in gut konstruierten Holzhäusern lebten und Haustiere hielten. Genau diese Dinge sind auch in weit voneinander entfernten Ausgrabungsstätten auf den Inseln Südostasiens und (abgesehen vom Reis) des westlichen Pazifiks zutage gefördert worden. Sie müssen vor 6000 bis 3500 Jahren binnen relativ kurzer Frist in Gebrauch gekommen sein.

Das älteste neolithische Material in Taiwan datiert etwa 6000 Jahre zurück. Es handelt sich um Gegenstände von südchinesischem Typus, die wahrscheinlich von kleineren Gruppen Landwirtschaft treibender Siedler über die Formosastraße von Fukien aus auf die Insel gebracht wurden. Weitverbreitete typische Objekte aus dieser Zeit sind etwa schnurkeramische Töpferwaren, polierte steinerne Äxte und Sicheln, Speerspitzen aus Schiefer und aus Ton gebrannte Spinnwirtel. Es gibt auch Hinweise auf Reisanbau, und aus Pollenanalysen läßt sich auf Rodungen im Inland schließen.

Gleichartiges Material findet sich dann in 5000 bis 4000 Jahre alten Kulturschichten an den Küsten und in klimatisch begünstigten Binnenregionen der Philippinen, von Celebes und Nordborneo sowie (in Verbindung mit Knochen von Hausschweinen) südöstlich bis nach Timor. Pollenanalysen im Hochland von Westjava und Sumatra deuten darauf hin, daß schon vor 3000 Jahren, wenn nicht früher, ziemlich intensive Waldrodungen für den Ackerbau vorgenommen wurden.

Keramik aus einer Fundstätte im Westen der Provinz Sarawak im malaysischen Teil Borneos wurde unlängst auf ein Alter von ungefähr 4000 Jahren datiert; zur Radiokohlenstoff-Analyse diente Reisspreu, die dem Ton als Magerungsmittel beigemischt worden war. In den äquatorialen Breiten Indonesiens allerdings wandten sich die Menschen vom Reis ab und ernährten sich vorwiegend von tropischen Früchten und Knollen, deren Bezeichnungen sich, wie oben angedeutet, im Wortschatz des PMP wiederfinden. Niemals wurden irgendwelche Getreide auf die pazifischen Inseln eingeführt, mit der einen möglichen Ausnahme von Reis auf den Marianen.

Somit waren innerhalb eines Jahrtausends bis vor 4000 Jahren Landwirtschaft betreibende Siedler von Taiwan bis an den westlichen Rand Melanesiens gelangt. Die weitere Ausbreitung bis ins westliche Polynesien ging noch schneller vonstatten, wie sich an Keramik vom sogenannten Lapita-Typ verfolgen läßt. Die meisten Fundorte liegen an den Küsten der kleineren Inseln im westlichen Melanesien; die Fundregion erstreckt sich von den Admiralitäts-Inseln des Bismarck-Archipels im Westen bis nach Samoa im Osten über eine Distanz von ungefähr 5000 Kilometern. Die letzte und vielleicht eindrucksvollste Eroberung war die der weiten Räume Polynesiens jenseits von Samoa vor 2500 bis vor etwa 1000 Jahren.

Zusammenfassend läßt sich aus dem archäologischen Befund erschließen, daß Austronesisch sprechende und Landwirtschaft betreibende Kolonisten von ihren Stammregionen Südchina und Taiwan in einem Zeitraum von ungefähr 1500 Jahren sich über eine Distanz von 10000 Kilometern Küstenlinie und Meer bis an die westlichen Grenzen Polynesiens verbreiteten. Die Kolonisation ging schneller voran als irgendeine andere in vorgeschichtlichen Zeiten, war aber auch flüchtiger, denn sie ließ das Binnenland großer Inseln in der Frühphase unberührt. Auf härteren Widerstand stießen diese Ausbreitungswellen offenbar nur im westlichen Melanesien, wo den archäologischen Befunden zufolge schon früher eine unabhängige landwirtschaftliche Revolution stattgefunden hatte.

Unlängst hat die Archäologie auch Hinweise für die bemerkenswerten Navigationsfähigkeiten der frühen Austronesier geliefert. Scharfkantige Abschläge von Obsidian, den die Menschen der Lapita-Zeit in der Nähe von Talasea auf der (zum Bismarck-Archipel gehörigen) Insel Neubritannien förderten, kamen an ungefähr 3000 Jahre alten Fundstätten von Nordborneo im Westen bis zu den Fidschi-Inseln im Osten zutage; das vulkanische Glas ist also über eine Distanz von 6500 Kilometern verfrachtet worden. Damit ist der Talasea-Obsidian wahrscheinlich die verbreitetste Handelsware der steinzeitlichen Welt. Da ist es nicht weiter verwunderlich, daß die Nachkommen dieser Lapita-Siedler imstande waren, die längsten Reisen der menschlichen Vorgeschichte zu unternehmen und während des ersten Jahrtausends unserer Zeitrechnung Menschen, Haustiere und Kulturpflanzen bis an die äußersten Grenzen Polynesiens zu transportieren.

Obwohl die austronesische Expansion in der Entwicklung der Landwirtschaft ihre Ursache hatte, war sie weit mehr als eine einfache Wanderung von Gruppen landsuchender Bauern. Es wäre eine törichte Vereinfachung, die komplexen Prozesse von Assimilation und Wechselwirkung, Anpassung der Wirtschaftsformen auf unterschiedliche Umweltbedingungen sowie 5000 Jahre kühner und phantasievoller Aktivität nicht zu bedenken und allen heute lebenden Sprechern austronesischer Sprachen lediglich Vorfahren in Südchina oder Taiwan zuzuschreiben. Gleichwohl bleibt die anfängliche neolithische Expansion sprachlich verwandter Völker aus einem Stammgebiet ein zentrales Thema in der Geschichte des Austronesischen.

Gekoppelte Ausbreitung von Sprache und Landwirtschaft

Werfen wir noch einen genaueren Blick auf diese Region, die sich vom heutigen Südchina und Taiwan bis zum Tal des Gelben Flusses erstreckt. Obwohl sich die tibetochinesischen Sprachen einschließlich des Chinesischen während der letzten 2000 Jahre dominierend durchsetzten, leben dort immer noch Sprecher von immerhin vier anderen Familien: Austroasiatisch (mit Vietnamesisch, Khmer, den Munda-Sprachen Indiens und einer Reihe von Sprachen Malaysias), Miao-Yao, Tai-Kadai und der austronesischen Dialekte von Taiwan. Nur noch Südwestasien, das westliche Melanesien und Teile von Zentralafrika sind Gebiete vergleichbarer Größe in der Alten Welt mit einer solchen sprachlichen Vielfalt. Und eben diese Gebiete sind ebenfalls Kerne der Entstehung von Landwirtschaft.

Ebenso bedeutsam ist die Beobachtung, daß die Vielfalt innerhalb jeder der ostasiatischen Sprachfamilien ihren Höhepunkt in dieser Region erreicht. Genau das ist zu erwarten, wenn Ostasien eine Keimzelle nicht nur für die Verbreitung der Landwirtschaft, sondern auch der Sprache darstellt. Denn die größten Unterschiede unter den Sprachen einer Familie rühren normalerweise von den ältesten Aufspaltungen her, und diese ereigneten sich im allgemeinen in der Nähe der Region, in der die Ursprache gesprochen wurde.

Zum Beispiel besteht innerhalb der austronesischen Familie der ausgeprägteste Unterschied zwischen den Dialekten Taiwans und der malayo-polynesischen Untergruppe der nördlichen Philippinen, die sich am frühesten trennten. Die interne Vielfalt der Familien Tai-Kadai und Miao-Yao ist gleichfalls in Südchina am größten. Über die Beziehungen des Austroasiatischen und des Tibetochinesischen herrscht weniger Sicherheit, aber auch in diesem Falle stützen rekonstruierte Wortschätze und das Muster der internen Differenzierung die Hypothese eines Stammlandes in Ostasien.

Das Gesamtbild gleicht dem einer Pflanze mit vielen Blütenknospen – eine Metapher, mit der Andrew und Susan Sherratt vom Ashmolean-Museum der Universität Oxford die Ausbreitung der Sprachen von Vorder- und Südwestasien aus, einem weiteren Ursprungsland der Landwirtschaft, beschrieben haben. In dieser Region, die sich im weitesten Sinne von Südosteuropa und Anatolien bis nach Nordwestindien hinein erstreckt, liegen die vermuteten Ursprungsgebiete der indoeuropäischen, der kaukasischen, der elamo-drawidischen und vielleicht der afroasiatischen Sprachfamilie. Dort sind auch etliche isolierte Sprachen zu lokalisieren, die wir – wie das Sumerische – nur aus Schriftzeugnissen kennen. Für die Herkunft des Indoeuropäischen aus diesem Bereich hat kürzlich Colin Renfrew plädiert (siehe seinen zitierten Artikel in dieser Zeitschrift).

Entsprechende Keimzellen liegen offenbar im Hochland von Neuguinea (für die bereits genannte papuanische Sprachfamilie) und in Afrika südlich der Sahara. Dort erstreckt sich die Zone früher Landwirtschaft quer über den Kontinent von der Westküste bis nach Äthiopien zwischen dem 5. und 15. nördlichen Breitengrad; sie ist die Ursprungsregion der nilosaharanischen und der niger-kordofanischen Sprachfamilie. Zum Niger-Kordofanischen gehören die Bantusprachen, die sich durch landwirtschaftliche Kolonisation während der letzten 2500 Jahre über ganz Ost- und Südafrika ausdehnten und damit die zur Khoisan-Familie gehörigen Sprachen der jagenden und sammelnden Ureinwohner in wesentlich kleinere Gebiete drängten.

Angesichts dieser Beispiele gewinnen zwei Hypothesen klarere Konturen: Erstens sollte eine Ursprungsregion der Landwirtschaft zugleich eine überdurchschnittliche Anzahl von überlebenden Sprachfamilien beherbergen; und zweitens sollte für jede dieser Familien das Zentrum größter Vielfalt innerhalb dieser Region liegen. Diese Korrelationen sind freilich nicht zwingend und können in manchen Fällen (wie in der Türkei und größeren Teilen Südchinas) durch Sprachersetzungen verschleiert sein, die ebenfalls seit frühen Zeiten der Landwirtschaft stattgefunden haben. Doch sind beide Hypothesen eine Folgerung (und, wenn bestätigt, eine Stütze) der grundlegenden Vorstellung, daß die Expansion der Landwirtschaft und die der Sprache gekoppelt seien.

Dies haben schon früher viele Archäologen und Linguisten dargelegt, besonders an der prähistorischen Kulturentwicklung in Afrika und im westlichen Asien. Dennoch will ich nicht behaupten, daß die frühe Ausbreitung der Landwirtschaft die gesamte Geographie der Sprachfamilien erklären könne. Sie ist eindeutig irrelevant für Jäger- und Sammlerbevölkerungen wie die australischen Aborigines; und aus geschichtlicher Zeit kennen wir viele Fälle von Sprachersetzung und Sprachverbreitung, die andere Ursachen haben.

In solchen Fällen ist jedoch nach einer analogen Erklärung zu suchen. Ersetzt eine Sprache eine andere durch Kolonisierung, müssen deren Sprecher irgendwie im Vorteil sein. Dies gilt heute ebenso wie vor 10 000 Jahren, als einzelne verstreute Menschengruppen mit der Kultivierung der Erde begannen.

Die Entstehung der Schrift

Die Auswertung von mehr als 4000 Tontafeln mit den ältesten bekannten Schriftzeugnissen aus der Stadt Uruk in Mesopotamien hat interessante neue Aufschlüsse über eine der größten Leistungen der Menschheit gebracht: die Entwicklung der Schrift. Sie ist demzufolge das fast zwangsläufige Ergebnis einer immer komplizierteren Wirtschaftsorganisation, die ohne schriftliches Festhalten der Transaktionen nicht mehr zu kontrollieren gewesen wäre.

Von Peter Damerow, Robert K. Englund und Hans J. Nissen

Neben der Sprache zählt die Schrift zu den elementarsten und wichtigsten kulturellen Errungenschaften der Menschheit. So wie das Entstehen der Sprache in das Dunkel einer unzugänglichen Vorzeit gehüllt ist, erschien auch die Entwicklung der Schrift lange als ein nie mehr ganz zu enträtselndes Geheimnis. Dennoch ist die Situation hier ungleich günstiger, da die Archäologie Zeugnisse von den Anfängen der Schrift in Gestalt von Tontafeln wieder beigebracht hat. Dennoch bleibt die extrem schwierige Aufgabe, sie zu entziffern und zu deuten.

Diese Arbeit ist in den letzten Jahren im Rahmen eines Forschungsprojektes der Deutschen Forschungsgemeinschaft am Institut für Vorderasiatische Altertumskunde der Freien Universität Berlin ein gutes Stück vorangebracht worden. So gelang es, knapp drei Viertel der bekannten 706 Schriftzeichen auf den fast 4500 erhaltenen ältesten Schrifttafeln aus Mesopotamien mit Zeichenformen der späteren keilschriftlichen Tradition zu verbinden und dabei ihre Bedeutung zu ermitteln.

Die Ergebnisse zeigen, daß die Triebkraft der Schriftentwicklung stetig komplexer werdende Wirtschaftsformen waren, die sich als Folge einer beginnenden Verstädterung herausbildeten. Insgesamt läßt sich damit genauestens nachzeichnen, wie mit den Anforderungen sich immer mehr verfeinernde Methoden zur Dokumentation und Kontrolle wirtschaftlicher Vorgänge schließlich in ein universell anwendbares Schriftsystem mündeten.

In einem parallelen Projekt des Forschungsbereiches Entwicklung und Sozialisation des Max-Planck-Institutes für Bildungsforschung in Berlin werden die kognitiven Strukturen analysiert, über welche die ältesten Schriftzeugnisse Aufschluß geben. Dies ist ausführlich und mit überraschenden Ergebnissen bisher für die Verwendung von Zahlen geschehen. Dabei ließ sich detailliert nachvollziehen, wie sich aus aneinandergereihten Objekten in einem stufenweisen Abstraktionsprozeß ein allgemeiner Zahlbegriff herauskristallisiert hat. Über die Ergebnisse dieser Arbeiten soll in einem Folgeartikel in der nächsten Ausgabe berichtet werden.

Der archäologische Kontext

Die ältesten Schriftdokumente des vorderasiatischen Raumes sind Tontafeln, in deren noch feuchte Oberfläche Zeichen mit Griffeln eingeritzt beziehungsweise eingedrückt wurden. Fast alle diese Tafeln und Fragmente – nämlich mehr als 4000 von insgesamt knapp 4500 – wurden bei Grabungen in Uruk gefunden, einer einstmals großen, blühenden Stadt im heute wüstenartigen Gebiet des Südirak (Bild 2). Seit 1912, unterbrochen durch die beiden Weltkriege, arbeiten deutsche Archäologen an der Erforschung dieser Stadt, die mehr als 5000 Jahre lang – bis in die ersten nachchristlichen Jahrhunderte – kontinuierlich bewohnt war, wenn sie auch während dieser Zeit wechselvolle Geschicke zu ertragen hatte.

Wegen dieser Wechselfälle ihrer Geschichte schwankte der Umfang der Siedlung erheblich, so daß Teile, die zu einer Zeit dicht mit Gebäuden bestanden waren, danach manchmal jahrhundertelang freiblieben. Dadurch wurden die alten Ruinen dort weder gestört noch überbaut. Der Zufall wollte es, daß weite Bereiche, die in der Frühzeit zum Zentralgebiet gehört hatten, auf diese Weise kaum überlagert wurden, so daß die Ausgräber fast direkt unter der heutigen Oberfläche Schichten mit mehr als 5000 Jahre alten Resten vorfanden (Bild 4).

Es waren Zeugnisse für die Epoche, die sich, gerade auch aufgrund der Forschungen in Uruk, als eine der wichtigsten Perioden in der zivilisatorischen Geschichte der Menschheit herausgestellt hat: die Phase der ersten Stadtbildung und der Entstehung jener „Frühen Hochkultur", die in Babylonien die Jahrhunderte um 3000 vor Christus umfaßt (Bild 3). Reste dieser Zeit mit riesigen Gebäuden und großen Plätzen wurden auf einer Fläche von 350×200 Meter freigelegt, so daß man einen guten Eindruck vom Aufbau des Zentralbereichs der Siedlung erhielt.

Da so gut wie alle Kräfte auf die Erforschung des Zentrums verwandt wurden, blieben die Kenntnisse über andere Bereiche – wie zum Beispiel Wohnquartiere – allerdings leider spärlich. Auch Reste anderer Epochen sind weniger gründlich untersucht worden, so daß Uruk vor allem wegen der Überreste der frühen städtischen Phase Berühmtheit erlangte. Der ältere Teil dieser Phase wurde denn auch nach dem Grabungsort Uruk-Periode genannt; sie umfaßt die letzten beiden Jahrhunderte vor 3000 vor Christus.

Von den noch älteren Perioden wissen wir wenig, da ihre Reste von den meterhohen Schuttablagerungen der Zeit der Frühen Hochkultur bedeckt sind. Das wenige reicht gerade zu der Erkenntnis, daß die Dinge, die wir als charakteristisch für die Frühe Hochkultur ansehen, allesamt in der kurzen Zeitspanne zum ersten Mal auftauchen, die in Uruk in so umfassender Weise erforscht werden konnte. Zu diesen Neuerungen gehören monumentale Architektur, monumentale Kunst, die für das ganze spätere Mesopotamien charakteristische Gattung der sogenannten Rollsiegel und schließlich vor allem die Schrift.

Selbstverständlich tauchen diese Errungenschaften nicht einfach aus dem Nichts auf, aber es fällt schwer, die Vorformen in Babylonien selbst zu identifi-

Bild 1: Diese Tontafel gehört zu jenen ältesten erhaltenen Schriftdokumenten, die nach ihrem hauptsächlichen Fundort (siehe Bild 2) als die Archaischen Texte aus Uruk bezeichnet werden. Insgesamt sind knapp 4500 solcher Tafeln (einschließlich Fragmenten) ans Licht gebracht worden. Nach der Form der darin eingedrückten Schriftzeichen lassen sich zwei Schriftstufen unterscheiden: eine ältere mit noch ziemlich bildhaftem Charakter und eine jüngere, schon stärker abstrahierte. Gemäß diesem Kriterium ist die hier abgebildete Tafel der jüngeren Schriftstufe zuzuordnen (rund 3000 vor Christus). Dank umfangreicher Forschungsarbeiten der Autoren konnten inzwischen knapp drei Viertel der insgesamt 706 in den Archaischen Texten aus Uruk auftretenden Schriftzeichen gedeutet werden. Auf der gezeigten Tafel ist eine Anzahl von Behältern verzeichnet, die bestimmte Mengen von Milchprodukten enthielten. Daneben sind vermutlich die an der Transaktion beteiligten Personen genannt. Grundsätzlich sind in den ältesten Schriftzeugnissen nur Dinge im Zusammenhang mit wirtschaftlichen Vorgängen festgehalten.

zieren. Dieses Gebiet war nach unseren archäologischen Erkenntnissen vorher nur spärlich besiedelt und wies erst zu jener Zeit ein dichtes Netz von Siedlungen auf, an deren Ende alle erwähnten Neuerungen sichtbar werden.

Die großflächige Besiedlung Babyloniens

Die plausibelste Erklärung ist, daß das durch Euphrat und Tigris gebildete Schwemmland zunächst lange Zeit nur an wenigen Stellen trockenen Siedlungsraum bot. Erst als durch eine leichte Klimaverschiebung ein Austrocknungsprozeß einsetzte, wurde die weite babylonische Tiefebene in kurzer Zeit zur Besiedlung frei. Den archäologischen Oberflächenuntersuchungen zufolge stieg die Zahl der Siedlungen innerhalb kurzer Zeit auf mehr als das Zehnfache.

Die organisatorischen und wirtschaftlichen Schwierigkeiten einer solchen Veränderung sind enorm. Insbesondere konnten sie wohl kaum mit den Erfahrungen gemeistert werden, die in den kleinen Einzelsiedlungen der vorhergehenden Zeit gesammelt worden waren. Allerdings existierten Erfahrungen aus Gebieten, in denen sich bereits zuvor kompliziertere Formen menschlichen Zusammenlebens entwickelt hatten – so im direkt östlich angrenzenden Gebiet des heutigen Khuzestan. Denkbar wäre, daß von hier einiges übernommen wurde.

Dennoch gingen die Anforderungen, welche die großflächige Besiedlung Babyloniens an die organisatorischen Fähigkeiten der Betroffenen stellte, über das frühere Maß weit hinaus. Der überaus fruchtbare Boden gestattete, die zur Ernährung eines Menschen nötige landwirtschaftlich genutzte Fläche zu verkleinern, so daß Bewohner und Siedlungen enger zusammenrücken konnten.

In den großen Siedlungen wuchs die Zahl derer, die nicht in der primären Nahrungsproduktion tätig waren, so daß neue Strukturen der Versorgung geschaffen werden mußten. Produkte spezialisierter Handwerker wurden auch außerhalb der engsten Umgebung benötigt. Begriffe wie Verteilung oder Vermarktung können eine ungefähre Vorstellung von einigen der sich stellenden Probleme vermitteln, obwohl sie die Situation – weil im modernen Sinn – natürlich nur unvollkommen beschreiben. Es wird jedoch deutlich, auf wie verschiedenen Ebenen neue Lösungen gefunden werden mußten – und gefunden wurden.

Leider gibt es systematische Gründe, warum die verschiedenartigen Neuansätze sich nur beschränkt in dem Material widergespiegelt finden, das die Archäologie beischaffen kann; denn nur wenige davon haben sich sichtbar auf Art oder Gestaltung der heute noch greifbaren Reste ausgewirkt. Eine Ausnahme machen allein die wirtschaftlichen Veränderungen, da es dabei um konkrete Dinge geht.

Eine Zusammenschau aller archäologischen Einzelbeobachtungen läßt erkennen, wie vielschichtig und komplex die Verhältnisse zur Zeit der Schriftentstehung waren. Auf den verschiedensten Gebieten hatte sich der Anfall von Informationen vervielfacht. Das gilt insbesondere für die Wirtschaftsverwaltung, bei der zum einen die Anzahl der Einzelinformationen anwuchs; zum anderen aber mußte sich jede derartige Verwaltung in Einheiten und Mengen ausdrücken, deren Größenordnung und Verarbeitung die Leistungsfähigkeit solcher Verwaltungstechniken überforderte, bei denen die Datenverarbeitung sich allein auf das menschliche Gedächtnis stützte.

Es galt daher Techniken zu finden, um insbesondere diesen numerischen Teil der Informationen festzuhalten. Diese Suche nach Kontrolltechniken – zu denen schließlich auch die Schrift gehört – paßt in eine Zeit, in der große Herausforderungen auf allen Gebieten umfassende neuartige organisatorische Strukturen und Verfahrensweisen zeitigten.

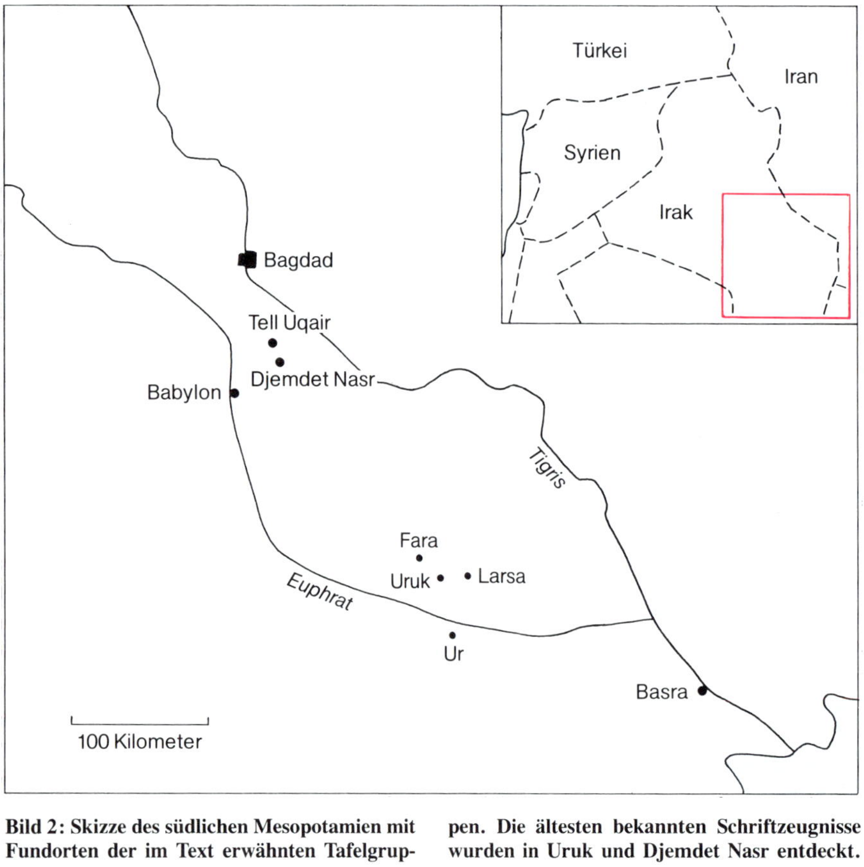

Bild 2: Skizze des südlichen Mesopotamien mit Fundorten der im Text erwähnten Tafelgruppen. Die ältesten bekannten Schriftzeugnisse wurden in Uruk und Djemdet Nasr entdeckt.

Die Fundsituation der Tafeln

Fast überall, wo man im Stadtgebiet von Uruk auf Schichten aus der Zeit der Frühen Hochkultur stieß, wurden auch Fragmente von Tontafeln der frühen Schriftentwicklung gefunden (Bild 5). Da sich die Grabungen fast ausschließlich auf das Zentralgebiet der Stadt konzentrierten, sind die meisten der über 4000 Tafeln und Fragmente in diesem Zentrum ans Licht gekommen. Daraus jedoch den Schluß ziehen zu wollen, daß die Schrift ausschließlich dort verwandt worden sei, ist nach dem Gesagten nicht zulässig.

Leider lassen sich Verwendungsort und genaue Verwendungszeit der Tafeln aus verschiedenen Gründen nicht beurteilen. So sind nur sieben davon in einem archäologischen Kontext gefunden worden, durch den sie vielleicht zu einem bestimmten Benutzungsniveau in Verbindung gebracht werden können. Alle anderen stammen aus Schuttschichten, die allen möglichen Abfall enthielten: Scherben zerbrochener Gefäße, Tierknochen, Aschen und Holzreste sowie Fragmente von aus Ton gefertigten, gesiegelten Verschlüssen, die

Gesamt-Mesopotamien			Süd-Mesopotamien	
kulturelle Entwicklungsstufen	Perioden	Zeit vor Christus	Perioden	kulturelle Entwicklungsstufen
Domestizierung von Tieren und Pflanzen	A-keramisches			
Dauersiedlungen in Bergtälern	Neolithikum			
		7000		
	Keramisches			
	Neolithikum	6500		
Siedlungen in Regenfeldbaugebieten der				
Randebenen des Zagros; weitreichender				
Handel; spezialisierte Siedlungen	Hassuna	6000		
				Jäger, Fischer, Sammler
	Samarra			
		5500		
		5000		
				Besiedlung von den Nachbargebieten her
		4500	Eridu	
Bildung lokaler Zentren	Hálaf			Isolierte Siedlungen
			Hajji Mohammed	
		4000		
	Nördliches		Standard-Obed	
	Obed		Spät-Obed	
		3500		
	Gawra		Früh-Uruk	
Kurzzeitige Expansion			Spät-Uruk	Bildung regionaler Zentren
von Süd-Mesopotamien aus		3000	Djemdet Nasr	
			Frühdynastisch I	Stadtstaaten
	Frühdynastisch II		Frühdynastisch II	
Bildung regionaler Zentren		2500		
	Frühdynastisch III		Frühdynastisch III	Bildung von Territorialstaaten
	Akkad		Akkad	Territorialstaat
	Ur III	2000	Ur III	
Bildung früher Staaten	Alt-Assyrisch		Alt-Babylonisch	

Bild 3: Übersicht über die frühen kulturellen Entwicklungsstufen in Mesopotamien und Nachbargebieten. Die Zeittabelle macht deutlich, daß sich bereits über vier Jahrtausende immer höhere Organisationsformen des Zusammenlebens entwickelt hatten, bis schließlich – als geradezu zwangsläufige Folge dieses steigenden Organisationsgrades – am Ende des vierten vorchristlichen Jahrtausends die Schrift entstand.

ehemals Gefäße verschlossen hatten oder um die Knoten einer Verschnürung geknetet waren.

Auch die in dem Schutt gefundenen Schriftträger sind als Abfall zu betrachten. Sogar die erwähnten sieben Tafeln lagen keineswegs an ihrem ursprünglichen Aufbewahrungsort, sondern wurden auf dem Boden eines Türdurchgangs in einem der großen öffentlichen Gebäude gefunden. Keine einzige Tafel befand sich also dort, wo sie verfertigt, benutzt oder archiviert worden war.

Dies wird noch dadurch unterstrichen, daß in einigen Fällen Bruchstücke ein und derselben Tafel an weit auseinanderliegenden Stellen im Schutt auftauchten. Soweit sich dies rekonstruieren läßt, scheint der Schutt mithin nicht einmal an den Stellen angefallen zu sein, an denen er gefunden wurde; vielmehr ist er offenbar gezielt von einer Schutthalde an die späteren Fundstellen gebracht worden – meist wohl, um Unebenheiten des Geländes auszugleichen, bevor man dort ein neues Gebäude errichtete.

Selbst der Zeitpunkt, zu dem der Schutt an seinem Fundort abgelagert wurde, läßt sich nur in den seltensten Fällen bestimmen. Liegt die Schuttschicht unter einem datierten Gebäude, kann man immerhin davon ausgehen, daß sie vor Errichtung des Gebäudes an diese Stelle gelangt sein muß. Ist diese Zeitangabe schon ziemlich vage, so gilt das noch viel mehr für das Alter der im Schutt enthaltenen Gegenstände selbst, da diese um eine unbekannte Zeitspanne älter als die Zeit der Ablagerung sein müssen. Soweit die Fundumstände es überhaupt erlauben, können wir daher als Genauestes für eine Reihe von Tafeln den Zeitpunkt angeben, vor dem sie entstanden sein müssen, und sie nur mit allem Vorbehalt bestimmten Unterstufen der Zeit der Frühen Hochkultur zuweisen.

Allerdings hilft ein anderer Umstand bei der Datierung. Tafeln von unterschiedlichen Fundorten unterscheiden sich nämlich in ihrem Aussehen und insbesondere im Aussehen der Schrift. Die Unterschiede können folglich als zeitliche Unterschiede gedeutet und daher als Kriterien für die Zuweisung von Tafeln zu verschiedenen Altersstufen benutzt werden, wenn die Fundumstände keine direkte Datierung erlauben. Die meisten Tafeln sind lediglich aufgrund dieses „paläographischen" Vorgehens bestimmten Zeitstufen zuzuordnen.

Beobachtungen über die Veränderung der Schrift und Schlüsse aus den Fundumständen stützen einander jedoch so stark, daß wir ohne Einschränkung von einer älteren – oder der ältesten – Schriftstufe sprechen können, die in die späteste Phase der sogenannten Spät-Uruk-Zeit zu datieren ist, sowie von einer jüngeren Stufe, die mit der sogenannten Djemdet-Nasr-Zeit zusammenfällt. Texte dieser beiden Schriftstufen aus Uruk bezeichnen wir zusammen als die Archaischen Texte aus Uruk.

Schon den ersten Entdeckern solcher Tafeln war augenblicklich klar, daß es sich um Schriftzeugnisse handelte; zu unverkennbar gleichen die Funde den bekannten Keilschrifttafeln späterer Pe-

Bild 4: Blick über das Ausgrabungsgebiet von Eanna in Uruk (Blickrichtung von West nach Ost). Die Blütezeit von Uruk fiel gerade mit jener Periode zusammen, an deren Ende die Schrift auftaucht. Später zählte die Stadt weit weniger Einwohner, so daß die Areale mit den Ruinen aus der Blütezeit nicht erneut überbaut wurden und so relativ gut erhalten und für die moderne Archäologie leicht zugänglich blieben. Im Vordergrund sind die Mauern des sogenannten Riemchengebäudes zu sehen, das der kultischen Beisetzung nicht mehr benötigten Inventars von Kultstätten diente. Dahinter erhebt sich das Massiv des Tempelturmes („Ziqqurat“), der freilich erst in der Zeit kurz vor 2000 vor Christus errichtet worden ist.

rioden. So bestehen sie aus dem gleichen Material, nämlich Ton. Außerdem sind in beiden Fällen die Zeichen mit einem Griffel in die Oberfläche der noch feuchten Tafeln eingedrückt worden. Und obwohl die Zeichen der neugefundenen Tafeln mitunter recht bildhaft wirken, konnte man sich bei einigen einfachen Zeichen doch vorstellen, daß die eine Form sich aus der anderen entwickelt hatte. Wie bei den späteren Tafeln war die Oberfläche der Tontafeln vor der Beschriftung durch Ritzlinien in Kolumnen und einzelne „Fächer“ unterteilt worden.

Der Inhalt der Tontafeln

Schließlich legte ein weiterer Vergleich sogar eine Deutung der frühen Schriftfunde nahe: Wie bei späteren Texten mit Aufzeichnungen wirtschaftlicher Vorgänge beginnen fast alle Einträge mit einer wechselnden Anzahl von Eindrücken, die unschwer als Zahlzeichen identifiziert werden konnten. Damit schien klar, daß die frühen Tafeln überwiegend wirtschaftliche Aufzeichnungen tragen (Bilder 1 und 6).

Einige Texte weichen freilich insofern von diesem Schema ab, als jeder Eintrag mit einem Merkzeichen beginnt. Doch auch dafür fanden sich Gegenstücke unter den späteren Texten: sogenannte lexikalische Listen. In ihnen sind hintereinander durch inhaltliche oder formale Zusammengehörigkeit verbundene Begriffe aufgeführt, die jeweils durch das Zeichen D, das heißt durch das Zeichen für „1“, eingeleitet werden.

Eine genauere Untersuchung ergab sogar, daß es sich zum Teil um Abschriften derselben Listen handelt. Darin sind zumeist entweder Gegenstände wie solche aus Holz (Baumnamen) oder Metall zusammengestellt oder verschiedene Tiere und Tierprodukte einer Gattung – wie Rinder, Fische oder Vögel – gemeinsam aufgeführt (Bild 7). Andere Listen enthalten Namen von Städten oder aber Begriffe, die wir einstweilen weder nach Bedeutung noch nach Zusammengehörigkeit klassifizieren können.

Auf einer der für unser Gesamtverständnis wichtigsten Listen stehen Titel und Funktionärsbezeichnungen, die offenbar in einer hierarchischen Folge angeordnet sind (Bild 8). Über die Listen wird noch ausführlicher zu sprechen sein, da sie eine wichtige Rolle bei der Identifizierung der Zeichen spielten.

Ohne Zahlzeichen waren fast nur einige wenige, sehr kleine Täfelchen, die nicht eigentlich als Schriftdokumente, sondern aufgrund ihrer Durchbohrung als Anhängeetiketten zu bezeichnen sind. Daneben fand sich eine kleine Zahl unklarer Tafeln, die gleichfalls keine Zahlzeichen tragen und insofern Texten aus späterer Zeit gleichen, die im weitesten Sinne als literarisch zu werten sind. Dennoch hat auch die intensive Beschäftigung mit den Archaischen Texten aus Uruk in den letzten Jahren keinen Text erkennen lassen, der eindeutig einen religiösen, historischen oder literarischen Inhalt hätte.

Gang der Bearbeitung

Nachdem im Jahre 1928 Stephen Langdon vom Jesus College der Universität Oxford 194 Kopien von Tafeln aus dem Palast von Djemdet Nasr veröffentlicht hatte, publizierte 1936 Adam Falkenstein vom Vorderasiatischen Museum in Berlin 620 Texte aus den ersten drei Grabungsjahren in Uruk. Zusätzlich enthielt der Band eine Liste aller Schriftzeichen sowie Beobachtungen zur Fundsituation und zur Schriftentwicklung.

Außerdem vermochte Falkenstein, auf den Vorarbeiten von Langdon fußend, für eine ganze Reihe der Schriftzeichen Identifizierungen mit späteren Zeichen vorzuschlagen und damit versuchsweise mit der inhaltlichen Deutung der Texte zu beginnen. Dabei ging er davon aus, daß frühe und späte Zeichen der Wiedergabe der sumerischen Sprache dienten. Als Beleg betrachtete er eine Gruppe von drei Zeichen auf einer Tafel, die nur, wenn sie in Sumerisch geschrieben und gelesen wurde, einen auch später in sumerischen Texten vorkommenden Personennamen ergab.

Falkensteins Bemühungen um die Erschließung der Archaischen Texte aus Uruk schienen so sehr das Äußerste erreicht zu haben, was über die Texte zu sagen war, daß sich lange Jahre niemand mehr diesem Thema zuwandte. Es kam nicht einmal zu einer Bestandsaufnahme all der Texte, die seit der Veröffentlichung Falkensteins in Uruk gefunden worden waren. Erst 1969 wurde einer von uns (Nissen) mit dieser Sammlung beauftragt und zugleich mit dem Versuch, dem Inhalt der Texte näherzukommen. Die Materialsammlung ergab, daß seit der Erstveröffentlichung rund 3400 Tafeln und Fragmente dazugekommen waren, so daß die Gesamtzahl nun bei über 4000 lag.

Von 1976 an stellten die Deutsche Forschungsgemeinschaft und die Stiftung Volkswagenwerk Mittel zur Verfügung – unter anderem auch für wissenschaftliche Mitarbeiter (gegenwärtig Englund) –, um die Bearbeitung der Texte voranzutreiben. Mit einer Klassifizierung der Texte und vor allem mit der Zusammenstellung einer Zeichenliste wurden zugleich die Voraussetzungen für die Eingabe aller Texte in eine Datenbank geschaffen. Einen entscheidenden Impuls erhielten die Arbeiten durch das Hinzutreten eines Mathematikers (Damerow), der sowohl die Probleme der Speicherung und Programmgestaltung löste als auch sich insbesondere mit der Deutung der Zahlnotierungen befaßte.

Die Arbeiten werden auf einem Siemens-Großrechner der Zentraleinrichtung für Datenverarbeitung der Freien Universität Berlin durchgeführt, der über Standleitungen mit dem Max-Planck-Institut für Bildungsforschung verbunden ist. Dabei setzen wir vor allem Methoden ein, die in der Forschung zur Künstlichen Intelligenz entwickelt wurden. Die Firma Siemens stellte zu diesem Zweck eine eigens für unsere Bedürfnisse erweiterte Version der Programmierumgebung INTERLISP zur Verfügung.

Die Schriftzeichen

Bereits die Vermehrung des Textmaterials ließ darauf hoffen, daß der neuerliche Versuch einer Bearbeitung weitere Ergebnisse bringen würde. Mehr noch aber stützte sich diese Hoffnung auf eine inhaltliche Verschiebung in der Zusammensetzung der Texte. Während unter den Falkensteinschen Texten die Tafeln der älteren Schriftstufe bei weitem überwogen, hatte sich durch die neuen Texte das Verhältnis zugunsten der jüngeren Schriftdokumente umgekehrt.

Dies ist insofern von Belang, als die Zeichen der jüngeren Gruppe im Vergleich zu den älteren mit ihren stark bildhaften Formen bereits abstrahiert sind und damit den Zeichen der späteren, lesbaren Texte viel näher stehen. Von einem Zeichenvergleich ließ sich also eine beträchtliche Vermehrung der identifizierten Zeichen erwarten.

Wichtiger noch als die Verschiebung in der Altersverteilung der Texte war, daß der Anteil der Tafeln mit lexikalischen Listen von drei auf fast 600 anstieg. Bereits Falkenstein hatte erkannt, daß diese Texte allem Anschein nach inhaltlich exakt mit späteren Texten übereinstimmen, das heißt die genau gleiche Abfolge der Schriftzeichen aufweisen. Dies bestätigte sich vollauf bei der Durcharbeitung der neuen Listentexte, obwohl auch einige hinzugekommen sind, für die keine spätere Entsprechung bekannt ist.

Daraus ergab sich die wichtigste Handhabe zur Zeichenidentifizierung; denn in unklaren Fällen konnte man zumindest versuchsweise davon ausgehen, daß an der gleichen Stelle stehende Zeichen einander entsprechen (Bild 9). Die Zahl der mit späteren Zeichen graphisch identifizierten Zeichen ließ sich auf diese Weise auf fast 75 Prozent aller bekannten Zeichen steigern.

Damit ist es gelungen, den Hauptteil der – nach dem gegenwärtigen Stand der Identifizierung – insgesamt 706 Schriftzeichen der lexikalischen Listen mit Zeichenformen der späteren keilschriftlichen Tradition zu verbinden und semantisch abgesichert zu deuten, das heißt ihre inhaltliche Bedeutung zu ermitteln (Bild 10). Solche Einzelinformationen erlauben zwar keine Bestimmung der Sprache, die zur Zeit der Schriftentstehung vorherrschte; doch tragen sie wesentlich dazu bei, das Mosaik der Bedeutungsinhalte des Gesamtkorpus zu entschlüsseln, und liefern immer wieder neue Arbeitshypothesen zur weiteren Entzifferung der wichtigen Verwaltungsurkunden.

Die von uns benutzten Lesungen der Zeichen sind einstweilen nichts als Konventionen, die wir allein aus Gründen der Anschaulichkeit beibehalten:

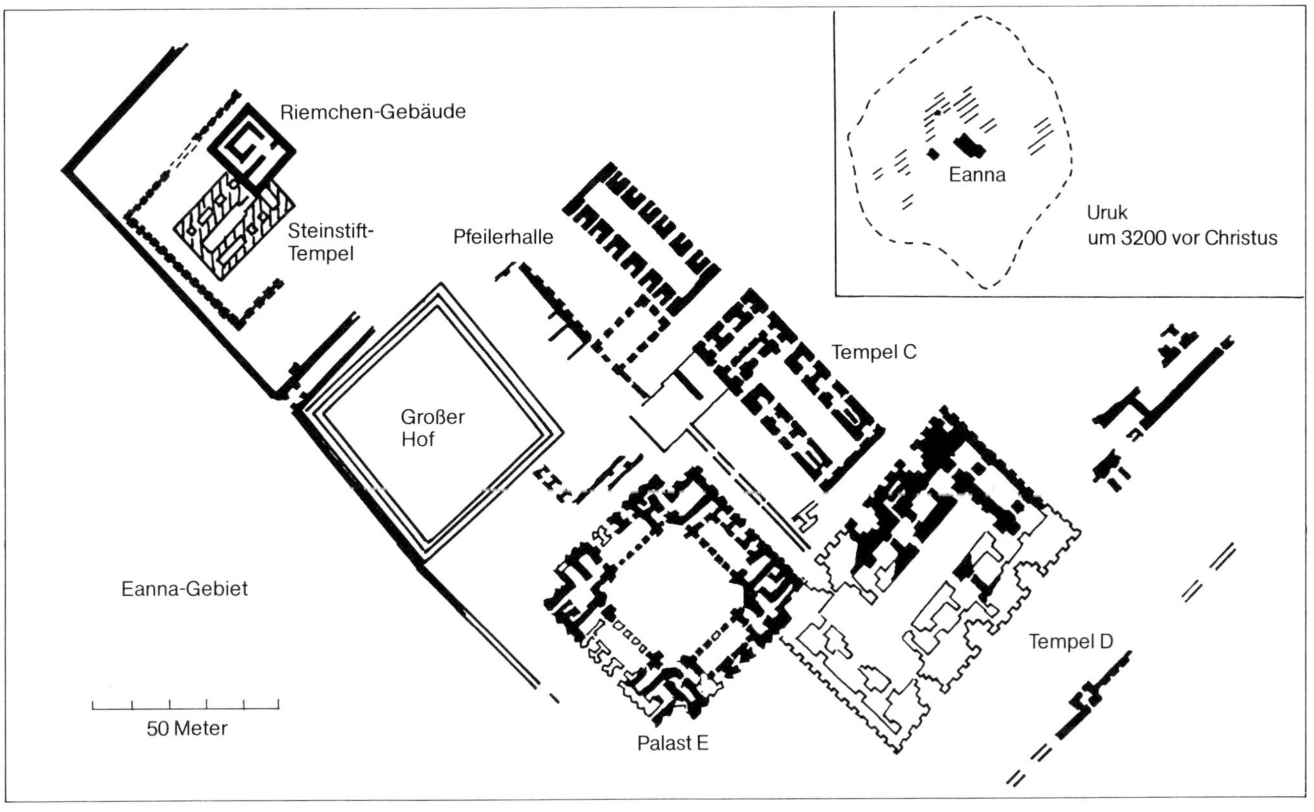

Bild 5: Lage des zentralen Kultbereichs von Eanna innerhalb von Uruk und Plan des Eanna-Gebietes mit den Gebäuden der letzten Phase der Spät-Uruk-Zeit (Schicht „Archaisch IVa"), in der die ältesten Schriftdokumente gefunden wurden. Bis auf das Riemchengebäude waren alle diese Gebäude vollständig leer. Die Tontafeln fanden sich oben im Schutt in oder über den Gebäuden. Weder Funde noch die Architekturformen lassen auf bestimmte Funktionen für die Gebäude schließen, so daß Bezeichnungen wie „Tempel" oder „Palast" einstweilen nichts als Konventionen sind. Klar ist lediglich, daß es sich um öffentliche Bauten handelt, die durch eine Mauer vom übrigen Stadtgebiet abgesetzt waren.

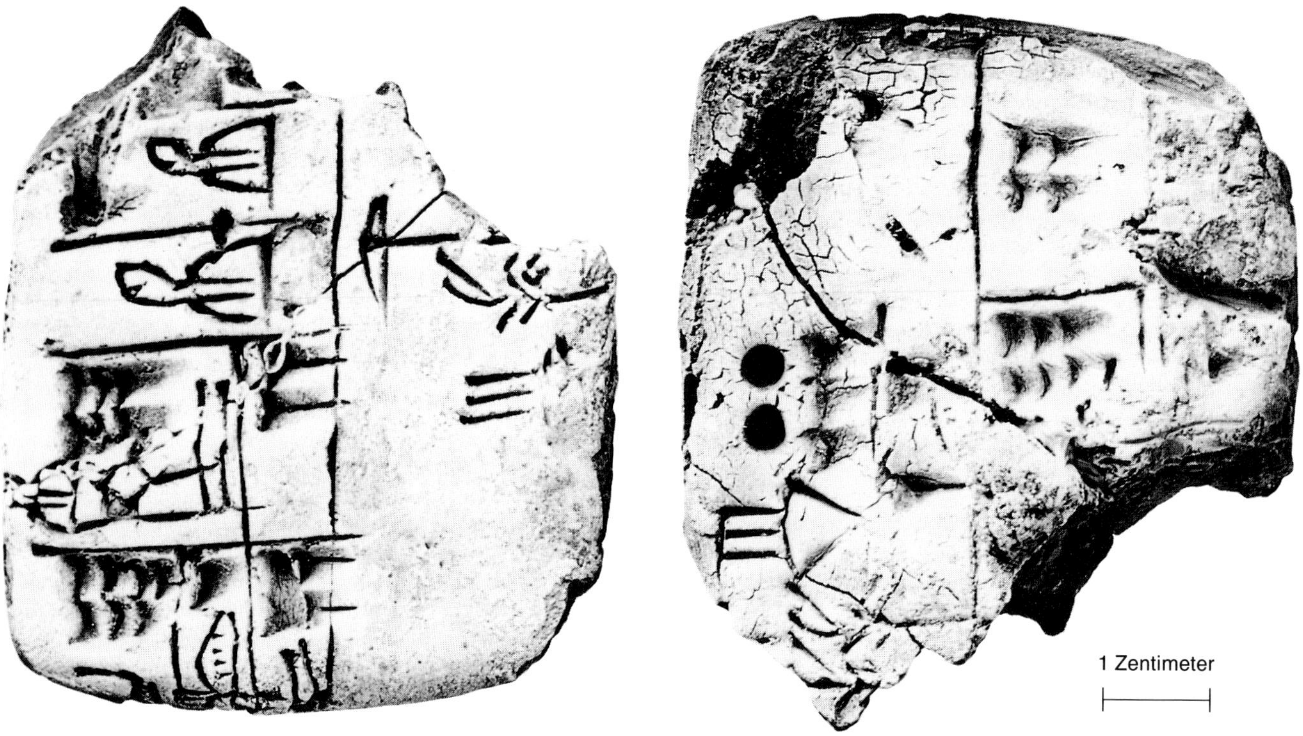

Bild 6: Die Tafel mit der Bezeichnung W 20274,96 stammt aus einem Schuttloch, das 154 weitere Verwaltungstexte enthielt. Alle sind aufgrund der Schriftform der jüngeren Schriftstufe zuzuordnen. Die Tafel ist beidseitig beschrieben: Auf der Vorderseite stehen Mengenangaben über Behälter mit Milchprodukten, während auf der Rückseite, die praktisch nur Zahlzeichen enthält, die Mengen offenbar addiert worden sind.

Sie machen sich die Gleichsetzungen mit den Zeichen aus Texten der späteren Frühdynastischen Zeit zunutze, deren Sprache zweifelsfrei sumerisch war. Über die tatsächliche Lesung der frühen Zeichen oder über die Sprache hinter den frühen Texten ist damit nichts ausgesagt.

Die Sprache der Archaischen Texte

Tatsächlich erscheint eine sumerische Lesung keineswegs als gesichert, auch wenn man sie aus Gründen der kulturellen Kontinuität in Mesopotamien vielfach vermutet hat. Zumindest konnten die bisherigen Versuche, die archaischen Schriftdokumente mit dem Sumerischen in Verbindung zu setzen, das erstmals für die 500 Jahre jüngeren Keilschrifturkunden aus Fara nachgewiesen ist, nicht überzeugen.

Den ersten solchen Versuch unternahmen bereits Langdon und Falkenstein. Sie deuteten die besonders in den Djemdet-Nasr-Tafeln öfters belegte Zeichenfolge als Personennamen und übersetzten sie sinngemäß mit „(Der Gott) Enlil (möge) Leben (schenken)". Damit interpretierten sie die ersten beiden Zeichen als Namen der bekannten sumerischen Gottheit Enlil und schrieben dem dritten Zeichen, einem Pfeil, die Bedeutung „Leben" zu. Diese Deutung ist jedoch nur bei sumerischer Lesung möglich, da nur im Sumerischen die Wörter für „Pfeil" und „Leben" die gleiche Lautform /ti/ haben. Eine solche Verwendung des Zeichens wäre dementsprechend als Rebusschreibung und damit als Beispiel für eine Phonetisierung der Schrift (ihre Ausrichtung an Lauten statt an Bedeutungen) zu werten.

Der sowjetische Sumerologe Aisik Vaiman hat in neuerer Zeit aufgrund einer anderen Lesung auch der eingeführten Zeichen die Stichhaltigkeit dieser Argumentation stark angezweifelt, ohne deshalb allerdings in Frage zu stellen, daß die Sprache das Sumerische ist. Als Hinweis auf eine phonetische Verwendung von Schriftzeichen wertete er das häufig in Verwaltungstexten vorkommende Zeichen , das einen Schilfstengel darstellt und sumerisch /gi/ hieß. Seiner Meinung nach steht es für den gleichlautenden sumerischen Verwaltungsterminus /gi/, der „zurück-, abgegeben" heißt.

Diese beiden vereinzelten Vermutungen reichen unseres Erachtens jedoch nicht aus, eine sumerische Lesung der archaischen Schriftzeichen zu belegen. Allerdings kann kaum ausgeschlossen werden, daß in den Verwaltungstexten tatsächlich das Prinzip der Rebusschreibung (auch Paronomasia oder Multivalenz genannt) angewandt worden ist.

Eine gewisse Schriftphonetisierung scheint zumindest auch in den Texten aus Ur vorzukommen, die etwa 200 Jahre nach Ende der Uruk-III-Periode entstanden sein dürften. Sie enthalten offenbar mehrfach phonetische Komplemente sumerischer Wörter, also Zeichen, die zur Klarstellung des An- oder Auslauts eines sumerischen Wortes dienten.

Eine umfassende Phonetisierung der Schrift dürfte dagegen erst stattgefunden haben, als diese zur Wiedergabe einer anders strukturierten Sprache diente, beispielsweise einer im Gegensatz zum agglutinierenden Sumerisch flektierenden semitischen Sprache. Während bei agglutinierenden Sprachen die grammatischen Bezüge durch Anfügen von Affixen an den unveränderten Wortstamm hergestellt werden, wird bei flektierenden Sprachen der Wortstamm selbst abgewandelt; ihre Wiedergabe erfordert daher sowohl die Darstellung einzelner Silben (statt ganzer Wörter) als auch eine feste Reihenfolge der einzelnen Zeichen.

Erste Anzeichen für eine vollständige Phonetisierung finden sich denn auch in der Schreibung semitischer Personennamen – insbesondere Namen von Schreibern selbst – in Texten der Fara-Zeit; zur selben Zeit werden außer den schon erwähnten phonetischen Komplementen auch Zeichen in Präfixketten, die den nicht-flektierenden sumerischen Verben vorangestellt wurden und in literarischen Texten belegt sind, auf eine Art verwendet, die eindeutig eine sumerische Lesung voraussetzt.

Wir operieren daher vorläufig mit der Arbeitshypothese, daß außer dem Sumerischen andere Sprachen, von denen sprachliche Elemente in einer „archaischen“ Sprache enthalten sein könnten, in Frage kommen: neben dem semitischen Akkadisch auch Hurritisch und Elamisch sowie eine Reihe weiterer unbestimmter Sprachgruppen, für die der Assyriologe Benno Landsberger (damals an der Universität Ankara) die Bezeichnungen proto-euphratisch oder proto-tigridisch geprägt hat.

Die Isolierung und Bestimmung von sprachlichen Elementen einer solchen Schrift läßt sich, sofern ausreichende Hinweise auf mögliche Sprachstrukturen zur Verfügung stehen, systematisch angehen. Dies soll für die archaischen Texte aus Mesopotamien gemeinsam mit einer Untersuchung der etwa gleichzeitigen proto-elamischen Tafeln aus Susa computergestützt unternommen werden. Dabei müssen wir jedoch zusätzlich zu den normalen Problemen der Entzifferung einer Wortschrift mit folgenden Schwierigkeiten rechnen:

Zum einen scheint die Wortstellung der archaischen Texte keinen erkennbaren Regeln zu folgen. Von der strikten Trennung der Zahl- von den Schriftzeichen abgesehen, sind die Schriftzeichen – nicht allerdings die Zahlzeichen – offenbar weitgehend beziehungslos über eine Tafel oder ein Fach verstreut worden; einzig das gezählte Objekt scheint sich im allgemeinen eher zu den es qualifizierenden Zahlzeichen zu gesellen. Auch wo man am stärksten sprachliche Elemente vermuten würde, nämlich bei den mutmaßlichen Bezeichnungen von Personen, die in einer Beziehung zu den gezählten Objekten stehen sollten, ist bis jetzt keine feste Zeichenfolge erkennbar.

Zum zweiten ist wie bei späteren Wirtschaftstexten nicht nur jegliche Redundanz unterlassen, sondern es wurde auch sorgsam vermieden, Dinge aufzuschreiben, die allgemein bekannt waren. Bei der Erschließung können wir daher nicht davon ausgehen, daß eine Tafel einen vollständigen Kontext wiedergibt.

Schultexte

Man bezeichnet die bereits mehrfach genannten lexikalischen Listen auch als Schultexte, da man fast für jeden Text jeweils über mehrere identische Abschriften aus derselben Zeit verfügt sowie über inhaltlich (aber nicht von den Zeichenformen her) gleiche aus anderen Perioden. Auf die besondere Stellung dieser Texte weist der Umstand hin, daß sie in den Zeiten späterer Abschriften gar nicht mehr ganz verständlich gewesen sein können, da eine Reihe der darin verwendeten Schriftzeichen nicht mehr in Gebrauch war.

Es ist für die systematische Art der Bewohner des frühen Babylonien bezeichnend, daß diese bereits in der ältesten Periode der Schrift – gleichzeitig mit den frühesten Aufzeichnungen von Verwaltungsvorgängen – den Zeichenbestand geordnet haben. Die lexikalischen Listen gruppieren schriftliche Symbole für reale Gegenstände, aber auch offensichtlich für Personen- und Ortsbezeichnungen nach Bedeutungen in zusammenhängende Kategorien, die zumeist aus 50 bis 100 Eintragungen bestehen. Diese Listen sind immer wieder kopiert worden.

Insgesamt existieren 14 archaische Wortlisten, die auf rund 520 Tafeln und Fragmenten erscheinen. Hinzu kommen etwa 130 Tafeln, die zwar der Anlage nach zu Listen gehören, sich aber nicht einer der bekannten Listen zuordnen ließen. Wahrscheinlich haben diese Listen eine zentrale Rolle bei der Vermittlung der Schreibkunst gespielt, indem sie immer wieder von Generation zu Generation abgeschrieben wurden. Nahezu deckungsgleiche Abschriften finden sich weit verstreut über den Nahen Osten bis in die Zeit um 2000 vor Christus. Wenige Beispiele datieren sogar noch aus dem ersten Drittel des zweiten Jahrtausends.

Die Schrift als Kontrollmittel der Wirtschaft

Bereits zuvor haben wir die enge Verbindung zwischen Schrift und Wirtschaftsorganisation angesprochen. Durch eine Charakterisierung des Inhalts der Texte soll diese Feststellung im folgenden untermauert werden. Gleichzeitig möchten wir der Frage nachgehen, ob die hier behandelten Texte wirklich die früheste Schrift re-

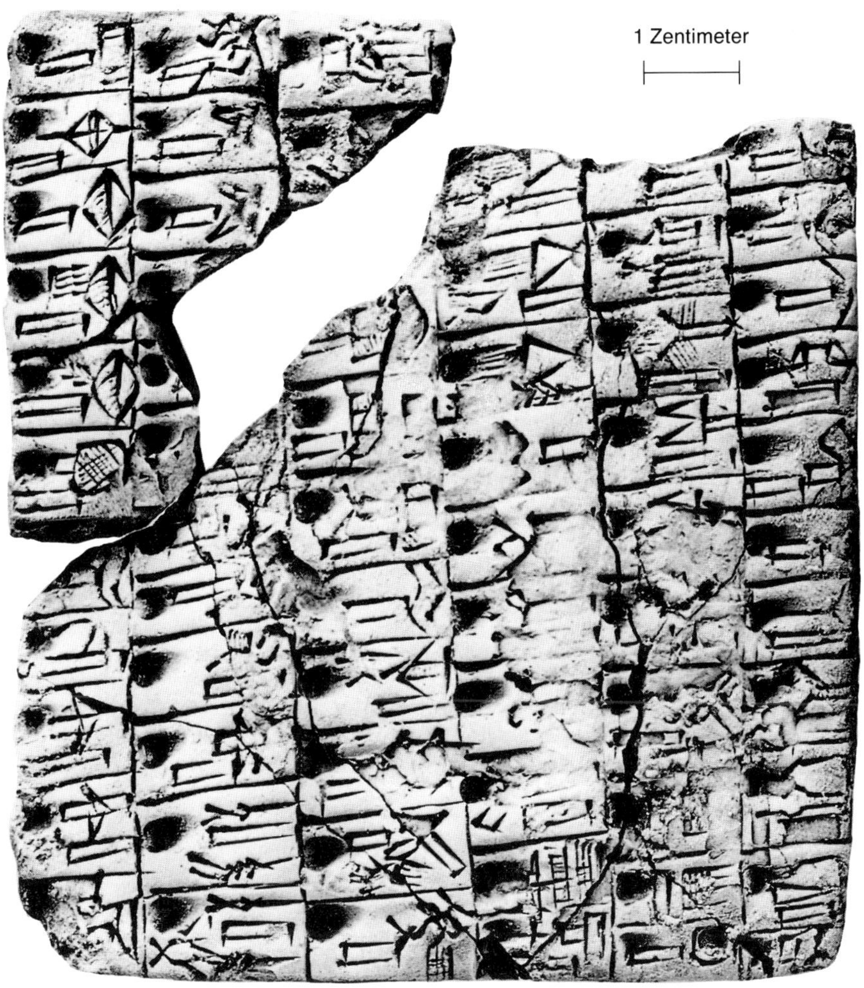

Bild 7: Der Text dieser Tafel gehört zur Kategorie der sogenannten lexikalischen Listen, in denen wie in einer Art Wörterbuch die Zeichen für bestimmte Arten von Objekten zusammengestellt sind. Die Tafel ist durch Ritzlinien in Felder unterteilt, und die ersten 39 Felder enthalten Namen von Bäumen; in den übrigen Feldern sind Gegenstände aus Holz aufgezählt. Das langgestreckte Rechteck in jedem Kästchen weist den jeweiligen Eintrag der Kategorie Holz zu. Jeder Eintrag beginnt außerdem mit dem Zahlzeichen für „1“ (siehe Bild 9).

Bild 8: Zwei verschieden alte Versionen der Liste von Beamten- und Berufsnamen, die über eine lange Zeit immer wieder als Schultext, das heißt als Übungstext für angehende Schreiber, abgeschrieben worden war. Bei der älteren Abschrift (links) handelt es sich um das größte erhaltene Fragment der jüngeren Textgruppe der Archaischen Texte aus Uruk. Die Keilschrift-Version aus Fara (rechts) ist vollständig erhalten.

präsentieren. Schließlich soll die Entstehung der Schrift, so wie wir sie uns nach den geschilderten Befunden vorstellen, im einzelnen nachgezeichnet werden.

Zunächst sei noch einmal betont, daß die Angaben auf den ältesten Schrifttafeln die Kategorien von Informationen betreffen, die im täglichen Betrieb zur Überwachung wirtschaftlicher Vorgänge nötig sind. So werden Waren oder Leistungen und ihre Mengen bezeichnet; ferner ist angegeben, wer an einer Transaktion in wessen Namen beteiligt war und wo und wann sie stattfand oder stattfinden sollte. Finite Verben (Verben, die an den grammatikalischen Zusammenhang angepaßt sind, so daß klar ist, auf welches Substantiv sie sich beziehen, welche Zeitform gemeint ist und so weiter) fehlen ebenso wie Präpositionen oder jegliche Elemente, die zur Darstellung syntaktischer Ketten nötig wären.

In dieser verknappten Form ist die Schrift zwar völlig ausreichend zur Darstellung wirtschaftlicher Zusammenhänge, kann jedoch schwerlich komplexere Sachverhalte ausdrücken. Gerade das, was wir von geistesgeschichtlicher Sicht her als den wichtigsten intellektuellen Schritt der Schriftentstehung sehen möchten – die Fixierung geistiger Zusammenhänge und die Entwicklung zu einem gleichwertigen intellektuellen Medium neben der gesprochenen Sprache –, wird von der frühen Schrift somit nicht geleistet. Statt dessen finden wir eine jede Redundanz vermeidende Beschränkung auf die Mitteilung verbindungslos nebeneinandergestellter Fakten. Dabei wird in hohem Maße das übliche Wissen des Lesers einbezogen, da Dinge, die als allgemein bekannt vorausgesetzt werden konnten, nicht mit aufgeschrieben wurden.

Sowohl aus dem Inhalt der Texte als auch vor allem aus der Verwendung der Schrift ergibt sich daher, daß diese mit größter Wahrscheinlichkeit geschaffen wurde, um Probleme der Wirtschaftsüberwachung zu meistern. Man kann die Schrift in ihrer frühesten Form somit als Kontrollinstrument für die Wirtschaft bezeichnen, das universell einsetzbar war.

Vom ersten Bekanntwerden der Uruk-Texte an ist die Frage gestellt worden, ob es vielleicht Vorläufer dieser Schrift gegeben habe. Den Anlaß bot die Beobachtung, daß zwar viele Zeichen der ältesten Texte noch stark bildhaft sind, sich daneben jedoch auch bereits abstrahierte Zeichen befinden. Was schien also natürlicher, als die sichtbare Entwicklung zu größerer Abstraktion nach rückwärts zu verlängern und eine Stufe der Schrift zu postulieren, die vor den ältesten gefundenen Schriftzeugnissen lag? Daß ältere Schriftzeugnisse nicht vorhanden waren, konnte man dabei leicht mit dem in der Tat sehr lückenhaften Stand der Feldforschung erklären, oder damit, daß für die ältere Schrift vielleicht Schriftträger benutzt worden waren, die sich im aggressiven Klima Babyloniens nicht erhalten hatten.

Eingedenk der obigen Feststellungen sollten wir aber vermutlich nicht nach Vorläufern der Schrift suchen, sondern nach Vorläufern bei den Methoden zur Bewältigung wirtschaftlicher Probleme. Offenkundig bestand das Bedürfnis, Informationen über wirtschaftliche Vorgänge zu speichern, um damit komplexe Vorgänge unter Kontrolle halten zu können. Wenn die Schrift eine universelle Lösung bot, könnten „Vorläufer" sich darin zu erkennen geben, daß sie jeweils nur Antworten auf Teilaspekte gaben. Vor diesem Hintergrund fallen einem Dinge ein, die man als solche nicht unbedingt mit der Schrift in Verbindung bringen würde (Bild 11).

Vorformen der Schrift

Schon seit der Steinzeit kennt man aus Grabungen kleine Steinchen oder Stückchen aus Ton, die möglicherweise als Zählhilfen dienten. Die Größe einer Herde konnte so durch eine Sammlung von Zählsteinen repräsentiert werden – ebenso wie vieles andere, was in Einheiten auftrat.

Lange danach, aber noch vor der Ausbildung der Schrift selbst wurden die Ausdrucksmöglichkeiten dieses Hilfsmittels vermutlich dadurch erweitert, daß man gewissen Formen solcher Zählsteine bestimmte Zahlwerte beiordnete, die in einem System zueinander standen. Da solche Zählsteine bisher immer nur einzeln und ohne Kontext gefunden wurden, ist es allerdings nicht möglich, diese Systeme zu bestimmen und damit den Zahlenwert der Steine festzulegen.

Zählsteine finden sich auch in der Zeit direkt vor und gleichzeitig mit dem Aufkommen der Schrift. Interessant dabei ist, daß sie in Form oder Innenzeichnung teils späteren Schriftzeichen ähneln. Auch hier fehlt allerdings der Kontext, der ein möglicherweise dahinterstehendes System erkennen ließe. Zweifellos handelt es sich jedoch gleichfalls um frühe Kontrollhilfen der Wirtschaft. Freilich vermochten sie nur begrenzte Aspekte festzuhalten: die Menge und vielleicht auch die Art der Objekte.

Kurz vor der Schrift taucht dann zum ersten Mal die Gattung der Rollsiegel auf. Dabei handelt es sich um kleine Steinzylinder, in deren Mantelfläche Darstellungen oder geometrische Muster eingegraben sind, so daß beim Abrollen auf feuchtem Ton ein Reliefband entsteht. Von Anfang an zeigen die Darstellungen auf den Siegeln eine große Vielfalt. Dies sowie ihre Verwendung auf Verschlüssen aller Art macht eine Deutung einfach: Mit dem Anbringen eines Siegelabdrucks auf einem Verschluß wurde dieser vor Manipulationen durch Dritte geschützt und zugleich eine Garantie über den Inhalt des Behälters abgegeben.

Da es sich um keinen mechanischen Schutz handelt, diente die Variationsbreite der Darstellungen auf den Siegeln offenbar dazu, jedem zum Anbringen von Siegeln Berechtigen ein unverwechselbares Zeichen zuzuordnen. Schutz und Garantie wurden damit personalisiert.

Ein wesentlicher Aspekt der Kontrolle wirtschaftlicher Vorgänge war dadurch gelöst, aber eben nur einer: Ein Siegel konnte weder Art noch Menge des Behälterinhalts übermitteln; ebenso blieben Ort oder Zeit der Signierung sowie andere Aspekte nicht mitteilbar. Eine einzige Erweiterung bestand darin, daß auf einem Verschluß mehrere Siegel angebracht, das heißt mehrere Individuen namhaft gemacht werden konnten, die vielleicht verschiedene Funktionen bei dem entsprechenden Vorgang ausgeübt hatten; aber auch diese Funktionen wären durch die Siegel nicht eindeutig zu benennen gewesen.

Dennoch sind Siegel ebenfalls zweifelsfrei als ein Kontrollmittel der Wirt-

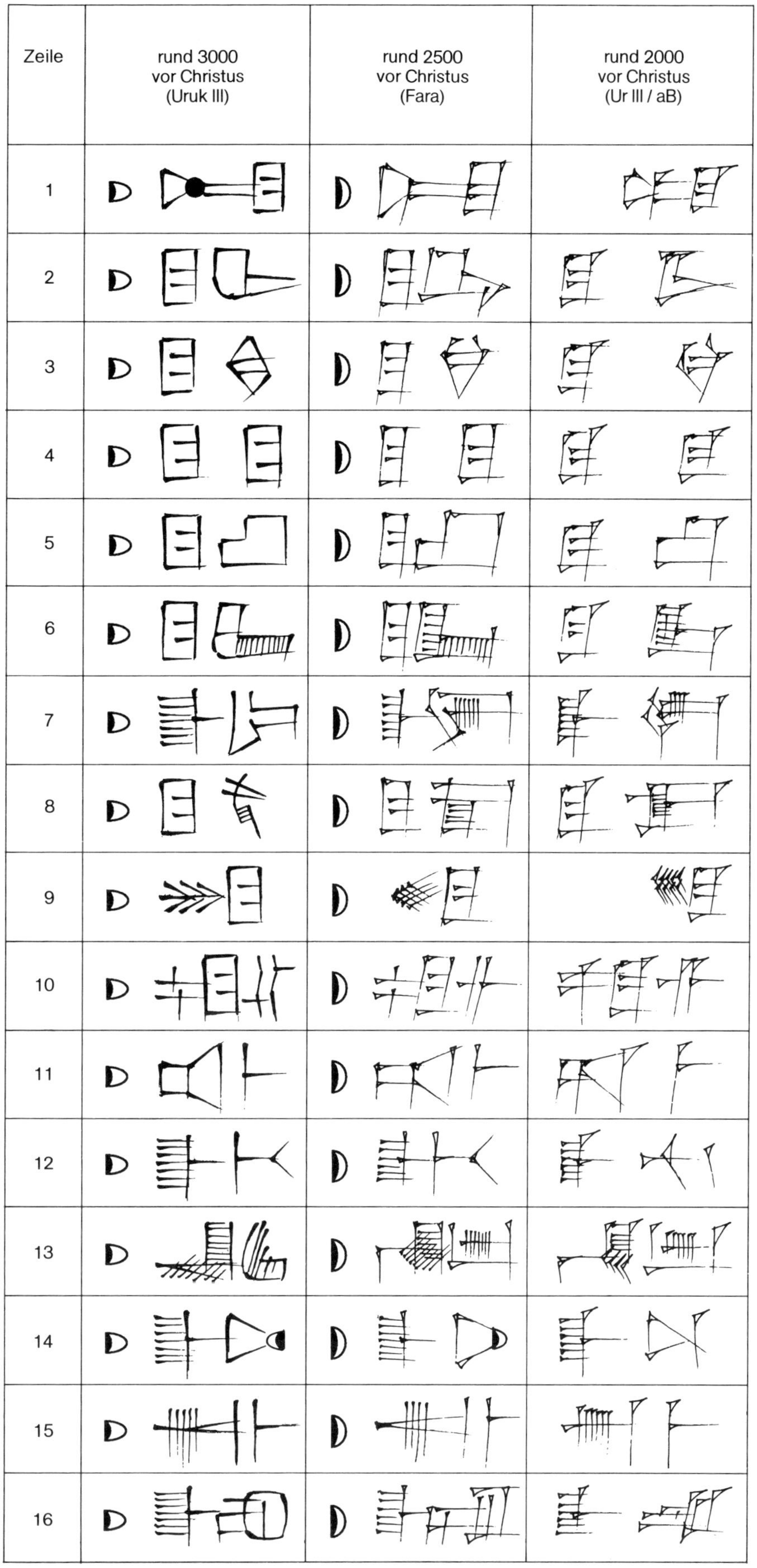

Bild 9: Beginn der Liste der Beamten- und Berufsnamen in drei Abschriften aus unterschiedlichen Zeiten. Während die Zeichen stets in der gleichen Reihenfolge angeordnet sind, ändert sich ihr Aussehen: Sie erscheinen immer stärker abstrahiert. Anhand solcher Listen läßt sich daher auf einfache Weise die Entwicklung der Zeichenformen nachvollziehen. Zugleich sind sie das wichtigste Hilfsmittel bei der Zuordnung und Deutung der frühen Zeichen.

schaft anzusehen. In seinen Ausdrucksmöglichkeiten blieb es freilich weit hinter der Schrift zurück.

Die ersten Dokumente

Größere Möglichkeiten zeigt eine Gattung von Funden, die zeitlich zwischen dem ersten Auftreten von Siegeln und dem der Schrift auftauchen: tennisballgroße Kugeln aus Ton, die über und über mit Rollsiegelabrollungen versehen sind und ursprünglich eine Reihe von Zählsteinchen bargen. Leider sind die meisten beschädigt und die Zählsteinchen darin sämtlich oder teilweise verloren, so daß sich ihre genaue Zahl nicht mehr feststellen läßt. Versuche, den Inhalt noch unbeschädigter Kugeln durch Röntgen-Untersuchungen herauszubekommen, hatten andererseits widersprüchliche Ergebnisse.

Am Zweck dieser Kugeln gibt es gleichwohl keinen Zweifel. Die Menge eines bestimmten wirtschaftlichen Gutes wurde durch Zusammenfügen der entsprechenden Menge von Tonstückchen festgehalten und diese Zahl durch gemeinsame Deponierung mit dem Gut selbst gespeichert. Das Anbringen von Siegelabrollungen am Verschluß schützte die Kugel zudem vor unrechtmäßigen Veränderungen.

Etliche dieser Kugeln tragen auf der Außenseite Eindrücke, wie sie später für Zahlen stehen. Man nimmt daher an, daß sie außen sichtbar die Zahl der Tonsymbole wiederholen, die im Inneren verborgen waren (siehe „Vom Ursprung der Schrift" von Denise Schmandt-Besserat in Spektrum der Wissenschaft, Dezember 1978). In jedem Falle handelt es sich um die frühesten Beispiele von in eine Oberfläche eingedrückten, „geschriebenen Zahlzeichen".

In der Tat finden wir kurze Zeit später, nämlich unmittelbar vor dem Auftreten der Schrift, zwei weitere Informationsträger, die direkt auf das Erscheinen der Schrift hinweisen. In die Oberfläche von flachen, annähernd rechteckig geformten Tonplatten finden sich Markierungen eingedrückt, die unschwer als Zahlzeichen zu erkennen sind. Diese etwas roh die Form der Schrifttafeln vorwegnehmenden Platten werden bald ersetzt durch Tafeln, die bereits die spätere Form haben und auf denen auch die Zahleindrücke schon in der späteren Schreibkonvention erscheinen. Andere als Zahlzeichen fehlen jedoch noch.

Entscheidend erweitert wurde diese Zahldarstellung schließlich dadurch, daß man die Oberfläche einer solchen Tafel durch Ritzlinien in verschiedene Kästchen teilte und dadurch zum ersten Mal die Möglichkeit erhielt, auf ein und demselben Informationsträger ohne Gefahr von Mißverständnissen Daten aus mehr als einem Vorgang zu speichern.

Die Abschnitte über die Schrift haben deutlich werden lassen, daß dieses Instrument ebenfalls der Kontrolle von wirtschaftlichen Vorgängen diente und damit in einer Linie mit den eben genannten Hilfsmitteln liegt. Andererseits aber stellt die Schrift eine neue Qualität dar, da bei ihr die Anzahl der Informationen, die festgehalten werden können, grundsätzlich nicht beschränkt ist.

Diese lange Abfolge von Versuchen, die Möglichkeiten der Speicherung von Informationen nach deren Art und Umfang zu erhöhen, läßt darauf schließen, daß die Wirtschaftsverwaltung offenbar so umfangreich und kompliziert geworden war, daß es unpersönlicher Kontrollmittel bedurfte, um Mißbrauch auszuschließen. Obwohl der Schritt zur Entwicklung der eigentlichen Schrift eine der größten intellektuellen Leistungen bleibt, zeigt der Blick auf die Hintergründe ihrer langen Vorgeschichte doch, daß die Ausformung der Schrift als eines universellen Kontrollinstruments fast unausweichlich war. Daß sie so plötzlich als fertiges System auftrat, braucht uns nun nicht mehr zu wundern; denn durch die verschiedenen Vorversuche war ein so hochgradiges Problembewußtsein entstanden, daß die dadurch gereifte Idee von Schrift schlechthin keine lange Zeit zur Umsetzung mehr brauchte.

Die Ausbreitung der Idee der Schrift

Zwar stehen die frühesten Schriftfunde aus Uruk einstweilen für sich allein, doch liegt das sicherlich nur daran, daß bisher lediglich an sehr wenigen Stellen und wenn überhaupt, dann nur in geringem Umfang archäologische Schichten dieser Zeit erreicht worden sind. Bereits für die zweite Phase der Schriftentwicklung kennen wir dagegen Schriftfunde auch aus anderen Orten Babyloniens – vor allem aus dem kleinen Ort Djemdet Nasr in der Nähe des

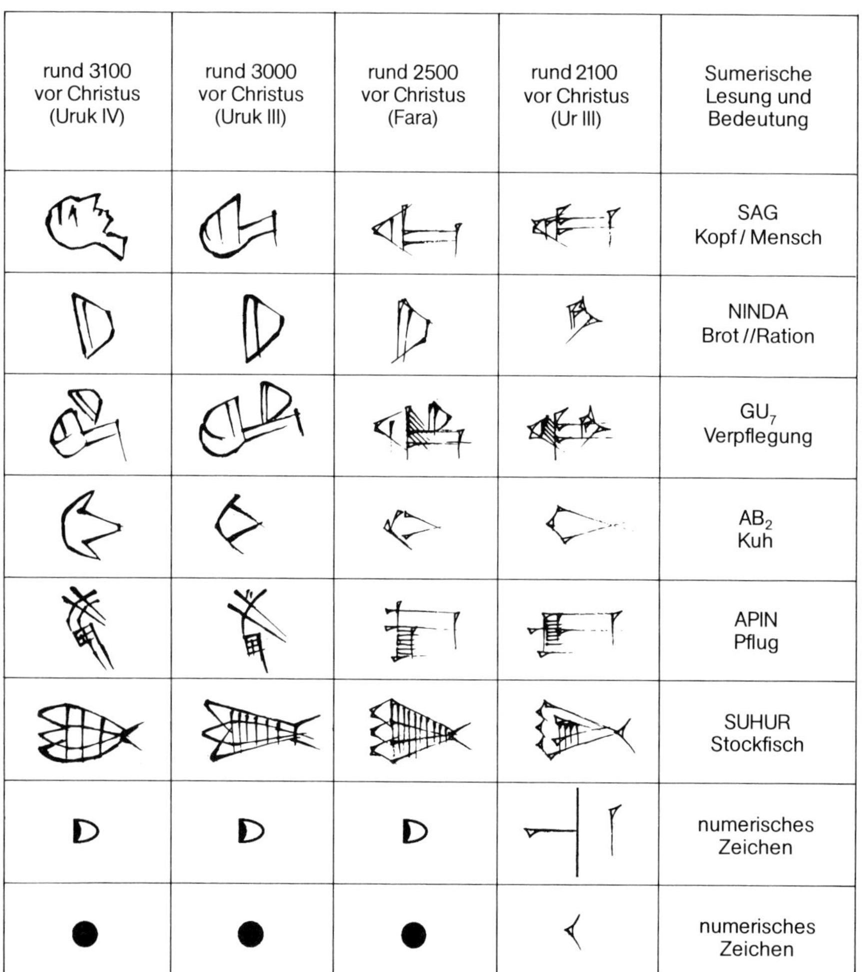

Bild 10: Die schrittweise Entwicklung einiger ausgewählter Schriftzeichen von ihrer noch stark bildlichen Urform bis hin zu den abstrakten Zeichen der voll ausgebildeten Keilschrift.

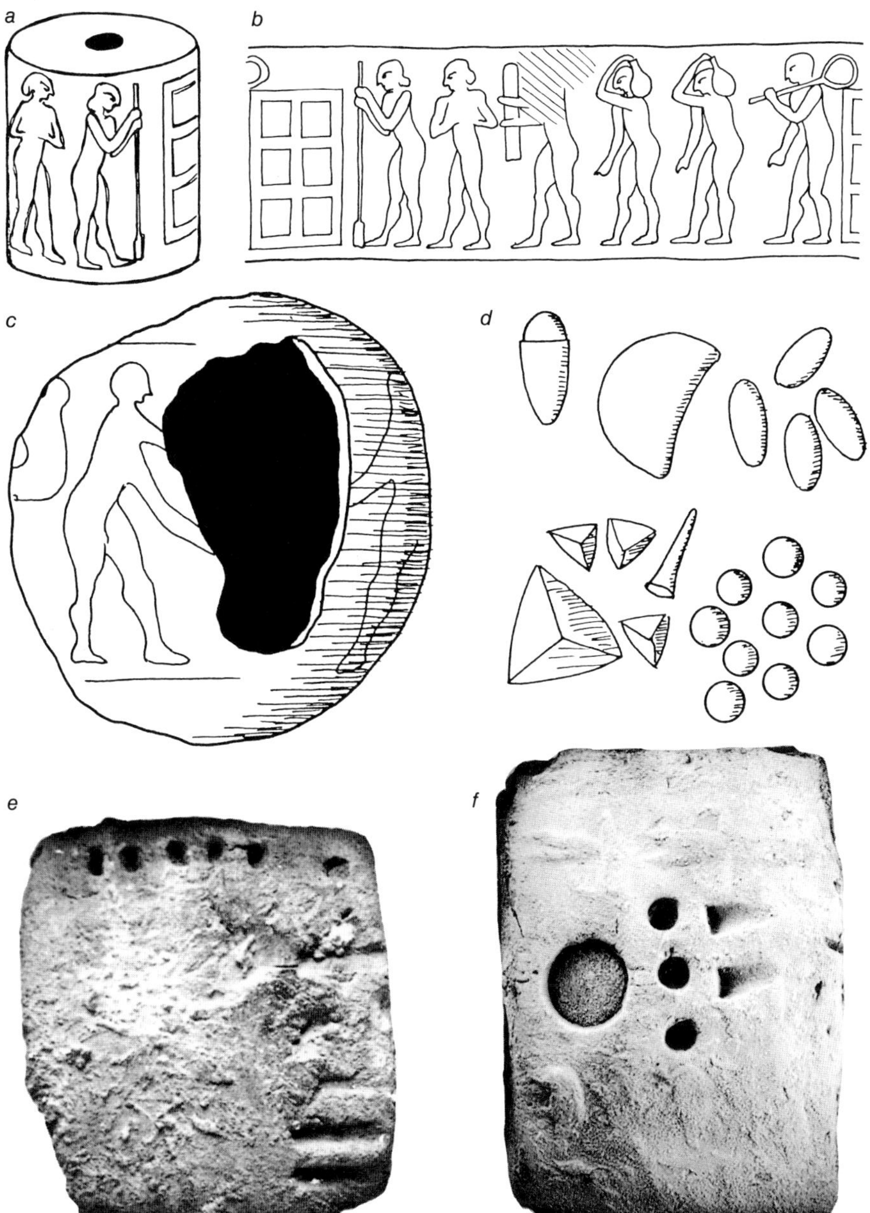

Bild 11: Ihren Ausgang nahm die Schrift von sich immer mehr verfeinernden Kontrollhilfen für eine stetig komplexer werdende Wirtschaft. Zunächst tauchen sogenannte Rollsiegel auf (*a*): kleine Steinzylinder, in deren Mantelfläche Darstellungen oder geometrische Muster eingegraben sind, so daß beim Abrollen auf feuchtem Ton ein Reliefband entsteht (*b*). Mit dem Anbringen eines Siegelabdrucks auf einem Verschluß wurde dieser offenbar vor Manipulationen durch Dritte geschützt. Wenig später finden sich mit Siegelabrollungen versehene hohle Tonkugeln (*c*), die Tonsymbole für bestimmte Zahleinheiten enthalten (*d*). Damit ließ sich jede beliebige Zahl darstellen und im Innern der Kugel geschützt speichern. Als unmittelbare Vorläufer der Schrift erschienen schließlich Tafeln mit Zahleindrücken, aber ohne andere Zeichen. In der Frühform (*e*) folgt die Anordnung der Zahlzeichen noch nicht einer festgefügten Konvention. Bei etwas späteren Tafeln (*f*) weist die Oberfläche außer den Zahlzeichen Spuren der Abrollung eines Rollsiegels auf. Die Anordnung der Zahlzeichen entspricht hier bereits dem in den späteren Schrifttafeln üblichen System.

späteren Babylon, aber auch aus Tell Uqair sowie Orten des Diyala-Gebietes östlich des heutigen Bagdad und – mit noch fraglichen Belegen – auch aus Larsa in der Nähe von Uruk (Bild 2).

Damit sind aus fast allen Orten, an denen Archäologen Schichten dieser Zeit erreicht haben, Schriftfunde bekannt. Wir können also sicher sein, daß mindestens zur Zeit der jüngeren Stufe der Archaischen Texte aus Uruk Kenntnis und Gebrauch von Schrift in ganz Babylonien verbreitet waren.

Es ist jedoch gewiß kein Zufall, daß aus derselben Epoche auch Schriftfunde aus Gebieten außerhalb Babyloniens existieren: aus dem östlich angrenzenden Khuzestan und aus Ägypten. So haben Grabungen in Susa, dem alten politischen Zentrum Khuzestans, Tontafeln ans Licht gebracht, deren Oberfläche mit Schriftzeichen bedeckt ist.

Dies kann nicht sonderlich erstaunen. In früheren Epochen waren die kulturellen Entwicklungen in Khuzestan und Babylonien zwar verschieden verlaufen; aber in der Uruk-Zeit, an deren Ende die Schrift in Babylonien auftaucht, gehörten die beiden Gebiete kulturell und sicher auch wirtschaftlich eng zusammen. Aus ähnlichen wirtschaftlichen Entwicklungen sollten sich ähnliche Notwendigkeiten der Kontrolle ergeben haben, was das Auftauchen der Schrift auch in dieser östlichen Region plausibel macht.

Was verwundert und sich einstweilen auch nicht erklären läßt ist dagegen die Beobachtung, daß die Schrift nicht zur gleichen Zeit wie in Babylonien auftritt, sondern erst in der zweiten Entwicklungsphase. Außerdem wurden zwar das gleiche Schreibmaterial und die gleiche Technik verwendet, die Schriftzeichen sehen jedoch ganz anders aus. Vermutlich ist hier ein anderes System zur Wiedergabe einer anderen Sprache entwickelt worden, allerdings in engstem Kontakt mit Babylonien und aufbauend auf den dortigen Erfahrungen.

Weniger deutlich ist der Zusammenhang mit Ägypten. Unbestritten taucht die Schrift in Ägypten und Babylonien im gleichen Zeithorizont auf. Obwohl Keilschrift und Hieroglyphen völlig verschieden aussehen, stellt sich damit die Frage nach einem Zusammenhang. Auch wissen wir, daß die beiden Regionen nach unseren archäologischen Quellen in regem Austausch miteinander gestanden haben.

Die Frage nach einer Priorität läßt sich derzeit jedoch nicht beantworten; dazu müßten die Entwicklungen sehr genau zeitlich korreliert werden – genauer, als dies bislang möglich ist. Immerhin sieht es so aus, als ob die Phase des ersten Auftretens der Schrift in Ägypten auf keinen Fall früher angesetzt werden könnte als die Zeit der zweiten Entwicklungsphase der Schrift in Babylonien. Gegenseitige Kommunikation vorausgesetzt, könnte dies also bedeuten, daß der Anstoß zur Bildung einer eigenen Schrift den Weg von Babylonien nach Ägypten nahm.

Andere frühe Schriften wie die Indusschrift (siehe den Artikel „Die Schrift der Indus-Kultur" von Walter A. Fairservis jr. in dieser Zusammenstellung) oder die chinesische Schrift sind geraume Zeit später ohne nachweisbaren Zusammenhang mit den frühen Schriften des Vorderen Orients entstanden. Aus diesen hat sich dagegen die phönizische Schrift entwickelt, die als erste Buchstabenschrift Ahnherrin unserer eigenen Schrift ist.

Die ersten Zahldarstellungen und die Entwicklung des Zahlbegriffs

Eine statistische Analyse der Zahlzeichen in den ältesten bekannten Schriftzeugnissen in Uruk hat überraschend gezeigt, daß Verwendung und Wert dieser Zeichen noch stark vom gezählten Objekt oder von der Objektklasse abhängen. Offensichtlich kristallisierte sich erst allmählich ein abstrakter Zahlbegriff heraus.

Von Peter Damerow, Robert K. Englund und Hans J. Nissen

Durch frühe Einübung und Gewohnheit ist uns der Umgang mit Zahlen so vertraut, daß wir uns kaum klarmachen, welche geistige Leistung hinter der Loslösung einer Mengenbezeichnung vom gezählten Objekt selbst steckt. Daß diese Trennung nicht selbstverständlich ist, haben zuerst ethnologische Forschungen bei Naturvölkern gezeigt, die noch nicht über einen abstrakten Zahlbegriff in unserem heutigen Sinne verfügen. Dessenungeachtet gingen Altertumskundler bei der Deutung der ältesten bekannten Schriftzeugnisse – sie stammen aus der Zeit zwischen 3200 und 3000 vor Christus – bisher stets von der Existenz eines solchen Zahlbegriffs aus.

In einem ersten Artikel haben wir im letzten Monat über unsere Fortschritte bei der Entzifferung dieser Schriftdokumente berichtet, die als Archaische Texte bezeichnet werden und deren Hauptfundort die antike Stadt Uruk im südlichen Mesopotamien ist. Dabei ging es uns darum, zu zeigen, welche Aufschlüsse die neugewonnenen Erkenntnisse über die Entstehung der Schrift liefern. Hier nun soll über einen anderen Aspekt unserer Arbeit berichtet werden: die Analyse und Deutung der Zahlzeichen in diesen Texten und die Schlüsse, die sich daraus für die Entwicklung des mathematischen Denkens ergeben.

Charakteristika der Zahlzeichen in den Archaischen Texten

Tatsächlich zeigte sich nämlich, daß zur Zeit der Schriftentstehung keineswegs, wie bislang eher unreflektiert unterstellt, die Vorstellung von Zahlen als allgemeinen, objektunabhängigen Größen bereits etabliert war. Der Schritt von der symbolischen Repräsentation einer Menge bestimmter Objekte zum rein gedanklichen Konstrukt der Zahl war zwar begonnen, aber noch nicht beendet. Insofern beleuchten die Zahlzeichen in den ältesten Schriftdokumenten auch ein kritisches Stadium in der kognitiven Entwicklung der Menschheit.

Grundlage unserer Analyse bildete eine Computer-Datenbank, in der wir sämtliche Archaischen Texte elektronisch gespeichert hatten. Mit vorwiegend statistischen Methoden konnten wir daran erstmals umfassend alle Aspekte des Gebrauchs der ältesten Zahlzeichen erforschen. Bevor wir aber auf die allgemeineren Gesichtspunkte des Themas zu sprechen kommen, möchten wir dem Leser die Gelegenheit geben, diese detektivische Puzzlearbeit in entscheidenden Punkten selbst nachzuvollziehen.

Die Archaischen Texte enthalten etwa 1200 Zeichen und nicht bedeutungsgleiche Zeichenvarianten (die genaue Zahl ist wegen der Schwierigkeit, solche Zeichen- gegen Schreibvarianten abzugrenzen, nur schwer zu ermitteln, zumal in den sogenannten Lexikalischen Listen, der Hauptquelle für die Zeichenidentifizierung, nur 706 Zeichen vorkommen). Darunter fallen die etwa 60 Zahlzeichen wegen der Eigenart ihrer Schreibung schon äußerlich sofort ins Auge: Sie wurden im Normalfall nicht – wie die übrigen Zeichen – mit einem spitzen Griffel in die Oberfläche des Tons eingeritzt, sondern mit einem runden Griffel senkrecht oder schräg tief darin eingedrückt und dann zum Teil zusätzlich mit dem spitzen Griffel mit Markierungen versehen.

Da alle Verwaltungstexte Zahlzeichen enthalten, sind einige davon die bei weitem häufigsten Zeichen der Archaischen Texte. Dem Charakter dieser Texte als Wirtschaftsaufzeichnungen entsprechend sind die Zahlzeichen zugleich zentrale Informationsträger. Diese herausragende Rolle legt es nahe, ihnen bei der Entzifferung besondere Aufmerksamkeit zu widmen.

Frühere Deutungsversuche

Anders als die sonstigen Schriftzeichen blieben einige der Zahlzeichen – und zwar gerade die am häufigsten verwendeten – fast ohne jede Veränderung ihres Erscheinungsbildes Jahrhunderte in Gebrauch. Somit tauchen sie auch noch in relativ späten, nahezu vollständig lesbaren Textgruppen auf – bis in die etwa 1000 Jahre jüngere Ur-III-Periode hinein, in der sie allerdings endgültig durch keilschriftliche Entsprechungen ersetzt wurden.

Aus diesem Grunde ließen sich die vertrauten sexagesimalen Zeichen für die 1, die 10, die 60 und die 600 in den Archaischen Texten scheinbar mühelos entziffern. Die wenigen gut erhaltenen Texte, die außer einzelnen Zahlen offensichtlich – zumeist auf der Rückseite – auch deren Summe enthielten, schienen diese Identifizierungen zu bestätigen; denn nach Einsetzen der aus späteren Texten bekannten Zahlenwerte ergaben sich zumeist arithmetisch korrekte Rechnungen.

Damit schien nachgewiesen, daß die Zahlzeichen ihre spätere arithmetische

Bedeutung von vornherein besaßen. Gerade bei ihnen fühlte man sich mit der Entzifferung auf sicherem Grund und verdrängte dabei weitgehend die Tatsache, daß die scheinbare Klarheit nur für wenige der etwa 60 Zahlzeichen galt. Bei Rechnungen, die mit den angenommenen arithmetischen Bedeutungen unvereinbar waren, neigte man eher dazu, an elementare Fehler der Schreiber zu glauben, als die modernen arithmetischen Bedeutungen zu bezweifeln.

Ferner legte man den vielen Merkwürdigkeiten, durch die sich die archaischen von modernen Zahlzeichen unterscheiden, keine grundsätzliche Bedeutung bei. Daß das Zeichen für 60 beispielsweise, wenn der Text von Getreide handelte, die Bedeutung 300 annahm und das Zeichen für 10 bei Feldflächen die Bedeutung 18, wurde als wenig aufschlußreiche Ausnahmeerscheinung angesehen und kaum beachtet. Niemand vermutete auch nur, was wir heute mit Sicherheit wissen, daß nämlich gerade die in den Archaischen Texten besonders häufigen Zahlzeichen mit dem Verwendungsbereich ihre arithmetische Bedeutung veränderten.

Adam Falkenstein von den staatlichen Museen zu Berlin berichtete 1936 erstmals über die in den frühen Grabungskampagnen gefundenen Archaischen Texte. In seiner Publikation versuchte er, mit der großen Anzahl eigenartiger Zahlzeichen dadurch fertigzuwerden, daß er sie drei verschiedenen Gruppen zuordnete; die erste interpretierte er als Sexagesimalsystem, die zweite als ein konkurrierendes Dezimalsystem und die dritte als System von Bruchzahlen.

Aber auch dann gab es noch viel zu viele Zeichen für viel zu wenige Zahlen, und Falkenstein mußte zahlreiche Zeichen, die sich graphisch unterschieden, als verschiedene Schreibungen für jeweils dieselbe Zahl deuten. Trotz dieser offenkundigen Mängel blieb Falkensteins Liste der archaischen Zahlzeichen für die Mathematikgeschichte etwa 40 Jahre lang nahezu unwidersprochen die authentische Quelle.

Erst Mitte bis Ende der siebziger Jahre befaßten sich der sowjetische Sumerologe Aisik Vaiman und der schwedische Mathematiker Jöran Friberg in mehreren, bis heute noch zu wenig beachteten Beiträgen erneut mit dem Problem, die Zahlzeichen der bis dahin publizierten Archaischen Texte sinnvoll zu ordnen und zu interpretieren. Obwohl sie teilweise zu unterschiedlichen Ergebnissen kamen, machten sie doch einige wichtige Entdeckungen.

So zeigte Vaiman, daß sich die Zahlzeichen der Archaischen Texte viel plausibler in eine weit größere Zahl von Systemen einordnen lassen, als von Falkenstein angenommen. Friberg wies außerdem nach, daß die Annahme eines konkurrierenden Dezimalsystems auf einem logischen Fehler beruhte, der sich bis zur Veröffentlichung der ersten proto-elamischen Texte durch Vincent

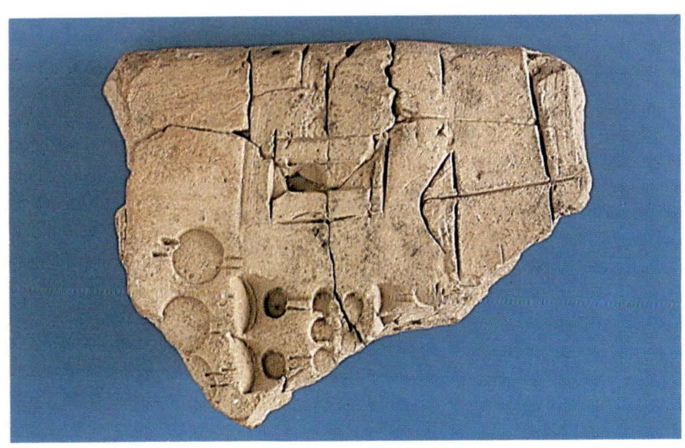

Bild 1: Die Verwendung unterschiedlicher Zahlzeichensysteme für verschiedene Gegenstände oder Objektklassen ist ein Charakteristikum der Zahlnotationen auf den ältesten bekannten Schriftzeugnissen, den Archaischen Tafeln aus Mesopotamien, und macht deutlich, daß sich der Zahlbegriff erst teilweise von den gezählten Objekten gelöst hatte. Der Text links ist eine Abrechnung über Milch- und Textilprodukte. Im ersten Fach der dritten Spalte sind in einem Sexagesimalsystem 1223 (2×600, 2×10 und 3×1) Einheiten eines bislang nicht identifizierten Produktes von Ziegen verzeichnet. Im Fach darunter sind in einem Bisexagesimalsystem 18120 (2×7200, 3×1200 und 1×120) Einheiten eines anderen Milchproduktes (vermutlich Käse) verbucht. Das Textfragment rechts stammt von einer Tafel mit Angaben über Feldflächen und Getreidemengen. Auf der Vorderseite (oben) ist im sogenannten GAN_2-System eine Fläche notiert, die – der Bedeutung der Zeichen in späteren Perioden nach zu urteilen – etwa 260 Hektar umfaßt. Auf dieser Seite standen vermutlich mehrere derartige Flächenangaben gemeinsam mit Ernteerträgen. Auf der Rückseite (unten) ist die Gesamtsumme dieser Erträge zum größten Teil erhalten. Sie ist im ŠE-System verzeichnet, das speziell zur Angabe von Getreidemengen diente, und umfaßt 180161 (3×54000, 2×9000, 5×30, 2×5 und 1×1) Einheiten eines Hohlmaßes von etwa vier Litern (das sind insgesamt mehr als 7200 Hektoliter). Die Verwaltung solcher, die Größenordnungen einer dörflichen Wirtschaftsweise weit übersteigenden Produktmengen spielte vermutlich eine entscheidende Rolle bei der frühen Entwicklung des arithmetischen Denkens.

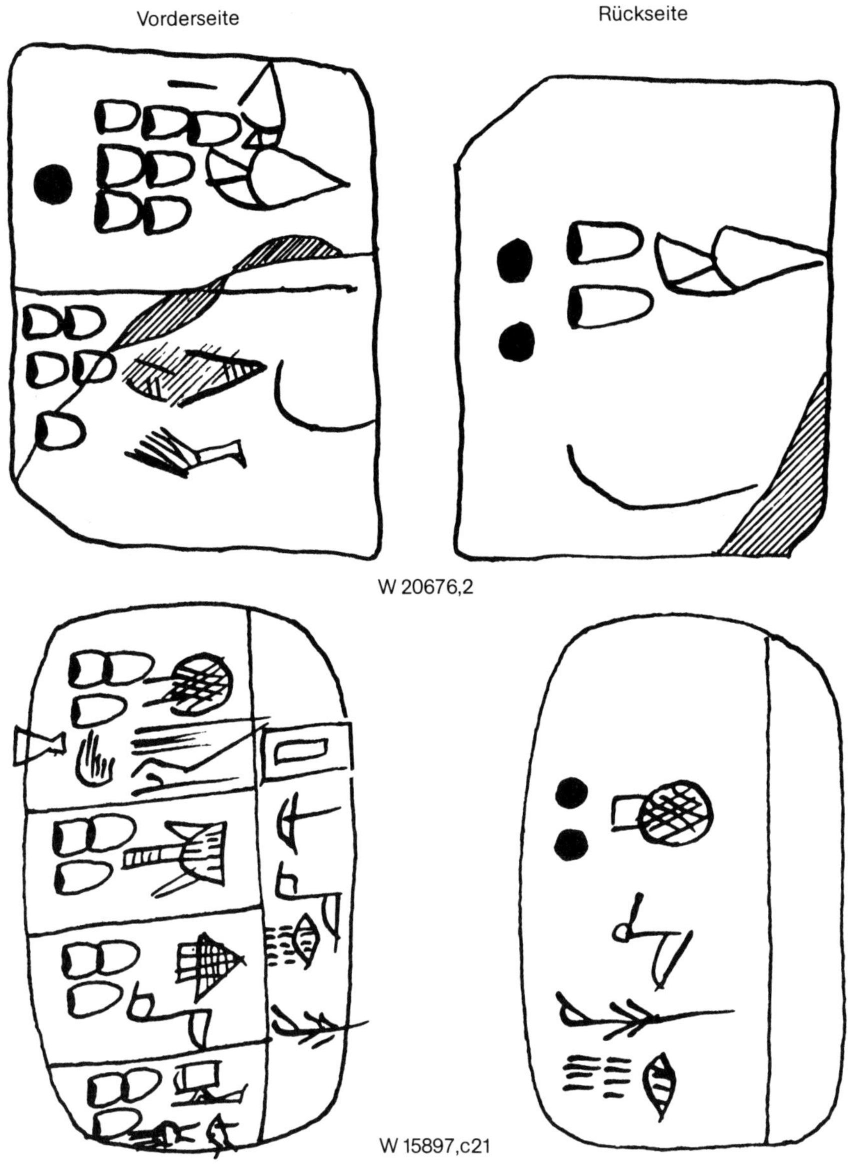

Bild 2: Arithmetische Mehrdeutigkeit ist eine der merkwürdigsten Eigenschaften der Zahlzeichen auf den frühesten bekannten Schriftzeugnissen, den etwa 5000 Jahre alten Archaischen Texten aus Mesopotamien. Diese Zeichen ändern, wie die abgebildeten Texte beweisen, mit dem Anwendungsbereich ihre arithmetische Bedeutung. Bei beiden Texten ist auf der Rückseite die Summe der Eintragungen der Vorderseite notiert. Bei der oberen Tafel, auf der Biertöpfe verzeichnet sind, werden 17 Einheiten und 5 Einheiten addiert. Das Resultat sind 22 Einheiten. In diesem Fall hat das Zeichen ● den zehnfachen Wert des Zeichens D. Beim unteren Text werden viermal 3 Einheiten eines unbekannten Getreideprodukts addiert. Das Resultat sind 12 Einheiten. Hier hat das Zeichen ● den Wert von 6 D.

Scheil im Jahre 1905 zurückverfolgen läßt (siehe „Zahlen und Maße in den ersten Schriftzeugnissen" von Jöran Friberg in Spektrum der Wissenschaft, April 1984). Der Fehlschluß hatte sich durch häufige, ungeprüfte Übernahme so verfestigt, daß als gesichertes Wissen galt, was durch eine sorgfältigere Analyse der in den Texten enthaltenen Summenbildungen leicht hätte widerlegt werden können.

Dies war im wesentlichen die Lage, als wir uns 1983 entschlossen, die Zahlzeichen der Archaischen Texte auf der Basis aller ausgegrabenen Tafeln von Grund auf neu zu analysieren. Das Vorhaben war ein erster Test, ob sich der technische Aufwand, zur Entzifferung und Deutung der Archaischen Texte erstmals und in großem Umfang moderne Techniken der Datenverarbeitung heranzuziehen, auszahlen würde. Als gemeinsames Projekt des Seminars für Vorderasiatische Altertumskunde der Freien Universität Berlin und des Max-Planck-Instituts für Bildungsforschung war auf einem Siemens-Großrechner der Zentraleinrichtung für Datenverarbeitung der Universität eine Datenbank aufgebaut worden, die nun in einer noch vorläufigen Form für erste Auswertungen zur Verfügung stand.

Regeln der Zeichenverwendung

Für die Analyse wählten wir einen grundsätzlich anderen Weg, als er bis dahin üblich gewesen war. Man hatte immer versucht, möglichst direkt aus den wenigen Texten, die Rechenoperationen enthalten, die Zahlbedeutungen zu ermitteln und die so bestimmten Werte dann zur Interpretation jener Texte heranzuziehen, aus denen sich die arithmetischen Bedeutungen nicht unmittelbar ableiten lassen.

Nun hat jedoch jedes Rechnen zwei grundverschiedene Ebenen. Zunächst einmal besteht es einfach darin, mechanisch Regeln auf bestimmte Notationen anzuwenden. Erst in zweiter Linie schließt es auch ein bestimmtes numerisches Verständnis ein, durch das den Regeln und den Ergebnissen ihrer Anwendung eine bestimmte Bedeutung beigelegt wird. Statt nun sofort nach diesem numerischen Verständnis zu fragen, versuchten wir zunächst, ohne uns sonderlich um die Bedeutung zu kümmern, möglichst viel über die Regeln herauszufinden, nach denen mit den Zeichen hantiert wurde.

Dabei erwiesen sich die Hunderte von aus jedem Zusammenhang gerissenen und deshalb scheinbar wertlosen Fragmenten mit Zahlnotationen plötzlich als überaus reiche Informationsquelle. Unser Verfahren, aus den Fragmenten die Regeln für die Handhabung der Zahlnotationen zu rekonstruieren, ist einem Puzzlespiel mit dem Computer zu vergleichen. Jede erschlossene oder vermutete Regel wurde mit Hilfe des Rechners sofort am gesamten Textbestand überprüft. Wieviele Beispiele ließen sich finden, die sie stützten? Wieviele Ausnahmen oder Gegenbeispiele gab es?

Die Mehrdeutigkeit der Zeichen, die in der Vergangenheit so oft Irritationen hervorgerufen hatte, störte dabei kaum, da nur die Regeln der Zeichenverwendung und nicht die Bedeutungen der Zeichen untersucht wurden.

Drei sehr allgemeine Regeln sind kennzeichnend für die Darstellung von Quantitäten durch die archaischen Zahlzeichen: Wir nennen sie Korrespondenz-, Ersetzungs- und Anordnungsregel und wollen hier kurz auf sie eingehen, ehe wir uns spezielleren Regeln zuwenden.

Gemäß der Korrespondenzregel werden Quantitäten durch Zeichenwiederholungen dargestellt. Dabei wird das Zeichen für die Zähl- oder Meßeinheit so oft wiederholt, wie diese Einheit in der Quantität enthalten ist. Dies geschieht jedoch nur bis zu einer bestimmten, vom Kontext abhängigen Grenze.

Überschreitet die darzustellende Quantität diese Grenze, so ersetzt – gemäß der Ersetzungsregel – ein höherrangiges Zeichen jeweils eine bestimmte Anzahl von Wiederholungen des niederrangigen Zeichens. Dabei wird das höherrangige Zeichen selbst wie eine Einheit behandelt und entsprechend der Korrespondenzregel erforderlichenfalls wiederholt.

Die Anordnungsregel schließlich besagt, daß die Zeichen einer Zahlnotation, beginnend mit den Zeichen mit dem höchsten Rang, stets in der Reihenfolge ihrer Rangordnung notiert werden.

Diese Regeln sind seit langem wohlbekannt und wurden wohl als so trivial empfunden, daß eine nähere Untersuchung nicht als lohnend erschien. Deutet man die Zeichen als Symbole für Zahlen, so wirkten die Regeln als Bündelungsregeln eines Systems der Zahldarstellung ja auch sehr plausibel. Stellte etwa ein bestimmtes Zeichen die 1 und ein anderes die 6 dar, so konnte notwendigerweise das erste Zeichen höchstens fünfmal wiederholt werden.

Andere Erklärungen sind allerdings denkbar. Das erste Zeichen könnte zum Beispiel ein kleines Meßgefäß darstellen und das zweite ein größeres mit dem sechsfachen Volumen. Auch in diesem Falle ist erklärlich, warum das kleinere Zeichen nur fünfmal wiederholt wurde.

Wir ließen solche Fragen zunächst offen und untersuchten statt dessen vor allem für verschiedene Verwendungszusammenhänge, wie oft die einzelnen Zeichen maximal wiederholt wurden. Daraus erschlossen wir den jeweiligen Wert des höherrangigen Zeichens und ermittelten, wie dieser Wert vom Kontext abhing.

Summenbildungen

Verhältnismäßig einfach läßt sich der „Wert" eines Zeichens feststellen, wenn eine Summenbildung vorliegt, bei der dieses Zeichen eine bestimmte Anzahl des nächstniedrigeren Zeichens ersetzt. Der Text W 20676,2 (Bild 2 oben) enthält beispielsweise auf der Rückseite die Summe der beiden Eintragungen auf der Vorderseite. Die Rechnung lautet:

1 • 7⊳ + 5⊳ = 2 • 2⊳

Daraus kann man schließen, daß zehn ⊳ durch ein • ersetzt worden sind, oder:

1 • = 10⊳.

Es ist allerdings nicht einfach festzustellen, in welchem Umfang sich die so erzielten Ergebnisse verallgemeinern lassen; denn die archaischen Zahlzeichen werden grundsätzlich arithmetisch mehrdeutig verwendet. So enthält der Text W 15897,c21 (Bild 2 unten) die Summenbildung

3⊳ + 3⊳ + 3⊳ + 3⊳ = 2•.

Nach dem vorangegangenen Beispiel wäre als Ergebnis 1 • 2 ⊳ zu erwarten. Die Summe 2• bedeutet, daß das Zeichen • im vorliegenden Kontext nicht den zehnfachen, sondern nur den sechsfachen Wert des Zeichens ⊳ repräsentiert.

Doch nicht nur die mit den Zusammenhängen wechselnden arithmetischen Bedeutungen der Zahlzeichen bewirken, daß die Summenbildungen nicht immer so einfach zu entschlüsseln sind wie in den angeführten Beispielen. Werden mehrere, komplizierte Zahlnotationen addiert und entsprechend vielfältige Austauschoperationen vorgenommen, so gestaltet sich das Problem zu einem verzwickten Zahlenrätsel, das nicht selten mehrere mögliche Lösungen hat.

Die Summenbildung im Text ATU 1 Nr. 311 (Bild 3) läßt beispielsweise nur den Schluß auf die nachfolgende Gleichung zu:

1⧗ + 1▿ + 4⊞ = 1⊳

Diese Gleichung enthält vier Unbekannte und daher an sich viele Lösungen. In diesem Falle freilich ermöglichen es glückliche Umstände, die Größenbeziehungen zwischen den Zeichen dennoch zu ermitteln. So ist aus der Notationsweise die Größenanordnung der Zeichen zu ersehen. Wir wissen ferner, daß die höherwertigen Zahlzeichen in der Regel ganzzahlige Vielfache der niederwertigeren repräsentieren. Schließlich muß wegen der dreifachen Wiederholung des Zeichens ⊞ auf der Tafel das Zeichen ▿ mindestens den vierfachen Wert haben. Aus diesen Bedingungen lassen sich die folgenden Größenbeziehungen zwingend erschließen:

1⊳ = 2⧗

1⧗ = 2▿

1▿ = 4⊞

Generell freilich sind die Möglichkeiten, die Werte der Zahlzeichen aus Summenbildungen zu bestimmen, schon aus dem einfachen Grund sehr begrenzt, daß sich nur auf wenigen der Archaischen Texte Summenbildungen befinden und von diesen wiederum nur ein Bruchteil gut genug erhalten ist, daß sich alle Summanden entnehmen lassen. Es gibt jedoch einen anderen, sehr viel direkteren Weg, Rückschlüsse auf die Werte der Zeichen zu ziehen. Ein wahrscheinlichkeitstheoretisches Experiment möge dies verdeutlichen.

Bekanntlich gibt es nicht nur Würfel mit sechs Flächen, sondern beispielsweise auch solche in Form eines Tetra-

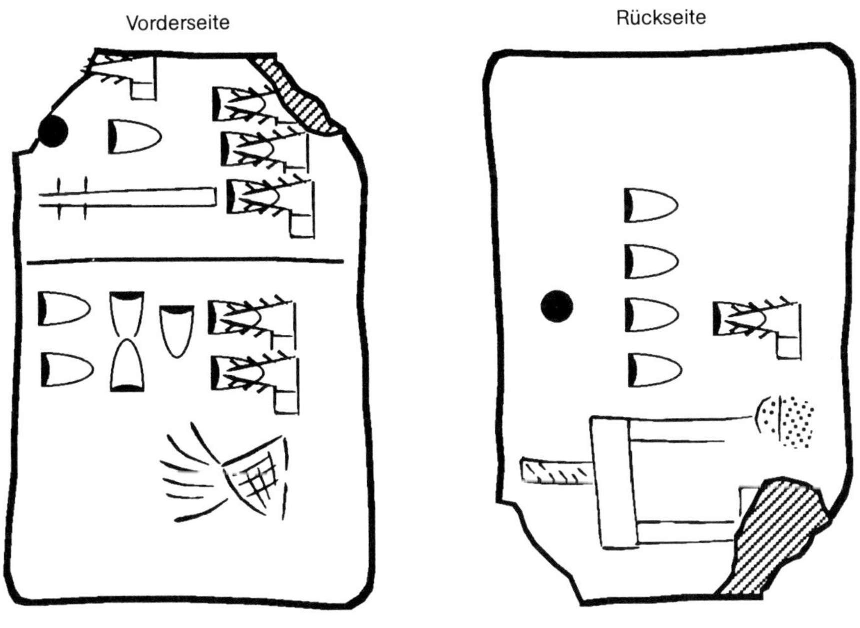

Bild 3: Manchmal lassen sich auch aus algebraisch mehrdeutigen Summenbildungen mit Hilfe plausibler Zusatzannahmen die Größenverhältnisse zwischen den einzelnen Zeichen ermitteln. Dies ist hier beispielhaft an der Entzifferung eines der archaischen Zahlensysteme, des sogenannten EN-Systems, gezeigt. Der Text ATU 1 Nr. 311 enthält die Summation 1 • 1 ⊳ 3 ⊞ + 2 ⊳ 1 ⧗ 1 ▿ 2 ⊞ = 1 • 4 ⊳ 1 ⊞, die als Gleichung mit vier Unbekannten viele Lösungen hätte. Aus der Reihenfolge der Zeichen in den Notationen läßt sich jedoch die Größenanordnung entnehmen. Ferner kann man davon ausgehen, daß die höherwertigen Zeichen ganzzahlige Vielfache der niederwertigeren sind. Schließlich gibt die maximale Anzahl der Wiederholungen eines Zeichens an, wie groß der Wert des nächsthöheren Zeichens mindestens sein muß. Aus diesen drei Zusatzbedingungen lassen sich algebraisch eindeutig die in Bild 6 angegebenen Beziehungen zwischen den vier Zeichen erschließen.

eders mit nur vier Flächen. Nehmen wir einmal an, jemand teilte uns die sukzessiven Ergebnisse des Würfelns mit, ohne uns zu sagen, wieviele Flächen sein Würfel hat.

Anfangs wüßten wir wenig über die Zahl der Flächen. Klar wäre nur, daß sie mindestens so groß sein muß wie die höchste gewürfelte Zahl. Mit jedem Wurf jedoch würde es unwahrscheinlicher, daß nicht auch die höchste Zahl einmal geworfen wurde, und schließlich wüßten wir mit an Sicherheit grenzender Wahrscheinlichkeit, wieviele Flächen der Würfel tatsächlich hat. Ja, wir würden sogar bemerken, wenn der Würfel unter bestimmten Bedingungen gegen einen andersartigen vertauscht würde.

Statistik als Entzifferungsmethode

Die Zahlnotationen der Archaischen Texte lassen sich in ähnlicher Weise als Träger von Informationen über den Wert der verwendeten Zahlzeichen deuten. Jedes Fragment mit der Wiederholung eines Zeichens gibt beispielsweise darüber Aufschluß, wie oft dieses Zeichen in einem bestimmten Zusammenhang mindestens wiederholt werden kann. Mit jedem Fragment erhöht sich zugleich die Wahrscheinlichkeit, daß die maximale Anzahl möglicher Wiederholungen auch tatsächlich einmal vorkommt.

Diese Überlegung liefert beispielsweise einen einfachen statistischen Beweis dafür, daß die herkömmliche Annahme, es habe in Mesopotamien neben einem Sexagesimalsystem zunächst ein konkurrierendes Dezimalsystem gegeben, falsch ist. Wir erhalten so eine zuverlässige und unabhängige Bestätigung von Jöran Fribergs eingangs erwähntem, aus Summenbildungen, also auf andere Weise erzieltem Resultat.

Der Beweis ergibt sich folgendermaßen. Das Sexagesimalsystem beruht auf den Größenrelationen:

10 ▷ = •

und 6 • = D.

Für das vermutete Dezimalsystem müßten dagegen die folgenden Größenrelationen gelten:

10 ▷ = •

und 10 • = ●.

Ist in einer Zahlnotation das Zeichen • mehr als fünfmal wiederholt, ohne daß es durch das nächsthöhere Zeichen ersetzt wurde, so kann diese Zahlnotation nicht zum Sexagesimalsystem gehören.

Das bedeutet aber nicht, daß sie deswegen gleich ein Dezimalsystem verkörperte. Diese vorschnelle Annahme wird durch die Statistik klar widerlegt. Die erwähnte Datenbank aller Archaischen Texte aus Uruk und Djemdet Nasr sowie zeitgleicher Texte von anderen Fundorten verzeichnet 46 Notationen, die das Zeichen • in mehr als fünffacher Wiederholung und zugleich das Zeichen ▷ aufweisen; in keiner davon ist ▷ mehr als fünfmal wiederholt (Bild 4). Die statistische Wahrscheinlichkeit, daß dies das Ergebnis eines Zufalls ist, beträgt nur etwa 0,02 Prozent.

Die Statistik widerspricht also den Größenbeziehungen eines Dezimalsystems. Sie belegt vielmehr Größenrelationen eines Systems, das wir wegen der Verwendung für Getreide (wiedergegeben durch das Zeichen ŠE) als ŠE-System bezeichnet haben:

6 ▷ = •

und 10 • = ●.

Dieses und ähnliche statistische Verfahren erlaubten, systematisch zu überprüfen, inwieweit sich die an einzelnen Schlüsseltexten gewonnenen Ergebnisse verallgemeinern lassen. Aus den mehr als 6500 bekannten Zahlnotationen die Regeln ihrer Handhabung zu bestimmen, war vor allem deshalb ein so kompliziertes Puzzlespiel, weil ein Einzelergebnis nur selten weitreichende Schlußfolgerungen zuläßt. Erst mit dem Fortgang der Arbeit fügten sich die verschiedenen Einzelergebnisse allmählich zu einem konsistenten Gesamtbild zusammen.

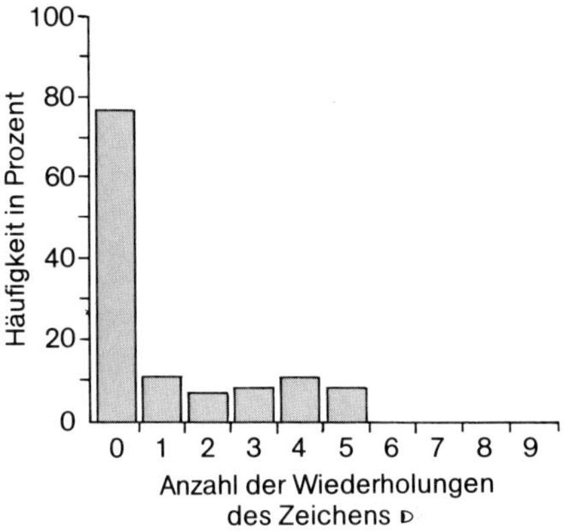

Bild 4: Die Statistik liefert die bei weitem aussagekräftigste Methode zur Entzifferung von Zahlzeichen. Während nämlich nur wenige Tafeln mit eindeutig auswertbaren Summenbildungen existieren, läßt sich das gesamte vorliegende Textmaterial in eine statistische Analyse einbeziehen. Als Beispiel für die Leistungsfähigkeit solcher Analysen ist hier der statistische Beweis gezeigt, daß das Zeichen • je nach Anwendungsbereich seinen Wert ändert. Im Sexagesimalsystem gelten die Beziehungen 1 ▷ = 10 • und 1 • = 6 D. In diesem System kann das Zeichen • also höchstens fünfmal wiederholt werden. Tatsächlich taucht es jedoch auf einer Reihe von Tafeln, auf denen Getreidemengen verzeichnet sind, mehr als fünfmal in einer Gruppe auf. Nach der statistischen Analyse, deren Ergebnis dieses Balkendiagramm zeigt, kommt in all diesen Fällen das nächstniedrigere Zeichen ▷, das im Sexagesimalsystem an sich bis zu neunmal wiederholt werden kann, niemals häufiger als fünffach wiederholt vor. Die Wahrscheinlichkeit, daß dies ein Zufall ist, beträgt nur etwa 0,02 Prozent. In diesem sogenannten ŠE-System, das vorwiegend für Getreide verwendet wurde, gilt also 1 ▷ = 6 • (und 1 • = 10 D.) Daß in Texten mit mehr als fünffacher Wiederholung von • das Zeichen ▷ überdurchschnittlich oft ganz fehlt, läßt sich mit der Tendenz erklären, bevorzugt runde Zahlen anzugeben.

Die Entzifferung der Kalendernotierungen

Ein Beispiel, wie verschiedenartige Informationen miteinander kombiniert werden müssen, um ein solches Puzzle zu lösen, bietet die Entzifferung der Kalendernotierungen (U_4-System, Bild 6). Schon lange war vermutet worden, daß Kombinationen des Zeichens U_4 (◊) mit Zahlzeichen Kalenderangaben darstellten. Die Hypothesen über die genaue Bedeutung gingen jedoch weit auseinander. Vaiman hatte, wie sich nun herausstellte, als einziger die richtige Lösung vermutet:

◊▷ = 1 Tag

◊ = 1 Monat

-◊ = 1 Jahr

Den Beweis fanden wir in den in Bild 5 zusammengestellten Texten. Kombiniert man die darin enthaltenen Indizien, so läßt sich nicht nur die Bedeutung der Kalendernotierungen entschlüsseln, sondern auch erschließen, daß schon in den Archaischen Texten der Verwaltungsmonat mit 30 Tagen und das Verwaltungsjahr mit 360 Tagen gerechnet wird.

Eigentlich hätte der Text PI 84 (Bild 5) bereits die Lösung bringen können, wenn nicht eines der Zeichen sehr irreführend geschrieben wäre. Er enthält die Kalendernotierung ◊⁞, die als „1 Monat 5 Tage" zu lesen ist, obwohl sie wegen des Zeichens oben rechts, das mehr einem • als einem ▽ ähnelt, eher wie „1 Monat 14 Tage" aussieht. Aus wievielen Tagen besteht nun ein Monat?

Aufschluß gibt die hinter der Angabe des Zeitraums notierte Getreidemenge 3 ▷ 2 ▽ 1 ⧖ (ŠE-System, vergleiche Bild 6). Sie erweist sich mit Hilfe der von uns ermittelten Größenbeziehungen als das 35fache der dem Zeichen ⧖ entsprechenden Menge. Stünde das Zeichen für eine Tagesration, so müßte „1 Monat 5 Tage" also 35 Tage bedeuten und der Monat 30 Tage lang sein.

Doch, wie gesagt, war der Zeitraum auf diesem Text zunächst falsch gelesen worden. Die tatsächliche Entzifferung der Kalendernotierungen verlief dann

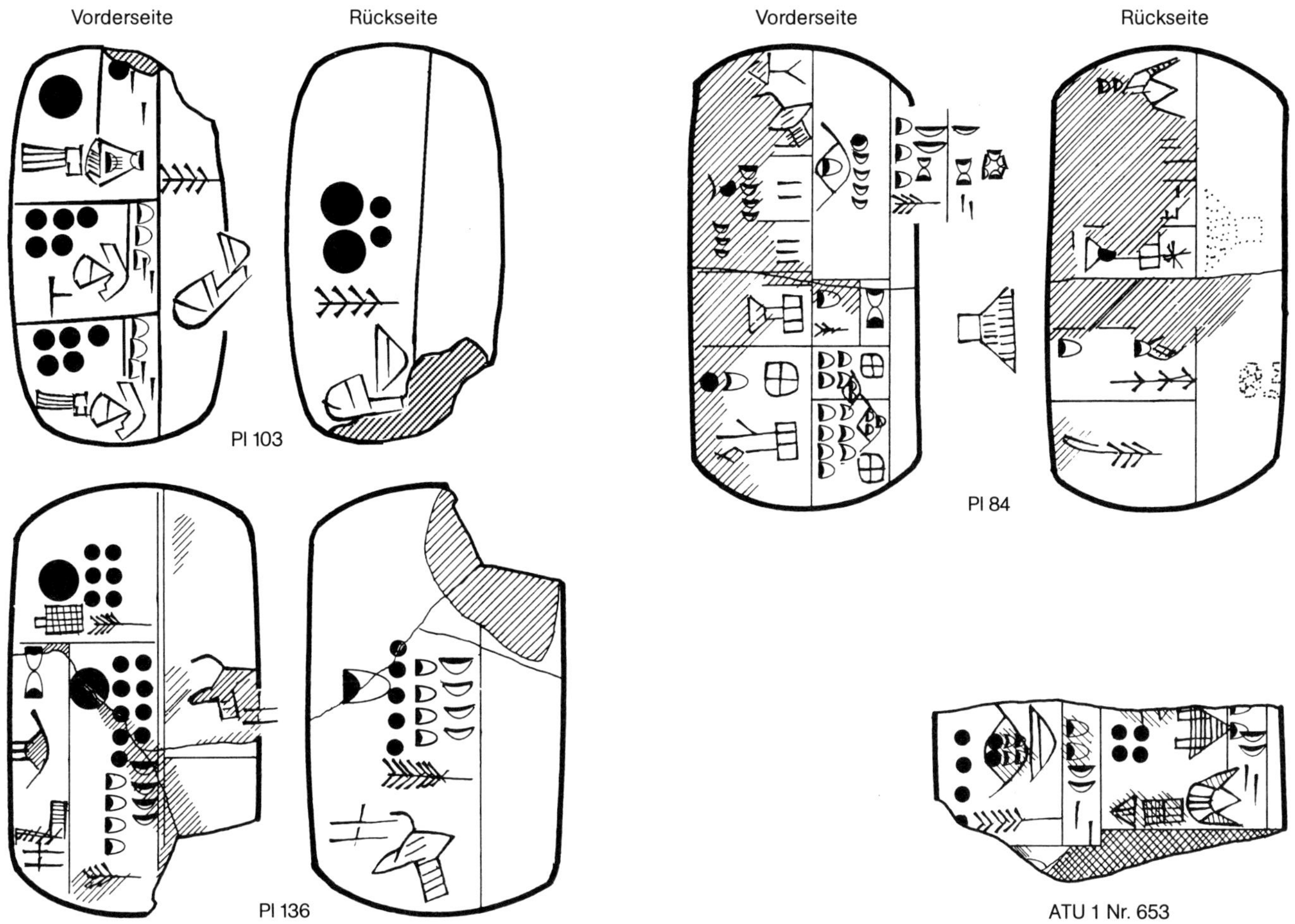

Bild 5: Die Entzifferung der Kalendernotierungen gelang in einem detektivischen Puzzlespiel auf der Basis der vier hier abgebildeten Texte. Auf der Tafel PI 103 sind 6 Getreidemengen verbucht, die auf der Rückseite summiert werden. Dieser Text zeigt, daß sich das Zeichen ı, dessen genaue Bedeutung unbekannt ist, jeweils neben einer Getreidemenge befindet, die genau 10 Prozent der davorstehenden Menge ausmacht. Die stark beschädigte Tafel PI 84 ist möglicherweise eine Abrechnung über Futtergetreide für Schafe. Im ersten Fach der zweiten Spalte findet sich die Angabe „1 Monat 5 Tage", dahinter eine Getreidemenge, die gerade das 35fache des Zeichens ⧗ beträgt, darauffolgend wiederum (gerundet) eine 10prozentige Zugabe. Nimmt man an, daß das Zeichen ⧗ für eine Tagesration steht, ergibt sich eine Monatslänge von 30 Tagen. Dieser Schluß war allerdings zunächst nicht so sicher, weil die Kalendernotation auf dieser Tafel nicht eindeutig geschrieben ist und sich auch als „1 Monat 14 Tage" lesen läßt. Die Tafel PI 136, eine Abrechnung über Getreide mit unbekannter Zweckbestimmung, enthält im zweiten Fach der ersten Spalte unter dem Zeichen ⧗ die Angabe „3 Jahre" (≡◇) und im darauffolgenden Fach eine Getreidemenge, die genau die Menge 3×360 ⧗ zuzüglich 10 Prozent beträgt. Danach ist das Jahr also mit 360 Tagen gerechnet worden. Das Textfragment auf der Tafel ATU 1 Nr. 653 beginnt mit einer Getreidemenge, dann folgt die Angabe „24 Monate" und schließlich das Zeichen ▷ mit der Bedeutung „(Getreide-)Ration", von dem aus anderen Texten bekannt ist, daß es für 1/3 ⧗ Getreide steht. Die angegebene Getreidemenge beträgt 24×30×1/3 ⧗, was die obige Vermutung eines 30tägigen Monats bestätigt. Die 10prozentige Zugabe ist hier wieder getrennt aufgeführt.

etwas komplizierter. Sie war eng mit der Deutung numerischer Funktionen der Zeichen ı und ▷ verknüpft, die mit den Kalendernotierungen selbst gar nichts zu tun haben.

Im Text PI 103 (Bild 5) werden mit dem Zeichen ı Getreidemengen gekennzeichnet, die gerade 10 Prozent der voranstehenden Getreidemengen ausmachen. Das könnte natürlich ein Zufall sein; andere Texte bestätigten jedoch diese Beobachtung. Unter anderem gilt dies für den bereits erwähnten Text PI 84. Die mit dem Zeichen ı versehene Notation 1 ◡ 1 1, das sind 3⅓ Tagesrationen, liegt so dicht bei 10 Prozent von 35 Rationen, daß die Differenz leicht als Rundungsfehler zu erklären ist.

Zum Schlüsseltext für die Entzifferung wurde nun der Text PI 136 (Bild 5), der das Zeichen ≡◇ mit der Bedeutung „3 Jahre" enthält. Wir verfügten davon zunächst nur über eine sehr schlechte Kopie und eine Photographie. Aufgrund dieser Quellen schien es nicht ausgeschlossen, daß das Zeichen ⧗ neben der Kalendernotierung für „3 Jahre" gerade eine Tagesration angab und die hinter der Notation aufgeführte Getreidemenge sich als 3×360 Tagesrationen errechnete, wonach ein Jahr 360 Tage gezählt hätte.

Einer von uns (Englund) untersuchte die Frage im Irak-Museum in Bagdad am Original des Textes. Dabei zeigte sich, daß die im Text angegebene Menge größer war, was die Schlußfolgerung über die Jahreslänge zu widerlegen schien. Als er jedoch den Text vorsichtig säuberte, stellte er fest, daß die Getreidemenge exakt um 10 Prozent über dem zu erwartenden Wert liegt – um eben jene 10 Prozent, die im Text PI 84 gesondert aufgeführt sind.

Das Textfragment ATU 1 Nr. 653 (Bild 5), das zuvor keinen Sinn ergeben hatte, lieferte schließlich eine glänzende unabhängige Bestätigung dieser Deutung. Wir wußten bereits aus anderen Texten, daß das Zeichen ▷, das Bild einer Rationenschale, eine kleinere Ration repräsentiert – zumeist eine Getreidemenge von ⅓ ⧗. Dabei handelte es sich wahrscheinlich um die Tagesration der von der Tempel- und Palastverwaltung abhängigen Arbeitskräfte der untersten Kategorie, die nach unserer Größenbestimmung für das ŠE-System mit 0,6 bis 0,8 Litern in der Nähe des Existenzminimums lag.

Nach der Kalendernotierung des Textes müßte dieser solche kleinen Rationen für „24 Monate" oder 24×30 Tage verzeichnen. In der Tat ergibt im ŠE-System 24×30×⅓ gerade die Menge von 4, die vor der Kalendernotierung verbucht ist. Ferner entspricht die in einem getrennten Fach zusammen mit dem Zeichen notierte Getreidemenge 2 2 gerade 10 Prozent dieser Menge.

Zahlzeichensysteme mit spezifischen Anwendungsbereichen

Die ermittelten Regeln über die Verwendung der Zeichen waren zum großen Teil mit den gängigen Zuschreibungen von Zahlenwerten vereinbar. Daneben fanden wir jedoch auch Regeln, die nicht mit der üblichen Deutung der Zeichen als Zahlzeichen eines einheitlichen Systems in Einklang standen.

Beispielsweise gibt es drei Zeichen, denen die Zahlenwerte 60, 120 und 600 zugeschrieben werden. Wir fanden nun die seltsame Regel, daß die Zeichen für 120 und 600 niemals zusammen in einer Notation vorkommen. Taucht das Zeichen für 120 auf, so ist es manchmal mehr als fünffach wiederholt, ohne durch das Zeichen für 600 ersetzt zu werden. Enthält eine Zahlnotation dagegen das Zeichen für 600, so wird das Zeichen für die 60 gleichfalls mehrfach wiederholt und nicht durch das Zeichen für 120 ersetzt.

Diese und ähnliche Merkwürdigkeiten fanden durch das Gesamtergebnis unseres Puzzlespiels eine plausible Erklärung. Wir fanden heraus, daß sich die mehr als 6500 Zahlnotationen fast vollständig einer gewissen Anzahl verschiedenartiger Zahlzeichensysteme zuordnen lassen, in denen die gleichen Zeichen zum Teil ganz unterschiedliche numerische Bedeutungen haben. So tauchen die Zeichen für 120 und für 600 einfach deshalb niemals gemeinsam auf, weil sie zu verschiedenen Zeichensystemen gehören. Eine eingehende Analyse zeigte, daß die verschiedenen Systeme mit wenigen Ausnahmen sehr strikt gegeneinander abgegrenzte Verwendungsbereiche haben.

Die fünfzehn ermittelten Systeme lassen sich fünf Grundsystemen zuordnen (Bild 6): dem Sexagesimalsystem, dem Bisexagesimalsystem, dem ŠE-System, dem GAN_2-System und dem EN-System (ŠE, GAN_2 und EN sind die konventionellen Lesungen von Zeichen, die mit den Systemen in Verbindung stehen). Zu einigen dieser Grundsysteme gibt es abgeleitete Systeme mit gleichen arithmetischen Gliederungen, aber anderen Verwendungsbereichen und veränderter graphischer Form der Zeichen. Hinzu kommen einige Systeme wie das U_4-System für die Kalendernotierungen, bei denen Zahlzeichen mit Schriftzeichen kombiniert und dadurch mit speziellen metrologischen Bedeutungen verknüpft werden.

Schließlich gibt es Schriftzeichen und Kombinationen von Schrift- und Zahlzeichen, die überwiegend bestimmte Gegenstände oder Sachverhalte zum Ausdruck bringen (also ideographischen Charakter haben), zum Teil jedoch auch eine numerische Bedeutung besitzen. Beispielsweise existieren Kombinationen von Zeichen für bestimmte Herdentiere mit Zahlzeichen, durch welche die Bezeichnung des Tieres mit der Angabe seines Alters zu einem einzigen Zeichen verschmilzt. Die Übergänge zwischen Numerik, Metrologie und Ideographie sind in den Archaischen Texten fließend, so daß Unterscheidungen zwischen Zahlzeichen, Maßbezeichnungen und Schriftzeichen also immer auch eine gewisse Willkür anhaftet.

Die Abgrenzung der Anwendungsbereiche für die verschiedenen Systeme folgte keinen erkennbaren generellen Regeln. Das Sexagesimalsystem und das Bisexagesimalsystem sowie die davon abgeleiteten Systeme waren Systeme für diskrete Objekte, wobei das Sexagesimalsystem den weitaus vielfältigeren Anwendungsbereich hatte.

Das Bisexagesimalsystem fand vor allem bei Getreideprodukten Verwendung, sofern diese nicht in Hohlmaßen gemessen und im ŠE-System notiert wurden. Daneben war es auch für ein bestimmtes Milchprodukt sowie eine bestimmte Art von Fisch üblich.

Die abgeleiteten Systeme dienten sehr spezifischen inhaltlichen Kennzeichnungen: das vom Sexagesimalsystem abgeleitete System S′ beispielsweise in Dokumenten aus der Viehhaltung wahrscheinlich zur Kennzeichnung der im laufenden Rechnungsjahr geschlachteten Tiere sowie in Texten aus der Bierproduktion oder -verteilung zur Kennzeichnung einer bestimmten Biersorte. Das ŠE-System und die davon abgeleiteten Systeme bezeichneten Hohlmaße für Getreide und Getreideprodukte, wobei die verschiedenen Systeme wahrscheinlich verschiedene Getreidearten symbolisierten. Das GAN_2-System diente der Angabe von Feldflächen. Der Verwendungsbereich des EN-Systems ist unbekannt.

Wir haben deutliche Hinweise auf die Existenz weiterer, uns unbekannter archaischer Zahlzeichensysteme. Schon die Tatsache, daß 25 der 26 Zeugnisse des EN-Systems an einer einzigen Stelle gefunden worden sind, mahnt zur Vorsicht, was die Vollständigkeit unserer Kenntnis angeht. Wäre an dieser Stelle zufällig nicht gegraben worden, besäßen wir nur ein kleines Fragment mit dem Zeichen, das keinen Aufschluß über das zugrundeliegende System gegeben hätte.

Zehn der Zahlzeichen unserer 60 Zeichen umfassenden Liste tauchen in keinem der ermittelten Systeme auf. Die Gründe dafür sind unterschiedlich. Drei der Zeichen beispielsweise finden sich nur auf einer kleinen Tafel, die wir für die Krakelei eines der Schrift noch weitgehend unkundigen Schülers halten. Bei vier anderen sind wir uns nicht sicher, ob es sich nicht vielleicht um Schreibvarianten anderer Zahlzeichen oder aber überhaupt nicht um Zahlzeichen handelt. Zumindest bei zweien der zehn Zeichen, nämlich den Zeichen und, sind wir nach der Art ihrer Verwendung jedoch überzeugt, daß sie zu zwei weiteren Systemen gehören, über die wir nur deshalb nichts Näheres wissen, weil keine aussagekräftigen Texte überliefert sind.

Das Fehlen eines abstrakten Zahlbegriffs

Nach dem Gesagten erhebt sich natürlich die Frage, in welchem Sinne man diese arithmetischen Notierungen mit ihren komplizierten und zum Teil an spezifische Inhalte gebundenen Regeln der Verwendung, ihren vielfältigen inhaltlichen Nebenbedeutungen und den unscharfen Grenzen zwischen ihren operativen und ihren ideographischen Funktionen (ihren Funktionen als Rechengrößen und als Symbolen für konkrete Objekte) überhaupt als Darstellungen von „Zahlen" ansehen kann. Welche Entwicklungsstufe stellen sie dar in einer Kultur, die 1000 Jahre später als erste Kultur der Erde eine hochentwickelte Mathematik hervorgebracht hat?

Bislang herrschte die Auffassung vor, die archaischen Zahlzeichen repräsentierten frühe Vertreter eben jener Zahlvorstellung, die später die Arithmetik in Mesopotamien geprägt hat. Diese Schlußfolgerung liegt auch sehr nahe. Das Sexagesimalsystem, das sich bald zum dominierenden System entwickelte, überlebte in graphisch unveränderter Form die archaische Periode um etwa 1000 Jahre und weitere 2000 Jahre in veränderter, jedoch strukturell gleichartiger Darstellung durch Keilschriftzeichen. Quellen, die Aufschluß über die sumerischen Zahlwörter geben, zeigen zudem eine außerordentliche strukturelle Ähnlichkeit der sumerischen Zahlwortreihe mit dem Sexagesimalsystem (diese Quellen stammen allerdings aus einer Zeit, in der das Sumerische schon

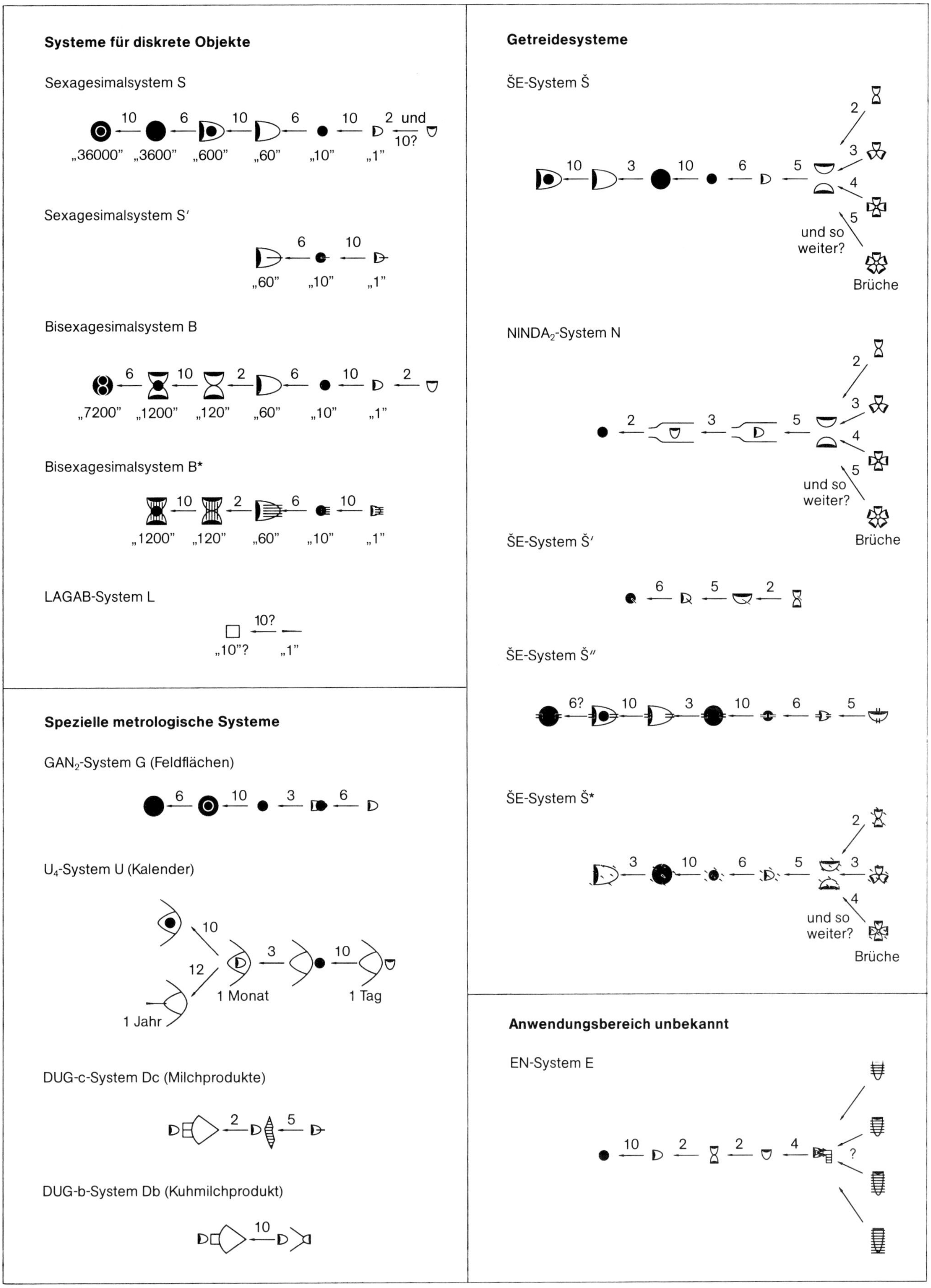

Bild 6: Fünfzehn Zahlzeichensysteme mit verschiedenen Anwendungsbereichen, die zu fünf Grundsystemen gehören, ergab die computergestützte Analyse aller Zahlnotationen in den etwa 4000 gespeicherten Texten und Textfragmenten der ältesten bekannten Schrifttafeln. Außerdem fanden sich Hinweise auf zumindest zwei weitere Systeme, für die in dem vorliegenden Textbestand nicht genug Belege enthalten sind, um sie zu rekonstruieren. In den Systemen werden zum Teil die gleichen Zeichen mit völlig verschiedener arithmetischer Bedeutung verwendet.

Hunderte von Jahren keine gesprochene Sprache mehr war).

Dies war Grund genug, daß den an späteren Texten orientierten Forschern das Sexagesimalsystem als das eigentliche System der Zahlzeichen und alles übrige als Metrologie erscheinen mußte. Hinzu kam die weitere Entwicklung der übrigen Systeme. Das Bisexagesimalsystem nämlich wurde schon bald, das heißt in der frühdynastischen Periode, durch das Sexagesimalsystem ersetzt. Das ŠE-System verschwand sogar bereits mit dem Ende der archaischen Periode. Für das EN-System gibt es überhaupt nur Texte aus der ältesten Schriftstufe in Uruk. Lediglich das GAN_2-System blieb neben dem Sexagesimalsystem bestehen und wurde zu einem umfassenden System der Flächenmaße ausgebaut.

Unsere Analyse der archaischen Zahlzeichen und der Regeln ihrer Verwendung widerspricht dagegen dieser Deutung. Zwar war das Sexagesimalsystem in der archaischen Periode bereits voll entwickelt; und es spielte auch insofern schon eine bevorzugte Rolle, als es auf besonders viele Inhalte angewandt wurde. Dennoch gehören weniger als 50 Prozent aller Zahlnotationen der Archaischen Texte zu diesem System. In den übrigen Notationen wurden zwar überwiegend die gleichen Zeichen verwendet, aber als Zeichen anderer Systeme und daher mit anderer arithmetischer Bedeutung.

Gerade die Zeichen des Sexagesimalsystems, das scheinbar abstrakte Zahlen repräsentierte, waren in Wirklichkeit also in ihrer arithmetischen Bedeutung besonders variabel. Je nach ihrem inhaltlichen Zusammenhang änderte sich das System, in dem sie verwendet wurden, und damit ihr numerischer Wert. Nur gegen die Beweiskraft unserer statistischen Analysen kann man ihnen einen festen Zahlenwert als „eigentliche Bedeutung" zuschreiben und sie damit als Zahlzeichen eines übergreifenden, abstrakten Zahlbegriffs interpretieren. Paradoxerweise sind es gerade die stark an bestimmte Inhalte gebundenen Zeichen der von den Grundsystemen abgeleiteten Systeme und nicht die „abstrakten" Zeichen, die am ehesten mit nur einer einzigen arithmetischen Bedeutung verwendet wurden.

Zahlanaloga

Was ist die theoretische Alternative zu einer Interpretation der Zeichen als Zeichen für Zahlen? Der Gestaltpsychologe Max Wertheimer hat schon 1912 in einem berühmten Aufsatz über das Denken der Naturvölker sehr präzise die psychologische Natur von arithmetischen Leistungen vor der Ausbildung eines abstrakten Zahlbegriffs beschrieben. Anhand von Forschungsberichten über Naturvölker postulierte er psychologische Strukturen, die er Zahlanaloga nannte; sie bleiben zwar an bestimmte Inhalte gebunden und sind insofern weniger abstrakt als unsere Zahlen, dienen aber dennoch ähnlichen Zwecken.

Es gibt inzwischen zahlreiche ethnologische Studien, die Wertheimers Annahmen bestätigen. Demnach haben viele vorschriftliche Kulturen eine Fülle von kontextgebundenen, protoarithmetischen Techniken entwickelt, die einen abstrakten Zahlbegriff weder voraussetzen noch notwendigerweise zur Folge haben.

Zahlreiche Merkmale der von uns analysierten archaischen Zahlzeichensysteme rücken sie in die Nähe solcher protoarithmetischen Techniken. Beispielsweise bezeichneten die Zahlzeichen grundsätzlich nicht Zahlen, sondern Einheiten. Die Vier wurde so nicht durch ein Zeichen wie unsere „4", sondern geradezu physisch durch die vierfache Wiederholung eines Zeichens für die Einheit dargestellt.

Dies bedeutet, daß es keinen formalen Unterschied gab zwischen der Darstellung von Objekten und der von Zahlen. Man konnte daher die Regeln für die Verwendung der Zahlzeichensysteme auch mit der protoarithmetischen Vorstellung handhaben, die vier wiederholten Zeichen repräsentierten die vier dargestellten Objekte und nicht die Zahl Vier.

Es gibt in den Archaischen Texten auch keine expliziten, von den Inhalten unabhängigen Rechenoperationen. Bei Summenbildungen werden nur die gedachten Zusammenfügungen der Objekte mittels der sie repräsentierenden Zeichen nachvollzogen. Dementsprechend existiert auch keine operative Umkehrung zur Subtraktion. Die seltenen multiplikativen Zusammenhänge sind als Sachrelationen dargestellt – zum Beispiel in der Form, daß soundsovielen Broten soundsoviel Getreide entspricht – und wurden vermutlich vorwiegend mit additiven Operationen umgeformt. Zahlreiche „atypische", das heißt durch den Kontext modifizierte Beispiele von Notationen vermitteln den Eindruck, die Angabe des Inhalts in ihrer Funktion als Merkhilfe habe stets Vorrang vor formalen Regeln des Zeichengebrauchs gehabt.

Diese protoarithmetischen Kennzeichen besagen indes nicht, daß es keinen Unterschied gäbe zwischen der Protoarithmetik schriftloser Kulturen und der Arithmetik, von der die Archaischen Texte zeugen. Die darin enthaltenen Zahlnotationen weisen zwar Eigenarten auf, wie sie bislang nur aus vorschriftlichen Kulturen bekannt waren; zugleich aber bezeugen sie eine formale Komplexität und eine Leistungsfähigkeit für die Bewältigung auch komplizierter arithmetischer Probleme, wie sie in solchen Kulturen undenkbar wäre. Das gerade macht die Einzigartigkeit dieser Quellen für ein Studium der Entwicklung des Zahlbegriffs aus.

Die Analyse der Operationen, die mit den Zahlzeichen vollzogen wurden, ermöglicht Rückschlüsse auf die zugrundeliegenden kognitiven Prozesse. So finden wir bereits erste abstrakte Operationen, die in entsprechenden symbolischen Handlungen wie den bereits standardisierten Operationen des Zusammenfassens von Einheiten zu höheren Einheiten zum Ausdruck kommen. Daneben aber behaupten sich weiterhin kontextgebundene mentale Operationen, die sich auf die konkreten Handlungen der Anwendungsbereiche beziehen. Sie sind es, welche die Veränderung arithmetischer Bedeutungen mit dem Kontext der jeweiligen Anwendungen bedingen.

Vom Zahlanalogon zur abstrakten Zahlvorstellung

Die Untersuchung der Zahlbegriffsentwicklung in ihren Anfangsstadien stand bislang vor einem Dilemma: Einerseits gewähren die heute noch existierenden vorschriftlichen Kulturen zwar Einblicke in sehr frühe Formen dieser Entwicklung, andererseits besteht zu den Dokumenten des entwikkelten mathematischen Denkens in den frühen Hochkulturen und in der klassischen Antike jedoch eine unüberbrückbare Kluft.

In den vorschriftlichen Kulturen fehlen nicht nur bestimmte Formen des abstrakten Denkens, sondern auch die Probleme und die arithmetischen Techniken, an denen sie sich manifestieren könnten. In den Schriftkulturen dagegen fand man bisher nur beides zugleich. Die Frage, ob zwischen beiden Stadien eine Entwicklung stattfand oder nur die epigenetische, also wie biologisch determiniert ablaufende Entfaltung einer universellen Struktur des menschlichen Denkens, blieb Gegenstand kontroverser Spekulationen.

Die Zahlzeichensysteme der Archaischen Texte liefern jetzt das fehlende Glied: Es beweist, daß die Entwicklung der Grundstrukturen des arithmetischen Denkens kulturell bedingt ist.

Wenn wir davon ausgehen, daß sich damit ein bestimmtes Stadium der Ent-

Beispiele	Stufen der Zahlbegriffsentwicklung	Zeitliche Einordnung
	Präoperative Stufe: Erste Zuordnungen von gleichartigen, relativ abstrakten Symbolen zu Objekten, jedoch keine systematischen Strukturierungen.	etwa 40 000 bis 10 000 vor Christus Jungpaläolithikum
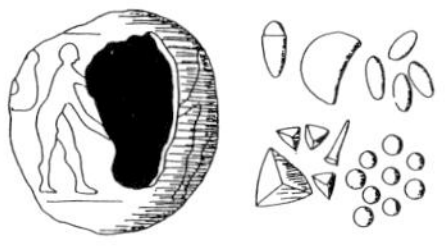	Protoarithmetische Stufe: Kontrolle von Quantitäten mit Hilfe eindeutiger Zuordnungen zwischen Objekten und Symbolen. Tradierung standardisierter Symbolsysteme. Einführung höherer Einheiten durch Bündelung.	ab etwa 10 000 vor Christus Vorschriftliche seßhafte Kulturen
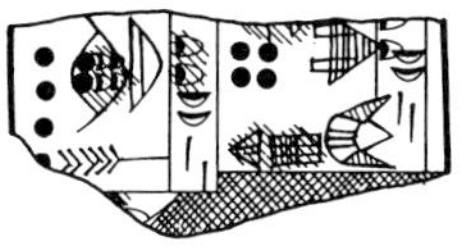	Archaische Arithmetik: Entwickelte arithmetische Techniken, jedoch noch keine kontextunabhängige Bedeutung der „Zahlzeichen“.	um 3 200 vor Christus Nachschriftliche seßhafte Kulturen
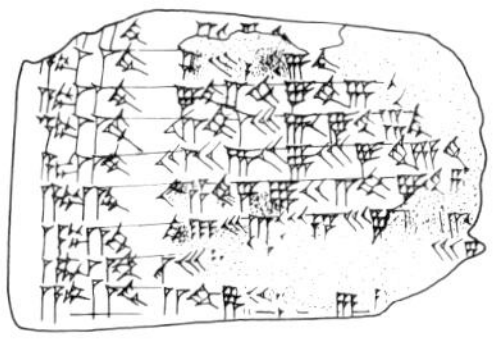	Primäre Arithmetik: Universelle Zahldarstellung, explizite Arithmetik, jedoch kein darstellungsunabhängiger Zahlbegriff. Keine auf Zahlen als ideelle Objekte bezogenen Begriffsbildungen.	ab etwa 3 000 vor Christus Frühe Hochkulturen
EVCLIDIS ELEMENTORVM LIBRI XV	Abstrakter Zahlbegriff: Begriffliche Bestimmung der Zahlen als ideelle Objekte. Definition von Zahlen und Beweis von Zahleigenschaften.	ab etwa 500 vor Christus Griechische Antike

Bild 7: Kulturhistorische Stufen der Entwicklung des Zahlbegriffs. Der abstrakte Zahlbegriff ist das Ergebnis eines langen Entwicklungsprozesses, mit der Erfindung der Schrift als deutlichem Einschnitt. Ihren Ausgang nahm diese Entwicklung von der Stück-für-Stück-Zuordnung von Symbolen zu Gegenständen. Standardisierte „Zählmittel“ machten solche Zuordnungen zu einer gesellschaftlich tradierten Technik. Mit der Erfindung der Schrift wurden „Zahlzeichen“ dann zu einem leistungsfähigen sekundären Darstellungsmittel, wobei die Zahldarstellung zunächst jedoch noch stark mit dem gezählten Objekt verhaftet blieb. Erst allmählich gewann sie ihre abstrakte Eigengesetzlichkeit. Schließlich führte die schriftlich fixierte begriffliche Bestimmung von Zahlgesetzen zur Differenzierung zwischen Zahldarstellung und Zahlbegriff.

wicklung sicher datieren läßt, können wir versuchen, die überlieferten Zeugnisse des frühen arithmetischen Denkens neu zu interpretieren. Es ergibt sich dann in etwa das folgende Gesamtbild der Entwicklung, die im abstrakten Zahlbegriff gipfelte (Bild 7).

Erste archäologische Zeugnisse, die auf eine Konstruktion von Korrespondenzen zwischen Objekten und Zählsymbolen im weitesten Sinne hindeuten, finden sich bereits in der jüngeren Altsteinzeit (ungefähr 40000 bis 10000 vor Christus). Die verwendeten Zählsymbole weisen jedoch noch kaum systematische Strukturierungen auf, die auf einen operativen Umgang mit ihnen schließen ließen.

Auf diese präoperative Stufe der Zahlbegriffsentwicklung folgt eine protoarithmetische Stufe, in der erstmals Konventionen zur symbolischen Darstellung von Mengen eingeführt worden sind. Im kognitiven Bereich kam es parallel zur Konstruktion von Zahlanaloga. Grundlage dieser Fortentwicklung ist vermutlich die sogenannte agrarische Revolution – der Übergang zur systematischen Tierhaltung und Nahrungsmittelproduktion – mit ihren Anforderungen an die Vorratshaltung und die Organisation der Arbeitsteilung. Tatsächlich entspricht im Vorderen Orient die Periode, für die der Gebrauch von Zählsymbolen nachgewiesen ist, in etwa der Periode des Übergangs zur Seßhaftigkeit und der Ausbreitung von Ackerbau und Viehzucht.

Die Analyse der Zahlzeichensysteme der Archaischen Texte Mesopotamiens gibt uns eine Momentaufnahme des Übergangs von dieser Protoarithmetik zur Arithmetik im engeren Sinne. Sehr bald verlieren sich die eigentümlichen Eigenschaften der archaischen Zahlzeichensysteme, und es bildet sich noch im Verlaufe des dritten vorchristlichen Jahrtausends eine kontextunabhängige, „primäre“ Arithmetik heraus. Wie in anderen frühen Hochkulturen sind die Träger dieser Entwicklung die Verwaltungsbeamten der staatlichen Bürokratien sowie die Schreiberschulen, in denen sie ausgebildet wurden.

Von dieser primären Arithmetik, die zwar kontextunabhängig ist, aber an bestimmte, konkrete Formen der Zahldarstellung durch Zeichensysteme gebunden bleibt, bis zum ideellen Begriff der abstrakten Zahl ist es freilich noch ein weiter Weg. Die babylonische Mathematik, die sich aus dieser Tradition entwickelte und im ersten Drittel des zweiten Jahrtausends vor Christus (also etwa 1500 Jahre nach der Erfindung der Schrift) ihre erste Blüte erreichte, kannte weder Definitionen noch Beweise; ihr fehlte selbst ein Wort, das in seiner Bedeutung unserem Wort „Zahl“ vergleichbar wäre.

Es scheint mithin, als seien Strukturaussagen über ideelle Objekte und damit auch die Ausbildung des Begriffs der Zahl der griechischen Antike vorbehalten geblieben.

Die Schrift der Indus-Kultur

Die Keilschrift der Sumerer, die ägyptischen Hieroglyphen und die sinnbildlichen Zeichen des alten China sind längst entziffert. Nur die Schrift der vierten frühen Hochkultur der Menschheit hat ihr Geheimnis bislang hartnäckig bewahrt. Gestützt auf Statistiken und Rückschlüsse aus archäologischen Befunden, ist man jetzt im Begriff, es ihr zu entreißen.

Von **Walter A. Fairservis jr.**

Sumer, Ägypten, China und das Industal im Nordwesten des indischen Subkontinents waren die Wiegen der vier ältesten Hochkulturen der Menschheit. Die Schriften der alten Sumerer, Ägypter und Chinesen sind längst entziffert, die Texte der Indus-Kultur aber haben ihr Geheimnis bis heute nicht preisgegeben. All unsere Kenntnisse über diese Kultur stammen daher von gegenständlichen Zeugen, die Archäologen aus der Erde geborgen haben. Es ist eine Ironie der Geschichte, daß in einem Teil der Welt, der für das Alter seiner schriftlichen Überlieferung berühmt ist, die ältesten Schriften noch immer großenteils stumm sind.

Die Hochkultur im Industal wird nach einer ihrer beiden großen Städte, Mohenjo-Daro und Harappa, auch Harappa-Kultur genannt. Die Schwierigkeiten beim Entziffern ihrer Schrift sind gewaltig, ja auf den ersten Blick schier unüberwindlich. Ein Hauptgrund dafür ist der begrenzte Gebrauch, den die Harappa-Leute von ihrer Schrift machten. „Texte" beschränken sich auf kurze Inschriften auf Siegeln und ebenso knappe Graffiti auf Töpferwaren. (Bilder 1, 3 und 4) Keine Inschrift ist länger als 21 Zeichen, und die durchschnittliche Zeichenzahl liegt zwischen fünf und sechs.

Dies und die piktographische Natur vieler Zeichen hat die Phantasie so manchen Forschers üppige Blüten treiben lassen. Daneben gab es ernsthafte Versuche, Harappisch mit dem Minoischen, Kanaanäischen, Hethitischen, ja selbst mit der sonderbaren „Schrift" auf den Osterinseln in Verbindung zu bringen. In den vergangenen Jahren angestellte Untersuchungen vor dem Hintergrund dessen, was archäologische Zeugnisse über das Leben der Harappa-Leute verraten, haben sich jedoch als aussichtsreicherer Ansatz zu einer Entzifferung erwiesen. Es ist meine Absicht, über einige der dabei erzielten Ergebnisse zu berichten.

Archäologische Befunde

Seit den zwanziger Jahren, als Mohenjo-Daro und Harappa entdeckt wurden, insbesondere aber seit dem Zweiten Weltkrieg haben Archäologen in Indien und Pakistan nahezu tausend andere Siedlungen ausfindig gemacht (Bild 2). Sie liegen in einem weiten Bogen, der in der Nähe des Flusses Narmada im Westen Indiens beginnt, dann in nördlicher Richtung über Gujarat und Kutch nach Sind und Westpunjab in Pakistan führt und sich schließlich quer durch die indischen Bundesstaaten Rajasthan und Ostpunjab bis in die Nähe von Delhi erstreckt. Andere Siedlungen fand man entlang der Küste des Arabischen Meeres bis fast zur iranischen Grenze und in Belutschistan; kürzlich entdeckten französische Archäologen sogar am Ufer des Oxus (des heutigen Amu Darja), tief in Zentralasien, eine Siedlung der Harappa-Kultur.

Die meisten dieser Siedlungen sind nur ein bis zwei Hektar groß und liegen in der Nähe von Bächen oder Flüssen. Es scheint drei Besiedlungsphasen gegeben zu haben. Siedlungen der Frühphase befinden sich im Grenzbereich zum Iran, während die der Hochphase weiter verteilt sind. Die meisten Niederlassungen aus dieser Zeit liegen im Industal selbst, doch gehören auch so abgelegene Siedlungen wie die in Belutschistan und am Oxus in diese Gruppe. Die Siedlungen der Spätphase konzentrieren sich auf ein Gebiet weit südlich und westlich des Indus. Funde an diesen Orten deuten außerdem auf einen beginnenden Verschmelzungsprozeß zwischen der Harappa-Kultur und jener der örtlichen Hirten und Bauern hin. Danach fand die Harappa-Kultur kein plötzliches Ende, sondern prägte jenen dörflichen Lebensstil mit, der für den Subkontinent heute so typisch ist.

Was sagen uns die archäologischen Funde über das Leben in der Harappa-Kultur? Zunächst einmal, daß die Lebensgrundlage in Ackerbau und Viehzucht bestand. Nicht nur Getreide wurde angebaut, sondern auch Gemüse, und die Viehzucht war zentraler Bestandteil der Landwirtschaft. Zweitens zeigen sie, daß die materielle Kultur einfach, aber nicht bar jeden Luxus war. So wurden Kupfer und Bronze für Werkzeuge und Waffen und gelegentlich sogar Gold und Silber für Perlen, den wichtigsten Schmuck, verwendet. Einige Perlen waren kunstvoll aus recht seltenen Halbedelsteinen wie Achat, Karneol und Lapislazuli gefertigt. (Die Siedlung am Oxus lag nicht weit von einer Lapislazuli-Mine). Die große Masse der Artefakte aber besteht aus Holz und Knochen,

Muschelschalen, Feuerstein und Ton – alles Materialien, die es an Ort und Stelle reichlich gab.

Auffallend ist auch das Ausmaß der Standardisierung. Die Ziegelsteine hatten Standardgröße und wurden nach Standardmustern aufeinandergesetzt. Die Drainage- und Abwassersysteme waren nach Standardplänen angelegt. Auch die Wohnungen hatten Standard-Abmessungen, und bestimmte (wahrscheinlich öffentliche) Bauten waren an Standard-Standorten aus der Masse der Privatgebäude herausgehoben. Schließlich gab es Standardgewichte und -maße sowie Töpferwaren mit Standardform und -verzierung; selbst Gegenstände wie Schöpfkellen, Webgewichte und sogar Spielzeugkarren waren standardisiert. Zugleich erinnern gewisse Gewohnheiten der Harappa-Leute an die spätere indische Kultur – so das Tragen charakteristischer Kopfbedeckungen oder mehrfach geschlungener Armreifen und Halsketten. Sogar die Figurinen sind ihren indischen Gegenstücken im Stil schon verwandt.

Soviel in Kürze zu dem, was man weiß. Was man nicht weiß ist vielleicht nicht weniger bedeutsam. So weiß man nichts von Rivalitäten zwischen Harappa-Staaten, nichts von Kriegen und nichts von einem nennenswerten überregionalen Handel. Desgleichen ist nichts bekannt von den Königen, Höfen und großen Tempeln, die so typisch sind für all

Bild 1: Dieses Siegel aus der Harappa-Kultur, die vor etwa drei Jahrtausenden im Indus-Tal bestand, enthält neben dem Bild eines männlichen Zebus (Buckelrindes) vier Schriftzeichen: drei senkrechte Striche für die Zahl drei, die auch „vornehmst" bedeutet, eine Figur mit Bobaum-Blättern und Pfeil, die für „Mutter" oder „Herrin" steht, ein Strichmännchen mit Hörnern, das auf eine hochstehende Person weist, und einen Henkelkrug, der als Höflichkeitssilbe die Bedeutung „hoch" oder „erlaucht" hat. Das Siegel gehörte offenbar einem hochstehenden Mitglied der Harappa-Gesellschaft, eventuell einer Frau. Es befindet sich heute in der archäologischen Sammlung des Nationalmuseums von Pakistan in Karatschi.

Bild 2: Harappa-Siedlungen lagen in einem Areal, das sich von Zentralasien im Norden bis fast nach Bombay im Süden und von Belutschistan im Westen bis nach Delhi im Osten erstreckt. Unter den fünfundzwanzig hier verzeichneten Haupt-Grabungsorten befinden sich auch die beiden großen Städte der Indus-Kultur: Mohenjo-Daro und Harappa. Die meisten Harappa-Siedlungen waren mit einer Ausdehnung von ein bis zwei Hektar freilich eher klein.

die anderen Hochkulturen der Alten Welt. Die archäologischen Funde verraten zudem so gut wie nichts über die Religion oder die politische und soziale Struktur der Harappa-Gesellschaft. Dennoch übte die Harappa-Kultur einen starken Einfluß auf alle nachfolgenden Kulturen aus. Die Harappa-Leute kultivierten die Baumwolle, vielleicht auch den Reis, und sie domestizierten das Huhn. Möglicherweise erfanden sie das Schachspiel und die neben dem Wasserrad wichtigste von Muskelkraft unabhängige Energiequelle: die Windmühle.

Wann erlebte diese rätselhafte Kultur ihre Blüte? Obwohl sich die Gelehrten nicht ganz einig darüber sind, scheint sich die Hochphase von 2200 bis 1700 vor Christus erstreckt zu haben. Wie es aussieht, waren die meisten Harappa-Siedlungen nicht länger als zweihundert Jahre bewohnt; sie erwecken den Eindruck kurzlebiger Gebilde, die von einer starken Gruppenstruktur und regelmäßigen wechselseitigen Kontakten geprägt waren.

Eine titanische Aufgabe

Die Entzifferung der Harappa-Inschriften erscheint so schwierig, daß viele Gelehrte sie für rundweg unmöglich halten. Die erste Schwierigkeit liegt darin, daß die Texte in der unbekannten Schrift einer unbekannten Sprache verfaßt sind, für die keine zweisprachigen Dokumente (Bilinguen) wie der Stein von Rosette in Ägypten oder das Felsendenkmal von Behistun im Iran existieren. Ein zweites Problem ist das Fehlen langer Texte. Das gesamte Korpus an Harappa-Schriften besteht aus rund 4000 Siegeln, Siegelabdrücken und Graffiti auf Töpferwaren. Überdies sind viele der Siegel beschädigt und die Graffiti durch Bruchschäden an der Keramik oft unvollständig. Eine dritte Schwierigkeit schließlich ergibt sich daraus, daß die Harappa-Kultur nicht allein geographisch weit von anderen zeitgenössischen Kulturen, sondern auch historisch weit von späteren kulturellen Entwicklungen auf dem Subkontinent entfernt war.

Glücklicherweise tragen die Siegel sowohl Schriftzeichen als auch Bilder, die Hinweise auf die Bedeutung der Schriftzeichen geben können. Die meisten Siegel sind quadratische oder rechteckige Stücke aus Speckstein, einem leicht zu gravierenden Material. In der Mehrzahl tragen sie auf der Rückseite einen durchbohrten Höcker, so daß sie sich an einer Schnur befestigen lassen. Die Vorderseite zeigt ein Negativbild in Verbindung mit einer seitenverkehrten Inschrift (Bild 1). Die Inschrift wies wahrscheinlich den Besitzer aus und das Bild einen Gegenstand, der irgenwie mit ihm in Verbindung gebracht werden sollte.

Die meisten Bildmotive sind Tierdarstellungen. Gewöhnlich ist ein langhörniger Stier abgebildet (siehe Titelbild), doch gibt es auch Siegel mit Zebus (Buckelrindern), Wasserbüffeln, Ziegen, kurzhörnigen Stieren, Nashörnern, Tigern, Gavialen (indischen Schnabelkrokodilen) und Elefanten. Fast stets ist vor dem Tier ein weiteres Objekt dargestellt. Bei wilden oder gefährlichen Tieren gleicht es einer ovalen Servierplatte. Bei Haustieren ist es dagegen entweder ein Korb oder (besonders bei langhörnigen Stieren) eine Art Standarte, wie sie gelegentlich auch in den Darstellungen von Prozessionen auftaucht.

Einige Siegel zeigen mehrere Tiere. Ein wohlbekanntes Beispiel ist das manchmal mit „Herr der Tiere" bezeichnete Exemplar, auf dem sich fünf Tiere um eine anthropomorphe Figur mit den Hörnern eines Wasserbüffels als Kopfschmuck gruppieren (Bild 3): rechts ein Elefant und ein Tiger, links ein Nashorn und ein Wasserbüffel und unten eine über die Schulter blickende Ziege. Die rechte untere Ecke des Siegels ist abgebrochen, so daß von einem zweiten Tier unterhalb der Figur im Zentrum nur noch die Hörner zu sehen sind. Wahrscheinlich handelt es sich gleichfalls um eine Ziege, die spiegelbildlich zur ersten angeordnet war. Ein anderes, weniger reich bebildertes Siegel zeigt einen Bobaum (*Ficus religiosa,* auch Pagodenfeige oder Pipalbaum genannt), aus dessen Stamm die Köpfe zweier langhörniger Rinder herauswachsen.

Eine Tiergruppe erscheint auch auf einem prismenförmigen Siegel. (Einige Harappa-Siegel hatten die Gestalt von Prismen oder Zylindern.) Eine der drei

Bild 3: „Der Herr der Tiere", ein berühmtes Siegel aus der archäologischen Sammlung des Nationalmuseums von Indien in Neu-Delhi, zeigt eine männliche Figur im Schneidersitz mit dem Schädel eines Wasserbüffels als Kopfschmuck. Um sie gruppiert sind ein Nashorn und ein Wasserbüffel (links), ein Elefant und ein Tiger (rechts) sowie eine zurückblickende Ziege (unten). Ihr gegenüber dürfte eine zweite Ziege gestanden haben, von der, nachdem die Ecke rechts unten abgebrochen ist, aber nur die Hörner übrig sind. Die Inschrift läßt sich deuten als: „Der Schwarze, der schwarze Büffel *an̲i(l)*, der Hohe, der Herr der Häuptlinge".

Flächen dieses Siegels zeigt einen Elefanten, ein Nashorn und einen Tiger in Reih und Glied; eine vierte Figur in der Reihe ist zu abgewetzt, um noch erkennbar zu sein. Diese Fläche war wohl die Siegelseite mit den „wilden" Tieren. Von den vier Tieren, die auf der zweiten Fläche hintereinander her marschieren, kann man dagegen keines als „wild" bezeichnen. Auf beiden Seiten thront über der Tierprozession ein Gavial, zweifellos ein Mitglied der „wilden" Gruppe. Auf der „wilden" Seite ist vor seiner Schnauze ein Fisch zu erkennen und dahinter etwas, das gleichfalls ein Fisch sein könnte. Auf der „zahmen" Seite dagegen fehlt der Fisch.

Ein viertes Siegel, das noch kunstvoller gestaltet ist als der „Herr der Tiere", führt das Element der kultischen Verehrung ein. Wiederum erscheint ein Bobaum, diesmal in der rechten oberen Ecke. Zwischen seinen Zweigen steht eine hörnertragende anthropomorphe Gestalt. Eine kniende, mit Rock bekleidete, also vermutlich weibliche Figur blickt zu ihr auf. Links von der knienden Gestalt steht eine große Ziege. Die untere Hälfte des Siegels nehmen sieben rocktragende Figuren ein, deren Haar zu einer Art Pferdeschwanz zusammengebunden ist. Eine ziemlich grausige Szene auf einem fünften Siegel zeigt mehrere ähnlich frisierte Gestalten, von denen eine, die einen Rock trägt, von einem Wasserbüffel angegriffen wird.

Diese Motive sagen uns etwas über die Sozialstruktur der Harappa-Leute: daß Siegelbesitzer zu Gruppen gehörten, die den Rahmen der Familie sprengten. So dürften alle Individuen mit einem Nashorn auf ihrem Siegel durch eine gemeinsame soziale Bande verknüpft gewesen sein. Vielleicht waren sie Mitglieder einer überfamiliären Gruppe, eines Clans oder Vereins. Die Prozessionsszenen auf einigen Siegeln, in denen Tierbilder gleichsam als Standarten getragen werden, stützen diese Annahme.

Wie das Motiv des „Herrn der Tiere" auf der einen und das der „Anbetung der Bobaum-Gottheit" auf der anderen Seite nahelegen, könnte der Aufspaltung in überfamiliäre Gruppen noch eine der gesamten Gesellschaft in zwei Hälften – „Moieties", wie die Anthropologen sagen – überlagert sein. Die Trennungslinie zwischen den beiden Hälften verläuft dabei mitten durch jeden Clan oder jede andere Untereinheit; gewöhnlich dürfen nur Mitglieder unterschiedlicher Moieties heiraten.

Inhalt der Siegel-Texte: Eigennamen

Geht man von der Arbeitshypothese aus, daß die bildlichen Darstellungen auf den Siegeln die Zugehörigkeit des Besitzers zu einem Clan oder einer Moiety spezifizieren, so ergibt sich als logische Folgerung, daß der schriftliche Teil den Besitzer als Einzelperson auswies. Möglich wäre, daß die Inschrift seinen Namen, Beruf, Wohnort, Rang, Titel oder dergleichen nennt.

In Einklang mit dieser Deutung zeigt die Untersuchung der Siegeltexte, daß die Reihenfolge der Zeichen zwar beträchtlich schwankt, bestimmte Zeichen aber immer wiederkehren. Dies kann als erster Anhaltspunkt beim Versuch einer Entzifferung dienen. Wie Michael Ventris seinerzeit davon ausgehen konnte, daß zumindest einige der auf Kreta gefundenen Linear-B-Texte Vorratslisten waren, so kann der Erforscher der Harappa-Schrift annehmen, daß das, wonach er zu suchen hat, Eigennamen mit Attributen oder anderen Angaben zur Person sind.

Schon in den dreißiger Jahren hatte G. R. Hunter, ein Wissenschaftler aus Großbritannien, insgesamt 396 verschiedene Harappa-Schriftzeichen identifiziert. Bei neueren Untersuchungen kamen noch einmal 23 dazu, so daß wir heute insgesamt 419 solche Zeichen kennen. Eine statistische Analyse ergab, daß sie 13 376-mal in 2290 bekannten Texten auftauchen. 113 Zeichen kommen dabei nur einmal, 47 nur zweimal und 59 weniger als fünfmal vor. Die restlichen 200 Zeichen waren also in mehr oder weniger allgemeinem Gebrauch. Die Analyse zeigt weiter, daß gut die Hälfte davon aus Kombinationen der Zeichen der anderen Hälfte bestand (Bild 6).

Diese Befunde machen deutlich, daß die Harappa-Schrift weder alphabetisch wie Sanskrit noch logographisch (mit einem Zeichen pro Wort) wie Chinesisch ist. Vielmehr gehört sie in die Kategorie der logosyllabischen Schriften, bei denen einige Zeichen für Worte, andere dagegen nur für Lautwerte, das heißt Silben, stehen. Bekannte Beispiele für solche Schriften sind die ägyptischen Hieroglyphen, die frühen sumerischen Ideogramme und das heutige Japanisch.

Die Tatsache, daß die Hälfte der allgemein gebräuchlichen Harappa-Schriftzeichen aus anderen allgemein verwendeten Zeichen zusammengesetzt ist, läßt darauf schließen, daß die Schreiber solche Kombinationen dazu benutzten, sowohl abstrakte Ideen auszudrücken (wie die Chinesen durch Kombination der Zeichen für Sonne und Mond das Wort „Helligkeit" darstellen), als auch Worte durch Aneinanderreihung von Silbenlautwerten entsprechend ihrem Klang zu schreiben.

Ein entscheidendes Merkmal jedes Schriftsystems sind die Methoden, die es verwendet, um das Geschlecht anzuzeigen, zwischen Singular und Plural zu unterscheiden, die Zeit eines Verbs festzulegen und so weiter. Sind diese Methoden erst einmal erkannt, so ist man ein gutes Stück weitergekommen bei dem Versuch, den Zusammenhang zwischen den Graphemen, das heißt Einzelbestandteilen, der Worte und der von ihnen dargestellten Sprache zu ermitteln. In den Harappa-Inschriften tauchen nun immer wieder bestimmte Zeichenpaare auf, ganz ähnlich wie im Deutschen in formelhaften Titeln wie „Seine Majestät" oder „Ihre Hoheit". Es ist ferner bemerkenswert, daß einige Zeichen bevorzugt in der Mitte eines Textes und nur sehr selten am Anfang oder Ende stehen, während für andere genau das Umgekehrte gilt.

Die übliche Zeichenanordnung und das Auftreten charakteristischer Paare läßt sich anhand eines Silbenrostes ermitteln (Bild 7). Da die Harappa-Inschriften gewöhnlich kurz sind, kann die Zahl der senkrechten Spalten relativ klein sein. Vierzehn Spalten erwiesen sich als völlig ausreichend. Von den ersten siebzehn für die Darstellung im Silbenrost ausgewählten Inschriften bestanden die meisten aus nur fünf oder sechs Zeichen; sie wurden daher in den mittleren Spalten untergebracht, so daß längere Texte Platz hatten, nach links oder rechts „überzulaufen".

Beim Eintragen der Texte in den Rost stellte sich heraus, daß bestimmte Zeichen fast regelmäßig auftauchen – so der „Krug" in Spalte 5, die „Spange" in Spalte 8 und der „Doppelstrich" in Spalte 10 von Bild 7. Wenn zwei davon im gleichen Text vorkommen (wie in den Reihen *b, e, h* und *p*), stehen sie stets in derselben Reihenfolge, gleichgültig welche anderen Zeichen die Inschrift noch enthält. Daher wurden sie auch dann in ein und derselben Spalte übereinandergesetzt, wenn nur eines davon in einem speziellen Text vorkam.

Dabei zeigte sich, daß die genannten Zeichen in den siebzehn ausgewählten Inschriften insgesamt auch am häufigsten auftreten. Der „Krug" allein erscheint zehnmal in Spalte 5 und leicht abgewandelt noch in zwei anderen Spalten. Die „Spange" in Spalte 8 kommt einschließlich ihrer Varianten sechsmal vor und der Doppelstrich in Spalte 10 – gleichfalls mit Varianten – achtmal. Andere, aus senkrechten Strichen aufgebaute Zeichen stehen dagegen in keiner so festen Positionsbeziehung zueinander: Während sich die aus einem oder zwei kurzen senkrechten Strichen bestehenden Zeichen in Spalte 8 unterbringen lassen, fallen die Zeichen mit einem, zwei, drei oder mehr langen Strichen in die Spalten außerhalb des Zentrums.

Die Sprache der Harappa-Leute

Inzwischen mit dem Erscheinungsbild von rund fünfzig Harappa-Zeichen vertraut, wird sich der Leser vielleicht fragen, wie herum sie eigentlich zu lesen sind. Anhand der Siegel-Inschriften allein hätte sich das nur schwer entscheiden lassen.

Glücklicherweise lieferten die Graffiti-Texte auf der Keramik jedoch die Antwort (Bild 4). B. B. Lal und I. Mahadevan vom Archeological Survey of India stellten bei der Untersuchung dieser Graffiti fest, daß sich bei einigen die Striche überlappen. So ließ sich erkennen, welcher Strich zuerst gemacht worden war, und damit zugleich die Schreibrichtung ermitteln: sie verlief von rechts nach links. Darum steht in Bild 5 die Spalte 14 am linken und die Spalte 1 am rechten Tabellenrand. Durch die Umstellung erscheinen die Texte in der vertrauteren Schreibrichtung von links nach rechts.

Damit kommen wir zum schwierigsten Teil des Entzifferungsproblems: Welches war die Sprache der Harappa-Leute? Als Ventris die Sprache von Linear B als Griechisch identifiziert hatte, war das Schwierigste geschafft. Ähnliche Hilfestellung bei der Suche nach der Harappa-Sprache geben die archäologischen Zeugnisse der Region. Sie zeigen, daß die Harappa-Kultur nicht aus dem Nichts entsprang und spurlos unterging. Vielmehr hatte sie eine lange Tradition im Indo-Iranischen Grenzland, breitete sich weit aus und lieferte schließlich ihren eigenen Beitrag zur Entstehung des dörflichen Indien. Ihre Sprache kann demnach nicht völlig vom Subkontinent verschwunden sein.

Welche der drei Haupt-Sprachfamilien der Gegend könnte dann mit Harappisch verwandt sein? Ist es Munda, eine Familie von überwiegend in Ostindien gesprochenen Sprachen, die Ähnlichkeiten mit anderen Sprachen Südostasiens aufweist? Untersuchungen über die frühesten Formen von Munda zeigen jedoch, daß kaum etwas in ihrem Wortschatz zu dem paßt, was uns die Archäologie über die Harappa-Kultur lehrt. Oder ist es das Indo-Arische, eine

Bild 4: Graffiti auf Keramik sind die zweite Quelle von Harappa-Schriftzeichen. Obwohl weniger zahlreich als Inschriften auf Siegeln oder Siegelabdrücken, haben sie gezeigt, daß die Harappa-Schrift von rechts nach links verlief. Die Scherben stammen aus Belutschistan.

Sprachfamilie, die um die Mitte des zweiten Jahrtausends vor Christus nach Indien kam? Ihr ältestes literarisches Dokument, die Rigweda, beschreibt jedoch eine im wesentlichen zentralasiatische Kultur, die von der Harappa-Kultur ganz verschieden ist. Bleibt also das Drawidische, eine Sprache, die heute vorwiegend im Süden und Südosten Indiens gesprochen wird, aber in Sprachinseln auch in Nordindien vorkommt.

Neben den im Norden verbreiteten Formen Kurukh, Malto und Brahui existieren heute noch etwa fünfundzwanzig drawidische Sprachen. Ihre Hauptvertreter Tamil, Malajalam, Kanaresisch und Telugu werden von über hundert Millionen Menschen gesprochen. Erneut verdanken wir es den archäologischen Zeugnissen, daß wir die Anwartschaft des Drawidischen nicht blind glauben müssen.

Ausgrabungen in der Harappa-Siedlung Allahdino bei Karatschi brachten 1974 ein Stück Elfenbein mit halbkreisförmigem Querschnitt ans Licht. Auf der einen Seite befanden sich Löcher, offenbar zum Durchstecken von Pflöcken, auf der anderen zwei längliche parallele Kerben. Das Fundstück ähnelte einer Vielzahl von Elfenbeinstäben oder -stöcken, die E. J. H. Mackay, einer der späteren Erforscher von Mohenjo-Daro, in den dreißiger Jahren ausgegraben hatte. Dabei handelte es sich nicht, wie behauptet, um bloße Spielsteine; beispielsweise waren bei einem Stab mit quadratischem Querschnitt auf einer Seite abwechselnd mehrere Kreise und Halbkreise eingekerbt.

Auf einigen der Elfenbeinstäbe von Mohenjo-Daro ist das in Spalte 6, Reihe c von Bild 7 gezeigte Zeichen gemeinsam mit einem zweiten zu sehen, das gleichfalls einer Pflanze ähnelt. In mehreren Siegel-Inschriften treten diese beiden Zeichen in Verbindung mit einem bis sieben senkrechten Strichen sowie fünf weiteren Zeichen auf (zwei davon stehen in Spalte 7, Reihe *c* und Spalte 11, Reihe *q* von Bild 7). Aus der Verbindung der beiden Zeichen, die eine Pflanze – vermutlich einen Getreidehalm – darstellen, mit Strichen, die offenbar Zahlen bedeuten, und aus der Tatsache, daß eines der Siegel Kreise und Halbkreise trägt, deren Zahl annähernd einem Mondmonat (Halbkreise) aus dreißig Sonnentagen (Kreisen) entspricht, läßt sich folgern, daß die beiden Pflanzenzeichen ein Wort verkörpern, das sowohl Getreide als auch Monat (oder Mond) bedeutet. Daß nicht mehr als sieben senkrechte Striche vorkommen, legt zudem nahe, daß die Zahl acht durch ein gesondertes Zeichen dargestellt wurde, das Zahlensystem von Harappa also ein Achtersystem war (Bild 5).

Welche Sprache hat ein Wort für Getreide, das auch Monat oder Mond heißt, und benutzt ein Zahlensystem zur Basis acht? Was den ersten Punkt betrifft, so heißt in fünf drawidischen Sprachen *nel* Reis, während *nilā* oder *nela* in dreien davon sowie in fünf anderen Sprachen dieser Familie Mond bedeutet. In einigen dieser Sprachen dient es auch als Bezeichnung für Monat. Und was den zweiten Punkt angeht, so weist Kamir V. Zvelebil, ein Erforscher des Drawidischen, darauf hin, daß das drawidische Zahlensystem in der Tat ursprünglich ein Achtersystem gewesen sein dürfte: Die Zahlen von eins bis zehn, inzwischen an das allgemein übliche Dezimalsystem angepaßt, lauten in wortwörtlicher Übersetzung: „eins", „zwei", „drei", „vier", „fünf", „sechs", „sieben", „zahl", „viele weniger eins" und „viele".

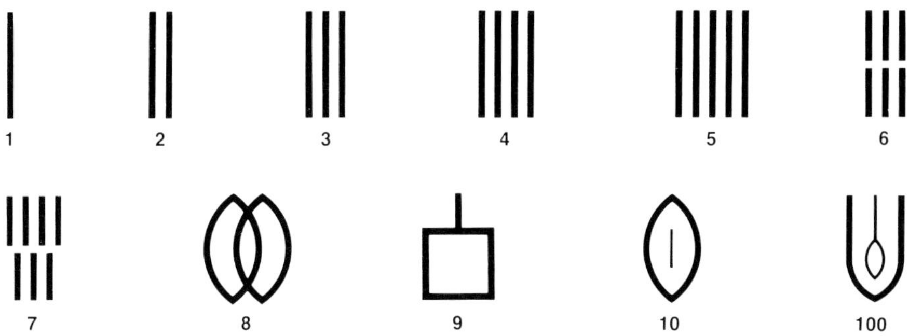

Bild 5: Das Zahlensystem der Harappa-Kultur basierte vermutlich auf der Zahl 8. Die Zahlen 1 bis 5 bestehen ganz einfach aus parallelen senkrechten Strichen, die 6 und 7 aus zwei übereinandergestellten Sätzen kürzerer Striche. Die Zeichen für 8 und 9 sind Piktogramme einer Doppelsonne und eines „Fundamentpflocks". Die 10 wird von einer einzelnen Sonne mit kurzem Strich im Innern dargestellt und die 100 schließlich von einem Mörser mit Pistill.

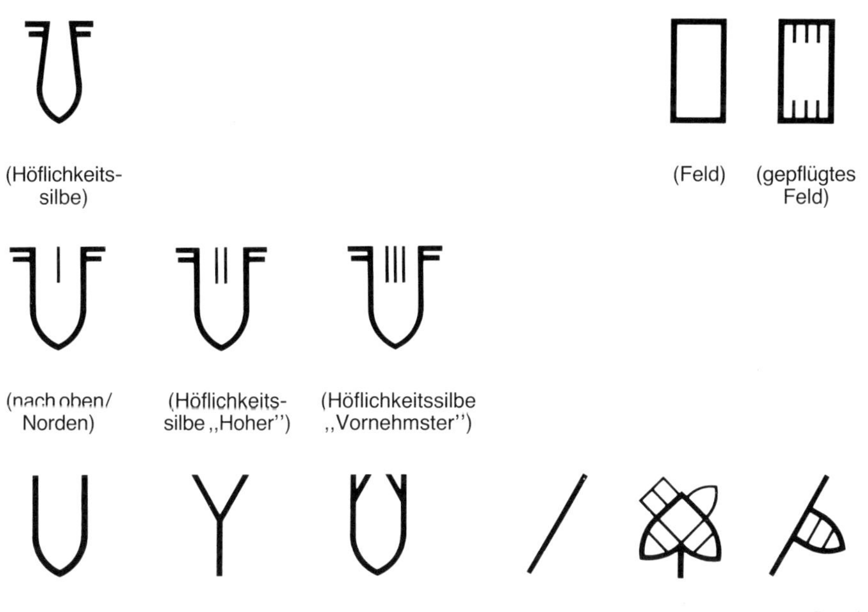

Bild 6: Zeichenkombinationen machen die Hälfte der 200 häufigsten Schriftzeichen in Harappa-Texten aus. Vier Beispiele sind hier mit den mutmaßlichen Bedeutungen gezeigt. Der „Henkelkrug", eines der gebräuchlichsten Zeichen überhaupt, erscheint manchmal in Kombination mit den Symbolen für die Zahlen 1 bis 3, wobei die Striche allerdings kürzer sind als normal (links oben). Die Vereinigung des Piktogramms eines Krugs mit dem einer Astgabel ergibt das Zeichen für „kontrollieren" (links unten). Ebenso entsteht aus dem Bild eines Feldes und dem Zeichen für 6 ein Piktogramm, das offensichtlich ein „gepflügtes Feld" darstellt (rechts oben). Das Symbol für „Halle" oder „Platz" schließlich setzt sich aus dem für „Pfeil" und einem Teil des Piktogramms für „Bobaum-Blatt" zusammen (rechts unten).

Das Rebusprinzip

Im Laufe der Jahre haben Wissenschaftler eine Reihe von Homonymen im Drawidischen zusammengetragen: Wörter, die gleich klingen, aber unterschiedliches bedeuten. So heißt das Wort *kā* sowohl Tragjoch mit Krügen als auch Wächter oder Beschützer. Ebenso bezeichnet *mīn*

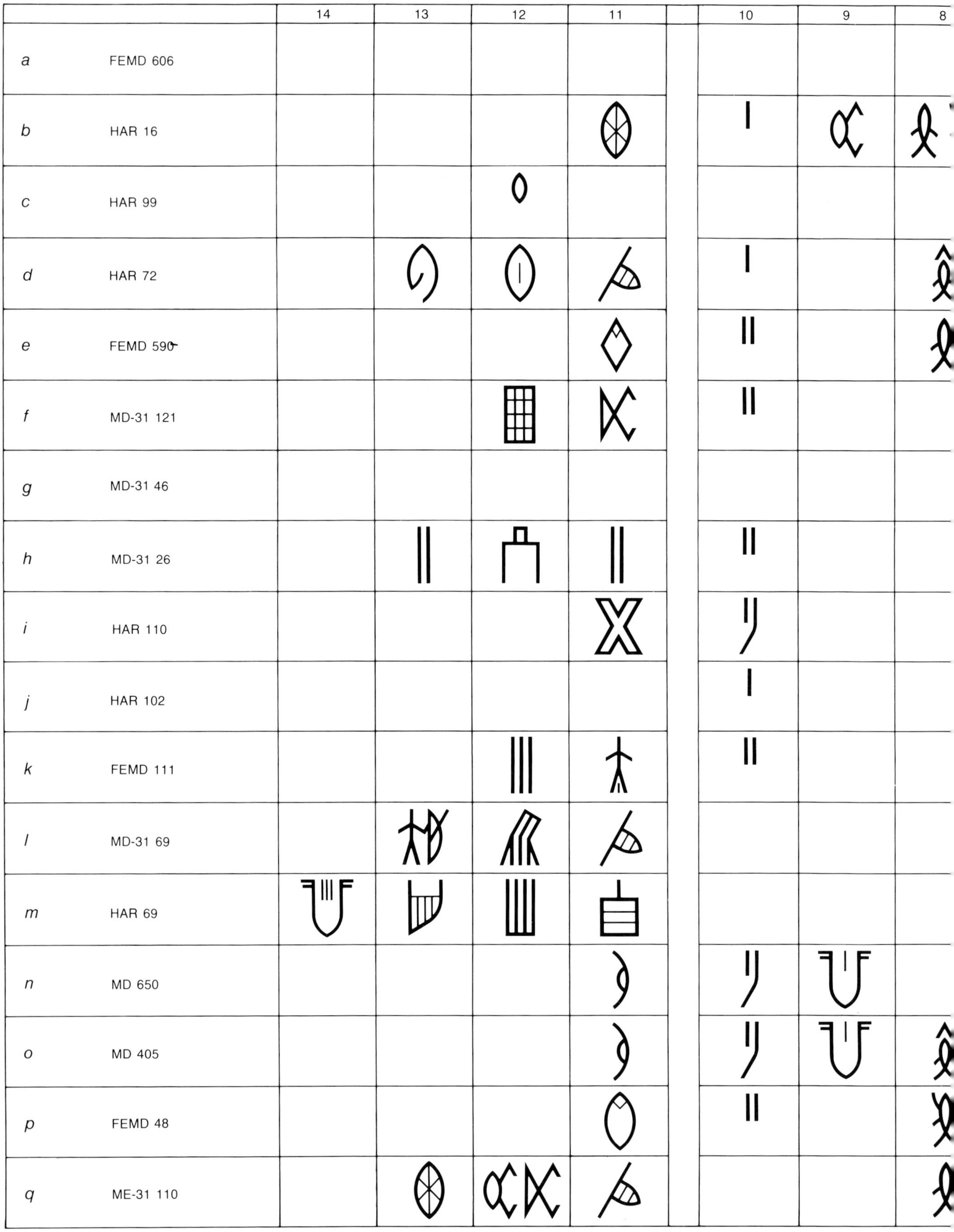

Bild 7: Ein Silbenrost diente zur Analyse von siebzehn Siegel-Inschriften, die zwischen zwei und neun Zeichen enthalten. Die Texte sind der Bequemlichkeit halber seitenverkehrt eingetragen, also wie gewohnt von links nach rechts zu lesen. Beim Eintragen wurde darauf geachtet, daß gleiche oder ähnliche Zeichen übereinanderstehen – so die „Henkelkrüge“ in Spalte 5, die „Spangen“ und ihre Varianten in Spalte 8 und die Doppelstriche in Spalte 10. Dabei zeigte sich, daß diese drei Zeichen nicht nur die häufigsten sind, sondern daß sie auch, wann immer zwei oder mehr von ihnen auftreten, unabhängig von den sonst noch vorhandenen Symbolen stets in der gleichen Reihenfolge stehen (siehe Reihen *b*, *e*, *h* und *p*). Die kurzen Einzelstriche in Spalte 10 (Reihen *b*, *d* und *j*) sind offenbar Flexionszeichen; sie kommen auch in Verbindung mit den Piktogrammen einer „Sonne“ (Spalte 12, Reihe *d*), einer „Person“ (Spalte 11, Reihe *k*) und eines „Henkelkrugs“

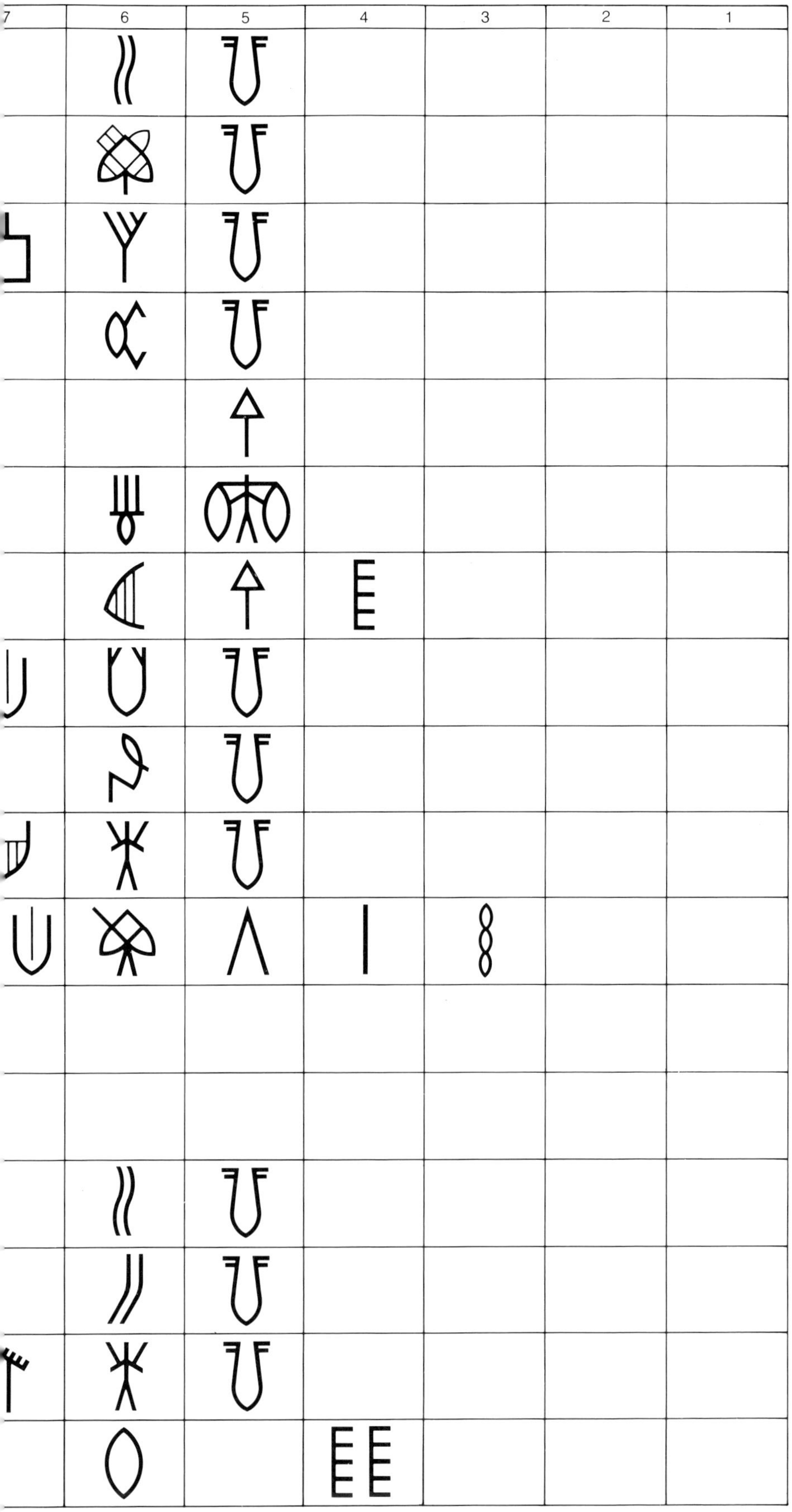

(Spalte 9, Reihen *n* und *o*) vor. Der Einzelstrich und seine Zusammensetzungen (Reihen *i, n* und *o*) scheinen dabei die Bedeutung eines Genitivs, der Doppelstrich die eines Lokativs zu haben. Zwei der Texte (Reihe *l* und *m*) liegen nicht wie die anderen praktisch in der Mitte des Rostes. Das läßt darauf schließen, daß sie auch inhaltlich aus der Reihe fallen. Zeichen, die im gleichen Feld beieinanderstehen, treten auch in den Siegeltexten stets paarweise auf. Die Häufigkeit, Stellung und Reihenfolge der Zeichen in den Inschriften liefern wichtige Hinweise auf ihre mögliche Bedeutung. Übersetzungen für vier der Inschriften sind in Bild 9 angegeben.

sowohl einen Fisch als auch einen Stern, und *nūṟu*, das Wort für hundert, hat zugleich die Bedeutung von mahlen oder pulverisieren.

Das Prinzip der Homonymie (Rebusprinzip) findet sich in vielen alten Sprachen, auch der ägyptischen. Entscheidend dabei ist, daß es erlaubt, ein Wort oder eine Silbe durch das Bild des lautlichen Äquivalents zu ersetzen (so das Wort „ganz" durch das Bild einer Gans). Beispielsweise wurde ein früher ägyptischer Herrscher, Nr-mr, in Hieroglyphenschrift durch das Zeichen für Wels (*nr*) plus dem für Meißel (*mr*) dargestellt. Das sollte nicht etwa heißen, daß er einem „Welsmeißel" ähnlich sah, sondern nur, daß sein Name wie „Welsmeißel" klang.

Liefert das den Ansatzpunkt zur Ableitung eines Syllabars der Harappa-Sprache? Ich werde im folgenden die Probe aufs Exempel machen. Warnend sei vorausgeschickt, daß der Prüfstein einer jeden Entzifferung ihre Konsistenz ist. Hat man einmal entschieden, daß ein Symbol einen bestimmten Laut oder Sinn verkörpert, muß man strikt dabei bleiben und kann nicht später eine andere Zuordnung treffen, bloß weil es einem gerade gut ins Konzept paßt. Ein Grundelement eines jeden Schriftsystems ist seine innere Logik; wer die Werte der Symbole nach Gutdünken ändert, macht den Wert seiner Arbeit zunichte.

Betrachten wir zunächst das Zeichen in Spalte 7, Reihe *h* von Bild 7. Piktographisch könnte es einen Mörser mit Pistill darstellen. Wie aus linguistischen Rekonstruktionen hervorgeht, erhielt dieses Utensil im Drawidischen den Lautwert *nūṟu*. Der gleiche Laut steht jedoch, wie wir gesehen haben, auch für das Verb „mahlen" oder „pulverisieren" und das Zahlwort „hundert".

Sehen wir uns als nächstes das Zeichen an, das in Spalte 5 so stark dominiert. Vor ein paar Jahren kam Mahadevan zu dem Schluß, daß dieses Zeichen, das die meisten Siegeltexte beschließt, das Piktogramm eines Henkelkruges sei. Ferner wies er darauf hin, daß mehrere drawidische Worte für einen solchen Krug Homonyme von Begriffen sind, die soviel wie „männlich" bedeuten. Dazu zählt auch das Suffix *aṉ*, das mindestens seit den Anfängen der christlichen Zeitrechnung als Ausdruck der Ehrerbietung an Namen männlicher Personen angehängt wird. Die Tatsache, daß ein solches Zeichen Siegeltexte beschließt, hinter denen man Personennamen vermutet, untermauert Mahadevans Schlußfolgerung.

Als weiteres Schlußzeichen in Siegeltexten (Spalte 5, Reihe *f*) taucht das Piktogramm einer menschlichen Figur auf, die an einem Tragjoch zwei Krüge balanciert. Wie erwähnt, ist die Silbe für das Tragjoch mit Krügen, *kā*, ein Homonym der drawidischen Worte für „bewachen" oder „beschützen". Der gängige Ausdruck für „Mann" im Drawidischen lautet *āḷ*. Die Kombination der beiden Zeichen in besagtem Piktogramm ergibt also das zweisilbige Wort *kā-āḷ*. Aus Gründen des Wohlklangs werden benachbarte Vokale im Drawidischen gewöhnlich durch einen Konsonanten, meist ein v oder j, getrennt. Das vollständig rekonstruierte Wort hieße also *kāvāḷ* und würde soviel bedeuten wie „einer, der bewacht oder beschützt" – ein Attribut, das sehr wohl als Identifikationsmerkmal auf dem Siegel eines Privatmannes taugt.

Zwei der Zahlenzeichen – die drei senkrechten Striche in Spalte 12, Reihe *k*, vermutlich das Symbol für „drei", sowie ein Zeichen, das aus vier senkrechten Strichen besteht und höchstwahrscheinlich „vier" bedeutet – besitzen gleichfalls plausible Homonyme. Das erste, *mu(n)*, entspricht dem drawidischen Wort für „vornehmster" (*mu<u>n</u>*), das zweite, *nāl*, dem für „gut" (*nal*). Beides sind einleuchtende Titelbestandteile.

Ausgerüstet mit diesem Wissen, können wir uns nun an der Übersetzung ganzer Siegel-Inschriften versuchen. Betrachten wir dazu zwei kurze und zwei lange Texte aus Bild 7 (Bild 9). Der Text mit der Bezeichnung Mohenjo-Daro 3146 (Reihe *g*) besteht aus drei Zeichen, die sich als ein Musikinstrument, ein Speer und ein Kamm interpretieren lassen. Die entsprechenden Silbenwerte aus dem Drawidischen lauten *pan*, *ār* und *ki(r)* und bedeuten „singen", eine Höflichkeitssilbe in der dritten Person und „Zeichen". Das ganze würde somit *Panār-ki(r)* gesprochen und hieße „Panars Siegel" oder wörtlich „des Sängers Zeichen".

Der zweite Text mit der Bezeichnung FEMD 590 (Reihe *e*) besteht aus vier Symbolen. Das erste hat den Dreifach-Silbenwert *āra-man*, das zweite (ein kurzer, senkrechter Doppelstrich) den Wert *i(l)* und das dritte (eine „Spange") den Dreifach-Silbenwert *piri(kej)*; bei dem vierten (einem Speer) handelt es sich um dasselbe höfliche *ār* wie im vorigen Beispiel. Alles zusammen spricht sich *Āraman-i(l) pirikejar*, und die vorgeschlagene Übersetzung lautet: „Gehört dem edlen Haus (der) Pirikejar" (*pir* und *pirikej* bedeutet Häuptling).

Der dritte Text, Harappa 72 (Reihe *d*), umfaßt sieben Zeichen: eine Spirale (*cur*), ein Oval mit kurzem, senkrechten Strich im Innern (*paṭă̄*), ein Bobaumblatt mit Pfeil (*ambara*), einen einzelnen, kurzen, senkrechten Strich (*ă̄*), eine Spange mit aufgesetzter Speerspitze (*āra-pirikej*), eine Zange in Verbindung mit dem Sonnensymbol (*paṭu-kāru*) und als

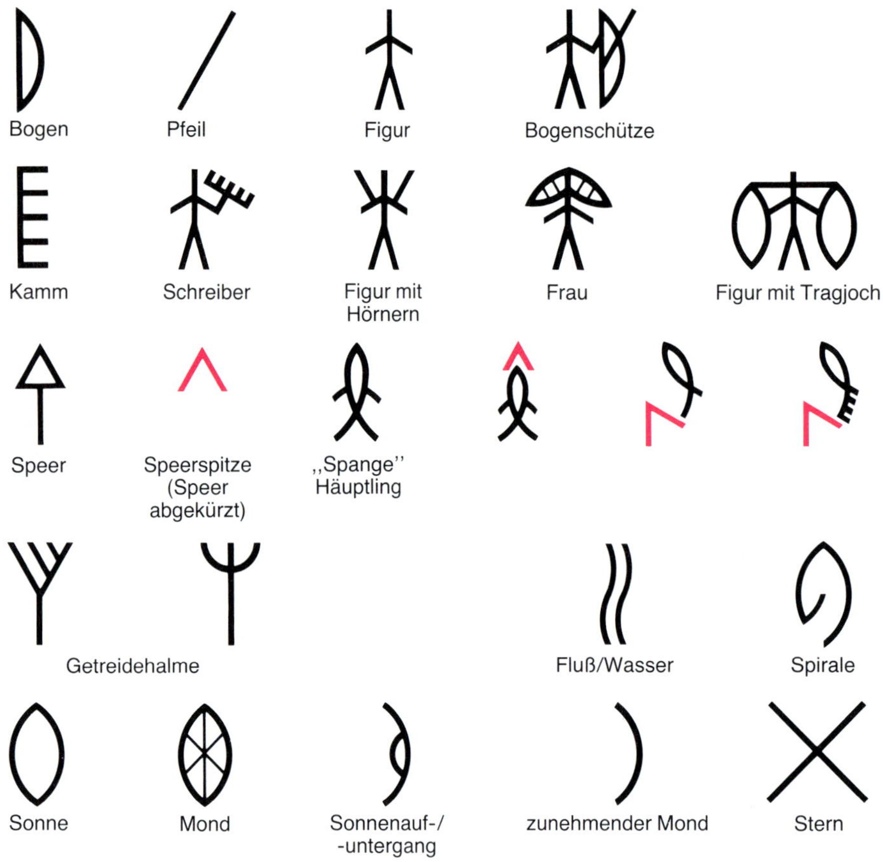

Bild 8: Einige Piktogramme und was sie darstellen. Eine Figur mit Pfeil und Bogen ist offensichtlich ein Bogenschütze, eine mit Kamm wahrscheinlich ein Schreiber, eine mit Hörnern vermutlich eine hochgestellte Persönlichkeit, eine mit kunstvoller Haartracht sicher eine Frau und eine mit Tragjoch und Krügen wahrscheinlich ein Wächter (da das Wort für „Tragjoch" in der Sprache, die die Harappa-Leute vermutlich benutzten, lautgleich mit dem für „bewachen" ist). Eine Spange mit Armen scheint einen Häuptling zu symbolisieren. Mit und ohne Arme tritt die Spange in mehreren Kombinationen mit einer Speerspitze (farbig) auf. Getreidehalme haben zugleich die Bedeutung „Monat", und die Spirale steht für „Umgebung".

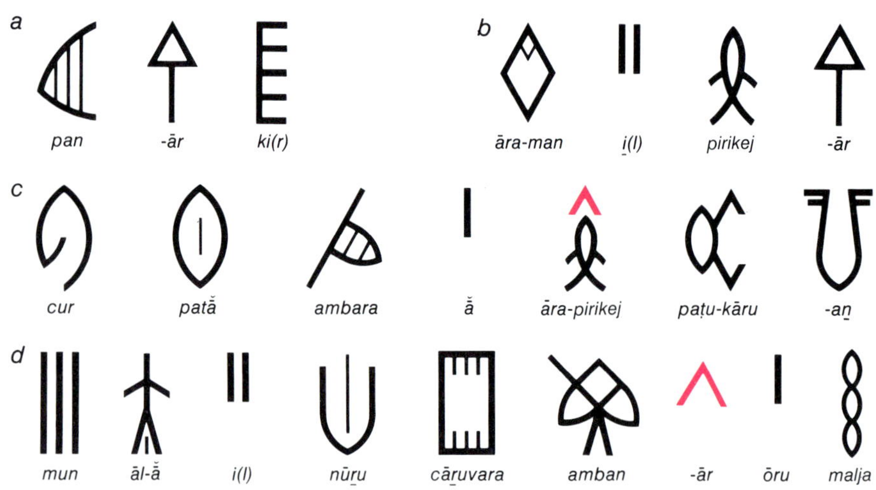

Bild 9: Vier Siegel-Inschriften sind hier zusammen mit ihren Silbenwerten in Drawidisch dargestellt. Drawidisch ist eine indische Sprachfamilie, die mit der Sprache der Harappa-Kultur verwandt zu sein scheint. Die kürzeste Inschrift (*a*) heißt nach der Deutung des Autors: „Des Sängers Zeichen". Die nächste Inschrift (*b*), in der erneut ein Speer, das Zeichen für die Höflichkeitssilbe in der dritten Person *ār*, auftaucht, lautet übersetzt: „Gehört dem edlen Haus (der) Pirikejar". Die dritte Inschrift (*c*) ist sieben Zeichen lang und enthält das „Spangen"-Zeichen von Text *b* in Verbindung mit einer Speerspitze (farbig) als Abkürzung für den Speer in den Texten *a* und *b*. Sie bedeutet: „Patukaran, mächtiger (edler) Häuptling der umgebenden Siedlungen". Die letzte Inschrift (*d*) umfaßt neun Zeichen, darunter den Doppelstrich *i(l)* aus Text *b* und wieder die Speerspitze von Text *c*. Sie heißt: „Gehört Munala, Herrin von hundert gepflügten Feldern, edle erste Dame". Über hundert Siegel-Inschriften wurden bisher entziffert. Die meisten Übersetzungen stützen die Vermutung des Autors, daß es sich bei den Siegel-Inschriften gleichsam um Steckbriefe der Siegelbesitzer handelt.

Bild 10: Kontakte zwischen der Harappa- und der sumerischen Kultur werden durch die Entdeckung von Harappa-Siegeln in Mesopotamien belegt. Das hier zusammen mit seinem Tonabdruck (rechts) dargestellte Siegel hat McGuire Gibson vom Orientalistik-Institut der Universität Chicago 1975 in den Ruinen eines Hauses ausgegraben, das aus der Kassiten-Zeit stammt und in Nippur, einer antiken Stadt in Irak, stand.

Schlußzeichen den Henkelkrug (*an̲*). Das ergibt ein vollmundiges *Cur patā̆mbara-ā̆ āra-pirikej paṭu-kāran̲*, und die vorgeschlagene Übersetzung heißt: „Patukaran, mächtiger (edler) Häuptling der umliegenden Siedlungen."

Das vierte Beispiel, FEMD 111 (Reihe *k*), zählt zu den längsten übersetzten Siegel-Inschriften und besteht aus neun Zeichen (Bild 9 *d*). Aus Platzgründen seien nur die Silbenwerte samt Übersetzung genannt: *Munālā̆-i(l) nūr̲u cār̲uvara amban ārōru malja*, auf deutsch: „Gehört Munala, Herrin von hundert gepflügten Feldern, edle vornehmste Dame".

Eine Fülle neuer Erkenntnisse

Bis heute wurden für annähernd hundert Zeichen auf Siegeln und Tonwaren Silbenwerte ermittelt und passende Homonyme im Drawidischen gefunden. Für mehr als hundert Siegelinschriften liegen Übersetzungen nach Art der hier angeführten vor. Sie reichen von so schlichten Angaben wie „Wasserträger" (höchstwahrscheinlich ein Eigenname) bis zu so überaus klangvollen Titeln wie „Arasamban, Oberhäuptling (der) Häuptlinge des Südwestens, vom Geschlecht des Mondes".

Derlei Inschriften über die Harappa-Leute verraten, daß viele von ihnen ihr Geschlecht von Himmelskörpern wie Sonne, Mond und Sternen und einige vielleicht auch vom Monsunregen ableiteten. Eine solche Abkunft könnte ihnen eine bevorrechtigte Stellung im Clan verschafft haben.

Häuptlinge wurden mit *aramani,* das heißt Häuptlingshäusern, in Verbindung gebracht, die als Wohnungen wie auch als Verwaltungsgebäude gedient haben mögen. Daneben gab es einen hohen Ort (die von den Archäologen identifizierten „Zitadellen"?) mit vorerst noch ungeklärter Funktion. Ein Versammlungsort – ein offener Hof oder eine Säulenhalle (beide archäologisch nachgewiesen) – läßt ferner darauf schließen, daß Häuptlingstreffen ein wichtiger Bestandteil des politischen Lebens in der Harappa-Kultur waren.

Andere, von den Siegeln her bekannte Führerfiguren waren Oberhäupter von Verbänden (Zünften?) – beispielsweise jener der Kupferschmiede, der Lagerverwalter, der Bewässerungsinspektoren und der Landbesitzer. Zu den Landbesitzern gehörten, wie wir gesehen haben, auch Frauen.

Religiöse Bezüge sind dagegen spärlich. Möglicherweise gab es eine „gehörnte Gottheit", genannt „die Kupferne" oder „die Rote", sowie eine „Muttergottheit". Aber vorläufig läßt sich nichts Sicheres darüber sagen. Zu den unbedeutenderen Figuren zählen Trommler und Sänger, wobei die Trommler vielleicht das Versammlungssignal gaben und die Sänger Zeremonien untermalten.

Die Siegel bezeugen ferner die Existenz verschiedener anderer Berufsstände. Danach gab es Schreiber, Bootsführer und Hüter des Feuers, außerdem Prüfer für Gewichte und Maße sowie Aufseher bei der Verteilung der Lagerbestände, beim Mahlen von Mehl und bei der Jagd. Viele Siegel tragen das Zeichen *kā*, das soviel heißt wie Wächter, allerdings nicht im militärischen Sinn, sondern im Sinn einer Person, die Verantwortung trägt für das Hegen der Feldfrüchte und das Hüten der Rinder und Schafe.

Einer der ermutigenden Fast-Beweise, daß wir mit unserer Entzifferung auf der richtigen Fährte sind, liefert das erwähnte prismenförmige Siegel, auf dem zweimal ein Gavial über einer Prozession von „Clan"-Tieren thront. Das drawidische Wort für Krokodil, *mutalai,* ist vom Klang her fast identisch mit dem für „erster Häuptling", *mutali.*

So scheint es denn, daß die Sprache, mit der sich die Bewohner von Mohenjo-Daro und Harappa vor 4000 Jahren untereinander verständigten, eine Frühform des Drawidischen war, und daß die Harappa-Schreiber um ihre graphische Darstellung rangen, um der herrschenden Elite die Möglichkeit zu schaffen, sich schriftlich auszuweisen. Die Harappa-Kultur überspannte freilich ein so weites Gebiet, daß viele nicht-drawidische Worte in ihre Sprache eingegangen sein müssen – so wie auch die Indo-Arier später Worte aus dem Drawidischen entlehnten.

Ein gutes Stück Entzifferungs-Arbeit bleibt noch zu leisten, und zweifellos wird sich auch von dem hier Beschriebenen noch so manches als revisionsbedürftig erweisen. Der Lohn all der Mühe aber ist erregend. Ein bis vor kurzem noch unmöglich scheinendes Ziel ist in greifbare Nähe gerückt: umfassende Aufschlüsse über die politische Ordnung, Gesellschaftsstruktur und Ideologie der Harappa-Kultur zu erhalten und so vielleicht noch schlüssiger zu beweisen, daß die Indus-Kultur als Vorläuferin der indischen Dorfkultur nie untergegangen ist.

Chinesische Orakelknochen

Von Hung-hsiang Chou

In der Zeit der Shang-Dynastie, die vor dreitausend Jahren in China herrschte, suchten die Menschen bei ihren Ahnen Rat. Sie gravierten ihre Fragen in Knochen, die erhitzt wurden und dabei Risse bekamen, aus deren Verlauf man die Antworten las. Die Knochen geben uns heute manche Auskunft über die frühe chinesische Kultur.

Von den großen Kulturen des Altertums ist uns die chinesische am besten bekannt. Das liegt zum einen daran, daß schriftliche Urkunden bis in eine Zeit vor mehr als sechstausend Jahren zurückreichen, und zum anderen am bewahrenden Charakter der chinesischen Religion, die geprägt war vom Ahnenkult und einer allgemeinen Ehrfurcht gegenüber der Vergangenheit. Vor ungefähr dreitausend Jahren gingen Schrift und Religion zudem eine besonders enge Verbindung ein: In der Zeit der Shang-Dynastie (etwa 1450 bis 1050 vor Christus) verwendete man Schriftzeichen, um den Rat der Ahnen einzuholen. Man schrieb seine Fragen auf einen „Orakelknochen" (Bild 1). Bevorzugt wurde dafür das Schulterblatt eines Ochsen oder der Bauchpanzer einer Schildkröte. Um die Antwort zu erhalten, wurde der beschriftete Knochen erhitzt, bis sich auf seiner Oberfläche Risse zeigten. Deren Verlauf bestimmte, ob die Antwort günstig oder ungünstig ausgefallen war.

◀ **Bild 1: In der Umgebung von Anyang, der Hauptstadt des alten Shang-Reiches, fand man diesen Orakelknochen, der aus dem Schulterblatt eines Schafs gefertigt wurde. Die Inschrift besagt, daß die Orakelzeremonie am 34. Tag eines sechzigtägigen Shang-Monats stattfand und daß der Fragesteller wissen wollte: Wird es am 37. Tag regnen? Wird es am 37. Tag nicht regnen?**

Entdeckung der Orakelknochen

Im Jahr 1899 bekam der Etymologe Wang Kuo-wei von seinem Arzt „Drachenknochen" verschrieben, ein seit langem gebräuchliches chinesisches Hausmittel aus alten, zum Teil sogar versteinerten Knochen und Schalen. Gemahlene Drachenknochen dienten zur Wundversorgung, denn das in ihnen enthaltene Calcium förderte die Gerinnung des Blutes. Als Wang seine Drachenknochen betrachtete, stellte er zu seiner Überraschung fest, daß in einige von ihnen Zeichen graviert waren, die eine frühe Form der chinesischen Schrift zu sein schienen. Er konnte sie schließlich als Werke aus der Zeit der Shang-Dynastie identifizieren.

Schon bald nachdem sich die Nachricht vom Fund der Orakelknochen verbreitet hatte, befanden sich alle beschrifteten Knochen, die sich irgendwo auftreiben ließen, in den Händen von Sammlern. Zeitweilig tauchten Fälschungen auf, aber man begann auch, im Gebiet von Anyang in der Provinz Honan, etwa 500 Kilometer südlich von Peking (Bild 2), nach Orakelknochen zu graben. Zwischen 1928 und 1937 legten Archäologen fünfzehn Fundstellen frei und bargen nahezu zwanzigtausend beschriftete Knochen.

Seit Wang Kuo-weis Entdeckung sind mehr als zweitausend wissenschaftliche Arbeiten über die chinesischen Orakelknochen veröffentlicht worden. Aus ihnen wissen wir, daß die Wahrsager der Shang-Zeit keineswegs die ersten waren, die das Schulterblatt eines Ochsen so lange erhitzten, bis Risse entstanden, die sich orakelhaft deuten ließen. Der Brauch geht vielmehr bis in die Jungsteinzeit zurück, also auf das Ende des fünften Jahrtausends vor Christus. Seit dem siebenten vorchristlichen Jahrtausend hatte man die Schulterblätter von Ochsen als Spaten

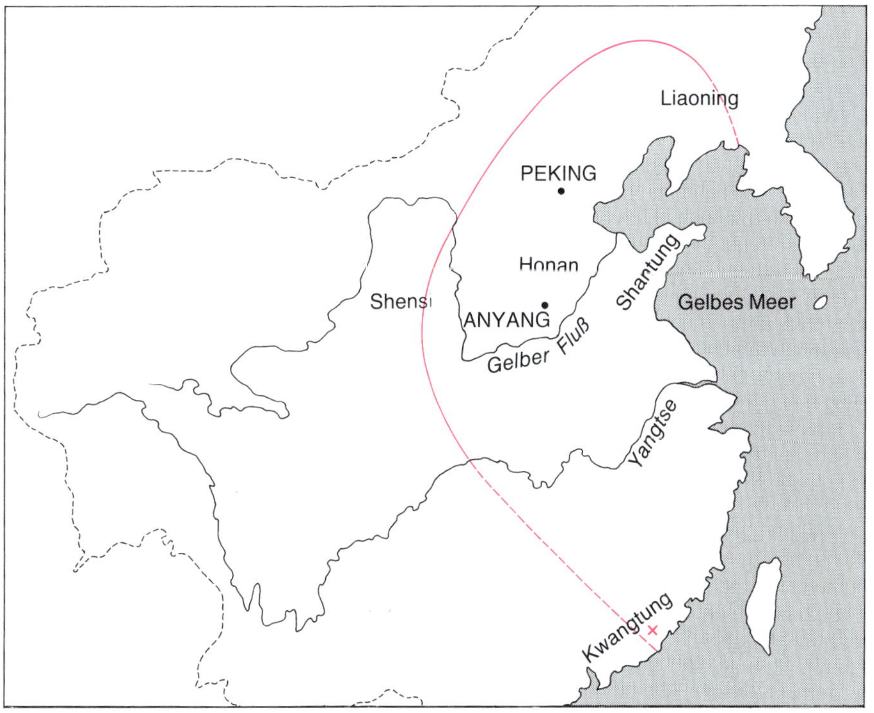

Bild 2: Das Shang-Reich erstreckte sich gegen Ende des zweiten Jahrtausends vor Christus von der heutigen Provinz Shensi im Westen bis zum Gelben Meer und von der Provinz Liaoning im Norden bis in ein Gebiet südlich des Yangtse (farbige Linie). Erst kürzlich wurden in Kwangtung (farbiges Kreuz) Gegenstände aus der Shang-Zeit gefunden. Die gestrichelten Abschnitte der farbigen Linie zeigen an, daß die Lage der Grenze des Shang-Reiches an diesen Stellen noch unsicher ist. ▶

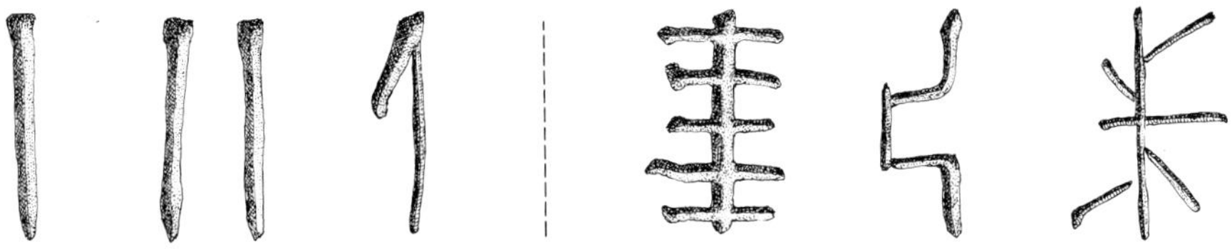

Bild 3: Die ersten chinesischen Schriftzeichen, die man aus archäologischen Funden kennt, stammen aus der Jungsteinzeit. Damals gab es höchstens vierzig Schriftzeichen. Sie standen für Zahlen (links), bezeichneten Stammesnamen oder waren Totemzeichen (rechts).

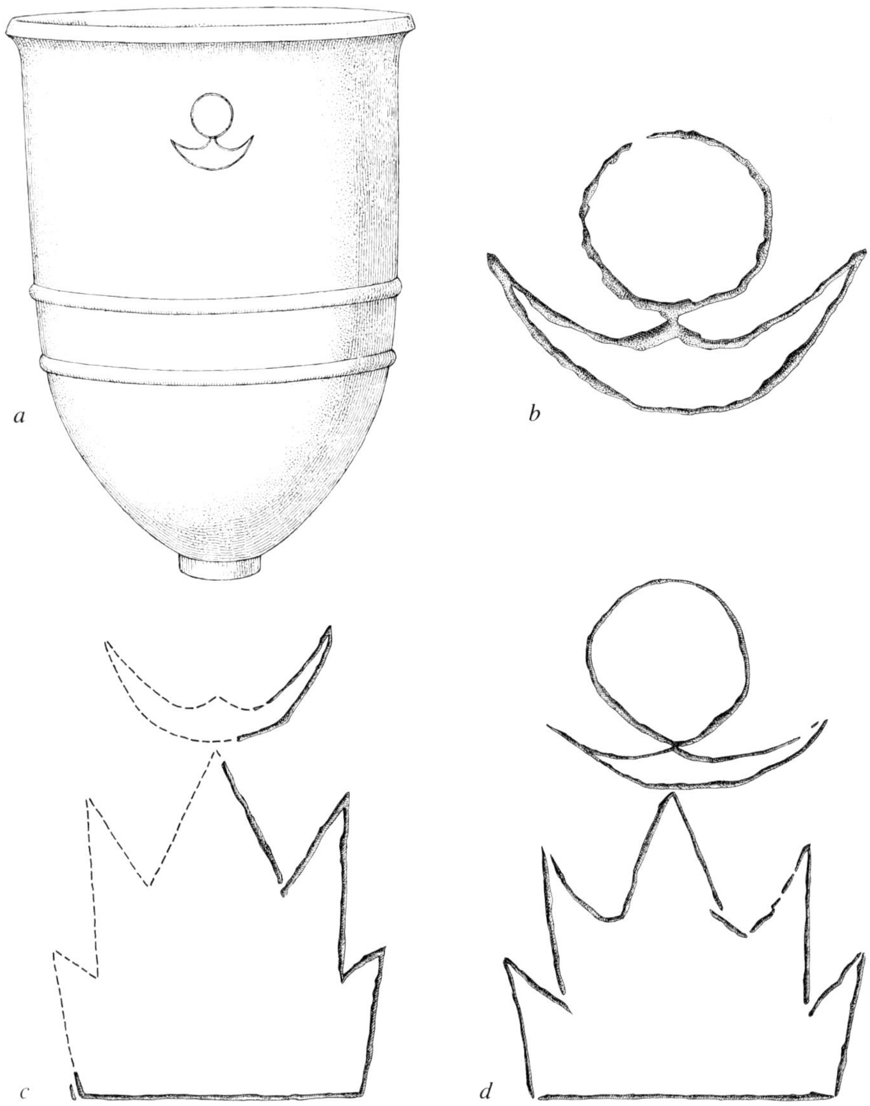

Bild 4: In der Provinz Shantung gruben Archäologen fünftausend Jahre alte beschriftete Tongefäße aus. Der Kreis bedeutet die Sonne. Das in (a) und (b) darunter befindliche Zeichen steht für „Feuer". Auf einem anderen Gefäß der gleichen Zeit fand man die Zeichen für „Feuer" und „Bergspitzen" vereint (c). Die komplizierteste Zeichenkombination (d) besteht aus den Zeichen für „Sonne", „Feuer" und „Bergspitzen". Liest man es „wörtlich", so bedeutet es „Sonne über Feuer über Bergspitzen". Man kann diese Zeichengruppe, die es in der modernen chinesischen Schrift nicht mehr gibt, jedoch auch deuten als „außerordentlich heiß" oder sogar als „Waldbrand".

verwendet. Als sie später auch als Orakelknochen dienten, wurden sie zunächst nicht beschriftet, denn man kannte nur ungefähr vierzig Schriftzeichen, von denen die meisten für Zahlen und Stammesnamen standen (Bild 3). Sie reichten vermutlich nicht, um Fragen zu formulieren.

Die komplexeste schriftliche Aussage, die uns aus der Jungsteinzeit überliefert ist, zeigt Bild 4. Sie ist in ein fünftausend Jahre altes Gefäß geritzt, das in Ta Wen K'uo in der Provinz Shantung ausgegraben wurde. Die Inschrift besteht aus drei Zeichen, die Sonne, Feuer und Berggipfel bedeuten. Möglicherweise sind sie als „Feuer unter der Sonne und auf den Spitzen der Berge" zu lesen, aber die Inschrift könnte auch „außerordentlich heiß" oder „Waldbrand" lauten. Wie immer sie zu deuten sein mag, sie zeigt, daß in der Jungsteinzeit Aussagen nur sehr begrenzt in schriftlicher Form festgehalten werden konnten. Erst in der Shang-Zeit schrieben die Wahrsager ihre Fragen in Sätzen auf die Orakelknochen.

Bearbeitung der Orakelknochen

Da sich die Schulterblätter nur mit Mühe bearbeiten und beschriften ließen, verwendete man immer häufiger auch den Bauchpanzer der Schildkröte, der leichter zu präparieren war. Auch aus den Knochen von Ziegen und Schafen, aus Geweihen und sogar aus menschlichen Schädeldecken wurden Orakelknochen gefertigt. Wie aber hat man die Knochen für die Weissagung vorbereitet, und was für Fragen wurden eingraviert?

Um selbst Erfahrungen in der Bearbeitung von Knochen zu gewinnen, habe ich mit Schulterblättern junger Ochsen experimentiert. Es kam zunächst darauf an, den Knochen abzuflachen, das heißt, Teile der Gelenkpfanne und ein großes Knochenstück auf der Rückseite wegzusägen (Bild 5). Ich benutzte eine moderne Metallsäge mit auswechselbarem Sägeblatt, das 17 Zentimeter lang und 2,5 Millimeter dick war. Es kostete mich vier Stunden und zwei gebrochene Sägeblätter, um einen einzigen Knochen zu glätten.

Zum Beschriften des Knochens verwendete ich ein Graviermesser aus rostfreiem Stahl, doch war es mir selbst damit nahezu unmöglich, eine Gravur zustandezubringen, wie man sie gewöhnlich auf Orakelknochen findet. Ich habe gar nicht erst versucht, die Vertiefungen einzukerben, die die Shang-Wahrsager in die Rückseite ihrer Orakelknochen schnitzten (Bild 6 und Bild 7).

Wenn sich die Knochen schon mit unseren Stahlwerkzeugen kaum behandeln lassen, wie schwierig muß die Arbeit dann für die Wahrsager der Shang-Zeit gewesen sein, denen nur Bronzemesser und -sägen und Gravierwerkzeuge aus weichem Jade zur Verfügung standen! Kannten sie vielleicht ein Mittel, das ihnen die Arbeit erleichterte? Ich probierte es mit gekochten Knochen, fand sie aber ebenso hart wie frische Knochen. Nach vielen erfolglosen Versuchen entdeckte ich, daß die Knochen eines jungen Ochsen und der Bauchpanzer der Schildkröte weich werden, wenn man sie eine zeitlang in Wein oder Essig liegen läßt. Hatte ich damit die Methode der Shang-Wahrsager gefunden? Weitere Untersuchungen sind notwendig, um diese Frage zu beantworten.

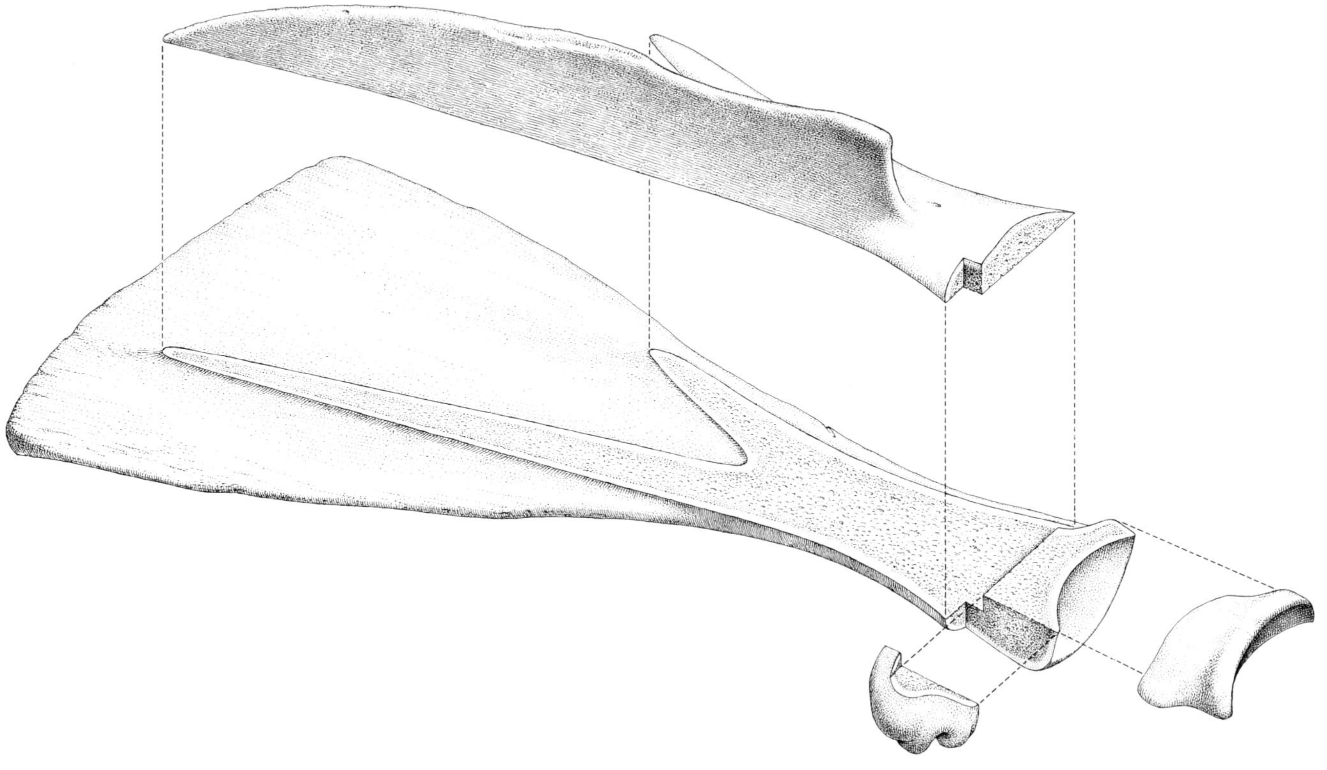

▲

Bild 5: Das Schulterblatt eines Ochsen mußte vor dem Beschriften so zurechtgeschnitten werden, daß eine glatte Fläche entstand. Selbst mit einer modernen Stahlsäge ist das eine mühevolle Arbeit. Die Menschen der Shang-Zeit hatten dafür nur Bronzesägen. Wahrscheinlich legten sie die Knochen vor der Bearbeitung einige Zeit in Wein oder Essig, so daß sie weich wurden.

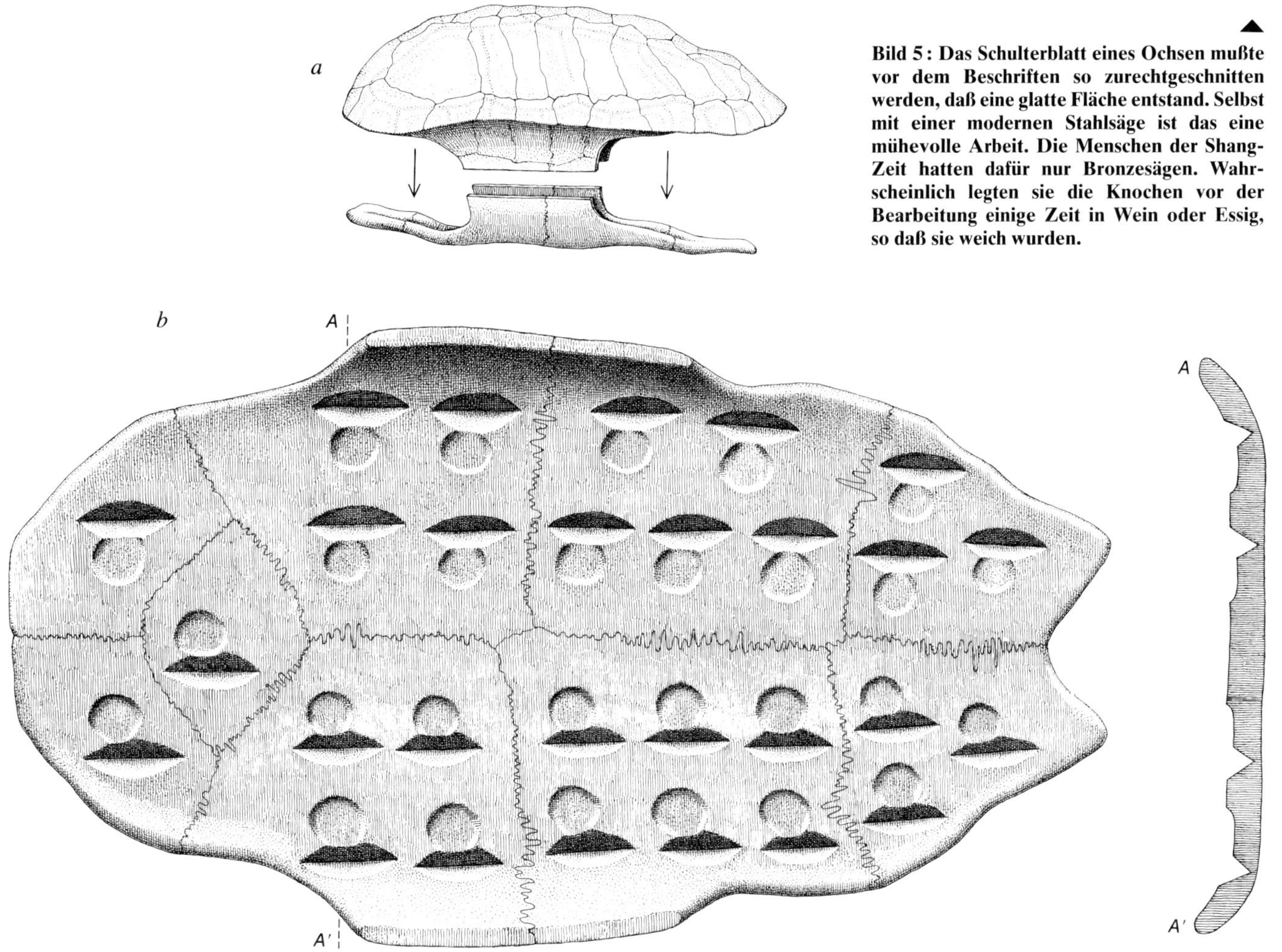

Bild 6: Ein Orakelknochen war auf seiner Oberseite mit den Fragen beschriftet. Auf der Rückseite trug er Kerben und kreisförmige Vertiefungen, die dafür sorgten, daß sich beim Erhitzen die für das Orakel benötigten Risse bildeten (siehe Bild 7). In der Shang-Zeit verwendete man als Orakelknochen häufig auch den Bauchpanzer der Schildkröte, der von Natur aus nahezu eben ist und aus symmetrisch angeordneten, einzelnen Platten besteht, so daß er sich besonders gut für die Aufnahme vieler alternativ gestellter Fragen eignete. Bild (a) zeigt, wie der Schildkrötenpanzer zugeschnitten werden mußte. Der Bauchpanzer hatte dann die in (b) gezeigte Form. Der Querschnitt A–A' rechts neben (b) läßt die Gestalt der Kerben und kreisförmigen Vertiefungen erkennen.

Bild 7: Die Kerben und kreisförmigen Vertiefungen auf der Rückseite eines Orakelknochens (oberes Photo) sorgten dafür, daß beim Erhitzen Risse entstanden, die immer ähnlich gestaltet waren (unteres Photo). Die Kerbe verursachte einen senkrechten Riß, die kreisförmige Vertiefung einen zweiten, von der Mitte des ersten Risses nach rechts laufenden Riß. Standen beide Risse senkrecht oder nahezu senkrecht aufeinander, so hatte die Orakelfrage eine bejahende Antwort erhalten. Wich der Winkel zwischen den Rissen um mehr als zwanzig Grad von neunzig Grad ab, so war die Frage verneint worden. Die dunkle Farbe der beiden kreisförmigen Vertiefungen im oberen Bild zeugt von der Hitze, mit der man den Knochen zum Reißen brachte.

Die Fragen und das Orakel

In welcher Form die Wahrsager ihre Fragen stellten, wird deutlich, wenn man die Risse zu deuten versteht, die beim Erhitzen der Knochen entstanden. Die in die Unterseite des Knochens eingeschnittenen Kerben und Kreise (Bild 6) sorgten dafür, daß sich jeweils zwei Risse bildeten, die zusammen eine dem Schriftzeichen „pu" ähnliche Figur ergaben (Bild 7). Das Schriftzeichen besteht aus einer senkrechten Linie, von deren Mittelpunkt eine zweite waagrecht nach rechts laufende Linie ausgeht. Das Zeichen ist noch heute Bestandteil der chinesischen Schrift und bedeutet „Weissagung".

Bei der Orakelzeremonie legten die Wahrsager die Knochen mit der beschrifteten Seite nach unten und erhitzten sie mit einem heißen Bronzestab an den Stellen der Kerben und kreisförmigen Vertiefungen. Brandspuren auf vielen Orakelknochen weisen darauf hin, daß auch brennende Stäbe oder glühende Holzkohle verwendet wurden, um die Risse zu erzeugen. Einige Forscher sehen einen Zusammenhang zwischen dem puffenden Geräusch, mit dem der Orakelknochen platzte, und der Aussprache von „pu".

Die im Querschnitt V-förmigen Kerben (Bild 6) sorgten dafür, daß die senkrechte Linie des Schriftzeichens „pu" auftrat, und die kreisförmigen Vertiefungen ergaben den notwendigen waagrechten Riß. Der Zufall bestimmte den Winkel, den die beiden Risse miteinander bildeten. Wich dieser um weniger als zwanzig Grad von einem rechten Winkel ab, so hatte die Frage eine bejahende Antwort erhalten. War der Winkel kleiner als 70 oder größer als 110 Grad, so galt die Antwort als negativ (Bild 7 und Bild 9).

Die Wahrsager der Shang-Zeit stellten Fragen nach zukünftigen Naturereignissen, nach Regen, Gewitter, Schnee und schönem Wetter. Sie baten um Auskunft über die Erträge einer bevorstehenden Ernte, über die bei Jagdzügen zu erwartende Beute, über den Verlauf einer in Aussicht genommenen Reise oder über die Gefahren militärischer Unternehmungen. Sie wollten wissen, ob es ratsam sei, bestimmte religiöse Zeremonien zu vollziehen, wie eine Geburt ausgehen werde, wie sich körperliche Beschwerden, Kopf- und Zahnschmerzen entwickeln würden, und sie fragten nach der Bedeutung von Träumen.

Wörtlich lauteten einige Orakelfragen so:

Am 15. Tag fragte der Wahrsager Cheng: Wird es morgen, am 16. Tag, regnen? Am 15. Tag fragte der Wahrsager Cheng: Wird es morgen, am 16. Tag, nicht regnen?

Am 31. Tag fragte der Wahrsager Ch'in: Wird es im östlichen Landesteil eine gute Ernte geben? Am 31. Tag fragte der Wahrsager Ch'in: Wird es im östlichen Landesteil keine gute Ernte geben?

Am 27. Tag fragte der Wahrsager Pin: Soll der König im Frühjahr einen Feldzug gegen den Volksstamm der Yi führen? Am 27. Tag fragte der Wahrsager Pin: Soll der König im Frühjahr keinen Feldzug gegen den Volksstamm der Yi führen?

Am 39. Tag fragte der Wahrsager Ku: Wird sich die königliche Frau Hao nach der Geburt eines Kindes guter Gesundheit erfreuen? Am 39. Tag fragte der Wahrsager Ku: Wird sich die königliche Frau Hao nach der Geburt eines Kindes keiner guten Gesundheit erfreuen?

(Kein Name, kein Datum): Wird der König von Zahnschmerzen gequält werden? Wird der König nicht von Zahnschmerzen gequält werden?

Diese antithetische Frageweise hing natürlich mit der Art des Orakelzeichens zusammen, das die Frage beantwortete. Sie hatte zur Folge, daß Schildkrötenpanzer besonders ökonomische Orakelknochen waren, denn sie sind von Natur aus recht symmetrisch in einzelne Platten unterteilt (Bild 6) und konnten daher mehrere Fragepaare aufnehmen (Bild 10).

Manchmal verzeichnete man auf den Orakelknochen nachträglich auch das tatsächlich eingetretene Ereignis. Hierzu ein Beispiel: Am 55. Tag fragte der Wahrsager Ku: Werden wir auf der Jagd in Kuei Beute machen? Späterer Zusatz: An jenem Tag gingen wir auf die Jagd und erlegten einen Tiger, 40 Stück Rotwild, 164 Wölfe, 159 Kitze und einige Füchse.

Die Schrift der Shang-Zeit

Um die Inschriften der Orakelknochen verstehen zu können, muß man wissen, welchen Entwicklungsstand die chinesische Schrift gegen Ende der Shang-Dynastie erreicht hatte. Die Sinologen bezeichnen die Shang-Schrift als ausgereift und meinen damit, daß alle fünf Prinzipien für die Bildung von Schriftzeichen verwendet wurden:

Ein Schriftzeichen kann piktographischer (bildschriftlicher) Natur sein, das heißt, es ist ein mehr oder weniger realistisches Bild des bezeichneten Gegenstandes. In Bild 8 sieht man solche Zeichen für „Schildkröte", „Baum" und „Messer" in den Zeilen 1, 2 und 6.

Ein Schriftzeichen kann auch ideographischer (begriffsschriftlicher) Art sein. Beispielsweise erhält man das ideographische Zeichen für „Messerschneide", wenn man das piktographische Zeichen für „Messer" mit einem kleinen Zusatz versieht (Zeile 6 in Bild 8). Ähnlich wird aus dem piktographischen Zeichen für „weiblich" (einer knienden Figur) durch zwei zusätzliche Punkte in Brusthöhe das Zeichen für „Mutter". Das zusammengesetzte Zeichen sagt: Eine Mutter ist eine Frau, die ihr Kind an der Brust nährt.

Drittens lassen sich piktographische Zeichen zu ideographischen zusammensetzen. So wurde eine Menschenmenge von den Schreibern der Shang-Zeit mit Hilfe der piktographischen Zeichen für „Mann" und „Sonne" dargestellt (Bild 8, Zeile 4). In ähnlicher Weise entstand aus dem Zeichen für „Sonne" und vier vereinfacht dargestellten Bäumen das Schriftzeichen für den Sonnenuntergang (Bild 8, Zeile 5). Aus ihm entwickelte sich das moderne chinesische Schriftzeichen für „Abend".

Viertens kombinierte man bestimmte ideographische Zeichen, die man Radikale nennt, miteinander. In der Zusammensetzung gibt der eine Teil die Bedeutung, der andere die Aussprache an. Die meisten der heute gebräuchlichen 50 000 chinesischen Schriftzeichen sind so gebildet. Beispielsweise gibt es ein „ch'ing" gesprochenes Zeichen für „grün". Zusammen mit dem Radikal „Sonne" liefert es das Zeichen für „klaren Himmel". In Verbindung mit dem Radikal „Herz" bedeutet es „Gefühl" oder „Liebe", und zusammen mit dem Radikal „Sprache" liest man es als „gefallen" oder „einladen". Alle diese Kombinationen werden „ch'ing" gesprochen, aber in verschiedenen Tonlagen. Ein Beispiel aus der Shang-Zeit ist das Schriftzeichen „chiu", das „Wein" bedeutet. Es besteht aus dem piktographischen Zeichen für Krug („iu" gesprochen) und drei schrägen Strichen, die „fließendes Wassser" versinnbildlichen. Das erste Zeichen legt die Aussprache fest, das zweite die Bedeutung.

Fünftens mußten schließlich auch für abstrakte Begriffe Schriftzeichen gefunden werden. Dazu suchte man nach Zeichen, die die gleiche Aussprache hatten wie das abstrakte Wort, und wählte dasjenige aus, bei dem eine Verwechslung der Bedeutungen so gut wie ausgeschlossen war. Beispielsweise sprach man zur Shang-Zeit das chinesische Wort für „auch" ebenso aus wie das ideographische Zeichen für Achselhöhle (eine Stabfigur mit einem Punkt unter jedem Arm), nämlich „yi". Da „Achselhöhle" und „auch" in einem Satz kaum miteinander

Bild 8: Viele Zeichen der heutigen chinesischen Schrift entstanden aus Zeichen der Shang-Zeit. Das Zeichen für die Schildkröte (Zeile 1) war ursprünglich ein stilisiertes Bild des Tieres. Es veränderte sich im Lauf der Jahrhunderte und hat heute die rechts in Zeile 1 gezeigte Gestalt. Ähnlich entwickelte sich das moderne Schriftzeichen für „Baum" aus der Skizze eines Baumes mit Wurzeln und Krone (Zeile 2). In Zeile 3 sieht man das ideographische Schriftzeichen für „Mutter". Es entstand aus dem schematischen Bild einer knienden Frau, das die Bedeutung „weiblich" hatte. Zwei in Brusthöhe eingefügte Punkte gaben dem Schema die neue Bedeutung „Mutter". Drei arbeitende Männer unter der Sonne (Zeile 4) symbolisierten eine Menschenmenge und die hinter den Baumkronen versinkende Sonne (Zeile 5) einen Sonnenuntergang. Daraus entstand das heutige Zeichen für „Abend". In Zeile 6 schließlich steht das ideographische Schriftzeichen für „Messerschneide", das sich aus den bildschriftlichen Zeichen für „Messer" und „Schneide" zusammensetzt.

卜

Bild 9: Auf diesem Orakelknochen sind die Risse, die sich beim Erhitzen bildeten, besonders deutlich zu sehen, denn sie wurden nachträglich verstärkt. Das unter der Photographie wiedergegebene moderne chinesische Schriftzeichen „pu“ bedeutet „Weissagung“.

zu verwechseln sind, wurde das Zeichen „yi“ in beiderlei Sinn gebraucht.

Die bisher untersuchten Inschriften auf Orakelknochen zeigen, daß es zur Shang-Zeit ungefähr viertausend Schriftzeichen gab. Die meisten davon bezeichnen Substantive, doch kommen auch Pronomen, Verben, Adverben, Adjektive und Präpositionen vor. Die Sätze bestehen aus Subjekt, Prädikat und Objekt. Eine Frage setzt sich meist aus zwei oder drei Sätzen zusammen und enthält zehn bis fünfzehn Schriftzeichen.

Lebensumstände der Shang-Zeit

Beschriftete Knochen geben auch Auskunft über die Religion und einige Lebensumstände der Shang-Zeit. Mehr als 95 Prozent aller Orakelknochen wenden sich an die Ahnen der Fragesteller, und zwar fast immer an einen von ungefähr siebzig männlichen oder weiblichen Vorfahren. Für die Verehrung dieser siebzig Ahnen gab es besondere Zeremonien. Man richtete seine Fragen aber auch an Shang-ti, den „ Herrscher des Himmels“, oder an lokale Fluß- und Berggottheiten, an die Sonne, den Wind, die Wolken, ja sogar an Insekten.

Neben den Orakelknochen gibt es Knochen, auf denen kalendarische Angaben und Tributzahlungen verzeichnet sind. Bemerkenswerterweise hat man kalendarische Notizen bisher nur auf Schulterblattknochen von Ochsen gefunden, während man Tributzahlungen auch auf Schildkrötenpanzern dokumentierte.

In der Shang-Zeit lebte man nach einem Mondkalender, der auf einem Sechzig-Tage-Zyklus beruhte: Jeder „Monat“ bestand aus sechs Wochen zu je zehn Tagen. Diese Aufteilung des Jahres machte es erforderlich, alle drei Jahre einen dreizehnten Monat einzufügen. Der Zyklus von sechzig Tagen ergab sich aus der Verbindung zweier alter Symbolgruppen: der zehn „himmlischen Stämme“ („t'ien-kan“) und der zwölf „irdischen Zweige“ („ti-chih“). Jeweils nach sechzig Jahren kehrten die Jahresbezeichnungen wieder. Um die Zeitangaben unverwechselbar zu machen, kombinierte man sie mit dem Namen des herrschenden Königs. Ein religiöses Gesetz besagte, daß es Unglück bringe, wenn ein Herrscher länger als sechzig Jahre an der Macht blieb. Noch heute bezeichnet man in Taiwan die Jahre mit den Zeichen der himmlischen Stämme und der irdischen Zweige im alten Sechzig-Jahre-Rhythmus.

Wieviel man aus den Orakelknochen ablesen kann, zeigt das Beispiel der „königlichen Frau Hao“, in deren Namen der Wahrsager Ku Fragen über eine bevorstehende Geburt stellte. In der Shang-Zeit hatten die Frauen nach Auskunft der Orakelknochen sehr viel mehr Rechte als in der folgenden Chou-Zeit. Chou-Frauen durften nur selten ihre Gemächer verlassen und waren vom öffentlichen Leben so gut wie ausgeschlossen. So jedenfalls steht es in Inschriften auf Bronzegefäßen und in Berichten aus der Zeit des Konfuzius.

Die Orakelfragen, die im Namen der „königlichen Frau Hao“ gestellt wurden, beziehen sich auf den Erfolg ihrer religiösen Rituale und auf militärische Unternehmungen, die sie plante. In manchen Inschriften wird sie als königliche Gemahlin bezeichnet, in anderen als feudaler Vasall und in wieder anderen als militärischer Kommandeur im Range eines Generals. Eine Inschrift berichtet, daß sie eine Division von dreitausend Mann kommandierte. Andere Orakelknochen nennen mehr als hundert Frauen, die gleichfalls im religiösen, politischen oder militärischen Leben ihrer Zeit eine aktive Rolle spielten. Was die Angaben über die Aristokratin Hao so interessant macht, ist die Tatsache, daß man 1976 in der Nähe von Anyang durch einen glücklichen Zufall auf das Grab dieser Frau stieß. Seine

Größe und Ausstattung bestätigen ihren hohen Rang. Man fand sechzehn Menschenopfer, mehr als fünfhundert geschnitzte Stein- und Jadeartikel, über vierhundert Knochenschnitzereien, ungezählte Bronzewaffen, Werkzeuge und Spiegel, zahlreiche Musikinstrumente und ungefähr zweihundert Bronzegefäße.

Hält man sich vor Augen, daß bislang nur ein Bruchteil der hunderttausend erhaltenen Orakelknochen entziffert und gedeutet worden ist, so kann man hoffen, in Zukunft weitere Einblicke in das Leben der Menschen zu gewinnen, von denen uns drei Jahrtausende trennen.

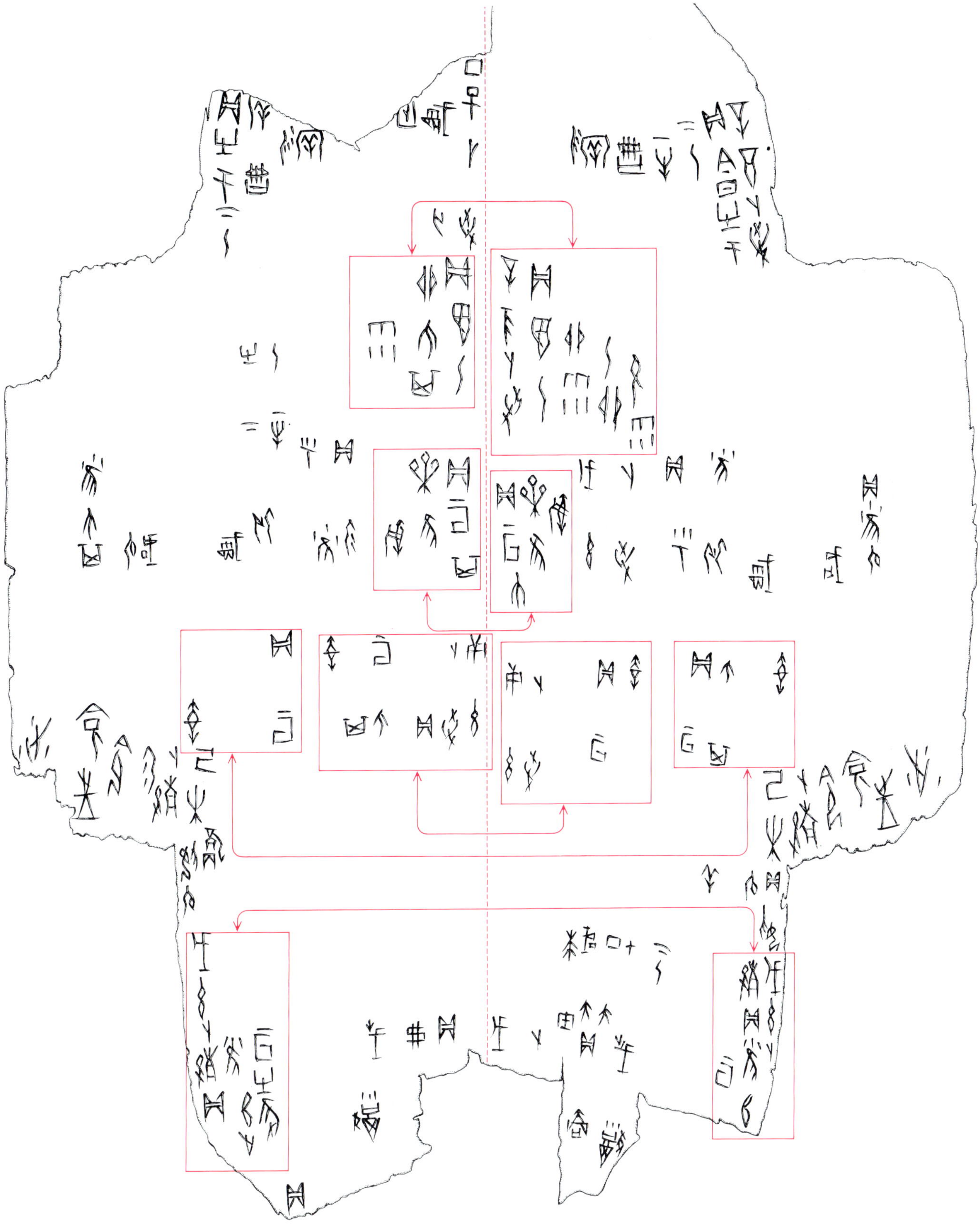

Bild 10: Diese Zeichnung der Oberseite eines Schildkrötenpanzers zeigt die antithetisch gestellten Fragen, deren Anordnung der natürlichen Symmetrie des Bauchpanzers folgt (Bild 6). Die Pfeile verbinden Fragen der Art: Wird es regnen? Wird es nicht regnen?

Entzifferung der ältesten Schrift Amerikas

Die Inschrift der vor wenigen Jahren in Mexiko entdeckten Mojarra-Stele konnte nun großenteils entschlüsselt werden. Damit scheint die schon vor der Maya-Zeit entstandene erste Schrift der Neuen Welt weitgehend aufgeklärt.

Von Berthold Riese

Die gesellschaftlichen Grundlagen der eigenständigen Schriftentwicklung im Amerika der voreuropäischen Zeit finden sich nicht im Bereich der wirtschaftlichen Registratur (wie es für Frühformen der mesopotamischen Schriften vermutet wird), sondern in Religion (Kalender, Riten) und Militärpolitik (Eroberungen). Die Ursprungsregion dieser Schrift ist vermutlich die mexikanische Golfküste – der heutige Bundesstaat Tabasco und der Süden des Nachbarstaates Veracruz.

Hier bestand von etwa 1200 bis 600 vor Christus die Olmeken-Kultur, die durch monumentale Kopfporträts ihrer Herrscher berühmt geworden ist und der man aufgrund dieses und anderer Merkmale bereits den Organisationsgrad einer frühen Staatsform zubilligen muß. Doch über Ansätze einer Schriftentwicklung sind die Olmeken in ihren beiden Hauptzentren San Lorenzo und La Venta vermutlich noch nicht hinausgekommen: Mehr als einzelne Bildzeichen für Namen und einige wenige Begriffe läßt sich in den erhaltenen Dokumenten nicht erkennen.

Erst die anschließenden epi-olmekischen Kulturen, deren Verbreitungsgebiet sich noch ein Stück weiter nach Norden und im Süden bis ins heutige Guatemala erstreckte, schufen und hinterließen wirkliche Schrifttexte. Den Tageskalender, wie er sich später bei den klassischen Maya in höchster Blüte wiederfindet, hatten sie bereits voll ausgebildet.

In welcher Sprache die Epi-Olmeken geschrieben haben und ob ihre Schrift bereits wie die der Maya den Status einer Vollschrift erreicht hatte, war bisher jedoch umstritten. Immerhin hatten schon vor fast 20 Jahren Terrence Kaufman von der Universität Pittsburgh (Pennsylvania) und Lyle Campbell von der Staatsuniversität von New York in Albany vermutet, das Epi-Olmekische sei eine Vorform der heute noch gesprochenen Zoque-Sprachen. Wie sie nachweisen konnten, sind Kernbestandteile des mesoamerikanischen Kulturvokabulars (darunter „Kakao“, „Tomate“ und viele Kalendernamen) in den meisten Sprachen dieser Region Lehnwörter aus dem Zoque und dem eng verwandten Mixe. Daß Mixe und Zoque (oder ihre gemeinsame Vorform) die Sprache der damals höchstentwickelten Kultur dieses Raumes war, schien demnach wahrscheinlich. Für eine Schriftanalyse mangelte es jedoch an längeren Texten.

Dies änderte sich erst, als 1986 eine Stele aus dem Alluvialschlamm eines Flußarmes gezogen wurde. (Gerüchten zufolge soll sie in Wahrheit allerdings, wie es bei bedeutenden Neufunden lei-

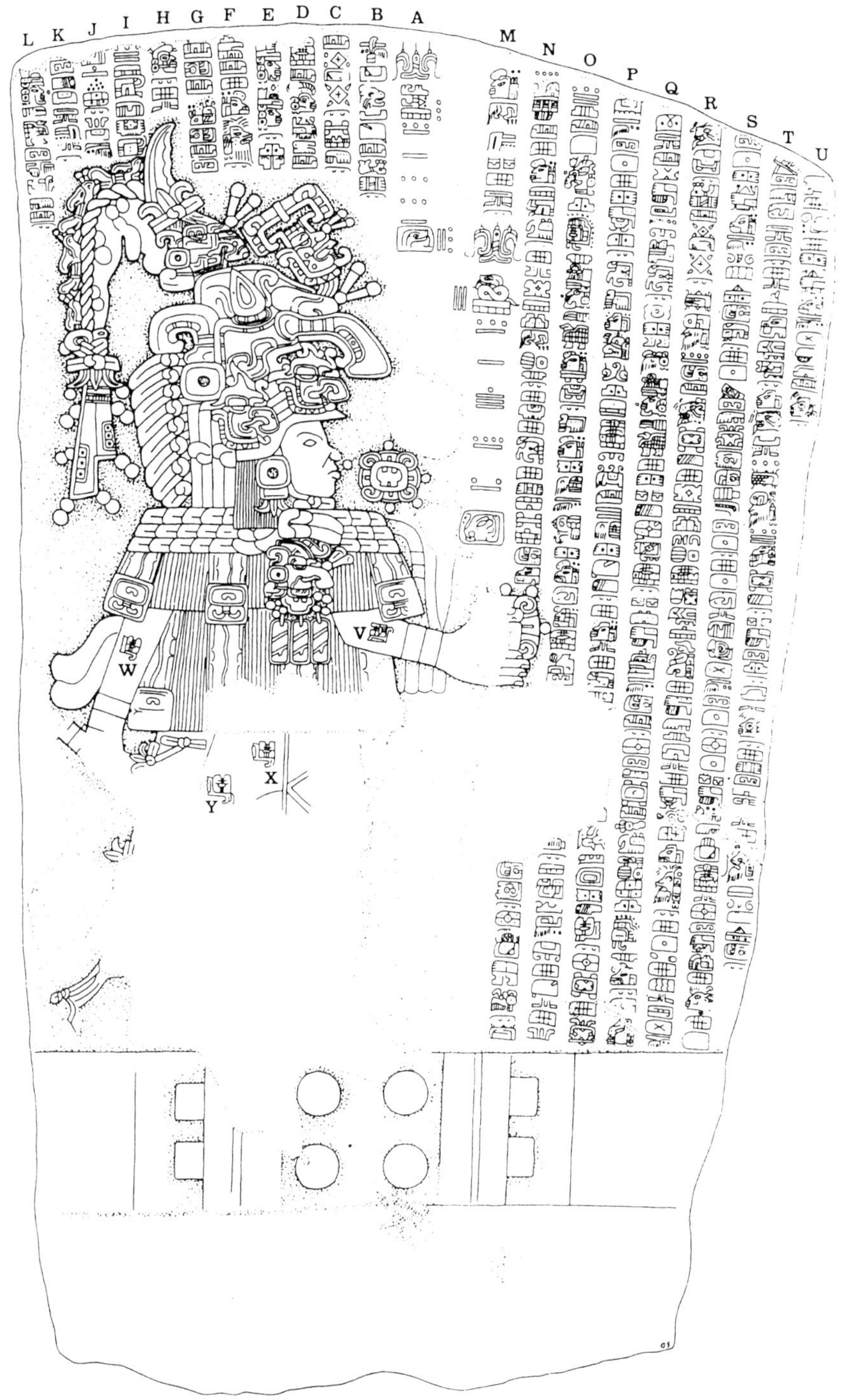

Nachzeichnung der Stele 1 aus Mojarra in Mexiko, deren Inschrift die älteste Schriftform Amerikas repräsentiert. Der nunmehr weitgehend entzifferte Text beschreibt Leben, Kriegstaten und rituelle Pflichten des abgebildeten epi-olmekischen Herrschers.

der meistens der Fall ist, aus einem vorgeschichtlichen Siedlungszentrum unbekannter Lage geplündert worden sein.) Der als „La Mojarra Stele 1" bekannte Monolith enthält eine lange, ausgezeichnet erhaltene Inschrift sowie das Bildnis eines Herrschers, dessen Leben, Kriegstaten und rituelle Pflichten offenbar beschrieben werden (Bild auf Seite 25).

Wie Kaufman und John Justeson von der Staatsuniversität von New York bei einer eingehenden Analyse nun herausgefunden haben, setzt sich der Text aus Silbenzeichen der Struktur Konsonant-Vokal sowie einigen Bildzeichen (vor allem für Eigennamen) und eingestreuten Kalenderdaten zusammen („Science", Band 259, Seiten 1703 bis 1711, 19. März 1993). Bei der Entzifferung stützten sich die beiden Wissenschaftler so weit wie möglich auf die (leider dürftigen) Kenntnisse der damaligen Kulturen Mesoamerikas sowie auf die Systemeigenschaften der späteren, weitgehend entzifferten Maya-Schrift und die Inhalte von Maya-Texten.

Wegen ihrer Länge erlaubt die Inschrift, den angenommenen Silbenwert eines Zeichens in vielen Zusammenhängen auf Plausibilität zu prüfen. Auf diese Weise konnten Justeson und Kaufman, indem sie von den Silben zu ganzen Wörtern voranschritten, den Sinn einzelner Aussagen aufklären und zeigen, daß sie zum chronologischen Raster der eingestreuten Kalenderdaten passen.

Gerade eine auf den ersten Blick abwegig anmutende Passage der Inschrift spricht dabei für die Richtigkeit der vorgeschlagenen Lesung. Sie besagt, der abgebildete König habe sich den Penis durchbohrt, um sein eigenes Blut fließen zu lassen. Tatsächlich ist diese merkwürdige rituelle Sitte von Maya-Königen vielfach verbürgt.

Die beiden Wissenschaftler liefern noch viele weitere Beispiele für Einzellesungen und Satzaussagen der geschilderten Art. Wie sie nachweisen, ergeben diese Lesungen nur dann einen Sinn, wenn man Lautstruktur und Grammatik einer Vorform des Zoque zugrunde legt. Dies steht in Einklang mit der früheren Vermutung von Kaufman und Campbell über die Sprache der Epi-Olmeken.

In den strukturellen und fast allen anderen Merkmalen gleicht die epiolmekische Schrift jener der Maya, obwohl die Form der Zeichen und die ihnen zugrundeliegende Sprache völlig unterschiedlich sind. Demnach müßten die Erfinder dieser Schrift die Maya über Sprach-, Kultur- und wohl auch politische Grenzen hinweg beeinflußt haben. Dies hätte kulturgeschichtlich interessante Implikationen – würde es doch bedeuten, daß während der kurzen Zeit der Koexistenz und Nachbarschaft von späten Epi-Olmeken und formativen Maya ein enger kultureller Kontakt zwischen ihnen bestanden hat. Dafür gab es bisher kaum archäologische Belege.

Für eine lückenlose Gesamtlesung der Inschrift reichen die erzielten Entzifferungen noch nicht aus. Justeson und Kaufman stellen jedoch weitere Veröffentlichungen in Aussicht. Da sie Regeln und Systemeigenschaften der Schrift herausgearbeitet haben, kann ihr endgültiger Erfolg wohl nur noch dadurch vereitelt oder hinausgezögert werden, daß so wenige Texte zur Verfügung stehen. Außer der Inschrift auf der Stele Mojarra 1 kennt man bisher nämlich nur einige wenige Weihe(?)-Inschriften auf Kleingeräten und Schmucksteinen, so daß viele Bildzeichen mangels Vergleichsmöglichkeiten vorerst vieldeutig bleiben. Die Entdeckung weiterer Monumentalinschriften wäre deshalb sehr willkommen. Zudem sollten die Mixe- und Zoque-Sprachen eingehend sprachwissenschaftlich erforscht und dokumentiert werden, bevor sie der fortschreitenden Modernisierung des ländlichen Mexiko zum Opfer fallen.

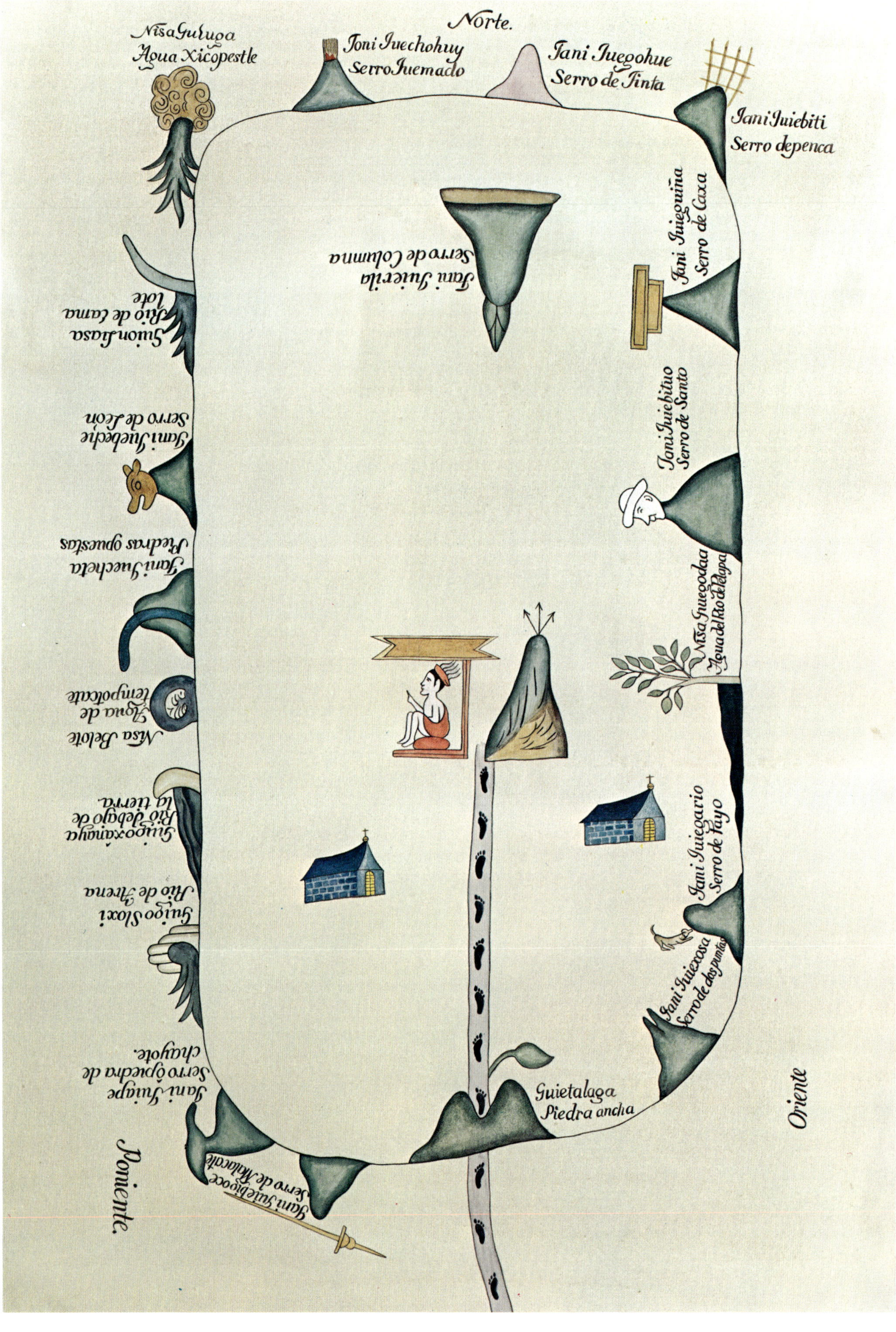

Norte.
Nisa Guluga
Agua Xicopestle
Joni Juechohuy
Serro Juemado
Jani Juegohue
Serro de Tinta
Jani Juiebiti
Serro depenca
Jani Juieguiña
Serro de Caxa
Jani Juieria
Serro de Columna
Guion Lasa
Rio de cama
lote
Jani Juebedie
Serro de Leon
Jani Juiebituo
Serro de Santo
Jani Juecheta
Piedras opuestas
Nisa Juegodaa
Agua del Rio de Pelapa
Nisa Belote
Agua de
tempoltate
Guigoxanaya
Rio debajo de
la tierra
Jani Juiegario
Serro de Fayo
Guigo Sloxi
Rio de Arena
Jani Juiexosa
Serro de dos puntas
Jani Juiape
Serro ó piedra de
chayote.
Guietalaga
Piedra ancha
Oriente
Poniente.
Jani Juiebiyoce
Serro de Malacate

Zapotekische Inschriften

Zu den frühen Hochkulturen Mexikos gehört die der Zapoteken. Vom Aufstieg und Niedergang des zapotekischen Staates erzählen Inschriften auf Steinmonumenten aus der Zeit von 500 vor Christus bis 700 nach Christus, die in der zapotekischen Hauptstadt Monte Albán und im Tal von Oaxaca im Südwesten Mexikos gefunden wurden.

Von Joyce Marcus

Unter den frühen Kulturen der Neuen Welt zeichneten sich die Hochkulturen Mittelamerikas als einzige durch Schriftsysteme aus: Hieroglyphen, die untereinandergesetzt und oft mit Zahlzeichen kombiniert wurden. Diese Glyphen standen zumindest indirekt zu einer gesprochenen Sprache in Beziehung. Unter den vielen regionalen Varianten kann man vier Haupttypen unterscheiden: das Schriftsystem der Maya im südlichen Mexiko, Belize, Guatemala und Honduras, das der Azteken im zentralen Mexiko und die Systeme der Mixteken und Zapoteken im südwestlichen Mexiko (Bild 2).

Das zapotekische System tauchte möglicherweise schon um 600 vor Christus im Tal von Oaxaca, etwa 550 Kilometer südlich von Mexico City auf und ist das älteste der vier Schriftsysteme. Es ist noch kaum erforscht, und man weiß nicht, welchen Einfluß es auf die Entwicklung der späteren Schriftsysteme der Mayas, der Azteken und der Mixteken hatte. Frühe zapotekische Schriftzeichen finden sich in Gravierungen auf steinernen Monumenten und in Wandmalereien von Grabkammern im Tal von Oaxaca. Gelänge es, diese Inschriften zu entziffern, so könnten sie zusammen mit vorhandenem archäologischem Material Licht in ein bisher unbekanntes Kapitel der Geschichte des zapotekischen Volkes bringen.

Seit 1972 begann ich, die mehr als fünfhundert Steininschriften, die im Tal von Oaxaca gefunden wurden, systematisch zu erfassen. Meine Untersuchungen stützten sich auf die Pionierarbeiten zweier mexikanischer Archäologen, Alfonso Caso y Andrade und Ignacio Bernal, und ergänzende neuere Arbeiten zweier amerikanischer Kollegen: Richard E. Blanton untersuchte eine städtische Siedlung, nämlich die alte zapotekische Hauptstadt Monte Albán (Bild 3), und Kent V. Flannery erforschte die aufeinanderfolgenden Siedlungen im Tal von Oaxaca, die schon vor der Gründung von Monte Albán entstanden waren.

In älteren Untersuchungen wurde versucht, die zapotekische Schrift zu deuten, indem man sie mit den besser bekannten Schriften der Azteken, Mixteken und Maya verglich – ein methodisch unsauberes Vorgehen. Zwar haben die vier Systeme durchaus Gemeinsamkeiten, doch gehören die vier Sprachen, die ihnen entsprechen, zu drei verschiedenen Sprachenfamilien: Zapotekisch und Mixtekisch zur Otomangue-Familie, Aztekisch zur Utoaztekischen Familie und Maya zur Makro-Maya-Familie. Die Bezeichnung zapotekischer Glyphen mit Namen aus einer der anderen drei Sprachen trägt nichts zum Verständnis der Schriftsysteme bei, sondern verwischt vielfach die interessanten und wichtigen Unterschiede zwischen ihnen.

Die zapotekische Kultur um 1600

Bei meinen Untersuchungen stützte ich mich auf die reichen Schriftdokumente über das zapotekische Volk, die die spanischen Eroberer gegen Ende des sechzehnten Jahrhunderts verfaßten, darunter Beschreibungen des zapotekischen Kalenders, der politischen Ordnung und der Religion der Zapoteken sowie der Grammatik und des Vokabulars der zapotekischen Sprache. Außerdem erstellten zapotekische Schreiber auf Verlangen der Spanier Genealogien und entwarfen regionale Landkarten.

Im 16. Jahrhundert bestand die zapotekische Gesellschaft aus zwei Klassen. Die Herrscher (*coqui*) und ihre Familien sowie die einfacheren Adeligen (*xoana*) bildeten die Oberschicht, die Gemeinen und Sklaven die Unterschicht. Besondere Bedeutung hatte die Reihenfolge, in der die adeligen Kinder geboren wurden: Herrscher wurden gewöhnlich unter den älteren Nachkommen ausgesucht, Priester unter den jüngeren. Die Adeligen knüpften politische Verbindungen, indem sie in Elitefamilien anderer Staaten einheirateten. Zwischen Adeligen und Gemeinen gab es keinerlei Heiratsverbindungen. Gemeine heirateten gewöhnlich innerhalb ihres Dorfes. Bei Kriegszügen dienten die Gemeinen als Soldaten und wurden von adeligen Offizieren befehligt. Königliche Ahnen wurden verehrt, und man schrieb ihnen einen übernatürlichen Einfluß auf die Geschicke ihrer Nachkommen zu.

Die Zapoteken des sechzehnten Jahrhunderts besaßen zwei Kalender, einen alltäglichen und einen rituellen. Die 365 Tage (*yza*) des alltäglichen Kalenders waren in achtzehn „Monde" von je zwanzig Tagen und eine zusätzliche Periode von fünf Tagen eingeteilt. Der rituelle Kalender umfaßte 260 Tage (*pije* oder *piye*), die in vier Gruppen von fünfundsechzig Tagen gegliedert waren, die „Blitze" (*cocijo*) oder „große Geister" (*pitáo*) genannt wurden. Ein „Blitz" umfaßte seinerseits fünf Perioden (*cocii*) von jeweils dreizehn Tagen (*chij*).

Bild 1: Diese „Landkarte" des Gebietes, das zur zapotekischen Siedlung Santiago de Guevea gehörte, wurde 1540 auf Geheiß der spanischen Eroberer gemalt. In der Mitte des Bildes ist der zapotekische Herrscher von Santiago de Guevea in einem Tempel sitzend dargestellt. Die Grenzen seines Herrschaftsgebietes sind durch die Ortsglyphen oder „Toponyme" am Bildrand gekennzeichnet; die entsprechenden zapotekischen Namen stehen neben jeder Glyphe, und die jeweilige Bedeutung ist zusätzlich in spanischer Sprache angegeben. So steht das Toponym rechts unten für »Hügel mit zwei Gipfeln« (*Serro de dos Puntas*), die Glyphe links unten für »Hügel der Spinnwirtel« (*Serro de Malacate*). In der Mitte links findet man den »Kaulquappenfluß« (*Aqua de Tempotoate*) und darüber den »Hügel des Puma« (*Serro de León*). Diese „Landkarte" ist nur ein Teil des als Lienzo de Guevea bezeichneten Gemäldes, von dem ein anderer Ausschnitt eine genealogische Aufstellung der Herrscher von Zaachila, einer Siedlung im Tal von Oaxaca, zeigt (siehe Titelbild).

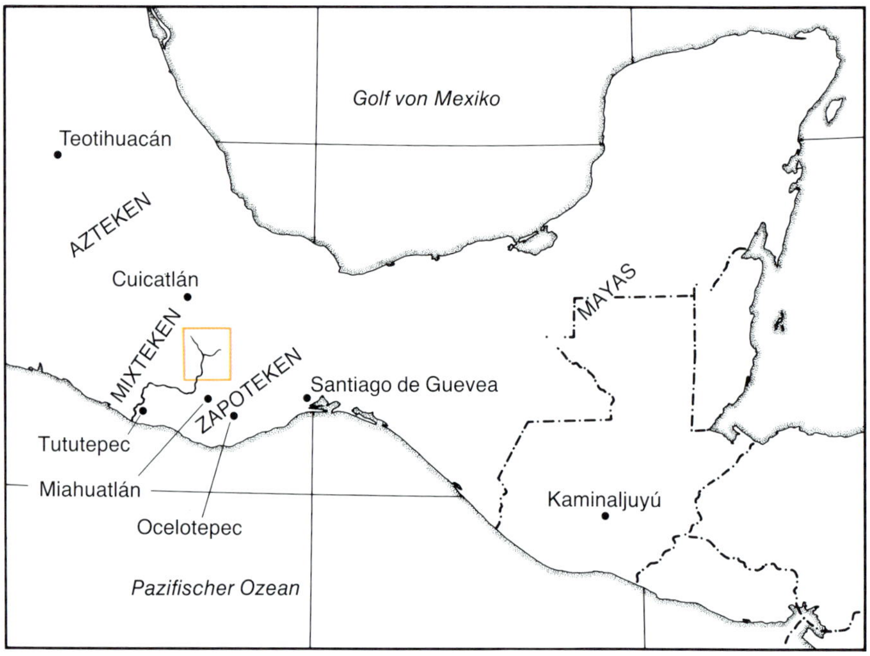

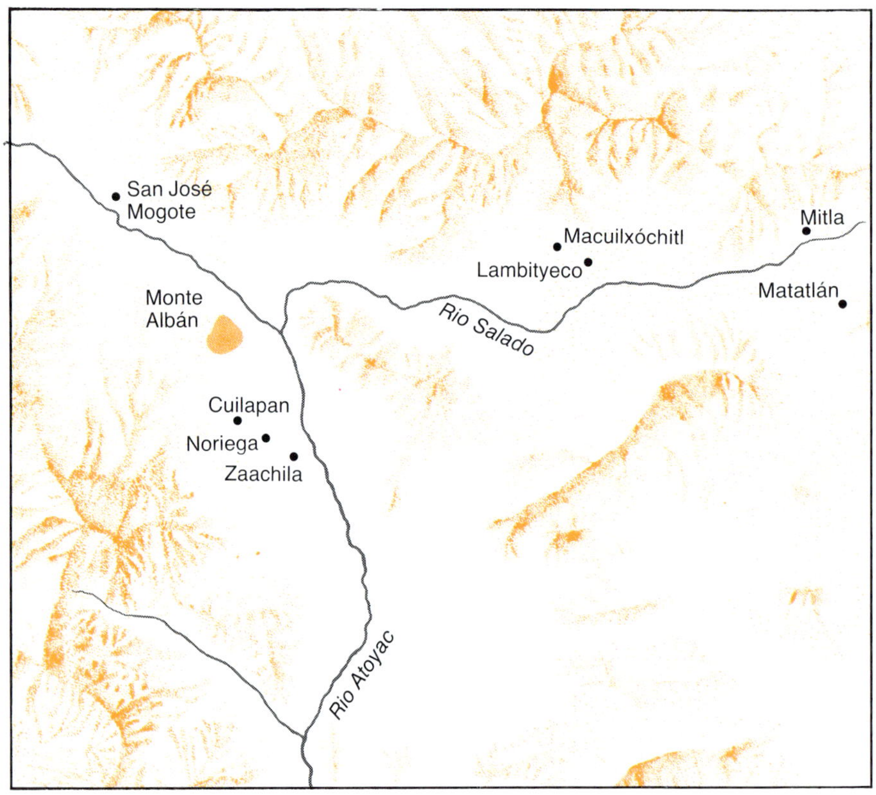

Bild 2: Die obere Karte zeigt die Verbreitungsgebiete der frühen Hochkulturen Mexikos, der Azteken und Mixteken im Nordwesten, der Zapoteken im Westen und der Mayas im Südosten. Das Tal von Oaxaca (farbig gekennzeichneter Ausschnitt) ist auf der unteren Karte vergrößert wiedergegeben. Die Hauptstadt Monte Albán liegt 500 Meter über der Talebene. Die Siedlungen im Tal von Oaxaca bestanden schon vor der Gründung Monte Albáns um 500 vor Christus als eigenständige politische Einheiten. Nach dem Niedergang Monte Albáns um 700 nach Christus gewannen sie ihre Unabhängigkeit zurück.

Jeder Tag des rituellen Kalenders wurde durch eines der zwanzig Tageszeichen und eine Zahl zwischen eins und dreizehn gekennzeichnet. Durch diese Kombinationen von Tageszeichen und Zahlen lassen sich die 260 Tage des heiligen Zyklus darstellen. Jeder Tag hatte seine besondere rituelle Bedeutung. Zapotekische Herrscher und Adelige erhielten die Bezeichnung ihres Geburtstags als Namen, beispielsweise: »1 Jaguar«, »8 Hirsch«, »5 Blume« oder »11 Affe«.

Die Zapoteken besaßen auch Ortshieroglyphen für bedeutende Orte oder Landmarken, vor allem Berge. Einige Beispiele solcher „Toponyme" erscheinen in einem wichtigen Bilddokument aus dem Jahr 1540, dem „Lienzo de Guevea" (Bild 1). Es zeigt das Land, das damals zur zapotekischen Stadt Santiago de Guevea gehörte. Den Rand des Bildes füllen Ortshieroglyphen, die die Stadtgrenzen bezeichnen und deren Bedeutung in Spanisch wiedergegeben ist: »Hügel des Puma«, »Kaulquappenfluß« und »Hügel der Spinnwirtel«. Auf einem anderen Teil des Bildes sieht man eine genealogische Aufstellung der zapotekischen Herrscher von Zaachila sowie der Herrscher der Landenge von Tehuantepec im letzten Jahrhundert vor der spanischen Eroberung (siehe Titelbild dieses Heftes).

Die Gründung von Monte Albán

Die ältesten Steinmonumente im Tal von Oaxaca wurden schon um 1000 vor Christus errichtet, doch trugen sie noch keine Glyphen. Die ersten Inschriften entstanden zwischen 600 und 200 vor Christus, gegen Ende der als Rosario-Phase bekannten Zeitspanne (von 700 bis 500 vor Christus). Die Rosario-Phase war im Tal von Oaxaca die Blütezeit einer politischen Verfassung, die durch zahlreiche rivalisierende Häuptlingstümer gekennzeichnet ist. Ein relativ großes Dorf mit Verwaltungs- oder Zeremonialbauten, um das sich kleinere Dörfer gruppierten, bildete das Zentrum dieser politischen Einheiten.

Um 500 vor Christus verschwanden viele Häuptlingstümer des Tales oder verkleinerten sich, und es entstand eine neue politische Gemeinschaft auf dem Hügel des Monte Albán, der sich ungefähr vierhundert Meter über die Grundfläche des Tales erhebt. Ursprünglich war diese größte Siedlung in zumindest drei getrennte Wohnbereiche unterteilt, ein Hinweis, daß die neue Festung von ehemals rivalisierenden Gruppen gegründet wurde, die sich in einer Art zapotekischer Konföderation zusammenschlossen.

In der ersten Besiedlungsphase von Monte Albán zwischen 500 bis 200 vor Christus errichteten die Bewohner insgesamt drei Kilometer lange Verteidigungsmauern. Besonders gegen Ende dieser Periode verstärkte sich die Bautätigkeit, und es entstanden mehr als dreihundert Steinmonumente, die größte Anzahl, von der man aus ganz Mittelamerika weiß. In keiner der folgenden Besiedlungs-Perioden von Monte Albán wurde auch nur ein Viertel dieser Zahl erreicht.

In die Monumente aus der Periode I waren Motive eingemeißelt, die – passend zu den Verteidigungsmauern – meist Szenen zeigen, die in Zusammenhang mit kriegerischen Auseinandersetzungen stehen. Besonders häufig sind Darstellungen von Gefangenen, die in demütigender Weise gezeigt wurden: nackt und gefesselt, in linkisch-unbeholfener Haltung und mit verrenkten Gliedern. Die Sieger brüsten sich dagegen in elegantem Festschmuck und in aufrechter, würdevoller Haltung. Viele Gefangene wurden geopfert und sind dann mit geschlossenen Augen und geöffnetem Mund abgebildet, und oft stellen spiralförmige Ornamente das Blut dar, das aus ihren Wunden fließt. Mit Steinplatten, auf denen Gefangene so dargestellt waren, schmückten die Mayas die Treppenstufen, die zu ihren Tempeln führten, so daß sie beim Gang zum Heiligtum gleichsam über die Körper der Besiegten hinwegschritten. Die Azteken errichteten aus den Schädeln der getöteten Feinde ein Gerüst oder eine Wand, das *Tzompantli.*

Die früheste bekannte zapotekische Darstellung von Gefangenen wurde in San José Mogote gefunden, das ungefähr fünfzehn Kilometer nördlich von Monte Albán liegt und während der Rosario-Phase – also vor der Besiedlung von Monte Albán – eine zentrale Siedlung und Kultstätte war. Das Monument (man kennzeichnet es als Monument Nr. 3) zeigt eine hingestreckte nackte menschliche Gestalt – einen geopferten Gefangenen (Bild 4). Zwischen den Beinen befindet sich eine Inschrift, die aus einem verzierten Punkt (für die Zahl Eins) und der zapotekischen Glyphe *xoo* mit der Bedeutung »Erdbeben« oder »Bewegung« besteht. Diese Inschrift gilt als der älteste bekannte Hinweis auf die Existenz des zapotekischen 260-tägigen Kalenders. Sie könnte den Namen des Gefangenen wiedergeben.

Offenbar wurde San José Mogote gegen Ende der Rosario-Phase völlig aufgegeben, vermutlich im Zusammenhang mit der Gründung von Monte Albán, und das Monument Nr. 3 kann daher nur aus der Zeit zwischen 700 und 500 vor Christus stammen.

Monte Albán ist auf fünf miteinander verbundenen Hügeln errichtet und umfaßt ein Gebiet von 6,5 Quadratkilometern. Auf der zentralen Anhöhe liegt mit einer Fläche von 150 × 300 Quadratmetern die Haupt-Plaza (Bild 5). Die wichtigsten Gebäudekomplexe sind die nördliche Plattform, auf der die Königsresidenz und die Tempel des zapotekischen Adels standen, die südliche Plattform, die mit anderen Tempeln und kleineren Palästen bebaut war und auf der sich ein großer Ballspielplatz befand. Im südwestlichen Teil der Haupt-Plaza liegt der Baukomplex L, eines der ersten öffentlichen Gebäude, die von den Gründern Monte Albáns errichtet wurden, als Monte Albán mehr als 10 000 Einwohner hatte. Die beiden Plattformen und der Ballspielplatz wurden in späteren Perioden angelegt.

Alle Anlagen von Monte Albán wurden im Laufe der Zeit erweitert oder umgebaut. So lag das Gebäude L unter Schichten aus späterer zapotekischer Bautätigkeit begraben, bevor seine gewaltigen Überreste zwischen 1931 und 1936 von Archäologen freigelegt wurden. Die Ostwand des Gebäudes L muß ursprünglich mit Hunderten von Steinfiguren bedeckt gewesen sein, die in vier Reihen übereinander angeordnet waren (Bild 6). Sie zeigen die seltsam verrenkten Körper getöteter Gefangener, die mit geschlossenen Augen und geöffneten Mündern daliegen. Bei einigen Gestalten ist das Blut, das aus einer oder aus mehreren Wunden floß, ornamentähnlich dargestellt.

In der untersten Reihe standen die Steinfiguren aufrecht und blickten nach rechts. In der zweiten Reihe erschienen

Bild 3: Die Haupt-Plaza von Monte Albán lag im Zentrum der Stadt. Sie umfaßte eine Fläche von 150 mal 300 Quadratmetern. Im Vordergrund dieser Photographie ist ein Gebäudekomplex mit einem Grundriß in Form einer Pfeilspitze zu sehen – die Anlage J. Sie entstand in der Periode II (von 200 vor Christus bis 100 nach Christus) und war mit vierzig Steinmonumenten ausgestattet, den „Eroberungsplatten". Auf diesen Monumenten waren die besiegten Herrscher und die Namen der eroberten Orte dargestellt.

Bild 4: Dieses Stein-Monument zeigt einen geopferten Gefangenen. Daß er getötet wurde, erkennt man an den geschlossenen Augen, dem geöffneten Mund sowie dem Blut, das aus der Brust des Getöteten quillt. Zwischen den Beinen des Gefangenen erscheinen eine Glyphe mit der Bedeutung »Erdbeben« und ein verzierter Punkt, der für die Zahl Eins steht. Gemeinsam ergeben diese farbig hervorgehobenen Zeichen möglicherweise den Namen des Gefangenen.

die Gestalten nebeneinander liegend, und in der dritten Reihe standen sie wieder aufrecht, blickten aber nach links. In der obersten Reihe lagen sie erneut waagerecht. Die Steinfiguren der untersten Reihe waren am sorgfältigsten ausgearbeitet und zeigten Gestalten, die mit Halsbändern, Ohrpflöcken und komplizierten Frisuren geschmückt waren. In der Regel hatte man außerdem Namensglyphen eingemeißelt. Die Standbilder der oberen Reihen, die weiter vom Betrachter entfernt lagen, zeigten weniger Schmuck.

Diese Gefangenendarstellungen gehörten zu den ersten Monumenten, die man am Fundplatz Monte Albán entdeckte. Zunächst rätselte man über die Bedeutung der Gestalten, denn viele der behauenen Steinplatten lagen nicht mehr in der Nähe des Gebäudes L. Mehr als hundert der Steinplatten fand man im Mauerwerk anderer Gebäude und Anlagen der Plaza. Fast ein Jahrhundert lang warteten die Fachleute mit allen erdenklichen Deutungen auf: Sie nannten die Gestalten »Tänzer«, »Schwimmer«, »ekstatische Priester« oder sogar »Monster«, und das Gebäude L wird noch heute vielfach »Los Danzantes« (die Tänzer) genannt. Erst 1962 identifizierte Michael D. Coe die vermeintlichen »Tänzer« als getötete, das heißt rituell geopferte, Gefangene.

Man hat versucht, die Figuren anhand des Darstellungsstils, des unterschiedlichen Grades der Ausarbeitung und mit Hilfe anderer Methoden chronologisch zu ordnen. Meiner Meinung nach wurden jedoch alle Figuren in der gleichen Zeit hergestellt, und der Grund für die unterschiedliche Bearbeitung liegt darin, daß sich die besser ausgearbeiteten Figuren in den unteren und die weniger ausgestalteten in den oberen Reihen befanden. Die Ostseite des Gebäudes L muß eines der eindrucksvollsten Werke militärischer „Propaganda" in ganz Mittelamerika gewesen sein.

Am südlichen Ende der Galerie der Gefangenen am Gebäude L befinden sich zwei gravierte Steine. Bekannt als Stelen 12 und 13, tragen sie einen der ältesten Glyphentexte von Monte Albán. Zwar gelang es nicht zu klären, in welcher Beziehung diese Stelen zur Galerie der Gefangenen stehen, doch zeigen einige Fotos aus den dreißiger Jahren, daß sich die Steine nahtlos aneinanderfügen – ein Hinweis, daß sie sehr wahrscheinlich gemeinsam eine zweizeilige Inschrift ergaben.

Noch kann man diese Inschrift nicht vollständig übersetzen, doch lassen sich einige kalendarische und nichtkalendarische Glyphen identifizieren (Bild 7). Von den kalendarischen Glyphen scheinen einige Tageszeichen, andere Monatszeichen zu sein. Beispielsweise tritt die untere Glyphe des rechten Steines (B4) auf anderen Monumenten aus Monte Albán zusammen mit Zahlen über 13 auf. Der 260-tägige rituelle Kalender schließt jedoch aus, daß ein Tageszeichen mit einer Zahl über 13 kombiniert ist. Nach dem alltäglichen Kalender können aber Monatszeichen mit Zahlen bis zur Zahl 19 vorkommen. Daher könnte die Glyphe B4 ein Monatszeichen sein. Die Glyphe A1 ist ein Jahreszeichen, A4 ein Tageszeichen.

Zwischen die kalendarischen Glyphen sind nichtkalendarische eingefügt. So stellen die zweiten Glyphen von oben

(A2 und B2) offensichtlich Teile von Händen dar; sie sind als Hand-Zusammensetzungen bekannt. In den Schriftsystemen der Maya und Azteken versinnbildlichen solche Darstellungen Teile von Verben: die zapotekischen Hand-Zusammensetzungen in Monte Albán könnten Tätigkeiten bezeichnen. Die dritten Glyphen (A3 und B3) scheinen für die handelnden Subjekte zu stehen, auf die sich die Sätze der Inschrift beziehen.

Inschriften aus der Periode II

Während der Periode II (200 vor Christus bis 100 nach Christus) dehnte der zapotekische Staat seinen politischen, wirtschaftlichen und militärischen Einfluß auch auf Gebiete außerhalb des Tales von Oaxaca aus. In dieser Zeit wuchs die Bevölkerung von Monte Albán nach den Schätzungen von Blanton auf ungefähr 20 000. Die Behausungen der Bewohner lagen geschützt hinter den drei Kilometer langen Verteidigungsmauern, die an den flacheren Hängen im Norden und Westen bis zu vier Meter hoch aufragten. Auf der Plaza wurde während der Periode II im südöstlichen Teil ein Gebäudekomplex errichtet, dessen Grundriß einer Pfeilspitze gleicht und der als Anlage J bezeichnet wird. In die Wände der Anlage J waren mehr als vierzig gravierte Steinplatten eingelassen. Caso deutete sie als „Eroberungs-Platten", die jeweils einen Ort darstellen, der von den Herrschern Monte Albáns unterworfen wurde. Die Gravierungen auf jeder dieser Platten enthalten die drei folgenden Elemente:

Eine Berg- oder eine Orts-Glyphe mit der Bedeutung »Berg von« oder »Ort von«,

eine andere Glyphe oder eine Glyphenkombination oberhalb der Berg- oder Ortsglyphe, die den Namen des Berges oder des Ortes bezeichnet, und

einen umgekehrt abgebildeten menschlichen Kopf, dessen Kopfschmuck von Platte zu Platte unterschiedlich ist. Caso zufolge sind hier die Köpfe der getöteten Herrscher unter-

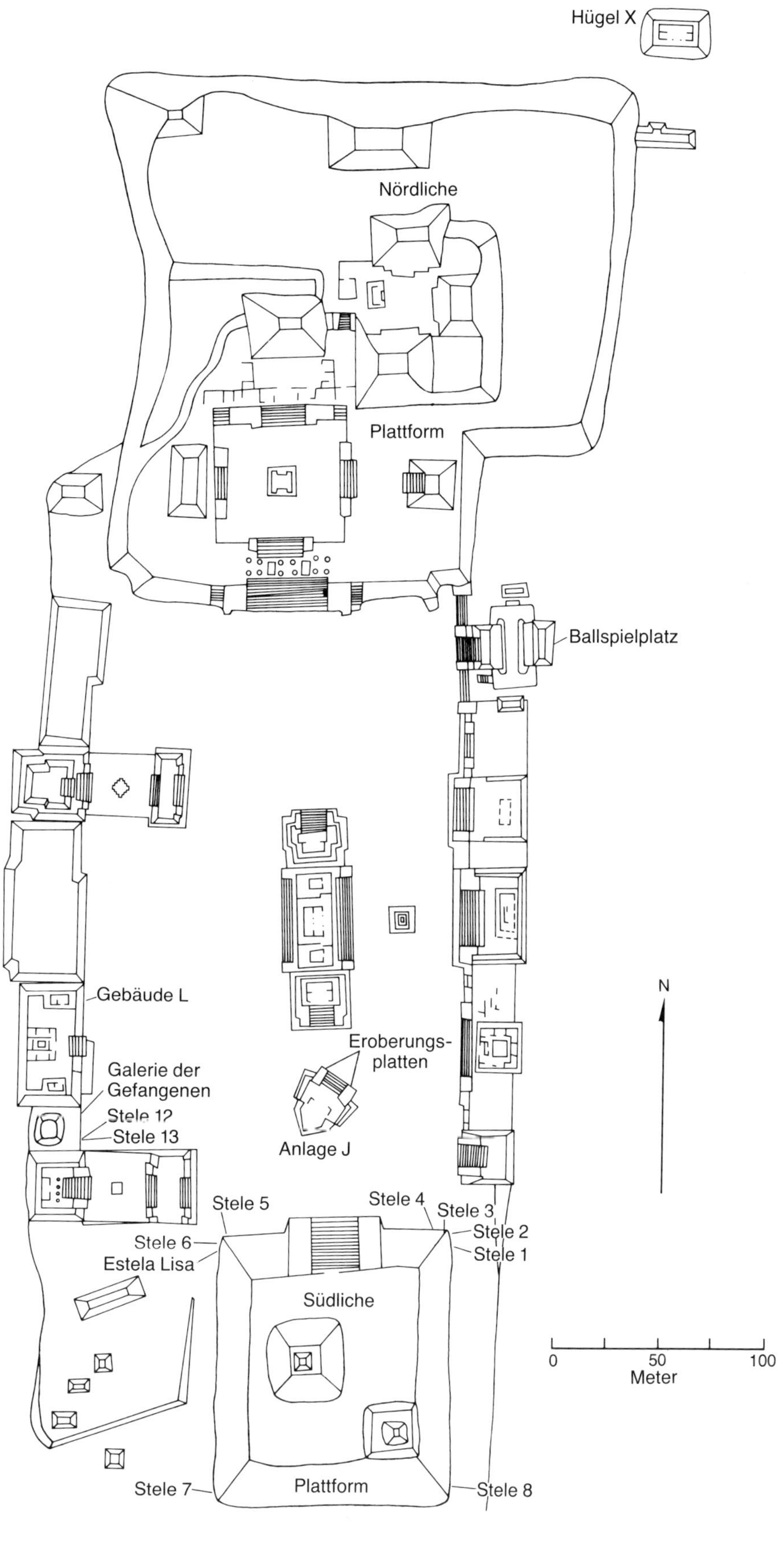

Bild 5: Dieser Grundriß der Haupt-Plaza von Monte Albán zeigt die Lage der wichtigsten Gebäudekomplexe und die Fundorte der wichtigsten Monumente: Die Anlage J mit den Eroberungsplatten liegt im südöstlichen Teil der Haupt-Plaza; westlich davon befindet sich das Gebäude L, an dessen Ostseite Hunderte von Steinmonumenten mit Gefangenen angebracht waren, die gemeinsam die „Galerie der Gefangenen" bildeten (siehe Bild 6). Zwei Monumente mit den ältesten zapotekischen Inschriften, die Stelen 12 und 13, wurden in der Nähe der Galerie der Gefangenen gefunden und ergeben wahrscheinlich gemeinsam eine zweireihige Inschrift (siehe Bild 7). An der südlichen Plattform wurden neun Stelen entdeckt, von denen eine, die Estela Lisa (leere Stele), zunächst keine Inschrift zu tragen schien. Auf den acht Stelen fand man zunächst nur bildliche Darstellungen. Wie sich später herausstellte, enthalten vier Stelen (1, 8, 7 und die Estela Lisa) Darstellungen, die auf friedliche Beziehungen zwischen Teotihuacán und Monte Albán hinweisen (siehe Bild 9). Die Anlagen der Haupt-Plaza wurden während verschiedener Perioden Monte Albáns gebaut: das Gebäude L entstand in der Periode I (von 500 bis 200 vor Christus), die Anlage J in der Periode II (bis 100 nach Christus) und die beiden Plattformen in der Periode III (bis 600 nach Christus).

worfener Gebiete dargestellt, wobei die Art des Kopfschmuckes auf die Herkunft des Besiegten hinweist.

Manche Platten tragen Glyphentexte, in denen Jahreszeichen, Monatszeichen und Tageszeichen sowie nichtkalendarische Zeichen vorkommen, die sich möglicherweise auf die Zeit der Eroberung des angegebenen Ortes beziehen. Die Ähnlichkeit zwischen den Ortsglyphen und späteren zapotekischen Ortsbeschreibungen, die wir aus Dokumenten wie dem Lienzo de Guevea kennen, läßt vermuten, daß die Ortsglyphen auf den vierzig Eroberungs-Platten Grenzmarkierungen darstellen, beispielsweise »Berg des Kaninchens«, »Berg des Vogels« und »Berg der Chilipflanze«. Möglicherweise waren die Platten ursprünglich so an den Wänden der Anlage J angebracht, daß sie den Verlauf der Grenzen des Herrschaftsgebiets von Monte Albán zur Zeit der Periode II widerspiegelten. Da jedoch viele Platten von ihrem Platz heruntergefallen waren, bevor sie erstmals untersucht wurden, wird man diese Vermutung nie beweisen können.

Einige dieser Grenzzeichen kann man vermutlich identifizieren, indem man sie mit den Ortszeichen vergleicht, die auf dem Codex Mendoza abgebildet sind. Dieser Codex wurde im sechzehnten Jahrhundert von den Azteken aufgestellt und enthält eine Liste von fünfunddreißig Orten im Tal von Oaxaca, die damals an die aztekischen Oberherren Tribut zahlten. Viele Orte sind als Berg-Glyphen dargestellt, und ich vermute, daß es sich dabei um die aztekische Übersetzung zapotekischer Ortsnamen handelt. Im Codex Mendoza fand ich die in Bild 8 gezeigten vier Ortsglyphen, die bestimmten Glyphen auf den Eroberungsplatten ähneln und vier Orte bezeichnen, die weniger als 140 Kilometer von der Stadt Oaxaca entfernt liegen: Miahuapan (heute Miahuatlán) war der aztekische Name für »Ort im Wasser der Maisdolden«, Cuicatlán bezeichnete den »Ort des Gesangs«, Tototepec (heute Tututepec) den »Berg des Vogels« und Ocelatepec den »Berg des Jaguars«. Eine der Glyphen auf den Eroberungsplatten und die entsprechende Glyphe des Codex Mendoza zeigen Maisdolden in einem Bewässerungskanal, die anderen Glyphen zeigen einen menschlichen Kopf, aus dessen Mund eine federartige Sprechvolute kommt, sowie jeweils einen Vogel oder einen Jaguar auf einem Berg.

Wenn die Ortsglyphen des aztekischen Codex Mendoza aus dem sechzehnten Jahrhundert mit den zapotekischen Glyphen der Eroberungsplatten aus der Periode II tatsächlich identisch wären, müßten die entsprechenden Ortsnamen über 1500 Jahre unverändert geblieben sein. Zwar ist meine Annahme nicht mehr als eine Hypothese, doch wird sie von archäologischen Untersuchungen gestützt, die Charles Spencer und Elsa M. Redmond in der Umgebung von Cuicatlán, dem »Ort des Gesangs« durchführten.

Gegen Ende der Periode I oder zu Beginn der Periode II geriet dieses zuvor unabhängige Gebiet unter die Kontrolle der Zapoteken. Damals errichteten die zapotekischen Eroberer in einem abseits gelegenen Teil Cuicatláns ein Schädel-Gerüst in der Art der aztekischen *Tzompantlis*. Weiter nördlich bauten sie einen Berggipfel als Festung aus und versperrten so die Straßenverbindung von Oaxaca ins Nachbartal von Tehuacán. Die Untersuchungen von C. Spencer und E. Redmont ergaben, daß sich Keramik, wie sie während der Periode II in Monte Albán hergestellt wurde, nur bis zu dieser Bergfestung findet. Jenseits der Festung gibt es nur Keramik im Teotihuacán-Stil.

Ähnliche archäologische Untersuchungen müßten für die drei anderen Orte durchgeführt werden, um meine Hypothese zu überprüfen. So finden sich in Tututepec und Miahuatlán Überreste bedeutender zapotekischer Ansiedlungen aus der Periode II. Aber es könnten auch weitere Ortsglyphen der Eroberungsplatten identifiziert werden, die die Hypothese stützen oder widerlegen.

Die Beziehungen zwischen Monte Albán und Teotihuacán

Während der Periode III (von 100 bis 600 nach Christus) dehnte sich die Siedlung Monte Albán auf mehr als sechs

Bild 6: Die Galerie der Gefangenen an der Ostseite des Gebäudes L bestand aus mehr als dreihundert bearbeiteten Steinplatten. Sie wurde während der Periode I errichtet und muß in ganz Mittelamerika das eindrucksvollste Werk militärischer „Propaganda" gewesen sein. In der unteren Reihe standen die Gestalten aufrecht und blickten nach rechts; darüber waren die Steinplatten waagerecht angeordnet, so daß die Gefangenen liegend erschienen; in der dritten Reihe blickten sie nach links. Besonders die Steinplatten der unteren Reihen waren detailliert ausgearbeitet: manche Gestalten waren mit Kopfschmuck und Ohrpflöcken gezeigt, und bei einigen waren die Namen verzeichnet.

Quadratkilometer aus und wurde von ungefähr 30 000 Menschen bewohnt. Während der zweiten Phase der Periode III erreichte die Siedlung ihre größte Ausdehnung, aber Monte Albán konkurrierte jetzt wirtschaftlich mit der wahrscheinlich noch größeren Metropole Teotihuacán, so daß sich das Herrschaftsgebiet der Zapoteken nur noch langsam ausweitete. Teotihuacán liegt fünfhundert Kilometer nördlich des Bekkens von Mexiko und wuchs während der fünfhundert Jahre der Periode III zu einer Größe von mehr als fünfundzwanzig Quadratkilometern an. Es wurde nach Schätzungen von René Millon von mehr als 100 000 Menschen bewohnt. Teotihuacán muß ein weitaus größeres Gebiet beherrscht haben als Monte Albán, und auch sein Einfluß reichte sehr viel weiter.

Beispielsweise findet man am Maya-Fundplatz Kaminaljuyú, der neunhundert Kilometer südlich von Teotihuacán

Manchmal war auch das Blut angedeutet, das aus den Wunden der Opfer floß. Als man die Reste der Galerie, die diese Abbildung zeigt, 1931 unter den Trümmern späterer Bauten ausgrub, befanden sich die meisten Steinplatten nicht mehr am ursprünglichen Ort. Sie waren für das Mauerwerk späterer Bauten verwendet worden. Die ersten Steinplatten, die man sehr viel früher als die Galerie der Gefangenen fand, konnte man zunächst nicht als Teil eines Gesamtbildes erkennen, und es war lange Zeit schwierig, diese Gestalten zu deuten – man hielt sie für „Tänzer", „Schwimmer" oder „Priester". Erst 1962 stellte sich heraus, daß es sich um geopferte Gefangene handeln muß.

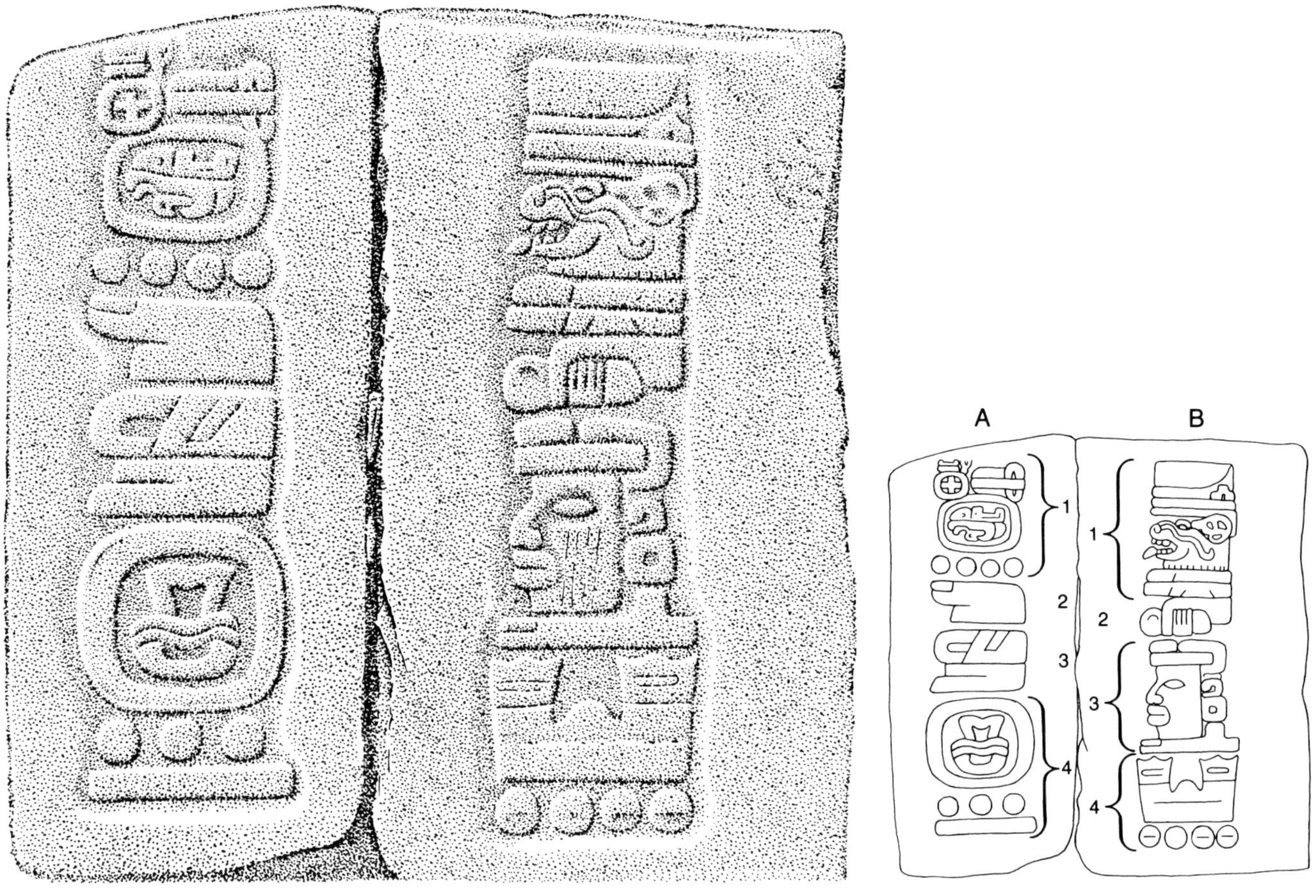

Bild 7: Die Glyphen-Säulen dieser beiden Monumente ergeben wahrscheinlich zusammen die älteste Inschrift aus Monte Albán. Zwar gelang es noch nicht, diese Inschrift zu übersetzen, doch kann man einige der Glyphen deuten. Welche Elemente eine Glyphe bilden, ist aus dem rechten Plan ersichtlich. Die obere Glyphe der Säule A steht für das Jahreszeichen »4 Schlange«. A2 ist nicht kalendarisch; die Hand bezeichnet vermutlich eine Tätigkeit. Die Bedeutung der Glyphe A3 ist nicht bekannt; A4 ist kalendarisch und bedeutet »8 Wasser«. Die erste Glyphe der zweiten Säule (B1) ist das Monatszeichen »10 Jaguar«, B2 steht wahrscheinlich für ein Verb, B3 könnte einen Namen wiedergeben und B4 ist eine kalendarische Glyphe, von der man nur weiß, daß darin die Zahl 4 vorkommt. Möglicherweise steht diese Inschrift in Bezug zur Galerie der Gefangenen, denn die beiden Monumente wurden in der Nähe des Gebäudes L gefunden (siehe Bild 5).

in Guatemala liegt, Darstellungen im Teotihuacán-Stil: Die Keramik von Kaminaljuyú zeigt eine für Teotihuacán typische Kopfverzierung, den „Quasten-Kopfschmuck“. Clara Millon glaubt, daß Personen mit „Quasten-Kopfschmuck“ eine Art Botschafter waren, die in ferne Gebiete reisten. Das Ehepaar Millon entdeckte außerdem Hinweise auf besondere Beziehungen zwischen Teotihuacán und Monte Albán. So existierte über hundert Jahre (von ungefähr 200 bis 300 nach Christus) eine zapotekische Kolonie an der westlichen Peripherie des Herrschaftsgebiets Teotihuacáns. Diese zapotekische Enklave umfaßte ein Gebiet von mehr als einem Hektar, und man fand dort Wohnhäuser, Gräber, Graburnen und Keramik im Monte Albán-Stil. Der steinerne Türpfosten eines Grabes ist mit einer zapotekischen Glyphe beschrieben. Umgekehrt wurde zwar keine Teotihuacán-Kolonie in Monte Albán gefunden. Doch zeugen einige Steinmonumente aus der ersten Phase der Periode III von den Beziehungen zwischen den beiden großen Metropolen Mittelamerikas.

In der ersten Phase der Periode III entstand in Monte Albán die südliche Plattform der Hauptplaza. Sie bildet die obere Fläche eines Pyramidenstumpfes, dessen Höhe fünfzehn Meter beträgt, und dessen Seiten an der Basis hundert Meter lang sind. An den vier Ecken des Pyramidenstumpfes standen mehrere Monumente, von denen acht militärische Motive zeigen. Auf sechs Monumenten sind Gefangene mit hinter dem Rücken gefesselten Armen dargestellt, offensichtlich Gefangene von hohem Rang. Unter jedem Gefangenen steht eine Bergglyphe für den Herkunftsort des Gefangenen. Die Gestalten auf den beiden anderen Monumenten sind elegant gekleidet und mit Lanzen bewaffnet. Offensichtlich stellen sie die zapotekischen Führer dar.

Entdeckt wurden diese acht Monumente oder Stelen zu Beginn dieses Jahrhunderts zusammen mit einem Monument, das Estela Lisa (leere Stele) genannt wurde, weil man darauf zunächst keine Inschrift entdeckte. (Die acht Stelen werden mit den Ziffern 1 bis 8 bezeichnet. Die Fundstellen zeigt Bild 5.) Damals schien es so, als enthielten die Darstellungen auf den acht Monumenten nur menschliche Gestalten und Berg-Glyphen. Doch stellte sich in den fünfziger Jahren heraus, daß die Estela Lisa sowie die Stelen 1, 7 und 8 an den Kanten und anderen Stellen Inschriften trugen.

Die Inschriften dieser vier Stelen haben alle den gleichen Aufbau (Bild 9): Acht namentlich genannte Personen verlassen in zwei Vierer-Gruppen einen Ort, dessen Tempel im gleichen Stil geschmückt sind wie die in Tetitla, einem der Distrikte von Teotihuacán. Alle dargestellten „Reisenden“ tragen den Quasten-Kopfschmuck, den Clara Millon als Zeichen der Botschafterwürde gedeutet hat (Bild 10). Sie kommen zu einem Ort namens »Berg 1 Jaguar«, wo sie von einer Person mit zapotekischem Kopfschmuck begrüßt werden. Möglicherweise fiel die Ankunft der acht Reisenden mit der Weihung der südlichen Plattform zusammen, denn an drei Ecken der Plattform fand Jorge Acosta Steinkisten, die als Opfergaben Muscheln, Jade und Keramik im Monte Albán-Stil der zweiten Phase der Periode III enthielten. »Berg 1 Jaguar« könnte dann ein Name für Monte Albán oder einen seiner Unterbezirke sein.

Auf Stele 7 sind vier der Reisenden mit ihren Namensglyphen versehen. Auf Stele 8 sind die gleichen Reisenden etwas anders gezeigt: Jeder wird durch einen Quasten-Kopfschmuck, ein Räucherfaß im Teotihuacán-Stil, einen Kalender- und einen Individualnamen dargestellt. Drei der Kalendernamen können wie folgt gelesen werden: »5 Türkis«, »12 Schädel« und »7 (?) N« (Das Fragezeichen weist darauf hin, daß die Zahl nicht eindeutig gelesen werden kann, und der Buchstabe N ist Casos Bezeichnung für eine bisher noch nicht entzifferte zapotekische Glyphe.) Die anderen vier Reisenden sind auf der Unterseite der Estela Lisa genannt. Ihre Namen sind leichter zu lesen: »13 Knoten«, »9 Affe«, »1 Eule« und »Dreifach-Volute«. (Die »Dreifach-Volute« ist ein weitverbreitetes ikonographisches Symbol in Teotihuacán.) Die vier Reisenden werden von einem zapotekischen Herrscher namens »8 (es folgt eine unentzifferte Glyphe)« begrüßt, dessen Wohnort als »Berg 1 Jaguar« angegeben ist. Inschriften auf den oberen und unteren Kanten der Stele 1 beziehen sich in verkürzter Form auf die gleichen Reisenden: die Fußspuren zeigen, daß sich die Reisenden von einem Tempel im Tetitla-Stil entfernen.

Keine der Teotihuacán-Persönlichkeiten ist auf einem zapotekischen Monument in Kriegstracht oder mit Waffen dargestellt. Die Figuren mit dem Quasten-Kopfschmuck, die sich auf den Stelen der südlichen Plattform befinden, tragen feierliche Tracht und Beutel mit Copal-Harz, dem im mittelamerikanischen Raum verwendeten Räucherharz. Der Besuch von Menschen aus Teotihuacán dokumentierte offenbar friedliche auswärtige Beziehungen.

1936 wurde im Hügel X nordöstlich der Haupt-Plaza von Monte Albán eine gravierte Platte aus poliertem Travertin gefunden, die ebenfalls auf die friedlichen Beziehungen zwischen Monte Albán und Teotihuacán hinweist. Diese Platte, die als Lápida de Bazán bekannt ist, zeigt zwei Personen, von denen die links abgebildete im Teotihuacán-Stil gekleidet ist und einen Copalharz-Beutel in der Hand hält, während die rechts dargestellte Person nach Art des Herren von Monte Albán als Jaguar gekleidet ist (Bild 11). Caso identifizierte die Person zur Linken als Vertreter Teotihuacáns und entzifferte seinen Kalendernamen als: »8 Türkis«. Der Name des Jaguar-Herren ist »3 Türkis«. Jeder Person ist rechts eine Glyphensäule beigefügt, die keine Kalenderzeichen enthält und

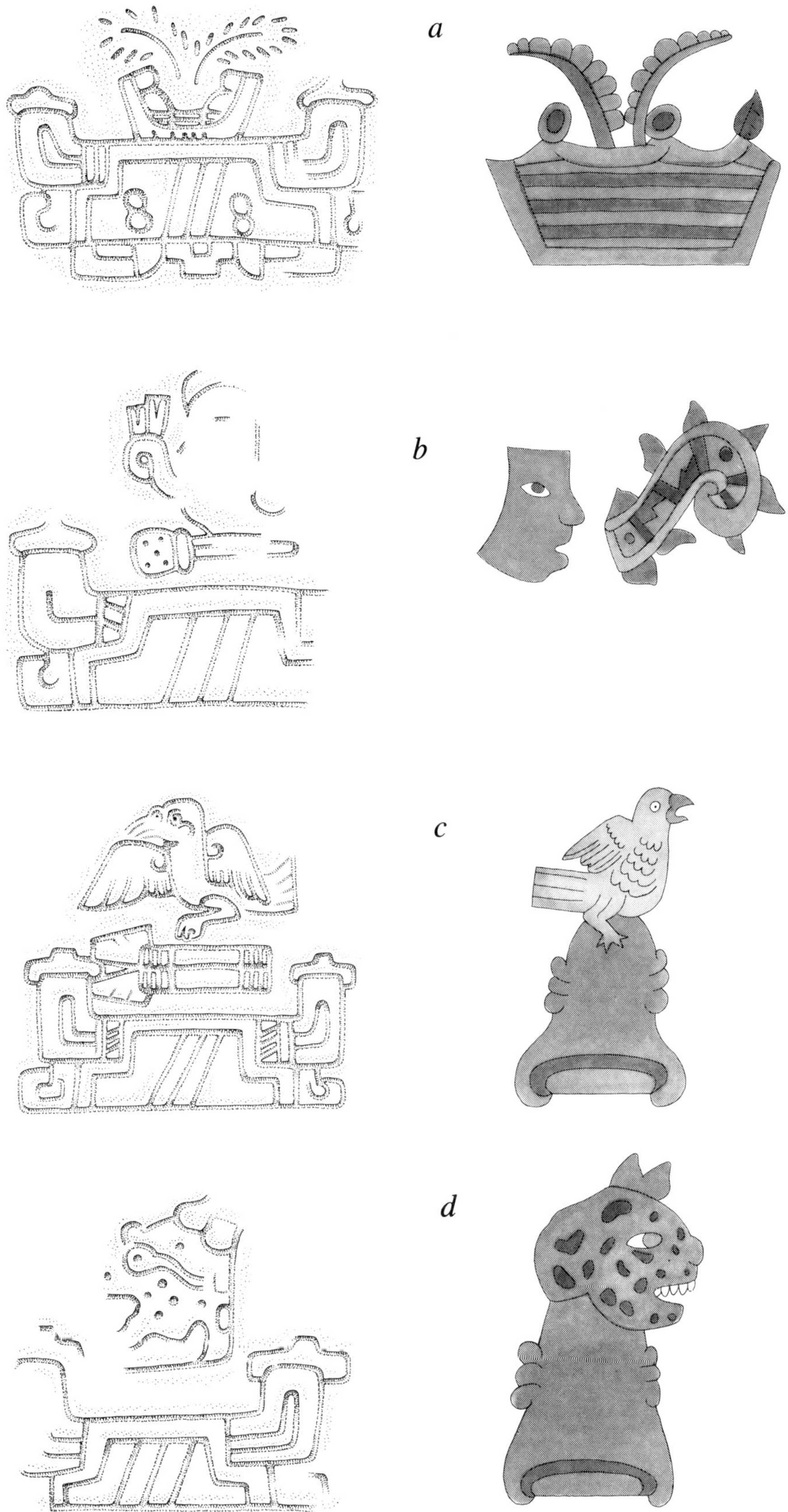

Bild 8: Die vier links gezeigten Ortsglyphen von den Eroberungsplatten der Anlage J finden sich in ähnlicher Form im Codex Mendoza wieder, den die Azteken im sechzehnten Jahrhundert aufstellten (rechte Glyphen). Die aztekischen Ortsnamen für die gezeigten Glyphen waren Miahuapan für »Ort im Wasser der Maisdolden« (a), Cuicatlán für »Ort des Gesangs« (b), Tototepec für »Berg des Vogels« (c) und Ocelotepec für »Berg des Jaguars« (d). Die Ähnlichkeit der Glyphen läßt vermuten, daß die Azteken die alten zapotekischen Ortsnamen der vier Orte übersetzten; noch heute tragen zwei dieser Orte, die im Umkreis von hundertundvierzig Kilometern um das Oaxaca-Tal liegen (Bild 2), ihre aztekischen Namen, bei den anderen beiden Orten wurden die alten Namen nur geringfügig geändert.

wahrscheinlich von historischen und politischen Begebenheiten erzählt. Auf Teotihuacán weisen zwei Glyphen, von denen eine (A6 in Bild 11) einen Quasten-Kopfschmuck darstellt und die andere (B4) einen Fuß mit einer Sandale im Teotihuacán-Stil. Weitere Glyphen zeigen Fußspuren und blumenverzierte Sprechvoluten, die von einem Kopf (A5) und einer „Jaguarnase" (B7) ausgehen und das Thema „Reisen" andeuten. Die Glyphe A8 stellt ein Räuchergefäß in zapotekischem Stil dar und A4 eine Hand, die eine Bohne hält.

Solche Bohnen wurden Berichten aus dem sechzehnten Jahrhundert zufolge von zapotekischen Wahrsagern benutzt, um wichtige Fragen zu beantworten. Dabei wurde von einem Haufen Bohnen solange eine geradzahlige Anzahl weggenommen, bis entweder eine einzelne Bohne übrigblieb oder aber alle Bohnen entfernt waren. Die abgebildete übriggebliebene Bohne weist auf eine solche Entscheidung hin.

Die Inschriften enthalten außerdem zahlreiche Handgesten-Glyphen, die ich als Verben gedeutet hatte, die eine Tätigkeit ausdrücken. Die Glyphen von A5 bis A7 könnten wie folgt gelesen wer-

Estela Lisa

13 Knoten 9 Affe 1 Eule Dreifachvolute Berg 1 Jaguar 8 (unbekannt)

Stele1

13 Knoten 3 (Casos Glyphe 10) 9 Affe

Stele 8

7? (Casos Glyphe N) 5 (Casos Glyphe D) 12 Schädel Dreifachvolute

Stele 7

7? (Casos Glyphe N) 5 (Casos Glyphe D) 12 Schädel

Bild 9: Diese vier Inschriften zeugen von einem Besuch, den acht Reisende aus Teotihuacán in Monte Albán machten. Die acht Reisenden sind in zwei Vierergruppen dargestellt, wobei jede Gruppe auf zwei Inschriften erscheint: die Estela Lisa und die Stele 1 sowie die Stelen 8 und 7 zeigen jeweils die gleichen vier Reisenden. Die meisten der farbig hervorgehobenen Glyphen bezeichnen die Namen der Reisenden, deren Bedeutung, soweit sie bekannt ist, unter den Glyphen steht. Daß die Reisenden aus Teotihuacán kommen, sieht man an ihrer Kleidung und den Fußspuren unter dem Namenszeichen »8 Affe« in Stele 1, die von einem Tempel im Teotihuacán-Stil wegführen (siehe Bild 10). In Stele 8 erscheint rechts neben jedem Namen eines Reisenden ein Quasten-Kopfschmuck über einem Räuchergefäß – ein Hinweis, daß es sich um eine Art Botschafter handelte, die in friedlicher Absicht kamen. Die Dreifachvolute ist ein für Teotihuacán typisches ikonographisches Zeichen. In Stele 8 erscheint sie mit einem Bergzeichen und deutet daher möglicherweise auch in der Estela Lisa auf ein Ortszeichen. Das Ortszeichen »Berg 1 Jaguar« könnte Monte Albán oder einen Teil davon bezeichnen. Das Fragezeichen steht für ein noch nicht identifiziertes glyphisches Element, die Buchstaben N und D für identifizierte, aber noch nicht gedeutete Glyphen.

den: „Vertreter Teotihuacáns kamen zu Verhandlungen".

Eine vollständige Entzifferung der Lapidá de Bazán steht noch aus, doch möchte ich diese Inschrift versuchsweise als Dokument einer Übereinkunft zwischen beiden Städten deuten: Abgesandte haben sich getroffen, Wahrsager um Rat gefragt und Weihrauch verbrannt, um die Übereinkunft verbindlich zu machen. Wahrscheinlich ermöglichten es solche „Diplomatentreffen" den Nachbarn Monte Albán und Teotihuacán, eine gesunde Distanz zu halten und einerseits ihre gegenseitigen Grenzen zu respektieren, aber andererseits die gemeinsamen Beziehungen aufrecht zu erhalten.

Die genealogischen Register

Um 600 nach Christus wurde die große Metropole Teotihuacán verlassen und viele ihrer Tempel und großen Gebäude wurden verbrannt. Für die Herren von Monte Albán hätte damals die Möglichkeit bestanden, sich ehemalige Herrschaftsgebiete von Teotihuacán einzuverleiben, doch begann aus unbekannten Gründen auch in Monte Albán der Niedergang. Zwar wurde die zapotekische Hauptstadt niemals angezündet und auch nie völlig verlassen, doch stagnierte der Bau öffentlicher Gebäude rings um die Haupt-Plaza gegen Ende der Periode III und kam um 700 nach Christus zum Stillstand. Die Zahl der Einwohner, die vorher 30 000 betragen hatte, sank im Laufe der Periode IV (von 700 bis 1000 nach Christus) und der Periode V (von 1000 bis 1520 nach Christus) rapide, und im Jahre 1300 hatte Monte Albán nur noch 3000 bis 8000 Einwohner. Was war geschehen?

Wie Blanton vermutet, sollte die große Bevölkerungskonzentration in Monte Albán während der Periode III verhindern, daß sich Teotihuacán auf das Tal von Oaxaca ausdehnen konnte. Mit dem Fall von Teotihuacán wäre demnach der Grund entfallen, ein städtisches Zentrum in Monte Albán aufrecht zu erhalten.

Die Konförderation, die sich über tausend Jahre lang um Monte Albán konzentriert hatte, begann sich aufzulösen, und die städtische Bevölkerung wanderte in tiefer gelegene Siedlungen des Tales ab. Diese Siedlungen (darunter Cuilapan, Zaachila, Macuilxóchitl, Mitla, Matatlán, Lambityeco) hatten schon existiert, bevor Monte Albán gegründet worden war. Einige hatten bereits gegen Ende der Periode III wieder zu wachsen begonnen, und in der Periode IV dehnten sie sich alle rasch aus – ein eigenständiger Prozeß, den die Zuwanderer aus Monte Albán jedoch zumindest beschleunigten. Mit der Ankunft der Spanier im Jahre 1529 wurde das Tal von Oaxaca wieder vereinigt, doch auch danach hatten viele der Talzentren eine eigenständige politische, wirtschaftliche und religiöse Bedeutung. Das zeigen die ersten ausführlichen Berichte, die die Spanier zwischen 1579 und 1581 über das zapotekische Volk verfaßten.

Gegen Ende der Periode III und zu Beginn der Periode IV tauchte in Monte Albán ein neuer Typ von Steinmonumenten auf, die ich als „genealogische Register" bezeichnen möchte. Im Gegensatz zu den großen Steinmonumenten der vergangenen Perioden sind die genealogischen Register klein und können nur aus geringer Entfernung gelesen werden. Viele von ihnen sind nur fünfzig bis sechzig Zentimeter hoch und dreißig bis vierzig Zentimeter breit. Offenbar wurden sie nicht in öffentlichen Gebäuden errichtet, sondern in den Wohnungen der zapotekischen Elite oder (wie in Cuilapan und Lambityeco) in Gräbern aufgestellt. Die Inschriften auf den Registern enthalten keine militärischen Motive wie in den früheren Perioden Monte Albáns, sondern berichten über Geburt, Herkunft und Heirat der zapotekischen Herrscher und Adeligen. Sehr häufig sind auf den Registern königliche Hochzeiten dargestellt, die nach dem Niedergang Monte Albáns das wichtigste Mittel waren, politische Allianzen zwischen zwei Gemeinwesen zu knüpfen.

Die typische Darstellung einer Hochzeitszeremonie findet sich auf dem in Bild 12 gezeigten genealogischen Register, das vermutlich aus der zapotekischen Siedlung Zaachila stammt. Auf einer gewebten Matte sitzt der Ehemann, ihm gegenüber kniet seine Frau. Beide schauen einander an, und jeder hält ein Tongefäß in den Händen. Der Kalendername der Frau ist »3 Schlange«, der des Mannes »6 Erdbeben«. Über dem Paar befinden sich die „Himmelskiefer", die von zwei stilisierten Muschelschalen flankiert sind. Beide Elemente weisen auf die königliche Abstammung des Paares hin. Von den Himmelskiefern steigt eine Person herab, vielleicht ein Ahne oder eine mythische Gestalt, die eine Perlenschnur in der Hand hält.

Im unteren Teil dieses genealogischen Registers ist ein älteres Paar dargestellt, das auf einem Berg sitzt. Der Name der Frau ist »11 Affe«, der des Mannes »6

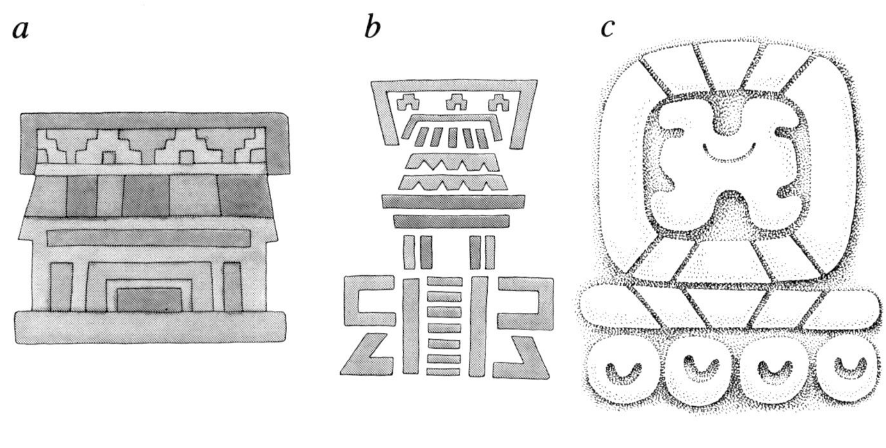

Bild 10: In der Kunst Teotihuacáns und Monte Albáns spiegeln sich die Beziehungen beider Städte wider: In Tetitla, einer Provinz Teotihuacáns, fand man in einem Wandgemälde eine Tempelfassade (a), die ähnlich auf einer Keramik von Teotihuacán als Glyphe wiederkehrt (b). Eine solche Tempelfassade ist im dritten Abschnitt der Stele 1 aus Monte Albán (Bild 9) gezeigt. Die Glyphe »9 Erdbeben« (c) erscheint auf einem Torbogen in einer zapotekischen Enklave in Teotihuacán – das gleiche Element findet sich auf dem Monument 3 (Bild 4). Wandmalereien von Teotihuacán zeigen einen Kopfschmuck (d), der in vereinfachter Form auf einer Schale aus Kaminaljuyú (e) erscheint und als Quasten-Kopfschmuck (f) auf zapotekischen Monumenten wiederkehrt (Stele 8 in Bild 9 und Lápida de Bazán in Bild11).

Bild 11: Im Nordwesten der Haupt-Plaza wurde 1936 eine polierte Travertin-Platte gefunden, die Lápida de Bazán. Sie zeigt zwei Besucher aus Teotihuacán, mit Namen »8 Türkis« (linke farbige Glyphe) und »3 Türkis« (rechts). Rechts neben den Reisenden stehen Glyphensäulen, die in der Skizze links oben durch Buchstaben und Zahlen gekennzeichnet sind. Da keine kalendarischen Glyphen auftreten, handelt es sich bei der Inschrift vermutlich um einen erzählenden Text. Beziehungen zu Teotihuacán ergeben sich aus einem Quasten-Kopfschmuck (A6) und einer Sandale im Teotihuacán-Stil (B4). Fußspuren (A7, B6) deuten das Thema Reisen an, A5 und B7 stehen für längere Reden. Ein Räuchergefäß (A8) und eine einzelne Bohne (A4) symbolisieren rituelle Handlungen. (Bohnen spielten bei der Wahrsagung eine wichtige Rolle.) Die Darstellungen von Händen (B1 und B2) stehen vermutlich für Tätigkeiten.

Blume« oder »8 Blume«, je nachdem, ob die beiden Punkte mit der Namensglyphe zusammen gelesen werden müssen oder nicht.

Bei diesem Paar handelt es sich meines Erachtens um die Vorfahren eines Partners des Hochzeitspaares. Ich vermute nämlich, daß man die Inschrift von unten nach oben lesen muß: zeitlich früher liegende Ereignisse sind unten abgebildet. Weiterhin muß man meines Erachtens die Inschrift abwechselnd von rechts nach links und von links nach rechts lesen. Dieses Lesesystem war schon bei den Griechen bekannt und findet sich auch bei mixtekischen Schriften aus dem fünfzehnten und sechzehnten Jahrhundert.

Besonders auffällig sind die dreizehn Tageszeichen und Zahlen am rechten Rand dieses genealogischen Registers. Zwar handelt es sich bei allen Zeichen um Kalenderglyphen aus dem 260-tägigen zapotekischen Kalender, aber sie stehen in einer Reihenfolge, die keinen kalendarischen Sinn ergibt. Möglicherweise bezeichnen sie Personennamen, denn auch die Namen der beiden Partner aus dem oberen Abschnitt »3 Schlange« und »6 Erdbeben« erscheinen unter diesen Glyphen. Ich vermute, daß die kalendarischen Zeichen die Namen der Ahnen des Ehemannes oder der Ehefrau (oder von beiden) wiedergeben, die als Hochzeitspaar abgebildet sind. Am unteren Rand des Registers stehen zwei kleinere Glyphen-Säulen, die nicht eindeutig interpretiert werden können. Die linke Säule muß ein Datum wiedergeben, denn sie enthält den kalendarischen Ausdruck »8 (gefolgt von einem noch unbestimmten Jahreszeichen)«. Möglicherweise gibt diese Kolumne den Heiratstermin des oben dargestellten Hochzeitspaares wieder. Die geöffnete Hand in der rechten Kolumne bezeichnet wieder eine Tätigkeit.

Ein anderes berühmtes genealogisches Register wurde in einem Grab in Noriega, nicht weit von Zaachila, gefunden (Bild 13). Seine Inschrift besteht aus drei Abschnitten, von denen die oberen beiden das Leben eines jungen Adligen von der Geburt bis zum späten Kindesalter darstellen. Der untere Abschnitt trägt die Himmelskiefer, die über einem Berg-Zeichen mit zwei Reptilköpfen steht. Auf einer Seite der Himmelskiefer ist ein Mann mit Namen »10 Gefäß (?)« und auf der anderen eine Frau mit Namen »9 Schlange« dargestellt.

Der mittlere Abschnitt muß offensichtlich von links nach rechts gelesen werden: Auf der linken Seite ist eine Frau mit Namen »2 Wasser«, die ein Kind »2 Gefäß (?)« zur Welt bringt, dargestellt.

Die Bildmitte zeigt eine spätere Szene: Ein Mann mit auffälligem Kopf-

Bild 12: Dieses genealogische Register aus Zaachila zeigt in der oberen Hälfte eine Hochzeitszeremonie. Auf einer gewebten Matte sitzt ein Mann mit Namen »sechs Erdbeben«, ihm gegenüber kniet eine Frau »3 Schlange«. Beide blicken einander an und halten Tongefäße in der Hand. Von den „Himmelskiefern“, einem ikonographischen Symbol, das auf die königliche Abstammung des Paares hinweist, kommt eine Gestalt herab, die eine Perlenkette in der Hand hält. Bei dem älteren Paar in der unteren Darstellung handelt es sich vermutlich um Vorfahren eines der oben gezeigten Ehepartner. Der Name der Frau ist »11 Affe«, der des Mannes »6 Blume« oder »8 Blume«, je nachdem, ob die beiden rechten Punkte zum Namen gehören oder nicht. Am rechten Rand des Registers stehen kalendarische Glyphen, wahrscheinlich die Namen von Vorfahren des Hochzeitspaares, denn die Namen der Brautleute erscheinen dort ebenfalls. Dieses Register stammt aus einer späten Periode, als königliche Hochzeiten eine wichtige Rolle spielten, um politische Allianzen zu knüpfen, denn mit dem Niedergang von Monte Albán wurden die Siedlungen im Tal von Oaxaca wieder unabhängig.

schmuck wendet sich dem sitzenden Kind zu und überreicht ihm etwas. Das Kind blickt einen anderen Mann an – vielleicht seinen Vater. Um zur nächsten Szene zu gelangen, muß man jetzt die Leserichtung ändern und an der rechten Seite des oberen Abschnittes beginnen. Man sieht die Mutter des Kindes, die einen Stab hält. Dieser Stab gleicht den „Männchen-Zeptern" auf Maya-Monumenten aus der gleichen Zeit. In der Bildmitte ist das nun etwas ältere Kind gezeigt. Ein nicht zu identifizierender Erwachsener rückt sein Stirnband zurecht. Das Kind blickt zu dem links dargestellten Mann, der auch auf der rechten Seite des mittleren Abschnitts zu sehen ist und den wir als Vater des Kindes gedeutet haben.

Der obere Abschnitt wird von einem zapotekischen ikonographischen Element beherrscht, einer „fliegenden Schildkröte", die den Namen »5 Schädel« trägt. Der Kopf der Schildkröte gleicht den Köpfen der Reptilien im unteren Abschnitt. Wie wir aus historischen Dokumenten wissen, stellten sich die Zapoteken vor, daß ihre Herrscher von „heiligen Wolken" herabstiegen, die die Form fliegender Schildkröten hatten. Das bestätigt die genealogische Deutung.

Alle zapotekischen Inschriften, frühe oder späte, müssen im Zusammenhang mit der politischen Geschichte der Zapoteken gesehen werden. Von den Inschriften der frühen Phase, in der die Botschaft einer Inschrift bildlich dargestellt wurde, führt eine stetige Entwicklung zu den späteren Darstellungen, bei denen Glyphen die bildliche Botschaft ergänzten. Die „Tänzer" zeugen von den Eroberungen in der Periode I und der Bedeutung militärischer Auseinandersetzungen. In den späteren, sehr viel differenzierteren Inschriften aus der Periode II ergänzen Glyphen die bildlichen Darstellungen. In späterer Zeit muß die Diplomatie eine wesentliche Rolle gespielt haben, wie die Beziehung zwischen Monte Albán und Teotihuacán zeigt. Die genealogischen Register schließlich weisen auf die Bedeutung hin, die königliche Heiraten und die Abstammung der Adligen in den letzten Monte Albán-Perioden hatten. Gelingt es, diese Inschriften zu entziffern, wird sich die Geschichte des zapotekischen Volkes weiter erschließen. Vielleicht kann man dann auch die Frage beantworten, welchen Einfluß die Schrift der Zapoteken auf die Schriftsysteme der Mixteken, Azteken und Maya hatte.

Bild 13: Dieses genealogische Register stammt aus Noriega im Tal von Oaxaca und erzählt die Lebensgeschichte eines adeligen Kindes. Es zeigt im unteren Abschnitt die Himmelskiefer (farbig umrandet) über einem Bergzeichen mit den Köpfen zweier Reptilien. An den Seiten sind ein Mann mit Namen »10 Gefäß« und eine Frau mit Namen »9 Schlange« dargestellt. Im mittleren Abschnitt bringt links eine Frau mit Namen »9 Schlange« das Kind »2 Wasser« zur Welt. Auf der rechten Seite überreicht ein Erwachsener dem jetzt etwas älteren Kind einen Gegenstand; das Kind blickt einen Mann an, den man als seinen Vater deuten könnte. Um zur nächstfolgenden Szene zu gelangen, muß man den oberen Abschnitt von rechts nach links lesen: Die Mutter des Kindes ist rechts gezeigt und hält einen Stab. In der Mitte sieht man das Kind, das den als Vater gedeuteten Mann anblickt. Ein Erwachsener, dessen Bedeutung nicht bekannt ist, rückt dem Kind das Stirnband zurecht. Die fliegende Schildkröte (farbig umrandet), deren Kopf den Reptilienköpfen im unteren Abschnitt ähnelt, weist – wie auch die Himmelskiefer – auf die königliche Herkunft des Kindes hin. Die Zapoteken stellten sich vor, daß ihre Herrscher aus „heiligen Wolken" kämen, die die Form fliegender Schildkröten hatten. Die Schildkröte in diesem Register trägt den Namen »5 Schädel«.

Die Maya-Schrift

Die Maya besaßen das höchstentwickelte Schriftsystem in Altamerika. Erst in den letzten Jahrzehnten ist es gelungen, diese Schrift zu entziffern – eine prähistorische wird zur geschichtlichen Hochkultur.

Von David Stuart und Stephen D. Houston

Die Vorgeschichte untersucht schriftlose Völker, während die Geschichte sich mit jenen befaßt, die sich in schriftlichen Zeugnissen darstellen. Obwohl die Maya das am weitesten entwickelte Schriftsystem des präkolumbianischen Amerika besaßen, wurden sie bis vor kurzem weitgehend wie ein vorgeschichtliches Volk erforscht. Der Grund dafür bestand ganz einfach darin, daß man ihre Schrift nicht lesen konnte.

Im Laufe der letzten dreißig Jahre hat sich das gründlich geändert. Aufgrund entscheidender Erkenntnisse in den fünfziger Jahren über Struktur und Inhalt der Maya-Schrift hat eine kleine Gruppe von Fachleuten, darunter wir beide, nun einen beträchtlichen Teil der bekannten Maya-Schriften entschlüsselt. Diese in Steinmonumente gemeißelten oder auf Tongefäße und Rindenpapier gemalten Texte bereichern allmählich das durch geduldige Ausgrabungsarbeit gewonnene Bild von der Maya-Kultur.

Die neuen Ergebnisse bestätigen unter anderem, daß Riten des persönlichen Blutopfers, die der Adel praktizierte, in der Maya-Gesellschaft eine wichtige Rolle spielten. Weniger dramatisch, aber wohl wichtiger ist, was uns die Inschriften über Politik und Geographie mitteilen. Die meisten Inschriften sind im wesentlichen Chroniken einzelner Herrscher, die Geburt, Thronbesteigung, Rituale, Eroberungszüge und Tod dokumentieren. Durch sorgfältiges Studium dieser Texte gewinnt die Fachwelt allmählich einen Einblick in die Unbeständigkeit der politischen Verhältnisse: Wechselnde Bündnisse und Kriege zwischen den Stadtstaaten hatten rasche Veränderungen der politischen Landschaft zur Folge. Dieses immer deutlichere Bild ist ein erster Erfolg der Entzifferung nach einem Jahrhundert vergeblicher Mühe; damit treten die Maya nun in die Geschichte ein.

Vorformen und Ursprünge der Maya-Schrift

Die Maya lebten in einer tropischen Region, die dem heutigen Ost-Mexiko, Guatemala und Belize sowie dem Westteil von Honduras und El Salvador entspricht. Erst seit Beginn des 20. Jahrhunderts wird ihre Zivilisation systematisch archäologisch erforscht. Seither haben oberflächliche Bestandsaufnahmen und Ausgrabungen nachgewiesen, daß um 1500 vor unserer Zeitrechnung eine Bevölkerung, die wahrscheinlich eine Vorform der heutigen Maya-Sprachen gebrauchte, in dem bewaldeten Tiefland siedelte.

Tausend Jahre lang florierten die Walddörfer praktisch unverändert. Doch etwa um 250 vor unserer Zeitrechnung veränderten sich das soziale Leben und die politische Struktur grundlegend: In den folgenden zwei oder drei Jahrhunderten entstanden mächtige Stadtstaaten, deren Herrscher den frühesten hieroglyphischen Texten zufolge den Status von Göttern auf Erden beanspruchten (der griechische Begriff Hieroglyphen – wörtlich „heilige Kerben" – bezeichnete ursprünglich die altägyptischen Schriftzeichen; inzwischen wird er auch für die der Hethiter und die der indianischen Hochkulturen gebraucht).

Die Hieroglyphenschrift, in der diese frühen Texte (und auch die nachfolgenden) geschrieben sind, haben nicht die Maya selbst erfunden. Vielmehr baute sie anscheinend auf einer alten Schriftform auf, die jahrhundertelang bei kulturell ebenfalls hochstehenden Völkern im Westen verwendet worden war.

So gab es im heutigen mexikanischen Bundesstaat Oaxaca schon um 700 vor unserer Zeitrechnung eine Schrift; das bezeugt ein dort entdecktes, mit sehr altertümlichen Hieroglyphen beschriftetes Monument. Ein verwandtes Schriftsystem entwickelte sich im heutigen mexikanischen Bundesstaat Veracruz. Den Beweis dafür lieferte kürzlich der aufsehenerregende Fund eines mit 420 Zeichen beschrifteten Steinmonuments in La Mojarra. Obwohl von diesem Text wenig zu entziffern ist, entsprechen zwei Daten darin eindeutig den Jahren 143 und 156 unserer Zeitrechnung. Vielleicht geht die Schrift des Steins von La Mojarra auf Vorläufer zurück, von denen auch die ältesten Maya-Hieroglyphen – aus dem 2. Jahrhundert unserer Zeitrechnung – abstammen.

Was auch immer der genaue Ursprung des Maya-Schriftsystems sein mag – am Anfang der klassischen Periode der Maya-Kultur um das Jahr 250 unserer Zeitrechnung war die Hieroglyphenschrift jedenfalls in Hunderten von Orten gebräuchlich. Während der klassischen Periode, der bis zum Jahre 900 unserer Zeitrechnung währenden Blütezeit der Maya-Kultur, entstanden unzählige steinerne Monumente mit eingemeißelten Glyphen (Bild 1). Diese Schrift findet man auch in Büchern aus Rindenpapier, die mit Jaguar-Fellen eingebunden waren, sowie auf bemalter Keramik und anderen handlichen Kleingeräten.

Die politischen Gemeinwesen der Maya, in denen derartige Schrifttexte entstanden, waren im allgemeinen klein und möglicherweise von schwacher Infrastruktur. Vielleicht trug diese Schwäche zum plötzlichen Zusammenbruch der Maya-Gesellschaft am Ende der klassischen Periode bei; seine Ursachen sind allerdings in der Fachwelt noch umstritten.

Nach dem Zusammenbruch um das Jahr 900, in der nachklassischen Periode, wurde die Schrift immer noch gelegentlich auf Steinmonumenten und Gebäuden verwendet sowie in Büchern aus Rindenpapier, von denen sich nur vier erhalten haben. In der letzten von den Spaniern nicht eroberten Enklave der Maya (in Nord-Guatemala) erhielt sich die Schrift wahrscheinlich sogar noch bis ins 17. Jahrhundert. Danach ist die schriftliche Tradition zwar verlorengegangen, aber im Heimatgebiet der Maya leben heute immer noch vier Millionen Menschen, die zwei Dutzend verschiedene Maya-Sprachen gebrauchen. Dies ist für die Erforschung der Schrift von höchstem Wert, denn zweisprachige Wörterbücher aus der Kolonialzeit, moderne Lexika und linguistische Untersuchungen bieten die Möglichkeit, neue Lesungen immer wieder zu überprüfen – ein Vorteil, den es bei der Entzifferung von Texten ausgestorbener Sprachen nicht gibt.

Schon kurz nach der 1541 beginnenden spanischen Eroberung versuchten spanische Missionare, die Maya-Hieroglyphen zu entziffern. Der bekannteste war Diego de Landa, der dritte Bischof von Yukatan; er schrieb im Jahre 1566 die Abhandlung *„Relación de las cosas de Yucatán“* („Bericht über die Angele-

Bild 1: Diese mit Inschriften bedeckte Stele aus Yaxchilán in Mexiko entstand im 7. Jahrhundert unserer Zeitrechnung, dem Höhepunkt der klassischen Periode der Maya-Kultur. Der hieroglyphische Text rühmt die Gefangennahme eines fremden Fürsten durch den lokalen Herrscher „Schild-Jaguar“. Die im Flachrelief ausgeführte Szene zeigt den Herrscher und unten seinen vor ihm knienden Gefangenen.

genheiten von Yukatan“). Diese Arbeit – sie wurde erst drei Jahrhunderte später von der Wissenschaft entdeckt – enthält eine knappe Abhandlung zur Schrift der Maya. Landa glaubte, die glyphischen Zeichen bildeten ein Alphabet, ähnlich den Buchstaben in den indo-europäischen Sprachen. Er skizzierte glyphische Zeichen und interpretierte sie als *A*, *B*, *C* und so weiter. Somit war Landa leider völlig entgangen, daß die Maya-Zeichen alles andere als alphabetisch sind.

Der Kalender der Maya

Den ersten großangelegten wissenschaftlichen Versuch zur Entzifferung der Maya-Schrift unternahm Ernst Förstemann, seinerzeit Geheimrat, Professor und königlich-sächsischer Oberbibliothekar in Dresden. Im Jahre 1880 begann Förstemann mit dem Studium der Hieroglyphen in den alten Buchhandschriften aus Rindenpapier; die berühmteste, der *„Codex Dresdensis“*, gehörte zu den Manuskriptbeständen seiner Bibliothek. Nach 14 Jahren hatte Förstemann die komplizierte Funktionsweise des Maya-Kalenders enträtselt. Er wies nach, daß der Kalender auf zwei synchronen Zyklen von 260 und 365 Tagen beruht: Jedes Datum wird üblicherweise durch seine Position sowohl im 260- als auch im 365-Tage-Zyklus ausgedrückt. Da diese Kombination sich aber alle 52 Jahre wiederholt, legten die Kalenderpriester das Datum überdies mit einer eindeutigen – weil nicht zyklischen – sogenannten langen Zählung fest; den Ausgangspunkt dieser linearen Zählung bildete das Jahr 3114 vor unserer Zeitrechnung.

Durch die Leistung Förstemanns und anderer Forscher wie des Amerikaners Joseph Goodman – er schlug 1905 die noch heute weitgehend anerkannte Korrelation zwischen dem Maya- und dem christlichen Kalender vor – erkannte man schon sehr früh, welch große Bedeutung die Maya-Schriftgelehrten der Zeitrechnung beimaßen. Doch da Zeitangaben vielen – etwa historischen, religiösen oder mythischen – Zwecken dienen können, war die Fachwelt über den Inhalt der nicht-kalendarischen Teile der Maya-Inschriften weiter im unklaren.

Einen ersten Beitrag zum Verständnis der nicht-kalendarischen Inschriften leistete Paul Schellhas, Richter in Berlin und mit Ernst Förstemann befreundet; er identifizierte die meisten Maya-Gottheiten und ihre Namen in den Codices. Die Arbeit von Schellhas legte den Gedanken an einen religiösen oder mythischen Charakter auch der Stein-In-

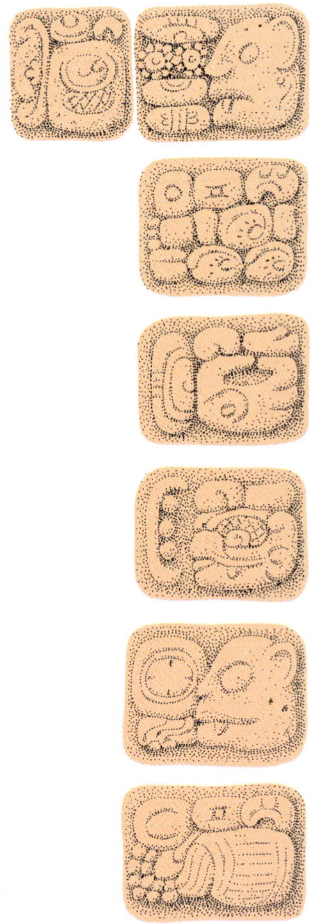

Lesung

na-wa-ha/yi-ch'a-ki-balam/[Seibal]-ahaw/yi-chi-nal/u-chan-nul (?)/k'in-ni-balam/ch'ul-[Dos Pilas]-ahaw/

Übersetzung

Er wurde geschmückt (zur Opferung ?), Jaguar-Pfote, der Seibal-Fürst, in Begleitung des Hüters von (?) (dem Gefangenen) Sonnen-Jaguar, des göttlichen Herrschers von Dos Pilas.

Bild 2: Die Inschrift auf Stele 2 von Aguateca in Guatemala weist möglicherweise darauf hin, daß einer der abgebildeten Fürsten – „Jaguar-Pfote“ von Seibal – die seiner Opferung angemessene zeremonielle Kleidung trägt. Die stehende Person ist der Herrscher des benachbarten Ortes Dos Pilas; der Gefangene, „Jaguar-Pfote“, kauert unter seinen Füßen. Die politische Einheit, deren Zentrum Dos Pilas war, dehnte sich gegen Ende des 7. Jahrhunderts rasch aus, bis sie Aguateca und andere Maya-Städte umfaßte. Wie solche Texte belegen, führten die Maya Eroberungskriege, die rasche Gebietserweiterungen zur Folge hatten; die Feldzüge hatten aber häufig auch rituellen Charakter.

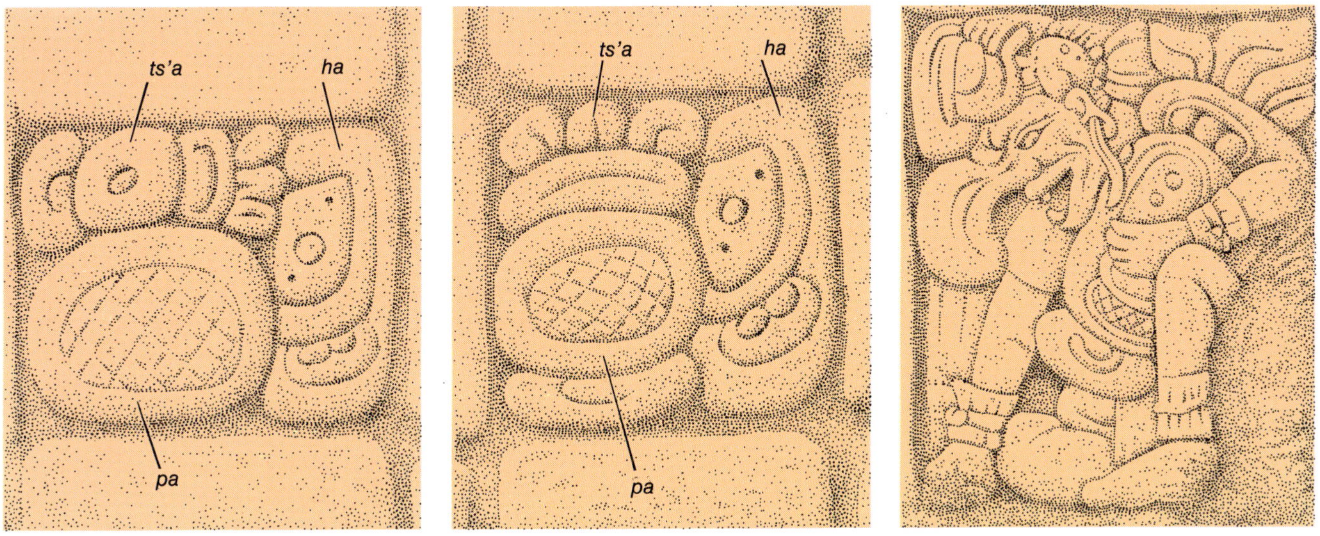

Bild 3: Durch graphische Variation konnten die Maya-Schriftgelehrten jedes Wort auf mehrere Arten schreiben. Hier sind drei Varianten des Verbs *ts'apah* („wurde aufrecht hingestellt") abgebildet (nach dem Entzifferungsvorschlag von Nikolai Grube von der Universität Hamburg, veröffentlicht in „Festschrift für Thomas Barthel", Bern 1989). Jedes Beispiel enthält Zeichen für drei Silben: *ts'a*, *pa* und *ha*. Das linke Beispiel zeigt die konventionelle Anordnung. Im mittleren Beispiel ist das *pa*-Zeichen in das *ts'a*-Zeichen integriert, das hier vertikal steht. In der rechten Variante benutzte der Schreiber für *pa* eine Vollfiguren-Glyphe: einen sitzenden Mann mit Knollennase; er hält das *ts'a*-Zeichen im Arm.

schriften nahe, und dieser Ansicht folgten viele Forscher bis weit in die sechziger Jahre hinein.

In den ersten Jahrzehnten des 20. Jahrhunderts hatte die archäologische Forschung viele neue Texte auf Stein und Keramik zutage gefördert, die zur Überprüfung dieser Hypothese dienen konnten. Doch trotz großer Bemühungen der damals führenden Epigraphiker – Sylvanus G. Morley und J. Eric S. Thompson – kam man bei der Entzifferung der nicht-kalendarischen Texte kaum voran.

Obwohl Landas Maya-Alphabet um das Jahr 1860 in einem spanischen Archiv, wo es 300 Jahre lang unbeachtet gelegen hatte, von dem französischen Forscher Charles Etienne Brasseur de Bourbourg wiederentdeckt worden war, machte zunächst niemand ernsthaft Gebrauch davon. Vielleicht zeigte die Fachwelt so wenig Interesse an Landas Zeichenliste, weil zumindest einige Maya-Glyphen zweifellos sogenannte Logogramme waren, das heißt Zeichen, die für ganze Wörter stehen. Beispielsweise ist einer der zwanzig Tage langen Monate im 365-Tage-Zyklus nach der Fledermaus benannt: Das Zeichen für diesen Monat stellt einen Fledermauskopf dar. Wo Landa Buchstaben sah, sahen die Epigraphiker ganze Wörter.

Doch der erste Durchbruch zum Verständnis des Maya-Schriftsystems gelang just einem jungen Forscher, der sich auf Landas Arbeit stützte und sie durchaus ernst nahm. Jurij Knorosow von der Akademie der Wissenschaften der UdSSR in Leningrad teilte zwar die Auffassung, daß Landas Liste kein Alphabet darstellte; er verwarf sie aber nicht gänzlich. Vielmehr schloß Knorosow, Landa sei beim Aufstellen seiner Liste einem interkulturellen Mißverständnis erlegen: Wenn Landa seinen indianischen Informanten zum Beispiel bat, den Buchstaben *B* (im Spanischen *be* gesprochen) zu schreiben, dann hatte dieser das Maya-Zeichen für die Silbe *be* aufgezeichnet.

Die Entdeckung der Silbenschrift

Landas vermeintliches Alphabet war Knorosow zufolge in Wirklichkeit eine Silbenliste. Jedes Zeichen der Liste steht demnach für eine bestimmte Kombination aus einem Konsonanten und einem Vokal. Wenn die Zeichen zusammengefügt werden, drücken sie phonetisch Wörter aus.

Die Wörter der Maya-Sprache sind jedoch häufig von der Form Konsonant-Vokal-Konsonant. Da somit nur wenige Wörter auf Vokale enden, ließ man den Endvokal beim Aussprechen einfach weg. Wenn das Wort aber geschrieben wurde, dann folgte der Schreiber nach Knorosows Theorie dem Prinzip der sogenannten Vokalharmonie: Er wählte eine Endsilbe, die den gleichen Vokal hatte wie die erste Silbe des Wortes.

Knorosow überprüfte seine Theorie anhand der Codices. Er begann mit einem Wort, von dem man aufgrund anderer Hinweise annahm, daß es „Truthahn" bedeute. Im yukatekischen Maya – einer modernen Maya-Sprache, die der Sprache der alten Inschriften am nächsten verwandt ist – heißt das Wort für Truthahn *kutz*. Knorosow begann mit der Glyphe, die Landa für den Buchstaben *K* gehalten hatte, und interpretierte sie als die Silbe *ku*. Das zweite Zeichen der beiden Glyphen für „Truthahn" stand nach dem Prinzip der Vokalharmonie wahrscheinlich für die Silbe *tzu*. Dann untersuchte er die beiden Glyphen in den Codices, die vermutlich „Hund" hießen. Die erste Glyphe war das hypothetische *tzu*. Die zweite war in Landas Liste der Buchstabe *L* und wurde nun als die Silbe *lu* interpretiert. *Tzul* (oder *tzu-l(u)*, wie die alten Maya es buchstabiert hätten) ist nun aber gerade ein yukatekisches Wort für Hund.

Knorosows Arbeit stellte einen bedeutenden Durchbruch dar, und seine Grundannahmen – Konsonant-Vokal-Silben und Vokalharmonie – gelten heute als richtig. Aus verschiedenen Gründen hat es jedoch viele Jahre gedauert, bis seine in den fünfziger Jahren geleistete Arbeit im Westen anerkannt wurde.

In der Zwischenzeit machten zwei westliche Forscher ebenfalls große Fortschritte beim inhaltlichen Verständnis der Inschriften. Der Deutsch-Mexikaner Heinrich Berlin – er lebte als stiller Teilhaber eines Familienunternehmens in Mexiko-Stadt, war aber hauptsächlich als Archäologe und Kunsthistoriker in Mexiko und Guatemala tätig – machte darauf aufmerksam, daß eine bestimmte Sorte von Hieroglyphen anscheinend für Orte steht oder für die Herrscherfamilien, die mit diesem Ort verbunden sind; Berlin nannte sie Emblemglyphen. Gerade auf diese Emblemglyphen konzentriert sich heute die Erforschung der Maya-Schrift.

Nur zwei Jahre nach Berlins wichtiger Entdeckung, 1960, erschien eine weitere bahnbrechende Arbeit. Tatiana Proskouriakoff von der Carnegie-Stiftung in Washington hatte sich als Architektin der Maya-Forschung zugewandt und untersuchte die Veränderungen der Maya-Kunststile. Um die Stilphasen zu datieren, mußte sie die Kalenderdaten auf den Monumenten möglichst genau verzeichnen. Überraschenderweise entsprach die Anordnung der Daten auf den Monumenten bestimmten Perioden im Leben einzelner Menschen. Am Beispiel der Inschriften von Piedras Negras in Guatemala konnte Proskouriakoff überzeugend nachweisen, daß die aufgeführten Daten historische Ereignisse im Leben namentlich genannter Herrscher und ihrer Familien markierten.

Logogramme und Silbenschrift

Die Beiträge von Knorosow, Berlin und Proskouriakoff schufen ein völlig neues Verständnis von Form und Inhalt der Maya-Schrift: Erstmals erkannte man, daß das Schriftsystem sowohl Logogramme als auch Zeichen für Silben der Struktur Konsonant-Vokal enthält; und man wußte nun auch, daß der Inhalt der Schriften sich in der Regel auf historische Ereignisse im Leben der herrschenden Elite bezieht und nicht auf unpersönliche Mythen oder religiöse Erzählungen. Die Folgen dieser Umwälzung beschäftigen die Maya-Forschung noch immer; gerade in den letzten Jahrzehnten hat sie besonders große Fortschritte erzielt.

Somit läßt sich nun ein vorläufiger Überblick über das System und die Inhalte der Schrift geben. Die Grundelemente der Maya-Schrift sind Zeichen, von denen etwa 800 bekannt sind. Das Zeichen hat normalerweise ein quadratisches oder länglich-ovales Format; ein einzelnes oder mehrere Zeichen bilden einen sogenannten Glyphenblock. Bei den meisten Inschriften sind viele solcher Blöcke in einer rechteckigen Matrix angeordnet. Innerhalb der Matrix sind die Glyphenblöcke in Zeilen und Spalten angeordnet, deren Lesefolge bestimmten Regeln gehorcht.

Die Zeichen sind bildhaft und stellen oft sehr detailgetreu Tiere, Menschen, Körperteile und Gegenstände des täglichen Lebens dar. Am ausgeprägtesten ist die Bildhaftigkeit bei den Inschriften aus Vollfigur-Hieroglyphen; sie geben einzelne Zeichen und Zahlen wie lebendige Wesen wieder, die miteinander in Wechselwirkung stehen. Dies bedeutet aber keineswegs, daß die Maya sich einer einfachen Bilderschrift bedient hätten. Ganz im Gegenteil: Die Kombination von Konsonant-Vokal-Silben und Logogrammen ermöglichte es den Schreibern, die Wörter ihres Textes im Detail wiederzugeben (Bild 3).

Diese Flexibilität hängt damit zusammen, daß zwei Typen von Zeichen zur Auswahl stehen. So tritt in Maya-Texten zum Beispiel ein bestimmter Ehrentitel sehr häufig auf, der *ahaw* lautet und „Herr" oder „Adliger" bedeutet. *Ahaw* kann nun einerseits logographisch geschrieben werden: als ein im Profil dargestellter Kopf mit dem für die oberste Adelsschicht der Maya typischen Stirnband. Andererseits läßt das Wort sich durch die Kombination von drei phonetischen Silbenzeichen schreiben: *a-ha-wa*. Ebenso kann das Wort *pakal* („Schild") durch die Darstellung eines Schildes oder durch die Kombination der Silbenelemente *pa-ka-la* wiedergegeben werden (Bild 4).

Da viele Maya-Schriftzeichen noch nicht entziffert sind, läßt sich das Mengenverhältnis von logographischen zu Silbenzeichen nicht genau angeben. Die Zahl der entzifferten Silbenzeichen wächst aber fortwährend, und heute ist die Silbenmatrix etwa zur Hälfte ausgefüllt. (In der Silbenmatrix sind die Konsonanten der gesprochenen Sprache in einem Rechteckschema so gegen die Vokale aufgetragen, daß ihre Kombinationen alle zum Schreiben der Sprache

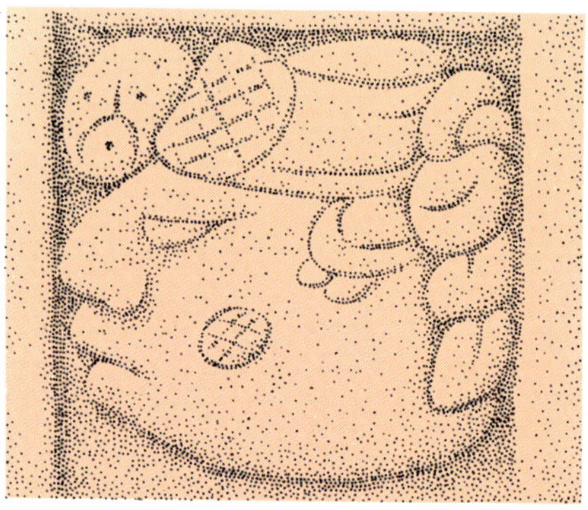
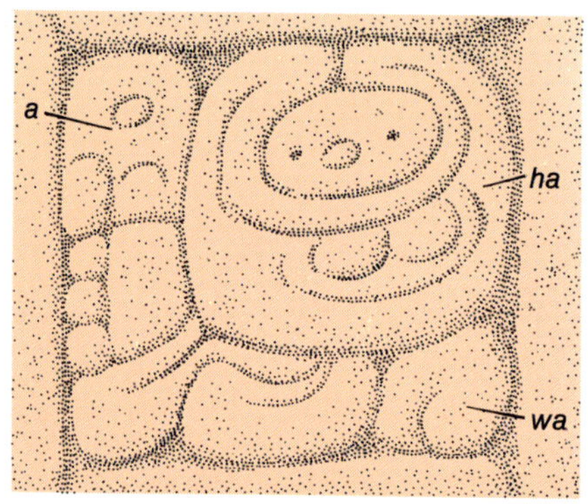

ahaw („Herr")

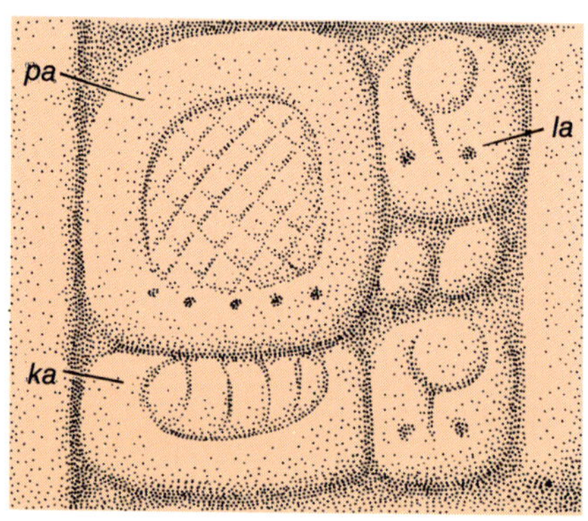

pakal („Schild")

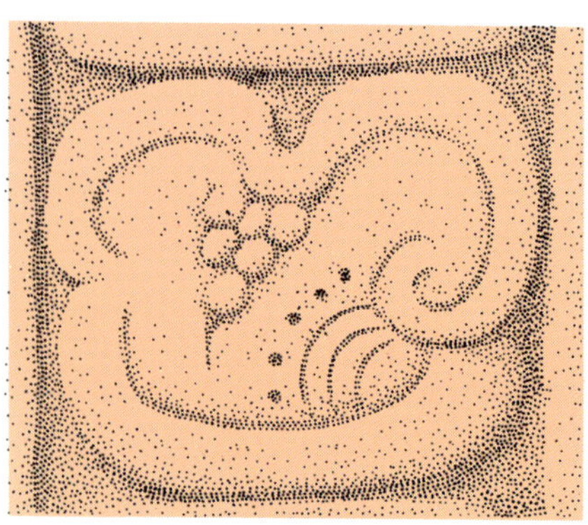
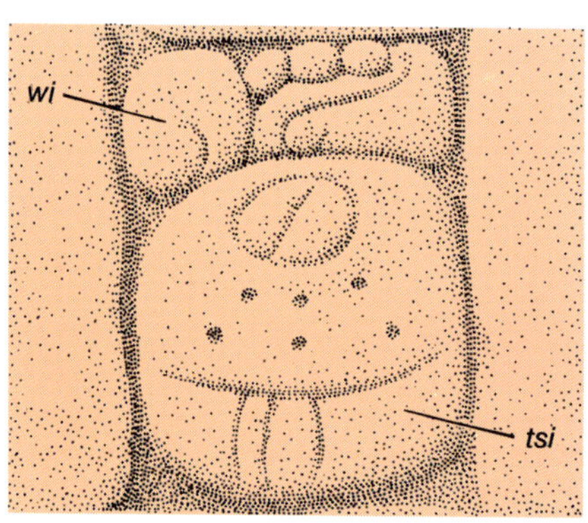

wits („Hügel")

Bild 4: Die Wahl zwischen Logogrammen und Silbenzeichen gab dem Maya-Schreiber zusätzliche Variationsmöglichkeiten beim Gestalten der Texte. Ein Logogramm ist ein Zeichen für ein ganzes Wort. Hier sind die logographische und die Silben-Schreibweise jeweils für die Maya-Wörter *ahaw* („Fürst"), *pakal* („Schild") und *wits* („Hügel") gegenübergestellt.

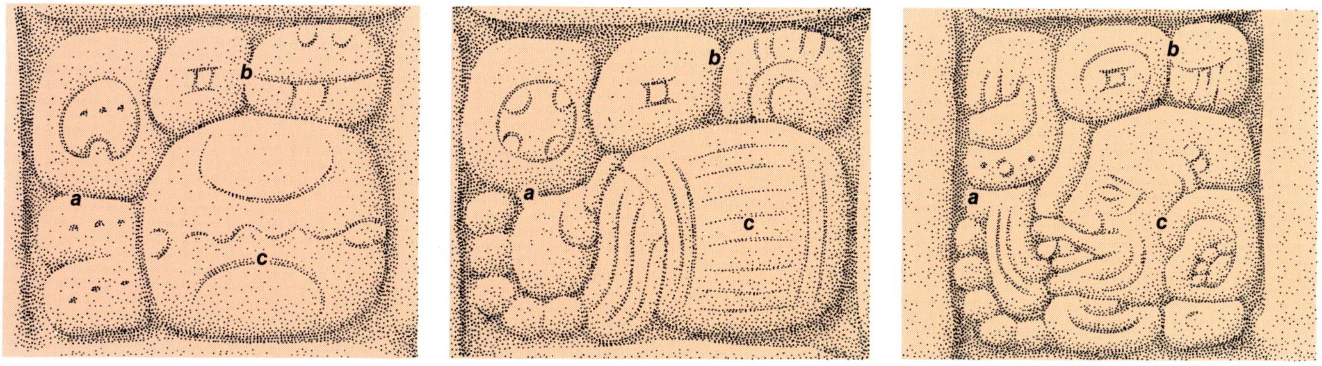

Bild 5: Emblemglyphen sind kombinierte Zeichen, die sich auf bestimmte politische Einheiten beziehen. Sie ließen bei ihrer Entdeckung im Jahre 1958 die Vermutung aufkommen, daß Maya-Texte auch historische Themen behandeln und nicht nur mythische oder religiöse. Diese Emblemglyphen stammen von Palenque in Mexiko, Dos Pilas in Guatemala und Copán in Honduras. Alle drei beruhen auf dem Maya-Titel *k'ul ahaw*, „göttlicher Fürst". Das jeweils erste Zeichen (*a*) bedeutet *k'u* oder *k'ul* („heilig" oder „göttlich"), das zweite (*b*) ist *ahaw* („Fürst"). Das variable dritte Zeichen (*c*) bezieht sich vermutlich auf den jeweiligen Stadtstaat. Emblemglyphen geben Aufschluß über die Territorialpolitik.

notwendigen Silbenzeichen ergeben.) Eine halb gefüllte Silbenmatrix erscheint vielleicht als bescheidenes Ergebnis. Aber immerhin ist Knorosows Hauptleistung, die Entdeckung der Silbenelement-Struktur, kaum mehr als 30 Jahre alt. Außerdem sind die bereits identifizierten Konsonant-Vokal-Silben die besonders gebräuchlichen. Viele Leerstellen der Matrix betreffen selten gesprochene Silben; selten verwendete Zeichen lassen sich eben schwerer entziffern als häufige.

Dennoch wird in den nächsten Jahren mit wachsendem wissenschaftlichem Einsatz das Tempo der phonetischen Entzifferung gewiß zunehmen. Allerdings gibt es eine Eigenart der Maya-Schrift, die diesen Fortschritt hemmt: Verschiedene Zeichen können denselben Wert haben. Zwei Zeichen mit gleichem Wert – sogenannte Allographen – sind in Maya-Texten häufig; um die phonetische Interpretation einer bestimmten Silbe herauszufinden, ist es darum sehr hilfreich, möglichst viele ihrer Schreibvarianten zu identifizieren. Allographen lassen sich aber nur durch umfangreiche und zeitaufwendige Textvergleiche erkennen.

Es gibt aber nicht nur für phonetische Silben Allographen, sondern auch für ganze Wörter. Durch Auswechseln von Logogrammen läßt sich ein und dasselbe Wort durch mehrere Zeichen darstellen. So kann das Maya-Wort *kan* (oder *kaan*) „Schlange", „Himmel" oder „vier" bedeuten – ähnlich wie das deutsche Wort „Bank" sich auf eine Sitzgelegenheit oder auf ein Geldinstitut beziehen kann. Der Gleichklang dieser Wörter bot den Schreibern die Gelegenheit zu Wortspielen. In der Tat wirkt der Austausch eines Zeichens gegen ein anderes manchmal geradezu verspielt – wenn zum Beispiel das Zeichen für „Himmel" in einem Kontext auftritt, in dem „vier" gemeint ist.

Solche Äquivalenzen sind schwer zu erkennen, sind aber typisch für die Schwierigkeit von Maya-Texten. Trotz dieser Probleme ist man in den letzten Jahren mit dem Entziffern so rasch vorangekommen, daß das wissenschaftliche Publizieren der neu übersetzten Inschriften oft kaum Schritt zu halten vermochte.

Mitteilungen des Adels

Welche neuen Erkenntnisse über die Maya selbst haben die jüngsten Entzifferungserfolge gebracht? Beim Interpretieren der Inschriften darf man nicht vergessen, daß sie ausschließlich von der Spitze der sozialen Pyramide handeln. Die Inschriften wurden von der herrschenden Elite in Auftrag gegeben und enthalten nur Informationen, die den Herrschern wichtig schienen. Natürlich sind auch derartige Informationen höchst aufschlußreich, sofern man ihre Einseitigkeit nicht vergißt. Über die große Mehrheit der Bevölkerung – die Bauern, die Handwerker, die Händler – schweigen die schriftlichen Dokumente der Maya sich aus.

Die wichtigsten Anliegen der herrschenden Elite waren verwandtschaftliche Beziehungen und politische Macht. Deutliche Hinweise darauf hat die Forschung schon sehr früh gefunden. Berlin und Proskouriakoff entdeckten die Namen der Herrscher und ihrer Frauen an Orten wie Palenque, Piedras Negras und Yaxchilán und stellten danach Königslisten auf.

Die spätere Forschung hat zudem verwandtschaftliche Beziehungen zwischen den in den Inschriften genannten Personen geklärt. So stellte man fest, daß während der klassischen Periode die Herrschaft vom Vater auf den Sohn übertragen wurde, ähnlich wie bei europäischen Königshäusern.

In den Inschriften nehmen die Beziehungen zwischen den Vätern und Söhnen der herrschenden Familien sowie andere Verwandtschaften viel Raum ein. Also war vermutlich die Verwandtschaft für die Herrscher der Maya ein besonders wichtiges Thema. Die politische Organisation der Maya-Gesellschaft beruhte offenbar auf familiären Verbindungen. Heiraten zwischen herrschenden Dynastien verschiedener politischer Einheiten spielten eine wichtige Rolle in der Diplomatie und für das Schmieden von Bündnissen. Innerhalb der einzelnen Gemeinwesen oder Stadtstaaten erfüllten die nicht in der direkten Thronfolge stehenden Mitglieder der königlichen Familie manchmal Verwaltungsaufgaben.

Andere Mitglieder des Adels wurden Kunsthandwerker; dies bezeugt ein Keramikgefäß aus der Gegend um Naranjo in Nord-Guatemala. Dieses Gefäß ist leider durch eine Raubgrabung zum Vorschein gekommen – wodurch die einheimische Bevölkerung um ihr Erbe und die Archäologie um entscheidende Informationen über den Ursprung des Artefakts gebracht wird. Die Keramik ist mit dem Zusatz „der Sohn des *ahaw* von Naranjo und der Herrin von Yaxha" signiert.

Viele Künstler hinterließen ihre Unterschrift auf Tongefäßen und Steinmonumenten. Oft erscheinen auf einer einzelnen Skulptur auch mehrere Künstlernamen; dies zeigt, daß große Werke Zusammenarbeit erforderten und wie sehr die Arbeit berühmter Künstler geschätzt wurde.

Somit lassen sich nun viele Herrscher, ihre Verwandten und die unmittelbaren Untergebenen mit ihren Namen und ihrer Position in der rigiden sozialen Hierarchie der Maya angeben. Solche Identifikationen liefern jedoch nur grobe Umrisse einer Kultur. Von allem übrigen – wie die so identifizierten

Personen wirklich ihre Zeit zubrachten – erfährt man aus den Inschriften leider kaum etwas.

Die meisten Maya-Texte beschreiben nur die wichtigsten Episoden im Leben der Herrscher, und zwar solche, die unmittelbar mit ihrem Status als Herrscher zusammenhängen – wie eben Geburt, Thronbesteigung, Tod und Begräbnis. Aus diesen Informationen einen Eindruck von der Maya-Gesellschaft gewinnen zu wollen gliche dem Versuch, die englische Gesellschaft des 19. Jahrhunderts anhand einer Analyse der Grabsteine in der Westminster-Abtei zu rekonstruieren.

Andere Inschriften sind etwas ergiebiger und geben Hinweise auf rituelle Bräuche der Elite – zum Beispiel auf das Ballspiel; es wurde von allen Völkern Mittelamerikas gespielt und stellt die Forschung noch immer vor Rätsel. Es gibt Darstellungen von reich gekleideten Ballspielern in Aktion, gleichsam in Stein gemeißelte Schnappschüsse, die von faszinierenden Texten begleitet sind. Meist erkennt man zwei Männer, die im Wettkampf einen großen Vollgummiball hin und her stoßen. Leider sagen die begleitenden Texte nichts über die Spielregeln aus. Immerhin teilen sie uns aber mit, daß die Herrscher sich selbst manchmal beteiligten: Oft wird der Herrscher *ah pits*, das heißt „Ballspieler", genannt.

Bild 6: Dieses Kakao-Gefäß wurde 1984 in einem königlichen Grab in Río Azul (Guatemala) gefunden. Der Deckel mit Henkelgriff funktioniert wie ein Schraubverschluß: Man muß ihn ein wenig drehen, damit er sich öffnet. Das Gefäß ist mit einer dünnen Stuckschicht überzogen und bemalt. Die Bemalung des Henkels erweckt den Eindruck eines Jaguarfells. Jedes der 15 Medaillons war ursprünglich mit einer Hieroglyphe bemalt. Im Gefäß fanden sich eingetrocknete Reste einer Flüssigkeit, die chemisch als Kakao identifiziert wurde.

Zu den in den Inschriften am häufigsten behandelten Ritualen gehören das Verbrennen von Weihrauch und das Opfern des eigenen Blutes, das Mitglieder des Adels als ihr wertvollstes Gut den Göttern als Gegengabe für deren Gunst und Hilfe darbrachten. Solche Zeremonien fanden häufig zu besonderen Zeiten statt, etwa bei der Thronbesteigung, der Ernennung eines Erben oder bei der Feier eines bestimmten Kalenderzyklus. Zweifellos waren diese kultischen Handlungen wichtig, oft sogar noch ergänzt durch rituelle Opfer des Blutes von Gefangenen; dennoch wäre es falsch anzunehmen, die Maya-Gesellschaft sei von einem Blutkult geprägt gewesen.

Allerdings spielte der Krieg zwischen den Stadtstaaten eine recht bedeutende Rolle. Anscheinend war das Nehmen von Gefangenen eine königliche Pflicht und eine Quelle des Stolzes. So trägt ein König von Yaxchilán in den Inschriften fast immer die Bezeichnung: „der mit den zwanzig Gefangenen".

In einigen Fällen scheinen Kämpfe die territorialen Machtverhältnisse immer wieder verändert zu haben. Ein Gebiet des Maya-Tieflands, aus dem umfangreiche Kriegsberichte stammen, ist die Region um den Petexbatún-See in Guatemala. Den dort gefundenen Inschriften zufolge herrschten innerhalb von 40 Jahren zwischen gewissen Stadtstaaten zunächst freundschaftliche, dann feindselige und schließlich wieder freundschaftliche Beziehungen. In derselben Zeitspanne unternahm dort der Stadtstaat mit dem Zentrum in Dos Pilas mehrere Raubzüge; er wuchs rasch, verlor aber schnell wieder die Kontrolle über das eroberte Land (Bild 2).

Emblemglyphen

Die Aufzeichnungen aus Dos Pilas zeigen, daß die Maya politische Kriege führten. Doch wie man aus den Inschriften anderer Gebiete schließt, war nicht immer Eroberung das unmittelbare Ziel von Feldzügen; sie hatten auch rituellen Charakter. Die Frage, wie ernsthaft die Maya dabei auf Gebietserweiterung aus waren, wird vermutlich noch länger ungeklärt bleiben. Allerdings hat man kürzlich präzise Ortsbezeichnungen entdeckt und beginnt damit besser die Territorialpolitik zu verstehen.

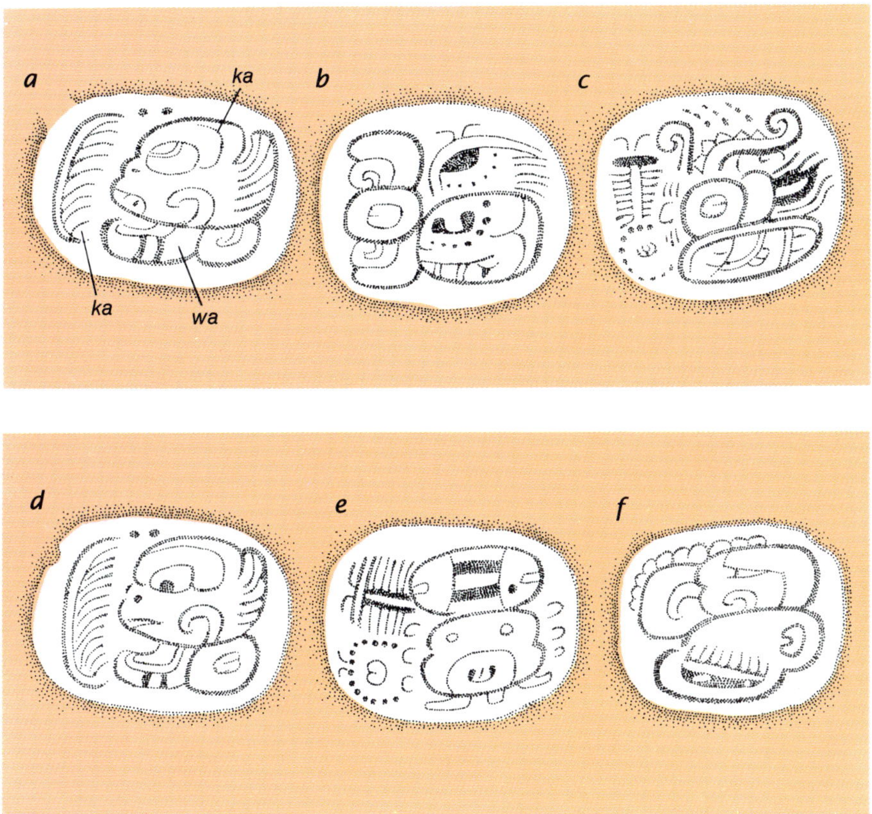

Bild 7: Die Inschrift auf dem Kakao-Gefäß wurde von einem der Autoren (Stuart) teilweise entziffert. Die sechs abgebildeten Glyphen umranden den Deckel des Gefäßes. Die Glyphen *a* und *d* stehen für das Maya-Wort *ka-ka-w(a)*, von dem die deutsche Bezeichnung Kakao stammt. Glyphe *b* bedeutet vermutlich „sein Gefäß". Der doppelte Hinweis auf Kakao bedeutet vielleicht, daß man das Gefäß für zwei verschiedene Arten des Getränks verwendete. Der Text setzt sich auf dem Bauch des Gefäßes fort; er nennt den Besitzer und vielleicht dessen Beziehung zu einer Person von hohem Rang, hat also keinen rituellen Bezug.

Hieroglyphen von Ortsnamen sind zwar aus anderen Schriftsystemen Mittelamerikas seit langem bekannt, aber bis vor kurzem hatte man nur eine vage Kenntnis von den Orten im Maya-Gebiet. Berlins Entdeckung der Emblemglyphen stellte einen großen Fortschritt dar, doch waren sie nicht eindeutig definiert. Obwohl Berlin vermutete, die Emblemglyphen trügen eine geographische Bedeutung, konnte er nicht mit Sicherheit feststellen, ob sie sich auf Dynastien bezogen, auf einzelne Orte oder auf ganze Stadtstaaten. Heute stimmt die Mehrzahl der Fachleute mit Thomas S. Barthel (vormals Universität Tübingen), Berthold Riese von der Universität Bonn, Joyce Marcus (Universität von Michigan in Ann Arbor) sowie mit Peter Mathews von der Universität von Calgary (Kanada) darin überein, daß Emblemglyphen sich auf politische Einheiten beziehen, die größer sind als ein einzelner Ort (Bild 5). In einigen besonders interessanten Forschungsansätzen versucht man gegenwärtig, die genaue Funktion dieser politischen Einheiten für die Maya-Kultur zu klären.

Innerhalb solcher Gemeinwesen hatten auch bestimmte Orte eigene Namen, die in den Inschriften durch Hieroglyphen ausgedrückt sind; dies haben wir im Jahre 1986 nachgewiesen. Einige Ortsnamen beziehen sich auf natürliche Merkmale. So hieß der heutige Ort Aguateca, der ebenfalls in der Petexbatún-Region liegt, bei den Maya *K'inich Wits*, „Sonnengesicht-Hügel". Die Namensglyphe enthält ein „Hügel"-Zeichen, das oben gespalten ist. Das paßt zu dieser Stadt: Sie liegt auf einem Hügel, der durch eine bis zu 50 Meter tiefe Schlucht gespalten ist.

Die wohl größte Zahl von detaillierten Ortsbezeichnungen findet man in der Stadt Tikal im heutigen Guatemala. Obwohl noch nicht alle Namen übersetzt sind, beziehen sich wahrscheinlich die meisten auf bestimmte Gebäude oder Gebäudekomplexe.

Die Wahl der Namen gibt einen gewissen Eindruck, wie die Maya ihre Bauten wahrnahmen. Zum Beispiel tragen einige Gräberpyramiden Bezeichnungen, die das Wort *wits* („Hügel") enthalten; offenbar betrachteten die Maya sie als künstliche Berge. Die mit Inschriften versehenen steinernen Stelen, denen man in Maya-Städten überall begegnet, heißen oft „Pflanzen-Steine" oder „Baum-Steine". Demnach empfanden die Maya, wenn man sie beim Wort nimmt, ihre Städte als Landschaften aus Bergen und Bäumen.

Sie versahen aber nicht nur bestimmte Gebäude oder Monumente mit Namen, sondern beschrifteten auch Jade-Schmuck, steinerne Gefäße, Keramik, Muscheltrompeten und andere Gegenstände mit deren Bezeichnung und mit dem Namen des Besitzers. Die meisten Inschriften dieser Art findet man auf Tongefäßen (Bild 6). Im Jahre 1971 fand Michael Coe von der Yale-Universität in New Haven (Connecticut) heraus, daß die meisten Texte auf Gefäßen in einer bestimmten Serie von Glyphen übereinstimmten, die er die primäre Standard-Sequenz nannte. Die dazugehörenden Malereien interpretierte Coe als mythologische Szenen und vermutete, die primäre Standard-Sequenz habe einen Bezug zum *Popol Vuh*, dem Schöpfungsepos der Quiché-Maya.

Seit jedoch in jüngster Zeit viele Schriftzeichen auf keramischen Gefäßen phonetisch und semantisch entziffert worden sind, schält sich eine gänzlich andere Interpretation heraus. Eine häufige Glyphe ist mit „gemalt" übersetzt worden, eine andere als „sein Gefäß" und eine dritte als „Kakao". Gewöhnlich folgt dann ein Name. Diese Teilentzifferung erlaubt den Schluß, daß die Inschriften auf den Gefäßen deren Funktion, Inhalt und Besitzer anzeigen (Bild 7). Diese neue Interpretation spiegelt im kleinen eine allgemeine Bedeutungsverschiebung wider, die mit der fortschreitenden Entzifferung der Maya-Schrift in Gang gekommen ist: vom Mythisch-Unpersönlichen zum Historisch-Persönlichen.

Blinde Flecken

In den letzten Jahrzehnten haben die eindrucksvollen Fortschritte beim Entziffern der Maya-Schrift neue Einsichten in die Geschichte, die Sprache, die soziale und politische Organisation und in das kultische Leben der Maya gebracht. Trotzdem sind viele Inschriften noch nicht entschlüsselt, und in fast allen Texten kommen Hieroglyphen vor, die sich nicht vollständig interpretieren lassen. Manchmal ist ein Schriftzeichen zwar phonetisch zu entziffern, aber seine Bedeutung bleibt wahrscheinlich für immer verloren, weil das Wort weder im gegenwärtigen Sprachgebrauch noch in irgendeinem alten Wörterbuch vorkommt. Doch dafür werden andere Glyphen in Zukunft ihr Geheimnis preisgeben. Die lexikalisch und strukturell reichste Schrift Altamerikas steckt noch voll Überraschungen.

Reform der orthographie – der experten-vorschlag

Die 4. amtlichen Wiener gespräche zur reform der deutschen rechtschreibung sind für 1995 vorgesehen; dann soll eine neuregelung beschlossen werden. Dieser beitrag stellt die vorgesehenen änderungen exemplarisch vor.

Von Wolfgang Mentrup

Das orthographieproblem als begründung einer neuregelung" und "Die Reform der Orthographie – einer Lösung nahe?", so lauteten die überschriften zweier artikel, die in dieser zeitschrift 1985 (märz, seite 28) und 1987 (august, seite 23) erschienen sind. Die lösung nicht weniger orthographischer probleme durch eine reform ist inzwischen greifbar nahe. Doch zwischendurch gab es einige turbulenzen.

Der "*Keiser* im *Bot* mit seinem *Al*" beherrschte 1988/1989 plötzlich die schlagzeilen und löste einen sturm der entrüstung aus. Dabei ging es nicht darum, die monarchie abzuschaffen, die es ohnehin nicht gab; und auch der tron des fußballkaisers Franz war nicht gefährdet. Das thema war vielmehr das gleiche wie hier und heute: Soll oder kann man orthographische regeln ändern, weil sie unsystematisch und deshalb allenfalls nur schwer zu vermitteln, zu lernen und anzuwenden sind? Oder bedingt ein solches unterfangen den verlust der deutschen (sprach)kultur?

Der heutige stand der dinge . . .

Der sturm hat sich gelegt, die diskussion wurde sachlicher und damit weniger spektakulär. Die 1987 angekündigten 2. Wiener gespräche zur reform der deutschen rechtschreibung zwischen amtlichen delegationen der deutschsprachigen länder (Spektrum der Wissenschaft, oktober 1988, seite 37, und april 1989, seite 40) fanden 1990 statt. Die vier staatlich beauftragten arbeitsgruppen aus Deutschland Ost und West, Österreich und der Schweiz setzten ihre wissenschaftliche arbeit fort. Das ergebnis ist als buch "Deutsche Rechtschreibung. Vorschläge zu ihrer Neuregelung" seit herbst 1992 im handel erhältlich (bild 1); herausgegeben hat es der Internationale Arbeitskreis für Orthographie, der sich aus mitgliedern der vier arbeitsgruppen zusammensetzt. Die koordination liegt beim Institut für deutsche Sprache (IDS) in Mannheim.

Kernstück des bandes ist der "Regelteil" mit einem kompletten satz von regeln zu sechs bereichen. Die bearbeitung, so heißt es in der "Einführung", berücksichtigt die bedürfnisse und interessen des schreibenden und des lesenden. Sie betrifft aufbau und gliederung des regelteils, anordnung und formulierung der regeln und ihre abstimmung aufeinander. Zudem geht es um inhaltliche änderungen heutiger regeln. Die grundregeln bleiben erhalten. Bestimmte ausnahmeregeln werden beseitigt oder eingeschränkt. Die rechtschreibung wird somit insgesamt einfacher; die regeln sind leichter zu handhaben.

Alle änderungen sind im "Kommentar" zusammengestellt und begründet. Vorgestellt sind dort auch die grundsätze, nach denen das "Wörterverzeichnis" gestaltet wird – wenn klar ist, wie die neue regelung im einzelnen aussieht.

. . . und wie es weiter gehen soll

Zur zeit werden die "Vorschläge zur Neuregelung" von den zuständigen staatlichen stellen "geprüft". Dort wird, so wie die dinge liegen, so oder so die sache letztlich entschieden. In Deutschland sind dies der Bundesminister des Innern und die Ständige Konferenz der Kultusminister der Länder, und zwar in hinblick auf behörden und schulen. Auch die neue regelung wird nur für diese lebensbereiche verbindlich sein. Privat kann jede(r) schreiben, wie sie oder er will. Die eigennamen werden weiterhin so geschrieben wie bisher.

All dies dient der vorbereitung der 3. amtlichen Wiener gespräche ende 1993. Eine zwischenstaatliche übereinkunft soll auf der 4. Wiener konferenz 1995 unterzeichnet werden. Insgesamt geht es darum, die 1901 auf der 2. Orthographischen konferenz in Berlin beschlossene regelung, die 1902 amtlich wurde (bild 2) und noch heute amtlich ist, durch eine solche zu ersetzen, die den heutigen erfordernissen angemessen ist. Dies vor allem auch deshalb, weil als folge der bearbeitungen der regelung von 1902 besonders in den zahlreichen auflagen der "Duden-Rechtschreibung" der heutige regelkomplex erheblich umfangreicher ist als die vereinbarungen von 1901. Zudem ist er in bestimmten teilen äußerst unübersichtlich, unnötig kompliziert und widersprüchlich.

Teilbereiche

Der regelteil betrifft zunächst die fünf teilbereiche

A Laut-Buchstaben-Zuordnungen,

B Getrennt- und Zusammenschreibung,

C Schreibung mit Bindestrich,

E Zeichensetzung,

F Worttrennung am Zeilenende.

Unter hinweis auf die zusammenstellung aller änderungen im kommentar führe ich hier nur einige an.

Bei den laut-buchstaben-zuordnungen wird die stammschreibung kleinerer wortgruppen systematisiert. So hieße es künftig etwa *ass* (heute *as*) wegen *die asse*, *karamell* (heute *karamel*) wegen *karamelle*, *stuckateur/stuckatur* (heute mit *kk*) wegen *stuck* sowie *bändel* und *überschwänglich* (heute mit *e*) wegen *band/bänder* und *überschwang*. Die vorschläge für die wörter um "*Keiser*, *Bot* und *Al*" sind zurückgenommen; der kaiser kann weiterhin im boot seinen aal essen. Bei der *s*-schreibung soll nach kurzem vokal immer *ss* geschrieben werden, so *fluss* (heute *fluß*)/ *flüsse* und *wässrig* (heute *wäßrig*)/*wässerig/wasser*; nach langem vokal und diphthong steht wie bisher immer *ß*, etwa in *maß/des maßes*, *außen*, *gießen*. Bei den gruppen von fremdwörtern, von denen die meisten bereits integriert, quasi eingedeutscht sind (etwa *allee*, *gelee*), wird eine integrierte variante bei allen zugelassen (etwa *schikoree/chicorée*). Für gruppen mit angebahnter integration (etwa *photographie/fotografie*) wird für einige alltagswörter eine solche vorgeschlagen (etwa *asfalt/asphalt*).

Die ausgangsregel der getrennt- und zusammenschreibung wird einem bewusst, wenn man nach früheren gewohnheiten schreibt, als es sie noch nicht gab. ZWISCHENWÖRTERNDIENEBENE INANDERSTEHENMACHTMANEI NENZWISCHENRAUMSIEWERDEN GETRENNTGESCHRIEBEN: *auf dem stuhl sitzen bleiben, den teller fallen lassen, das zimmer rein halten, im see baden gehen*. Eine ausnahmeregel (AR 1) lautet: Man schreibt zusammen, wenn durch die verbindung ein neuer begriff entsteht: *in der schule sitzenbleiben (nicht versetzt werden), seinen plan fallenlassen (aufgeben)*. Zwei ausnahmeregeln zu AR 1 lauten:

AR 2.1 Obwohl kein neuer begriff entsteht, schreibt man zusammen: *im bett liegenbleiben, das zimmer sauberhalten, spazierengehen, kennenlernen*.

AR 2.2 Obwohl ein neuer begriff entsteht, schreibt man getrennt: *seine maske fallen lassen (sein wahres gesicht zeigen), mit seinem plan baden gehen (scheitern)*.

Für diese und andere entsprechende fälle wird getrenntschreibung vorgeschlagen, die bei umgekehrter reihenfolge *(er blieb in der schule/auf dem stuhl sitzen)* schon heute gilt, also etwa *in der schule/auf dem stuhl sitzen bleiben*. Schon diese minimalen kontexte zeigen dem lesenden unmissverständlich, was jeweils gemeint ist.

Für die schreibung mit bindestrich ist mit einer größeren zahl an kann-regeln mehr entscheidungsspielraum für den schreibenden vorgesehen, etwa für fälle wie *ich-sucht/ichsucht*. Bereinigt werden damit bestehende ungereimtheiten wie *ichform*, aber *ich-roman*.

Bei der zeichensetzung ist besonders der gebrauch des kommas heute kompliziert und teilweise widersprüchlich geregelt, und zwar insbesondere vor *und* und ähnlichen konjunktionen sowie in verbindung mit infinitiv- und partizipgruppen. Beseitigt wird ein geflecht von ausnahmeregeln, erhöht wird dadurch die regelhaftigkeit. Ein größerer freiraum lässt dem schreibenden mehr möglichkeiten, dem lesenden die gliederung zu

Bild 1: Vier arbeitsgruppen haben diesen band vorgelegt: die Forschungsgruppe Orthographie der Universität Rostock und des Zentralinstituts für Sprachwissenschaft in Berlin, die Kommission für Rechtschreibfragen des Instituts für deutsche Sprache in Mannheim, die Wissenschaftliche Arbeitsgruppe des Koordinationskomitees für Orthographie beim Bundesministerium für Unterricht und Kunst in Wien und die Arbeitsgruppe Rechtschreibreform der schweizerischen Konferenz der kantonalen Erziehungsdirektoren, Bern/Zürich. Begonnen hatte deren gemeinsame tätigkeit 1980. Auf insgesamt neun tagungen wurden die regelungen der einzelnen bereiche erarbeitet; auf der letzten im jahre 1991 verabschiedeten die delegationen das dann im herbst 1992 veröffentlichte regelwerk mit großer mehrheit.

verdeutlichen und ihm das verstehen zu erleichtern.

Bei der worttrennung am zeilenende wird die heutige untrennbarkeit von st wie in *we-ste* aufgehoben, also neu *wes-te*. Für fremdwörter mit konsonant + *l*, *n* oder *r* wird neben der heutigen trennung wie in *mö-bliert*, *si-gnal*, *hy-drant* auch *möb-liert*, *sig-nal*, *hyd-rant* zugelassen. Dadurch wird die grundregel verstärkt, nach der von mehreren buchstaben für konsonanten der letzte auf die nächste zeile kommt wie in *wes-pe*, *löb-lich*, *leug-nen*, *mod-rig*.

Nach dem bisherigen verlauf der diskussion bin ich ziemlich sicher, das die änderungen, die durch die angesprochenen fälle repräsentiert sind, nahezu alle im neuen amtlichen orthographiebuch enthalten sein werden; sie fanden bisher weitgehende zustimmung – was nicht verwundert, denn gut begründet und vernünftig sind sie alle.

Gut begründet und vernünftig sind auch die vorschläge, die substantive klein sowie statt heute *das* (artikel, pronomen) und *daß* (konjunktion) immer *das* gleichviel für was zu schreiben. Doch beide sind umstritten – deshalb gehe ich auf sie und auf die kritik an ihnen ausführlicher ein.

Groß- und Kleinschreibung

Für den Bereich der Groß- und Kleinschreibung wurden die Wissenschaftler ermuntert, im Hinblick auf ein Gesamtregelwerk der deutschen Rechtschreibung alternative Lösungen auf der Basis des status quo und der vorliegenden Reformvorschläge weiter auszuarbeiten.

Aus der abschlusserklärung der
2. Wiener gespräche 1990.

Der ermunterung folgend haben die wissenschaftler drei varianten für die regelung vorgelegt. Schon dieser aufwand bestätigt, was jede(r) weiß: Dieser bereich ist heikel. Seine regelung ist – schon seit jahrhunderten – äußerst umstritten. Doch wie ist es eigentlich zu der heutigen regelung gekommen?

Historische schlaglichter

Schon im althochdeutschen wird der anfang einer schrift durch einen großen buchstaben besonders hervorgehoben. Zu beginn eines absatzes oder einer strophe wird er im 14. und 15. jahrhundert üblich, am satzanfang auch in der zeile im 16. jahrhundert.

Im innern von texten tauchen großbuchstaben im 13. jahrhundert auf. Sie verbreiten sich allmählich, doch bis in das 17. jahrhundert ohne erkennbare gesetzmäßigkeiten. Die großschreibung der eigennamen wird im 16. jahrhundert fest, die der substantive (der hauptwörter) zum ende des 17. jahrhunderts – ausnahmen gibt es bis in das 18. und 19. jahrhundert.

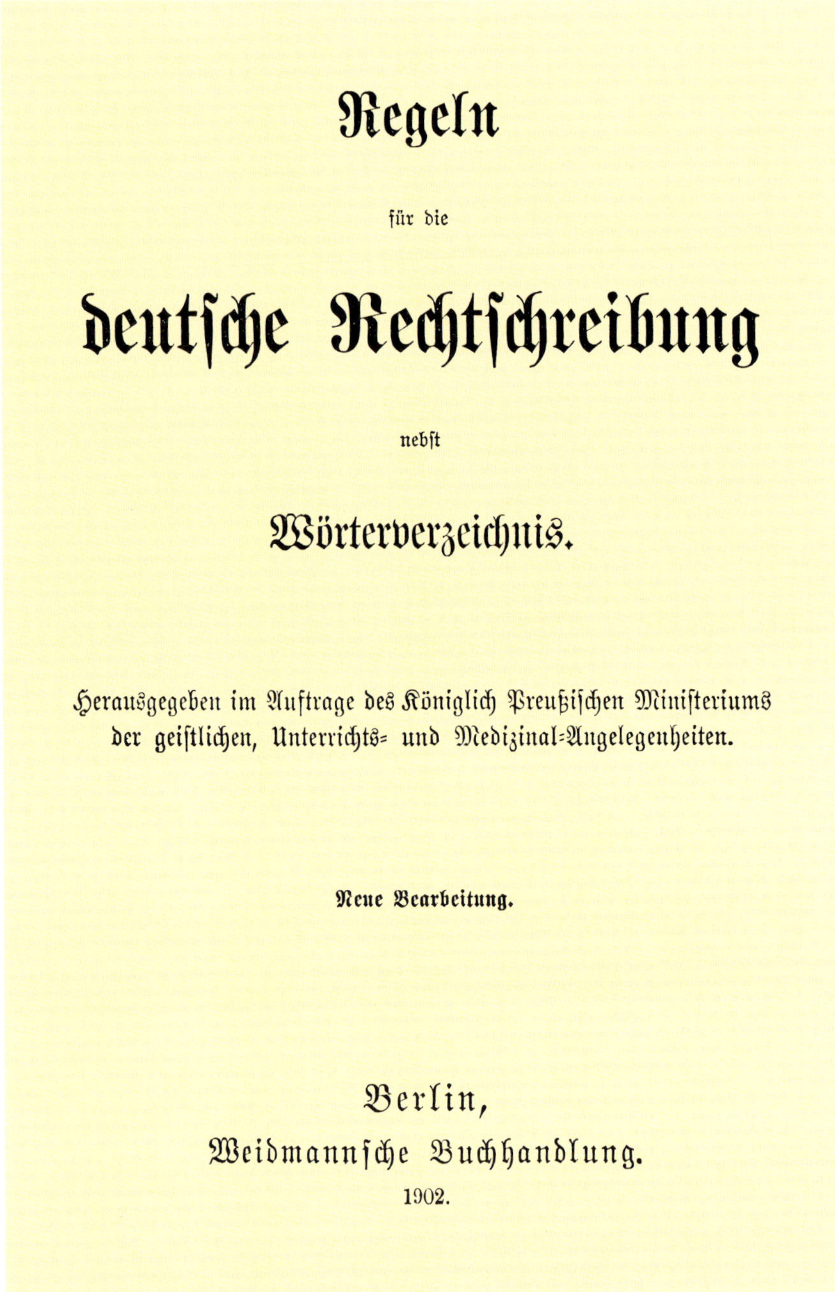
Regeln

für die

deutsche Rechtschreibung

nebst

Wörterverzeichnis.

Herausgegeben im Auftrage des Königlich Preußischen Ministeriums der geistlichen, Unterrichts- und Medizinal-Angelegenheiten.

Neue Bearbeitung.

Berlin,
Weidmannsche Buchhandlung.
1902.

Bild 2: Dieser 1902 veröffentlichte band enthält die auf dem preußischen regelbuch basierende regelung der rechtschreibung, die auf der 2. Orthographischen konferenz von 1901 in Berlin für Deutschland, Österreich und die Schweiz als amtlich beschlossen wurde und die auch noch heute amtlich ist. Kurioserweise waren damals die getrennt- und zusammenschreibung und die zeichensetzung nicht behandelt worden.

11 DAS ist aber die Gleichnis. Der Same ist das wort Gottes.

12 Die aber an dem Wege sind / das sind die es hören / Darnach kompt der Teufel vnd nimpt das wort von jrem hertzen / Auff das sie nicht gleuben / vnd selig werden...

17 Denn es ist nichts verborgen / das nicht offenbar werde / Auch nichts heimlichs / das nicht kund werde / vnd an tag kome.

Martin Luther, 1545;
Lucas 8, 11 folgende.

Die ersten schriftlich formulierten regeln etwa in orthographiebüchern finden sich um 1530. Außer der großschreibung des anfangs von texteinheiten wird die von eigennamen gefordert, doch zunächst nur für wenige gruppen. Begründet wird die großschreibung recht vielfältig: ästhetisch ("diewyl es zierlich ist vnnd hübsch", 1530), aus ehrerbietung ("Gott zu eeren vnd reuerentz" schrieb man auch *GOTT* und *HERR*, 1530), zur hervorhebung ("die wort/so sondrer ding bedeutung haben", 1542), zur besseren verständlichkeit ("könne es der einfeltige desto besser verstehen", 1607). Entscheidenden einfluss hatten damals durch die verbreitung der buchdruckerkunst schriftsetzer und buchdrucker ("Dahero seye es auch also zuhalten bey den Truckereyen auffkommen", 1607).

Geht man von den ersten regelungen als dem kern aus, so lässt sich die weitere entwicklung als ausweitungen verstehen, die sukzessive vorgenommen wurden. Man könnte von dem stein sprechen, der – ins wasser geworfen – seine sich weitenden kreise zieht. Im zeitrafferstil hier einige stationen.

– Stetige erweiterung des bereichs der eigennamen: 1527 länder, städte, fürsten; 1530 allgemein männer und frauen, zudem schlösser, dörfer; 1532 zudem flecken (wohl kleine ortschaften), münzen, gewichte; 1607 zudem völker, sekten, ämter, künste; 1641 zudem tugenden, laster, tiere, festtage; 1645 zudem sonntage, werktage, wochentage, bücher. Es zeigt sich, das immer mehr gruppen der substantive in die regel für die großschreibung mit einbezogen wurden.

– Verallgemeinerung für alle substantive 1653: "Mit Versal vnd grossen Buchstaben werden geschrieben ... alle Substantiva."

– Ausweitung, das wörter nichtsubstantivischer wortarten, die wie substantive gebraucht werden, groß zu schreiben sind: 1690 *das Gute/das Schreiben* (adjektive und infinitive "mit dem articulo *das* für ein Substantivum"); 1735 zudem *der Alte, die Bedrängte* (generell adjektive mit artikel), *das Ihrige* (pronomen), *das Ja* ("Adverbium affirmandi"); 1746 zudem *ein vergängliches Heute* ("Partikeln", adverbien).

– Gegenläufige regel, das substantive, die etwa wie adverbien gebraucht werden, klein zu schreiben sind: 1722 *an statt, zum theil, zu gaste laden, achtung geben, rath schaffen* ("substantiva werden gleichsam zu aduerbiis"); 1744 zudem *theils, statt, keineswegs* ("adverbialiter gebraucht"); 1759 zudem *ernst/feind seyn* (wie adjektive gebraucht).

– Ausweitung, das aus ehrerbietung groß zu schreiben ist: 1657 "*Got gäbe Dir viel glük' und sägen*" ("wan man eine person anredet", anredepronomen); von 1650 an adjektive als titel(bestandteil) wie *Allerhöchster, Ehrnvester, Geheimer Rath*; ableitungen "von den Namen vornehmer Würden" wie *Göttlich, Kaiserlich* sowie von eigennamen wie *Paulisch, Europisch*; adjektive in namen wie *Schwarzes Meer* und als beinamen wie *Alexander der Große*.

Namhafte orthographen sprachen sich über die jahrhunderte gegen die großschreibung der substantive aus und legten andere regelungen vor. Doch die entwicklung – eine art kettenreaktion, die eher mechanischen gesetzen zu folgen scheint – ließ sich nicht aufhalten. Sie führte bis zur 2. Orthographischen konferenz von 1901. Auf dieser wurde der damalige status quo trotz aller einsicht der teilnehmer in die problematik als amtliche norm sanktioniert, die – wie gesagt – noch heute gilt:

§ 21 und § 22 handeln über die grossen Anfangsbuchstaben... In der... Generaldiskussion wird allseitig das Unbefriedigende des bisherigen Zustandes anerkannt. Herr Krumbholz bemerkt, dass mit Einstimmigkeit in den Schulen über diesen Paragraphen geklagt werde. Auch Erwachsenen mache die richtige Schreibung Mühe. Es sei durchaus auf Vereinfachung zu dringen ... Herr Rümelin ... wünscht eine durchgreifende Verbesserung. Auch der Herr Vorsitzende legt Wert auf eine Vereinfachung ... Herr Lyon bittet dringend, einen vermittelnden Standpunkt einzunehmen. Das erste Ziel, nach dem die Versammlung streben müsse, sei Vereinheitlichung. Herr Giesekke macht auf die praktischen Folgen aufmerksam und schliesst sich Herrn Lyon an ...

§ 21 wird darauf in der Fassung der Kommission angenommen; ebenso nach kurzer Erörterung § 22.

Aus dem protokoll der konferenz von 1901.

Reformversuche seit 1902 und drei regelungsvarianten 1992

Mit der neuen amtlichkeit setzt die kritik ein und verstummt über die jahrzehnte hin bis heute nicht. In 77 von insgesamt 80 reformvorschlägen (1902 bis 1980) wird dieser bereich als reformbedürftig angesehen. Davon plädieren 11 für die radikale abschaffung der großbuchstaben (seit 1950 wird diese richtung jedoch nicht mehr vertreten); 15 sprechen sich für die beibehaltung der substantivgroßschreibung mit modifizierungen aus und 51 für die kleinschreibung der substantive, die in allen anderen europäischen sprachen üblich ist. Der "Vorschlag zur Neuregelung" enthält drei varianten:

D_1 Status-quo-Regelung,

D_2 Modifizierte Großschreibung,

D_3 Substantivkleinschreibung.

Gemäß D_3 werden weiterhin groß geschrieben der anfang von überschriften und ähnlichen freistehenden zeilen sowie von sätzen, die eigennamen sowie das anredepronomen *Sie* mitsamt dem possessivpronomen *Ihr*.

Das zentrale problemfeld bildet die schreibung der substantive. Um wörter als substantive zu identifizieren führt man in den orthographien merkmale an, die substantiven grundsätzlich eigen sind – am häufigsten die verbindung mit einem artikel(wort) wie *der/dieser Hut, ein/mein Hut*. Doch diese artikelprobe hat zwei haken. Nicht jedes wort, das einem artikel(wort) folgt, ist ein substantiv, so etwa *ein jeder, der eine, die andere, der grüne Hut*. Und nicht jedem substantiv im text geht ein artikel(wort) voraus, so etwa *in Acht nehmen, in Schach halten, mit Fug und Recht*.

Hinzu kommt zweierlei: Substantive können im geschichtlichen prozess des sprachwandels in andere wortarten übergehen (desubstantivierungen). Beispiele sind *angst, leid, schade, schuld* sowie *dank, kraft, laut, trotz, zeit*. Und wörter aller nichtsubstantivischen wortarten können jederzeit wie ein substantiv gebraucht werden (substantivierungen). Beispiele sind *der Alte, das Gewünschte, ein Er, mein Gegenüber, das Auf und Ab*. Die folge sind oppositionsschreibungen, die symptomatisch sind für die fließenden grenzen zwischen der wortart substantiv und den anderen wortarten. Beispiele sind *er hat Angst*, aber *ihm ist angst; zu Lasten*, aber *zugunsten; alles mögliche (allerlei) machen*, aber *alles Mögliche (alle Möglichkeiten) erwägen; aufs äußerste (sehr) gespannt sein*, aber *aufs Äußerste (auf den äußersten Fall) gefasst sein; auf dem trockenen sitzen (in Verlegenheit sein)*, aber *auf dem Trockenen (auf trockenem Boden) sitzen*.

In D_2 Modifizierte Großschreibung werden außer dem artikel(wort) weitere kriterien genutzt, so das vorkommen von attributen (*sicheres Auftreten*) und die rolle der wörter im satz (etwa als subjekt oder objekt). Doch auch dies kann die fließenden grenzen nicht aufheben. Beispiele für oppositionsschreibungen gemäß D_2 sind *hier muss jeder einzelne mitmachen*, aber *der Konflikt zwischen der Gesellschaft und dem Einzelnen/einzelnen* sowie *jeder beliebige/ Beliebige; er hatte das ganze schon vergessen*, aber *vom Einzelnen/einzelnen zum Ganzen/ganzen gehen; es wäre das Beste (sehr gut), wenn du kommst*, aber *es wäre am besten (sehr gut), wenn du kommst; aufs äußerste (sehr) gespannt sein*, aber *bis zum Äußersten (sehr) gespannt sein; auf dem trockenen/Trockenen sitzen (in Verlegenheit sein),* aber *auf dem Trockenen (auf trockenem Boden) sitzen.*

Es zeigt sich: Einige binnengrenzen sind in D_2 gegenüber D_1 anders gezogen. Das dilemma der fließenden grenzen und schwankenden schreibungen ist nicht gelöst. Es ist bei bindung der großschreibung an die grammatische kategorie der substantive grundsätzlich auch nicht lösbar. Das hemd ist immer zu kurz – es sei denn, man entschiede sich für D_3 Substantivkleinschreibung, die diese probleme gar nicht mehr aufkommen lässt.

"Groß oder klein?" *in der diskussion*

Bis spätestens 1995 wird über die künftige regelung der groß- und kleinschreibung entschieden, und zwar so oder so. Betroffen sind davon vor allem die kommenden generationen, die mit dieser regelung von kindheit auf umzugehen haben. Notwendig ist deshalb, nicht emotional seine vorlieben oder abneigungen zu propagieren, sondern das pro und contra sachlich zu diskutieren – und nüchtern abzuwägen (vergleiche auch den ausführlichen kommentar der "Vorschläge zur Neuregelung").

(Vieles) ist eine Frage des Taktes, bei deren Beantwortung es darauf ankommen wird, dass einerseits der Grammatiker dem Publikum nicht zu viel zumuthe, und dass andererseits das Publikum nicht glaube, es solle seiner edelsten Güter beraubt werden, wenn es von dem einen oder anderen bisher geübten Missbrauch befreit werden soll.

Rudolf von Raumer, 1876.

Abweichungen von der heutigen schreibung: Gemäß D_1 gäbe es keine abweichungen. Deren zahl gemäß D_2 wäre in texten gering. Die variante D_3 schnitte in dieser hinsicht am schlechtesten ab. Rund jedes vierte wort, so die auszählung von texten, ist ein substantiv, das gemäß D_3 klein geschrieben wird: *Ähnlichkeit → ähnlichkeit, Eigentum → eigentum, Achsel → achsel, Quelle → quelle, Vater → vater.* Allerdings ist die neue schreibung als solche, grundsätzlich gesehen, nicht unvertraut; sie findet sich schon heute bei anderen wörtern mit demselben wortstamm, in ableitungen und zusammensetzungen: *ähnlich, eigen, achselzuckend, quellsprachig/Donauquelle, väterlich/Großvater.* Gravierender wäre, wenn die schreibung der stämme selbst geändert würde wie etwa *änlich, Axel, Kwelle* oder *Fater* – aber das ist nicht geplant.

Aufwand der regelung: Bei der Variante D_3 Substantivkleinschreibung ist für die substantive nichts zu regeln. Demgegenüber ist der aufwand unter D_2 Modifizierte Großschreibung in den "Vorschlägen zur Neuregelung" mit gut fünf und der unter D_1 Status-quo-Regelung mit acht seiten schon vom umfang her enorm. Gravierender bei beiden ist aber die kompliziertheit.

Der aufwand für die regelung der eigennamenschreibung ist in den drei varianten nahezu gleich. In D_1 und D_2 geht es um die schreibung der nichtsubstantivischen bestandteile in mehrteiligen namen wie *der Stille Ozean, Peter der Große, Klein Erna, Kap der Guten Hoffnung.* In D_3 sind zudem die einteiligen namen wie *Fritz, Europa, Berlin, Alpen* mit einzubeziehen; in den beiden anderen varianten sind diese durch die regel "Substantive groß" abgedeckt – ein kleines quantitatives plus.

Substantive treten in laufenden texten etwa fünfmal so häufig auf wie eigennamen. Rund jedes vierte wort ist ein substantiv, rund jedes 22. ein einteiliger name. Bezogen auf potenzielle unsicherheitsfälle (nicht auf real gemachte fehler) besteht zwischen D_1 und D_3 das verhältnis 3 : 1, das sich bei wahl der variante D_2 kaum ändern dürfte. Unterm strich ergibt sich mithin hier für D_3 ein dickes plus.

Aus der sicht des schreibenden: Oft wird der schreibfluss unterbrochen durch die frage "Groß oder klein?" und durch den versuch, den fall mit einem orthographiebuch zu lösen. Die problematik der heutigen regelung wird aktenkundig in den verstößen ihr gegenüber, die in den schulen mit rot geahndet und in der gesellschaft mit naserümpfen ("Der kann ja noch nicht mal richtig schreiben") quittiert werden – was meist auch für die naserümpfenden selber gilt.

Der anteil dieser fehler von schülern liegt auf dem dritten von sechs rängen, nach solchen der zeichensetzung und vor denen der getrennt- und zusammenschreibung. Der dritte Rang ist über die klassen 5 bis 10 durchgehend stabil, der anteil bleibt durchgängig konstant. Erwachsene haben dieselben probleme wie schüler der letzten klasse – und dies seit mindestens 25 jahren und trotz intensiven bemühens, dem auch in interdisziplinärer zusammenarbeit didaktisch und methodisch beizukommen.

Der Vorwand, dessen sie (die Befürworter der Substantivkleinschreibung) sich dabey bedienen, ist dieser, daß unstudirte Leute nicht wissen können, was ein Hauptwort . . . sey, oder nicht. Allein die Schwachheit der Unwissenden zu schonen, würden ja die gelehrten Schreiber, noch viele andere Dinge weglassen ... müssen.

Johann Christoph Gottsched, 1762.

Mithin brächte die substantivkleinschreibung für den schreibenden eine erhebliche erleichterung mit sich. Die neue regelung wäre leicht zu lernen und anzuwenden – selbst für den, der mit der heutigen aufgewachsen ist. Die zahl der potenziellen unsicherheitsfälle ist stark verringert, entsprechend wird es der anteil der fehler. In Dänemark sank die fehlerquote nach einführung der substantivkleinschreibung (1948) um mehr als 65 prozent.

Aus der sicht des lesenden: Die behauptung, die substantivkleinschreibung sei eine leseerschwernis, bezieht sich zum einen auf die sinnerfassung. Beschworen wird die gefahr einer vielzahl neuer doppeldeutigkeiten, die man oft an beispielen demonstriert wie *die genossen haben liebe genossen* und *der gefangene floh.*

Doch diese beispiele funktionieren nur, weil sie künstlich isoliert sind. In der natürlichen kommunikation kommt so etwas nicht vor. Und schon ein kleiner zusatz wie *der gefangene floh aus dem gefängnis* oder *der gefangene floh in der streichholzdose* macht klar, was gemeint ist. Bestätigt wird dies durch die systematische untersuchung von texten mit gut 12 000 sätzen. Nur 38 waren – isoliert gesehen – doppeldeutig, keiner war es innerhalb des zusammenhangs. Bei 37 war die sinnerfassung durch den vorhergehenden text von vornherein unzweideutig gesteuert; lediglich bei einem geschah dies erst im nachhinein.

Zum aspekt sinnerfassung wird außerdem eingewendet, die großschreibung der substantive entspräche der besonderheit des deutschen satzbaus, mit einem artikel und zugehörigem substantiv eine klammer zu bilden: *die von vielen Schülern nicht gut beherrschte Rechtschreibung.* Der großbuchstabe sei dabei eine unentbehrliche gliederungshilfe für den lesenden, um sich vorausblickend zu orientieren. Des weiteren sei die substantivgroßschreibung ein ausgezeichnetes hilfsmittel zur schnellen erfassung des textsinns überhaupt.

Pauschal dazu nur dies: Es handelt sich um hypothesen. Das es sich so verhält, ist bis heute nicht erwiesen – und vieles spricht dagegen.

Zum anderen geht es um die lesegeschwindigkeit. Die zahlreichen lesetests, die von 1932 bis 1989 durchgeführt worden sind, ergeben – auf den punkt gebracht – folgendes: Texte werden in der schreibweise am schnellsten gelesen, in der die testpersonen sie von kindheit auf lesen gelernt haben und die sie seit je gewohnt sind.

Die deutschen testpersonen waren aufgewachsen mit groß geschriebenen substantiven. Sie lasen texte mit klein geschriebenen denn auch erwartungsgemäß langsamer. Die verzögerung betrug rund 5 Prozent.

Anders gewendet: Sie lasen von texten in der unvertrauten schreibweise in der gleichen zeiteinheit statt 1000 wörtern rund 950. Diese geringfügige beeinträchtigung wird sich im zuge der automatisierung des lesevorgangs und der bald erworbenen routine nach einer kurzen zeit der gewöhnung geben. Bei denen, die mit der neuen regelung aufwachsen, wird sie gar nicht erst auftreten. Über leseprobleme nach einführung der substantivkleinschreibung in Dänemark (1948) ist nichts bekannt. Die bilanz ergibt hier für keine regelungsvariante einen vor- oder einen dauerhaften nachteil.

Weiteres: Die erfahrungen in Dänemark bestätigen nicht die meinung, das eine rechtschreibreform für verleger und buchhändler große wirtschaftliche verluste mit sich bringen würde: Für vier der fünf befragten verlage brachte die umstellung nur vorteile, bei dem fünften hielten sich vor- und nachteile die waage. Alle betrachteten die reform als begrüßenswerten fortschritt.

Über die situation im schul- und bildungsbereich wird seit eh und je geklagt, insbesondere über einen mangel orthographischer kenntnisse von schulabsolventen auch bei der groß- und kleinschreibung. Eine ursache ist, das viele der sogenannten fehler regelgeleitet sind. Routinemäßig schreibt man gemäß einer übergeordneten regel richtig, zum beipiel *auf das Gleiche hinauskommen* analog zu *etwas zum Guten wenden*; doch nach einer ausnahmeregel muss man heute *auf das gleiche hinauskommen* schreiben. Fragen kann man da schon: "Wo liegt eigentlich der Fehler?" (vergleiche mein buch zur rechtschreibreform mit diesem titel. Klett, Stuttgart 1993). Die substantivkleinschreibung würde, wie auch änderungen in anderen bereichen, entschieden positive auswirkungen auf diese situation haben – eine einschätzung, die durch die erfahrungen im muttersprachunterricht anderer länder bestätigt wird.

Einhundert jahre sind wirklich genug.

Gerhart Baum,
Bundesminister des Innern, 1974.

Bilanz: Wägt man die bisherigen argumente gegeneinander ab, so spricht die gesamtbilanz für die substantivkleinschreibung als die zweckmäßigste lösung. Sie ist zwar nicht frei von schwierigkeiten bei der abgrenzung dessen, was weiterhin groß zu schreiben wäre; doch bietet sie unter berücksichtigung aller faktoren für alle beteiligten, die in der regel schreibende und lesende in personalunion sind, die wenigsten nach- und die meisten vorteile. Die zuordnungen von lauten und buchstaben sind nicht betroffen. Die klein geschriebenen substantive sind als stammbilder schon heute vertraut. Die vorgeschlagene regelung ist weitaus handhabbarer als diejenigen mit großschreibung der substantive.

Argumentationen dieser art sind freilich nicht neu. Eine auseinandersetzung mit ihnen findet oft jedoch nicht statt. Die diskussion wird sozusagen auf einer anderen ebene geführt – und auch abgeblockt.

Zum einen wird die bisherige tradition beschworen und die reform mit kulturverlust gleichgesetzt. Jede schriftliche kommunikation bedarf tatsächlich der kontinuität graphischer normen und der gesicherten schreibtradition; das wird auch von mir nicht bestritten. Doch der sprach- und schreibwandel zeigt vielgestaltig, das der traditionsbegriff eine weiterentwicklung durch änderungen mit einschließt. Wenn wie bei der heutigen groß- und kleinschreibung deutlich wird, das viele beteiligte damit nicht klar kommen, so ist dies grund genug, sie in vernünftiger weise zu ändern. Denn die schriftliche kommunikation bedarf auch graphischer normen, die für die allgemeinheit handhabbar sind.

Zum anderen dient die behauptung, die neue regelung sei nicht durchsetzbar, auch dazu, in die debatte gar nicht erst einzutreten. Nun haben sich allerdings die meisten der vorschläge für eine reform dieses bereichs seit 1902 (nämlich 51 von 77) für die substantivkleinschreibung ausgesprochen. Zudem ergab sich in 16 umfragen (zwischen 1955 und 1982) eine insgesamt klare und stabile mehrheit für eine neuregelung auch dieses bereichs – in zwölf umfragen wurde für die substantivkleinschreibung und in dreien für eine modifizierte großschreibung votiert. Der Internationale Arbeitskreis für Orthographie hat sich einstimmig für die substantivkleinschreibung ausgesprochen und empfiehlt nachdrücklich sie einzuführen.

"Dat er dat darf" – der einzelfall *das/daß*

Umstritten ist unser vorschlag, die schreibung *das* und *daß* zugunsten von *das* gleichviel für was aufzuheben.

Abermals wird uns angesonnen, das wir das das, das bisher nicht so geschrieben wird wie das das, das wie das das geschrieben wird, künftig so zu schreiben hätten wie das das, das wie das das geschrieben wird.

Hans Krieger
"Bayerische Staatszeitung"
vom 16. oktober 1992.

Historisches: Vom althochdeutschen bis in das 16. jahrhundert wurde diese graphische unterscheidung praktisch nicht gemacht. Luther verwendete, dies nur als beispiel, *das* als artikel, demonstrativ- und relativpronomen sowie als konjunktion (vergleiche das zitat). In einem "Dictionarivm Germanicolatinvm" von 1561 findet sich "daß für darum", dem lateinisch *cur* entspricht. In einem "Thesavrvs Lingvae" von 1616 ist die verteilung hier pronomen, dort konjunktion(en) weit fortgeschritten: *das* für lateinisch *id, hoc, illa, illud, haec,* hingegen *daß* für lateinisch *ut, quin, ne, quod, quia.* Beide lexikographen versuchten das lateinische system mit den unterschiedlichen wörtern durch die unterscheidung von *das* und *daß* aufs deutsche zu übertragen. Im Jahre 1606 wurde diese zur orthographischen regel erhoben und so demonstriert: "Daß du das gethan/hastu dir hiedurch ein ewig lob gemacht: allhie ist das erste daß ein Conjunction/das ander aber ein Articul." Seit dem 17. jahrhundert ist *daß* neben *das* allgemein anerkannt.

Moor/Mohr, aber *Tor:* Schreibunterscheidungen dieser art gibt es auch sonst, so etwa *mahlen/malen, Moor/Mohr, Laib/Leib, mehr/Meer.* Zugrunde liegt das bestreben früherer sprachnormer, gleich ausgesprochene wörter entsprechend ihren verschiedenen funktionen oder bedeutungen zusätzlich in der schreibung zu unterscheiden.

Doch waren diese normer wenig konsequent. Die weitaus größte zahl einschlägiger wörter wird noch heute immer gleich geschrieben, so etwa *Ausschuß, Bank, Bremse, ein, Flecken, sein, Star, Ton, Tor, Weide.* Das ist auch gut so. Schreibunterscheidungen werden leicht zu rechtschreibklippen.

Für den lesenden wiederum sind sie offensichtlich überflüssig. Die menge solcher wörter in texten ist sehr groß, über dadurch verursachte lese- und verständnisschwierigkeiten ist aber nichts bekannt. Dies zeigen auch zugespitzte beispiele wie *Er stieg hart auf die bremse, weil ihn eine bremse gestochen hatte. Das wird sein mantel sein. Ein berliner isst keinen berliner, man beißt sich ja nicht ins eigene fleisch* – was auch für *amerikaner* gilt. Schon in diesen kurzen sätzen ist eindeutig klar, was gemeint ist. Doch wie ist dies bei *das* und *daß*?

Aus der sicht des schreibenden: Die analysen der fehler in aufsätzen (klasse 2 bis 10) ergeben, das die unterscheidung *das/daß* der orthographisch fehlerträchtigste einzelfall der deutschschreibenden ist; *das* statt *daß* liegt dabei einsam an der spitze, *daß* statt *das* gehört mit zur spitzengruppe.

Der anteil an der gesamtmenge der fehler zeigt dabei eine stark steigende tendenz: In klasse 10 ist er mehr als doppelt so hoch wie in klasse 5. Die schreibung *das* auch für die konjunktion ist eine erhebliche vereinfachung und erleichterung beim schreiben – was auch ihre gegner nicht bestreiten.

Aus der sicht des lesenden: Im gegenzug heißt es mit hinweis auf die hohe frequenz von *daß* und *das* in texten, das diese änderung viel größere schwierigkeiten beim lesen verursachen würde, als beim schreiben eingespart werden könnten. Diese aufrechnung ist aber schon deshalb allenfalls hypothetisch, weil der erste rechnungsposten mit "viel größer" nur vage umrissen ist.

Das folgende spricht nicht dafür, das es sich so verhält. Viele der sogenannten funktionswörter werden wie *das* und *daß* sehr häufig und zudem in verschiedenen funktionen gebraucht, so etwa *an, bis, in, mit, von* und *um* – letzteres als präposition, infinitivkonjunktion, verbzusatz und adverb.

Er glaubt,
um drei uhr kommen zu können.
um den hals eine kette tragen zu können.
um überhaupt weiter leben zu können.
*um*fahren könne er das hindernis nicht.
um die 2000 mark verloren zu haben.

Des weiteren sind *zu* und auch die absoluten spitzenreiter der häufigkeitsranglisten *der* und *die* zu nennnen. Doch niemand käme darauf, analog zu *das/daß* etwa *um* als präposition von *umm* als konjunktion graphisch zu unterscheiden. Das hat seinen grund: Über lese- und verständnisschwierigkeiten ist bei all diesen wörtern trotz immer gleicher schreibung nichts bekannt. Dies zeigt auch das zugespitzte beispiel: *Um um drei uhr ankommen zu können, umfuhr er, um den hals eine kette, um die vierzig hindernisse schnell.*

Beispiele, die bei *das* auch für die konjunktion nicht eindeutig sind, lassen sich nur mühsam finden. Ein fall ist der isolierte satz: *Bedenke, das alles wächst.* Aber der zusatz nur eines wortes wie *gut* sichert das verständnis: *Bedenke, das alles gut wächst. Bedenke, das alles wächst gut.*

Gegen die referierte hypothese sprechen die ergebnisse einschlägiger lesetests. Den versuchsgruppen wurden texte mit der schreibung *das* auch für die konjunktion vorgelegt, den kontrollgruppen solche mit *das/daß*. Insgesamt wirkte sich *das* auch für die konjunktion nicht negativ aus, weder auf das stille und laute lesen noch auf das erfassen von sätzen und texten und deren überschaubarkeit. Geringfügig, jedoch nicht signifikant schwächere leistungen bei den versuchsgruppen etwa beim stillen lesen in einer klasse überraschen nicht. Die testpersonen waren, vergleichbar jenen bei den lesetests zur substantivschreibung, mit der unterscheidungsschreibung aufgewachsen und vertraut. Eine verzögerung wie die rund 5 prozent bei substantivkleinschreibung wird durch *das* auch für die konjunktion nicht bewirkt – was auch einleuchtet, weil die zahl der ungewohnt geschriebenen substantive in texten weitaus größer ist als die der konjunktion *das*.

Verwirrspiele: Das zu beginn dieses abschnitts angeführte zitat suggeriert, *das* auch für *daß* rufe totale konfusion beim lesen hervor. Solche häufungen finden sich in normalen texten jedoch nicht.

Die leseschwierigkeiten sind insbesondere in der verschachtelten konstruktion begründet, die man allerdings mühevoll so aufbauen muss, das sie sich erst nach mehrfachem lesen erfassen lässt. Solche verwirrspiele gerade mit *das* sind sehr beliebt, auch um den vorschlag zur neuregelung lächerlich zu machen – komisch sind sie ja. Doch die konstrukteure müssten, wären sie konsequent, auch etwa bei *der* und *die* für die graphische unterscheidung je nach funktion plädieren, denn damit lassen sich gleichfalls solche verwirrungen erzielen:

Die, die die, die die dietriche erfunden haben, verdammen, tun unrecht.

Der, der der, der der der Erika gehörende Schmuck der der derzeit größten Eifersucht dienende Anlaß ist, helfen will, der schenkt der, der der derzeit angemessenen Selbstkontrolle dienliche Blick dermaßen abhanden gekommen ist, ebenfalls solchen Schmuck.

Auch bezogen auf *das* für *daß* werden "Kulturverlust" (so Hans Krieger 1992) und "Abschied von der Sprachkultur" (Gerhard Mayer-Vorfelder, kultusminister von Baden-Württemberg, in den "Stuttgarter Nachrichten" vom 5. november 1988) bemüht – so, als ginge es darum, die konjunktion abzuschaffen, nicht aber nur ihre ausnahmeschreibung mit *ß*. Wenn aber die deutsche (sprach)kultur mit der heutigen regelung *das/daß*, die vielen große schwierigkeiten macht, stünde und mit der neuregelung *das* auch für *daß*, die für den schreibenden eine erhebliche erleichterung ist und für den lesenden nicht von nachteil, fiele, dann wäre es um sie wohl nicht gut bestellt.

Egalisierung auf unterem Niveau?

Die gleichung rechtschreibreform = "Traditionsbruch" und "Verlust der Sprachkultur" begleitet das bemühen um eine vernünftige regelung der rechtschreibung nicht erst seit 1902. Sie ging und geht indes nicht auf.

Die regelung der rechtschreibung gehört zur sprache, ist aber nicht die sprache insgesamt. Sie betrifft einen der vielen aspekte der sprache, doch ist dieser sicherlich nicht der wichtigste. Sie ist eine konvention, die zum teil auf merkwürdige weise zustande kam und im verlauf der zeit in vielen punkten geändert, wenn auch dabei oft nicht verbessert wurde.

Nahezu stereotyp wird mit "Verlust der Sprachkultur" eine wertung folgender art verknüpft: "... die Lernschwierigkeiten der Minderbegabten, Uninteressierten oder durch verkehrten Unterricht in passive Resistenz Getriebenen zum Maßstab aller Orthographie-Dinge (zu erheben)" (Hans Krieger 1992) – das ist ein "Kniefall vor denjenigen, die mit der Rechtschreibung auf Kriegsfuß stehen" (Josef Kraus, Vorsitzender des Deutschen Lehrerverbandes, in der "Frankfurter Allgemeinen" vom 7. oktober 1992) und "die Tendenz nach einer Egalisierung auf unterem Niveau" (Hans Maier, Kultusminister Bayerns, in der "Welt" vom 20. mai 1984).

Auch die wertung "Schwachheit der Unwissenden" hat ihre lange tradition, wie das zitat von Gottsched aus dem jahre 1762 zeigt. Das von Krieger 1992 eingebrachte argument, man vereinfache ja auch nicht das einmaleins, obwohl die meisten erwachsenen es nicht beherrschten, lässt außer acht, das die mathematik anderen gesetzen folgt als die graphische norm.

Diese dient den kommunikativen handlungen des schreibens und des lesens. Wenn änderungen der norm den umgang mit ihr beim schreiben erleichtern und beim lesen keine nachteile bringen, so ist dies ein hinreichender grund, sie durchzuführen – und dies ist ebenfalls kein neues argument:

Die Hauptaufgabe unserer Schrift ist eine praktische. Sie hat dem ganzen Volk zu dienen.

Rudolf von Raumer, 1876.

Ein rückblick auf die lange geschichte der reformbemühungen zeigt, das seit 1901 zum ersten mal die reale chance besteht, die regelung der rechtschreibung in vernünftiger weise zu erneuern – und zwar nicht für ein volk, sondern für die gesamte sprachgemeinschaft. Alle an der diskussion beteiligten sollten sich um sachlichkeit bemühen, damit diese chance nicht vertan wird.

Auch nach einer reform werden die vermittlung, das lernen und die anwendung der orthographie nicht ohne schwierigkeiten sein. Doch nicht weniges wird einfacher sein.

Im selben jahr 1984, als Hans Maier vor "Egalisierung auf unterem Niveau" warnte, unterzog sich Georg Gölter, sein damaliger amtskollege in Rheinland-Pfalz, einem recht kurzen diktat. Er machte sechs fehler, vier bei groß- und klein-, zwei bei getrennt- und zusammenschreibung. Würde jede(r), bevor sie oder er sich zum thema zu wort meldet, den gleichen mut aufbringen wie der minister – die diskussion verliefe wahrscheinlich anders als bis jetzt.

Künstliche Intelligenz

Computerprogramme spielen Schach, lernen aus Erfahrung, verstehen bruchstückhaft menschliche Sprache – kurz: dringen unaufhaltsam in die Sphäre des Geistes vor. Faszinierender noch als diese Intelligenzleistungen freilich ist das, was Programme, die erfolgreich intellektuelle Fähigkeiten des Menschen modellieren, über das Wesen des Denkens selbst enthüllen.

Von **David L. Waltz**

Der Gedanke, Computer könnten eines Tages die geistigen Fähigkeiten des Menschen erreichen oder gar übertreffen, ist so alt wie die Elektronenrechner selbst. In den Anfangstagen des Computerzeitalters entbehrte er freilich jeder empirischen Grundlage. Plausibles Schließen, Planen, Lernen, Fühlen, das Formulieren von Begriffen, der Gebrauch natürlicher Sprachen oder kreatives Denken war den damaligen Rechnern so fremd wie ihren mechanischen Vorfahren, den Puppen, aufziehbaren Spielzeugsoldaten und Musikboxen. Schlimmer noch, die Idee, daß Intelligenz selbst eines theoretischen Erklärungsrahmens bedürfe, kam kaum jemandem in den Sinn. Intelligenz galt als klar erkennbare Eigenschaft, und unter einer intelligenten Maschine stellte man sich ein Gerät vor, das praktisch über dieselben intellektuellen Fähigkeiten verfügen würde wie der Mensch. Daher hießen die frühen Rechner auch Elektronengehirne, und John von Neumann, einer der Architekten der noch heute gebräuchlichsten Art von Computern, stellte explizite Analogien zwischen dem Computer und dem menschlichen Gehirn her. Immer noch assoziieren viele Menschen Daten mit Wissen, den Ablauf eines Programms mit dem Fällen von Entscheidungen, die Folge der Operationen in einem Computer mit dem Gedankengang und die Akkumulation von Daten mit dem Lernprozeß.

In den vergangenen 20 bis 25 Jahren hat die neue Disziplin der „Künstlichen Intelligenz" von solchen naiven Analogien zwischen Computer und menschlichem Gehirn Abschied genommen und sich ernsthaft daran gemacht, den Begriff Intelligenz auf ein theoretisches Fundament zu stellen. Für die Praktiker dieser Disziplin ist der Computer ein Werkzeug, um neue Wege des Denkens über das Denken zu ergründen. Dabei haben Rechenprogramme eindrucksvoll demonstriert, daß Computer bei gewissen Tätigkeiten (auch solchen, von denen die meisten Menschen sagen würden, daß sie Intelligenz erfordern: das Schachspielen etwa) den meisten Menschen überlegen sind. Mit jüngst entwickelten Programmen gelang zudem der Nachweis, daß der Computer sogar umfangreiche Theorien über ein begrenztes Gebiet, die Arithmetik zum Beispiel, aus wenigen einfachen Axiomen entwickeln kann. Als Frucht der Versuche, Merkmale intelligenten Verhaltens mit jener Akribie zu beschreiben, die ein Computerprogramm verlangt, ist unser Verständnis der Intelligenz beträchtlich gewachsen. Zugleich wurde die Analogie zwischen den Leistungen des Computers und des menschlichen Gehirns entscheidend vertieft und erweitert.

Betrachten Sie etwa den Lernprozeß: Beim Menschen scheint Lernen mit einem Wachstum des Gehirns sowie Änderungen seiner Struktur verknüpft zu sein, während sich von der Hardware eines Computers nichts dergleichen behaupten läßt. Änderungen bleiben hier auf die Programmebene beschränkt: Programme akkumulieren und organisieren Daten oder modifizieren gegebenenfalls auch sich selbst. Wenn nun Forscher auf dem Gebiet der Künstlichen Intelligenz die Ansicht vertreten, komplexe Programme und insbesondere solche, die sich selbst während des Ablaufs ändern, könnten als probate Modelle des Lernprozesses dienen, so heißt das nicht, daß sich Lernen mittels solcher Programme in allen Einzelheiten nachvollziehen ließe. Denn natürlich kann ein Computer, in dem ein Lernprozeß abläuft, nicht das Feuern der Nervenzellen im Gehirn eines Lernenden simulieren. Dennoch läßt sich das Computer-Modell der Intelligenz dank seiner hohen Flexibilität auf jeder Genauigkeitsstufe formulieren, die man zur Beleuchtung wesentlicher Funktionen des Denkens für sinnvoll hält.

Ich will hier versuchen, einen Eindruck davon zu vermitteln, welche Arten von Ergebnissen sich mit Programmen in Künstlicher Intelligenz erzielen lassen. Die meisten der von mir diskutierten Beispiele sind wohlbekannte Lösungsansätze auf den Hauptproblemfeldern dieser Disziplin. Da es mir darum geht, die wesentlichen Beiträge aufzuzeigen, die sie jeweils geleistet haben, werde ich bevorzugt solche Programme diskutieren, deren Ablauf sich kurz und bündig beschreiben läßt. Was folgt, ist somit mehr als Einführung denn als Zusammenfassung des Gebietes gedacht.

Eines der Leitmotive in der Künstlichen Intelligenz war stets die Frage, wie man es am besten anstellt, den Bereich möglicher Handlungen im Hinblick auf wohldefinierte Ziele zu erforschen. Im allgemeinen eröffnet jeder unternommene Schritt neue Handlungsmöglichkeiten. Bei der Planung einer Folge von Handlungen gilt es daher, sich in ein stark verzweigtes Labyrinth möglicher Zustände vorzutasten, das man als Suchbaum bezeichnet (Bild 2). Gewöhnlich stellt man diesen Baum auf dem Kopf stehend dar, so daß er mit der Wurzel nach oben und den Ästen nach unten zeigt. Die Wurzel repräsentiert die Ausgangssituation, während die Äste für die Handlungen und die Astenden für die möglichen Ergebnisse der Handlungen stehen. Eines oder mehrere der Ergebnisse können dem Ziel der Suche entsprechen.

Heuristische Suche

Den Gesamtbereich möglicher Handlungen in allen möglichen Richtungen zu erforschen hieße, jeden Ast des Baums einzeln zu verfolgen. Dieses Vorgehen böte die Gewähr dafür, daß die optimale Strategie tatsächlich auch gefunden würde. In vielen Fällen ist der Suchbaum jedoch so ausgedehnt, daß sich eine erschöpfende Suche von selbst verbietet. Daher wenden die meisten Programme für solche Probleme heuristische Prinzipien, das heißt simple Faustregeln, an, mit deren Hilfe sie schon frühzeitig die aussichtsreichsten Äste auswählen, um nur diese weiterzuverfolgen. Solche heuristischen Prinzipien sind in den meisten Fällen sehr praktisch und wirkungsvoll und verkürzen die Suche ganz erheblich, nur kann eben niemand am Ende sicher sein, daß das Ergebnis wirklich das optimale ist. Dennoch verwendet man heuristische Suchverfahren üblicherweise für Programme, die beispielsweise einen Roboter in die Lage versetzen, planvoll mit Objekten im Raum zu hantieren oder sich selbst überlegt fortzubewegen.

Programme, die Spiele wie Schach, Dame oder Backgammon beherrschen, sind anschauliche Beispiele für den Einsatz heuristischer Suchverfahren. Viele haben mittlerweile Profi- oder Meisterstärke erreicht. Ein Programm namens „Mighty Bee" („Mächtige Biene"), geschrieben von Hans Berliner von der Carnegie-Mellon-Universität, schlug 1979 sogar den Backgammon-Weltmeister (siehe „Ein Computer spielt Backgammon" in Spektrum der Wissenschaft, August 1980). Das Hauptinteresse aber dürfte sich auf Programme konzentrieren, die Schach spielen. Praktisch alle seit den fünfziger Jahren ausgetüftelten Schachprogramme basieren auf einem von Claude E. Shannon bei den Bell-Laboratorien entwickelten heuristischen Suchmodell.

Wenn sich ein Schachprogramm einen Zug überlegt, muß es die Stellungen, die sich aus jedem der möglichen Züge ergeben, irgendwie bewerten. Das kann mit Hilfe eines Punktschemas geschehen, bei dem der Wert der einzelnen Figuren durch Zahlen ausgedrückt wird und die Bedrohung gegnerischer Figuren Pluspunkte bringt, während bedrohte eigene Steine zu einem Punktabzug führen (Bild 3). Bei vielen Programmen gehen weitere Kriterien wie die Stärke der Bauernstellung, das Ausmaß der Kontrolle über das Zentrum und die Zahl der entwickel-

Bild 1: Die „Block-" oder „Klötzchenwelt" ist ein eng umgrenzter Mikrokosmos, der Forschern auf dem Gebiet der Künstlichen Intelligenz zum Studium der Möglichkeiten dient, Wahrnehmung, Denken und Handeln im Computer zu simulieren und zu koordinieren. Die Klötzchenwelt besteht aus einem Tisch, auf dem sich farbige Würfel, Kästen und Pyramiden befinden. Auch wenn sie nicht real ist, sondern nur im „Kopf" eines Computers existiert, gelten in ihr die bekannten Gesetze der Alltagsphysik; eine Pyramide kann also beispielsweise nicht auf der Spitze stehen. Erfunden wurde die Klötzchenwelt von Terry A. Winograd am Massachusetts Institute of Technology als Aktionsraum für ein Computerprogramm namens SHRDLU. SHRDLU simuliert in seinem Reich Tätigkeiten, wie sie ein Mensch in unserer Welt auch verrichtet. So verstellt es auf eine in natürlicher Sprache gegebene Anweisung hin die Klötzchen nach einem Plan, den es sich selbst zurechtlegt. Ferner gibt es Auskunft über die Anordnung der Klötzchen zum gegenwärtigen oder zu einem früheren Zeitpunkt sowie über die bereits vorgenommenen oder noch beabsichtigten Handlungen und die Gründe dafür (siehe Bild 6). Andere Wissenschaftler haben gezeigt, wie sich auch das Erlernen neuer Tätigkeiten in der Klötzchenwelt nachbilden läßt. Ebenso wie dieses Bild sind auch die Bilder 4 und 6 an Abbildungen aus Winograds Artikel „Understanding Natural Language" angelehnt, der in der Zeitschrift „Cognitive Psychology" erschienen ist.

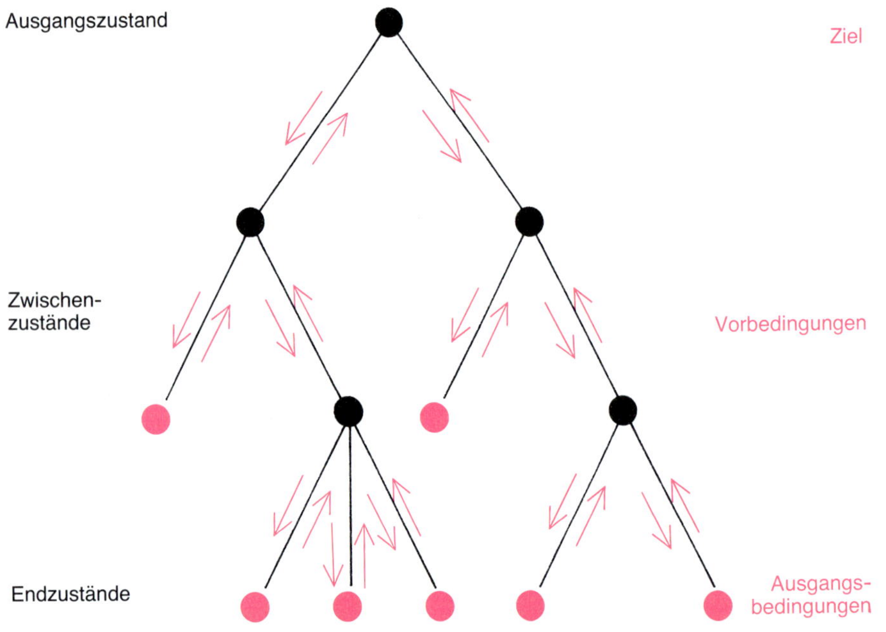

Bild 2: Viele Probleme in der Künstlichen Intelligenz laufen darauf hinaus, einen Suchbaum zu durchforsten. Die Suche beginnt am obersten Knoten oder der Wurzel des auf dem Kopf stehenden Baumes und verläuft zunächst entlang des äußersten linken Astes bis zum Endknoten (der Astspitze). Dann springt das Programm zurück zum ersten Verzweigungspunkt und nimmt sich den nächsten Ast vor. So werden von links nach rechts sukzessive sämtliche Zweige bis zu ihren Spitzen verfolgt. Man bezeichnet diese Vorgehensweise als Reihenprozeß. Je nach Art des Problems kann die Wurzel einen vorgegebenen Zustand verkörpern, oder aber ein gewünschtes Ziel. Im ersteren Fall repräsentieren die Verzweigungspunkte direkt unter der Wurzel die Ergebnisse der im Ausgangszustand möglichen Handlungen, also beispielsweise die Stellungen, die sich aus den in einer bestimmten Schachposition erlaubten Zügen ergeben. Die nächsttieferen Knoten stehen für die Ergebnisse darauffolgender Handlungen, also etwa die nach den möglichen Erwiderungen des Gegners erreichten Stellungen. Die Tiefe der Suche richtet sich dabei danach, wie weit das Programm vorausdenken soll. Verkörpert die Wurzel ein angestrebtes Ziel, so repräsentieren die benachbarten Knoten die Vorbedingungen von Handlungen, durch die sich das Ziel erreichen läßt. Auch für die Vorbedingungen existieren Vorbedingungen, symbolisiert durch die nächsttieferen Verzweigungspunkte. Die Suche endet bei den im Ausgangszustand bereits erfüllten Vorbedingungen.

ten Figuren in die Bewertung ein. Das Programm spielt so, daß es einen möglichst hohen Punktestand erreicht.

Die in einem Schachprogramm eingebauten heuristischen Prinzipien kontrollieren sowohl die Breite als auch die Tiefe des vom Programm analysierten Ausschnitts aus dem Suchbaum. Zunächst einmal berechnet das Programm die Punktzahl für jeden in der momentanen Stellung zulässigen Zug. Daraufhin könnte es sämtliche möglichen Erwiderungen des Gegners und anschließend die Gesamtzahl aller eigenen Entgegnungen ausfindig machen und bewerten. Schon bald aber muß es eine Auswahl unter den möglichen Zügen treffen, da die Anzahl der zu bewertenden Stellungen sonst ins Unermeßliche stiege. Diese Auswahl ist es, bei der die heuristischen Prinzipien zum Tragen kommen. Das Programm könnte sich beispielsweise darauf beschränken, den Zug mit der höchsten Punktzahl weiterzuverfolgen oder sich jene, sagen wir, fünf Zugmöglichkeiten näher anzusehen, die am ehesten Erfolg versprechen. Für die ausgewählten Züge analysiert es den Suchbaum dann bis zu einer vorgegebenen Tiefe und entscheidet am Ende erneut anhand seiner heuristischen Prinzipien, ob die Suche fortgesetzt werden soll oder nicht. Ein Abbruch erfolgt erst dann, wenn eine verhältnismäßig stabile Stellung erreicht ist. Schließlich macht das Programm den Zug, von dem es annimmt, daß er – optimales Spiel des Gegners vorausgesetzt – zum höchstmöglichen Punktestand für es selbst führt.

Beim Schach gibt es in jeder Stellung im Durchschnitt 35 mögliche Züge. Eine erschöpfende Suche bis zu einer Tiefe von nur drei Zügen pro Spieler würde daher schon die Bewertung von über 1,8 Milliarden Stellungen erfordern. Obwohl inzwischen rigorose Methoden zur Beschneidung des Suchbaums entwickelt wurden, tun die meisten Schachprogramme auch heute im Grunde nichts anderes, als den gestutzten Suchbaum in extenso zu durchforsten. Weltmeister im Computer-Schach ist zur Zeit „Belle“, ein von Ken Thompson und Joe Condon von den Bell-Laboratorien entwickeltes Programm. Es läuft auf einem Computer, dessen Hardware speziell für Schachberechnungen ausgelegt ist, und prüft im Durchschnitt 160 000 Stellungen pro Sekunde. Belle spielt in Turnieren, als hätte sie eine Elozahl von 2160 (ab 2000 darf ein Spieler den Titel „Schachmeister“ führen). Damit wird sie in der Spielstärke nur noch von wenigen Großmeistern (mit Elozahlen ab 2200) überboten.

Künstliche Intelligenz und Psychologie

Die Spielweise von Belle und ähnlichen Schachprogrammen illustriert eine der wichtigsten Fragen, die sich den Vertretern der Künstlichen Intelligenz heute stellt. Wenn eines der Hauptziele ihrer Arbeit darin besteht, intelligentes menschliches Verhalten nachzuahmen, auf welcher Ebene soll diese Simulation dann erfolgen? In gewissem Sinn simuliert ein Programm, das – egal wie – Schach auf Meisterebene spielt, zwar ohne Frage das Verhalten eines menschlichen Schachmeisters. Besteht das Ziel allerdings darin, die strategischen Überlegungen eines menschlichen Spielers nachzuahmen, dann muß ein Programm wie Belle als kompletter Fehlschlag gewertet werden.

Vieles deutet darauf hin, daß erfahrene Schachspieler völlig anders vorgehen als Belle. Ein menschlicher Spieler denkt strategisch. Er entscheidet sich für ein Ziel, etwa die Eroberung einer bestimmten Figur, und sucht dann nach Wegen, dieses Ziel zu erreichen. Dazu muß er sich möglicherweise zunächst Teilziele setzen und prüfen, ob diese erreichbar sind. Tests haben ergeben, daß sich ein guter Spieler höchstens hundert Züge überlegt, ehe er sich für einen entscheidet. Nur die aussichtsreichsten Fortsetzungen werden verfolgt – aber das bis zu einer relativ großen Tiefe. Belle dagegen prüft in den drei Minuten, die ihr beim Turnier im Mittel pro Zug zur Verfügung stehen, rund 29 Millionen Stellungen.

Belles Erfolg auf dem Schachbrett macht klar, daß intelligentes Verhalten auf Prozessen beruhen kann, die grundverschieden sind von den menschlichen Erkenntnismechanismen. Einige Forscher behaupten nichtsdestoweniger, die Wissenschaft von der Künstlichen Intelligenz sei, grob gesprochen, letztlich nur ein Zweig der Psychologie des Menschen. Sie gehen davon aus, daß jede erfolgreiche Simulation einer intellektuellen Leistung des Menschen durch ein Computerprogramm einen „Existenzbeweis“ für das Computermodell der menschlichen Intelligenz erbringe. Auch wenn sich der Ablauf des Programms so sehr von mentalen Prozessen unterscheide, daß es keinen direkten Beitrag zur Psychologie zu leisten vermöge, könne es doch zumindest gewichtige Aspekte der menschlichen Intelligenz simulieren, etwa die Schwierigkeit, ihre Leistungen genau vorherzusagen. Schachprogramme spielen oft besser als ihre Erfinder, und so ist es höchst irreführend zu erklären, Computer seien nur einer beschränkten Intelligenz fähig, weil sie nichts anderes zu tun vermöchten, als was der Programmierer ihnen eingetrichtert habe. In vielen Fällen aber weiß ein Programmierer gar nicht, was sein Programm alles kann, bevor es nicht gelaufen ist.

Ein schlagendes Beispiel dafür liefert ein Programm, das Donald Michie und Tim Niblett von der Universität Edinburgh sowie Ivan Bratko von der Edward-Kardelj-Universität in Ljubljana aufgestellt haben. Es analysiert speziell Schachendspiele, wo sich die meisten Schachprogramme wesentlich schlechter schlagen als im Mittelspiel. Für das Endspiel gibt es einen Satz von Regeln, die jeder bessere Schachspieler einfach im Kopf haben muß. Interessanterweise hat nun das Programm der drei Wissenschaftler gezeigt, daß in gewissen Endspielstellungen, von denen man früher glaubte, sie führten zum Remis, eine Seite den Sieg erzwingen kann. Die dazu nötigen Regeln sind allerdings so kompliziert, daß sie sich ein Mensch nur schwer einprägen kann. Der Computer tut sich da leichter.

Planung

Auch zielgerichtetes Planen – wiewohl kein hervorstechendes Merkmal von Schachprogrammen – gehört zu jenen Intelligenzleistungen, die im Prinzip leicht zu programmieren sind. Wieder läuft die Aufgabe auf das Erforschen einer auf dem Kopf stehenden baumartigen Struktur hinaus (Bild 2).

Die Wurzel verkörpert diesmal das Ziel, und die Knoten, von denen die Äste abzweigen, repräsentieren Vorbedingungen, die erfüllt sein müssen, ehe das Ziel erreichbar ist. Jede Vorbedingung kann ihrerseits zum Teilziel mit eigenen Vorbedingungen – verkörpert durch weitere Verzweigungspunkte –

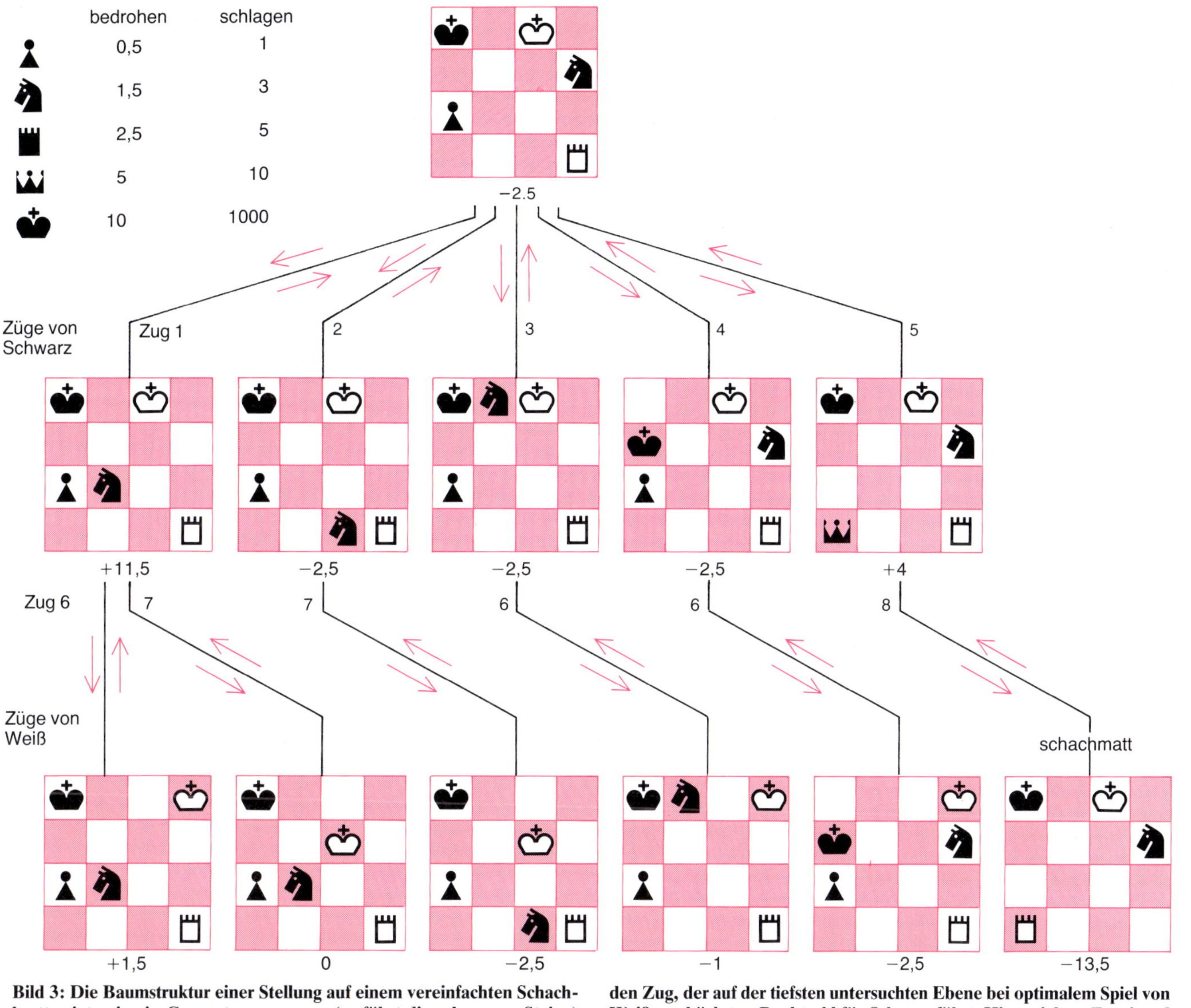

Bild 3: Die Baumstruktur einer Stellung auf einem vereinfachten Schachbrett zeigt, wie ein Computerprogramm (es führt die schwarzen Steine) seinen nächsten Zug ermittelt. Nacheinander untersucht es alle ihm möglichen Züge und die jeweiligen Erwiderungen des Gegners. Dabei durchkämmt es den Suchbaum bis zu einer Tiefe, die von heuristischen Regeln bestimmt wird. Für jede Stellung errechnet es nach einem Bewertungsschema (links oben) eine Punktzahl. Der Ausgangsstellung werden so −2,5 Punkte zugeordnet: die Summe aus 1004 Punkten für die schwarzen Figuren, −1005 Punkten für die weißen Steine und −1,5 Punkten für die Bedrohung des schwarzen Springers. Am Ende wählt das Programm den Zug, der auf der tiefsten untersuchten Ebene bei optimalem Spiel von Weiß zur höchsten Punktzahl für Schwarz führt. Hier spielt es Zug 1 und erwartet, daß Weiß mit Zug 7 antwortet. Die heuristischen Regeln veranlassen das Programm, die Suche entlang eines Astes abzubrechen, sobald es einen Gegenzug von Weiß findet, der zu einem schlechteren Punktestand für Schwarz führt als die beste weiße Erwiderung auf einen bereits untersuchten Zug von Schwarz. Der beste Gegenzug von Weiß auf Zug 1 ergibt 0 Punkte für Schwarz. Da das Programm zu den Zügen 2, 3, 4 und 5 Gegenzüge von Weiß findet, die zu Stellungen mit weniger als 0 Punkten für Schwarz führen, verfolgt es diese Züge nicht weiter.

werden. Die Spitzen des Baumes stellen die im Ausgangszustand erfüllten Vorbedingungen dar. Mit jedem Knoten ist zugleich eine Handlung verbunden, durch die sich ein Ziel oder Teilziel erreichen läßt. Das Programm durchforstet alle Äste des Baumes, bis sämtliche Vorbedingungen erfüllt sind. Danach entwirft es einen Aktionsplan in Form eines Pfades, der von den Spitzen des Baumes zur Wurzel führt.

Ein Programm, das ein anschauliches Beispiel für diese Vorgehensweise in einem sorgsam umgrenzten Bereich liefert, hat Terry A. Winograd in den späten sechziger und frühen siebziger Jahren am Massachusetts Institute of Technology entwickelt. Es heißt SHRDLU (nach den siebt- bis zwölfthäufigsten Buchstaben im englischen Alphabet), und sein Betätigungsfeld ist die „Block-" oder „Klötzchenwelt" (Bild 1) – ein Tisch, auf dem einfache dreidimensionale Körper wie Würfel und Pyramiden stehen. (In Wirklichkeit kann das Programm allerdings weder mit realen Gegenständen hantieren, noch sie auch nur auf einem Bildschirm darstellen; es führt alle seine Manipulationen lediglich „in Gedanken" aus.) SHRDLU antwortet auf die eingetippten Fragen eines Benutzers, verstellt auf dessen Geheiß Klötzchen und berichtet über das Resultat (Bilder 5 und 6).

Um zu vestehen, auf welche Weise SHRDLU einen Handlungsablauf plant, wollen wir annehmen, daß es nur zwei Tätigkeiten beherrscht, die STAPELN und HERUNTERNEHMEN heißen sollen. Auf das Kommando STAPELN hin ergreift das Programm (in Gedanken, wie gesagt) ein Klötzchen, hebt es in die Höhe, bewegt es über ein anderes und stellt es darauf ab. Bei HERUNTERNEHMEN nimmt es umgekehrt ein Klötzchen, das auf einem anderen liegt, bewegt es zu einer freien Stelle auf dem Tisch und setzt es dort ab.

In Wirklichkeit umfassen Tätigkeiten wie STAPELN und HERUNTERNEHMEN eine ganze Hierarchie von untergeordneten Aktionen. Auf der nächsttieferen Ebene stehen Handlungen wie ERGREIFEN, BEWEGEN und ABSETZEN. Aber auch sie sind aus einer Reihe noch einfacherer Schritte aufgebaut. Die elementarsten Operationen wären schließlich solche, die sich durch Steuersignale für das Schließen der „Finger" eines mechanischen Greifers, das Feststellen des Kontakts mit dem Klötzchen und das Drehen eines Gelenks ausdrücken ließen. Die Hierarchie der Anweisungen des Programms spiegelt dabei genau die hierarchische Gliederung menschlicher Tätigkeiten wider, angefangen von den im Bewußtsein formulierten Zielen bis hinab zur akribischen Steuerung der Muskelbewegungen. Von nun an werde ich diese Details außer acht lassen und die vom Programm entworfenen Pläne nur noch auf der höchsten Ebene diskutieren.

Die Aktion STAPELN ist an zwei Vorbedingungen geknüpft: Die Oberseite jedes der beiden Gegenstände, die den Stapel bilden sollen, muß frei sein. Ebenso hängt auch HERUNTERNEHMEN von zwei Vorbedingungen ab, nämlich daß auf dem Objekt, von dem etwas heruntergenommen werden soll, überhaupt ein anderes Klötzchen liegt und daß dessen Oberfläche frei ist. Bei der Suche nach einem gangbaren Weg zu einem Ziel oder Teilziel vergleicht das Programm dieses Ziel oder Teilziel mit dem Resultat einer bestimmten Handlung, das heißt mit dem Zustand der Klötzchenwelt, der aus der betrachteten Handlung hervorgeht. Deckt sich dieser Zustand mit dem, der für das Ziel oder Unterziel gilt, so wird die Handlung Teil des Aktionsplans (Bild 4).

Angenommen, ein roter Würfel sitzt auf einem blauen. Wie muß das Programm vorgehen, um mit den Handlungen STAPELN und HERUNTERNEHMEN die beiden Würfel zu vertauschen? Nun, es beginnt beim Zielzustand und sucht nach einer Handlung, deren Resultat sich damit deckt. Dann steckt es sich die Vorbedingungen dieser Handlung als neue Teilziele. Konkret: Mit der Aktion STAPELN ließe sich der blaue Würfel auf den roten stellen (und damit das Ziel erreichen), wenn die Oberseiten beider Würfel frei wären. Im gegebenen Ausgangszustand ist die Oberseite des roten Würfels frei, die des blauen aber nicht. Also steckt sich das Programm als neues Teilziel, die Oberseite des blauen Würfels frei zu machen.

Rückwärtiges Verketten

Als nächstes sucht es nach Handlungen, mit denen sich die festgestellten Teilziele erreichen lassen, und bestimmt wiederum deren Vorbedingungen – solange, bis es bei den Ausgangsbedingungen angekommen ist. Die Oberseite des blauen Würfels ließe sich beispielsweise mit der Aktion HERUNTERNEHMEN freimachen. Da deren Vorbedingungen im Ausgangszustand erfüllt sind, ist die Suche in unserem Fall beendet. Diesen Prozeß, bei dem ausgehend vom Zielzustand im Rückwärtsgang eine Folge von Handlungen bis hin zum Ausgangszustand konstruiert wird, bezeichnet man als rückwärtiges Verketten.

Zur Aufstellung des gewünschten Aktionsplanes braucht das Programm jetzt nur noch die Reihenfolge der gefundenen Handlungen umzukehren. Als erstes wird also durch HERUNTERNEHMEN des roten Würfels die Oberfläche des blauen freigemacht und dann durch STAPELN der blaue Würfel auf den roten gesetzt. Entscheidend dabei ist, daß von einem Freimachen der Oberfläche des blauen Würfels in der Anweisung an das Programm nicht die Rede war. Es ergibt sich einfach als Nebeneffekt.

Eine der faszinierendsten Anwendungen des rückwärtigen Verkettens bilden jüngst entwickelte Computerprogramme – sogenannte Expertensysteme –, die über das Wissen von Spezialisten verfügen und es in der direkten Kommunikation mit dem Benutzer auch ebensogut an den Mann zu bringen verstehen wie der Spezialist selbst. Solche Programme haben bereits in der medizinischen Diagnose, bei der Erkundung von Bodenschätzen sowie als Steuerberater Einsatz gefunden. Wenn es beispielsweise um die Diagnose einer Krankheit geht, tastet sich das Programm von allgemeinen Auskünften über das Befinden des Patienten zu immer spezielleren Untersuchungsbefunden zurück, bis die Indizienkette eine plausible Schlußfolgerung über die Krankheitsursache erlaubt. Statt eines Aktionsplans wird hier also ein Plan entwickelt, nach dem sich aus den Aussagen des Benutzers am Ende auf eine Krankheit schließen läßt. An die Stelle der Aktionen treten dabei im Programm gespeicherte Regeln für mögliche Schlußfolgerungen.

Ein gutes Beispiel einer solchen Regel findet sich im Diagnose-System MYCIN, das Edward H. Shortliffe von der Stanford-Universität geschrieben hat. „Wenn es sich bei der Infektion um eine primäre Bakteriämie handelt und die kultivierte Probe aus einer normalerweise sterilen Körperregion stammt und die vermutliche Eintrittsstelle der Organismen der Magen-Darmtrakt ist, dann handelt es sich bei den Organismen sehr wahrscheinlich (70 Prozent) um Bacteroides."

Da solche Regeln große formale Ähnlichkeit mit den Erklärungen haben, die Menschen für ihre Entscheidungen anführen, lernen auch computerunkundige Experten relativ schnell, ihre eigenen Regeln computergerecht zu formulieren. Wichtig ist auch, daß jede Regel eine Angabe über den Grad ihrer Zuverlässigkeit (70 Prozent im zitierten Fall) enthält. Diese Angabe dient als Entscheidungsgrundlage für heuristische Prinzipien, die das Programm auf der Suche nach einer plausiblen Krankheitsursache leiten, und wird auch dem Benutzer mitgeteilt, damit er sich ein eigenes Bild vom Wert der Computer-Diagnose machen kann. Außerdem muß das Programm erklären, warum es eine bestimmte Schlußfolgerung gezogen hat. Niemand würde einem Computer ver-

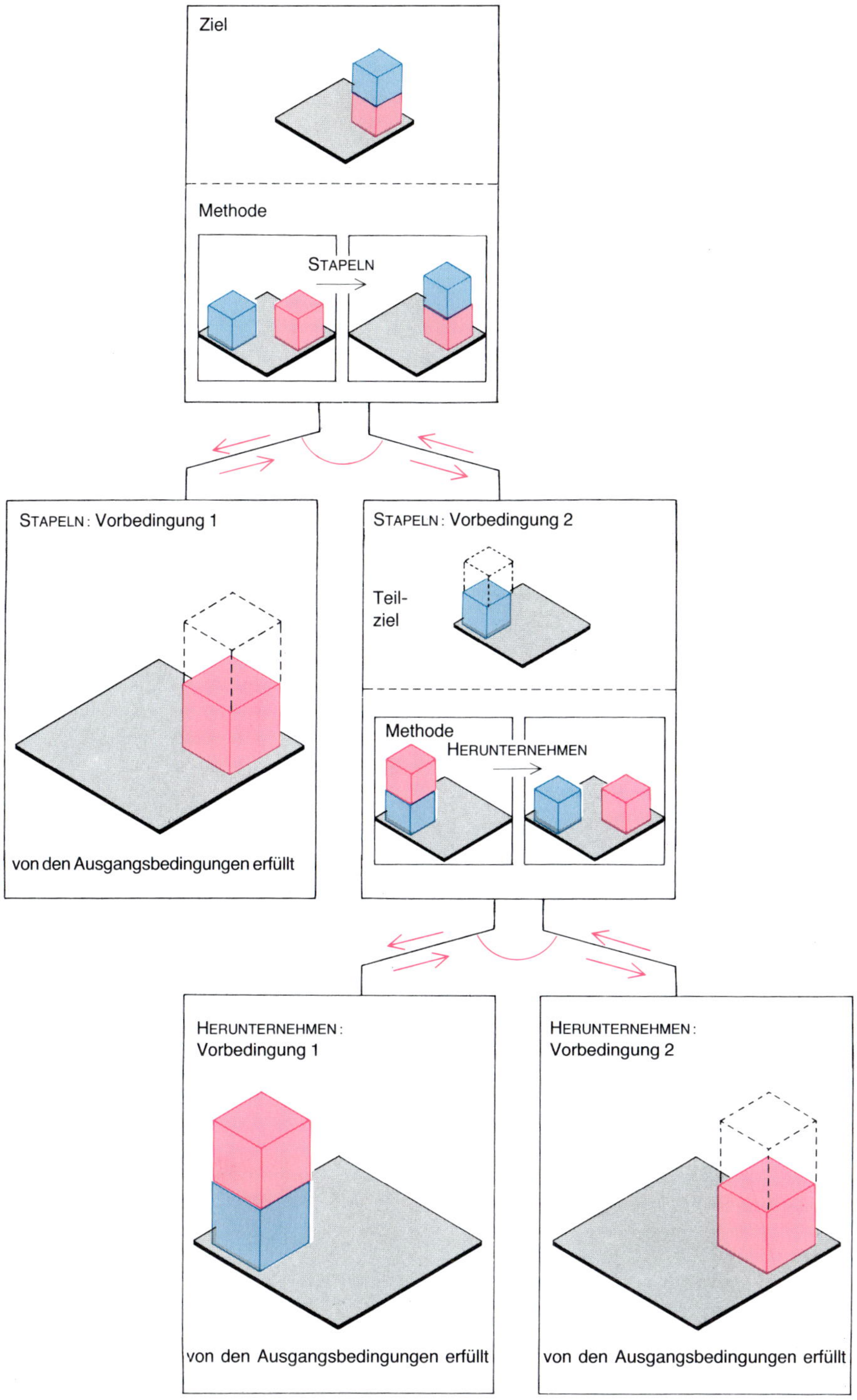

Bild 4: Die Aufstellung eines Aktionsplans in der Klötzchenwelt erfordert das Erkennen eines Ziels und die Auswahl einer Folge von Handlungen, mit denen sich das Ziel vom Ausgangszustand aus erreichen läßt. Im gezeigten Beispiel liegt im Ausgangszustand das rote Klötzchen auf dem blauen, und das Ziel besteht darin, das blaue Klötzchen auf das rote zu stellen. Um einen Weg vom Ausgangs- zum Zielzustand zu finden, unternimmt das Programm eine Suche, die der Erforschung einer Baumstruktur entspricht. Ausgehend von der Wurzel des Baumes, also dem Ziel, sucht das Programm in seinem Tätigkeitsrepertoir nach einer Handlung, deren Ergebnis mit dem Zielzustand übereinstimmt. Hier ist es die Aktion STAPELN. Sie wird daher dem Zielzustand zugeordnet. Wie die beiden von der Wurzel abzweigenden Äste anzeigen, läßt sich diese Operation allerdings nur durchführen, wenn zwei Vorbedingungen erfüllt sind: Die Oberseite sowohl des roten als auch des blauen Klötzchens muß frei sein. Die erste Voraussetzung ist bereits im Ausgangszustand gegeben, die zweite nicht. Daher verwandelt das Programm die Vorbedingung 2 in ein Teilziel und sucht nun nach einer Handlung, mit der es die Oberfläche des blauen Klötzchen freibekommt. Es findet sie in der Aktion HERUNTERNEHMEN. Deren zwei Vorbedingungen – daß sich auf dem blauen Klötzchen überhaupt ein anderes befindet und daß die Oberseite des roten Klötzchens frei ist – werden beide vom Ausgangszustand erfüllt. Damit braucht das Programm nur noch die Reihenfolge der gefundenen Handlungen umzukehren, und der Aktionsplan steht. Ist die Erreichung eines gewünschten Ziels an mehrere Vorbedingungen geknüpft, so werden die entsprechenden Äste wie hier durch einen Bogen miteinander verbunden.

trauen, der nur seine Diagnose ausdruckt und keine Begründung dafür mitliefert.

Lernen in der Klötzchenwelt

Solange ein Computer seine Kenntnisse nicht durch „Erfahrung" vertiefen kann, wird seine Leistung allein vom Wissen, der Voraussicht und Gründlichkeit des Programmierers bestimmt. Lernen zählt daher zu den zentralen Anliegen der Künstlichen Intelligenz. Eine Reihe von Wissenschaftlern haben Winograds Klötzchenwelt als Experimentierfeld zur Erforschung von Lernstrategien benutzt.

Eine Art des Lernens besteht darin, sich einen einmal entwickelten Plan für ähnliche Situationen in der Zukunft zu „merken". Richard E. Fikes und Nils J. Nilsson am Stanford Research Institute haben diese Idee erstmals in ihrem Programm STRIPS (Kürzel für: **S**tanford **Re**search **I**nstitute **P**roblem **S**olver) angewendet. Angenommen, ein Programm soll einen Zustand herbeiführen, bei dem ein braunes Klötzchen auf einem grünen liegt, und findet genau die umgekehrte Situation vor. Nachdem es bereits früher einmal ein rotes und ein blaues Klötzchen vertauscht hat, verfügt es im Speicher über eine computergerechte Darstellung des damals aufgestellten Plans. Damit es darauf zurückgreifen kann und sich nicht daran stört, daß die neuen Klötzchen anders gefärbt sind als die alten, muß diese interne Darstellung allerdings allgemein genug gehalten sein. Zu diesem Zweck werden die Namen der zu vertauschenden Klötzchen als variable Größen gespeichert. Die gesamte Aktion, sie sei hier VERTAUSCHEN genannt, geht als feste Abfolge aus den einfacheren Tätigkeiten ERGREIFEN, BEWEGEN und ABSETZEN mit den entsprechenden Vorbedingungen und Resultaten in das Tätigkeitsrepertoire des Programms ein. Da der Ausgangszustand der braunen und grünen Klötzchen die Vorbedingungen der Operation VERTAUSCHEN erfüllt, braucht das Programm keine Suche anzustellen, sondern kann das Ziel direkt erreichen.

Eine andere Art, Erfahrungen zu sammeln, ist das Lernen durch Versuch und Irrtum. Es wird von einem Programm namens HACKER nachgebildet, das Gerald J. Sussman vom Massachusetts Institute of Technology geschrieben hat. (Im Informatiker-Jargon ist ein Hacker jemand, der die meiste Zeit mit dem Schreiben von Computer-Programmen zubringt.) HACKER besteht aus einem Planungssystem ähnlich SHRDLU, „Kritikern", die die Planung überwachen und Probleme registrieren, und „Debuggern" (wörtlich: „Entlausern"), die neue Regeln aufstellen, um eine Wiederholung der von den Kritikern entdeckten Fehler zu verhindern.

Angenommen, ein rotes Klötzchen liegt auf einem blauen, und ein grünes befindet sich daneben frei auf dem Tisch. HACKER wird aufgefordert, einen Stapel aus drei Klötzchen zu bilden, wobei das rote oben, das grüne in der Mitte und das blaue unten liegen soll. Das Programm hat dafür nur die Operationen STAPELN, HERUNTERNEHMEN und VERTAUSCHEN zur Verfügung. Nach seinem bekannten Suchschema zerlegt es das Ziel zunächst in Teilziele. Beim ersten Teilziel hat es dabei die Wahl zwischen zwei Möglichkeiten: Es kann entweder das rote Klötzchen auf das grüne oder das grüne auf das blaue legen. Angenommen, es entscheidet sich zufällig für das falsche Teilziel, nämlich das rote Klötzchen auf das grüne zu setzen. Das erreicht es durch die Aktion STAPELN. Das nächste Teilziel muß dann darin bestehen, das grüne Klötzchen auf das blaue zu stellen. Das grüne Klötzchen aber läßt sich solange nicht ergreifen, wie das rote obenauf liegt. Also muß das Programm das rote Klötzchen wieder vom grünen herunternehmen und dabei das gerade erreichte Teilziel zerstören.

Sobald die Kritiker nun entdecken, daß ein Teilziel zerstört wurde, rufen sie die Debugger herbei. Diese sehen sich die Sache an und halten nach anderen Planungsmöglichkeiten Ausschau. Dabei stellen sie in unserem Fall fest, daß keine Errungenschaft rückgängig gemacht werden muß, wenn als erstes das grüne Klötzchen auf das blaue gelegt wird. Daraus können sie schließen, daß sich überflüssige Operationen – wenigstens manchmal – durch Änderung der Reihenfolge von Teilzielen vermeiden lassen. HACKER merkt sich diese Erkenntnis als neue, generelle Entlausungsmethode. Auf diese Weise lernte Sussmans Programm schließlich, die Teilziele für beliebig hohe Stapel in die richtige Reihenfolge zu bringen.

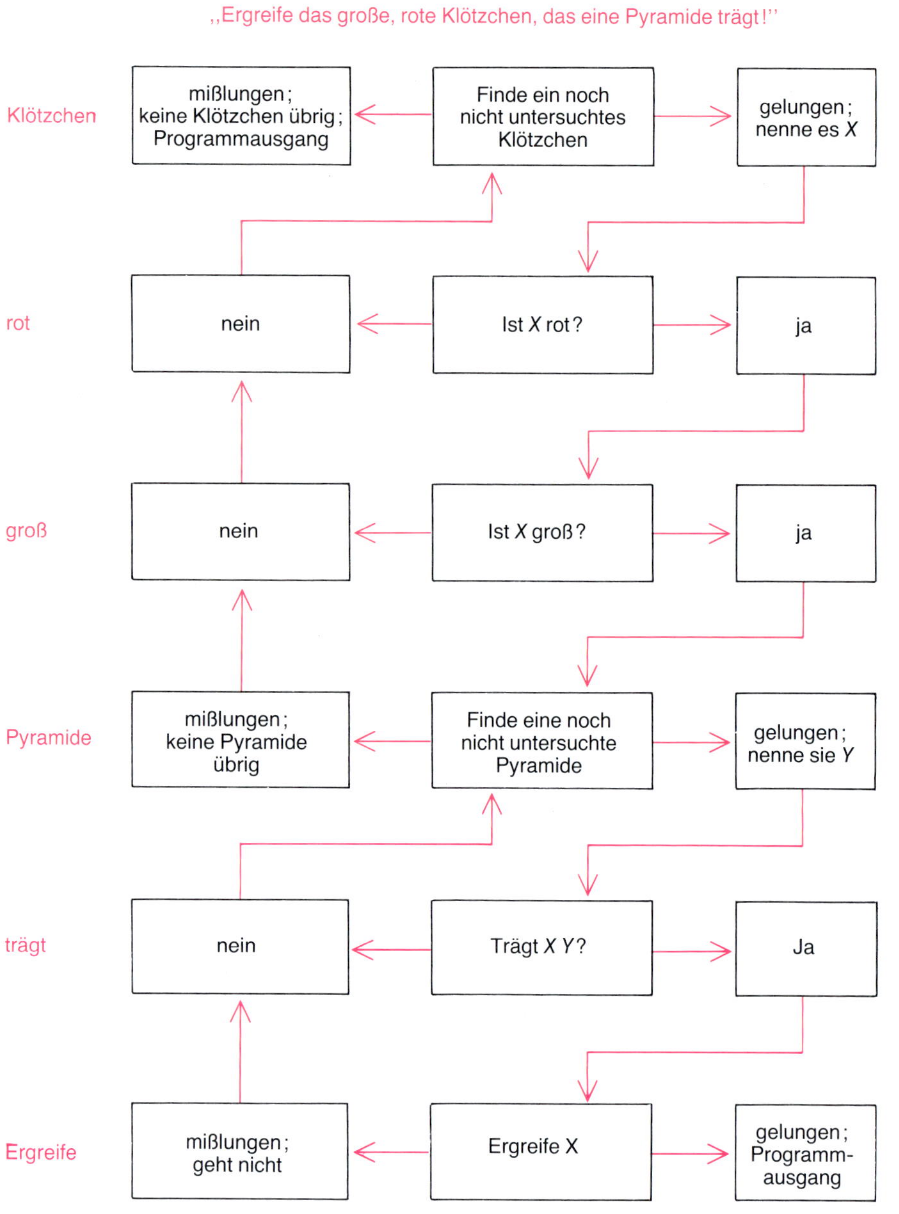

Bild 5: SHRDLU versteht die ihm in natürlicher Sprache erteilten Anweisungen, indem es Prozeduren wie der in diesem Flußdiagramm gezeigten folgt. Die Schlüsselworte in dem Kommando „Ergreife das große rote Klötzchen, das eine Pyramide trägt" setzen eine Folge von Schritten in Gang, durch die bestimmt wird, welches Klötzchen gemeint ist. Anschließend stellt das Programm einen Plan auf, um den Befehl auszuführen.

Erlernen von Begriffen

Eine Reihe von Programmen verleihen einem Computer die Fähigkeit, eine Handlung von sich aus sachgerechter durchzuführen oder zu einer angemesseneren Darstellung eines Begriffs zu gelangen. Eines der ersten Programme, das seine Leistungsfähigkeit selbsttätig zu steigern vermochte, war ein Dameprogramm, das Arthur L. Samuel von der International Business Machines Corporation um 1960 schrieb. Es lernte in Anlehnung an die Mechanismen der Evolution. Samuel ließ jeweils zwei Versionen des Programms, die eine Stellung nach einem leicht unterschiedlichen Punktsystem bewerteten, gegeneinander antreten. Der Sieger in diesem direkten Wettbewerb zweier Bewertungssysteme diente als Ausgangsbasis für weitere Variationen.

In den späten sechziger Jahren schrieb Patrick H. Winston vom Massachusetts Institute of Technology ein Programm, das nach und nach seine Vorstellung von bestimmten Begriffen verbessert. Ein Lehrer präsentiert dem Programm eine sorgfältig abgestufte Folge von Szenen, die Beispiele oder Gegenbeispiele für den vom Programm zu lernenden Begriff sind. Das Programm analysiert jeweils die Szene und bildet eine „Hypothese" darüber, welche ihrer Komponenten und welche Beziehungen zwischen ihnen wesentliche Aspekte des Begriffs beinhalten. Anhand jeder neuen Szene überprüft und modifiziert es seine früheren Hypothesen.

Angenommen, das Programm bekommt eine einfache Zeichnung dargeboten und gesagt, es handle sich um ein Beispiel für einen Bogen (Bild 7). Es stellt fest, daß das dargestellte Objekt aus drei Klötzchen besteht, von denen zwei senkrecht auf dem Tisch stehen, während das dritte flach darübergelegt ist. Obwohl das Programm vielleicht noch viele andere Merkmale erraten hätte, die für Bögen im allgemeinen gelten, sorgt man bewußt dafür, daß es sich zunächst nur einen sehr ungenauen Begriff von einem Bogen macht, damit es ihn

Würdest du bitte einen Stapel aus den beiden roten Klötzchen und entweder einem grünen Würfel oder einer Pyramide bilden?
O.K.
Welcher Würfel liegt auf dem Tisch?
Der große grüne, der die rote Pyramide trägt.
Lege einen kleinen Würfel auf den grünen Würfel, der eine Pyramide trägt.
O.K.
Lege die kleinste Pyramide darauf.
O.K.
Wieviele Gegenstände liegen auf grünen Würfeln?
Ich bin mir nicht sicher, was du mit dem Wort „auf" in der Wendung „auf grünen Würfeln" meinst. Meinst du:
1 – direkt auf der Oberfläche
2 – irgendwo obendrauf?
2
Drei
Hast du irgendeine Pyramide angefaßt, bevor du die grüne auf den kleinen Würfel gelegt hast?
Ja, die grüne
Wann hast du sie angefaßt?
Als ich einen Stapel aus dem roten Würfel, einem großen, roten Klötzchen und einem großen, grünen Würfel bildete.
Warum?
Um sie los zu werden.
Warum hast du das getan?
Um die Oberfläche des roten Würfels frei zu machen.
Warum hast du die Oberfläche dieses Würfels frei gemacht?
Um ihn auf einen großen, grünen Würfel zu legen.
Warum hast du das getan?
Um einen Stapel aus dem roten Würfel, einem großen, roten Klötzchen und einem großen, grünen Würfel zu bilden.
Warum hast du das getan?
Weil du es mich geheißen hast.

Bild 6: Die extreme Beschränktheit der Klötzchenwelt ermöglicht dem Programm SHRDLU eine Fülle flexibler Reaktionen auf Wünsche und Fragen des Programmierers. Auf dessen Anweisung kann es beispielsweise einen Plan entwickeln, um die Gegenstände in seiner Welt in der gewünschten Weise umzustellen, und sodann die erforderlichen Manipulationen vornehmen. Hier überführt es die Klötzchenwelt entsprechend den Kommandos des Programmierers (schwarze Schrift links oben) aus dem rechts oben gezeigten Ausgangszustand in die darunter abgebildeten Konfigurationen. Außerdem beantwortet es (rote Schrift) Fragen nach der gegenwärtigen Anordnung der Klötzchen, nach früher ausgeführten Handlungen sowie nach den Gründen für diese Handlungen. Bei mehrdeutigen Fragen oder Anweisungen kann es von sich aus Rückfragen stellen. SHRDLU war eines der ersten Programme, das Sprachverständnis und die Simulation planvoller Tätigkeiten miteinander verband.

anhand der späteren Szenen weiter präzisieren kann.

Das zweite Bild ist kein Bogen. Wieder erstellt das Programm eine Beschreibung des Gesehenen und vergleicht sie mit der aus dem ersten Beispiel abgeleiteten Hypothese. Wenn sich die zweite Szene nicht zu stark von der ersten unterscheidet, kann das Programm so ein wenig mehr von dem herausfinden, was das Wesentliche an einem Bogen ausmacht. Besteht der einzige Unterschied zwischen erstem und zweitem Bild beispielsweise darin, daß das obere Klötzchen nun unten auf dem Tisch liegt, so schließt das Programm daraus, daß bei einem Bogen die beiden senkrechten Klötzchen stets das dritte tragen müssen. Es hat also gelernt, daß das dritte Klötzchen im ersten Bild nicht zufällig auf den beiden anderen lag, und diese Erkenntnis wird in die Hypothese über den Begriff Bogen aufgenommen. Mit jeder neuen Zeichnung erfährt die Darstellung dieses Begriffs eine weitere Präzisierung, so daß das Programm schließlich lernt, selbst neue Beispiele von Bögen zu erkennen.

Jüngst hat Douglas B. Lenat von der Stanford-Universität ein Programm entwickelt, das den Namen AM (für **a**utomatisierte **M**athematik) trägt und fähig ist, aus rund hundert Grundbegriffen der Mengenlehre neue Begriffe und Lehrsätze zu formulieren. Heuristische Prinzipien legen fest, unter welchen wohldefinierten Bedingungen ein neuer Begriff aufgestellt werden darf. Ist ein solcher Begriff dann geschaffen, beginnt das Programm, ihn weiter zu untersuchen. Während eines Laufs nahm sich das Programm beispielsweise den Begriff Teiler vor. Es fand viele Zahlen mit vier oder mehr Teilern (so die Zahl 6 mit den Teilern 1, 2, 3 und 6), doch die heuristischen Regeln bewogen es, sich auf Zahlen mit nur wenigen Teilern zu beschränken.

Bei der Untersuchung der Zahlen mit genau drei Teilern stellte das Programm fest, daß alle betrachteten Beispiele auch Quadratzahlen waren. Überdies entdeckte es, daß die Quadratwurzel einer Zahl mit drei Teilern stets eine Zahl mit genau zwei Teilern ist. Auf Grund der Übereinstimmung zwischen dem Begriff „Quadratwurzel von Zahlen mit drei Teilern" und dem Begriff „Zahl mit zwei Teilern" erhöhte das Programm die Priorität beider Begriffe auf seiner Agenda und beschloß, Zahlen mit genau zwei Teilern näher zu untersuchen. So begann es, das ergiebige Feld der Primzahlen – wie der Mathematiker Zahlen mit genau zwei Teilern nennt – zu erforschen. In nur einer Stunde Laufzeit reproduzierte es mehrere wohlbekannte Vermutungen über Primzahlen und stellte die Hypothese auf, daß sich jede natürliche Zahl eindeutig in ein Produkt von Primzahlen zerlegen lasse.

Fortschreitende Einschränkung

Die Art von Suche, die ich bei Schach- und Planungsprogrammen geschildert habe, ist ein serieller oder Reihenprozeß, bei dem die einzelnen Äste und Knoten nacheinander verfolgt und geprüft werden. Schneller käme das Programm voran, wenn es unabhängige Teilaspekte der Suche simultan nebeneinander ausführen könnte. Ein gut Teil der Signalverarbeitung im Gehirn läuft beispielsweise derart parallel ab, und viele Experten sind der Ansicht, daß Programme, die eine Parallelverarbeitung vorsehen, zu einer viel besseren Simulation der sensorischen Fähigkeiten des Menschen imstande wären als solche, die nur seriell vorgehen können. Ein Parallelprozeß, den man sich bei einer Reihe experimenteller Programme in der Künstlichen Intelligenz heute zunutze macht, ist die sogenannte fortschreitende Einschränkung. Eines der ersten Beispiele dafür habe ich 1972 in meiner Doktorarbeit vorgelegt. Ich schrieb mein Programm in LISP, einer Programmiersprache, die heute auf dem Gebiet der Künstlichen Intelligenz fast ausnahmslos verwendet wird.

Zu den Dingen, die der Mensch spielend beherrscht, zählt die Fähigkeit, eine zweidimensionale Zeichnung als dreidi-

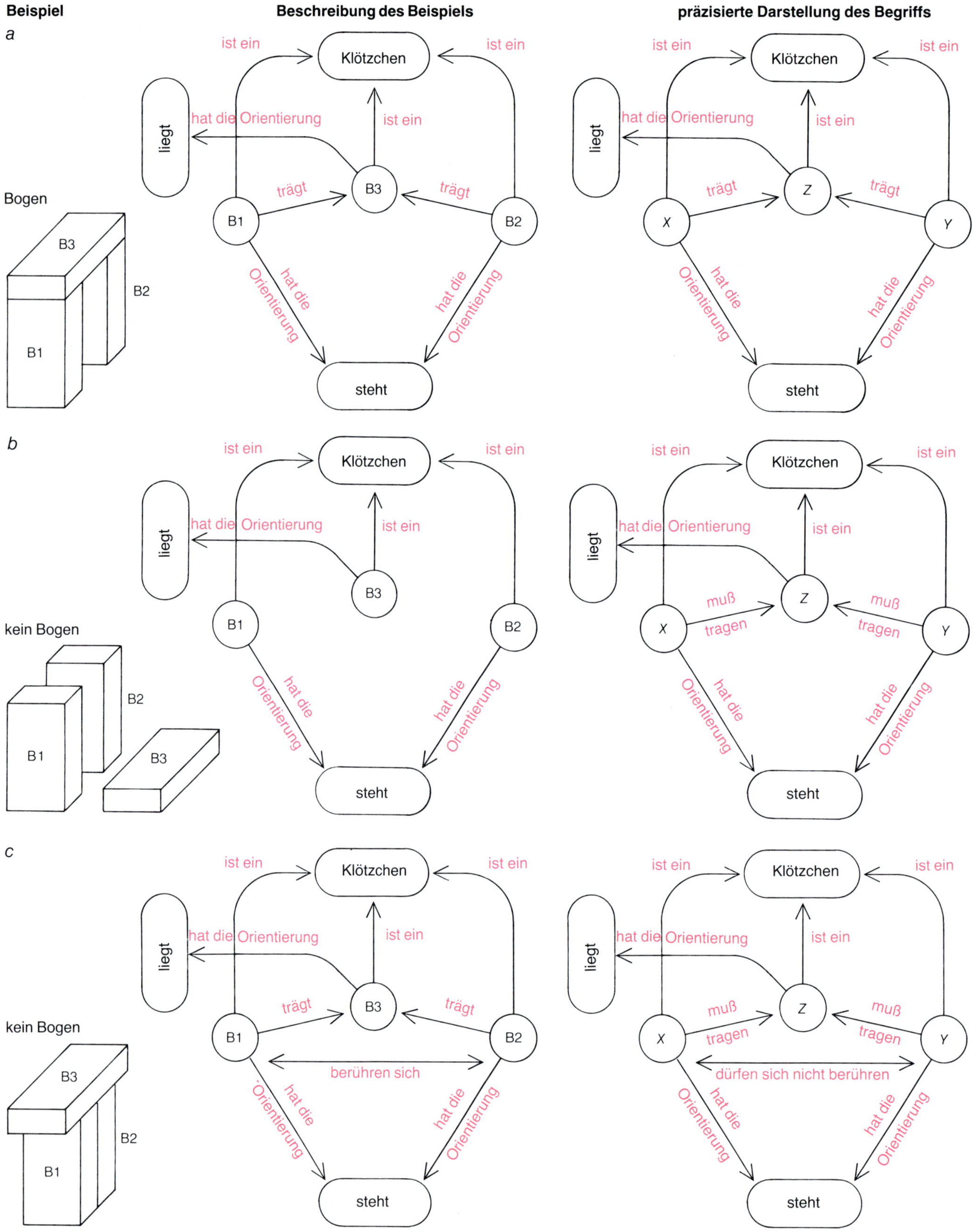

Bild 7: Das Lernen von Begriffen erfordert die Abstraktion von den zufälligen Eigenschaften und das Aufspüren der wesentlichen Merkmale der Verkörperungen eines solchen Begriffs. Auch Computer können Begriffe lernen, indem sie eine Hypothese über die für den Begriff wesentlichen Aspekte eines bestimmten Beispiels bilden und diese Hypothese anhand späterer Beispiele oder Gegenbeispiele revidieren und präzisieren. Um etwa einem Programm beizubringen, was ein Bogen ist, präsentiert ihm der Lehrer das Bild eines Bogens (*a*). Das Programm beschreibt das Bild mit Hilfe eines Bedeutungsnetzes, das die Beziehungen zwischen den bereits im Programm gespeicherten Begriffen wiedergibt. Die erste Hypothese ist ein verallgemeinertes Bedeutungsnetz, in dem die Variablen durch die Bestandteile des vorliegenden Bildes ersetzt wurden. Anschließend zeigt der Lehrer dem Computer zwei Bilder, die keine Bögen darstellen (*b*, *c*). Indem das Programm auch diese Bilder beschreibt und mit dem ersten Bild vergleicht, kann es anhand der Unterschiede erkennen, welche Aspekte des ersten Bildes wesentlich für einen Bogen waren und welche nicht. Entsprechend modifiziert es seine Hypothese. Die Folge von Beispielen muß dabei sorgfältig durchdacht sein. Ein Beispiel, das sich zu stark von seinem Vorgänger unterscheidet, würde das Programm verwirren.

mensionales Bild zu deuten. In meiner Doktorarbeit setzte ich mir zum Ziel, ein Programm zu entwickeln, das die gleiche Fertigkeit besitzt. David A. Huffman vom Massachusetts Institute of Technology und der verstorbene Max B. Clowes von der Universität Sussex hatten bereits gezeigt, daß sich gewisse einfache Zeichnungen dann als dreidimensionale Bilder interpretieren lassen, wenn es gelingt, sie mit Hilfe eines Satzes von 16 zulässigen Schnittpunkttypen konsistent zu bezeichnen (Bild 8). Dabei mußten die dargestellten Objekte allerdings ebene Oberflächen besitzen, und an keinem Schnittpunkt durften mehr als drei Ebenen aneinanderstoßen. Jede von einem Schnittpunkt ausgehende Kante war entweder als Randkante oder als konvexe (auf den Betrachter hin zeigende) oder konkave (vom Betrachter weg zeigende) Innenkante zu klassifizieren. (Als Innenkanten gelten dabei alle Kanten, an denen zwei sichtbare Flächen aneinanderstoßen, während bei Randkanten nur eine Fläche sichtbar ist.)

Eine Darstellung läßt sich dann konsistent bezeichnen oder – wie man sagt – „etikettieren", wenn, nachdem alle Schnittpunkte klassifiziert sind, sämtliche Kanten nur eine Bezeichnung (ein „Etikett" oder „Label") tragen. Ergibt sich aus jeder möglichen Klassifikation zweier durch eine Kante verbundener Schnittpunkte dagegen stets eine widersprüchliche Bezeichnung für die Kante, so kann die Zeichnung kein reales dreidimensionales Objekt repräsentieren. Ein Beispiel für eine Zeichnung, die sich nicht konsistent etikettieren läßt, ist die sogenannte Teufelsgabel, die auf den ersten Blick wie ein dreidimensionales Gebilde aussieht, sich bei genauerem Hinsehen aber als verwirrende räumliche Paradoxie entpuppt (Bild 9). Das beschriebene Etikettierungsschema erlaubt einem Computer zu erkennen, daß es sich bei der Zeichnung nicht um die Darstellung eines dreidimensionalen Objektes handeln kann, und hilft auch menschlichen Betrachtern, die Ursache der Paradoxie zu durchschauen.

Die ersten Programme zur Klassifikation der Schnittpunkte einer Zeichnung führten eine serielle Baumsuche nach konsistenten Etiketten durch. Sie griffen sich einen Schnittpunkt heraus und ordneten ihm sämtliche möglichen Etiketten zu. Dann gingen sie weiter zum nächsten Schnittpunkt und prüften, welche der für ihn möglichen Bezeichnungen mit denen für den ersten Schnittpunkt konsistent waren. Für jede dieser Etiketten ermittelten sie wiederum die zulässigen Bezeichnungen für einen dritten, dem zweiten benachbarten Schnittpunkt. So wurden nach und nach alle Schnittpunkte durchgegangen, bis jeder Ast des Suchbaums erforscht war. Ein Ast endete, wenn keine konsistente Bezeichnung mehr möglich war oder alle Schnittpunkte bereits ein Etikett trugen. (Bei manchen Zeichnungen gibt es mehrere Arten, die Schnittpunkte konsistent zu klassifizieren. Solche Bilder erscheinen auch menschlichen Beobachtern mehrdeutig.)

Diese Methode funktioniert, solange die Zahl der Schnittpunkttypen klein ist. Mein Programm aber sollte auch einspringende Ecken, Schatten und andere Arten von Kanten unterscheiden können, mit denen frühere Programme nicht zurechtgekommen waren. Dazu sind allerdings wesentlich mehr Etiketten erforderlich: für bestimmte Schnittpunkte etwa 100, für andere über 1000. Bei nur vier Schnittpunkten gäbe es also bereits über 1000^4 oder eine Billion Bezeichnungsmöglichkeiten. Auch wenn bei einer vollständigen Suche nicht jede dieser Möglichkeiten berücksichtigt werden müßte (weil sich beispielsweise viele davon bereits als inkonsistent herausgestellt hätten, bevor noch der letzte Schnittpunkt an die Reihe käme), wäre ein solches Vorhaben undurchführbar.

Daher beschloß ich, daß mein Programm von vornherein möglichst viele unzulässige Bezeichnungen ausschließen sollte. Dazu bestimmt es zunächst die zulässigen Etiketten für jeden Schnittpunkt und betrachtet dann Schnittpunktpaare, die durch eine Linie miteinander verbunden sind (Bild 10). Normalerweise stellt sich dabei heraus, daß bestimmte Bezeichnungen für den einen Schnittpunkt mit keiner der möglichen Bezeichnungen für den Nachbarschnittpunkt verträglich sind (also grundsätzlich zu einer widersprüchlichen Doppeletikettierung der Verbindungslinien führen würden). Sie können daher an dieser Stelle bereits ausgeschieden werden. Da sich solche Paarvergleiche unabhängig voneinander vornehmen lassen, ist es möglich, diesen Bearbeitungsschritt parallel durchzuführen. Nach der ersten Ausscheidungsrunde werden neue Paare gebildet und diese wieder parallel auf Konsistenz der Etiketten geprüft. So schrumpft die Zahl möglicher Bezeichnungen von Runde zu Runde.

Was mir ursprünglich vorgeschwebt hatte, war nicht mehr und nicht weniger, als den Suchbaum mit Hilfe meines Paarausscheidungsverfahrens auf handliche Maße zu stutzen. Bei der ersten Zeichnung, an der ich mein Verfahren erprobte, stellte sich jedoch heraus, daß es vom ganzen Baum nur noch die Wurzel übrig ließ, das heißt die Zahl der Etiketten pro Schnittpunkt auf genau eins zusammenstrich. Die Suche selbst hatte sich damit erübrigt.

Das war eine Riesenüberraschung. Zunächst glaubte ich sogar, im Programm müsse irgendwo ein Fehler stekken, als es immer wieder eindeutige Etikettierungen lieferte. Heute kann ich von Glück sagen, daß ich für mein Verfahren ein Computerprogramm schrieb und es nicht etwa per Hand ausprobierte. Denn dann hätte ich seine bemerkenswerte Eigenschaft, eine Baumsuche überflüssig zu machen, höchstwahrscheinlich gar nicht entdeckt. Selbst für die einfachste Handetikettierung wäre es nämlich erforderlich gewesen, gut und gern 10 000 Schnittpunkt-Bezeichnungen zu untersuchen. Bei dieser Sisyphus-Arbeit hätten sich Fehler wohl kaum vermeiden lassen. Die Möglichkeit, durch ein Computerprogramm eine unerwartete Entdeckung zu machen, ist etwas, das in Nicht-Informatikerkreisen nur selten gewürdigt wird, obwohl es gar nicht so selten vorkommt.

Auch die anschließenden Versuche, mein Programm auf realistischere Bilder anzuwenden, machten deutlich, daß das Experiment wesentlicher Bestandteil der Forschung auf dem Gebiet der Künstlichen Intelligenz ist. Obwohl sich das Programm nämlich bei den Bildern, für die es konzipiert war, als elegant und effizient erwies, ließ es sich nur schlecht auf Bilder von Objekten ausdehnen, die eine gekrümmte Form, strukturierte oder glänzende Oberflächen sowie andere bei realen Gegenständen verbreitete Besonderheiten aufwiesen.

Die eindrucksvollsten jüngsten Erfolge auf dem Gebiet der „Computervision" hat der verstorbene David C. Marr vom Massachusetts Institute of Technology erzielt, indem er die Operationen modellierte, die der visuelle Cortex im Gehirn ausführt. In meiner Arbeit benutzte Techniken haben sich jedoch für viele Probleme – so die Analyse elektronischer Schaltkreise oder die räumliche Verschmelzung von zwei Ansichten derselben Szene – als ausgesprochen nützlich erwiesen. Außerdem helfen sie, Einzelheiten in einem Bildausschnitt mit solchen in einem benachbarten Ausschnitt zu vergleichen oder die Mehrdeutigkeit bestimmter sprachlicher Wendungen aufzulösen.

Sprachverständnis

Das Kommunikationsmedium zwischen Mensch und Computer bezeichnet man oft als „Sprache", obwohl es mit dem Verständigungsmittel, dessen wir Menschen uns bedienen, nur wenig gemein hat. Die Aufgabe, Computer so zu programmieren, daß sie natürliche Sprache verstehen, zählt zu den schwierigsten Herausforderungen an die Disziplin der Künstlichen Intelligenz. Selbst das primitivste Sprachverständnis erfordert um-

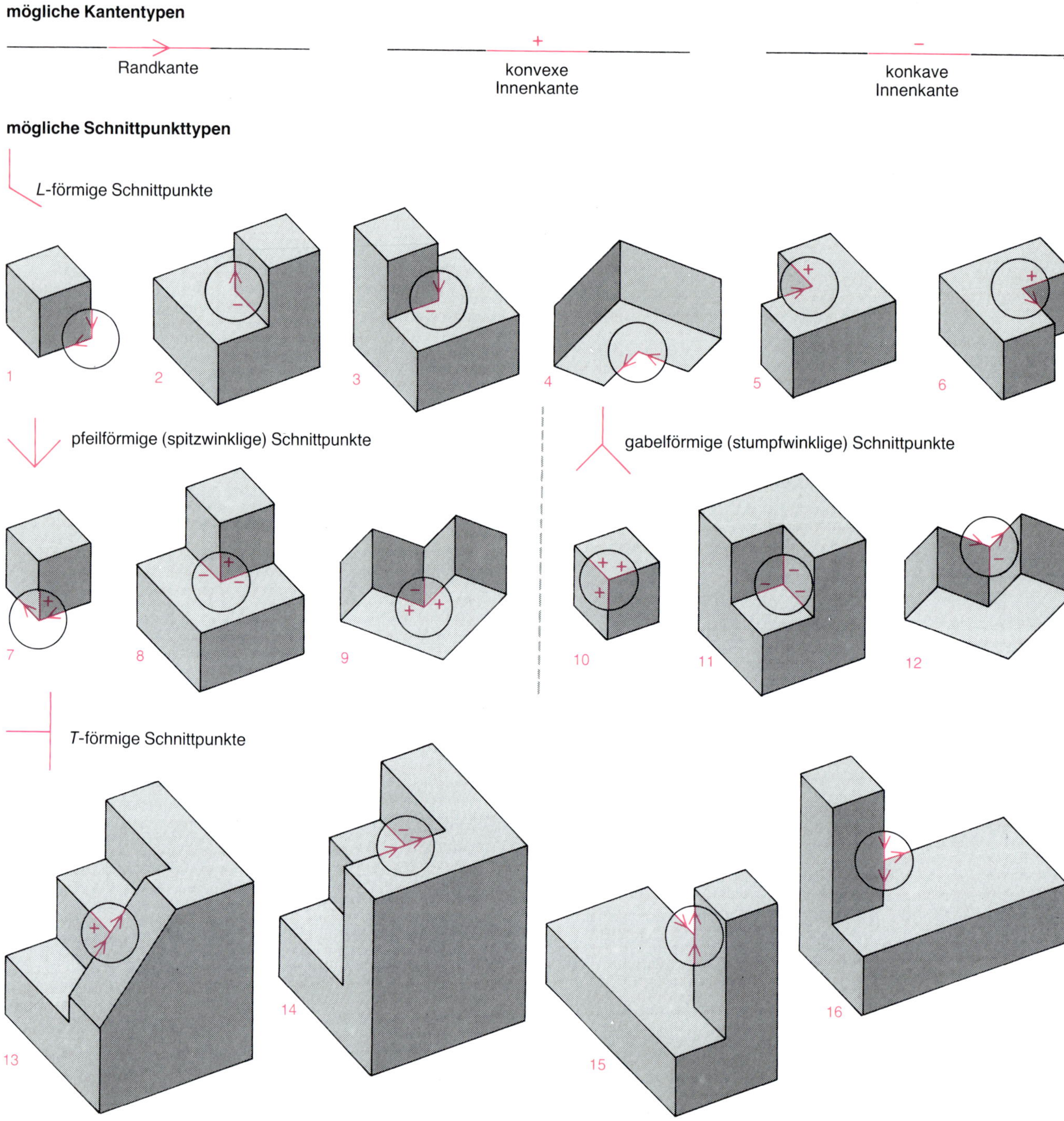

Bild 8: Um eine zweidimensionale Zeichnung als perspektivische Ansicht eines räumlichen Objektes zu erkennen, muß ein Programm ein Etikettierungsschema auf die Schnittpunkte der Zeichnung anwenden. Dabei geht es davon aus, daß jede Linie entweder eine Randkante oder aber eine auf den Betrachter zuspringende (konvexe) beziehungsweise von ihm weg zeigende (konkave) Innenkante darstellt. Bei Randkanten ist nur eine der beiden anstoßenden Flächen sichtbar, und der Pfeil, durch den solche Kanten gekennzeichnet werden, wird so orientiert, daß die sichtbare Fläche, in Pfeilrichtung betrachtet, rechts liegt. Insgesamt gibt es 4 verschiedene Kategorien und 16 verschiedene Typen von Schnittpunkten. Jeder Schnittpunkt in der Zeichnung muß in konsistenter Weise (Bild 9) einem dieser Typen zugeordnet – man sagt „etikettiert" – werden, ehe das Programm aus der Zeichnung das zugrundeliegende dreidimensionale Objekt rekonstruieren kann. Das von David A. Huffman vom Massachusetts Institute of Technology und dem verstorbenen Max B. Clowes von der Universität Sussex entwickelte Klassifikationsschema ist allerdings nur auf Objekte mit ebenen Oberflächen anwendbar, bei denen an keinem Schnittpunkt mehr als drei Ebenen aufeinandertreffen.

fangreiche und komplizierte Programme, und auch die besten Programme, die es auf diesem Sektor gibt, sind jeweils auf ein enges Sachgebiet oder einen kleinen Themenkreis beschränkt und erfassen im allgemeinen nur die naheliegendste Bedeutung. Dennoch ist dies ein wichtiges Forschungsfeld – nicht zuletzt, weil ein Programm, das Sprache verstünde, offensichtlich einen ganz wesentlichen Aspekt des menschlichen Denkens zu simulieren vermöchte.

Hinter den ersten, in den fünfziger Jahren unternommenen Versuchen, Computern ein Sprachverständnis zu vermitteln, stand die Absicht, die Übersetzung zu automatisieren. Die Idee war, anhand eines gespeicherten Lexikons für jedes Wort das Äquivalent in der Fremdsprache zu suchen und dann mittels einfacher Regeln Wortstellung und Satzbau anzugleichen. Alle diese Versuche endeten in der Sackgasse. Nachdem der Satz „Der Geist ist willig, aber das Fleisch ist

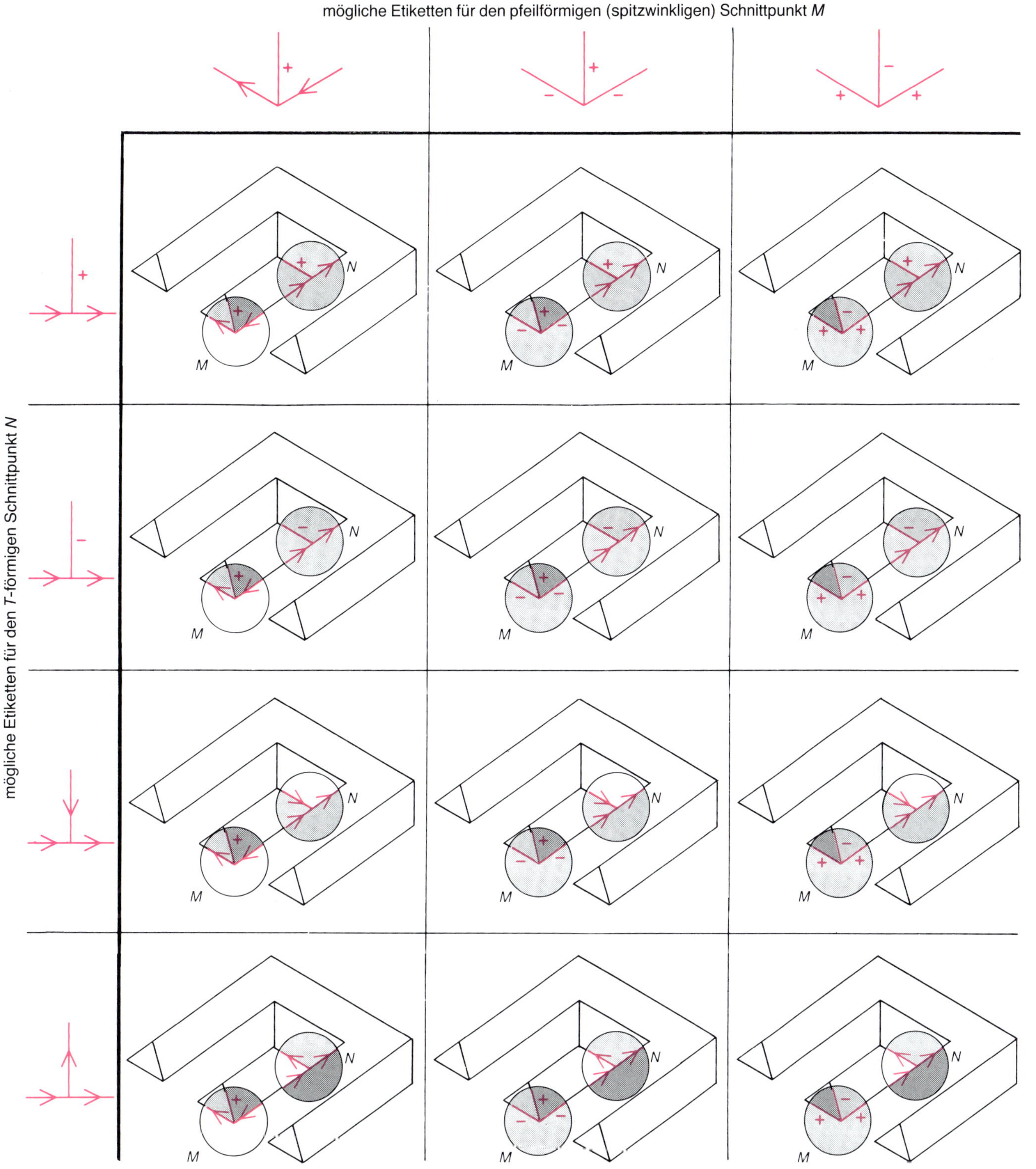

Bild 9: Daß die Teufelsgabel keine zweidimensionale Ansicht eines dreidimensionalen Objektes sein kann, zeigt sich, wenn man das in Bild 8 beschriebene Etikettierungsschema darauf anwendet. Für die Schnittpunkte *M* und *N* lassen sich keine konsistenten Etiketten finden: Die Kombination sämtlicher möglicher Schnittpunkttypen führt stets zu widersprüchlichen Bezeichnungen für die Verbindungslinie zwischen *M* und *N*.

schwach" ins Russische übertragen und dann wieder rückübersetzt worden war, hieß er, so geht die Sage: „Der Wodka ist stark, aber das Steak ist vergammelt". Für eine gute Übersetzung war ein inhaltliches Verständnis unerläßlich. Bis Mitte der sechziger Jahre hatte man diesen Ansatz daher ganz fallengelassen.

Einen anderen Ansatz verfolgte Joseph Weizenbaum vom Massachusetts Institute of Technology mit seinem 1966 geschriebenen Programm ELIZA. ELIZA umgeht jede wirkliche linguistische Analyse und bedient sich stattdessen eines festen, aber geschickt erdachten Antwortschemas, durch das es ein Sprachverständnis vortäuscht, das auf viele Leute erstaunlich echt wirkt. Das Antwortschema lehnt sich dabei an die Gesprächstechnik eines Psychiaters an: Das Programm sucht in den Aussagen des „Patienten" nach Worten oder Wortmustern, anhand derer es aus einem Vorrat gespeicherter Sätze oder Satzmuster pas-

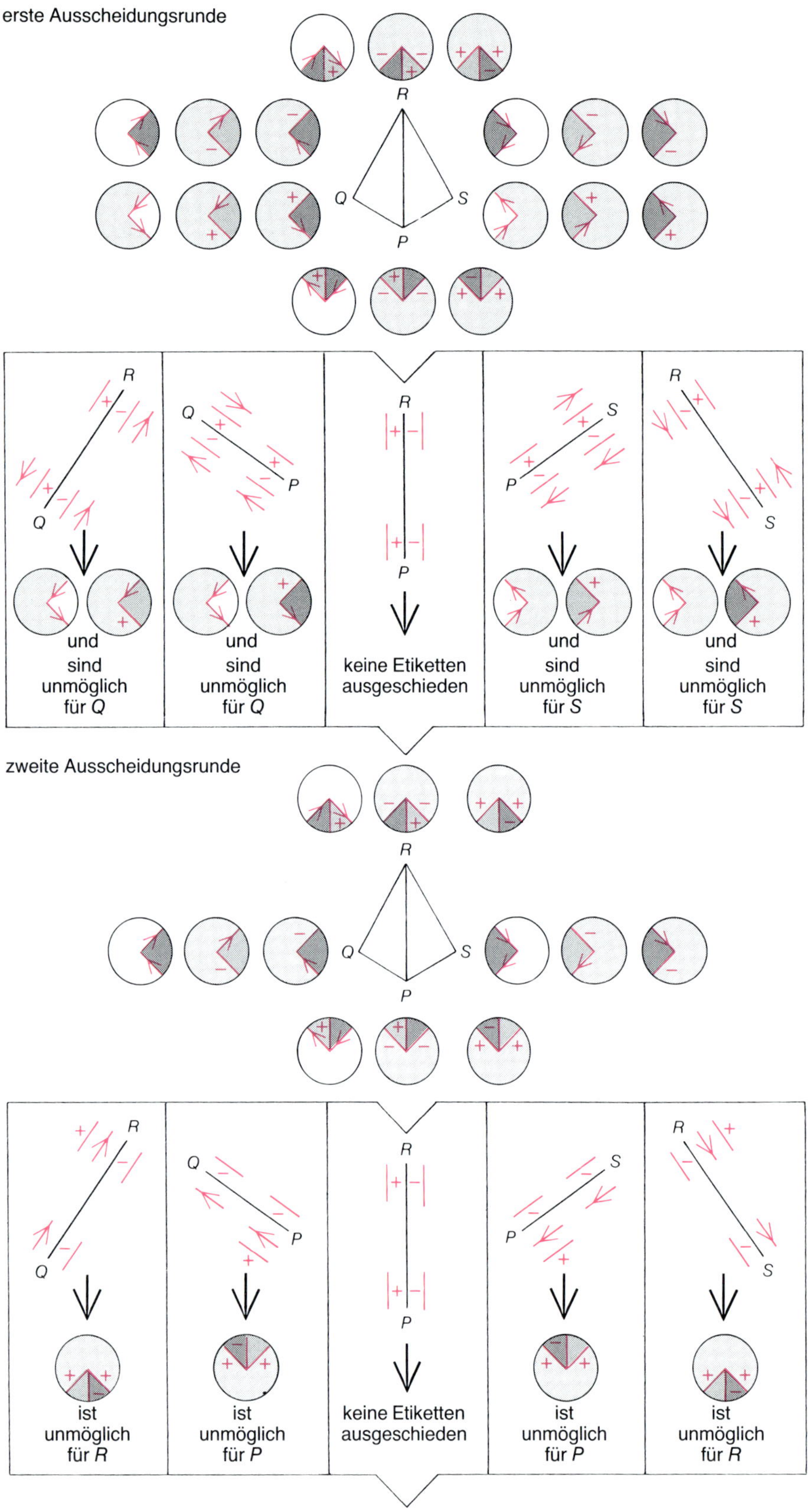

Bild 10: Mit der Methode der fortschreitenden Einschränkung lassen sich auch kompliziertere Bilder analysieren, da so eine parallele Etikettierung der Schnittpunkte möglich ist. Das Programm ordnet jedem Schnittpunkt alle zulässigen Etiketten zu und vergleicht sie mit sämtlichen zulässigen Bezeichnungen für jeden Nachbarschnittpunkt. Läßt sich für ein Etikett, das einem Schnittpunkt zugeordnet wurde, kein konsistentes Etikett für den Nachbarschnittpunkt finden (das zu einer widerspruchsfreien Bezeichnung der Verbindungslinie zwischen den Punkten führen würde), so wird dieses Etikett für den betreffenden Schnittpunkt ausgeschieden. Da sich zwei Nachbarschnittpunkte jeweils unabhängig auf die Verträglichkeit ihrer Etiketten prüfen lassen, kann diese Prüfung für alle Schnittpunktpaare gleichzeitig erfolgen. Mit jeder Ausscheidungsrunde wird die Zahl der möglichen Schnittpunktbezeichnungen weiter eingeschränkt. Die grauen Schattierungen sind für den Etikettenvergleich unmaßgeblich; sie dienen allein der optischen Verdeutlichung der Schnittpunkttypen.

sende Antworten auswählt. Fällt beispielsweise das Wort „Mutter", so kramt es einen Standardsatz hervor wie: „Erzählen Sie mehr von Ihrer Mutter". Tippt der Patient ein: „Ich fühle mich ein bißchen müde", kann ELIZA einen Teil dieses Satzes in ihre Antwort einbauen und etwa fragen: „Warum fühlen Sie sich ein bißchen müde?"

Obwohl das Programm viele der eingegebenen Worte ignoriert, braucht es eine umfangreiche Bibliothek für die Unmenge von Bedeutungsmustern, die es kennen muß, um mit der großen Zahl möglicher Aussagen seines menschlichen Gegenübers zurechtzukommen. Weizenbaum vertrat später die Ansicht, das Programm demonstriere, ein wie schlechtes Kriterium die Simulation menschlichen Verhaltens für die Beurteilung der Intelligenz eines Computerprogramms sei. Obwohl ELIZA, so sein Argument, nur über ein äußerst primitives und oberflächliches Sprachverständnis verfüge, ließen sich viele Leute von den lebensechten Antworten dazu verleiten, der Maschine ihre persönlichen Probleme mitzuteilen, als sei sie ein wirklicher Psychiater.

Um 1970 trat Roger C. Schank von der Yale-Universität mit Programmen hervor, die in natürlicher Sprache formulierte Sätze über menschliche Tätigkeiten verarbeiten konnten. Sie beruhen auf dem, was Schank Grundbausteine (Primitiva) begrifflicher Abhängigkeit nennt. Zu diesen Grundbausteinen gehören unter anderem MTRANS (die Menge aller Tätigkeiten, bei denen ein Transfer von Gedankeninhalten stattfindet, wie erzählen, hören, schreiben und lesen), ATRANS (die Menge sämtlicher Tätigkeiten, die mit einem Transfer von Eigentum verbunden sind, wie kaufen, verkaufen, geben und nehmen) sowie ATTEND (für Wahrnehmungstätigkeiten wie betrachten, zuhören, riechen und schmecken).

Man kann die Bedeutung eines Satzes nun in einem Diagramm darstellen, das auf solchen begrifflichen Abhängigkeiten basiert (Bild 11). Dabei zeigt sich, daß ähnlich aussehende Sätze unterschiedlicher Bedeutung ganz verschiedenartige Diagramme besitzen. Umgekehrt sind die Diagramme unterschiedlich formulierter, aber inhaltlich identischer Sätze gleich oder ähnlich. Schließlich bestimmen die begrifflichen Abhängigkeiten auch die „Erwartungen", die ein Programm hegt, nachdem es einen Satz teilweise analysiert hat. So erwartet es nach dem Satzfragment „Hans gab" sowohl einen Namen für den Empfänger als auch ein Wort für den übergebenen Gegenstand. Das Programm schafft im voraus freie Felder für die erwarteten Ausdrücke.

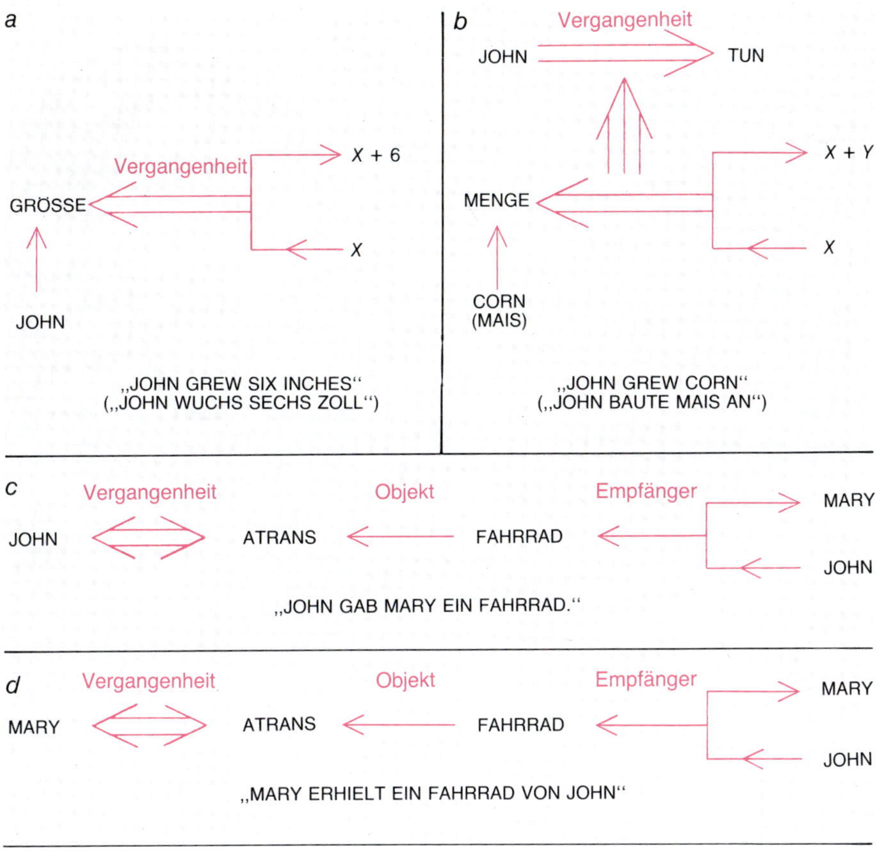

Bild 11: In Diagrammen begrifflicher Abhängigkeit wird die Bedeutungsstruktur eines Satzes computerintern so dargestellt, daß Sätze, die sich äußerlich ähneln, aber eine unterschiedliche Bedeutung haben, verschiedenartige Diagramme bekommen (*a*, *b*), während Sätze mit verwandtem Inhalt, aber äußerlich verschiedener Struktur zu gleichen oder sehr ähnlichen Diagrammen führen (*c*, *d*). Die hier abgebildeten Diagramme zeigen, daß der englische Satz „John grew six inches“ für den Computer bedeutet: „Johns Größe stieg von irgendeinem Wert X auf den Wert $X + 6$ Zoll“ (*a*). Unter dem Satz „John grew corn“ dagegen versteht der Rechner: „John tat irgend etwas, wodurch die Menge an Mais von irgendeiner Zahl X auf die Zahl $X + Y$ anstieg“ (*b*). Den Satz „John gab Mary ein Fahrrad“ faßt das Programm auf als: „John übertrug den Besitz eines Fahrrades von sich selbst auf Mary“ (*c*). (ATRANS steht für Verben, die die Übertragung von Eigentum beinhalten.) Der Satz „Mary erhielt ein Fahrrad von John“ wird genauso dargestellt (*d*), nur daß nun Mary als Urheberin vermerkt ist. Urheber dieses Darstellungssystems ist Roger C. Schank von der Yale-Universität.

Rahmen und Drehbücher

Schanks Programm spiegelte einen allgemeinen Wandel in der Auffassung darüber wider, wie Sprachverständnis entsteht. Während früher die Meinung vorherrschte, daß Bedeutungsinhalte von unten nach oben konstruiert würden, der Weg also von der Definition der einzelnen Worte über ihre Bedeutung innerhalb von Satzteilen bis hinauf zu ihrer wahrscheinlichen Funktion im ganzen Satz führe, glaubt man heute, daß es sich vielmehr um einen abwärts gerichteten Prozeß handelt, bei dem Worte als Schlüsselreize für den Abruf von Erwartungen aus dem Gedächtnis und als Indizien für oder gegen die Berechtigung dieser Erwartungen dienen.

1974 äußerte Marvin L. Minsky vom Massachusetts Institute of Technology die Auffassung, nicht allein die Sprache, sondern alles Denken beruhe möglicherweise auf Prozessen, die von Erwartungs- und Wissensstrukturen – sogenannten Rahmen – abhingen. Wie ein Grundbaustein begrifflicher Abhängigkeit besteht auch ein Rahmen aus einem Kernelement und einer Reihe von Leerstellen. Jede Leerstelle entspricht einem Aspekt des vom Rahmen implizit definierten Begriffs. Nach Minsky besteht eine wichtige Funktion eines Rahmens darin, ein stereotypes Grundmuster zu verkörpern. Das Stereotyp wiederum ist ein intuitiv einleuchtendes Modell des Prozesses, durch den sich der Mensch nicht explizit gegebene Informationen über eine Situation hinzudenkt.

Eine Reihe von Sprachverständnis-Programmen greifen heute auf diese allgemeine Strategie zurück. So kann ein Programm, das Wendy G. Lehnert von der Yale-Universität geschrieben hat, Fragen zu Geschichten wie der folgenden beantworten.

„John nahm den Bus von New Haven nach New York. Unterwegs wurde ihm das Portemonnaie gestohlen. Er ging in eine Gaststätte und bestellte Spaghetti. John konnte nicht bezahlen und wusch daher Teller.“

Obwohl nur gesagt wird, daß John Spaghetti bestellte, würden die meisten Menschen aus dem Fortgang der Geschichte schließen, daß er sie auch aß. Lehnerts Programm ist gleichfalls in der Lage, solche vernünftigen Schlüsse zu ziehen. Es tut das mit Hilfe eines speziellen, Drehbuch genannten Rahmens. Darin werden dem Computer jene Erwartungen, die die meisten Menschen im Hinterkopf haben, wenn von einem Gaststättenbesuch die Rede ist, explizit zugänglich gemacht.

Ein Programm namens FRUMP, das Gerald F. DeJong II an der Yale-Universität entwickelt hat, kann Meldungen der Nachrichtenagentur United Press International zusammenfassen. Es enthält Drehbücher über eine Vielzahl von Ereignissen wie Erdbeben, Verkehrsunfälle und Staatsbesuche. DeJong, der inzwischen zur Universität von Illinois in Urbana-Champaign übergewechselt ist, erweitert sein Programm zur Zeit dahingehend, daß es in der Lage ist, seine eigenen Drehbücher zu schreiben. Konfrontiert mit dem Textfragment „Marie wollte ein neues Radio; sie ging zur Bank“, würde das Programm seine Drehbücher über das Erwerben neuer Dinge sowie über Bankbesuche zu Rate ziehen und nach Informationen durchforsten, die beides verbinden. So käme es dahinter, daß neue Radios Geld kosten und daß Leute zur Bank gehen, um Geld abzuheben. Daraus würde es „folgern“, daß Marie zur Bank ging, um Geld für den Kauf des Radios zu holen. Ganz ähnlich könnte das Programm, ohne daß es etwas von Entführungen wüßte, einen Plan aufstellen, um herauszufinden, warum jemand auf die Idee kommen könnte, eine Person zu „entwenden“. Nach Beendigung der Analyse könnte der Plan verallgemeinert und als Entführungsdrehbuch gespeichert werden.

Viele andere Aspekte des Sprachverständnisses wurden in jüngster Zeit ins Visier genommen. So hat man versucht, das Verständnis von Metaphern, von ungenannten Absichten und Überzeugungen des Erzählers sowie von den Gefühlen und Motiven der Figuren einer Geschichte mit Computerprogrammen zu simulieren. Andere Programme sollen mit widersprüchlichen Informationen zurechtkommen oder die Plausibilität von Aussagen abschätzen können.

Plausibilitätsbetrachtungen sind oft Vorbedingung für das Verständnis natürlicher Sprache. Bevor ein Programm Metaphern, Humor, Lügen oder Übertreibungen verstehen kann, muß es fähig sein zu erkennen, daß die wörtliche Bedeutung eines Satzes in der gegebenen Situation möglicherweise nicht plausibel ist – so wenn das Prädikat nicht zum Objekt paßt wie in „Hans schluckte die Kritik" – oder daß ein Satz eine physikalisch unmögliche Aussage macht wie: „Bei dieser Nachricht sprang Marie drei Meter hoch". Ich persönlich halte die Beschäftigung mit Plausibilitätsbetrachtungen für einen ersten Schritt auf dem Weg zu einer Simulation des gesunden Menschenverstandes.

Gesunder Menschenverstand

Von den vielen Einwänden gegen die derzeitigen Bemühungen um die Künstliche Intelligenz trifft vielleicht der, es sei ihr bisher nicht gelungen, den sogenannten gesunden Menschenverstand zu modellieren, am ehesten den Kern der Sache. Eine Schwierigkeit bei der Simulation des gesunden Menschenverstandes besteht darin, daß ein entsprechendes Programm Wahrnehmung, Denken und Handeln kombinieren und in der Lage sein muß, alles drei auf einmal zu tun; denn intelligenter Umgang mit Begriffen schließt Wahrnehmung, Denken und Handeln gleichermaßen ein. Die besten derzeitigen Programme mit Sprachverständnis wissen im wahrsten Sinne des Wortes nicht, wovon sie reden; ihr einziges Bindeglied zur Welt ist die Sprache.

Ihre größten Erfolge konnte die Künstliche Intelligenz dort erringen, wo es gelang, abgeschlossene Bereiche zu definieren – etwa in der Klötzchenwelt von SHRDLU. Meiner Ansicht nach hat die Erfahrung jedoch gezeigt, daß sich solche Programme nicht einfach erweitern und verallgemeinern lassen. Die Fähigkeit, widersprüchliches und unvereinbares Wissen, reale Bilder oder die Sprache in ihrem ganzen Facettenreichtum zu handhaben, wird mit den bislang angewandten Baukasten-Methoden nicht zu erreichen sein.

Das heißt freilich nicht, daß Baukasten-Methoden beim Ergründen allgemeiner Prinzipien der Intelligenz nicht äußerst nützlich sein könnten. Gleichwohl bedarf es wesentlich besserer Modelle des menschlichen Bewußtseins, ehe Systeme, die auch nur ansatzweise über gesunden Menschenverstand verfügen, in greifbare Nähe rücken. Ich gehe davon aus, daß diese Aufgabe mich und viele andere noch lange in Atem halten wird.

Maschinelle Spracherkennung

Maschinen, die aufs Wort gehorchen, sprechende Computer und automatische Simultandolmetscher – Ideen, die bisher zur Science-fiction gehörten, nähern sich nun der Realität. Dafür konzipierte Systeme sind zwar noch weit davon entfernt, einen gesprochenen Satz so zu verstehen wie ein Mensch. Erstaunlicherweise reicht jedoch ein Minimum an Verständnis für beschränkte Anwendungen bereits aus. Die folgenden Beiträge beschreiben Prinzipien der maschinellen Spracherkennung und konkrete Realisierungen für Einzelworterkennungssysteme, automatische Diktiergeräte, telephonische Auskunftssysteme und Übersetzungshilfsgeräte.

Prinzipien, Stand der Technik, sprecherabhängige Einzelworterkennung

Von Klaus Fellbaum

Die sprachliche Kommunikation ist ein sehr vielschichtiger Prozeß. Ein Mensch versteht eine Sprachäußerung nicht nur anhand dessen, was er hört; er setzt vielmehr seine gesamte Spracherfahrung sowie sein Vorwissen über Gesprächsgegenstand und -partner ein; zudem wertet er auch nichtverbale Komponenten wie Gestik, Mimik und die emotionale Klangfärbung der Stimme mit aus. Unter Umständen ist diese Zusatzinformation sogar wichtiger als der Wortlaut. Die natürliche Sprache ist schließlich durch ein hohes Maß an Redundanz (also an eigentlich Überflüssigem) gekennzeichnet, so daß oftmals schon verbale Andeutungen oder Sprachfetzen für eine Verständigung ausreichen. Dadurch erklärt sich, daß ein Gespräch auch in lärmerfüllter Umgebung möglich ist.

Wollte man diese phänomenale Erkennungsleistung durch ein technisches System realisieren, müßte dieses letztlich über das Wissen, die Erfahrungen und die Intelligenz eines Menschen verfügen. Man kann lange darüber philosophieren, ob das ein erreichbares oder sinnvolles Ziel ist. Für den Entwickler eines Spracherkennungssystems, der immer auch den technischen Aufwand (und damit die Kosten) berücksichtigen muß, ist dies sicherlich nicht der Fall; er muß in erster Linie die konkrete Anwendung sehen. Dabei zeigt sich, daß vielfach sehr eingeschränkte Formen der Spracherkennung genügen; es kommt entscheidend darauf an, die für die spezielle Anwendung geeignetste Lösung zu finden.

Kommunikation mit Maschinen über natürliche Sprache – statt wie üblich über Tastatur und Bildschirm, allgemeiner über Schalter und Anzeigegeräte – bietet eine Reihe von Vorteilen: Der Benutzer muß keine neue Technik erlernen, sondern arbeitet mit der ihm vertrautesten Kommunikationsform; er behält Augen und Hände für andere Tätigkeiten frei, ist nicht an einen bestimmten Platz gebunden und kann die Maschine sogar per Telephon fernsteuern. Sprachein- und -ausgaben sind auch in dunklen, schmutzigen und staubigen Räumen möglich und für Behinderte, die keine Tastatur bedienen können, vielleicht die einzige Kommunikationsmöglichkeit mit der Maschine. In der Gegenrichtung erreicht eine sprachliche Äußerung der Maschine auch den abgelenkten oder unaufmerksamen Benutzer.

Gegen die Verwendung dieser Kommunikationsform spricht, daß Leistungsfähigkeit und Zuverlässigkeit für manche Anwendungen noch unbefriedigend sind. Hinzu kommen die Schwächen jeder sprachlichen Kommunikation: Lärmbelästigung Unbeteiligter, unerwünschte

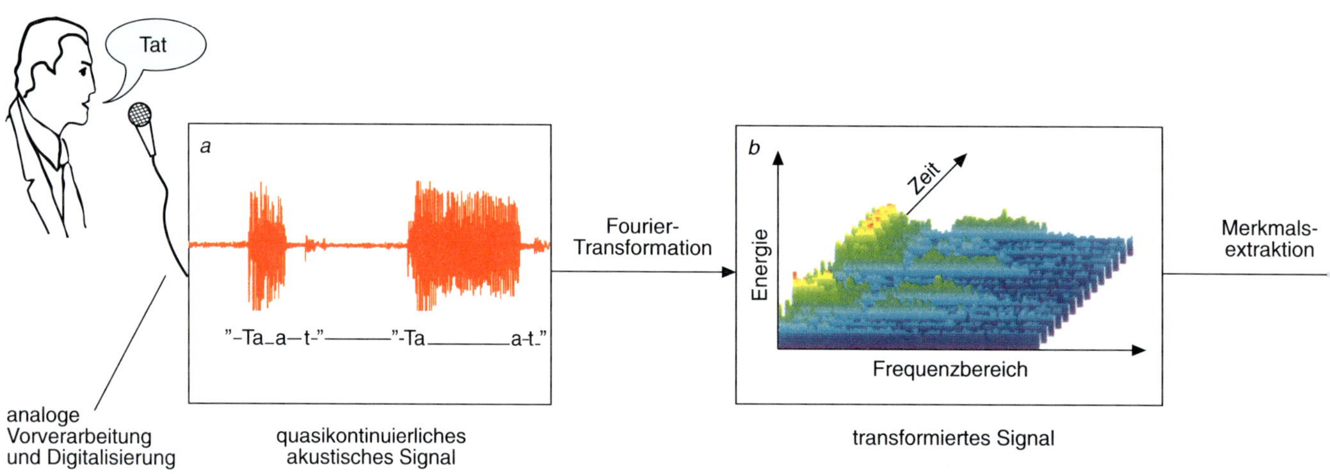

Bild 1: Schema eines Einzelworterkennungssystems. Das Schallsignal (*a*) wird zunächst vorbehandelt; das System bestimmt dann für diskrete Zeitabschnitte die Energien gewisser Frequenzbereiche im Schallsignal (*b*; die Farben von Blau über Grün und Gelb

Mithörmöglichkeiten und Beeinträchtigung durch Störgeräusche, was für die Spracherkennungssysteme gegenwärtig noch ein großes Problem ist.

Die wichtigsten Anwendungen finden sich auf folgenden Feldern:

– *Eingabe von Zahlen und Wortlisten*: Wer lange Zahlen- oder Wortkolonnen von einer Vorlage abzutippen hat, muß immer wieder den Blick zwischen Vorlage, Tastatur und Bildschirm wechseln, was auf die Dauer lästig, ermüdend und eine Fehlerquelle ist. Unmittelbare sprachliche Eingabe ohne Blickabwendung vermeidet dieses Problem. Zum Korrekturlesen kann man Sprachausgabe durch die Maschine einsetzen.

Bereits heute übermitteln manche Qualitätskontrolleure in der Autoproduktion ihre Mängelmeldungen direkt über eine Funkverbindung an einen spracherkennenden Computer, der nicht nur ein Protokoll führt, sondern auch eine entsprechende Meldung an die verursachende Stelle – möglicherweise einen Fertigungscomputer – weitergibt. Der Vorteil gegenüber einer späteren schriftlichen Auswertung ist prompte Reaktion; dadurch sinkt die Ausschußquote.

– *Steuerung von Maschinen und Computern*. Das System erkennt einen eingegebenen Befehl nicht nur, sondern führt ihn auch aus, indem es eine Handlung auslöst. So sind bereits sprachgesteuerte Werkzeugmaschinen auf dem Markt. Es gibt Automobile, in denen Fensteröffner, Scheibenwischer, Radio und Telephon gesprochenen Befehlen folgen. Bestimmte Kontroll- und Korrekturfunktionen in Personal Computern sind auch mit Hilfe von Spracherkennern auslösbar. Für motorisch Schwerbehinderte gibt es sprachgesteuerte Rollstühle. Für sicherheitsrelevante Funktionen wird die Sprachsteuerung bislang deshalb nicht eingesetzt, weil die Frage der Haftung bei Systemversagen noch nicht geklärt ist.

– *Auskunfts- und Bestellsysteme*. Der Benutzer äußert bestimmte Anforderungen oder Wünsche, und das System gibt eine gesprochene Antwort (siehe den Beitrag von Helmut Mangold auf Seite 97).

– *Diktiersysteme*. Ein beliebiger, fließend gesprochener Text soll in Schrifttext umgesetzt werden. Diese Anwendung erfordert die weitestgehende Form der Spracherkennung (siehe die Beiträge von Marcus Spies auf Seite 90 und Volker Steinbiß auf Seite 94).

Man pflegt Spracherkennungsverfahren in drei Klassen einzuteilen: Erkennung von Einzelwörtern, von Schlüsselwörtern in fließendem Text oder von kontinuierlicher Sprache. In der genannten Reihenfolge steigen Schwierigkeiten und Aufwand drastisch an. Ein weiteres Kriterium ist die Sprecherabhängigkeit. Die üblichen Systeme müssen vor der eigentlichen Nutzung erst an den jeweiligen Sprecher angepaßt werden. Eine Sprecherunabhängigkeit kann man dadurch erreichen, daß man das System vorab mit möglichst vielen Sprechern trainiert. Der Aufwand dafür ist beträchtlich; gleichwohl nimmt die Erkennungssicherheit in der Regel ab.

Im folgenden sei die sprecherabhängige Einzelworterkennung genauer dargestellt. Sie ist die derzeit am meisten verwendete und technisch ausgereifteste Form der Spracherkennung.

Der Prozeß besteht im wesentlichen aus zwei Stufen (Bild 1): einer Vorverarbeitung, die aus dem Sprachsignal die für die Erkennung relevanten Parameter extrahiert, und der Klassifikation, die durch Mustervergleiche zwischen Test- und Referenzmustern die zugehörige Bedeutung findet.

Vorverarbeitung

Zur ersten Stufe gehören zunächst die frequenzmäßige Begrenzung (Filterung), die Lautstärkenormierung und eine Analog-Digital-Umsetzung; letztere ist für die (heute ausschließlich digitale) Weiterverarbeitung erforderlich. Das so digitalisierte Sprachsignal besteht zwar bereits aus einer diskreten Folge von Zahlen, die jeweils die Schallenergie zu einem gewissen Zeitpunkt beschreiben. Diese Abtastzeitpunkte liegen jedoch so dicht, daß wesentliche Eigenschaften des ursprünglich kontinuierlichen Signals erhalten bleiben; man spricht von einem quasikontinuierlichen Signal.

Die in dieser Form noch viel zu große Menge an Daten ist nun so zu reduzieren, daß die von überflüssigem Ballast befreite Information die relevanten Eigenschaften des Sprachsignals möglichst präzise charakterisiert. Unter den zahlreichen Möglichkeiten für diesen Schritt betrachten wir im folgenden aus Gründen der Anschaulichkeit die Parameterextraktion aus dem Sprachspektrum. Als Beispiel diene das Wort *Tat*, einmal kurz und einmal lang gesprochen. Im Zeitsignal (Bild 1 *a*) ist der Plosivlaut *t* an seiner niedrigen Signalenergie und einem regellosen Verlauf zu erkennen; letzterer deutet auf hochfrequente Signalanteile hin. Der Vokal *a* ist durch hohe Signalenergie und den ziemlich regelmäßigen, periodischen Verlauf charakterisiert.

Außerdem erkennt man, daß langsames Sprechen zwar den Vokal verlängert, nicht aber die Plosive. Ein langsam gesprochenes Wort ist also nicht einfach eine Zeitlupenversion eines schnell gesprochenen, was bei der Verarbeitung zu berücksichtigen ist.

Das Schallsignal wird nun nach Frequenzen zerlegt; das entspricht mathe-

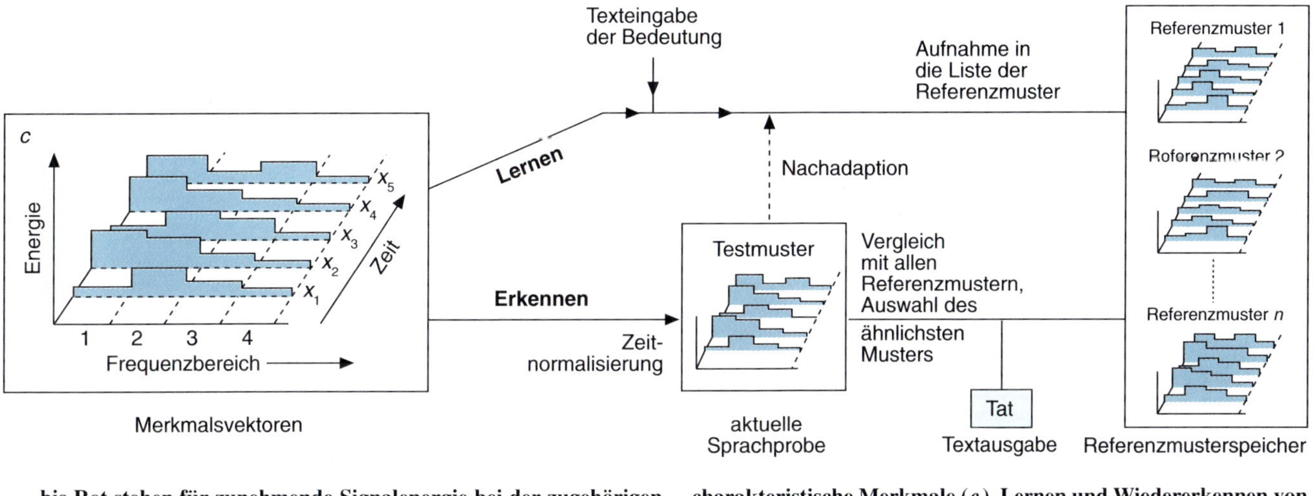

bis Rot stehen für zunehmende Signalenergie bei der zugehörigen Frequenz). Aus diesen Rohdaten extrahiert das System gewisse charakteristische Merkmale (*c*). Lernen und Wiedererkennen von Wörtern finden auf der Basis dieser Merkmalsvektoren statt.

matisch einer Fourier-Transformation, angewandt auf Zeitintervalle von etwa 20 bis 30 Millisekunden. In der Frequenzdarstellung (Bild 1*b*) finden sich wie vorher bei den Vokalen hohe Energien, die im Bereich tiefer Frequenzen (um 1000 Hertz) konzentriert sind; derartige Energiemaxima bezeichnet man als Formanten. Dagegen ist der Frequenzbereich bei den Plosiven sehr breit und reicht bis etwa 10 Kilohertz. Vor dem *t* am Wortende ist nahezu keine Energie vorhanden; solche Pausen charakterisieren die Druckaufbauphasen, die allgemein für das Sprechen von Plosiven erforderlich sind.

Bereits durch die Fourier-Transformation ist die Zeitskala auf das Raster der genannten Intervalle vergröbert worden. Meist treibt man die Datenreduktion noch weiter, indem man auch auf der quasikontinuierlichen Frequenzskala zahlreiche Werte durch Mittelung über 8 bis 20 relativ breite Frequenzbänder zusammenfaßt. Die verbleibenden Zahlen bilden, ihrerseits durch Rundung vergröbert, den sogenannten Merkmalsvektor: ein sehr grobes Abbild des ursprünglichen Spektrums, das aber für den Erkennungsvorgang völlig ausreicht (Bild 1 *c*).

Aus dem Sprachsignal, zum Beispiel einem gesprochenen Wort, ist damit eine zeitliche Folge von Merkmalsvektoren geworden. Die Sprechpausen vor und hinter jedem Wort, die nur unnötig Speicherplatz kosten, werden mit einem speziellen Pausendetektor ermittelt und eliminiert; abgespeichert wird dann nur das jeweilige Wort. Damit ist die Vorverarbeitung beendet.

Lernen und Erkennen

Um nun das System an einen bestimmten Sprecher anzupassen, spricht dieser ein Wort, das in der beschriebenen Weise in eine Folge von Merkmalsvektoren überführt wird, die fortan ein Referenzmuster bildet. Die Bedeutung des gesprochenen Wortes wird dem System üblicherweise über eine Tastatur mitgeteilt. Bedeutung und zugehöriges Sprachsignal werden nun im Referenzmusterspeicher abgelegt. Mehrere Referenzmuster für dasselbe Wort können durch Mittelung zu einem einzigen zusammengefaßt werden, was zufällige Abweichungen bei der Sprachaufnahme kompensiert. In gleicher Weise verfährt man mit allen Wörtern, die das System lernen soll.

Wenn nach Beendigung der Lernphase der Benutzer irgendeines der gelernten Wörter spricht, wandelt das System das Schallsignal auf dieselbe Weise in eine Folge von Merkmalsvektoren – das Testmuster – um. Dieses vergleicht es nach-

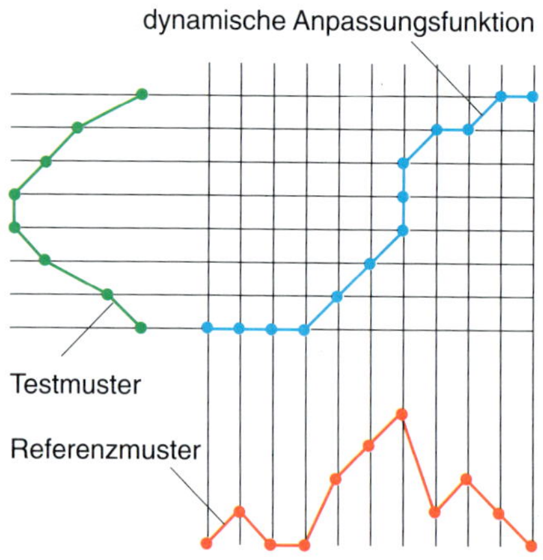

Bild 2: Vergleich zweier Muster mit unterschiedlichen Zeitskalen. Der spitze Gipfel des Referenz- und der flache des Testmusters (entsprechend etwa einem kurz beziehungsweise lang ausgesprochenen Vokal) wirken zunächst nicht sehr ähnlich. Erst eine Zeitverzerrung durch eine dynamische Anpassungsfunktion macht den spitzen Gipfel künstlich flach, indem sie die Zeit an dieser Stelle beliebig langsam vergehen läßt (vertikaler Abschnitt der Anpassungskurve). Über den im Testmuster nicht vertretenen Vorhügel des Referenzmusters huscht die Zeit beliebig schnell hinweg (horizontaler Abschnitt). Dieser Kunstgriff macht die Muster vergleichbar.

einander mit allen gespeicherten Referenzmustern, ermittelt unter ihnen dasjenige, das dem vorliegenden Muster am ähnlichsten ist, und gibt dessen Bedeutung aus (Bild 1 rechts).

Für diesen Vergleich müssen die beiden Muster auf eine gemeinsame Zeitskala gebracht werden, weil kein Mensch dasselbe Wort zweimal mit exakt der gleichen Geschwindigkeit ausspricht. Eine schlichte Stauchung oder Streckung der Zeitachse wäre sinnlos, da sich – wie erwähnt – eine Veränderung der Sprechgeschwindigkeit auf verschiedene Laute unterschiedlich auswirkt. Als sehr wirkungsvolles Verfahren hat sich indessen die sogenannte dynamische Zeitanpassung erwiesen: Jeder kleine Zeitabschnitt wird individuell so gedehnt oder gestaucht, daß die Übereinstimmung zwischen Test- und Referenzmuster möglichst groß wird (Bild 2). Die sich dadurch ergebende nichtlineare Anpassungsfunktion wird im Englischen *dynamic time warping function* genannt; das Wort *warp* (sich winden) beschreibt sehr anschaulich, wie sich die Anpassungsfunktion durch das Koordinatensystem windet.

Ein letzter Verarbeitungsschritt ist die Nachadaption. Da sich die Stimme eines Sprechers mit der Zeit ändert, benutzt man Testmuster, die sicher erkannt worden sind, zum Auffrischen der abgespeicherten Referenzmuster, indem man über beide einen geeignet gewichteten Mittelwert bildet. Dadurch arbeitet das System nicht nur mit den in der Lernphase eingespeicherten Wörtern, sondern auch mit kürzlich gesprochenen.

Weitere Verfahren

Zwei andere, sehr erfolgreiche Verfahren arbeiten anstelle des hier dargestellten direkten Vergleichs von Test- und Referenzmustern mit einem eher indirekten Mustervergleich.

Als klarer Favorit gilt zur Zeit die Erkennung mit den sogenannten Hidden-Markov-Modellen. Diese gehen auf den russischen Mathematiker Andrej Andrejewitsch Markow (1856 bis 1922) zurück. Sie arbeiten mit Schätzungen dafür, mit welcher Wahrscheinlichkeit auf einen Zustand eines Systems (zum Beispiel einen Merkmalsvektor) ein anderer – oder auch derselbe – folgt (siehe insbesondere den Beitrag von Marcus Spies auf der nächsten Seite).

Das zweite dieser Konzepte sind die neuronalen Netze. Sie bestehen aus einer parallelen, vernetzten Struktur von primitiven Schaltelementen, die echten Nervenzellen nachempfunden sind. Gewisse Parameter dieser Elemente können sich in einer Lernphase automatisch so einstellen, daß bestimmte am Eingang anliegende Merkmalsvektoren ein bestimmtes Ergebnis am Ausgang liefern (siehe „Wie neuronale Netze aus Erfahrung lernen" von Geoffrey E. Hinton, Spektrum der Wissenschaft, November 1992, Seite 134). Neuronale Netze sind sehr gut für die Spracherkennung geeignet; sie erweisen sich vor allem dann als besonders erfolgreich, wenn die Testmuster durch Störungen (etwa Umgebungsgeräusche) verfälscht sind.

Welche der genannten Strategien sich langfristig durchsetzen wird, ist noch unklar. So könnten die Hidden-Markov-Modelle ohne weiteres durch neuartige, für die Spracherkennung optimierte neuronale Netze überholt werden.

Um die Leistungsfähigkeit von Spracherkennern weiter zu verbessern, wertet man außer der akustisch-phonetischen Information, die in den Merkmalsvektoren steckt, noch weitere Informationsquellen aus. Eine sehr wichtige ist das aufgabenbezogene Wissen. Bei den meisten Anwendungen ist der Einsatzbereich inhaltlich begrenzt, so daß es nur relativ wenige zulässige Wörter gibt. Deshalb könnte zum Beispiel ein Spracherkennungsprogramm zur Maschinensteuerung einen Befehl, der fehlerhaft als „Maschine Wald" erkannt wurde, problemlos in den gültigen Befehl „Maschine halt" korrigieren.

Eng damit verknüpft ist das pragmatische Wissen: Das Spracherkennungsprogamm erhält Informationen über den Zustand seiner Umgebung und registriert eine phonetisch basierte Erkennung als falsch, wenn sie im Widerspruch zu den Umgebungsbedingungen steht. Wenn etwa das Erkennungssystem zur Maschinensteuerung (durch Meldung von Meßfühlern) weiß, daß die Maschine läuft, würde es den Befehl „Maschine anschalten" als sinnlos erkennen und durch „Maschine anhalten" ersetzen – oder eine Rückfrage auslösen.

Stand der Technik

Sprecherabhängige Einzelworterkenner für einen kleinen Wortschatz (bis zu mehreren hundert Wörtern) lassen sich heute problemlos realisieren. Die meisten der gegenwärtig verfügbaren Systeme sind von diesem Typ.

Vereinzelt werden schon sprecherunabhängige Einzelworterkenner mit bis zu 50 Wörtern angeboten; viele befinden sich aber noch im Forschungs- oder Entwicklungsstadium. Für diese Systeme besteht dringender Bedarf im Telekommunikationsbereich mit seinen immer neuen Benutzern, von denen man naheliegenderweise nicht jedesmal vor einer Benutzung eine Trainingsphase verlangen kann. Eine typische Anwendung sind telephonische Auskunftssysteme.

An der Spitze der Entwicklung liegen wenige Erkenner wie das auf Hidden-Markov-Modellen basierende System „Dictate-30K" der amerikanischen Firma Dragon Systems mit einer Kapazität bis zu 30 000 Wörtern. Das genügt im allgemeinen für das Erstellen üblicher Texte, auch wenn man berücksichtigt, daß ein Wort meist verschiedene Beugungsformen hat und jede Form als eigenständiges Wort zählt. Indem sich das System ohne eine Trainingsphase an ihm unbekannte Sprecher adaptiert, hat es fast die Eigenschaften eines sprecherunabhängigen Erkenners. Die Hardware ist auf einer Karte untergebracht, die in einen Personal Computer eingesteckt werden kann. Die Hauptanwendung liegt im Bürobereich. Ein Nachteil ist sicherlich, daß der Benutzer zwischen je zwei Wörtern eine Pause machen muß (weil es sich eben um einen Einzelwort-Erkenner handelt), was eine abgehackte, unnatürliche Sprechweise erfordert.

Eine besonders interessante Aufgabenstellung ist die Erkennung von Schlüsselwörtern in fließend gesprochener Sprache, das sogenannte *word spotting*. Es bildet den Übergang zur kontinuierlichen Spracherkennung, erfordert aber bei weitem nicht deren Rechenaufwand. Seine Stärken entfaltet es da, wo es nur auf spezielle Informationen – etwa Kommandos, Anfragen, Namen oder Zahlen – ankommt. Beispielsweise hat der Benutzer eines mit *word spotting* arbeitenden Flug-Auskunftssystems beträchtliche Freiheiten, seine Antwort auf die Frage, wohin er fliegen möchte, zu formulieren; das System wird ihn schon dann richtig verstehen, wenn es nur das Wort „Hamburg" im gesprochenen Text korrekt erkennt. Auf diese Weise läßt sich hohe Benutzerakzeptanz erreichen.

Erstaunlicherweise gibt es erst wenige derartige Systeme. Ein Grund mag darin liegen, daß sich *word spotting* in besonderem Maße zum Abhören von Sprachkanälen (insbesondere Telephonleitungen) eignet und die Untersuchungen deshalb der Geheimhaltung unterliegen.

Die komfortabelste, aber auch bei weitem schwierigste Technik ist die zum Erkennen kontinuierlicher Sprache. Die Probleme entstehen vor allem dadurch, daß Wortgrenzen im Sprachfluß häufig nicht erkennbar sind oder gar nicht existieren: „Am Montag" wird gesprochen „amontag". Das macht den Vergleich auf Basis von Wörtern unmöglich, so daß man zu Einzellauten übergehen muß.

Es gibt weltweit erst sehr wenige Systeme, die diese Probleme bewältigen; die meisten befinden sich noch im Labor- oder Prototypen-Stadium. Außer dem „Speech Processing System 6000" der Firma Philips (vergleiche den Beitrag von Volker Steinbiß auf Seite 187) ist vor allem das System „Sphinx" zu erwähnen, das Kai-Fu Lee und seine Mitarbeiter an der Carnegie-Mellon-Universität in Pittsburgh (Pennsylvania) entwickelt haben. Es basiert im wesentlichen auf Hidden-Markov-Modellen und enthält keine wesentlich neuen Strategien oder Komponenten; seine hohe Leistungsfähigkeit kommt vielmehr dadurch zustande, daß die besten der bekannten Erkennungsalgorithmen in aufwendiger Weise miteinander vereint wurden. „Sphinx" kann kontinuierliche Sprache mit einem Vokabular von rund 1000 Wörtern und einer Treffsicherheit von ungefähr 95 Prozent erkennen. Das System befindet sich derzeit noch im Laborstadium.

Die automatische Spracherkennung gehört zweifellos zu den wichtigsten technischen Innovationen im Bereich der Mensch-Maschine-Kommunikation. Die verfügbaren Systeme sind zwar noch weit von einer Erkennungsleistung entfernt, die der des Menschen vergleichbar wäre, können aber schon jetzt für vielfältige Aufgaben eingesetzt werden. Die meisten technischen Anwendungen haben ohnehin nur sehr eingeschränkte Anforderungen an ein Spracherkennungssystem. Erheblicher Forschungsbedarf besteht aber noch auf einem nicht-technischen Gebiet: der optimalen Gestaltung des Mensch-Maschine-Dialogs.

Grundzüge der Spracherkennung in einem Diktiersystem

Von Marcus Spies

Das Spracherkennungssystem IBM Speech Server Series (ISSS) setzt gesprochenen Text in Echtzeit und mit extrem hoher Erkennungsgenauigkeit in geschriebenen um und stellt ihn auf dem Bildschirm dar (Bild 1). Es ist in den letzten Jahren in Produktlabors der IBM in Boca Raton (Florida) und Wien sowie in den Wissenschaftlichen Zentren in Rom, Paris, Sevilla, Hursley (Großbritannien) und Heidelberg entwickelt worden. Eine Forschergruppe um Frederic Jelinek, Robert Mercer und Lalit Bahl am Thomas-J.-Watson-Forschungslabor der IBM in Yorktown Heights (New York) hatte durch Grundlagenforschung die wesentlichen Voraussetzungen für diese Entwicklung geschaffen.

Derzeit setzt die Benutzung von ISSS das sogenannte diskrete Sprechen, das heißt Diktieren mit (wenn auch nahezu beliebig kurzen) Pausen zwischen den Wörtern voraus. Diese Einschränkung wurde um der Erkennungsgenauigkeit willen beibehalten; sie ist nicht aus Systemgründen nötig.

Die Erkennung eines Sprachsignals beginnt mit der Vorverarbeitung: Entsprechend der Schallverarbeitung im menschlichen Ohr berechnet das System zunächst über eine Fourier-Transformation, wie intensiv bestimmte feste Frequenzen zu dem jeweiligen Zeitpunkt – genauer: innerhalb eines etwas längeren vorangegangenen Zeitintervalls – im Schallsignal vorhanden sind. Jede Hundertstelsekunde wird diese Information abgegriffen und als sogenanter Merkmalsvektor an die nächste Verarbeitungsstufe weitergereicht. Es hat sich als sinnvoll erwiesen, die Werte benachbarter Zeitpunkte zusammenzufassen und die

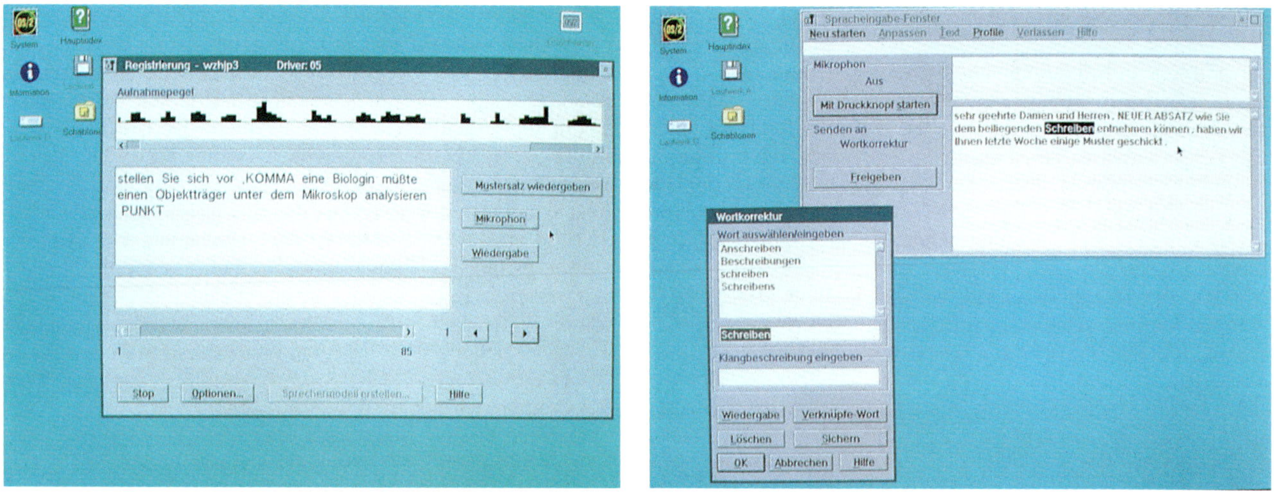

Bild 1: Das automatische Diktiersystem ISSS schreibt gesprochenen Text in Echtzeit auf den Bildschirm. Es erkennt gesprochene Satzzeichen und Kommandos wie „Absatz" und stellt sie vorläufig in Großbuchstaben dar (links). Im Korrekturmodus präsentiert das System dem Benutzer seine bevorzugte Hypothese für ein Wort zusammen mit den nächstplazierten (rechts); ein falsch verstandenes Wort ist durch Anwahl des richtigen (das wahrscheinlich unter den verworfenen ist) bequem zu korrigieren.

für die Unterscheidung wichtige Information mit einem statistischen Verfahren, der sogenannten Diskriminanzanalyse, zu extrahieren. Die so gewonnenen verfeinerten Merkmalsvektoren enthalten also die wesentliche Information bereits in verdichteter Form.

Wenn wir einen bestimmten Laut – etwa ein *a* – artikulieren, werden die währenddessen erfaßten Merkmalsvektoren einander ähnlicher sein als einem Merkmalsvektor zu einem anderen Laut. Stellt man sie sich – wie bei Vektoren üblich – als Punkte in einem hochdimensionalen Raum vor, so bilden die zu einem bestimmten Laut gehörenden Merkmalsvektoren beziehungsweise Punkte eine Wolke in diesem Raum. Deren genaue Lage und Form ist für jeden Sprecher unterschiedlich; sie wird in einer sprecherspezifischen Trainingsphase des Systems ermittelt.

Aus Gründen der Rechenökonomie beschreibt man die Wolken angenähert mit Hilfe von rechentechnisch besonders einfachen Standardformen. Man unterstellt gewissermaßen, daß die Wolken kugelförmig oder elliptisch sind und ihre Hauptachsen parallel zu den Achsen des Koordinatensystems liegen (Normalverteilungen mit diagonaler Kovarianzmatrix). Eine Wolke, die stark von der Standardform abweicht, läßt sich durch mehrere Standardwolken annähern.

Aus einer Sprachäußerung wird durch die Vorverarbeitung eine zeitliche Abfolge von Merkmalsvektoren; in dem abstrakten Raum hüpft gleichsam ein Punkt von Wolke zu Wolke. Im Prinzip müßte ein Spracherkennungsprogramm also nur anhand der Merkmalsvektoren die jeweils richtige Wolke identifizieren. Die derart gefundene Abfolge der Wolken ergäbe dann direkt eine Lautschrift des Sprechsignals.

In der Praxis ist die Situation allerdings weitaus komplizierter. Man findet typischerweise nach einem Training erheblich mehr Wolken im Raum der Merkmalsvektoren, als es Laute gibt. Es existiert also keine eindeutige Zuordnung von Lauten (Phonemen) zu Wolken in unserem Merkmalsraum. Vielmehr benutzt jedes Phonem Punkte aus mehreren Wolken; dabei liegt nur grob deren Reihenfolge fest, nicht aber der genaue zeitliche Verlauf. So machen die meisten Sprecher bei einem einzeln ausgesprochenen *w* am Ende einen Abstecher zur Wolke für das *e*; im Verlauf des *w* wird möglicherweise zwischendurch kurz die *u*-Wolke benutzt, und so weiter. Schließlich sind die Wolken unscharf begrenzt und überlappen sich gegenseitig.

Markow-Ketten

Gleichwohl ist das Problem nicht unlösbar, wie unsere eigene Fähigkeit zum Sprachverstehen zeigt. Um das menschliche Vorwissen mathematisch zu formalisieren und damit dem Computer verfügbar zu machen, ordnet man einer sprachlichen Äußerung (beispielsweise einem Wort) einen sogenannten Markow-Prozeß zu. Das ist zunächst die Angabe der Wahrscheinlichkeiten, mit denen auf einen Zustand (Merkmalsvektor) aus einer gewissen Menge von erlaubten Zuständen ein anderer folgt. Man stellt das üblicherweise durch eine sogenannte Markow-Kette dar (Bild 2). Eine Realisierung eines Markow-Prozesses besteht darin, daß ausgehend von einem Anfangszustand ein Folgezustand durch Zufall nach Maßgabe der für den Anfangszustand gültigen Übergangswahrscheinlichkeiten bestimmt wird, aus diesem wieder ein Folgezustand und so weiter.

Markow-Ketten sind ein Standardmittel der Statistik zur Modellierung zeitlicher Abläufe. Das Neuartige in der Anwendung auf die Spracherkennung ist, daß die Zustände nicht Merkmalsvektoren, sondern Wolken – genauer: Wahrscheinlichkeitsverteilungen von Merkmalsvektoren – sind. Da ein Merkmalsvektor mehreren Wolken angehören kann, ist aus einer beobachteten Folge von Merkmalsvektoren nicht ohne weiteres auf die zugehörige Folge der Zustände (Wolken) zu schließen (vergleiche Kasten Seite 92); diese bleibt – zunächst – verborgen, weshalb sich die Bezeichnung *hidden Markov models* eingebürgert hat. Was wie eine unnötige Komplizierung anmutet, ist deswegen so erfolgreich, weil die Hidden-Markov-Modelle mit ihrer eingebauten Unschärfe die natürliche Ungenauigkeit der Artikulation sehr gut wiedergeben können.

Für die Lernphase muß ein Sprecher einen Text von etwa einer Dreiviertelstunde Dauer verlesen. Aus den zahlreichen Realisierungen jedes gesprochenen Lautes berechnet das System sodann Schätzwerte für die Verweil- und Übergangswahrscheinlichkeiten eines zugehörigen Markow-Prozesses. Zugleich werden die Parameter der Wolken geschätzt. In diesen Zahlen ist also gewissermaßen das Wissen gespeichert, wie dieser Sprecher einen Laut auszusprechen pflegt.

Für die große Mehrheit der Wörter, die im Trainingstext nicht vorgekommen sind, gleichwohl aber erkannt werden sollen, ist der zugehörige Markow-Prozeß aus den verfügbaren Daten zu konstruieren. Mit Hilfe eines wissensbasierten Systems, das Klaus Wothke und weitere Computer-Linguisten bei der IBM in Heidelberg geschrieben haben, gewinnt man aus der geschriebenen Form eines Wortes die Abfolge der Phoneme, aus denen sich die gesprochene Form zusammensetzt; zu jedem Phonem gehört eine Markow-Kette, aus deren Verkettung man die Markow-Kette für das ganze Wort erhält.

Soll nun das System im Betrieb den richtigen Laut im Kontext einer Äußerung erkennen, muß es entscheiden, welche unter einer großen Zahl denkbarer Markow-Ketten mit der größten Wahrscheinlichkeit die vorliegende Beobachtung (Merkmalsvektor-Folge) erzeugt hat. Hier wird ein Verfahren verwendet, das der amerikanische Nachrichtentechniker Andrew J. Viterbi 1967 in einem ganz anderen Zusammenhang vorgeschlagen hat (siehe den Kasten unten). Erst mit diesen Prinzipien und ihrer Umsetzung in sehr effiziente Algorithmen wurde es möglich, im Computer Phoneme der menschlichen Sprache treffsicher unterscheidbar zu machen.

Indem das System mit Markow-Ketten nicht nur für einzelne Phoneme, sondern auch für Phonemfolgen – insbesondere Wörter – arbeitet, stellt es sich gewissermaßen nicht einfach die Frage, welches unter mehreren in Frage kommenden Phonemen soeben am wahrscheinlichsten gesprochen wurde, sondern welches unter Berücksichtigung des bereits gehörten Wortfragments das wahrscheinlichste ist.

In diesem Sinne gleicht seine Arbeitsweise der Wahrnehmung des Menschen: Wir registrieren nicht unvoreingenommen, sondern versuchen das Wahrgenommene in bereits teilweise vorgefaßte Hypothesen einzupassen. Durch diese Rekonstruktionsleistung (für die das Schlagwort „Analyse durch Synthese" geprägt worden ist) sind wir imstande, Unvollständigkeiten und Schwankungen in der Gestalt der Objekte zu korrigieren.

Dieses Vorgehen läßt sich in der maschinellen Spracherkennung weiter verallgemeinern, indem man phonetische Wortmodelle ihrerseits zu größeren Datenstrukturen zusammenfaßt, aus denen durch Viterbi-Aufreihung die wahrscheinlichste aus einer großen Anzahl von Worthypothesen zu ermitteln ist.

Verfeinerte Sprachmodelle

Die regelhafte Beziehung zwischen Aussprache und Schreibweise – Voraussetzung für das Erstellen eines phonetischen Wortmodells – ist im Deutschen und im Englischen weitaus komplizierter als etwa im Spanischen. Deshalb hat man die bisher beschriebene Modelldarstellung verfeinert, was zu einer erheblichen Verbesserung der Erkennungsgenauigkeit beiträgt. Das Programm ISSS geht dabei in zwei Schritten vor.

Das bisher beschriebene Prinzip war, Wörter in Phoneme zu zerlegen und dann für jedes Phonem eine Markow-Kette zu formulieren. Ist es nicht sinnvoll, das Phonem als Beschreibungsebene der Spracherkennung überhaupt auszulassen? Würde es demnach nicht genügen, für die phonetische Darstellung eines Wortes einfach eine Markow-Kette durch

Wie findet ein System die wahrscheinlichste Markow-Kette zu einer Folge von Merkmalsvektoren?

In dem abstrakten, hier zweidimensional dargestellten Raum der Merkmalsvektoren (*a*) sind fünf Wolken eingezeichnet (*A* bis *E*), die für verschiedene Phoneme stehen mögen. Genauer: Je näher ein Merkmalsvektor dem Mittelpunkt einer der Ellipsen liegt, desto sicherer ist es, daß er zu dem entsprechenden Phonem gehört. Auf die Fläche der Ellipse fallen im Mittel 50 Prozent der Realisierungen des entsprechenden Phonems. Wenn also ein Punkt außerhalb einer Ellipse liegt, ist dadurch nicht ausgeschlossen, daß er zu deren Phonem gehört, nur relativ unwahrscheinlich.

Dem Spracherkenner liege die Folge der Merkmalsvektoren 1 bis 13 in der Reihenfolge ihrer Numerierung vor. Es stellt sich die Frage, ob es sich um das Wort mit der in *b* gezeichneten Markow-Kette handelt. Die Pfeile entsprechen den von 0 verschiedenen Verweil- beziehungsweise Übergangswahrscheinlichkeiten. Beispielsweise könnten diese Wahrscheinlichkeiten sämtlich gleich einhalb sein.

Die Viterbi-Aufreihung (*Viterbi alignment*) ordnet nun – unter dieser Voraussetzung – die beobachteten Punkte jeweils der Wolke zu, die unter Berücksichtigung der bisher beobachteten Punktfolge die plausibelste ist (*c*). Unmittelbar leuchtet die Zuordnung der Punkte 1, 2, 4, 5 ein. Punkt 3 wird als *B* erkannt, weil bei einer Zuordnung zu *A* die Punkte 4 und 5 ebenfalls als *A* erkannt werden müßten, obwohl sie unter *B* viel wahrscheinlicher sind. Wenn die Verweilwahrscheinlichkeit bei *C* erheblich größer ist als die Übergangswahrscheinlichkeit von *C* nach *D*, wird Punkt 10 zu *C* geordnet, obwohl er für sich genommen unter *D* wahrscheinlicher wäre.

Würde man die Pfeilrichtungen der Zustandsübergänge umdrehen, ließe sich nur eine sehr wenig wahrscheinliche Beschreibung der beobachteten Abfolge geben. Im Erkennungsprozeß entspricht dann das unter *b* dargestellte Modell einem plausiblen, das Modell mit verdrehten Pfeilen einem sehr wenig plausiblen Wortkandidaten.

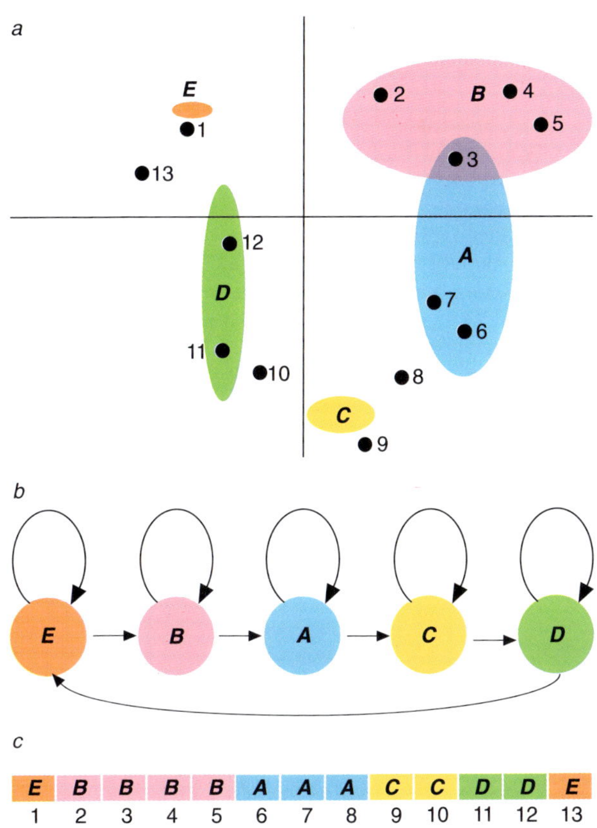

die Wolken des Merkmalsraums nachzuzeichnen? Dies hätte den Vorteil, daß man die Feinheiten der Aussprache wie etwa Verschleifungen und Verkürzungen ganz genau erfassen könnte.

Während eine Markow-Kette für ein Phonem typischerweise 7 Zustände (Wolken) und 13 Übergänge hat, könnte man recht lange, gleichwohl sehr einfach strukturierte Markow-Ketten formulieren, die sich nur auf Merkmalsvektoren und ihre Abfolge beziehen: Für jeden Knoten gibt es den Übergang zum Knoten selbst, zum nächsten Knoten und zum übernächsten für den Fall, daß der dem nächsten Knoten entsprechende Merkmalsvektor in der Kette der Daten fehlt. Das so erhaltene Wortmodell orientiert sich nur an den unmittelbar beobachteten akustischen Phänomenen und hat deshalb den Namen *fenonic base form* erhalten, zu übersetzen etwa als „phänonische Grundform".

In dieser Form ist das Wortmodell allerdings noch unpraktikabel. Weil jedes Wort unmittelbar durch Merkmalsvektoren modelliert wird, entfällt die Möglichkeit, aus der Schriftform des Wortes Hypothesen über seine akustische Realisierung zu gewinnen. Also müßte auch für jedes Wort ein eigenes phänonisches Modell trainiert werden. Dies ist unökonomisch und nicht für die Praxis geeignet.

An dieser Stelle setzt nun der zweite entscheidende Schritt an, der den Spracherkenner ISSS auszeichnet. Offenbar ist ja ein phänonisches Modell sinnvoll, wenn es sich auf möglichst kleine lautliche Einheiten bezieht. Man müßte also einen Weg finden, aus der Schriftform eines Wortes möglichst genau auf diese kleinsten lautlichen Einheiten zu schließen. Der Ansatz dazu sind die phonetischen Entscheidungsbäume.

Die Idee besteht darin, an die Stelle der traditionellen, eher groben Ausspracheregeln solche zu setzen, die empirisch aus umfangreichem Datenmaterial gewonnen werden. Die Aussprache eines geschriebenen Buchstabens – genauer: einer Buchstabenfolge, die ein Phonem vertritt, wie etwa *sch* – ist vom Kontext abhängig; *s* wird in *Amsel* stimmhaft, in *Emsland* stimmlos ausgesprochen. Auch kontextabhängige Verschleifungen können hier erfaßt werden.

Das Programm strukturiert nun die Menge der akustischen Realisierungen des Phonems *s* (oder irgendeines Phonems), indem es die Gesamtmenge abhängig vom Kontext in zwei jeweils möglichst homogene (in sich einheitliche) Teilmengen aufteilt. (Um zu bestimmen, ob zwei Folgen von Merkmalsvektoren sich ähnlich sind, kann man für sehr kurze Abschnitte des Sprachsignals – wie die Erfahrung gezeigt hat – sogar deren Reihenfolge ignorieren; es genügt der wesentlich weniger aufwendige Vergleich ihrer Häufigkeiten.) Die Kriterien dieser Aufteilung muß niemand vorgeben; sie werden automatisch vom Programm errechnet. Dabei werden Kontexte von bis zu fünf Phonemen vor und hinter dem jeweils zu beschreibenden berücksichtigt.

Jede Teilmenge wird wiederum in zwei möglichst homogene Teilmengen aufgeteilt, und so weiter. Dabei gilt das statistische Kriterium des maximalen Informationsgewinns. Mit der Aufteilung fährt man fort, bis sich kein nennenswerter Informationsgewinn mehr ergibt.

Insgesamt erhält man so eine hierarchische (baumartige) Struktur, an deren Enden (den sogenannten Blättern) jeweils eine Menge von Kontexten mit nahezu derselben Aussprache für das Phonem versammelt ist. Eine solche statistisch hergeleitete Phonemaussprache heißt im englischen Jargon *leafeme*, was etwa mit Blattlaut zu übersetzen wäre. Das stimmhafte *s* beispielsweise könnte ein Blattlaut sein, oder auch der Laut, der kurzfristig bei der Verschleifung von *a* und *u* auftritt.

Am Ende dieser Prozedur kann man jedes Wort als eine Folge von Blattlauten modellieren. Und nun wird es sinnvoll, die Blattlaute durch ein phänonisches, also nur die Merkmalsvektoren berücksichtigendes, Modell zu beschreiben. Damit hat man die Ökomonie des phonetischen Wortmodells gewahrt, ist aber in der Feinanpassung an Aussprachedetails und Kontextvarianten von Phonemen beträchtlich weitergekommen. Das Ergebnis ist eine äußerst zufriedenstellende Qualität des Spracherkenners in Echtzeit.

Sprachmodelle

Mit Hilfe der bisher beschriebenen Verfahren gewinnt der Spracherkenner genaugenommen eine Zahl, die angibt, wie wahrscheinlich das vorliegende Sprachsignal ist, wenn ein bestimmtes Wort beziehungsweise eine Wortfolge vorausgesetzt ist. Nennen wir dies die Synthesewahrscheinlichkeit. Eigentlich wollen wir aber umgekehrt wissen, welche Wortfolge die wahrscheinlichste ist, wenn man das Sprachsignal als gegeben ansieht.

Für diesen Umkehrschluß von einer bedingten Wahrscheinlichkeit auf die andere ist das Bayessche Theorem aus der Statistik anzuwenden, das auf den englischen Mathematiker Thomas Bayes (1702 bis 1761) zurückgeht (vergleiche Kapitel 1 und 5 aus meinem Buch „Unsicheres Wissen", Heidelberg 1993). Es besagt, daß bei gegebenem Sprachsignal die Wahrscheinlichkeit für eine Wortfolge proportional zum Produkt aus Synthese- und Grundwahrscheinlichkeit der Wortfolge ist. Wenn etwa die Synthesewahrscheinlichkeit für das Wort „Kant" größer als die für „Hand" ist, das Spracherkennungssystem aber im medizinischen Bereich eingesetzt ist, wo erheblich öfter von Händen als von Philosophen die Rede ist, dann sollte es gleichwohl auf „Hand" schließen.

Wie aber findet man – außerhalb aller akustischen Überlegungen – die Grundwahrscheinlichkeit eines Wortes oder einer Wortfolge? Alle heute gängigen Systeme verwenden nicht etwa wissensbasierte, am Textverstehen orientierte Ansätze, sondern statistische Sprachmodelle. Diese erfassen Wortzusammenhänge anhand beobachteter Wortfolgen.

In unserem Spracherkenner verwenden wir Häufigkeitsbeobachtungen auf Dreiwortfolgen (Trigrammen) in großen Textsammlungen, wie sie auch von Kunden geliefert werden. Daß es hierbei mit dem Auszählen allein nicht getan ist, zeigt sich, wenn man überlegt, daß bereits bei 20 000 Wörtern mehr als eine Billion Trigramme denkbar sind. Selbst umfangreiche Textkorpora erreichen selten diese Größe. Man muß also Häufigkeiten nicht beobachteter Trigramme schätzen und auch die beobachteten Häufigkeiten durch Schätzungen korrigieren. Dafür verwenden wir Verfahren, die ursprünglich aus der Biostatistik stammen.

Im Bereich der Sprachmodelle sind bei uns einige Forschungsarbeiten im Gange. So versuchen wir, die Häufigkeitsmodelle für Trigramme durch Einbeziehung der Wortart zu verfeinern. Dadurch wird zum Beispiel das Wissen, daß die Folge Artikel – Substantiv wesentlich häufiger ist als die umgekehrte, für das System verfügbar.

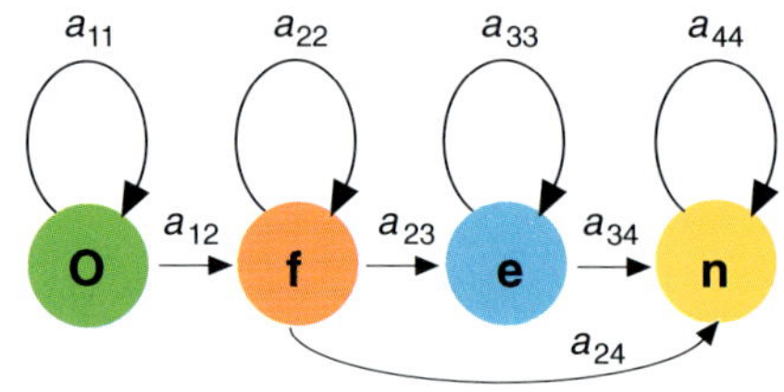

Bild 2: Eine hypothetische Markow-Kette für das Wort *Ofen*. Die farbigen Kreise geben die erlaubten Zustände an, die Pfeile die Übergangswahrscheinlichkeiten zwischen Zuständen. Wenn sich beispielsweise der Prozeß im Zustand 2 (*f*) befindet, wird er mit der Wahrscheinlichkeit a_{22} in diesem Zustand verbleiben, mit der Wahrscheinlichkeit a_{23} in den Folgezustand 3 (*e*) und mit der Wahrscheinlichkeit a_{24} direkt in den Zustand 4 (*n*) übergehen, denn viele Sprecher verschlucken das *e* in *Ofen*.

In deutschen Texten kommen viele Wortkomposita (etwa „Gelenkarthrose") vor, die das Vokabular unnötig belasten, weil ihre Bestandteile („Gelenk", „Arthrose") oft als eigenständige Wörter bereits im Vokabular verzeichnet sind. Dafür entwickeln wir zur Zeit einen neuen Ansatz zur Schätzung von Häufigkeiten der Kompositabestandteile.

Andererseits scheint es sinnvoll, die Berücksichtigung eines Kontextes von fester Länge, wie bei den Trigrammen, durch die Beobachtung auch weiter entfernter Wörter zu ergänzen. Gerade im Deutschen kommen weitgespannte Abhängigkeiten sehr oft vor („Er *kam* erst am späten Abend *an*"). Hier scheint es vielversprechend, mit regelähnlichen statistischen Strukturen relevante Kontexte herauszufinden und auf ihnen Sprachmodelle zu formulieren.

Es gibt also noch zahlreiche und praxisrelevante Forschungsaufgaben. Dennoch lohnt es sich schon jetzt, den Einsatz der Spracherkennung am Arbeitsplatz zu erwägen.

Pausenlos diktieren – kontinuierliche Spracherkennung in der Radiologie

Von Volker Steinbiß

Mit einem Tastendruck beendet der Radiologe das Diktieren des soeben erhobenen Befundes. Während er sich dem nächsten Patienten zuwendet, wird der Text schon geschrieben – nichts Ungewöhnliches, würde nicht ein Computer statt einer Sekretärin die Sprachaufnahme in Text umsetzen.

Sprache zu erkennen gehört zu den ersten Dingen überhaupt, die ein Mensch lernt. Was macht diese scheinbar elementare Leistung für Maschinen so schwierig? Der Hauptgrund ist die hohe Variabilität des Sprachsignals: Auch wenn wir es kaum wahrnehmen, unterscheiden sich die akustischen Realisierungen sehr stark, wenn verschiedene Leute denselben Text sprechen, und selbst dann, wenn ein Sprecher seine eigene Äußerung exakt wiederholt. Beim natürlichen fließenden Sprechen kommt hinzu, daß Wortgrenzen im Sprachsignal meist nicht unmittelbar erkennbar sind und Laute verschliffen werden.

Ein Mensch erkennt das richtige Wort, weil er ein reichhaltiges Vorwissen einsetzt: Aus der Situation, den Regeln der Grammatik und dem Inhalt des bisher Gesagten kann er häufig schon erschließen, welches Wort als nächstes kommt. Außerdem vermag er dank seiner Hörerfahrung mühelos sehr verschiedene Lautäußerungen mit demselben Wort zu identifizieren.

In zwei Forschungsprogrammen Anfang der siebziger beziehungsweise Ende der achtziger Jahre hat man versucht, dieses Vorwissen mit Methoden der Künstlichen Intelligenz zu formalisieren und dadurch für die maschinelle Spracherkennung nutzbar zu machen – mit insgesamt unbefriedigendem Erfolg. Durchgesetzt hat sich dagegen der sogenannte statistische Ansatz.

An die Stelle des semantischen und pragmatischen Vorwissens tritt dabei ein stochastisches Sprachmodell, das – unabhängig von akustischer Information – nur Auskunft darüber gibt, mit welcher Wahrscheinlichkeit ein Wort in diesem Kontext auftritt; an die Stelle der Hörerfahrung tritt ein akustisches Modell für die Wahrscheinlichkeit, daß dieses Wort, würde es ausgesprochen, so klingt wie das Gehörte. Aus der statistischen Entscheidungstheorie ergibt sich, daß das Spracherkennungssystem sich für diejenige Wortfolge entscheiden sollte, für die das Produkt der beiden genannten Wahrscheinlichkeiten maximal ist (vergleiche den vorstehenden Beitrag von Marcus Spies).

Beim statistischen Ansatz begnügt man sich damit, einen relativ kleinen Teil des menschlichen Vorwissens der Maschine verfügbar zu machen. Der Lohn dieser Selbstbescheidung besteht darin, daß man – im Gegensatz zu der Formalisierung von Wissen – brauchbare Schätzwerte für die genannten Wahrscheinlichkeiten nahezu automatisch gewinnen kann, indem man ein Computerprogramm große Mengen an gesprochenen und geschriebenen Texten analysieren läßt. Zugleich kombiniert eine solche quantitative Beschreibung so verschiedene Wissensquellen wie Linguistik, Akustik und Phonetik in einem einheitlichen Formalimus.

Entscheidend für die Entwicklung eines leistungsfähigen Spracherkenners ist die Vorgabe mathematischer Strukturen oder Modelle für die Schätzung dieser Wahrscheinlichkeiten. Beispiele sind die Hidden-Markov-Modelle für Folgen akustischer Zustände und die – den Gaußschen Glockenkurven ähnlichen – Verteilungen, mit denen man beschreibt, wie weit und mit welcher Wahrscheinlichkeit die konkrete Realisierung eines sogenannten Phonems – einer kleineren, bedeutungsunterscheidenden Lauteinheit – von einem Mittelwert abzuweichen pflegt.

Solche Modelle enthalten noch freie, nicht von vornherein bekannte Parameter, etwa die genannten Mittelwerte. Insbesondere die letzteren sind von Mensch zu Mensch verschieden. Das System muß sie gewissermaßen lernen, indem es Sprachaufnahmen bekannter Texte verarbeitet. Nach dieser vollautomatisch ablaufenden Trainingsphase kann es nun neu gesprochenen Text erkennen.

Ein Maß für die Güte der Modellierung ist die Wortfehlerrate bei der Erkennung unter wohldefinierten Testbedingungen. Sie hängt sehr stark von der Person des Sprechers, seiner Sprechweise, dem zugrundeliegenden Vokabular, der Redundanz des gesprochenen Textes und den akustischen Bedingungen ab; typische Werte für die zur Zeit weltweit besten Systeme liegen bei 0,1 bis 1 Prozent für Ziffernketten (zum Beispiel Telefonnummern) und im Bereich von 10 Prozent für Diktate bei sehr großem Wortschatz. Es werden also im letzten Fall neun von zehn Wörtern korrekt erkannt.

Ein Spracherkennungssystem muß zunächst das Sprachsignal in eine für die Analyse geeignete Form bringen (akustische Vorverarbeitung), dann für eine große Anzahl von Hypothesen über den gesprochenen Text die oben genannten Wahrscheinlichkeiten finden (akustische beziehungsweise Sprachmodellierung) und unter diesen die wahrscheinlichste ausfindig machen (Suche). Am Philips-Forschungslaboratorium in Aachen beschäftigen wir uns mit diesen vier Problemkreisen.

Akustische Vorverarbeitung

Ähnlich wie bei einer Aufnahme für eine Compact Disk wird das analoge Sprachsignal zunächst digitalisiert. Aus den Abtastwerten wird in einem 10-Millisekunden-Zeitraster eine Folge von Merkmalsvektoren gewonnen, die (bei gleichzeitiger Datenreduktion) noch möglichst relevante Informationen über das Gesprochene enthalten sollen. Wir verwenden das logarithmierte Leistungsdichtespektrum, das Auskunft über die spektrale Verteilung innerhalb eines kurzen Zeitfensters (bei uns 25 Millisekunden) gibt; außerdem werden noch zeitliche Änderungen dieses Spektrums berücksichtigt. Weitere Verarbeitungsschritte erhöhen die Robustheit gegenüber unterschiedlichen Aufnahmebedingungen.

Wie spricht man in ein automatisches Diktiersystem?

Um von der Maschine zuverlässig verstanden zu werden, genügt es, einige einfache Regeln zu beachten:
- Sprechen Sie deutlich (aber nicht übertrieben oder unnatürlich);
- verschleifen Sie Wörter und insbesondere Wortenden nicht zu sehr: „können wir noch einen“ statt „könnwanochein“;
- sprechen Sie im Training genauso wie später im Betrieb. Wer stets schnell und undeutlich spricht, sollte dies auch in der Trainingsphase tun, damit die Maschine sich daran gewöhnen kann.

Akustische Modellierung

Stimme und Sprechweise des Sprechers beschreibt das akustische Modell. Es benutzt etwa eine halbe Million freier Parameter, die anhand gesprochener Daten in der Trainingsphase geschätzt (gelernt) werden. Bei großem Erkennungsvokabular werden typischerweise nicht direkt Wortmodelle gelernt, sondern Phonemmodelle. Wie sich Phoneme als lautliche Bausteine zu Wörtern zusammensetzen lassen, so werden Phonemmodelle anhand eines Aussprachelexikons zu Wortmodellen kombiniert.

Die Topologie unserer Modelle ist einfach: Sie bestehen aus Ketten von Zuständen, die in etwa einer zeitlichen Abfolge von Lauten entsprechen. Alle akustischen Phänomene werden über die Parameter akustischer Wahrscheinlichkeitsverteilungen für die Zustände beschrieben. Es handelt sich um gewichtete Summen von glockenförmigen Verteilungen.

Sprachmodellierung

Wir gehen, wie heute bei Spracherkennungssystemen üblich, von einem beliebig vorgegebenen Vokabular von Wörtern aus, die überhaupt erkannt werden sollen. Beispielsweise können das alle Wörter sein, die in einer bestimmten Textsammlung vorkommen.

Das Sprachmodell gibt zu jedem potentiell möglichen Satz eine Wahrscheinlichkeit dafür an, daß diese Folge von Wörtern vorkommen könnte. Im Idealfall enthält das Modell also Wissen über Grammatik, Bedeutung und die Äußerungssituation, wie es den linguistischen Beschreibungsebenen Syntax, Semantik und Pragmatik entspricht. Mit großen Textmengen trainierte stochastische Sprachmodelle, die auf der Häufigkeitsanalyse von Wortpaaren (Bigrammen) oder Worttripeln (Trigrammen) basieren, haben sich in vielen Experimenten als die erfolgreichsten erwiesen.

Suchverfahren

Bei der Suche nach der optimalen Wortfolge geht es darum, ein Optimierungsproblem in einem enorm großen Suchraum so geschickt zu lösen, daß es auf einem heutigen Rechner in akzeptabler Zeit abläuft. Die erste Schwierigkeit ist die astronomische Anzahl möglicher Wortfolgen: Mit 10^4 Wörtern etwa lassen sich 10^{80} Sätze von 20 Wörtern Länge bilden. Zudem ist über die unbekannten Wortgrenzen zu optimieren; und auch innerhalb von Wörtern läßt die variierende Sprechgeschwindigkeit viele Möglichkeiten zu, das sprachliche Signal mit den Phonemmodellen zu synchronisieren.

All diese Probleme werden zurückgeführt auf die Aufgabe, den optimalen Pfad in einem bewerteten Graphen zu finden (siehe Kasten Seite 189). Da künftige Beobachtungen für die Wahl der optimalen Wortfolge ausschlaggebend sein können, betrachtet das System zu jedem Zeitpunkt viele verschiedene Teilsatzhypothesen; es trifft nur dann eine endgültige Entscheidung, wenn künftige Beobachtungen sie nicht mehr beeinflussen können. Der gesamte Erkennungsvorgang läuft auf einem Personal Computer mit einem heute gängigen Prozessor des Typs 486 sowie einer Beschleunigerkarte in 0,8- bis 3-facher Echtzeit ab.

Von der Technologie zum Produkt

Die Ergebnisse unserer Arbeit sind Grundlage des von Philips Dictation Systems in Wien entwickelten Spracherkennungssystems „Speech Processing System 6000“ (SP 6000), mit dem beispielsweise Radiologen ihre Befunde diktieren können (Bild). Gerade in den radiologischen Abteilungen großer Krankenhäuser fällt eine Flut von Schreibarbeiten an: häufig sind es mehr als 100 000 Befunde pro Jahr. Das Erkennungsvokabular ist mit 25 000 Wortformen genügend groß, um dem Arzt auch inhaltlich freies Diktieren zu ermöglichen. Man darf fließend, das heißt ohne künstlich eingefügte Pausen zwischen den Wörtern, und mit der gewohnten Sprechgeschwindigkeit diktieren. Die Beachtung einiger einfacher Regeln ist hilfreich (siehe den Kasten Seite oben).

Diktieren, Spracherkennung und Korrektur laufen räumlich und zeitlich getrennt ab. Den erkannten Text muß die Schreibkraft nur noch redigieren. Sie wird dabei von einem neuartigen Korrektur-Editor unterstützt, der beim Abspielen der Aufnahme das jeweils gesprochene Wort auf dem Bildschirm hervorhebt und auf Anforderung den zu einer Textstelle gehörigen Aufnahmeabschnitt abspielt. Zur Formatierung wird der Text schließlich in ein übliches Textverarbeitungsprogramm übernommen.

Die hier beschriebenen Methoden sind nicht auf das Diktieren deutschsprachiger Radiologiebefunde beschränkt; auch amerikanischen Radiologen wurde schon ein Prototyp vorgestellt. Es ist lediglich eine Frage der Zeit, wann andere Anwendungsgebiete außerhalb der Medizin erschlossen werden. In der Radiologie hat die Zukunft nur etwas früher begonnen.

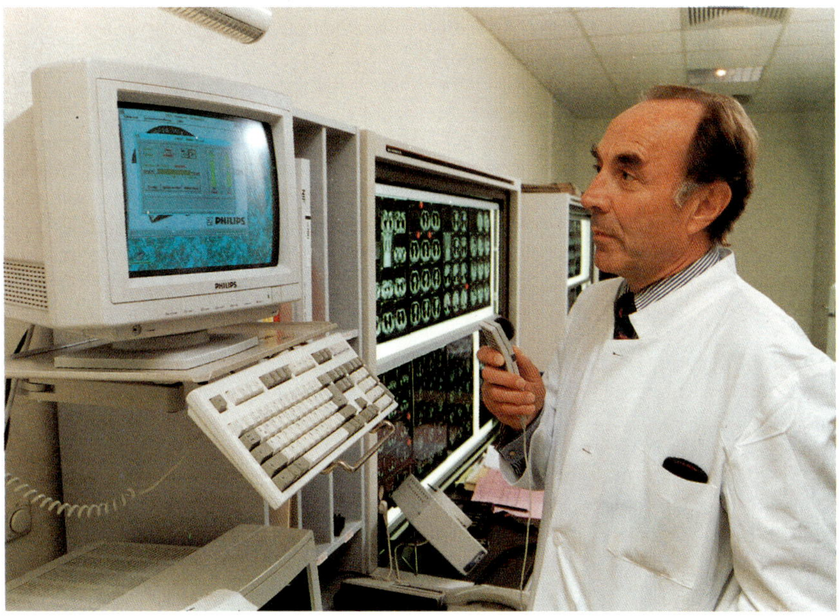

„Speech Processing System 6000“ im Einsatz im Klinikum rechts der Isar in München.

Auf der Suche nach der optimalen Wortfolge

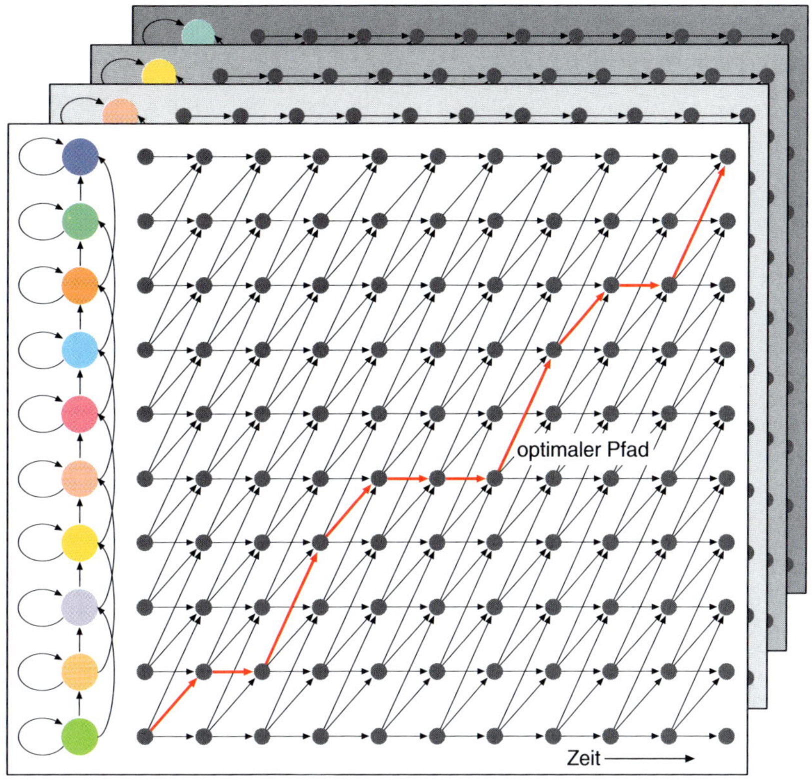

Bei der Erkennung geht es darum, zu einer vorliegenden Folge von Merkmalsvektoren (einer „akustischen Beobachtung" im Fachjargon) die wahrscheinlichste Zustandsfolge zu bestimmen. Ein Zustand ist die Abstraktion eines Lautereignisses, genauer: von Anfang, Mitte oder Ende eines Phonems. Zu jedem Wort gehört eine Markow-Kette, die aus Zuständen und Übergängen zwischen diesen besteht. Jede von ihnen kann sehr viele Zustandsfolgen erzeugen, und unter all diesen besteht die Auswahl. Man hat es sozusagen mit einem gigantischen Puzzlespiel zu tun, bei dem – Hauptschwierigkeit der akustischen Erkennung – die einzelnen Puzzleteilchen nur ungefähr zueinander passen.

Beschränken wir uns zunächst auf ein Teilproblem, die Synchronisierung eines isoliert geprochenen Wortes mit dem akustischen Zustandsmodell, auch nichtlineare Zeitanpassung genannt. Es ist eine Folge von Beobachtungen zu diskreten Zeitpunkten mit den Zuständen eines Modells in Einklang zu bringen. Zur Veranschaulichung trägt man zweckmäßig in einem Diagramm über jedem Zeitpunkt die Kette der Zustände auf (Bild). Im Zustandsmodell (links) entspricht jeder Pfeil einem Übergang von einem Zustand zu einem Folgezustand (oder auch dem Verbleib in diesem Zustand). In der Zeitdarstellung verlaufen diese Pfeile außerdem jeweils von einem Zeitpunkt zum nächsten. Man erhält ein Gitter, dessen Knotenpunkte Zuständen zu bestimmten Zeitpunkten entsprechen; zu einer zeitlichen Zustandsfolge gehört ein erlaubter Pfad durch dieses Gitter. Unsere Modelle berücksichtigen Übergänge von einem Zustand zu sich selbst, zum nächsten und zum übernächsten in der Kette; im zugehörigen Gitter gehen entsprechend von jedem Punkt drei Teilpfade aus, und in jedem mit Ausnahme der Randpunkte treffen drei Pfeile vom vorigen Zeitpunkt zusammen.

Auf der Suche nach dem wahrscheinlichsten Pfad zwischen Wortanfang und -ende (im Bild links unten und rechts oben) geht das Spracherkennungssystem in der gleichen zeitlichen Reihenfolge wie bei der Aufnahme vor. Jeder Teilpfad hat eine gewisse Wahrscheinlichkeit für sich und bekommt deren Logarithmus als sogenannte Bewertung zugewiesen. Die Bewertung eines Gesamtpfades ist die Summe der Einzelbewertungen seiner Teilpfade. Deshalb kann bei ihrer Berechnung auf die Bewertungen der Pfade zum vorhergehenden Zeitpunkt zurückgegriffen werden.

Laufen mehrere Pfade in demselben Gitterpunkt zusammen, wird nur der beste weiterverfolgt, denn er kann auch durch spätere Beobachtungen von seinen Konkurrenten nie mehr eingeholt werden. Diese Rekombination von Pfaden sorgt dafür, daß die Gesamtzahl der bearbeiteten Pfade nur linear, nicht aber exponentiell mit der Zeit wächst.

Der Suchvorgang läuft gleichzeitig für alle Wörter im Vokabular ab; das System verfolgt also stets Pfade in mehreren gleichsam hintereinanderliegenden Gittern. Der beste Pfad kennzeichnet das Wort, das vermutlich gesprochen wurde.

Um anstelle eines einzelnen Wortes Wortfolgen erkennen zu können, die durch Pausen getrennt sein dürfen (aber nicht müssen), wird erlaubt, daß vom Endzustand eines Wortes in den Anfangszustand eines anderen übergegangen wird. Der Suchvorgang bleibt im Prinzip gleich, doch der Suchraum vergrößert sich, da jetzt zusätzlich zur Zeitanpassung im Wort noch über Wörter und Wortgrenzen optimiert wird.

Würde man Rekombination von Pfaden auf Wortebene zulassen, könnten Fehler auftreten. Wenn ein System bislang zwei Wörter des Sprachsignals verarbeitet und daraufhin die Hypothesen „die Lunge" und „der Lunge" zur Auswahl hat, wäre die zweite Hypothese zu verwerfen, weil nach der vorliegenden Bigramm-(Wortpaar-)Statistik das erste Paar weit häufiger ist. Der Sprecher hat aber „Der Lunge vorgelagert ist..." gesagt, was das System dann nicht mehr erkennen könnte. Zur Vermeidung solcher Fehler führt das System mehrere Kopien eines Wortmodells im Speicher mit.

Der Suchaufwand läßt sich stark verringern, indem die Suche auf Pfade mit relativ guter Bewertung eingeschränkt wird. Dazu läßt man zu jedem Zeitpunkt nur noch diejenigen Pfade weiterverfolgen, deren Bewertung sich von dem zur Zeit besten Pfad um nicht mehr als einen vorgegebenen Schwellenwert unterscheidet: Man schneidet gewissermaßen von dem in Entstehung befindlichen Baum zu jedem Zeitpunkt die kümmerlichsten Äste ab (*pruning*). Dadurch kann der global optimale Pfad zwar im Prinzip verlorengehen; bei guter Einstellung des Schwellenwertes fallen Suchfehler dieser Art jedoch nicht ins Gewicht.

Der Suchraum läßt sich weiter dadurch einschränken, daß man das Vokabular in einem phonetischen Baum organisiert (der mit obigem Entscheidungsbaum nichts zu tun hat), denn viele Wörter beginnen mit derselben Phonemfolge. Zusätzlich wird durch eine kurze zeitliche Vorausschau geprüft, ob das nächste Phonemmodell auch in 60 Millisekunden noch gut genug bewertet sein wird.

Durch alle diese Maßnahmen läßt sich die Anzahl der zu berücksichtigenden Pfade in jedem Moment in der Größenordnung von einigen tausend halten. Dies sind wenig genug, daß die Erkennung mit einem Wortschatz von 20 000 Wörtern auf einem Spracherkennungs-PC nur ein- bis dreimal so lange dauert wie die Sprachaufnahme selbst.

Das Telephon als intelligenter Gesprächspartner

Von Helmut Mangold

Jeder Mitspieler der Nordwestdeutschen Klassenlotterie kann nach der Ziehung eine Telephonnummer wählen und der sich meldenden Stimme seine Losnummer vorsprechen. Daraufhin erhält er in natürlicher Sprache Auskunft, ob – und wenn, wieviel – er gewonnen hat.

Hinter der Telephonstimme steckt ein Computer, der in diesem Falle von der Firma Dornier realisiert worden ist. Er kann nur die für einen solchen Dialog erforderlichen Wörter erkennen: die zehn Ziffern und einige Kommandowörter. Die Eingabe „einundzwanzig siebenundvierzig" statt „zwei eins vier sieben" ist also nicht vorgesehen. Doch diese Leistung muß das System erbringen, einerlei ob eine männliche oder eine weibliche, eine junge oder eine alte Stimme, hochdeutsch oder dialektgefärbt, die Wörter spricht.

Sprechende Auskunftssysteme sind nicht neu; schon Anfang der achtziger Jahre konnte man innerhalb des Ortsnetzes Frankfurt am Main Fahrplanauskünfte der Bundesbahn über das von Dornier und AEG gemeinsam realisierte System „Karlchen" einholen. Bei diesem zeitweise weltweit größten System mußte man allerdings alle Daten mühsam über die Wählscheibe beziehungsweise Tastatur des Telephons eingeben; die Auskunft wurde dann in natürlicher Sprache erteilt. Spracherkennende Systeme dagegen sind erst in jüngster Zeit zum praktischen Einsatz gekommen.

Heute gelingt die automatische Erkennung kleinerer Vokabularien von einigen zehn bis zu einigen hundert Wörtern auch für die Stimmen ungeübter Benutzer mit großer Zuverlässigkeit. Enorm gesteigerte Computerleistungen erlauben den Einsatz neuer Verfahren, die hauptsächlich auf den statistischen Eigenschaften unserer Sprache basieren. In der Trainingsphase sind gigantische Datenmengen auszuwerten: Hunderte oder gar Tausende sehr unterschiedlicher Sprecher müssen einen hinreichend repräsentativen Querschnitt aller Stimm- und Sprachvarianten liefern. Nur dann kann das System später fast jeden Sprecher erkennen.

Erst seit die Systeme solche Datenbasen nahezu automatisch analysieren können, ist diese Massenauswertung überhaupt möglich. Bis dahin mußte man mühsam sämtliche Sprachdaten – Laute, Wörter und Sätze – einzeln abhören und mit entsprechenden Marken versehen, die dem Computer signalisierten, mit was er gerade trainiert wurde. Inzwischen reicht es aus, dem Computer parallel zum gesprochenen Sprachsignal dessen geschriebene Darstellung zu liefern.

Aus dieser erzeugt man mit Hilfe von Regelsystemen eine phonetische Beschreibung für die Normaussprache sowie die üblichen Aussprachevarianten und aus dieser die entsprechenden Markow-Modelle für den Spracherkenner. Damit dient also die geschriebene Form als Basis für das Training. Dafür ist besondere Sorgfalt erforderlich; Schreib- oder Sprechfehler in diesem Stadium würden sich verheerend auswirken.

Für die Anwendung über das Telephon kommen noch weitere Schwierigkeiten hinzu: Die Qualität des Sprachsignals ist gering; über die Leitung wird wie bisher auch in absehbarer Zukunft nur ein kleiner, für die Verständlichkeit gerade ausreichender Teil des Frequenzspektrums übertragen (ungefähr 3 Kilohertz). Die Lautstärke schwankt stark, und wenn der Benutzer den Hörer unter das Kinn klemmt, wird das Sprachsignal verzerrt. Meistens erreicht aber ein Spracherkenner auch dann noch Erkennungsraten, die für kleine Vokabularien nur wenig unter 100 Prozent liegen.

Hin und wieder stößt das System allerdings auf Sprecher, deren stimmliche Charakteristika anscheinend im Trainingsmaterial nicht genügend berücksichtigt worden waren. Bei ihnen sinkt dann die Erkennungsrate möglicherweise auf 90 Prozent oder weniger ab. Dieses Problem soll schon bald durch adaptive Systeme gelöst werden, die sich sehr schnell – nach wenigen Wörtern – den spezifischen Eigenschaften der jeweiligen Stimme anpassen.

Dazu müssen im wesentlichen alle Eigenschaften der Markow-Modelle der einzelnen Wörter an die neue Stimme adaptiert werden. Wenn der Sprecher einigermaßen hochdeutsch spricht, kann sich die Anpassung auf die besonderen Frequenzeigenschaften seiner Stimme beschränken. Wenn er jedoch zum Beispiel regelmäßig „eens" oder „oans" statt „eins" sagt, sind weitergehende Maßnahmen erforderlich.

In jedem Fall muß für den Anpassungsprozeß, insbesondere für die Berechnung der Abweichungen von der Norm, bekannt sein, welches Wort gemeint war. Wenn das – gerade wegen der schlechten Aussprache – unsicher ist, muß das System unter mehreren möglichen Alternativen für das Wort versuchsweise diejenige auswählen, welche die beste Anpassung liefert, und sich notfalls sogar durch Rückfrage beim Sprecher vergewissern, ob es das Wort richtig erkannt hat. Wenn nicht, unternimmt es einen weiteren Optimierungsschritt.

Es ist bei allen solchen automatischen Adaptionsverfahren wichtig, die Parameter nicht zu weit in Richtung des soeben Gehörten zu verändern. Dadurch würde das System gleichsam diesen Einzelfall zur Regel erheben und beim nächsten Satz desselben Sprechers mit dieser – möglicherweise falschen – Hypothese scheitern.

Sehr stark durch Dialekt verfärbte Wörter sind auf diese Weise nicht mehr zu erfassen, sondern müssen als gänzlich neue Wörter aufgefaßt und gelernt werden. In ähnlicher Form versagt in der Regel auch unser menschliches Adaptionsvermögen.

Das Dialogsystem kann im Extremfall rückfragen oder sogar den Benutzer bitten, das zuletzt gesprochene Wort zu buchstabieren; damit erfährt es zumindest die Schreibweise eines neuen Wortes. Sofern dieses nach den üblichen Regeln ausgesprochen wird, läßt sich mit Hilfe eines entsprechenden Regelwerks seine Aussprache und damit das entsprechende Markow-Modell leicht ermitteln, und fortan gehört das Wort zum aktiven Wortschatz des Systems. Das ist allerdings – wie bei einem Menschen, der ein neues Wort lernt – nur dann sinnvoll, wenn auch die grammatische Funktion und die Bedeutung des neuen Wortes klar sind. Beim heutigen Stand würde das für Eigennamen gelten sowie für Synonyme, die ein Benutzer anstelle der im Dialog vorgesehenen und zulässigen Wörter verwendet.

Die Kunst der Dialoggestaltung

Ein geschickt aufgebauter Dialog trägt unter Umständen mehr zur Zufriedenheit des Benutzers bei als eine perfekt funktionierende Spracherkennung. In vielen Fällen kann das gesprächsführende Programm sogar einzelne Schwächen der Erkennung oder auch der Sprachausgabe kompensieren.

Es verwundert deshalb nicht, daß gerade die telephonischen Informationssysteme, deren Dialogablauf in enger Zusammenarbeit mit potentiellen Benutzern optimiert worden ist, zu den erfolgreichsten zählen. Sie enthalten in der Regel auch mehrere Dialogvarianten für mehr oder weniger erfahrene Systembenutzer.

Bei einfachen Systemen wie der erwähnten Lotterie- oder auch einer Fahrplanauskunft geht die Dialogführung immer vom System aus. Der Benutzer hat keine Chance, den Ablauf selbst zu be-

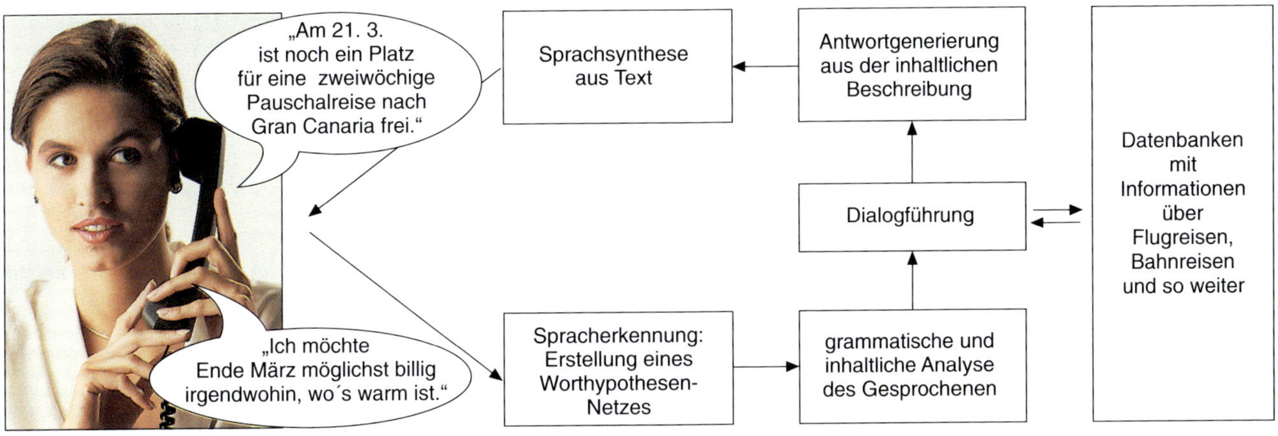

Schema eines Dialogs zwischen Mensch und Maschine.

stimmen, sondern muß sich ebenso strikt an die Vorgaben halten wie der Benutzer heutiger menügesteuerter Computerprogramme.

Weiterentwickelte Systeme werden jedoch eine viel natürlichere Spracheingabe bis hin zu ganzen Sätzen verarbeiten können. Dann wird sich auch der Dialog zwischen Mensch und Maschine dem unter Menschen annähern.

Die wesentliche Aufgabe eines solchen Systems ist die Abbildung der menschlichen Dialogabläufe auf die maschinellen Möglichkeiten (Bild). Dazu gehören nicht nur die automatische Erkennung der menschlichen Sprache und das Synthetisieren einer sprachlichen Antwort, sondern auch das inhaltliche Verstehen und damit die Einbindung in den entsprechenden Wissenshintergrund von Mensch und Maschine.

Das System SUNDIAL (*Speech Understanding and Dialogue*), das wir im Rahmen des europäischen Forschungsprogramms ESPRIT in Zusammenarbeit mit Partnern aus Deutschland, Großbritannien, Frankreich und Italien entwickelt haben, realisiert erstmals einen solchen Ansatz. Es erteilt Verkehrsauskünfte in natürlicher Sprache und erkennt natürlich gesprochene Sätze. Der Benutzer hat damit viel Freiheit bei der Formulierung seiner Wünsche; er kann insbesondere einen Satz mit diversen Informationen befrachten: „Bitte geben Sie mir eine Zugverbindung erster Klasse mit Speisewagen morgen früh von München nach Dortmund." Bei heute noch üblichen Systemen würde der Computer völlig schematisch Begriffe wie „Abfahrtsort", „Zielort", „gewünschte Abfahrtszeit", „Wagenklasse", „Speisewagen" und so weiter nacheinander abfragen. SUNDIAL ist zwar von ungeübten Benutzern ausgiebig getestet, bisher jedoch noch nicht praktisch eingesetzt worden. Doch werden schon in Kürze wesentliche Elemente in neue telephonische Auskunftssysteme eingehen.

Sprachverstehen

Für die entscheidende neue Komponente, das inhaltliche Verstehen des Gesprochenen, hat die moderne Computerlinguistik in den letzten Jahren wesentliche Voraussetzungen geschaffen. Ein Mensch spricht nur in sehr seltenen Fällen schriftreif, und die klassischen Methoden der Computerlinguistik versagen bei unvollständigen oder grammatisch falschen Sätzen. Außerdem gelingt die maschinelle Erkennung der einzelnen Wörter eines flüssig gesprochenen Satzes weit schlechter als diejenige isolierter Wörter; das Programm muß dann zahlreiche Hypothesen für die Wörter des Satzes berücksichtigen. Erst die grammatische und inhaltliche Analyse engt die Auswahl mehr und mehr ein.

Wir gehen dazu von sogenannten Wortinseln aus. Das sind spezielle Wörter, die besonders sicher erkannt werden und gewissermaßen als Ankerpunkte für die weitere linguistische Verarbeitung dienen. Typischerweise handelt es sich um den Namen eines Reiseziels oder ein sonstiges bedeutungstragendes Element eines Informationswunsches, das ein Benutzer besonders deutlich auszusprechen pflegt. In einem Satz können sich dabei durchaus mehrere solcher Inseln finden, die letztlich zu einem inhaltlichen Ganzen zu verbinden sind. Die Technik dieser linguistischen Verfahren, die wir unter dem Begriff „Insel-Parser" zusammenfassen, hat die sprachverstehenden Systeme in den letzten Jahren deutlich vorangebracht.

Ergebnis der grammatischen und inhaltlichen Analyse ist eine Beschreibung des Informationswunsches in einer abstrakten Form. Sie ist das Material, mit dem die nächste, für den Dialog verantwortliche, Komponente des Systems arbeitet. Diese stellt einerseits die Verbindung zum Wissenshintergrund des Systems, also der Datenbank, her. Andererseits versucht sie, möglichst den gesamten bisherigen Gesprächsverlauf in seinen wesentlichen inhaltlichen Teilen zu speichern. Dieses sogenannte Dialogwissen ist letztlich entscheidend dafür, ob das System intelligent wirkt – und damit im Sinne des berühmten Turing-Tests (vergleiche Spektrum der Wissenschaft, März 1990, Seite 47) als intelligent anzusehen ist – oder nur ohne Rücksicht auf das bisher Gesprochene die jeweils letzte Frage beantwortet.

Von Dialogsystemen mit völlig natürlicher Sprache sind wir allerdings noch weit entfernt. Ein aktueller Forschungsgegenstand ist die Problematik der Spontansprache. Über die Unvollständigkeit und die grammatische Fehlerhaftigkeit von Sätzen hinaus geht es vor allem um die vielgebrauchten „äh" und „mh" sowie abgebrochene Wörter (vergleiche den folgenden Beitrag von Wolfgang Wahlster). Daß schließlich auch noch Hintergrundgeräusche das Sprachverstehen erschweren, sei hier nur am Rande erwähnt. Für die meisten dieser Probleme gibt es bereits erste Lösungen.

Intelligente Informationsnetze

Mit dem Schlagwort vom Telephon als einem intelligenten Gesprächspartner meinen wir die Gesamtheit aus Mensch-Maschine-Dialog und Hintergrundwissen. Erst durch eine umfangreiche Datenbasis und das darin gespeicherte Wissen wird der Dialog nützlich und attraktiv.

Durchsetzen werden sich allerdings nicht Informationssysteme, die nur mit einer einzigen Datenbank im Hintergrund arbeiten, sondern vernetzte Systeme. Oftmals kann der Benutzer vorab gar nicht genau wissen, welche Datenbank er in Anspruch nehmen will. Beispielsweise klärt sich erst im Verlauf eines Dialogs über eine geplante Urlaubsreise, ob er eine Bahn- oder eine Flugauskunft wünscht und von welcher Region ihn das Hotelverzeichnis oder eine Liste der Freizeitangebote interessiert. Ein entsprechendes System muß also intelligent genug sein, uns entsprechend unseren gesprochenen Wünschen fast automatisch durch all diese Informationsbereiche zu führen. Es wird dabei selbst entscheiden, aus welcher Quelle es die jeweilige Auskunft bezieht, und möglicherweise auch, welche mit Priorität auszugeben ist.

Mit heutigen Experimentalsystemen lassen sich bereits Dialoge verwirklichen, die zwar ein Vokabular von einigen tausend Wörtern benutzen, aber einstweilen noch grammatisch weitgehend richtige Sätze als Eingaben verlangen. Schon in naher Zukunft wird man auch manche Unkorrektheiten beherrschen. Damit werden sich die maschinellen Dialogsysteme immer mehr dem menschlichen Benutzer und seinem Verhalten anpassen

Verbmobil – Übersetzungshilfe für Verhandlungsdialoge

Von Wolfgang Wahlster

Verbmobil ist ein Verbundprojekt des Bundesministeriums für Forschung und Technologie (BMFT) mit dem langfristigen Ziel, ein System zu entwickeln, das die Übersetzung eines Dialogs mit fremdsprachlichen Gesprächspartnern zu unterstützen vermag. Es geht nicht um neue Hardware oder die Ersetzung des klassischen Dolmetschers durch eine Maschine; die zu entwickelnde Software soll vielmehr auf transportablen Computern (daher der Name Verbmobil) nutzbar und während eines Gesprächs hilfsweise aktivierbar sein. Solange die erforderlichen Rechenleistungen und Datenmengen so nicht verfügbar sind, greift Verbmobil beispielsweise über drahtlose Telekommunikation auf stationäre Hochleistungsrechner zurück.

Das Projekt führt erstmals bislang getrennte Entwicklungslinien der Sprachtechnologie zusammen. Dies und der Zusammenschluß möglichst vieler Experten sollen Deutschland in den nächsten Jahrzehnten eine Spitzenposition in der Sprachtechnologie verschaffen.

Das Projekt ist auf acht bis zehn Jahre angelegt. Die erste vierjährige Phase ist in zwei Stadien gegliedert: Der Demonstrator, eine Frühversion des Systems, soll nach zwei, ein Forschungsprototyp nach vier Jahren verfügbar sein. Für die Zeit danach ist die Entwicklung zur Marktreife vorgesehen. Die wissenschaftliche Leitung liegt beim Deutschen Forschungszentrum für Künstliche Intelligenz (DFKI) in Saarbrücken.

Vorausgegangen waren zwei umfangreiche, vom BMFT in Auftrag gegebene Machbarkeitsstudien, eine öffentliche Ausschreibung und die Begutachtung aller eingegangenen Projektanträge. Eine der Studien wurde von einem deutschen Konsortium erstellt, an dem unter anderem die Universitäten Hamburg, Karlsruhe und Stuttgart, die Technische Universität Berlin, das DFKI sowie die Firmen Siemens und IBM beteiligt waren, die andere vom Center for the Study of Language and Information (CSLI) an der Universität Stanford (Kalifornien). Die Hauptphase des Projekts hat 1993 begonnen. Beteiligt sind die Unternehmen Alcatel SEL, CAP Debis, Daimler-Benz, IBM, Philips, Siemens und die Deutsche Aerospace sowie 20 deutsche Universitäten und Forschungsinstitute.

Das anspruchsvolle Ziel wird in einer Folge von wohldefinierten Schritten angestrebt. Der Forschungsprototyp wird den Dialog beispielsweise zwischen einem Deutschen und einem Japaner unterstützen, die beide Englisch verstehen, aber nicht perfekt sprechen können. Es wird angenommen, daß große Teile solcher Dialoge auf Englisch stattfinden, wie es für internationale Diskussionen im Bereich von Technik und Wirtschaft zutrifft. Aber bei wenig gebräuchlichen Wörtern oder Formulierungen, schwierigen Satzkonstruktionen und für den Gesprächserfolg wichtigen Diskussionsabschnitten möchten die Gesprächspartner auf ihre Muttersprache zurückgreifen. In derartigen Fällen soll jeder seine Version von Verbmobil (Deutsch–Englisch beziehungsweise Japanisch–Englisch) aktivieren können und es die nun folgenden Worte aus seiner Muttersprache ins Englische übersetzen lassen (Bild 1).

Demnach muß das System über drei verschiedene Arbeitsweisen verfügen:

– Solange beide Partner sich in Englisch als Fremdsprache unterhalten, muß Verbmobil offensichtlich nichts übersetzen, aber den Dialog verfolgen und Kontextinformation für nachfolgende Übersetzungsaufgaben extrahieren – gleichsam zuhören, damit es weiß, worum es geht. Dies ist ein extrem schwieriges Problem, weil die Gesprächspartner mit ihren für Deutsche beziehungsweise Japaner typischen Unzulänglichkeiten und Fehlern sich in Aussprache, Wortwahl und Grammatik viel weniger als ein Muttersprachler an die üblichen Regeln halten werden. Das System wird daher in den meisten Fällen nur ein sehr flaches (oberflächliches) und stark vereinfachtes Diskursmodell aufbauen können. Für die Realisierung will man zunächst auf Schlüsselworterkennung (*word spotting*) und andere robuste, aber nicht erschöpfende Analysetechniken zurückgreifen.

– Wenn einer der Dialogpartner innerhalb einer Äußerung in seine Muttersprache wechselt, da er spontan nicht imstande ist, seine Intention in Englisch weiterzuformulieren, soll Verbmobil eine englischsprachige Äußerung synthetisieren, die das bereits ausgesprochene englische Satzfragment korrekt fortsetzt.

– Der Gesprächspartner formuliert eine vollständige Äußerung in seiner Muttersprache, und Verbmobil übersetzt sie ins Englische. In diesem Falle muß es versuchen, möglichst ohne lästigen Zeitverzug eine angemessene Näherung an das zu finden, was der Sprecher sagen wollte. Auch ein menschlicher Dolmetscher muß in dieser Situation vielfältige Kompromisse eingehen. Entsprechend ist nicht zu erwarten, daß Verbmobil den Gehalt einer Äußerung nach Semantik (Bedeutung) und Pragmatik (Situationsangemessenheit) verlustlos in die Zielsprache überführt.

Auf absehbare Zeit werden seine Verstehens- und Übersetzungsfähigkeiten nicht ausreichen, die im Szenario unterstellten Kenntnislücken der Gesprächspartner perfekt zu überbrücken. Deswegen spielen Dialoge zur Behebung von Unklarheiten und Mißverständnissen eine wichtige Rolle. Im Projekt werden zwei Arten von Klärungsdialogen untersucht: solche zwischen den Gesprächspartnern, die Verbmobil ebenso unterstützt wie jeden anderen Dialog, und solche zwischen dem System und einem Benutzer, worin es diesen – der Zuverlässigkeit zuliebe in dessen Muttersprache – um zusätzliche, für die Übersetzung erforderliche Information ersucht.

Die Projektziele

Verbmobil baut auf den Ergebnissen mehrerer Vorgängerprojekte auf. Ein japanisches Zentrum für Sprachübersetzung, die ATR Interpreting Telecommunications Research Laboratories in Kioto, konnte Anfang 1993 die erste Phase des Projektes ASURA (*Advanced Speech Understanding and Rendering System of ATR*) zur Übersetzung von Telephongesprächen mit einer erfolgreichen Demonstration abschließen. JANUS, ein Projekt der Carnegie-Mellon-Universität (CMU) in Pittsburgh (Pennsylvania) und C-STAR, ein Gemeinschaftsprojekt von ATR, der CMU und Siemens, haben sich die Übersetzung von telephonisch geführten Auskunftsdialogen – Gespräche zum Zweck der Informationsbeschaffung, in denen eine Seite allein die Initiative hat – zum Ziel gesetzt.

Im Gegensatz dazu geht es bei Verbmobil nicht um Gespräche über das Telephon, sondern in kleinen Räumen von Angesicht zu Angesicht. In einer solchen Situation können Mimik und Gestik zusätzliche Information transportieren. Im Forschungsprogramm sind Untersuchungen darüber vorgesehen, wie menschliche Übersetzer und Dolmetscher sich in ähnlichen Situationen verhalten.

Es geht – ebenfalls im Gegensatz zu den Vorgängerprojekten – von Beginn an nicht um die Verarbeitung abgelesener Texte, sondern um das schwierigere Verstehen inkrementell – das heißt nicht vorgeplant, sondern von einem Augenblick zum nächsten – erzeugter Spontansprache. Solche Äußerungen sind selten grammatisch korrekt. Verbmobil muß deshalb mit abgebrochenen Sätzen, Einschüben, Selbstkorrekturen und ähnlichem umgehen können.

An der Universität Karlsruhe sind sogenannte Müllmodelle entwickelt worden. Nicht bedeutungstragende Geräusche wie Räuspern, Schmatzen, *äh* und *ehm* werden bei der Spracherkennung zunächst wie spezielle Wörter behandelt und für die weitere Analyse aus der Eingabe entfernt. Ein bei Siemens entwickeltes neuartiges Verfahren zur robusten Analyse fehlerhafter Äußerungen korrigiert beispielsweise den Satz „Die Teilnehmer der Sitzung sind heute ehm kommen morgen" automatisch in „Die Teilnehmer der Sitzung kommen morgen".

Der Demonstrator soll eine Diskurssituation beherrschen, in der die Partner ihr nächstes Treffen vereinbaren, wobei sie ihre Terminkalender benutzen (Bild 2). Inzwischen wurden schon mehr als 200 Terminabsprachen mit Versuchspersonen aufgenommen, niedergeschrieben und analysiert. Die gewonnenen Daten werden auf einer eigens gepreßten CD-ROM an die Forschungsgruppen verteilt, die damit ihre Spracherkennungsprogramme trainieren. Bisherige Erfahrungen bei der Datensammlung zeigen, daß man sich für dieses Szenario auf ein Vokabular von etwa 1500 Wörtern beschränken kann.

Für den Forschungsprototyp soll der Anwendungsbereich weiter ausgedehnt werden, beispielsweise auf die Planung einer gemeinsamen Geschäftsreise, wobei die Partner auf verschiedene Termin- und Verkehrspläne zurückgreifen. Man will grundsätzlich voraussetzen, daß das Gesprächsthema eingeschränkt ist, die Dialogziele der Partner vorher bekannt sind, beide das Gespräch kooperativ führen und sehr an dessen erfolgreichem Abschluß interessiert sind.

Auch unter diesen Einschränkungen ist die Aufgabe noch schwer genug. Verbmobil muß eine Reihe von Teilproblemen lösen: das Sprachsignal analysieren, daraus Hypothesen für Wörter gewinnen, die Satzstruktur erkennen, daraus unter Einbeziehung von Wissen über Gesprächsthema und -kontext eine Darstellung der Bedeutung erzeugen, diese in einem Übersetzungsprozeß in die Zielsprache Englisch überführen, eine Satzstruktur und daraus schließlich einen gesprochenen Text erzeugen. Anerkannte Theorien aus den Bereichen Künstliche Intelligenz, Computerlinguistik, Spracherkennung, Neuroinformatik und Übersetzungswissenschaft tragen zu einem interdisziplinären Ansatz bei. Für alle Teilprobleme gibt es bereits erste Software-Lösungen, deren komplexes, mehrfach rückgekoppeltes Zusammenspiel jedoch noch intensiver Forschung bedarf.

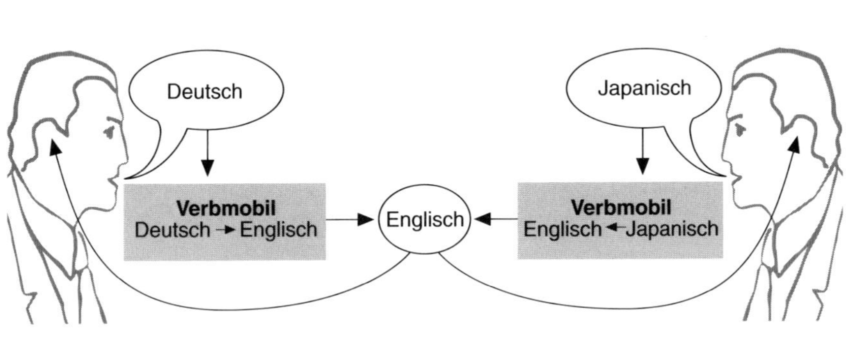

Bild 1: Verhandlungsszenario mit Verbmobil. Ein Deutscher und ein Japaner unterhalten sich auf englisch; sie greifen bei Bedarf auf die Übersetzungshilfe zurück.

Offensichtlich muß man gerade für ein System wie Verbmobil besonders auf das Verhältnis von Verarbeitungsgeschwindigkeit und Qualität der Übersetzung achten. Um einer schritthaltenden Übersetzung von Äußerungen möglichst nahe zu kommen, ohne den natürlichen Dialogfluß durch lange Wartezeiten zu stören, sollten Spracherkennung und -analyse nicht tiefer als nötig gehen sowie die Übersetzung so flach wie möglich und der Generierungsprozeß so früh wie möglich erfolgen. Das bedeutet, daß die Hauptkomponenten des Systems nicht erst abwarten dürfen, bis alle relevanten Informationen beisammen sind, sondern jeden Teil des Eingabestroms berarbeiten müssen, sowie er eintrifft (inkrementelle Arbeitsweise).

Bei der Übersetzung ist dieses Konzept eng verknüpft mit der Idee der variablen Verarbeitungstiefe. Zur Analyse der Bedeutung einer Äußerung muß Verbmobil eine Hierarchie von Repräsentationen benutzen, die in den oberflächennahen Ebenen in verschiedener Weise unvollständig sein dürfen. Zu jeder Ebene muß es eine spezielle Inferenzkomponente geben: ein Programmsegment, das die vorliegende Aussage nach den Regeln der Logik umformen, insbesondere aus ihr Schlüsse ziehen kann.

Andererseits ist bereits eine oberflächliche Repräsentation für die nachgeschaltete Übersetzungskomponente häufig eine brauchbare Arbeitsgrundlage. Beispielsweise ist die Zweideutigkeit eines Satzes wie „Der Mann sieht die Frau mit dem Teleskop" nur mit beträchtlichem Vorwissen oder überhaupt nicht aufzulösen. Häufig hat jedoch die Zielsprache eine genau gleichartige Mehrdeutigkeit, so daß deren Auflösung dem menschlichen Dialogpartner überlassen bleiben kann. Für Verbmobil bedeutet dies, daß der Sprachgenerator auch aus unvollständig spezifizierten Eingaben – wenn etwa wegen schlechter Aussprache Singular und Plural nicht zu unterscheiden sind – und sogar disjunktiven semantischen Strukturen (entsprechend Aussagen der Form „*A* oder *B*", weil die Analysekomponente – bislang – keine der beiden ausschließen konnte) Dialogbeiträge in der Zielsprache zustande bringen muß.

Durch Kopplung verschiedener Satzbaupläne im Deutschen und im Englischen wurde in Verbmobil bereits ein Modul zum schnellen Transfer von Redewendungen entwickelt. Aus dem Satz „Lassen Sie uns doch solch einen Termin ausmachen" wird in 0,8 Sekunden „Let us just fix such a date".

Der Erfolg eines so anspruchsvollen Übersetzungsprojekts hängt von internationaler Kooperation ab. Deshalb ist un-

Brown: Hello, Mister Schmidtke, how are you?
Schmidtke: Good day, Doctor Brown.
Brown: (Schmatzen) You know (Räuspern), we have to go to (ähm) Switzerland to talk to our partners there.
Schmidtke: ↑Oh ja, gut, nach meinem Terminkalender (Pause), wie wär's im Oktober?↓
Verbmobil: Just looking at my diary, I would suggest October.
Schmidtke: (Pause) I propose from Tuesday the fifth (Pause) no, Tuesday the fourth to Saturday the eighth (Pause), those five days?
Brown: Oh, that's too bad, I'm not free right then. (Pause) I could fit it into my schedule (Schmatzen) the week after, from Saturday to Thursday, the thirteenth.
Schmidtke:↑(ähm) Das paßt echt schlecht bei mir.↓
Verbmobil: That doesn't suit me at all.
Brown: Oh.
Schmidtke: ↑Als Ausweichmöglichkeit (Pause) bei mir kommt wieder in Frage (Pause) zwischen dem fünfzehnten und dem neunzehnten.↓
Verbmobil: Alternatively, I would be available again between the fifteenth and the nineteenth.
Brown: I'm already booked then.
Schmidtke: ↑Zur Not können wir es auf den ersten verlegen.↓
Verbmobil: If necessary, we could move it to the first.
Brown: I can't make it at the beginning; I'm on vacation then.
Schmidtke:↑Ach, dann können wir den Oktober ja komplett vergessen, aber nicht den November.↓
Verbmobil: Oh, so we can totally forget about October, but not November.
Brown: (Räuspern) Could we do it in the first half?
Schmidtke: Die erste Hälfte, (Räuspern) das ist schlecht.
Verbmobil: The first half doesn't suit me at all.
Brown: How is the week of October thirty-first to the fourth of November?
Schmidtke: ↑Ist Allerheiligen nicht ein Feiertag bei Ihnen?↓
Verbmobil: Isn't All Saints' Day a holiday with you?
Brown: No, not for us.
Schmidtke: OK, let's do that.

Bild 2: Referenzdialog für den Demonstrator. Bei ↑ wird die Übersetzungskomponente von Verbmobil ein-, bei ↓ ausgeschaltet.

ter anderem eine intensive Zusammenarbeit mit ATR in Kioto geplant. Im März 1993 hat dieses Zentrum ein neues Projekt gestartet, das bis März 2000 dauern soll. Wie in Verbmobil wird dabei die Übersetzung spontansprachlicher Dialoge angestrebt. Während in ASURA jeder neue Sprecher vor dem Dialogbeginn noch etwa zehn vordefinierte Wörter für die Sprecheradaption vorlesen muß, soll in dem Folgeprojekt wie in Verbmobil eine dynamische Sprecheradaption während des Dialoges stattfinden. Hauptgebiete der geplanten Kooperation sind die Datensammlung, Spracherkennungsmodule und linguistische Wissensquellen für die japanische Sprache.

In Korea wird am Center for Artificial Intelligence Research (CAIR) des Korea Advanced Institute of Science and Technology (KAIST) seit 1991 das auf 15 Jahre angelegte Dialogübersetzungsprojekt ATI (*Automatic Telephony Interpretation*) durchgeführt, bei dem in der ersten, auf sieben Jahre geplanten Phase – sehr ähnlich zu Verbmobil – die Übersetzung koreanischer Spontansprache ins Englische im Vordergrund steht.

Für Arbeitspakete zum Englischen sind Kooperationen mit dem erwähnten CSLI sowie mit einer Forschergruppe an der Carnegie-Mellon-Universität in Pittsburgh (Pennsylvania) vorgesehen.

Optische Telegraphen und die ersten Informationsnetze

Die Kommunikationstechnik hatte schon um das Jahr 1800 einen Höhepunkt erreicht: Flügelsignalstationen übermittelten Nachrichten in wenigen Minuten Hunderte von Kilometern weit.

Von Gerard J. Holzmann und Björn Pehrson

Großräumige Kommunikationsnetze werden gemeinhin als Errungenschaft des 20. Jahrhunderts angesehen. Viele Bewohner der Industrieländer können sich noch daran erinnern, wie das Telephon in ihrer Nachbarschaft Einzug hielt, und die jungen Erwachsenen von heute werden sicherlich ihren Enkeln von den Zeiten erzählen, in denen es noch keine weltweiten Verbindungen zwischen Rechenzentren und Personal Computern wie Internet gab.

Die ersten Netze zum Informationsaustausch, die ganze Staaten überspannten, entstanden jedoch bereits vor fast 200 Jahren. Lange vor der Perfektionierung des elektrischen Telegraphen betrieben viele europäische Länder solche Kommunikationssysteme, die jeweils aus Hunderten von Stationen bestanden.

Die beiden ersten Systeme dieser Art bauten Ende des 18. Jahrhunderts der französische Abbé Claude Chappe (1763 bis 1805) und der schwedische Adlige Abraham Niclas Edelcrantz (1754 bis 1821) auf. Vor ihnen waren unzählige mehr oder weniger ernsthafte Forscher daran gescheitert, funktionierende Fernverbindungen zu entwickeln, mit denen sich Nachrichten anders als mit den seit der Antike üblichen Feuer- oder Rauchsignalen oder Läufer- und Reiterstafetten rasch übermitteln lassen. Der Verdienst von Chappe und Edelcrantz ist um so höher einzuschätzen, als ihr Durchbruch unter widrigsten Bedingungen gelang – während der Revolutionswirren in Frankreich beziehungsweise einer Serie von Staatsstreichen in Schweden.

Eine revolutionäre Erfindung

Chappe war 25 Jahre alt, als am 14. Juli 1789 die Französische Revolution mit der Erstürmung der Bastille einen ersten Höhepunkt erreichte. Er hatte die Priesterlaufbahn eingeschlagen, mußte aber, als er im November seine Pfründe verlor, in seinen Geburtsort Brûlon bei Le Mans zurückkehren. Auch seine vier Brüder Ignace, René, Pierre-François und Abraham konnten in der unruhigen Zeit ihren Lebensunterhalt nicht mehr verdienen und fanden sich im Elternhaus ein. Die Familie war allerdings nicht mittellos, und mit Hilfe seiner Brüder konnte sich Claude physikalischen Experimenten widmen.

Aufgrund seiner Untersuchungen wurde er bald in die Société Philomatique, eine in Paris ansässige Vereinigung von Physikern, aufgenommen. Von 1789 bis 1793 veröffentlichte er fünf Facharbeiten und behandelte mehrfach das Problem der Übertragung elektrischer Impulse durch Drähte. Obwohl anderswo Erfolge gemeldet wurden, verstand man die Grundlagen der Elektrizität noch nicht ausreichend, um einen praktikablen elektrischen Telegraphen konstruieren zu können.

Vielleicht durch entsprechende Versuche enttäuscht, wandte sich Chappe optischen Alternativen zu. Am 2. März 1791 schließlich führte er sein erstes System öffentlich vor. Jede Station bestand lediglich aus einer modifizierten Pendeluhr und einer großen Signaltafel, die auf einer Seite schwarz und auf der anderen weiß gestrichen war. Das Ziffernblatt war in zehn Sektoren unterteilt, die jeweils eine der Ziffern von 0 bis 9 repräsentierten. Ein einzelner Zeiger beschrieb mindestens zweimal pro Minute eine volle Umdrehung.

Zu Beginn einer Übertragung drehte der Bediener der Sendestation die Tafel in dem Moment um, wenn der Zeiger seiner Uhr nach oben zeigte. Sein Kollege in der Empfängerstation, der durch ein Fernrohr spähte, konnte dann seine Uhr entsprechend stellen. Der Sender übermittelte nun eine Folge von Zahlen, indem er die Signaltafel immer dann von weiß auf schwarz drehte, wenn der Zeiger seiner Uhr über die jeweiligen Zifferblatt-Sektoren strich. Durch einen Blick auf seine eigene Uhr konnte der Empfänger feststellen, welche Zahl der Sender meinte. Mitteilungen codierte man mit Hilfe einer buchstarken Liste, die Buchstaben, Wörtern und kurzen Sätzen bestimmte Zahlen zuordnete. Die Übermittlungsgeschwindigkeit hing dabei von der Umlaufzeit des Zeigers ab.

Die erste Nachrichtenübertragung dieser Art fand über eine Distanz von ungefähr 16 Kilometern statt, zwischen der Burg von Brûlon und einem Privathaus in der Nachbarstadt Parcé. Der ortsansässige Arzt, M. Chenou, wählte als ersten Satz, dessen Übermittlung ungefähr vier Minuten benötigte: „Si vous réussissez vous serez bientôt couvert de gloire" („Wenn Sie erfolgreich sind, werden Sie bald Ruhm ernten").

Ausgerüstet mit eidesstattlichen Erklärungen der Augenzeugen zog Chappe nach Paris, um dort finanzielle Unterstützung für größere Versuche zu gewinnen. Die französische Hauptstadt war zu dieser Zeit kein ruhiges Pflaster, und mehr als einmal kam er nur knapp mit dem Leben davon, als aufgebrachte Revolutionäre seine experimentellen Telegraphenstationen stürmten und zerstörten, die sie mit einer royalistischen Verschwörung in Verbindung brachten.

Am 22. März 1792 reichte Chappe gleichwohl einen förmlichen Vorschlag bei der Gesetzgebenden Nationalversammlung ein. Sein älterer Bruder Ignace war in diese seit Oktober des Vorjahres bestehende *assemblée nationale législative* gewählt worden und konnte sein Anliegen unterstützen. Bereits am 24. März präsentierte Claude der Versammlung in einer kurzen Rede seine Erfindung, die dazu verwendet werden könne, „Botschaften, Gefechtsbefehle oder alles sonst Erdenkliche" in wenigen Minuten an jeden Ort des Landes zu übermitteln.

Nichts geschah. Chappes Fall wurde von einem Ausschuß an den nächsten verwiesen. Schließlich nahm sich am 1. April 1793 – die Nationalversammlung war inzwischen durch den Nationalkonvent abgelöst worden – der Abgeordnete Charles-Gilbert Romme dieser Sache an (bekannter ist er dadurch, daß er mit dem Ersatz des Gregorianischen Kalenders durch eine neue Zeitrechnung beauftragt war, die mit dem 22. September 1792 – dem Tag der Verkündung der Republik – begann; sie wurde unter Napoleon Bonaparte am 1. Januar 1806 wieder aufgehoben). In einer Rede setzte Romme sich vehement für Chappes Erfindung ein und hob ihre militärische Bedeutung hervor. Da die junge Französische Republik mit fast allen ihren Nachbarn Krieg führte, überzeugte dieses Argument: Der Konvent erklärte sich bereit, ein Experiment zu finanzieren. Gleichzeitig wurde eine neue Bezeichnung für das Gerät einge-

Bild 1: Der 1804 erbaute dreiarmige Semaphor bei Marcy-sur-Anse war Teil der optischen Telegraphenverbindung Paris-Lyon (oben); kürzlich sind Turm und Flügeltelegraph rekonstruiert worden. Der zeitgenössische Kupferstich (Bild auf der linken Seite) zeigt eine Station der ersten Linie von Paris nach Lille, die 1794 während der Revolutionskriege eingerichtet worden war.

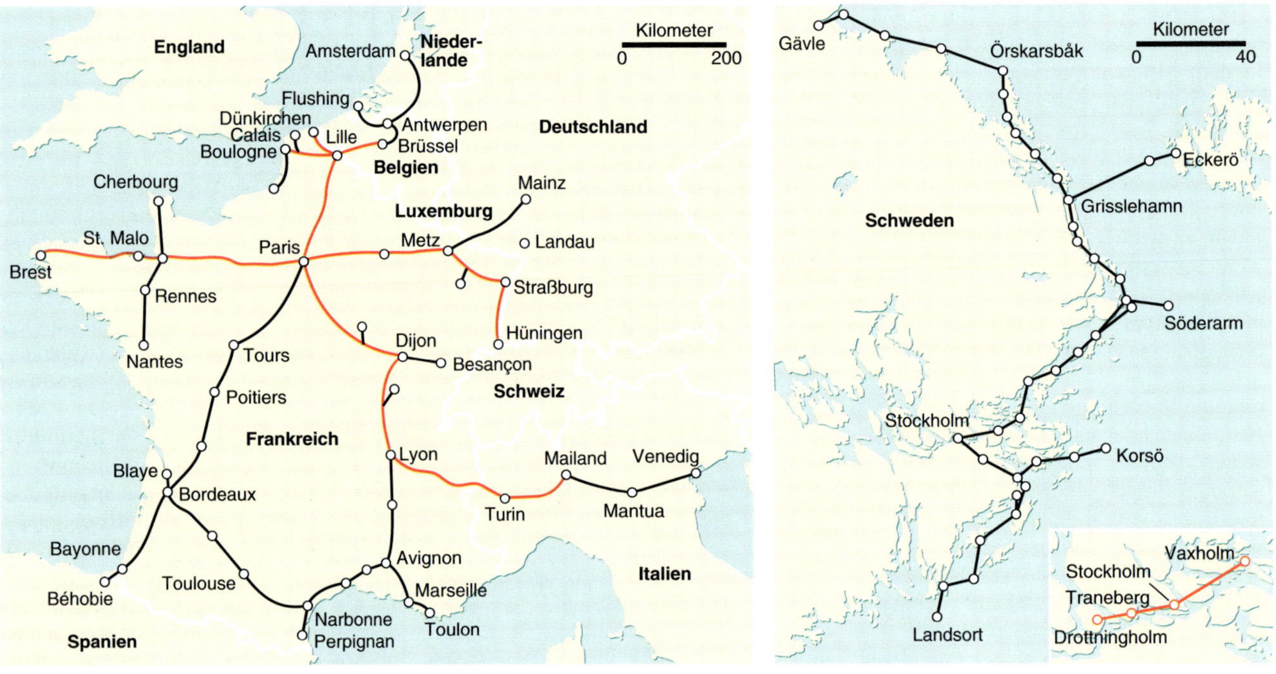

Bild 2: Optische Telegraphennetze breiteten sich in der ersten Hälfte des 19. Jahrhunderts durch weite Teile Europas aus. Dabei war das französische Netz (links) mit 4800 Kilometern Länge das umfangreichste (rot markierte Abschnitte wurden vor 1810 fertiggestellt, die schwarzen später). Schweden installierte sein Netz entlang der Ostseeküste (rechts); eine 1795 gebaute Versuchslinie erstreckte sich vom Schloß Drottningholm über Stockholm zur Festung Vaxholm (Ausschnittvergrößerung rechts unten).

führt: *télégraphe* (Fernschreiber); bis dahin hatte Chappe mit dem Begriff *tachygraphe* (Schnellschreiber) gespielt.

Frankreichs Semaphoren

Drei Telegraphenstationen wurden mit offizieller Unterstützung gebaut: eine im Park Le Peletier Saint-Fargeau im Pariser Stadtteil Belleville, eine weitere auf den Anhöhen von Écouen etwa 16 Kilometer nördlich davon und die dritte in Saint-Martin-du-Tertre. Chappe hatte inzwischen das Pendeluhr-Konzept verworfen und sich nach Untersuchung anderer Optionen für einen Mast mit beweglichen Armen entschieden. Dieser Semaphor (wörtlich: Signalträger) bestand aus einem Unterbau mit einem großen horizontalen Balken an der Spitze, dem Regulator, und zwei an dessen Enden angebrachten kleineren Balken, den Indikatoren (Bilder 1 und 3 links). Die Anordnung erinnerte an eine Person, die mit weit ausgestreckten Armen in jeder Hand eine Signalflagge hält. Die Winkel der Indikatoren und die Stellung des großen Regulators ließen sich in Schritten von 45 Grad verändern – dies reichte aus, um mehrere hundert Symbole darzustellen.

Am 12. Juli 1793 um 16 Uhr 30 tauschten die Operateure die ersten Meldungen aus. In 11 Minuten sandte einer der Beobachter, Pierre Daunou, die Botschaft: „Daunou ist hier angekommen. Er gibt bekannt, daß der Nationalkonvent gerade seinen Ausschuß für allgemeine Sicherheit autorisiert hat, Siegel auf die Papiere der Abgeordneten zu setzen." Die dem Ereignis gemäß etwas sorgfältiger durchdachte Antwort erreichte ihn nach neun Minuten: „Die Bewohner dieser schönen Gegend erweisen sich durch ihre Hochachtung vor dem Nationalkonvent und seinen Beschlüssen der Freiheit würdig."

Einige Wochen später beschloß der Nationalkonvent, einen staatlichen Telegraphendienst einzurichten und den Bau einer Linie mit zunächst 15 Stationen zu finanzieren, die Paris mit der 270 Kilometer nördlich an der Grenze zu den österreichischen Niederlanden gelegenen Stadt Lille verbinden sollte. Claude Chappe erhielt den Titel eines Ingénieur Télégraphe, ein Gehalt von 600 Francs pro Monat und das Privileg eines Dienstpferds auch für den privaten Gebrauch. Auf sein Ersuchen wurden seine Brüder Abraham, Ignace und Pierre-François zu den ersten Administratoren der Linie nach Lille ernannt.

Chappe stellte die Verbindung innerhalb eines Jahres fertig. Am 15. August 1794 erreichte die erste offizielle Botschaft Paris. Dieses Bulletin, das die Rückeroberung der Stadt Le Quesnoy von den Österreichern und Preussen meldete, wurde innerhalb einer Stunde nach Ende der Schlacht übertragen. Die französischen Abgeordneten waren sehr beeindruckt.

Am 30. August kam per Telegraph erneut die Botschaft von der Wiedereinnahme einer Stadt: „Condé être restitué à la Republique. Reddition avoir eu lieu ce matin à six heures" („Condé ist der Republik zurückgegeben. Die Kapitulation erfolgte heute morgen um 6 Uhr"). Ähnliche Nachrichten folgten, während die Franzosen in den österreichischen Niederlanden weiter nach Norden vordrangen (die Vereinigten Niederlande besetzten sie dann 1795). Mit jeder Siegesmeldung gewannen Chappe und sein Telegraph an Ansehen. Am 3. Oktober beschloß die Regierung, das Telegraphensystem um eine zweite Linie von Paris in Richtung Osten nach Landau zu erweitern, das damals zu Frankreich gehörte (Bild 2 links).

Wie bei so vielen anderen Projekten jener Tage behinderte Geldmangel auch den Bau dieser Verbindung; es dauerte vier Jahre, bis Straßburg erreicht war. Das Telegraphenamt entschied, hier die Endstation zu errichten. Dafür verlängerte man die Verbindung Paris-Lille um 64 Kilometer bis Dünkirchen. Unterdessen wurde auf Wunsch der Marine eine neue Telegraphenstrecke in Richtung Westen gebaut, die Paris mit dem rund 510 Kilometer Luftlinie entfernten Flottenstützpunkt Brest verbinden sollte. Mit diesem Bauabschnitt waren 1799 etwa 150 optische Telegraphenstationen in Betrieb.

Als noch im gleichen Jahr Napoleon die Macht als Erster Konsul ergriff, befahl er den Bau einer 95 Kilometer langen Verbindung von Straßburg nach Hüningen nahe Basel. Im Jahre 1803 kamen die Linien Lille-Brüssel (96 Kilometer) sowie Lille-Boulogne (110 Kilometer) hinzu, die bei einer möglichen Invasion Englands gute Dienste leisten sollte.

Napoleon hatte sogar bereits zwei Jahre zuvor den jüngsten Chappe-Bruder Abraham mit der Konstruktion eines Telegraphen beauftragt, mit dem sich Signale über die Straße von Dover hinweg übermitteln ließen. Abraham entwarf einen großen zweiarmigen Semaphor und testete Prototypen im Juli 1801 zwischen Belleville und Saint-Martin-du-Tertre, deren Entfernung ungefähr derjenigen zwischen Boulogne und Dungeness auf der britischen Seite des Kanals entspricht. Ein Semaphor wurde in Boulogne auch gebaut; aber weil die Invasion niemals stattfand, gab man ihn bald auf.

Im Jahre 1804 ordnete Napoleon den Bau der mit 720 Kilometer längsten Linie des Telegraphennetzes an – von Paris über Dijon, Lyon und Turin bis nach Mailand. Innerhalb eines Jahres überdeckte das System damit fast alle Regionen Frankreichs: Vier Hauptzweige, die zumeist den alten Postkutschenrouten folgten, liefen von der Hauptstadt nach Norden, Süden, Osten und Westen.

Claude Chappe hatte den Gipfel des Ruhms erklommen, wenngleich er dies nie empfunden zu haben scheint. Er litt unter den immer heftigeren Anfechtungen anderer Erfinder, die behaupteten, entweder schon vor ihm Telegraphen erfunden oder aber bessere Modelle ent-

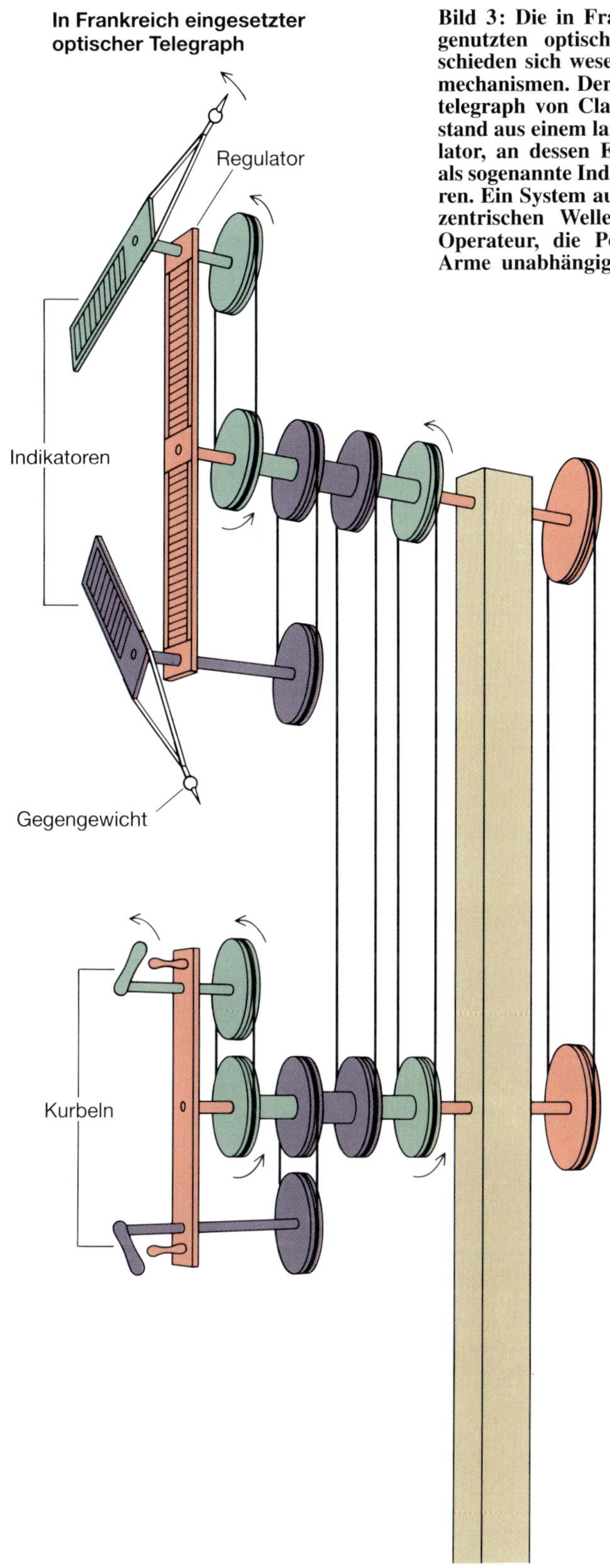

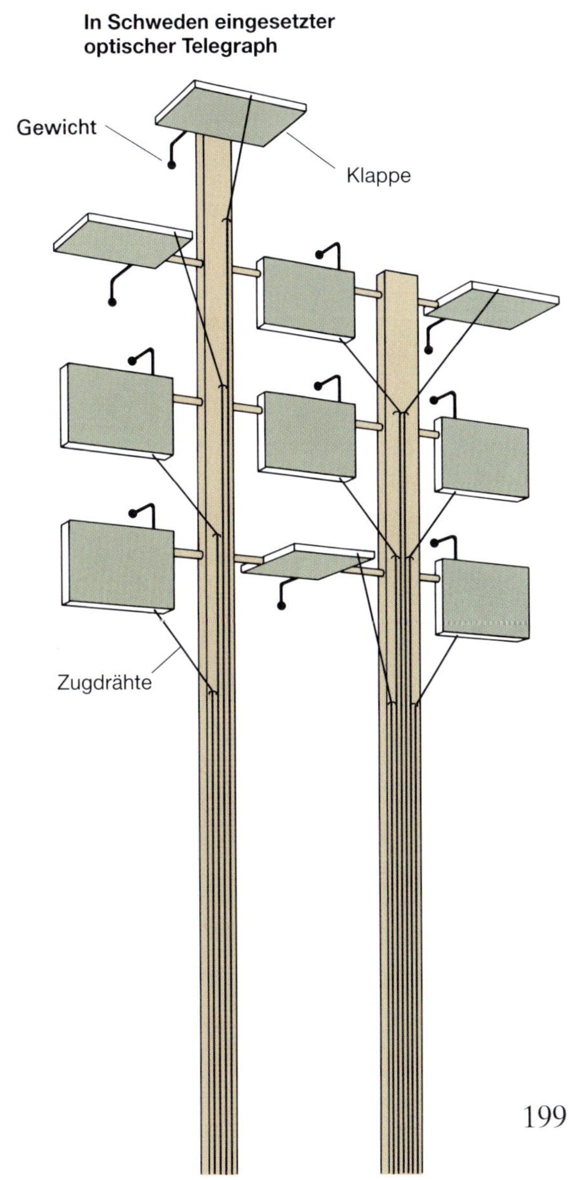

Bild 3: Die in Frankreich und Schweden genutzten optischen Telegraphen unterschieden sich wesentlich in ihren Anzeigemechanismen. Der Semaphor oder Flügeltelegraph von Claude Chappe (links) bestand aus einem langen Balken, dem Regulator, an dessen Enden zwei kurze Arme als sogenannte Indikatoren angebracht waren. Ein System aus Treibriemen und konzentrischen Wellen ermöglichte es dem Operateur, die Positionen der einzelnen Arme unabhängig voneinander einzustellen. Der Regulator nahm gewöhnlich entweder eine vertikale oder eine horizontale Stellung ein, während man die Indikatoren in 45-Grad-Schritten verstellte; damit ließen sich 92 verschiedene Signale übermitteln. Abraham Edelcrantz bevorzugte ein weniger kompaktes, aber mechanisch einfacheres Gerät (rechts). Sein System verfügte über zehn Klappen, die entweder in eine vertikale oder horizontale Position gebracht werden konnten. Damit ließen sich 1024 verschiedene Signale darstellen.

wickelt zu haben. Gegen Ende des Jahres 1804 erkrankte er während einer Routine-Inspektion einiger im Bau befindlicher Linien. Voller Argwohn beschuldigte er seine Widersacher, sein Essen vergiftet zu haben. Wieder genesen nach Paris zurückgekehrt, verfiel er in eine Depression, von der er sich nicht mehr erholte; am 23. Januar 1805 nahm er sich das Leben, indem er in den Brunnen vor der Telegraphenverwaltung am Hotel Villeroy sprang.

Seine Brüder setzten aber das Werk mit kräftiger Unterstützung der Regierung fort. Napoleon war vom Nutzen der Chappe-Semaphoren überzeugt und verwendete sie während seiner Feldzüge. Die schnelle Meldung von Truppenbewegungen mag ihm durchaus geholfen haben, Gegner zu überlisten. Im Jahre 1812 beauftragte er Abraham Chappe sogar damit, einen mobilen Semaphor zu entwickeln, der dann bei der Invasion Rußlands eingesetzt wurde (Bild 4).

Codierung der Signale

Gleichzeitig mit dem Ausbau des optischen Kommunikationssystems entwickelte man auch die zugehörigen Methoden der Nachrichtenübermittlung weiter. Der erste Telegraphencode lehnte sich noch an den 1791 für den Pendeltelegraphen entworfenen an. Diese Liste umfaßte 9999 Einträge. Die ersten neun Codes mit den Ziffern 1 bis 9 konnten durch eine einzige Semaphorstellung übermittelt werden; für diejenigen von 10 bis 99 waren zwei, für die dreistelligen drei und für die vierstelligen vier Signale erforderlich. Um die Übertragung zu beschleunigen, hatte man den am häufigsten benutzten Wörtern und Sätzen die niedrigsten Ziffernfolgen zugeordnet (das war gleichsam eine frühe Version der Datenkompression).

Für die Umstellung der Signalisierungstechnik von synchronisierten Uhren auf Flügeltelegraphen verwendete Chappe anfangs einen Satz einfacher Semaphorzeichen, die entfernt einer verbreiteten Kurzschrift-Notation ähnelten. Diese Art der Codierung nutzte aber nicht alle Kombinationen, die man mit den drei Balken einstellen konnte, und verlangsamte darum die Nachrichtenübertragung.

Im Jahre 1795, bevor der Bau der zweiten Linie nach Straßburg begann, entschloß sich Chappe, einen neuen, für den Semaphor optimierten Code zu entwickeln. Die Winkel von Regulator und Indikatoren ließen sich, wie erwähnt, in 45-Grad-Schritten verstellen. Jeder Indikator konnte somit acht und der Regulator vier verschiedene Positionen einnehmen – insgesamt waren also 256 Kombinationen möglich. Parallele Stellungen von Indikatoren und Regulator sollten wegen ihrer schlechten Unterscheidbarkeit ausgeschlossen werden, was die möglichen Indikatorstellungen auf jeweils sieben und die Anzahl der Kombinationen auf 196 reduzierte. Zur weiteren Vereinfachung schränkte Chappe die Semaphorzeichen auf solche ein, bei denen der Regulator entweder horizontal oder vertikal steht, wodurch nur noch 98 Kombinationen übrigblieben. Von diesen strich er nochmals sechs leicht zu verwechselnde Konfigurationen, so daß er schließlich 92 Telegraphenzeichen in seine Tabellen aufnahm.

Das 1795 herausgegebene Codebuch enthielt dementsprechend 92 Seiten mit je 92 Einträgen für insgesamt 8464 Buchstaben, Ziffern, Wörter und Sätze. Jeder Eintrag wurde als Paar von Semaphorsignalen übermittelt, die Seitenzahl und Zeilennummer darstellten.

Weil die erste Seite die 92 am häufigsten verwendeten Codewörter enthielt, konnten die Operateure deren Übertragung durch einen gekürzten („doppeltgeschlossenen“) Code beschleunigen: Anstatt das Zeichen für die erste Seite zu signalisieren, klappten sie einfach – unabhängig von der vorherigen Semaphorstellung – die beiden Indikatorbalken nach innen.

Im Jahre 1799 erweiterte Chappe den Code durch zwei zusätzliche Bücher auf insgesamt 25 392 Einträge, die Codepaare für geographische Namen sowie häufig benutzte Wörter und kurze Sätze darstellten. Der Code definierte selbstverständlich auch Umschaltsequenzen, die den Wechsel von einem Buch auf ein anderes signalisierten.

Zu Beginn einer Übermittlung dauerte es etwa sechs Sekunden, um das erste Signal von einer Station zur nächsten weiterzugeben. Für die 120 Stationen der Linie Paris-Toulon zum Beispiel bedeutete dies eine Gesamtlaufzeit von 12 Minuten. Die nachfolgenden Signale ließen sich im Prinzip schneller von Station zu Station durchgeben: alle ein oder zwei Sekunden eines. Um Übertragungsfehler auszuschließen, zeigten die Operateure aber jedes Signal 20 bis 30 Sekunden lang an, so daß nur etwa zwei pro Minute den Empfänger am anderen Ende der Sichtstrecke erreichten.

Da jedes Signal ein beliebiges der 25 392 Wörter und Sätze codieren konnte, entsprechen zwei Signale pro Minute einer Datenübertragungsrate von etwas weniger als 15 Bit (mit denen man 32 768 Kombinationen erzeugen kann) pro 30 Sekunden oder 0,5 Bit pro Sekunde. Wenn man die durchschnittliche Länge eines Wortes oder einer Phrase zu etwa 10 Zeichen annimmt, dann betrug die effektive Übertragungsgeschwindigkeit ungefähr 20 Zeichen pro Minute.

Überraschenderweise ist dieser Wert durchaus mit jenem der ersten elektrischen Telegraphen vergleichbar. Der

Bild 4: Darstellung eines mobilen Flügeltelegraphen, den Claude Chappes jüngerer Bruder Abraham im Auftrag Kaiser Napoleons entworfen hatte; solche einfachen Semaphoren wurden während des französischen Rußlandfeldzugs 1812 eingesetzt.

Ein-Nadel-Telegraph etwa, den die beiden Briten William Fothergill Cooke (1806 bis 1879) und Charles Wheatstone (1802 bis 1875) im Jahre 1837 patentieren ließen, übertrug im Mittel 25 Zeichen pro Minute. Das erste schnellere System war Wheatstones automatischer Telegraph von 1858, der mittels Lochstreifenlesern Übertragungsgeschwindigkeiten von 2000 Zeichen pro Minute erreichte.

„Passa väl upp"

Während Chappe beim Aufbau des französischen Telegraphennetzes mit den Unbilden der Revolution zu kämpfen hatte, mußte sich sein Gegenpart in Schweden in einer Atmosphäre von Attentaten und Hofintrigen durchsetzen. Abraham Edelcrantz wurde als Abraham Niclas Clewberg am 29. Juli 1754 in der heute zu Finnland gehörenden Stadt Åbo geboren. Wie Chappe stammte er aus einer relativ wohlhabenden Familie und hatte einen regen Geist. Bereits vor seinem 19. Geburtstag hatte er zwei Doktorarbeiten verfaßt, eine in Optik, die andere in Literatur. In den Folgejahren hielt er an der Königlichen Akademie in Åbo (aus der die Schwedische Universität Finnlands hervorgegangen ist) Vorlesungen über Elektrizität und Literatur. Anläßlich eines Besuchs von König Gustav III. im Jahre 1775 trug der junge Dozent einige Gedichte vor; offenbar beeindruckte er den Monarchen damit sehr, denn er erhielt eine Einladung an den Hof in Stockholm.

Im April 1783 zog Clewberg auf Dauer in die Hauptstadt. Bereits drei Jahre später war er Mitglied der angesehenen Schwedischen Akademie der Literatur und Künste. Der König ernannte ihn 1787 zu seinem Privatsekretär und erhob ihn zwei Jahre darauf – im Alter von 35 Jahren – in den Adelsstand; von nun an nannte er sich Edelcrantz. Die Ermordung von Gustav III. am 29. März 1792 im Zuge einer Adelsverschwörung (die Guiseppe Verdi zu der Oper „Ein Maskenball" von 1859 inspirierte) leitete eine Periode der Verfolgung all jener ein, die enger mit dem König in Verbindung gestanden hatten. Ähnlich wie Chappe schaffte es jedoch auch Edelcrantz, sich den Nachstellungen zu entziehen. Viele seiner Freunde indes hatten weniger Glück; sie wurden eingekerkert oder mußten das Land verlassen.

Als sich 1794 die Kunde von Frankreichs Telegraphen in Europa verbreitete, war Edelcrantz sogleich fasziniert. Zuverlässige Informationen vermochte er jedoch nur schwer zu bekommen; meistens waren es spärliche Berichte von Reisenden, die einen Semaphor lediglich gesehen oder Zeitungsberichte darüber gelesen hatten. Edelcrantz begann trotzdem sofort mit der Arbeit an einem eigenen System und führte am 1. November 1794 – dem 14. Geburtstag von König Gustav IV. Adolf, des Sohnes von Gustav III. – einen Prototyp vor.

Bild 5: Die Uniform der schwedischen Telegraphenoperateure, wie sie 1809 von König Carl XIV. Johan genehmigt wurde. Der Uniformknopf (kleines Bild) zeigt das Motto der Telegraphengesellschaft, „sei wachsam!" – Signal 636 der Codetabellen.

Das erste Gerät ähnelte dem von Chappe. Es bestand aus einem einzelnen Trägerbalken mit zwei rotierenden Indikatoren. Jeder konnte vier unterschiedliche Positionen einnehmen – insgesamt waren es also 16 Kombinationen. Damit ließ sich ein zwar eingeschränktes, aber brauchbares Alphabet darstellen.

Der Test lief über drei Stationen: eine auf dem Dach des königlichen Schlosses im Zentrum von Stockholm, eine zweite am Stadtrand in etwa fünf Kilometer Entfernung und die dritte nochmals sieben Kilometer weiter auf dem Anwesen des königlichen Schlosses in Drottningholm. Schon wenige Tage nach dieser Demonstration beauftragte der junge König seinen Beraterstab (Regent war Gustavs Onkel Karl, Herzog von Södermanland), die Möglichkeiten eines optischen Telegraphennetzes – mit Verbindungen nach Dänemark und Finnland – zu untersuchen. Da er auch Edelcrantz in den Stab berief, stand das Ergebnis der Studie praktisch schon im vorhinein fest.

Am 30. Januar 1795 begann Edelcrantz mit dem Bau der ersten Verbindung von der Katarina-Kirche in Stockholm zu der etwa 35 Kilometer entfernten Festung von Vaxholm; am 28. Juli wurde sie in Betrieb genommen. Zwischen 1795 und 1797 wurden zwei weitere Linien errichtet: von Stockholm nach Fredricsborg sowie von Grisslehamn nach Signilsskär und Eckerö auf der Insel Åland. Zu diesem Zeitpunkt hatte Edelcrantz das Semaphor-Konzept aufgegeben. Sein neuer Telegraph bestand aus einer Matrix von neun Klappen und einer zusätzlichen darüber. Durch Senkrecht- oder Waagrechtstellen einzelner Klappen ließen sich 1024 verschiedene Zeichen darstellen (Bild 3 rechts).

Im Jahre 1801 baute man eine weitere, wenngleich glücklose Linie nach Helsingborg nahe der dänischen Grenze. Von dort aus wollte man einen Übergang zwischen dem schwedischen und dem im Aufbau befindlichen dänischen Netz herstellen. Als drei Tage nach Einweihung britische Kriegsschiffe Dänemark angriffen, telegraphierten die Dänen um Hilfe – doch die schwedischen Befehlshaber reagierten nicht, und Kopenhagen wurde von den Briten unter Beschuß genommen. Verständlicherweise verloren die Dänen jegliches Interesse an dieser Verbindung, und sie wurde nicht wieder benutzt.

Dieses frühe Beispiel dafür, daß der Wert einer Technologie immer davon abhängt, was die Menschen daraus machen, schmälerte freilich nicht den Ruhm des Erfinders. Im Jahre 1796 dokumentierte Edelcrantz seine Arbeiten in einer „Abhandlung über Telegraphen". Das Buch wurde bald ins Deutsche (und auch ins Französische) übersetzt und brachte ihm die Mitgliedschaft in der Schwedischen Akademie der Wissenschaften ein. Im Frühjahr 1808 wurde dann die Königliche Schwedische Telegraphengesellschaft gegründet und Edelcrantz zu ihrem ersten Direktor ernannt.

Wie schon Chappe vor ihm, nutzte Edelcrantz diese Gelegenheit dazu, seinen Code zu überarbeiten. Die neue Version ermöglichte 5120 Signale, die in 13 Tabellen zusammengefaßt waren. Damit konnte Edelcrantz auch interne Anweisungen aufnehmen – er definierte zum

Beispiel Kommandos zur Maßregelung unachtsamer Operateure.

Es waren zum Teil kuriose Bestrafungen wie die, daß die Getadelten auf die Telegraphenmasten klettern mußten. Zumindest in den späteren Jahren des Betriebs scheint daraus eine eher unterhaltsame Unterbrechung des Dienstes geworden zu sein. Als der Schriftsteller Nils Risberg um 1930 die beiden Töchter des Vorstehers einer Telegraphenstation in der Nähe von Göteborg interviewte, die dort die Klappen gestellt hatten, erinnerten sie sich gut an das Reglement und sagten, die Bestrafung habe „nur Spaß" gemacht.

Die neuen Codetabellen lieferten auch das Motto des Telegraphencorps: Signal 636 – *passa väl upp* (sei wachsam!). Es erschien im Siegel des Telegraphenamts und zierte die Uniformknöpfe der Operateure – als permanente Erinnerung an ihre Pflichten (Bild 5).

Im November 1809 umfaßte das schwedische Netz bei einer Streckenlänge von ungefähr 200 Kilometern etwa 50 Stationen; die Anzahl der Beschäftigten betrug 172. Es gab Verbindungen von Stockholm nach Gävle im Norden, Landsort im Süden und Eckerö auf Åland im Osten (Bild 2 rechts). Wenig später jedoch führte Gustav IV. Adolf einen verhängnisvollen Krieg gegen Rußland, durch den er die Krone verlor und Finnland abtreten mußte. Das Netz wurde niedergerissen; als Edelcrantz 1821 starb, lagen die von ihm konstruierten Türme noch immer in Trümmern.

Erst Mitte 1836 nahm man die Telegraphenlinien von Stockholm nach Vaxholm und nach Sandhamn wieder in Betrieb. Zwei Jahre später hatte das Netz fast seine ursprüngliche Ausdehnung. Letztmals erweitert wurde es noch 1854, als die Furusund-Linie bis nach Arholma und Söderarm ausgebaut wurde.

Um 1840 hatten fast alle europäischen Länder eine oder mehrere optische Telegraphenlinien in Betrieb. In England wurden von der britischen Admiralität zwischen 1796 und 1816 Verbindungen von London nach Portsmouth, Plymouth, Yarmouth und Deal betrieben. In Deutschland führte seit 1832 eine Linie von Berlin über Potsdam, Magdeburg, Köln und Bonn nach Koblenz; andere verbanden Hamburg mit Altona und Cuxhaven sowie Bremen mit Bremerhaven. Rußland baute erst relativ spät ein System auf, dafür aber in großem Stil: Am 8. April 1839 wurde eine Linie mit 220 Semaphorstationen eingeweiht, die von St. Petersburg nach Warschau führte. Auch in einigen Gebieten der USA wurden optische Telegraphen eingesetzt.

Beginn einer neuen Ära

Doch noch während dieser Ausbauphasen drohte Konkurrenz durch den technischen Fortschritt: Bereits 1837 begann in England und den USA die Ablösung des optischen durch den elektrischen Telegraphen – statt Signalturm und Teleskop nutzte man nun Kupferdraht und das Morse-Alphabet, das der Amerikaner Samuel F. B. Morse 1838 für seine Erfindung entwickelt hatte.

Für die Länder mit etablierten optischen Netzen war es nicht unmittelbar einsichtig, daß die neuen Geräte besser sein sollten. Das französische Semaphorsystem zum Beispiel erwies sich für fast ein Jahrzehnt gegen jegliche Veränderung immun; erst 1846 ersetzte der erste elektrische Telegraph die historische Linie Paris-Lille. Zunächst wurden die Signale mit einem kuriosen, von Alphonse Foy und Abraham Louis Breguet entworfenen Gerät übertragen, das die Stellungen von Chappes Semaphor imitierte. Seine größte Ausdehnung erreichte das optische Netz sogar erst 1852 mit 4800 Kilometern Länge. Es umfaßte 556 Stationen und verband 29 der größten französischen Städte mit Paris. Pro Station arbeiteten bis zu sechs Operateure im Schichtbetrieb – insgesamt waren mehr als 3000 Personen beschäftigt.

In Schweden begann die Ausmusterung der optischen Telegraphen sogar noch später. Mehr als zehn Jahre lang verwendete man außer dem neuen weiterhin das alte System, denn damit ließen sich Orte erreichen, zu denen vorerst keine Kabel führten. Im Jahre 1864 gab es 174 elektrische Telegraphenstationen mit 250 sowie 24 optische mit 66 Operateuren. Erst 1881 war mit dem Ersatz der letzten drei Klappen-Signalmasten in Schweden diese Ära beendet.

Claude Chappes und Abraham Edelcrantz' Errungenschaften sind heute weitgehend vergessen, überdeckt durch Entwicklungen, die sie sich selbst in kühnsten Visionen nicht hätten vorstellen können; gleichwohl waren sie die eigentlichen Pioniere der Kommunikationsnetze. Beide hatten viele subtile Probleme zu lösen, damit Nachrichten zuverlässig über lange Ketten von Stationen übertragen werden konnten. Rückblickend ist es höchst interessant festzustellen, daß einige ihrer Ideen erst vor kurzem von den Entwicklern moderner Konzepte des digitalen Informationsmanagements wiederentdeckt wurden. Sie hatten nicht nur anspruchsvolle Methoden der Datenkompression, Fehlerbehandlung, Datenflußkontrolle und sogar der Verschlüsselung erdacht, sondern auch in die Praxis umgesetzt.

Beide Erfinder zeichnete nicht Glück, sondern visionäre Kraft und rastloser Einsatz für ihre Aufgabe aus, selbst unter widrigen Umständen. Die technischen Probleme gehörten zu den leichter zu nehmenden Hindernissen, wie Edelcrantz in seiner Abhandlung schrieb: „Bei neuen Erfindungen geschieht es oft, daß der eine Teil der Öffentlichkeit sie für unnütz und der andere für unmöglich hält. Wenn sich aber abzeichnet, daß sich ihre Machbarkeit und Nützlichkeit nicht mehr leugnen lassen, dann sind sich die meisten Leute darüber einig, daß das Ganze eigentlich ziemlich leicht zu entdecken gewesen sei und sie es sowieso schon die ganze Zeit gewußt hätten."

Autoren

Peter Bellwood („Frühe Landwirtschaft und die Ausbreitung des Austronesischen") ist Dozent für Ur- und Frühgeschichte an der Staatlichen Australischen Universität in Canberra. Er wurde in England geboren und hat an der Universität Cambridge studiert. Dort wurde er 1980 promoviert. Bellwood ist Generalsekretär der Indo-Pacific Prehistory Association und gibt deren jährliches Bulletin heraus. Er hat Forschungsreisen und Ausgrabungen in Südostasien und Polynesien geleitet, die letzte auf den nördlichen Molukken in Indonesien.

Vera E. Binder („Wörter aus der Steinzeit – Völker aus dem Nichts") hat in Tübingen, Pisa und Oxford Latein, Griechisch und Vergleichende Sprachwissenschaft studiert und ist seit 1991 wissenschaftliche Angestellte am Seminar für Vergleichende Sprachwissenschaft der Universität Tübingen.

Hung-hsiang Chou („Chinesische Orakelknochen") ist Professor für orientalische Sprachen an der Universität von Kalifornien in Los Angeles. An der Chinesischen Universität von Hongkong hat Chou, der in Festland-China geboren ist, klassische chinesische Literatur und Geschichte studiert. Später ging er nach Australien und wurde an der Staatlichen Australischen Universität in Canberra in Archäologie, Paläographie und chinesischer Geschichte promoviert. Nach zweijähriger Unterrichtstätigkeit in Hongkong ging er in die Vereinigten Staaten und wurde 1969 Mitglied des Lehrkörpers der Universität von Kalifornien in Los Angeles.

Peter Damerow („Die Entstehung der Schrift", „Die ersten Zahldarstellungen und die Entwicklung des Zahlbegriffs") ist seit 1975 wissenschaftlicher Mitarbeiter am Max-Planck-Institut für Bildungsforschung in Berlin. Sein Studium der Mathematik, Physik und Philosophie schloß er 1977 in Bielefeld mit der Promotion ab. Zunächst hat er über das Lernen von Mathematik und die Organisation des Mathematikunterrichts gearbeitet. Seit 1983 forscht er über die Zusammenhänge zwischen der Kulturentwicklung und der Entstehung kognitiver Strukturen. In dieses Forschungsinteresse fügt sich sein mit Hans Jörg Nissen und Robert K. Englund betriebenes Forschungsvorhaben zur Entzifferung und Herausgabe der proto-keilschriftlichen Texte aus dem archaischen Uruk ein. In jüngster Zeit hat er sich der historisch-biographischen Einstein-Forschung zugewandt.

Peter D. Eimas („Sprachwahrnehmung beim Säugling") ist seit 1968 Professor für Psychologie an der Brown-Universität in Providence, Rhode Island (Vereinigte Staaten). Studiert hat er an der Yale-Universität, und er wurde 1959 an der Universität von Connecticut promoviert. Seit 1970 finanziert das National Institute of Child Health and Human Development seine Forschungen über die Sprachwahrnehmung beim Säugling.

Robert K. Englund („Die Entstehung der Schrift", „Die ersten Zahldarstellungen und die Entwicklung des Zahlbegriffs") ist seit 10 Jahren wissenschaftlicher Mitarbeiter am Altorientalischen Seminar der Freien Universität Berlin. Sein Studium der Orientalistik und Religionswissenschaft hat der gebürtige Nordamerikaner an den Universitäten von Kalifornien in Berkeley, an der Universität von Chicago und in München absolviert. Schon vor seiner Promotion 1987 in München wurde er in das Forschungsprojekt zur Entzifferung und Herausgabe der proto-keilschriftlichen Texte aus dem archaischen Uruk aufgenommen, bei dem er mit Hans Jörg Nissen und Peter Damerow zusammenarbeitet.

Walter A. Fairservis jr. („Die Schrift der Indus-Kultur") ist seit 1968 Professor für Anthropology am Vassar-College in Pougheepsie (Vereinigte Staaten). Er hat an der Universität von Chicago und an der Columbia-Universität in New York studiert und wurde im Fach Anthropology von der Harvard-Universität promoviert. Bevor er nach Vassar ging, war er vorübergehend an Universitäten in New York und Washington tätig. Fairservis hat mehrere völkerkundliche Expeditionen nach Afghanistan, Pakistan, Iran und Indien geleitet, zum Teil im Auftrag des American Museum of Natural History in New York.

Klaus-Rüdiger Fellbaum („Prinzipien, Stand der Technik, sprecherabhängige Einzelworterkennung") befaßt sich als Professor am Institut für Fernmeldetechnik der Technischen Universität Berlin in Forschung und Lehre mit der elektronischen Sprachsignalverarbeitung und mit nachrichtentechnischen Systemen. Sein besonderes Interesse gilt der Spracherkennung, der Entwicklung von Sprachverarbeitungssystemen für Blinde und motorisch Behinderte und der Sprachsynthese.

Uta Frith („Autismus") ist Professorin für Psychologie am University College in London und arbeitete davor längere Zeit an der Forschungsstelle für Kognitive Entwicklung des Britischen Medizinischen Forschungsrates in London. Sie stammt aus Deutschland, wo sie bis 1964 an der Universität des Saarlandes in Saarbrücken Psychologie und Kunstgeschichte studiert hat. 1968 wurde sie an der Universität London in Psychologie promoviert. Ihr Forschungsinteresse gilt außer dem Autismus, dem Lesenlernen und den Lesestörungen.

Thomas W. Gamkrelidse („Die Frühgeschichte der indoeuropäischen Sprachen") ist Direktor des Orientalischen Instituts der Georgischen Akademie der Wissenschaften in Tiflis. Dort leitet er ein Institut und ist zugleich Professor für Sprachwissenschaft an der Universität. Neben zahlreichen Mitgliedschaften und Ehrungen ist ihm im Jahr 1994 von der Philosophischen Fakultät der Universität Bonn der Dr. h.c. verliehen worden. Seine Forschungsschwerpunkte sind die indoeuropäischen und kaukasischen Sprachen und die Rekonstruktion familienübergreifender Sprachkontakte.

Patricia M. Gildea („Wie Kinder Wörter lernen") ist seit 1985 Professorin für Psychologie an der Rutgers-Universität in New Brunswick (New Jersey). Ihre Studien hat sie am Sarah Lawrence College in Bronxville, New York, absolviert und wurde 1948 an der Princeton-Universität promoviert. Danach hat sie lange Jahre in der freien Wirtschaft gearbeitet, unter anderem an der Forschungsstelle für Kommunikation der AT&T-Bell-Laboratorien in Murray Hill (New Jersey). Ihre Forschungen dort beschäftigten sich mit dem Einsatz von Wörterbüchern beim Worterwerb. Seit ihrer Promotion arbeitet Gildea mit George A. Miller zusammen.

Joseph H. Greenberg („Der Sprachstammbaum der Ureinwohner Amerikas") ist emeritierter Professor für Anthropologie und Linguistik an der Stanford-Universität in Kalifornien. Seine Hauptinteressen sind universelle Eigenschaften und die historische Klassifikation von Sprachen. Er war Präsident der

Linguistischen Gesellschaft der Vereinigten Staasten und ist Mitglied zahlreicher wissenschaftlicher Akademien. Bevor er sich der Geschichte der amerikanischen Indianersprachen zuwandte, hat er vor allem über afrikanische Sprachen gearbeitet.

Gerard J. Holzmann („Optische Telegraphen und die ersten Informationssysteme“) arbeitet bei den AT&T-Bell-Laboratorien in Murray Hill (New Jersey). Promoviert wurde er 1979 an der Universität Delft in den Niederlanden. Seine Forschungsschwerpunkte betreffen den Entwurf und die Verifikation von Kommunikationsprotokollen, verteiltes Rechnen und Computergraphik. Über das gemeinsame Interesse an der Geschichte der Telekommunikation hat er sich mit Björn Pehrson zusammengefunden.

Stephen D. Houston („Die Maya-Schrift“) ist Archäologe und Epigraphiker und als solcher auf die Maya-Kultur spezialisiert. Er hat an der Yale-University in New Haven, Connecticut (Vereinigte Staaten), studiert und wurde dort mit einer Abhandlung zur dynastischen und territorialen Geschichte der Maya-Stadt Dos Pilas promoviert. Nach dem Studium wurde er Professor an der Vanderbilt-Universität in Nashville, Tennessee (Vereinigte Staaten), und war leitend an der archäologischen und epigraphischen Erforschung der Petexbatún-Region im Tiefland Guatemalas beteiligt, die von seiner Universität unter der Gesamtleitung des Archäologen Arthur Demarest durchgeführt wird. Vor kurzem ist er an die Harvard-Universität gewechselt.

Wjatscheslaw W. Iwanow („Die Frühgeschichte der indoeuropäischen Sprachen“) ist Professor für Sprachwissenschaft und Direktor der Abteilung für slawische Sprachen am Institut für Slawische und Balkan-Studien in Moskau, Rußland. Zusammen mit Thomas W. Gamkrelidse hat er 1984 ein zweibändiges Standardwerk über die indoeuropäische Sprache und die Indoeuropäer verfaßt.

John S. Justeson („Entzifferung der ältesten Schrift Amerikas“) ist Professor für Linguistik an der State University of New York in Albany (Vereinigte Staaten). Davor war er in den siebziger Jahren an der Universität von South Carolina und in den achtzigern an der Stanford-Universität in Kalifornien tätig. Einer seiner Forschungsschwerpunkte ist die vergleichende Analyse früher Schriftsysteme, wobei er besonders für die Maya-Schrift Expertisen entwickelt hat. Justeson arbeitet seit vielen Jahren mit den Linguisten Terrence Kaufman und Lyle Campbell zu verschiedenen Fragen der mesoamerikanischen Indianersprachen zusammen.

Terrence Scott Kaufman („Entzifferung der ältesten Schrift Amerikas“) ist Professor für Linguistik an der Universität von Pittsburgh, Pennsylvania (Vereinigte Staaten). Nach Studium und Promotion in Chicago hat er in Guatemala über nahezu alle der 30 dort noch gesprochenen Indianersprachen gearbeitet und war maßgeblich an der Gründung eines linguistischen Ausbildungs- und Forschungszentrums beteiligt. Kaufman hat in den siebziger Jahren an der Universität Hamburg als Gastprofessor unterrichtet. In jüngster Zeit hat sich Kaufman der Erforschung südamerikanischer Indianersprachen zugewandt.

Alvin M. Liberman („Sprachwahrnehmung beim Säugling“) ist an den Haskins-Laboratorien langjähriger Mitarbeiter von Peter D. Eimas und hat an dem hier veröffentlichten Beitrag mitgearbeitet.

Helmut A. Mangold („Das Telephon als intelligenter Gesprächspartner“) leitet die Abteilung Sprachverstehende Systeme im Forschungszentrum Informationstechnik der Daimler-Benz AG in Ulm. Nach dem Studium der Nachrichtentechnik/Informationstechnik an der Technischen Universität München war er mehrere Jahre in verschiedenen Entwicklungsbereichen von Telefunken tätig. 1967 übernahm er das Labor für Sprachverarbeitung im Forschungsinstitut von Telefunken, wo er Arbeiten zur digitalen Codierung und Übertragung von Sprachsignalen aufbaute, die später um Arbeiten zur automatischen Spracherkennung, Sprachsynthese und zum Sprachverstehen erweitert wurden. Im Jahre 1975 übernahm er zusätzlich die Leitung des Labors für Bildcodierung und digitale Audiotechnik. Mangold ist Mitglied in verschiedenen nationalen und internationalen Expertengremien auf dem Gebiet der Sprachverarbeitung.

Joyce Marcus („Zapotekische Inschriften“) ist seit 1973 Professorin und zugleich Kustodin am Museum of Anthropology der Universität von Michigan in Ann Arbor (Vereinigte Staaten). Ihr Studium der Anthropologie, zunächst an der Universität von Kalifornien in Berkeley, hat sie 1974 mit einer Dissertation zur räumlichen Gliederung des klassischen Maya-Tieflandes an der Harvard-Universität abgeschlossen. Ihr Forschungsschwerpunkt hat sich dann auf die Archäologie Oaxacas (Mexiko) und die Entwicklung mesoamerikanischer Zivilisationen verlagert. Ihr jüngstes Buch greift das Thema der Dissertation wieder auf, behandelt es aber unter gesamtmesoamerikanischer Perspektive und berücksichtigt neue Erkenntnisse über die politische Rolle von öffentlichen Texten. Joyce Marcus ist mit dem Archäologen Kent Flannery verheiratet. Viele ihrer Ausgrabungen und Feldforschungen in Mittel- und Südamerika haben sie gemeinsam durchgeführt.

Wolfgang Mentrup („Reform der orthographie – der experten-vorschlag“) ist Leiter der Arbeitsstelle „Graphie und Orthographie“ des Instituts für Deutsche Sprache in Mannheim. Er hat Germanistik, Philosophie und Pädagogik studiert. Nach der Promotion an der Universität Münster 1963 war er wissenschaftlicher Mitarbeiter der Duden-Redaktion in Mannheim und ging 1972 an das dortige Institut für Deutsche Sprache. Seine Hauptarbeitsbereiche sind Grammatik, Lexik, Fachsprachen und Orthographie. Er hat Lehrveranstaltungen an den Universitäten Heidelberg, Mannheim und Tromsø (Norwegen) sowie an der Sprachhochschule in Istambul (Türkei) gehalten. Als Koordinator und Hauptbearbeiter ist er wesentlich an dem Vorschlag zur Reform der deutschen Rechtschreibung beteiligt, den Experten aus Deutschland, Österreich und der Schweiz erarbeitet haben.

George A. Miller („Wie Kinder Wörter lernen“) leitet als emeritierter Professor ein Projekt zur kognitiven Neuropsychologie. Seit 1979 ist er Professor für Psychologie an der Princeton-Universität. Nach seinem Studium an der Universität von Alabama in Birmingham (Alabama) wurde er 1946 an der Harvard-Universität promoviert. Anschließend forschte er an deren Psychoakustischem Laboratorium, wo er 1948 Professor für Psychologie wurde. Zwischen 1951 und 1955 lehrte er am Massachusetts Institute of Technology, dann kehrte er nach Harvard zurück, wo er im Jahre 1960 zusammen mit Jerome S. Bruner das Zentrum für Kognitive Studien gründete. 1968 ging er an die Rockefeller-Universität in New York, bevor er schließlich seine heutige Position an der Princeton-Universität antrat.

Joane L. Miller („Sprachwahrnehmung beim Säugling“) ist langjährige Mitarbeiterin von P. Eimas an den Haskins-Laboratorien. Sie hat an dem hier veröffentlichten Beitrag mitgearbeitet.

Hans Jörg Nissen („Die Entstehung der Schrift", „Die ersten Zahldarstellungen und die Entwicklung des Zahlbegriffs") ist seit 1971 Professor für Vorderasiatische Altertumskunde an der Freien Universität Berlin. Studium und Promotion (1964) absolvierte er an der Universität seiner Heimatstadt Heidelberg und war anschließend von 1965 bis 1967 wissenschaftlicher Referent des Deutschen Archäologischen Instituts in Bagdad. Von 1968 bis 1971 war er Professor am Orientalischen Institut der Universität von Chicago. Nissen hat jüngst eine archäologische Grabung in Jordanien abgeschlossen, bei der eine vorkeramische städtische Siedlung ausgegraben wurde. Seit etwa zehn Jahren arbeitet er mit Peter Damerow und Robert K. Englund an der Entzifferung und Herausgabe proto-keilschriftlicher Texte aus Uruk zusammen.

Björn Pehrson („Optische Telegraphen und die ersten Informationssysteme") ist Dekan des Fachbereiches Teleinformatik am Königlichen Institut für Technologie in Stockholm (Schweden) und Vorstandsmitglied des Schwedischen Instituts für Computerwissenschaft. 1975 wurde er von der Universität Uppsala (Schweden) promoviert und beschäftigt sich seit längerem mit der Geschichte der Telekommunikation. Dieses Interesse hat ihn 1989 mit dem gleichgesinnten Forscher Gerard J. Holzmann zusammengebracht.

Colin Renfrew („Der Ursprung der indoeuropäischen Sprachfamilie") ist Professor für Archäologie an der Universität Cambridge (England) und Rektor des dortigen Jesus-College. Nach seiner Promotion in Cambridge 1965 war er zunächst Dozent für Ur- und Frühgeschichte an der Universität Sheffield, Gastprofessor in Los Angeles (Kalifornien) und Professor für Archäologie an der Universität von Southhampton gewesen, bevor er 1981 nach Cambridge zurückkehrte. Renfrew hat archäologische Ausgrabungen in Griechenland und auf den britischen Inseln geleitet und 1991 zusammen mit Paul Bahn ein Standardwerk zur Einführung in Theorien, Methoden und Techniken der Archäologie geschrieben. Er ist seit kurzem Mitglied des britischen Oberhauses. Renfrew verbindet in seiner Forschung theoretische Interessen, Kritik an Forschungstraditionen und eigene Feldarbeit.

Berthold Riese („Einführung" und „Entzifferung der ältesten Schrift Amerikas") ist seit 1989 Professor für Ethnologie und Altamerikanistik an der Universität Bonn. Er hat in Heidelberg und Hamburg Ethnologie, Sinologie, Vor- und Frühgeschichte und Altamerikanistik studiert. Nach der Promotion in Hamburg 1971 und Feldarbeit als Maya-Epigraphiker in Honduras (Zentralamerika) war er wissenschaftlicher Mitarbeiter am Iberoamerikanischen Institut und Professor an der Freien Universität Berlin. Das akademische Jahr 1986/87 verbrachte Riese als Gastforscher am Getty Center for the History of Art and the Humanities in Santa Monica, Kalifornien, um dort seine epigraphischen Feldforschungsdaten aus der Maya-Stadt Copán niederzuschreiben. Seit seiner Berliner Zeit ist er im Vorstand der Berliner Gesellschaft für Anthropologie, Ethnologie und Urgeschichte tätig. Sein Forschungsgebiet sind Sprachen und Schriftsysteme der Maya und der utoaztekischen Völker Mittel- und Nordamerikas.

Philip E. Ross („Streit um Wörter") ist Redakteur der Zeitschrift *Scientific American* in New York.

Merritt Ruhlen („Der Sprachstammbaum der Ureinwohner Amerikas") ist Privatgelehrter in Palo Alto (Kalifornien). Er wurde 1973 an der Stanford-Universität in Linguistik promoviert und arbeitete dort mit Joseph H. Greenberg am Projekt für sprachliche Universalien zusammen. Ruhlen bezeichnet Greenberg als seinen „Lehrer, Kollegen und Freund".

Robert T. Sataloff („Die menschliche Stimme") ist Professor für Otolaryngologie (Hör- und Sprachheilkunde) am Jefferson Medical College der Thomas-Jefferson-Universität in Philadelphia (Pennsylvania) und Herausgeber der Zeitschrift „The Journal of the Voice". Er ist selbst professioneller Sänger und Gesangslehrer und unterrichtet in Philadelphia am Curtis-Institut für Musik und an der Akademie für Stimmkunst. Außerdem leitet er einen Chor und ein Orchester der Universität.

Marcus Spies („Grundzüge der Spracherkennung in einem Diktiersystem") hat mathematische Psychologie an der Technischen Universität Berlin studiert. Auch seine von der Deutschen Gesellschaft für Psychologie preisgekrönte Doktorarbeit und die Habilitation hat er dort durchgeführt. Seit 1989 arbeitet er in der Forschungsgruppe Spracherkennung im Wissenschaftlichen Zentrum der Firma IBM Informationssysteme GmbH in Heidelberg. Zugleich nimmt er seine Privatdozentur an der Technischen Universität Berlin wahr. Seine Forschungsschwerpunkte sind die Mustererkennung und die Kognitionswissenschaft.

Volker Steinbiß („Pausenlos diktieren – kontinuierliche Spracherkennung in der Radiologie") hat an den Universitäten Göttingen und Nizza Mathematik studiert und 1985 über „Komplexe Analysis" promoviert. Er forschte in Hamburg und Aachen im Rahmen der automatischen Spracherkennung; dabei galt sein Hauptinteresse den Suchverfahren. Seit 1994 ist er Leiter der Spracherkennungsgruppe bei den Philips-Forschungslaboratorien in Aachen. Seine Gruppe arbeitet an Spracherkennung für Diktieren und für Kommandosteuerung sowie an Dialogsystemen; die Ergebnisse finden Einzug in neue Produkte.

David Stuart („Die Maya-Schrift") ist Epigraphiker und Mitarbeiter des Corpus of Maya Hieroglyphic Inscriptions der Harvard-Universität in Cambridge, Massachussetts, wo er mit dessen Gründer, Ian Graham, zusammenarbeitet. Schon als Kind war er mit seinem Vater, dem Archäologen der National Geographic Society in Washington, D.C., George Stuart, viel auf Expeditionen im Maya-Gebiet unterwegs. Diese Kindheitseindrücke inspirierten ihn zu seiner Lebensaufgabe. Studiert hat er an der Princeton-Universität (New Jersey) und schon als Student das hochdotierte MacArthur-Forschungsstipendium erhalten. Nach der Promotion war er an der Vanderbilt-Universität in Nashville, Tennessee, tätig. Aus dieser Zeit entspringt seine Zusammenarbeit mit Stephen Houston.

Frank R. Vellutino („Legasthenie") ist seit 1966 Professor für Psychologie an der State University of New York in Albany (Vereinigte Staaten) und Direktor des dortigen Pädagogischen Forschungs- und Studienzentrums. Er wurde 1964 von der Katholischen Universität von Amerika in Washington, D.C., in Psychologie promoviert und arbeitete anschließend als klinischer Psychologe am Veterans Administration Hospital in Brockton, Massachusetts.

Wolfgang Wahlster („Verbmobil – Übersetzungshilfe für Verhandlungsdialoge") ist Professor für Informatik an der Universität des Saarlandes in Saarbrükken und Wissenschaftlicher Direktor am Deutschen Forschungszentrum für Künstliche Intelligenz, Saarbrücken/Kaiserslautern.

Literatur

Einführung

Die folgenden Werke empfehlen sich als Zusammenfassung und Einführung in die Thematik.

John R. Anderson. *Kognitive Psychologie.* 432 S. Heidelberg: Spektrum Akademischer Verlag 1988.

Jan Assmann. *Das kulturelle Gedächtnis. Schrift, Erinnerung und politische Identität in frühen Hochkulturen.* 344 S. München: C. H. Beck 1992.

Thomas S. Barthel. *Grundlagen zur Entzifferung der Osterinselschrift.* (= Abhandlungen aus dem Gebiet der Auslandskunde, 64). 364 S. Hamburg: De Gruyter. 1958.

Thomas S. Barthel. *Rongorongo-Studien. Forschungen und Fortschritte bei der weiteren Entzifferung der Osterinselschrift.* In: *Anthropos*, 58, S. 372–436. Freburg im Uechtland 1963.

Günter Bräuer. *Ein neues Bild von der Evolution des* Homo Sapiens. In: *Mitteilungen der Berliner Gesellschaft für Anthropologie, Ethnologie und Urgeschichte*, 9, S. 11–16. Berlin: Spiess 1988.

Helmut Brunner. *Abriß der Mittelägyptischen Grammatik.* Graz: Akademische Druck- und Verlagsanstalt 1967.

Hadumod Bußmann (Hg.). *Lexikon der Sprachwissenschaft.* (= Kröners Taschenausgabe, 452). 904 S. Stuttgart: Alfred Kröner 1990.

John Chadwick. *Linear B. Die Entzifferung der mykenischen Schrift.* Göttingen: Vandenhoeck & Ruprecht 1959.

Florian Coulmas. *Wie Tier- und Pflanzenarten bedroht – kleine Sprachen.* In: *Spektrum der Wissenschaft*, Oktober 1992, S. 126–128.

John Dittami (Hg.). *Signale und Kommunikation.* 194 S. Heidelberg, Berlin, Oxford: Spektrum Akademischer Verlag 1993.

Bodo Franzmann. *Die kulturelle Kompetenz Lesen ist international rückläufig.* In: *Spektrum der Wissenschaft*, August 1992, S. 115–120.

E. A. Gregersen. *Language in Africa. An Introductory Survey.* New York 1977.

Stefan Grunert und Walter F. Reineke. *Das altägyptische Wörterbuch.* In: *Spektrum der Wissenschaft*, August 1992, S. 94–99.

Herodot. *Historien.* Stuttgart: Alfred Kröner 1963.

John S. Justeson. *Universals of Language and Universals of Writing.* In: Alphonse Juillard (Hg.). *Linguistic studies offered to Joseph Greenberg on the occasion of his sixtieth birthday*, S. 57–94. Saratoga: Anma Libri 1977.

Robert Kail. *Gedächtnisentwicklung bei Kindern.* 160 S. Heidelberg, Berlin, Oxford: Spektrum Akademischer Verlag 1992.

Harald Lachnit. *Assoziatives Lernen und Kognition. Ein experimenteller Brückenschlag zwischen Hirnforschung und Kognitionswissenschaft.* 172 S. Heidelberg, Berlin, Oxford: Spektrum Akademischer Verlag 1993.

Leben im ägyptischen Altertum. Literatur, Urkunden, Briefe aus vier Jahrtausenden. Berlin: Staatliche Museen 1977.

Christian Lehmann. *Sprachen sterben aus.* In: *Forschung an der Universität Bielefeld* 8, S. 3–9. Bielefeld 1993.

Alfred Schmidt. *Die Bamum-Schrift.* 2 Bände. Wiesbaden 1963.

Wolf Singer. *Gehirn und Bewußtsein.* Heidelberg, Berlin, Oxford: Spektrum Akademischer Verlag 1994.

Karl-Theodor Zauzich. *Hieroglyphen ohne Geheimnis.* Mainz: Zabern 1980.

Hans Peter Zenner und Eberhart Zrenner. *Physiologie der Sinne.* Heidelberg, Berlin, Oxford: Spektrum Akademischer Verlag 1994.

Peter Zieme. *Die Turfan-Texte.* In: *Spektrum der Wissenschaft*, August 1992, S. 99–104.

Die menschliche Stimme

R. J. Baken. *Clinical Measurement of Speech and Coice.* College Hill Press 1987.

W. J. Gould, Robert T. Sataloff und J. R. Spiegel. *Voice Surgery.* London: Mosby Company.

Robert T. Sataloff. *Professional Voice: The Science and Art of Clinical Care.* New York: Raven Press 1991.

Johan E. F. Sundberg. *The Science of the Singing Voice.* Williston: Northern Illinois University Press 1987.

Johan E. F. Sundberg. *Die Singstimme.* In: *Die Physik der Musikinstrumente.* Heidelberg: Spektrum der Wissenschaft 1988.

Johan E. F. Sundberg. *The Science of Musical Sounds.* New York: Academic Press 1991.

I. R. Titze. *The Principles of Voice Production.* Prentice-Hall.

Günter Wirth. *Stimmstörungen. Lehrbuch für Ärzte, Logopäden, Sprachheilpädagogen und Sprecherzieher.* Köln: Deutscher Ärzte Verlag 1991 (3. Auflage).

Sprachwahrnehmung beim Säugling

Hannelore Grimm und Johannes Engelkamp. *Sprachpsychologie. Handbuch und Lexikon der Psycholinguistik.* Berlin: Erich Schmidt 1981.

Hans Hörmann. *Psychologie der Sprache.* Berlin, Heidelberg, New York: Springer 1977 (2., überarbeitete Auflage).

Hans G. Tillmann und Phil Mansell. *Phonetik.* Stuttgart: Klett-Cotta 1980.

Wie Kinder Wörter lernen

Elsa J. Bartlett. *The Acquisition of the Meaning of Color Terms: A Study of Lexical Development.* In: P. Smith und R. Campbell (Hg.). *Proceedings of the Stirling Conference on the Psychology of Language.* Plenum Press 1977.

Gerd Kegel. *Sprache und Sprechen des Kindes.* Wiesbaden: Westdeutscher Verlag 1987 (3., neubearbeitete Auflage).

Margaret G. McKeown und Mary E. Curtis (Hg.). *The Nature of Vocabulary Acquisition.* Lawrence Erlbaum Associates 1987.

George A. Miller. *Dictionaries in the Mind.* In: *Language and Cognitive Processes*, Band 1, Heft 3, S. 171–185. 1986.

George A. Miller. *Wörter. Streifzüge durch die Psycholinguistik.* 315 S. Heidelberg, Berlin, Oxford: Spektrum Akademischer Verlag 1993.

Gisela Szagun. *Sprachentwicklung beim Kind.* Weinheim: Psychologie Verlags-Union 1986 (3., neubearbeitete Auflage).

Legasthenie

Ruth Becker. *Die Lese-Rechtschreibschwäche aus logopädischer Sicht.* Berlin: VEB Volk und Gesundheit 1985 (5. Auflage).

Hans Brügelmann. *Kinder auf dem Weg zur Schrift.* Konstanz: Faude-Verlag 1986 (2. Auflage).

Hans Grissemann. *Spätlegasthenie und funktionaler Analphabetismus.* Bern: Hans Huber 1984.

Lotte Schenk-Danzinger. *Legasthenie.* München, Basel: Ernst Reinhardt 1984.
F. R. Vellutino. *Dyslexia: Theorie and Research.* Cambridge: The MIT Press 1979.

Autismus

Simon Baron-Cohen, Helen Tager-Flusberg und Donald J. Cohen (Hg.). *Understanding Other Minds: Perspectives from Autism.* Oxford: Oxford University Press 1993.
Uta Frith. *Autismus. Ein kognitionspsychologisches Puzzle.* Heidelberg, Berlin, Oxford: Spektrum Akademischer Verlag 1992.
Uta Frith (Hg.). *Autism and Asperger Syndrome.* Cambridge: Cambridge University Press 1992.
Uta Frith, John Morton und Alan M. Leslie. *The Cognitive Basis of a Biological Disorder: Autism.* In: *Trends in Neurosciences*, Band 14, Heft 10, S. 433–438. 1991.

Streit um Wörter

Derek Bickerton. *Language and Species.* Chicago: University of Chicago Press 1990.
Allan R. Bomhard. *A New Approach to the Comparison of Proto-Indo-European and Proto-Afroasiatic.* Amsterdam, Philadelphia 1984.
Joseph H. Greenberg. *Language in the Americas.* Stanford: Stanford University Press 1987.
Heinrich Koppelmann. *Die eurasische Sprachfamilie. Indogermanisch, Koreanisch und Verwandtes.* 228 S. Heidelberg: Carl Winter 1933.
Kalevi E. Koskinen. *Nilal. Über die Urverwandtschaft des Hamito-Semitischen, Indogermanischen, Uralischen und Altaiischen.* Tampere 1980.
Philip Liebermann. *Uniquely Human: The Evolution of Speech, Thought and Selfless Behavior.* Cambridge: Harvard University Press 1991.
J. P. Mallory. *In Search of the Indo-Europeans: Language, Archaeology and Myth.* New York: Thames & Hudson 1989.
Vitaly V. Shevoroshkin und T. L. Markey (Hg.). *Typology, Relationship and Time.* Ann Arbor: Karoma Publishers 1986.
Reinhard Sternemann und K. Gutschmidt. *Einführung in die vergleichende Sprachwissenschaft.* 390 S. Berlin: Akademie-Verlag 1989.

Der Ursprung der indoeuropäischen Sprachfamilie

Lothar Kilian. *Zum Ursprung der Indogermanen. Forschungen aus Linguistik, Prähistorie und Anthropologie.* (= Habelt Sachbuch, 3). Bonn: Habelt 1988.
Hans Krahe. *Indogermanische Sprachwissenschaft.* 2 Bände. (= Sammlung Göschen, 59 & 64). Berlin: De Gruyter 1985 (6., unveränderte Auflage).
J. P. Mallory. *In Search of the Indo-Europeans: Language, Archaeology and Myth.* New York: Thames & Hudson 1989.
Colin Renfrew. *Archaeology and Language: The Puzzle of Indo-European Origins.* Cambridge: Cambridge University Press 1988.

Die Frühgeschichte der indoeuropäischen Sprachen

Thomas W. Gamkrelidse und Wjatscheslaw W. Iwanow. *Indoeuropäisch und die Indoeuropäer: Rekonstruktion und historisch-typologische Analyse einer Ursprache und Ur-Kultur* (in russischer Sprache). Tbilisi: Staatliche Universität 1984. [In englischer Sprache: *Indoeuropean and the Indoeuropeans.* Berlin 1989.]
John Greppin und T. L. Markey (Hg.). *When Worlds Collide: Indo-Europeans and Pre-Indo-Europeans.* Ann Arbor: Karoma Publishers 1990.
J. P. Mallory. *In Search of the Indo-Europeans: Language, Archaeology and Myth.* New York: Thames & Hudson 1989.
Colin Renfrew. *Archaeology and Language: The Puzzle of Indo-European Origins.* Cambridge: Cambridge University Press 1988.
Vitaly V. Shevoroshkin (Hg.). *Reconstructing Languages and Cultures: Abstracts and Materials from the First International Interdisciplinary Symposium on Language and Prehistory*, Ann Arbor (Michigan), 8.–12. November 1988. Bochum: Brockmeier 1989.

Der Sprachstammbaum der Ureinwohner Amerikas

Joseph H. Greenberg. *Language in the Americas.* 438 S. Stanford: Stanford University Press 1987.
Joseph H. Greenberg. *The American Indian Languague Controversy.* In: *Review of Archaeology*, Band 11, Heft 2, S. 5–14. 1990.
Joseph H. Greenberg, Christy G. Turner II und Stephen L. Zegura. *The Settlement of the Americas: A Comparison of Linguistics, Dental, and Genetic Evidence.* In: *Current Anthropology*, Band 27, S. 477–497. Chicago: University of Chicago Press 1986.
John Hawkins und Murray Gell-Mann. *Evolution of Human Languages.* Reading: Addison-Wesley 1992.
Merritt Ruhlen. *A Guide to the World's Languages.* Band 1: *Classification.* Stanford: Stanford University Press 1991 (2. Auflage).
Vitaly V. Shevoroshkin (Hg.). *Proto-Languages and Proto-Cultures. Materials from the First International Interdisciplinary Symposium on Language and Prehistory*, Ann Arbor, 8–12. November 1988. Bochum: Brockmeyer 1990.
Christy G. Turner II. *Zähne als Zeugnisse für die Besiedlung des pazifischen Raumes.* In: *Spektrum der Wissenschaft*, April 1989, S. 120–126.

Frühe Landwirtschaft und die Ausbreitung des Austronesischen

Peter Bellwood. *Man's Conquest of the Pacific. The Prehistory of South-East Asia.* Auckland 1978.
Peter Bellwood. *Die Besiedlung der pazifischen Inselwelt.* In: *Spektrum der Wissenschaft*, Januar 1981, S. 86–97.
Peter Bellwood. *Prehistory of the Indo-Malaysian Archipelago.* San Diego: Academic Press 1985.
Paul K. Benedict. *Austro-Thai: Language and Culture. With a Glossary of Roots.* New Haven: Human Relations Areas Files Press 1975.
Robert Blust. *The Austronesian Homeland: A Linguistic Perspective.* In: *Asian Perspectives*, Band 26, Heft 1, S. 45–67. 1988.
Robert [Freiherr von] Heine-Geldern. *Urheimat und früheste Wanderung der Austronesier.* In: *Anthropos*, 27, S. 543–619. St. Gabriel-Mödling 1932.
Christy G. Turner II. *Zähne als Zeugnisse für die Besiedlung des pazifischen Raumes.* In: *Spektrum der Wissenschaft*, April 1989, S. 120–126.

Die Entstehung der Schrift & Die ersten Zahldarstellungen und die Entwicklung des Zahlbegriffs

Peter Damerow. *Individual Development and Cultural Evolution of Arithmetical Thinking.* In: S. Strauss (Hg.).

Ontogeny, Phylogeny and Historical Development. Norwood.
Peter Damerow und W. Lefèvre (Hg.). *Rechenstein, Experiment, Sprache.* Stuttgart: Klett-Cotta 1981.
Peter Damerow, Robert K. Englund und Hans Jörg Nissen. *Frühe Schrift und Techniken der Wirtschaftsverwaltung im Vorderen Orient. Informationsspeicherung und -verarbeitung vor 5000 Jahren.* Berlin: Verlag Franzbecker & Max-Planck-Institut für Bildungsforschung 1991 (2., unveränderte Auflage).
Robert K. Englund und Hans Jörg Nissen. *Die lexikalischen Listen der archaischen Texte aus Uruk.* Berlin: Mann 1993.
Robert K. Englund. *Archaic Administrative Texts from Uruk: The Early Campaigns.* Berlin: Mann 1994.
A. Falkenstein. *Archaische Texte aus Uruk.* Leipzig: Otto Harrassowitz 1936.
J. Friberg. *Zahlen und Maße in den ersten Schriftzeugnissen.* In: *Spektrum der Wissenschaft*, April 1984, S. 116–124.
J. Friberg. *The Early Roots of Babylonian Mathematics.* 2 Bände. Göteborg 1978–79.
Hans Jörg Nissen. *Grundzüge einer Geschichte der Frühzeit des vorderen Orients.* Darmstadt: Wissenschaftliche Buchgesellschaft 1983.

Die Schrift der Indus-Kultur

Walter A. Fairservis jr. *The Harappan Civilization and its Writing. A Modell for the Decipherment of the Indus Script.* Leiden: Brill 1992.
G. R. Hunter. *The Script of Harappa and Mohenjodaro and Its Connection With Other Scripts.* London: Kegan Paul, Trench, Trübner & Co. 1934.
M. Jansen. *Die Indus-Kultur: Der Hügel der Toten beginnt zu reden.* In: *Bild der Wissenschaft*, 19. Jahrgang, Heft 3, S. 46–54. Stuttgart 1982.
Hans Jensen. *Die Schrift in Vergangenheit und Gegenwart.* Berlin: VEB Deutscher Verlag der Wissenschaften 1969 (3. Auflage).
Mortimer Wheeler. *The Indus Civilization.* Cambridge: Cambridge University Press 1968 (3. Auflage).
I. Mahadevan. *The Indus Scripts – Texts, Concordance and Tables.* (= Memoirs of the Archaeological Survey of India, 77). Government of India 1977.
Kamil V. Zvelebil. *A Sketch of Comparative Dravidian Morphology.* Den Haag: Mouton Publishers 1978.

Chinesische Orakelknochen

Tsung-tung Chang. *Der Kult der Shang-Dynastie im Spiegel der Orakelknochen.* Wiesbaden: Harrassowitz 1970.
Hung-hsiang Chou und David G. Opstad. *Computer Matching of Oracle Bone Fragments.* In: *Archaeology*, Band 26, Heft 3, S. 176–181. 1973.
Florian Coulmas. *Writing and Literacy in China.* In: Florian Coulmas und Konrad Ehlich (Hg.). *Writing in Focus*, S. 239–253. Berlin: Mouton & Co. 1983.
Herrlee Glesser Creel. *The Birth of China.* New York: Ungar Publishing Company 1937.
Bernhard Karlgren. *Grammata Serica Recensa.* (= The Museum of Far Eastern Antiquities, Bulletin, 29). Stockholm: The Museum of Far Eastern Antiquities 1964 (2., überarbeitete Auflage).
David N. Keightley. *Sources of Shang History.* Berkeley, Los Angeles: University of California Press 1978.
Tso-pin Tung. *Fifty Years of Studies in Oracle Bone Inscriptions.* Tokio: Center for East Asian Cultural Studies 1964.
William Charles White. *Bone Culture of Ancient China.* Toronto: The University of Toronto Press 1945.

Entzifferung der ältesten Schrift Amerikas

Indianische Handschriften und Berliner Forscher. (= Ausstellungsführer der Universitätsbibliothek der Freien Universität Berlin, 17) Berlin 1988.
Lyle Campbell und Terrence Kaufman. *A Linguistic Look at the Olmecs.* In: *American Antiquity*, 41 (1), S. 80–89. Salt Lake City 1976.
John S. Justeson u. a. *The Foreign Impact on Lowland Mayan Language and Script* (= Middle American Research Institute Tulane University Publication, 53). New Orleans: Tulane University 1985.
John S. Justeson und Terence Scott Kaufman. *A Decipherment of Epi-Olmec Hieroglyphic Writing.* In: *Science* 259, S. 1703–1711 vom 19. März 1993.
John S. Justeson, Lyle Campbell und Terrence Scott Kaufman. *The Foreign Impact on Lowland Mayan Language and Script.* New Orleans: Tulane University 1985.

Zapotekische Inschriften

Richard E. Blanton (Hg.). *Monte Albán: Settlement Patterns at the Ancient Zapotec Capital.* (Studies of Archaeology). 451 S. New York: Academic Press 1978.
Alfonso Caso Andrade. *Calendario y escritura de las antiguas culturas de Monte Albán.* México 1947.
Alfonso Caso Andrade. *Sculpture and Mural Painting of Oaxaca.* In: Robert Wauchope und Gordon R. Willey (Hg.). *Handbook of Middle American Indians*, Band 3, S. 849–870. Austin: University of Texas Press 1965.
Kent V. Flannery und Joyce Marcus (Hg.). *The Cloud People: Evolution of the Zapotec and Mixtec Civilizations of Oaxaca, Mexico.* West Haven: University of New Mexico Press.
Viola König. *Die Schlacht bei Sieben Blume. Konquistadoren, Kaziken und Konflikte auf alten Landkarten der Indianer Südmexikos.* Bremen: Temmen 1993.
Joyce Marcus. *Mesoamerican Writing Systems. Propaganda, Myth, and History in four Ancient Civilizations.* 495 S. Princeton, N.J.: Princeton University Press 1992.
Eduard Georg Seler. *Das Dorfbuch von Santiago Guevea.* In: Eduard Georg Seler. *Gesammelte Abhandlungen zur amerikanischen Sprach- und Altertumskunde*, Band 3, S. 157–198. Graz: Akademische Druck- und Verlagsanstalt (2., unveränderte Auflage).

Die Maya-Schrift

Elizabeth Pickering Benson und Gillett G. Griffin (Hg.). *Maya Iconography.* 377 S. Princeton, N.J.: Princeton University Press 1988.
Eva Eggebrecht, Arne Eggebrecht und Nikolai Grube. *Die Welt der Maya.* 671 S. Mainz: Zabern 1994 (4., veränderte Auflage).
Nikolai K. Grube. *Die Entwicklung der Mayaschrift: Grundlagen zur Erforschung des Wandels der Mayaschrift von der Protoklassik bis zur spanischen Eroberung.* (= Acta Mesoamericana, 3). 156 S. Berlin: von Flemming 1990.
Stephen D. Houston. *Maya Glyphs.* (= Reading the Past). 64 S. London: British Museum 1989.
Stephen D. Houston. *Hieroglyphs and History at Dos Pilas. Dynastic Politics of the Classic Maya.* 181 S. Austin: University of Texas Press 1993.
Joyce Marcus. *Emblem and State in the Classic Maya Lowlands: An Epigra-*

phic Approach to Territorial Organization. Washington, D.C.: Dumbarton Oaks 1976.

Hanns J. Prem und Berthold Riese. *Schrift, Kalender und Wissenschaft.* In: Hanns J. Prem und Ursula Dyckerhoff (Hg.). *Das Alte Amerika. Geschichte und Kultur der Völker Mesoamerikas*, S. 371–384. München: Bertelsmann 1986.

Berthold Riese. *Vasenmalerei als Quelle zur Religion und Geschichte der Maya.* In: *Mitteilungen der Berliner Gesellschaft für Anthropologie, Ethnologie und Urgeschichte*, Band 9, S. 37–49. Berlin: Verlag Volker Spieß 1989.

Jeremy A. Sabloff. *Die Maya. Archäologie einer Hochkultur.* Heidelberg: Spektrum der Wissenschaft 1991.

Reform der Orthographie

Peter Gallmann. *Eine Schweizer Stellungnahme zur geplanten Rechtschreibereform.* In: *Spektrum der Wissenschaft*, April 1989, S. 40–46.

Wolfgang Mentrup. *Die Groß- und Kleinschreibung im Deutschen und ihre Regeln. Historische Entwicklung und Vorschlag zur Neuregelung.* (= Forschungsberichte des Instituts für deutsche Sprache, 47). Tübingen: Narr 1979.

Wolfgang Mentrup. *Materialien zur historischen entwicklung der gross- und kleinschreibungsregeln.* (= Germanistische Linguistik, 23). Tübingen: Niemeyer 1982.

Deutsche Rechtschreibung. Vorschläge zu ihrer Neuregelung. Herausgegeben vom Internationalen Arbeitskreis für Orthographie. Tübingen: Narr 1992.

Künstliche Intelligenz

N. V. Findler (Hg.). *Künstliche Intelligenz und heuristisches Programmieren.* Wien: Springer 1975.

M. Kolvenbach, A. Lötscher und H. D. Lutz (Hg.). *Künstliche Intelligenz und natürliche Sprache.* Tübingen: Narr 1979.

Donald A. Norman (Hg.). *Perspective in Cognitive Science.* Hove: Ablex Publishing 1981.

Maschinelle Spracherkennung

Klaus Fellbaum. *Sprachverarbeitung und Sprachübertragung.* Heidelberg, New York: Springer 1984.

Sadaoki Furui und M. Mohan Sondhi (Hg.). *Advances in Speech Signal Processing.* New York, Basel, Hong Kong: Marcel Dekker 1992.

P. Laface und R. de Mori (Hg.). *Speech Recognition and Understanding. Recent Advances, Trends and Applications.* Heidelberg: Springer 1992.

Helmut Mangold. *Sprachliche Mensch-Maschine-Kommunikation.* München: Oldenbourg 1992.

G. Ruske. *Automatische Spracherkennung.* München: Oldenbourg 1988.

Terry Winograd. *Software für Sprachverarbeitung.* In: *Spektrum der Wissenschaft*, November 1984, S. 88–102.

Patrick Henry Winston und Richard Henry Brown. *Artificial Intelligence: An MIT Perspective.* Cambridge: The MIT Press 1979.

Optische Telegraphen

Rollo Appleyard. *Pioneers of Electrical Communication.* MacMillan Company 1930.

Dieter Herbarth. *Die Entwicklung der optischen Telegrafie in Preussen.* Rheinland Verlag 1978.

Gerard J. Holzmann und Björn Pehrson. *The Early History of Data Networks.*

La Télégraphie Chappe. Herausgegeben von der Fédération Nationale des Associations de Personnel des Postes et Télécommunications pour la Recherche Historique. Nancy: Editions de l'Est 1993.

George Wilson. *The Old Telegraphs.* Chichester: Phillimore 1976.

David L. Wood. *A History of Tactical Communication Techniques.* Salem: Ayer Company Publications 1974.

Bildnachweise

Titelbild: © Fiore/BAVARIA und FPG/BAVARIA – **Die menschliche Stimme:** Bild 1: Ross Marino/Retna Ltd.; Kästen S. 5 und S. 6, Bild 2: C. Donner; Bild 3: R. T. Sataloff – **Sprachwahrnehmung beim Säugling:** Bild 1 (oben): James Kilkelly; Bilder 1 (unten), 3 und 6: Ilil Arbel; Bild 2: Canadian Journal of Psychology; Bild 4: Cognition; Bild 5: Patricia K. Kuhl, University of Washington – **Wie Kinder Wörter lernen:** Bilder 1, 3 und 4: Quesada/Burke; Bild 2: James Kilkelly, Bild 5: Edward Bell/Spektrum der Wissenschaft – **Legasthenie:** Bild 1: Frank R. Vellutino; Bilder 2–6: Johnny Johnson – **Autismus:** Bilder 1 und 5: Abraham Menashe; Kasten S. 34: Rodica Prato; Bild 2: Jared Schneidman Design; Bilder 3 und 4: Axel Scheffler/Spektrum der Wissenschaft – **Streit um Wörter:** Bild 1: Ian Worpole/Spektrum der Wissenschaft; Bild 2: Laurie Grace, nach *Language in the Americas* von Joseph H. Greenberg (für die westliche Hemisphäre) und *Cambridge Encyclopedia of Language* von David Crystal (für die östliche Hemisphäre); Bild 3 (links): Tom Maday; Bild 3 (Mitte): Moshe Milner/Sygma; Bild 3 (rechts): Tom Zimberoff; Bild 4: Jason Küffer, Luigi L. Cavalli-Sforza, Merrit Ruhlen; Kasten S. 48: Hank Iken, nach Philip Lieberman – **Wörter aus der Steinzeit – Völker aus dem Nichts:** Bild 1: Rudolph Nagel, Museum für Völkerkunde, Frankfurt; Bild 2: Spektrum der Wissenschaft; Bild 3: Spektrum der Wissenschaft, nach W. P. Lehmann, *Einführung in die historische Linguistik*, Heidelberg (Winter) 1969 – **Der Ursprung der indoeuropäischen Sprachfamilie:** Bild 1: James Mellaart, Pictures of Record, Inc.; Bild 2: Spektrum der Wissenschaft; Bild 3: August Schleicher; Bilder 4–7: Andrew Christie; Bild 8: Johnny Johnson – **Die Frühgeschichte der indoeuropäischen Sprachen:** Bilder 1, 2 und 5: Thomas C. Moore; Bild 3: Edward Bell; Bild 4: Nancy Field – **Der Sprachstammbaum der Ureinwohner Amerikas:** Bilder 1–3, Kasten S. 76–77: Joseph H. Greenberg, Merrit Ruhlen/Scientific American; Bild 4 (links): Michael Goodman; Bild 4 (Mitte): Arizona Historical Society Library; Bild 4 (rechts): N. W. Tera/Photo Researchers, Inc. – **Frühe Landwirtschaft und die Ausbreitung des Austronesischen:** Bild 1: Michael A. Tongg; Bild 2: Spektrum der Wissenschaft; Bild 3: Malcolm Ross, Australien National University; Bild 4: Paul K. Benedict und Robert Blust – **Die Entstehung der Schrift:** Bilder 1, 6, 7, 8 (links) und 11 (unten): Deutsches Archäologisches Institut, Arbeitsstelle Bagdad; Bilder 2–4 und 11 (oben): Hans J. Nissen; Bild 8 (rechts): © Staatliche Museen der DDR, Berlin; Bilder 9 und 10: J.-P. Grégoire – **Die ersten Zahldarstellungen und die Entwicklung des Zahlbegriffs:** Bild 1: Deutsches Archäologisches Institut, Abteilung Bagdad; Bilder 2 und 3: Hans J. Nissen; Bilder 4, 6 und 7: Peter Damerow; Bild 5: Robert K. Englund, Peter Damerow – **Die Schrift der Indus-Kultur:** Bild 1: J. P. Blair, mit Genehmigung des National Museum of Pakistan; Bilder 2 und 5–9: A. Christie; Bild 3: J. P. Blair, mit Genehmigung des National Museum of India; Bild 4: American Museum of Natural History – **Chinesische Orakelknochen:** Bild 1: Ralph Morse; Bilder 2–6, 8, 9 (unten) und 10: Tom Prentiss; Bilder 7 und 9 (oben): Hung-hsiang Chou – **Zapotekische Inschriften:** Bild 1: Enid Kotschnig; Bilder 2 und 5: Andrew Tonko; Bild 3: John Paddock; Bilder 4, 7 (links), 11 (unten), 12 und 13: Mark Orsen; Bilder 6, 7 (rechts), 8–10 und 11 (oben): Patricia J. Wynne – **Die Maya-Schrift:** Bild 1: Museo Nacional des Antropología, Mexico City; Bilder 2–5 und 7: Michael Goodman; Bild 6: George Stuart – **Künstliche Intelligenz:** Bilder 1–11: J. Kuhl – **Maschinelle Spracherkennung:** Bilder S. 180/181, S. 182 und S. 186: Klaus Fellbaum/Spektrum der Wissenschaft; Bild S. 184: IBM; Bild S. 185: Marcus Spies/Spektrum der Wissenschaft; Bild S. 188: Philips; Bild S. 189: Volker Steinbiß/Spektrum der Wissenschaft; Bild S. 191: Bildagentur Mauritius/Helmut Mangold/Spektrum der Wissenschaft; Bild S. 193: Wolfgang Wahlster/Spektrum der Wissenschaft – **Optische Telegraphen:** Bilder 1 (links) und 4: Mit freundlicher Genehmigung von Gerard J. Holzmann; Bild 1 (rechts): Steven Murez/Black Star; Bild 2: Guilbert Gates/JSD; Bild 3: Gabor Kiss; Bild 5: Televerket Tryck & Bild.

Es konnten nicht alle Rechteinhaber von Abbildungen ermittelt werden. Sollte dem Verlag gegenüber der Nachweis der Rechtsinhaberschaft geführt werden, wird das branchenübliche Honorar nachträglich bezahlt.

Index

Hinweis: Für Informationen zu bestimmten Sprachen siehe auch die zugehörigen Sprachfamilien und umgekehrt.

Die Deutsche Bibliothek – CIP-Einheitsaufnahme

Schrift und Sprache / mit einer Einf. von Berthold Riese. –
– Heidelberg ; Berlin ; Oxford : Spektrum, Akad. Verl., 1994
(Verständliche Forschung)
ISBN 3-86025-254-2
NE: Riese, Berthold [Vorr.]

Lektorat: Merlet Behncke-Braunbeck
Produktion: Susanne Tochtermann, Daniela Brandt
Gesamtherstellung: Klambt-Druck GmbH, Speyer

Spektrum Akademischer Verlag Heidelberg · Berlin · Oxford

EIN VERLAG DER SPEKTRUM FACHVERLAGE GMBH